PHYSIKALISCHE BERICHTE

Herausgegeben vom

VERBAND
DEUTSCHER PHYSIKALISCHER GESELLSCHAFTEN E.V.

unter der Redaktion

von H. EBERT und V. WEIDEMANN

AKADEMIE-VERLAG · BERLIN

BAND 42 JANUAR 1963 HEFT 1

PHYSIKALISCHE BERICHTE

Herausgegeben vom Verband Deutscher Physikalischer Gesellschaften e. V.

unter der Redaktion von H. Ebert

Band 42 Januar 1963 Heft 1

0. Allgemeines

1–1 **Thomas S. Kuhn.** *Historical structure of scientific discovery.* Science **136**, 760—764, *1962*, Nr. 3518. (1. Juni.) (Berkeley, Calif., Univ.)

1–2 **Hermann Flohn** und **Ratje Mügge.** *Denkschrift zur Lage der Meteorologie.* Denkschr. Meteorol. Dtsch. Forschungsgem. *1962*, Teil 6, S. 1—59. V. Weidemann.

1–3 ***Johannes Reth** und **Alfred Haendel.** *Physikalisches Grundwissen.* Bd I. *Meßkunde. Wärmelehre. Mechanik.* 2., erweiterte und verbesserte Auflage. 441 S. m. 244 Abb. u. 78 Versuchsanleitungen. VEB Fachbuchverlag, Leipzig, *1961*. DM 7,20 (Hlw.),„... Unsere Darstellung weicht von der üblichen Reihenfolge der einzelnen Gebiete der Physik teilweise ab. Wir glauben, Sie dadurch schrittweise besser vom Leichteren zum Schweren führen zu können ..." Inhalt: Meßkunde. Wärmelehre. Mechanik (Gleichgewicht am festen Körper. Bewegung fester Körper. Ruhende Flüssigkeiten. Ruhende Gase. Bewegungsvorgänge in Flüssigkeiten und Gasen). H. Ebert.

1–4 ***Johannes Flügge.** *Praxis der geometrischen Optik.* 150 S. m. 89 Abb. sowie zahlreichen Beispielen und Tabellen. Van den Hoeck u. Ruprecht, Göttingen, *1962*. DM 22,—. „... Bewußt ist das vorliegende Buch als Ergänzung des Leitfadens (1956) gedacht..." Dabei sind vorgetragene Wünsche aus Industrie und Hochschule, Anwendungsbeispiele zu bringen, weitgehend berücksichtigt worden. Inhalt: Praktische Optik der Spiegel, Platten und Prismen mit ebenen Flächen sowie besonderer Linsen und Spiegel. Praxis der optischen Vergrößerung. Telezentrische Strahlenbündel und parallele Strahlen. Wellenflächen, Strahlenbündel, Beugung. Praxis der optischen Lichttechnik. Verschiedenes. Register. H. Ebert.

1–5 ***Werner Herzog.** *Siebschaltungen mit Schwingkristallen.* 2. stark vermehrte Auflage. XI u. 495 S. m. 455 Abb. Friedr. Vieweg u. Sohn, Braunschweig, *1962*. DM 68,— (Gzl.). „... Die Anordnung des Stoffes ist etwa so getroffen, daß, ausgehend von einem einfachen Bandfilter, schwieriger aufgebaute Schaltungen behandelt werden, ..." Die Behandlung der Siebketten nach der Betriebsparametertheorie bringt neue Möglichkeiten für Kristallfilter ..." Inhalt: Kristall- u. Filtergrundlagen. Bandfilter, -flanken, -sperren. Siebkettenschaltungen. Tief- und Hochpässe. Phasendrehglieder. Anhang (Betriebsdämpfung). Sach- und Namensverzeichnis. H. Ebert.

1–6 ***W. R. Wootton.** *Dampfkreisläufe für Kernkraftwerke.* Kerntechn. in Einzeldarstellung. Bd. VI. Autorisierte Übersetzung von Wilhelm Langenberg und Rudolf Büchsenschütz. VIII u. 68 S. m. 40 Abb. Friedr. Vieweg u. Sohn, Braunschweig, *1962*. „... Diese Monographie hat ... das Ziel, in elementarer Weise die mannigfachen Überlegungen zu erläutern, die bei der Auswahl von Dampfkreisläufen für Kernkraftwerke mitspielen sowie einfache Methoden zur Bestimmung des Einflusses der einzelnen Variablen vorzuschlagen ..." Inhalt: Dampfkreisläufe. Das gasgekühlte, graphitmoderierte und das wassergekühlte, wassermoderierte Kernkraftwerk. 5 Anhänge (Tabellen). Wärmeinhalt von Kohlendioxyd. Sachverzeichnis (deutsch-englisch). H. Ebert.

1–7 ***K. K. Aglinzew.** *Dosimetrie ionisierender Strahlung.* Bd. 3 d. von Hans Schreiber herausgegebenen Reihe: Scripta biophysica. Ins Deutsche übersetzt von Karlheinz Müller und Günther Flach. XII u. 522 S. m. 374 Abb. VEB Deutscher Verlag der Wissenschaften, Berlin, *1961.* DM 67,— (Kunstled.) „... In die vorliegende Ausgabe wurden Kapitel aufgenommen, die den chemischen, kalorimetrischen und den Szintillationsmethoden der Dosimetrie sowie den elektronischen Verfahren der Strahlungsregistrierung gewidmet sind ..." „... es werden auch einige neueste Entwicklungen erwähnt, die erst nach der Abfassung des russischen Originaltextes i. J. 1957 wichtig geworden sind ..." Inhalt: Einleitung. Durchgang geladener Teilchen von Strahlung und von Neutronen durch Materie. Dosimetrische Einheiten. Ionisationskammern. Zählrohre. Szintillationsmethoden der Dosimetrie. Photographische, chemische, kalorimetrische Methoden der Dosimetrie. Dosimetrische Charakteristiken von Strahlen. Etalons und Standardmethoden der Dosimetrie. Dosimetrie von Röntgen- und γ-, α- sowie β-Strahlen, von Neutronen. Radioaktivität von Gasen und Aerosolen. Hochfrequenztechnik bei dosimetrischen Geräten. Messung schwacher Ströme. Registrierung und Analyse von Impulsen. Dosimetrische Geräte. Praktische Durchführung der Kalibrierung von radioaktiven Präparaten und von Dosimetern. Schutz vor Schädigung durch ionisierende Strahlung. Anhang (Tabellen von Funktionen). Auswahl wichtiger Monographien und Lehrbücher für Biophysiker und Krankenhausphysiker. Sachverzeichnis. H. Ebert.

1–8 ***Alfred Jenette.** *Die chemische Bindung.* Praxis-Schriftenreihe: Chemie Bd. 6, 76 S. m. 73 Abb. Aulis-Verlag Deubner u. Co. K.G., Köln, *1961.* DM 4,80 (glfk). „,..., die hier eine Zusammenfassung der valenztheoretischen Begriffe finden, die sonst beim methodischen Aufbau des Chemieunterrichts über den ganzen Lehrgang hinweg dargeboten und erarbeitet werden." Inhalt: Entwicklung unserer Auffassungen von der Natur der chemischen Bindung. Die Atommodelle. Die chemische Bindung, Molekülbindung. Mesomerie. Literaturverzeichnis. H. Ebert.

1–9 ***Erich Krumm.** *Versuche in der Wellenwanne.* Praxis-Schriftenreihe (Physik) Bd 8. (Herausgeber Artur Friedrich.) 72 S. m. 73 Abb. Aulis-Verlag Deubner u. Co. K.G., Köln, *1961.* DM 4,80 (glfk). Die „Wellenwanne nimmt immer noch nicht den ihr gebührenden Platz im Experimentalunterricht ein, so daß die vielseitigen experimentellen Möglichkeiten noch keineswegs ausgeschöpft sind ..." Inhalt: Geräte u. Hilfsmittel. Die Versuche (22 an der Zahl). H. Ebert.

1–10 *Tables of IGY monthly median ionospheric data.* Ann. internat. geophys. Year **17**, 1—344, 345—792, 797—1954, *1962*, Nr. 4, 5 u. 6.

1–11 *S. S. Andreev* †. Bull. Acad. Sci. USSR, Geophys. Ser. *1961*, S. 1238—1239, Nr. 12. (Dez.)

1–12 **H. T. Richards.** *T. W. Bonner (1910—1961).* Nuclear Phys. **32**, 1—4, *1962*, Nr. 1. (Apr.) (Madison, Wisc., Univ.)

1–13 *Professor Dr. Paul ten Bruggencate † 14. September 1961 in Göttingen.* Z. Astrophys. **53**, I—II, *1961*, Nr. 4. (1. Dez.)

1–14 **H. Erbring** and **W. A. Mitchell.** *Martin H. Fischer 10. 11. 1879—19. 1. 1962.* Kolloidzschr. **182**, 4—7, *1962*, Nr. 1/2. (Mai.) (Köln; Lincoln Park, N. J.)

1–15 **Kl. Schäfer.** *Burckhardt Helferich zum 75. Geburtstag.* Z. Elektrochem. **66**, 285 bis 286, *1962*, Nr. 4. (30. Apr.)

1–16 **E. Fues.** *Johannes Jaumann 60 Jahre.* Phys. Bl. **18**, 131—132, *1962*, Nr. 3. (Stuttgart.)

1–17 **A. Smakula.** *Frank Matossi 60 Jahre.* Phys. Bl. **18**, 130—131, *1962*, Nr. 3. (Cambridge.) Beggerow.

1–18 Sergei Nikolaevich Rzhevkin. In honor of his seventieth birthday. Soviet Phys.-Acoust. **7**, 409–410, *1962*, Nr. 4. (Apr./Juni.) (Engl. Übers. aus: J. Acoust. SSSR **7**, 503–504, *1961*, Nr. 4.)

1–19 **U. Grigull.** *Ernst Schmidt 70 Jahre.* Forsch. IngWes. (B) **28**, 1–2, *1962*, Nr. 1, (München.)

1–20 **Ernst R. G. Eckert.** *To Ernst Schmidt on his 70th birthday.* Int. J. Heat Mass Transfer **5**, 113–115, *1962*, März/Apr.

1–21 Veröffentlichungen von E. Schmidt. Int. J. Heat Mass Transfer **5**, 117–119, *1962*. März/Apr.

1–22 **Ernst Brüche.** *Wilhelm H. Westphal zum 80. Geburtstag.* Phys. Bl. **18**, 127–130, *1962*, Nr. 3. (Mosbach.)

1–23 **Franz Wolf.** *Zur 100. Wiederkehr des Geburtstags von Philipp Lenard.* Naturwissenschaften **49**, 245–247, *1962*, Nr. 11. (Juni.) (Karlsruhe, T. H., Inst. Theor. Phys.)

1–24 Gustav Robert Kirchhoff, 1824–1887. Bull. schweiz. elektrotech. Ver. **53**, 462, *1962*, Nr. 9. (5. Mai.)

1–25 Georg Simon Ohm, 1787–1854. Bull. schweiz. elektrotech. Ver. **53**, 599, *1962*, Nr. 12. (16. Juni.)

1–26 **V. L. Levshin, A. N. Terenin** and **I. M. Frank.** *The development of S. I. Vavilov's work in physics.* Soviet Phys.-Uspekhi **4**, 730–736, *1962*, Nr. 5. (März/Apr.) (Engl. Übers. aus: Usp. Fiz. Nauk **75**, 215–225, *1961*, Okt.)

1–27 **Pierre Radvanyi.** *Robert Hofstadter. Prix Nobel de Physique 1961.* Ann. Phys., Paris (13) **7**, 101–102, *1962*, Nr. 1/2. (Jan./Febr.)

1–28 **Michel Langevin.** *Rudolf Mössbauer. Prix Nobel de Physique 1961.* Ann. Phys., Paris (13) **7**, 102–103, *1962*, Nr. 1/2. (Jan./Febr.)

1–29 Entdeckung der Polarisation des Lichtes. Leybold-Welle **3**, *1962*, Nr. 12, (Juli.) S. 21–22.

1–30 **G. Ribaud.** *Les annales de physique de leur fondation à la 173e année de leur parution.* Ann. Phys., Paris (13) **7**, 5–12, *1962*, Nr. 1/2. (Jan./Febr.)

1–31 **Friedrich-Carl Althof.** *50 Jahre Werkstoff-Forschung und -Prüfung in der Deutschen Versuchsanstalt für Luftfahrt (DVL).* Materialprüfung **4**, 137–140, *1962*, Nr. 4. (20. Apr.) (Aachen.)

1–32 75 Jahre PTR/PTB. Z. Instrum.-Kde **70**, 126, *1962*, Nr. 5. (Mai.)

1–33 **A. M. Taylor.** *The Institute of Physics and the Physical Society's Annual Exhibition, London, January 1962.* J. sci. Instrum. **39**, 188–191, *1962*, Nr. 5. (Mai.) (Southampton, Univ., Dep. Phys.)

1–34 Deutscher Arbeitskreis Vakuum. Z. Instrum.-Kde **70**, 79, *1962*, Nr. 3. (März.)

1–35 **Mary E. Warga.** *OSA Committees for 1962. October 1961 in Los Angeles.* J. opt. Soc. Amer. **52**, 226–230, *1962*, Nr. 2. (Febr.)

1–36 **J. H. Dannies.** *Konferenz 1961 der Vereinten Nationen über neue Energiequellen (Tagungsbericht).* Allg. Wärmetech. **11**, 10–12, *1962*, Nr. 1/2.

1–37 First International Congress on Experimental Mechanics, November 1–3, 1961 in New York. Exp. Mech. **2**, 161–164, *1962*, Nr. 6. (Juni.) H. Ebert.

1–38 International Symposium on Photoelasticity, October 29—31, 1961, Chicago, Ill., Inst. Technology. Exp. Mech. **2**, 165—169, *1962*, Nr. 6. (Juni.)

1–39 Kolloquium an der E. T. H. Zürich über die Anwendung sehr tiefer Temperaturen und der Supraleitung in der Starkstromtechnik. Kältetechnik **14**, 140, *1962*, Nr. 4. (Apr.)

1–40 Konferenz über Zyklotronprobleme vom 5. bis 10. April 1961 in Krakow, Dubna. Kernenergie **5**, 132—136, *1962*, Nr. 2. (Febr.)

1–41 **H. Erbring.** *Bericht über die 20. Hauptversammlung der Kolloid-Gesellschaft e. V. am 19./20. Oktober 1961 in Bad Oeynhausen.* Kolloidzschr. **182**, 1—4, *1962*, Nr. 1/2. (Mai.) (Köln.)

1–42 **J. Eggert.** *„Zürich 1961" — Internationales Kolloquium über wissenschaftliche Photographie.* Phys. Bl. **18**, 136—137, *1962*, Nr. 3. (Zollikon, Zch.)

1–43 **J. Demny.** *Arbeitstagung „Elektronenmikroskopie" am 2. und 3. Februar 1962 in Dresden.* Phys. Bl. **18**, 137, *1962*, Nr. 3. (Mosbach.)

1–44 Jahrestreffen 1962 des Deutschen Arbeitskreises Vakuum (DAV) am 2.—3. April 1962 in Frankfurt am Main. Vakuum-Tech. **11**, 77, *1962*, Nr. 3. (Apr.)

1–45 Bericht über den II. Internationalen Vakuum-Kongreß und das VIII. Nationale Vakuum-Symposium der Amerikanischen Vakuum-Gesellschaft im Oktober 1961 in Washington. I. Vakuum-Tech. **11**, 124—127, *1962*, Nr. 4. (Mai.)

1–46 277. Diskussionstag des SVMT über Vakuum-Metallurgie in Zürich am 2. 3. 1962. Vakuum-Tech. **11**, 131—132, *1962*, Nr. 4. (Mai.)

1–47 Vortragstagung des Gemeinschaftsausschusses „Gase in Metallen" der Deutschen Gesellschaft für Metallkunde und der Gesellschaft Deutscher Metallhütten- und Bergleute (Leiter: Prof. Dr.-Ing. habil. W. Hofmann, Braunschweig) am 2. und 3. März 1962 in Darmstadt. Z. Metallk. **53**, 272, *1962*, Nr. 4. (Apr.)

1–48 **J. R. Singer.** *Optical phenomena reported at the Second International Conference on Quantum Electronics vom 23. bis 25. März 1961 in Berkeley.* J. opt. Soc. Amer. **52**, 230 bis 232, *1962*, Nr. 2. (Febr.) (Berkeley, Calif., Univ.)

1–49 Minutes of the Meeting at Columbus, Ohio, of the Triple Commission for Spectroscopy, June 14—15, 1961. J. opt. Soc. Amer. **52**, 583—584, *1962*, Nr. 5. (Mai.)

1–50 **E. A. Harvey.** *Forty-sixth annual exhibition of the Institute of Physics and the Physical Society.* J. photogr. Sci. **10**, 196—199, *1962*, Nr. 3. (Mai/Juni.)

1–51 **Richard Steele.** *Symposium on Chemical Crosslinking of Cellulose.* J. appl. Polym. Sci. **5**, 685, *1961*, Nr. 18. (Nov./Dez.) (Philadelphia, Rohm a. Haas Co., Res. Labs.)

1–52 **A. K. Roy.** *International Conference on Cloud Physics, Australia from 11 to 20 September 1961.* J. sci. industr. Res. **21 A**, 63—65, *1962*, Nr. 2. (Febr.)

1–53 **B. R. Puri.** *Fifth biennial Conference on Carbon from 19 to 24 June 1961 Pennsylvania State University, Pennsylvania.* J. sci. industr. Res. **21 A**, 73—75, *1962*, Nr. 2. (Febr.) (Chandigarh, Univ., Dep. Chem.)

1–54 **A. N. Burd.** *Symposium on Calibration of Microphones and Hydrophones, London, January 1962.* J. sci. Instrum. **39**, 185—187, *1962*, Nr. 5. (Mai.) (Tadworth, Surrey, B. B. C. Res. Lab.)

1–55 **J. A. Bennett.** *International Conference on the Electrical and Magnetic Properties of Thin Metallic Layers, Louvain, September 1961.* J. sci. Instrum. **39**, 253—255, *1962*, Nr. 6. (Juni.) (Chislehurst, Kent, Brit. Sci. Instrum. Res. Assoc.) H. Ebert.

1–56 **G. Syke.** *International Seminar on Automatic Control in Iron and Steel Industry, Brussels, February 1962.* J. sci. Instrum. **39**, 256–257, *1962*, Nr. 6. (Juni.) (London, Brit. Iron Steel Res. Assoc.)

1–57 **M. W. Thompson.** *Symposium on ion bombardment, Bellevue, Paris, December 1961.* Brit. J. appl. Phys. **13**, 194–196, *1962*, Nr. 5. (Mai.) (Harwell, Didcot, Berks., Atomic En. Res. Est., Metall. Div.)

1–58 **G. Harburn, W. J. Kitchingman** and **I. G. Edmunds.** *Conference on Imperfections in Crystals, London, November 1961.* Brit. J. appl. Phys. **13**, 253–256, *1962*, Nr. 6. (Juni.) (Manchester, Coll. Sci. Technol.)

1–59 **W. P. Wolf.** *International Conference on Magnetism and Crystallography, Kyoto, September 1961.* Brit. J. appl. Phys. **13**, 257–258, *1962*, Nr. 6. (Juni.) (Oxford, Univ., Clarendon Lab., Dep. Phys.)

1–60 *Rechenschaftsbericht der statutenmäßigen Generalversammlung der IOVPT, abgehalten am 16. Oktober 1961 im Sheraton-Park Hotel, Washington, D. C.* Vacuum, Lond. **12**, 35–38, *1962*, Nr. 1. (Jan./Febr.)

1–61 *Internationaler Kongreß für Vakuum-Physik und -Technik, Washington, D. C. — 16.–19. Oktober 1961.* Vacuum, Lond. **12**, 39, *1962*, Nr. 1. (Jan./Febr.)

1–62 **M. Kent Wilson.** *Israel International Conference on Spectral Line Shape and Molecular Interactions, Weizmann Institute of Science, August 28–31, 1961.* Appl. Optics **1**, 377, *1962*, Nr. 3. (Mai.)

1–63 **V. Twersky.** *Seven days in Israel, September 24–30, 1961.* Appl. Optics **1**, 377–379, *1962*, Nr. 3. (Mai.)

1–64 **J. N. Howard.** *Radiation Commission, I. A. M. A. P., Vienna, Austria, August 14–18, 1961.* Appl. Optics **1**, 379–380, *1962*, Nr. 3. (Mai.)

1–65 **E. R. Wooding.** *Fifth International Congress on Ionization Phenomena in Gases, Munich, August 28-September 1, 1961.* Appl. Optics **1**, 380–381, *1962*, Nr. 3. (Mai.)

1–66 **I. G. Ross.** *Third Australian Spectroscopy Conference, Sydney, August 22–24, 1961.* Appl. Optics **1**, 381, *1962*, Nr. 3. (Mai.) (Sydney, Univ.)

1–67 **E. J. Schneider.** *Report of ISO-TC57 Meeting on Surface Roughness Standards, Moscow, December 12–16, 1961.* Appl. Optics **1**, 381–382, *1962*, Nr. 3. (Mai.) (Engis.)

1–68 **Stanley S. Ballard, Bruce H. Billings** and **Arthur W. Hornig.** *Annual Meeting of the American Physical Society and the American Association of Physics Teachers, New York, January 24–27, 1962. I. A General Review. II. APS Optical Maser Symposium.* Appl. Optics **1**, 382–384, *1962*, Nr. 3. (Mai.)

1–69 *International Symposium on space flight and re-entry trajectories organized by the International Academy of Astronautics of the IAF Louveciennes, 19–21 June 1961.* Astronaut. Acta **8**, 1–173, *1962*, Nr. 2/3.

1–70 **Jerzy Neyman, Thornton Page** and **Elizabeth Scott.** *Conference on the instability of systems of galaxies, Santa Barbara, California, August 8–9, 1961.* Astr. J. **66**, 533–535, *1961*, Nr. 10. (Dez.) (Berkeley, Calif., Univ., Statist. Lab.; Middletown, Connect., Univ., Van Vleck Obs.)

1–71 **A. M. Portis** and **J. Kanamori.** *Magnetism and crystallography. International Conference in Kyoto.* Phys. Today **15**, *1962*, Nr. 5, (Mai.) S. 30–33. (Osaka, Univ.)

1–72 *International Conference on Components and Materials used in Electronic Engineering from 14th–16th June 1961 in London.* Proc. Instn elect. Engrs (B) **109**, 1–630, *1962*, Suppl. Nr. 21/22. (S. B.) E. Bretnütz.

1–73 **H. E. M. Barlow.** *Conference on Microwave Measurement Techniques Introductory Session including spezial Topics in Microwave Measurements on 6th June 1961 in London.* Proc. Instn elect. Engrs (B) **109**, 639—880, *1962*, Suppl. Nr. 23. (S. B.) (London, Univ. Coll., Elect. Engng.)

1–74 **D. A. Rice.** *Symposium on the reduction of gravity data. Cambridge, from July 25th to July 28th 1961.* Bull. géod. (NS) *1962*, Nr. 63, (1. März.) S. 7—14.

1–75 **A. S. Nowick, H. S. Sack** and **P. J. Leurgans.** *Conference on internal friction due to crystal lattice imperfections.* Acta metallurg. **10**, 267, *1962*, Nr. 4. (Apr.)

1–76 *The first All-Union Conference on heat and mass transfer from 5. to 9. Juni 1961 in Minsk.* Int. J. Heat Mass Transfer **4**, 1—15, *1961*, Dez.

1–77 ***B. Buras.** *Pile Neutron Research in Physics. Proceedings of the Symposium on Pile Neutron Research in Physics, sponsored by the International Atomic Energy Agency and held in Vienna, 17—21 Oct. 1960.* 654 S. m. etwa 310 Abb. Int. Atomic Energy Agency, Vienna, *1962*. DM 42,—.

1–78 *Instruments, electronics and automation exhibition 1962.* Proc. Contr. Autom. **9**, 212—240, *1962*, Nr. 5. (Mai.)

1–79 *Le 5e Salon International des Composants Electroniques, Paris, 16 au 20 février 1962.* Onde élect. **42**, 257—272, *1962*, Nr. 420. (März.)

1–80 *Fourth Annual Conference on Aviation and Astronautics.* Bull. Res. Counc. Israel **11C**, 1—194, *1962*, Nr. 1. (Apr.)

1–81 *Proceedings of the Annual Meeting of the Israel Physical Society April 15—16, 1962. Einstein Institute of Physics, Technion City, Haifa.* Bull. Res. Counc. Israel **10F**, 139—154, *1962*, Nr. 3. (Apr.)

1–82 **A. A. Glinskii.** *Ninth All-Russian Scientific Conference on the application of ultrasonics to the investigation of matter.* Soviet Phys.-Acoust. **7**, 315—316, *1962*, Nr. 3. (Jan./März.) (Engl. Übers. aus: J. Acoust. SSSR **7**, 392—394, *1961*, Nr. 3.)

1–83 **D. B. Dianov.** *Scientific-Technical Conference on physical methods for the nondestructive testing of materials.* Soviet Phys.-Acoust. **7**, 316—318, *1962*, Nr. 3. (Jan./März.) (Engl. Übers. aus: J. Acoust. SSSR **7**, 394—396, *1961*, Nr. 3.)

1–84 **V. A. Troitskaya.** *Conference on rapid variations in electromagnetic earth's field and terrestrial currents.* Bull. Acad. Sci. USSR, Geophys. Ser. *1961*, S. 1011—1012, Nr. 10. (Okt.) (Engl. Übers. aus: Iswest. Akad. Nauk SSSR, Ser. geofis. *1961*, S. 1547 bis 1548.)

1–85 **A. A. Kovtun.** *Conference on electromagnetic methods of studying the earth.* Bull. Acad. Sci. USSR, Geophys. Ser. *1961*, S 1012—1013, Nr. 10. (Okt.) (Engl. Übers. aus: Iswest. Akad. Nauk SSSR, Ser. geofis. *1961*, S. 1548—1550.)

1–86 *Second Acoustics Conference in Budapest, 19.—23. 6. 1961.* Soviet Phys.-Acoust. **7**, 410—412, *1962*, Nr. 4. (Apr./Juni.) (Engl. Übers. aus: J. Acoust. SSSR **7**, 504—506, *1961*, Nr. 4.) V. Weidemann.

I. Mathematik

1–87 **Allan Hayes.** *Additive functionals on groups.* Proc. Camb. phil. Soc. **58**, 196—205, *1962*, Nr. 2. (Apr.) E. Bretnütz.

1–88 **S. Adler.** *A generalized Ewald method for lattice sums.* Physica **27**, 1193—1201, *1961*, Nr. 12. (Dez.) (New York, Gen. Tel. Electron. Labs Inc.) Es werden Gittersummen der Form $\sum_{j,k} C_k f(|\mathfrak{R}_j^k|) \{\sum_m A_{lm} Y_{lm}(\theta_j^k, \varphi_j^k)\} e^{i\mathfrak{K}\mathfrak{R}_j^k}$ nach der EWALD-Methode berechnet. Y_{lm} ist eine Kugelfunktion, $|\mathfrak{R}_j^k|$, θ_j^k, φ_j^k, sind die Polarkoordinaten des k-ten Atoms in der j-ten Elementarzelle. Die Koeffizienten C_k und die Funktion f(R) können praktisch beliebig sein, für f(R) wird nur verlangt, daß die inverse LAPLACE-transformierte von $f(R^{1/2})/R^{1/2}$ existiert. Die Ergebnisse werden durch relativ leicht berechenbare Integrale ausgedrückt; numerische Werte werden nicht angegeben. W. Ludwig.

1–89 **F. M. Ragab.** *Expansions of generalized hypergeometric functions in series of products of generalized Whittaker functions.* Proc. Camb. phil. Soc. **58**, 239—243, *1962*, Nr. 2. (Apr.) (Bonn, Univ., Math. Inst.)

1–90 **W. Elwyn Williams.** *The reduction of boundary value problems to Fredholm integral equations of the second kind.* Z. angew. Math. Phys. **13**, 133—152, *1962*, Nr. 2. (25. März.) (Liverpool, Univ., Appl. Math. Dep.)

1–91 **W. Schmidt.** *Über das Verhalten der Lösungen eines verallgemeinerten Cauchy-Riemannschen Differentialgleichungssystems in der Umgebung von isolierten Singularitäten der Koeffizienten.* Wiss. Z. Hochsch. Elektrotech. Ilmenau **7**, 221—232, *1961*, Nr. 3. (Ilmenau, Inst. Math.)

1–92 **Jean Guy, André Salès** et **Jean-René Didry.** *Calcul des intégrales de la forme* $I_{m,n}(a, b) = \int_{+1}^{\infty} \lambda^m e^{-a\lambda} d\lambda \int_{-1}^{+1} \mu^n (\lambda + \mu)^{-1} e^{-b\mu} d\mu$ *(m et n entiers).* J. Phys. Radium **23**, 149—151, *1962*, Nr. 3. (März.) (Paris, Fac. Pharm., Lab. Phys. Molécul., Groupe Chim. Théor. École Polytech.)

1–93 **H. D. Miller.** *A matrix factorization problem in the theory of random variables defined on a finite Marcov chain.* Proc. Camb. phil. Soc. **58**, 268—285, *1962*, Nr. 2. (Apr.) (Cambridge, Univ., Statist. Lab.)

1–94 **J. L. Brown jr.** *Asymmetric non-mean-square error criteria.* Trans. Inst. Radio Engrs, N. Y. **AC-7**, 64—66, *1962*, Nr. 1. (Jan.) (University Park, Penn., Univ., Ordn. Res. Lab.)

1–95 **A. Kneschke.** *Integration von Anfangsrandwertaufgaben mit dem Trefftzschen Verfahren.* Z. angew. Math. Mech. **42**, 77—83, *1962*, Nr. 1/2. (Jan./Febr.) (Freiberg/Sa.)

1–96 **Walther Meyer zur Capellen** und **Erich Lenk.** *Koppelkurvenzeichner.* Z. Instrum.-Kde **70**, 115—117, *1962*, Nr. 5. (Mai.) (Aachen.)

1–97 **A. Talbot.** *On a class of Tchebysheffian approximation problems solvable algebraically.* Proc. Camb. phil. Soc. **58**, 244—267, *1962*, Nr. 2. (Apr.) (London, Imp. Coll.)
E. Bretnütz.

1–98 **D. Schreier.** *Darstellung nichtlinearer Charakteristiken unter Verwendung von Varistoren.* Wiss. Z. Hochsch. Elektrotech. Ilmenau **7**, 105—124, *1961*, Nr. 2. (Ilmenau, HfE, Inst. Phys.) Im gegenwärtigen Stand der Entwicklung finden Varistoren Anwendung als Quadrierglieder. Die Verfahren zur Erzeugung quadratischer Parabeln verwenden Varistoren, die bereits annähernd eine quadratische Charakteristik besitzen. Dazu ist eine Auswahl bzw. Sonderanfertigung von nichtlinearen Widerständen erforderlich. In der vorliegenden Arbeit wird eine Methode zur Darstellung nichtlinearer Funktionen einer Eingangsspannung untersucht, bei der ohne besondere Auswahl und bei geringem Aufwand eine beste Annäherung an die darzustellende Funktion sowie eine geringe Temperatur angestrebt wird. P. Seyfried.

1–99 **C. L. Becker** and **J. V. Wait.** *Two-level correlation on an analog computer.* Trans. Inst. Radio Engrs, N. Y. **EC-10**, 752—758, *1961*, Nr. 4. (Dez.) (Tucson, Ariz., Univ., Dep. Elect. Engng.) Eine angenäherte Korrelations-Analyse eines statistischen Prozesses kann durchgeführt werden, wenn man quantisierte Werte des Signals verwendet. Die einfachste mögliche Form ist die Korrelation zwischen zwei Pegelwerten, bei der lediglich die Polaritäten des Prozesses an zwei Zeitpunkten verglichen werden. Der Bericht beschreibt eine Untersuchung dieser Technik, wobei ein Analog-Rechner benutzt wird. Es ist ein interessantes Beispiel dafür, wie elektronische Analog-Rechner typisch digitale Funktionen übernehmen können, indem sie genaue statistische Messungen durchführen. O. Macek.

1–100 **W. R. Cowell** and **H. O. Burton.** *Computer simulation of the use of group codes with retransmission on a Gilbert burst channel.* Commun. and Electronics *1962*, S. 577—585, Nr. 58. (Jan.) (Murray Hill, N. J., Bell Tel. Labs, Inc.) Die Datenübertragung über Fernsprechleitungen gestattet Geschäftsdaten aller Art 10—20mal schneller zu übertragen, als es mit Fernschreibeinrichtungen möglich ist, wobei der Preis für die Leitungen nur etwa das Dreifache beträgt. Impulsstörungen verstümmeln ab und zu eines der übertragenen Zeichen und man sucht nach einem Zahlenschema (Code), bei dem das gestörte Zeichen erkannt, rekonstruiert oder der ganze Informationsblock erneut übertragen werden kann. Im vorliegenden Aufsatz wird das Problem auf einem Digitalrechner simuliert, wobei die Störungen, die zu bestimmten Zeiten gehäuft als sog. „bursts" auftreten, mit einer Art Zufallsgenerator nach Gilbert unter Zugrundelegung dreier Parameter als Folge von binären Zeichen mit den Zuständen „Fehlerfrei" und „Fehler" erzeugt werden. Das Signal, dem diese Fehler aufgedrückt werden, enthält die (5stelligen) Zeichen für Buchstaben oder Zahlen in verschachtelter Form, wobei die binären Einer und Nullen eines Zeichens weit auseinander liegen, während dazwischen Binärelemente anderer Zeichen liegen. Für die verschiedensten Störwahrscheinlichkeiten, Codeformen und den Grad der Verschachtelung werden die Fehlerwahrscheinlichkeiten graphisch dargestellt und diskutiert. Es ist vorteilhafter, die Information zu verschachteln, bei Einzelfehlern im Gerät zu korrigieren und bei Mehrfachfehlern den Informationsblock zu wiederholen, als viel überschüssige Information in den Code zu stecken, um mehrfache Fehler selbsttätig korrigieren zu können. B. Rall.

1–101 **E. Kettel** and **W. Schneider.** *An accurate analog multiplier and divider.* Trans. Inst. Radio Engrs, N. Y. **EC-10**, 269—272, *1961*, Nr. 2. (Juni.) (Ulm, Telefunken Res. Inst.)

1–102 **R. A. Kaenel.** *High-speed analog-to-digital converters utilizing tunnel diodes.* Trans. Inst. Radio Engrs, N. Y. **EC-10**, 273—284, *1961*, Nr. 2. (Juni.) (Murray Hill, N. J., Bell Tel. Labs. Inc.)

1–103 **John Hartmann, Granino A. Korn** and **Richard L. Maybach.** *Low-cost triangle integration multipliers for analog computers.* Ann. Ass. int. Calcul analog. **3**, 167—172, *1961*, Nr. 4. (Okt.) O. Wegner.

1–104 **V. G. Lazarev** and **E. I. Piil'.** *On the integration of potential-pulse forms.* Soviet Phys.-Doklady **6**, 550—552, *1962*, Nr. 7. (Jan.) (Engl. Übers. aus: Doklady Akad. Nauk SSSR **139**, 556—559, *1961*, Nr. 3.) Der Funktionsablauf digitaler Schaltkreise hängt oftmals davon ab, wie sich die Funktionswerte mit den Argumenten ändern. Zur Beschreibung derartiger Schaltkreise wurde von A. D. Talantsev der Potential-Impuls-Formalismus vorgeschlagen, der die logischen Bedingungen des Schaltkreissystems erfaßt. Ferner wurde eine Integrationsmethode für diesen Formalismus entwickelt. Die vorliegende Arbeit behandelt eine algebraische Integrationsmethode, mit deren Hilfe entsprechende Schaltkreise minimisiert werden können. Diese wird an 2 Beispielen erläutert. R. Stark.

1–105 **L. Hannakam.** *Nachbildung der elektromechanischen Systemgleichungen auf dem elektronischen Analogrechner.* Ann. Ass. int. Calcul analog. **3**, 173—187, *1961*, Nr. 4. (Okt.) O. Wegner.

II. Astronomie und Astrophysik

1–106 **D. W. O. Heddle.** *Observations in the southern hemisphere of ultra-violet light from celestial objects.* Nature, Lond. **193**, 861, *1962*, Nr. 4818. (3. März.) (London, Univ. Coll., Space Res. Group, Dep. Phys.) Vf. berichtet über Intensitätsmessungen der UV-Strahlung von Sternen und des Mondes, die mit Photomultipliern in einer Skylark-Rakete in Höhen von etwa 100 km (Abschuß am 1. 5. 1961 von Woomera, Australien) im Wellenlängenbereich von etwa 2200 Å gewonnen worden sind. In diesem Wellenlängenbereich ergibt sich der Helligkeitsunterschied zwischen Vollmond und Sonne zu 17,5 Größenklassen. E. Lamla.

1–107 **O. Heckmann.** *Die Universalität der Naturgesetze in der Astronomie. II.* Phys. Bl. **18**, 112–117, *1962*, Nr. 3. (Hamburg.) Beggerow.

1–108 **Yngve Öhman** and **Britt Ahnström-Sandgren.** *A solar flare photometer using a Savart polariscope.* Ark. Astr. **2**, 427–428, *1961*, Nr. 5/6. Das von Vff. entwickelte neue Flare-Photometer beruht im Prinzip darauf, der im H_α-Bild der Sonne beobachteten Flare-Intensität so viel meßbare Lichtintensität zu überlagern, bis der Kontrast zwischen Flare und der hinzugefügten Intensität verschwindet. Hierzu wird hinter das Okular des H_α-Filters ein WOLLASTON-Prisma gesetzt, so daß man zwei sich teilweise überlagernde Sonnenbilder enthält – das des ordentlichen und des außerordentlichen Strahles –. Ein Flare in dem einen Sonnenbild ist dann stets von einem Teil der ungestörten Chromosphäre des anderen Bildes überdeckt. Durch Drehung des Prismas kann nun die Intensität des einen Bildes gegenüber der des anderen solange geändert werden, bis der Flare im überlagerten Licht der Chromosphäre verschwindet. Indem ein SAVARTsches Polariskop dem WOLLASTON-Prisma nachgeschaltet wird, kann die Intensitätsgleichheit genau genug beurteilt werden. Sie ist dann erreicht, wenn in dem Bild des Flares keine Interferenzstreifen mehr auftreten. Ein mittlerer Fehler von etwa 4% in den Intensitätsmessungen kann erreicht werden; er hängt von der Genauigkeit des Polariskops ab. E. Lamla.

1–109 **G. A. Harrower.** *Design of radio telescopes for extragalactic surveys.* Canad. J Phys. **40**, 226–236, *1962*, Nr. 2. (Febr.) (Kingston, Ont., Univ., Radio Astron. Group.). Es werden die Anzahl N_r der mit einem Radioteleskop auflösbaren Radioquellen als Funktion des Antennendurchmessers D und die Anzahl der entdeckbaren Quellen N_d als Funktion der Empfängerparameter, der Empfängerfläche und dem Antennengewinn g berechnet. Für ein ökonomisch arbeitendes Radioteleskop sollte möglichst $N_r = N_d$ erstrebt werden. Diese Bedingung ergibt einen Zusammenhang zwischen A/D^2 als Funktion der Wellenlänge und der Winkelauflösung eines Instrumentes, der zeigt, daß die Auflösung um so größer ist, je kleiner A/D^2 und je größer die Wellenlänge λ ist, bei der beobachtet wird. Es zeigt sich, daß der lange Wellenlängenbereich für die extragalaktische Radiobeobachtung besonders vorteilhaft erscheint, wenn man Antennen vom Interferometertyp verwendet. Einerseits wächst bei diesen Antennen bei gegebener Zahl der Elemente die Anzahl der entdeckbaren Quellen N_d mit λ an. Andererseits können bei großem λ Antennen mit niedrigeren A/D^2-Werten benutzt werden, deren effektive Empfängerfläche mit λ^2 anwächst. E. Lamla.

1–110 **A. Braccesi** and **M. Ceccarelli.** *The Italian cross radiotelescope. I. Design of the antenna.* Nuovo Cim. (10) **23**, 208–215, *1962*, Nr. 1. (1. Jan.) (Bologna, Ist. Naz. Fis. Nucl.; Univ., Ist. Fis., Lab. Radioastron.) Beschreibung eines Radioteleskops vom Interferometertyp („MILLS' cross"), das zur Identifikation von schwachen Radioquellen bei möglichst hoher Auflösung im Bereich von 408 MHz benutzt werden soll. Die Empfangsrichtung kann gegenüber dem Zenit um $\pm 45°$ geändert werden. Angabe des Antennendiagramms und der Empfindlichkeit des Instrumentes. E. Lamla.

1–111 **G. Gelato, C. Rosatelli** and **G. Sinigaglia.** *Dasselbe. II. Preliminary design of the receiver.* Ebenda S. 254–257. (Bologna, Univ., LNRA Ist. Fis.; Com. Naz. En. Nucl.) Beschreibung der notwendigen Empfangseinrichtungen des im vorst. Bericht genannten

Radioteleskops. Das Ausgangssignal des Empfängers soll wahlweise direkt in eine datenverarbeitende elektronische Rechenmaschine oder in ein digital arbeitendes Registriergerät gegeben werden können. E. Lamla.

1–112 **Paul Simon.** *Meter wave emissive regions and type III bursts.* Ann. Astrophys. **25**, 12–17, *1962*, Nr. 1. (Jan./Febr.) (Ann Arbor, Mich., Univ., Radio Astron Obs.) V. Weidemann.

1–113 **Reimar Lüst, Friedrich Meyer, Eleonore Trefftz** und **Ludwig Biermann.** *Zur Temperatur der Sonnenkorona.* Z. Naturf. **17a**, 259–266, *1962*, Nr. 3. (März.) (München, Max-Planck-Inst. Phys. Astrophys.) Die aus den Breiten der Fraunhofer-Linien der Sonnenkorona ermittelte Temperatur ist um einen Faktor 2 etwa größer als die Elektronentemperatur. Dieser Unterschied kann, wie die Rechnungen der Vff. zeigen, nicht durch Energieverluste der Elektronen infolge Abstrahlung bei allen möglichen Übergangstypen erklärt werden. Daher muß man annehmen, daß die Ionen- und Elektronentemperatur der Korona gleich ist, daß aber sowohl der beobachtete Dichtegradient als auch die beobachteten Linienbreiten der Ionen durch Stoßwellen in der Korona stark beeinflußt werden. Dies ist der Fall, wie ein vereinfachtes Modell der Vff. für die Ausbreitung von Stoßwellen in der Korona unter Berücksichtigung des Impulstransports zeigt. Der durch die Stoßwellen transportierte Impuls führt zu einer Vergrößerung der Schichthöhe gegenüber der ungestörten Atmosphäre. Da die Ausbreitung der Stoßwellen in radialer Richtung erfolgt, der Hauptbeitrag zur Linienbreite von tangentialen Bewegungen innerhalb der Korona geliefert wird, wirkt von seiten der Stoßwellen nur eine Teilkomponente auf die Breite der Linien. Dies scheint angedeutet zu sein; Stoßwellengeschwindigkeit über 100 km/s, Geschwindigkeiten aus Linienbreiten etwa 30 km/s. Genauere Rechnungen sind hierfür noch erforderlich. E. Lamla.

1–114 **M. G. Karimov** and **N. S. Shilova.** *Connection between the motion of matter in the corona and the prominences.* A. R. S.-J. **31**, 970–975, *1961*, Nr. 7. (Juli.) O. Wegner.

1–115 **John C. Brandt** and **Richard W. Michie.** *Semiempirical model of the interplanetary medium.* Phys. Rev. Letters **8**, 195–196, *1962*, Nr. 5. (1. März.) (Berkeley, Calif., Univ., Astron. Dep.) Aus Beobachtungen der Bahngeschwindigkeit von Kometen in Verbindung mit der Richtung des Kometenschweifes ergibt sich eine Expansionsgeschwindigkeit des interplanetaren Plasmas von mehreren Hundert km/sec in Entfernungen von $^1/_2$ bis 2 astronomischen Einheiten. Darüber hinaus, bis zu 5 astronomischen Einheiten, werden die Geschwindigkeiten geringer. Diese Angaben stimmen mit den nach Parkers und Chamberlains Sonnenwind-Modellen zu erwartenden Werten angenähert überein. Unter der Annahme einer Geschwindigkeit um 300 km/sec in der Nähe der Erdbahn kann die Plasma-Dichte zu 1–3 Elektronen/cm^3 angenommen werden. Der Verlauf dieser beiden Werte als Funktion der Entfernung wird besprochen und mit Satelliten-Beobachtungen verglichen. R. Stenzel.

1–116 **M. J. Buckingham.** *Measurement of interplanetary electron density from the earth.* Nature, Lond. **193**, 538–539, *1962*, Nr. 4815. (10. Febr.) (Sydney, Univ., School Phys.) Der Vf. schlägt vor, die heute erreichte Präzision der radioastronomischen Messungen für Bestimmungen der Elektronendichte im interplanetarischen Raum auszunutzen. Dabei sollen die scheinbaren Positionen einer Radioquelle bei Verdeckung durch den Mond bei zwei Frequenzen gemessen werden. Aus diesen Winkelmessungen und der Frequenz kann die Elektronendichte über den Ausdruck für die Strahlenbrechung berechnet werden. Ausdrücke für das Modell des solaren Windes werden aufgestellt; Einflüsse einer Elektronenatmosphäre des Mondes werden diskutiert. E. Waibel.

1–117 **J. M. J. Kooy.** *Astrodynamics and planetary research.* Astronaut. Acta **8**, 151 bis 173, *1962*, Nr. 1. (Breda, Netherl., Roy. Milit. Acad.) V. Weidemann.

1–118 **L. T. Kayser** und **D. E. Kölle.** *Das Discoverer-Satellitenprogramm.* Raketentech. Raumfahrtforsch. **6**, 31–34, *1962*, Nr. 1. Nach kurzer Beschreibung der beiden Discoverer-Agena-Systeme, des Flugablaufs und des Bergungsverfahrens der Instrumentenkapsel werden vier technologische Versuchsreihen (36 Starts) genannt: Erprobung der Rückkehr- und Bergungstechnik, Erprobung einer Wiederzündung im Raum mit entsprechender Bahnänderung, Erprobung einer Gasdüsen-Lageregelung mit Infrarot-Horizontsucher und Erprobung von Lenkverfahren. Von den mit Hilfe der Meßinstrumente in der Instrumentenkapsel durchgeführten Versuche seien genannt: Messung der kosmischen Strahlung und ihres Einflusses auf lebende Gewebe, Erprobung von Bahnmeßgeräten für andere Satellitenprogramme, Untersuchung von Werkstoffen nach langzeitiger Exposition im Weltraum, Untersuchung von Silicium nach Einwirkung von hochenergetischen Protonen sowie Messung von atmosphärischen Daten und Infrarotstrahlung. R. Stenzel.

1–119 **S. M. Rytow.** *Weltraumfahrt mit sehr hoher Geschwindigkeit.* Phys. Bl. **18**, 118 bis 123, *1962*, Nr. 3. (Moskau.) Beggerow.

1–120 **V. A. Dombrovskii.** *An analysis of the distribution of interstellar polarization in Cygnus.* Soviet Phys.-Doklady **6**, 287–289, *1961*, Nr. 4. (Okt.) (Engl. Übers. aus: Doklady Akad. Nauk SSSR, **137**, 814–817, *1961*, Nr. 4.) (Leningrad, Univ.) Mit Hilfe eigener und anderer in der Literatur vorhandener Polarisationsdaten von 196 Sternen eines im Cygnus liegenden Gebietes werden die Polarisations- und Absorptionsverhältnisse und die Zugehörigkeit der untersuchten Sterne zu bestimmten Assoziationen bestimmt. Die absorbierende Materie zeigt in dem erfaßten räumlichen Bereich unregelmäßige Wolkenstruktur; der Hauptanteil der Materie liegt in der Nähe des galaktischen Äquators in einer Entfernung von 1,5–2 kpc. Die Polarisationsrichtung des Sternlichtes zeigt dann eine Regelmäßigkeit, wenn man nur räumlich zusammengehörige Sterne mit Entfernungen bis zu 1,5 kpc betrachtet. Es ergibt sich dann, daß der Polarisationsgrad räumlich stark variieren kann. E. Lamla.

1–121 **J. B. Seldowitsch.** *Die Zustandsgleichung bei überhohen Dichten und ihre relativistischen Beschränkungen.* Sh. exp. teor. Fis. **41**, 1609–1615, *1961*, Nr. 5. (Orig. russ.) Im Zusammenhang mit der Frage nach dem letzten Entwicklungsstadium dichter Sterne (dem Gravitations-Kollaps) wurde die LANDAUsche Idee der Neutronenkondensation durch Berücksichtigung anderer Elementarteilchen und der Kernwechselwirkung der Baryonen vervollständigt. Die dabei häufig gemachte Annahme einer Abstoßung der Nukleonen in der Art starrer Kugeln widerspricht der Relativitätstheorie, denn sie liefert unendliche Drücke bei endlichen Dichten und eine Schallgeschwindigkeit, die größer ist als die des Lichtes. Vf. untersucht allgemein die Beschränkungen für das Abstoßungsgesetz und das asymptotische Verhalten der Zustandsgleichung, die sich aus der Relativitätstheorie ergeben. Während man meist annimmt, aus der speziellen Relativitätstheorie folge $3\,p \lesseqgtr \varepsilon$ (p Druck, ε Energiedichte einschließlich der Ruhmassen), weil für das elektromagnetische Feld $3\,p = \varepsilon$ gelte und für freie nichtwechselwirkende Teilchen mit endlicher Ruhmasse das $<$-Zeichen gelten müsse, baut Vf. ein Beispiel für eine relativistisch-invariante Theorie auf, in der auch $3\,p > \varepsilon$ und im Grenzfall $p = \varepsilon$ möglich ist. Es handelt sich um ein klassisches Vektorfeld mit einer Masse, das mit klassischen ruhenden Punktteilchen wechselwirkt. Diese Beziehung $p = \varepsilon \sim n^2$ und $D \to c$ (D Schallgeschwindigkeit, n Baryonendichte) kennzeichnet auch die „starre" Zustandsgleichung, die relativistisch möglich ist (im Gegensatz zu dem früher angenommenen Verhalten $3\,p = \varepsilon \sim n^{4/3}$, $D \to c/\sqrt{3}$). Im Fall der Wechselwirkung von Baryonen über ein Vektorfeld mit Masse wird gezeigt (durch Betrachtung der Paarwechselwirkung der Baryonen sowie auch mit Hilfe des Spannungstensor des Feldes), wie hierbei die Gleichung $p = \varepsilon \sim n^2$ realisiert wird und wie der Übergang zu $3\,p = \varepsilon$ erfolgt, wenn die Ruhmasse der Feldquanten gegen Null geht. H. Vogel.

1–122 **H. S. Talwar.** *The equilibrium of a rotating polytropic fluid star with a magnetic field.* Proc. nat. Inst. Sci. India (A) **27**, 283–288, *1961*, Nr. 4. (26. Juli.) (Delhi, Univ., Phys. Dep.) Unter der Annahme, daß die Magnet- und Geschwindigkeitsfelder nicht stark sind, wird das Gleichgewichtsmodell für einen kompressiblen, unter dem Einfluß seines eigenen Gravitationsfeldes stehenden Sternes auf dem Wege sukzessiver Näherungen bestimmt. Setzt man den Dichtegradient als eine lineare Funktion der Distanz vom Zentrum des Sternes an, dann erhält man als spezielle Lösung die magnetische Energiedichteverteilung in der äquatorialen Ebene für ein magnetostatisches Sternmodell. E. Lamla.

1–123 **S. G. Matinjan** und **N. N. Zilosani.** *Umwandlung von Photonen in Neutrinopaare und ihre Rolle im Sternaufbau.* Sh. exp. teor. Fis. **41**, 1681–1687, *1961*, Nr. 5. (Orig. russ.) In Fortführung der Überlegungen von GAMOW-SCHOENBERG, PONTECORVO u. a. diskutieren Vff. quantitativ einen neuen zusätzlichen Mechanismus, der zur Abstrahlung von Sternenergie in Form von Neutrinos führt. Es handelt sich um die Aufspaltung eines Photons im COULOMB-Feld eines Kerns in ein Neutrino-Antineutrino-Paar. Außerdem wird näherungsweise der Effekt abgeschätzt, der mit der Umwandlung zweier Photonen in ein Neutrinopaar zusammenhängt. Die Anwendung auf die Bedingungen im Sterninnern erfolgt in nichtrelativistischer Näherung. Bei hohen Temperaturen und Dichten kann die Neutrino-Leuchtkraft und speziell die Energieabfuhr durch die diskutierten Prozesse wesentlich für den Energiehaushalt werden. Bei einer Dichte 10^5 und einer Temperatur von 42 keV ($5 \cdot 10^8\,°K$, $Z = 12$) erzeugt 1 g Sternmaterie durch den Prozeß $\gamma + A \rightarrow A + \nu + \bar{\nu}$ etwa 10^3 erg/s, also wesentlich mehr, als der Photonenleuchtkraft entspricht. In einem großen Temperatur- und Dichtebereich überwiegt der betrachtete Mechanismus über die Bremsstrahlung von Neutrinos. Das ist wichtig im Zusammenhang mit dem zu hohen Strahlungsalter weißer Zwerge und überhaupt von Sternen geringer Leuchtkraft, ferner mit der Frage nach dem ursprünglichen Wasserstoffgehalt in den weißen Zwergen, die nicht aus einem Nova-Stadium hervorgegangen sind, schließlich auch in der Dynamik der Supernova-Ausbrüche. H. Vogel.

1–124 **G. A. Askarjan.** *Beschleunigung ionisierter Gaswolken mit einem magnetischen Eigenfeld, das den Elektronenfluß streut.* Sh. exp. teor. Fis. **41**, 1632–1633, *1961*, Nr. 5. (Orig. russ.) Ein Plasma wird durch ein eigenes Magnetfeld undurchlässig für Elektronen, und die Streuung eines einfallenden Elektronenstrahls bedingt eine Impulsübertragung auf das Plasma. Dieser Beschleunigungsmechanismus für eine Plasmawolke mit eingefrorenem Magnetfeld ist entgegengesetzt zum FERMIschen Beschleunigungsmechanismus für kosmische Teilchen (Reflexion an bewegten kosmischen Plasmawolken mit eingefrorenen Feldern). Es werden zwei Methoden zur Vergrößerung der dem Elektronenstrahl entnommenen Energie angegeben: Vielfachstreuung des Elektronenstrahls am magnetisierten Plasma und Ausnutzung der Induktionsträgheit („Gewichtszunahme") der Elektronen eines intensiven Strahls. Dieser Effekt läßt sich in Plasma-Beschleunigern ausnutzen und kann in astronomischem Maßstab stattfinden. Die Grenzgeschwindigkeit für eine magnetisierte Wolke in einer Gasentladung, die für Elektronen und Ionen undurchlässig ist, wird bestimmt. Der Effekt ist wichtig für die Dynamik des Plasmas von Kometenschweifen, die vom Plasmastrom der Sonne angeblasen werden. H. Vogel.

1–125 **A. D. Kuz'min** and **A. E. Salomonovich.** *Radio emission from the region near Taurus-A on a wavelength of 8 mm.* Soviet Phys.-Doklady **6**, 745–746, *1962*, Nr. 9. (März.) (Engl. Übers. aus: Doklady Akad. Nauk. SSSR **140**, 81–83, *1961*, Nr. 1.) Mitteilung der Ergebnisse der Messung der Radiostrahlung der Umgebung der Taurus A-Quelle (Crab-Nebel) im 8 mm-Bereich mit einem 22 m-Radioteleskop. Neben der bisher bekannten finden Vff. bei der Position $\alpha_{1950} = 5^h\,32^m\,10^s \pm 6^s$ eine weitere Quelle mit einer Winkelausdehnung von etwa 2,5′. Die gemessenen Werte der Helligkeitstemperaturen T_b und der Strahlungsströme für Taurus A und die neue Quelle sind: $T_b = 6° \pm 10\%$ bzw. $7° \pm 25\%$; $500 \cdot 10^{-16}\,W\,m^{-2}\,Hz$ bzw. $130 \cdot 10^{-26}\,W\,m^{-2}\,Hz$. Es wird vermutet, daß die neue Quelle thermischen Ursprungs ist, da ihre Strahlung in anderen Wellenlängenbereichen von der der Quelle Taurus A verdeckt wird und infolgedessen nicht beobachtet worden ist. Für den Fall, daß die neue Quelle nichtthermischen Ursprungs wäre, können die Vff. abschätzen: Entfernung $> 3{,}8$ kpc; Durchmesser > 3 pc; $N_e < 10^3\,cm^{-3}$; $M/M_\odot > 400$. Ähnlichkeit mit NGC 1976 und 6618. E. Lamla.

III. Physik (Allgemeines)

1-126 **J. W. Knowles.** *Diffraction angle measurements bearing on the deuterium binding energy and on the X-unit-to-milliangstrom conversion constant.* Canad. J. Phys. **40**, 257—273, *1962*, Nr. 2. (Febr.) (Chalk River, Ont., Atom. En. Can. Ltd., Neutron Phys. Branch.) In einem Doppelkristall-Spektrometer ließ man die γ-Strahlung des Deuteriums an den Ebenen (211; 211), (211; 633), (211; 844) und (844; 844) zweier planer Kalkspatkristalle interferieren. Als Bindungsenergie des Deuteriums, aus γ-Strahlmessungen nach n-Einfang ermittelt, errechnet sich in dieser, von systematischen Fehlern der geometrischen Anordnung bis auf etwa 10 ppm freien Apparatur 2224,52 ± 0,20 keV, falls als Bezugswert für die Vernichtungsstrahlung 510,978 ± 0,007 keV gewählt ist. Werden Absolutbestimmungen beider Winkelgrößen vorgenommen, so ergibt sich daraus der Absolutbetrag für den Netzebenenabstand des verwendeten Kalkspats, nämlich d(211) = 3035,70 ± 0,15 mÅ bei 18°C. Eine Brechungskorrektion ist bei dieser Kristallage nicht erforderlich. Da derselbe Netzebenenabstand seit 1958 als Standardwert mit 3029,494 X-Einheiten (Brechungskorrektion eingeschlossen) festgelegt ist, resultiert als Umrechnungsfaktor der X-Einheit zur mÅ-Skala somit 1,002049 ± 0,000057. Eingehend werden Vergleiche mit bisherigen Literaturangaben angestellt. H. Weyerer.

1-127 **J. S. Preston.** *Photometric standards and unit of light.* Notes appl. Sci. Nat. phys. Lab. *1961*, Nr. 24, S. 1—32. (Teddington, Middles., Nat. Phys. Lab.) Zusammenfassende Darstellung des gegenwärtigen Standes der Lichtmessung mit besonderer Berücksichtigung der Ausrüstung und der photometrischen Einrichtungen und Arbeiten des NPL. Beschreibung des Primärstandards (Schwarzer Körper als Strahlungs-Normal) und seiner Handhabung. Die gegenwärtige Gesamtunsicherheit der Lichteinheit Candela wird auf etwa 1% geschätzt. Darstellung der Methoden zur Ableitung von Sekundärstandards für Lichtstärke und Lichtstrom verschiedener Lichtart aus dem Primärstandard und der dazu verwendeten Lampen und photometrischen Einrichtungen (Lampen-Justier- und Lampendrehvorrichtungen, Ulbricht-Photometerkugeln, Photometer, elektrische Meßeinrichtungen usw.). Seit einiger Zeit laufen im NPL Untersuchungen an thermischen Strahlungsempfängern in Verbindung mit Filtern, die eine gute Anpassung der spektralen Verteilung der Empfänger-Empfindlichkeit an den international angenommenen spektralen Hellempfindlichkeitsgrad des menschlichen Auges ergeben („standard-eye" filter). Das Ziel dieser Untersuchungen ist, zu ermitteln, ob mit Hilfe derartiger Standard-Empfänger eine Lichteinheit vielleicht besser reproduziert werden könnte als durch einen Standard-Strahler, wie es bisher geschieht. H. Willenberg.

1-128 **G. Ney.** *Limites des validité des indications d'un enregistreur. Cas particulier des enregistreurs potentiométriques. Solutions industrielles.* Mes. Contrôle industr. **26**, 869 bis 873, *1961*, Nr. 290. (Juli.)

1-129 **Lorenz Borucki** und **Eberhard Lorenz.** *Neue Digital-Meßgeräte für Präzisions- und Betriebsmessungen.* Z. Instrum.-Kde **70**, 81—85, *1962*, Nr. 4. (Apr.) (Karlsruhe, Siemens u. Halske AG., Wernerw. Meßtechn.)

1-130 **Ulrich Kobbe.** *Digital-Meßgerät DIGIZET für ballistische Messungen.* Z. Instrum.-Kde **70**, 86—89, *1962*, Nr. 4. (Apr.) (Karlsruhe, Siemens u. Halske AG., Wernerw. Meßtechn.)

1-131 **Werner Kondziela.** *Über die Bedeutung einer eingehenden Toleranzrechnung für feinwerktechnische Konstruktionen.* Feinwerktechnik **66**, 179—180, *1962*, Nr. 5. (Mai.) (Bielefeld.)

1-132 **Tino Ahrens.** *Aether concept versus special relativity.* Amer. J. Phys. **30**, 34—36, *1962*, Nr. 1. (Jan.) (Atlanta, Georgia Inst. Technol.) E. Bretnütz.

1-133 **J. Delafosse** et **G. Mongodin.** *Les calculs de la technique du vide.* Mit einem Vorwort von **G.-A. Boutry.** Vide, Paris **16**, *1961*, Nr. 92, (März/Apr.) S. 1—109. Es werden Methoden beschrieben und Daten mitgeteilt, so daß eine praktisch ausreichende Berechnung von Pumpvorgängen ermöglicht wird. Unterschieden werden dabei drei Grundphasen: a) das schnelle Fortschaffen des im Innern eines Rezipienten vorhandenen Gases, b) das langsamere Evakuieren der an den Wänden sitzenden Gase und c) die Beseitigung der ständig neu auftretenden Gasreste (z. B. auch durch gewollte oder nicht gewollte Lecks; in letzterem Falle besteht eine Strömung, entlang den Leitungen ist ein Druckgradient). Die 7 Abschnitte der Arbeit behandeln: Grundlagen der kinetischen Gastheorie. Charakteristische Größen einer Vakuumapparatur. Statische (kein Druckgradient) sowie dynamische Bereiche. Entgasung. Kopplung von Pumpen (Wahl einer Pumpengruppe). Formeln und Tabellen. H. Ebert.

1–134 **H. G. Nöller.** *Méthodes de production et de mesure du vide.* Vide, Paris **17**, 36–52, *1962*, Nr. 97. (Jan./Febr.) (Cologne, E. Leybold's Nachf.) Vf. gibt eine Übersicht über die Methoden der Vakuumerzeugung und Messung, indem er ausgeht von den physikalischen Gegebenheiten des bis zu verschiedenen Graden gasentleerten Raumes. Es werden die wichtigsten Pumpen-Arten in ihrer Arbeitsweise dargestellt (Dampfstrahl- und Diffusionspumpen, Axialverdichter und Molekularpumpe sowie Getter- und Ionengetterpumpen). Besonders eingehend werden Dampfstrahl- und Diffusionspumpen behandelt. Die Rolle von Baffles, Kühl- und Adsorptionsfallen wird erläutert (zweckmäßige Kombinationen, Hinweis auf Schwierigkeiten usw.). Bei der Behandlung der Meßmethoden weist der Vf. darauf hin, daß der Begriff „Druck", der im Gebiet oberhalb 10^{-3} Torr physikalisch sinnvoll ist, im Hochvakuum und Ultrahochvakuum nicht ohne weiteres angewandt werden kann. Die Vorgänge im hochevakuierten Raum sind nicht druck-, sondern dichteabhängig. Die Dichte kann nur mittelbar aus den von ihr abhängigen Größen (mittlere freie Weglänge, Bedeckungsstrom, spez. Ionisierung) bestimmt werden. Nur in dem im Ultrahochvakuum seltenen Falle des thermodynamischen Gleichgewichtes ist die Beziehung $p = n \cdot k \cdot T$ gültig. Zur Charakterisierung des Hoch- und Höchstvakuums schlägt er daher die Messung der Total- und Partialdichten vor. Als Repräsentant der Totaldruckmeßgeräte im Hochvakuum wird das Ionisationsmanometer mit Glühfaden besprochen und abschließend eine Übersicht über Arbeitsprinzip und Verwendungsmöglichkeit der verschiedenen Partialdruckmeßgeräte gegeben. C. Meinke.

1–135 **R. Buhl.** *Verringerung der Kontamination durch Ionen-Bombardement der das Präparat umgebenden Wände.* Optik, Stuttgart **19**, 122–131, *1962*, Nr. 2. (Febr.) (Tübingen, Univ., Inst. Angew. Phys.) In einem Elektroneninterferenzmikroskop wird die Aufwachsrate der sich unter dem Einfluß des Elektronenstrahls auf den Elektroden bildenden und zu Störungen führenden Kohlenwasserstoff-Polymerisatschichten dadurch um etwa zwei Zehnerpotenzen verringert, daß a) die vorhandenen Kohlenwasserstoffe durch eine Glimmentladung an den Apparaturwänden polymerisiert und dadurch gebunden werden und b) das Nachströmen von Kohlenwasserstoffen aus Gummidichtungen und Simmerringen durch deren Abdeckung mit Metallteilen stark verringert wird. H. J. Bültemann.

1–136 **N. A. Florescu.** *The theoretical development of the vapour vacuum pump.* Vacuum, Lond. **10**, 250–259, *1960*, Nr. 3. (Juni.) (Sydney, Univ., School Appl. Phys.) Es wird durch theoretische Betrachtungen versucht, gewisse Schwierigkeiten zu beseitigen, die bisher bei der Beschreibung des Mechanismus der Treibmittel-Vakuumpumpen sowie bei der Berechnung ihrer charakteristischen Daten (Sauggeschwindigkeit, Vorvakuumbeständigkeit, Enddruck) bestehen. R. A. Haefer.

1–137 **A. C. Filson.** *All-glass jet pump.* J. sci. Instrum. **39**, 176, *1962*, Nr. 4. (Apr.) (Liverpool, Beck, Koller a. Co. Ltd., Res. Tech. Serv. Labs.) Ein Wasserstrahlpumpentyp wird zum Umwälzen von Flüssigkeit benutzt. Dabei dient Luft von 1,5 at als Treibmittel. H. Ebert.

1–138 **E. Blauth, E. Meyer** und **F. Schwirzke.** *Über die Pumpwirkung einer Hochfrequenzentladung in Deuterium.* Proc. fifth Internat. Conf. on Ionization Phenomena in Gases **1**, 545–549, *1961*. (München, Max-Planck-Inst. Phys. Astrophys.; Garching,

Inst. Plasmaphys.) Der Mechanismus der Pumpwirkung einer in Wasserstoff brennenden Gasentladung bzw. einer heißen Fläche (Wolframband von 1300° C bzw. Wolframkathode einer Ionisationsmanometerröhre) wird durch massenspektroskopische Analyse (Farvitron) der Zusammensetzung der dabei an den Wänden der Glasapparatur adsorbierten Gase untersucht. Es wird festgestellt, daß der Pumpmechanismus nicht wie früher angenommen auf einer Sorption von atomarem Wasserstoff beruht, sondern daß vorwiegend eine Bildung von Wasser aus dem atomaren Wasserstoff und dem Sauerstoff oder den OH-Gruppen des Glases erfolgt. Die adsorbierte Gasmenge setzte sich zu 85% aus D_2O und zu 15% aus D_2 zusammen. (Die Untersuchung wurde mit Deuterium durchgeführt.) H. J. Bültemann.

1-139 **A. J. L. Collinson** and **I. C. Demetsopoullos.** *Experience with a molecular-sieve backed Penning pump ultra-high vacuum system.* Brit. J. appl. Phys. **13**, 249–250, *1962*, Nr. 5. (Mai.) (London, Borough Polytech., Dep. Elect. Engng. Phys.)

1-140 **J. K. N. Sharma.** *Metal vacuum siphon for cryogenic work.* J. sci. industr. Res. **20 D**, 318–319, *1961*, Nr. 8. (Aug.) (Calcutta, Indian Assoc. Cultiv. Sci.)
Beggerow.

1-141 **F. C. Tompkins.** *Interaction des gaz et des surfaces de solides sous basses pressions.* Vide, Paris **17**, 72–82, *1962*, Nr. 97. (Jan./Febr.) (Londres, Imp. Coll., Dép. Chim.) In der vom Vf. gegebenen Übersicht werden behandelt: Der Akkommodationskoeffizient, Kondensationskoeffizient und Haftwahrscheinlichkeit, Beweglichkeit in der adsorbierten Phase, Desorption und Verweilzeit an der Oberfläche, die chemisorbierte Bindung, Kinetik der Bindungsbildung, Adsorption ohne Bindung durch Ladungsübertragung, Vergleich von metallischen und ionischen Adsorbenten, kovalente Bindung und Bildung von Verbindungen (Fall Ni und O_2), andere Adsorbenten (Halbleiter). H. Ebert.

1-142 **M. Marik, M. Somogyi** und **A. Szabó.** *Über den Einfluß der Luftzuführung auf die Kennzahlen von Kreiselpumpen.* Period. Polyt. (Engng-Masch. u. Bauw.), Budapest **5**, 25–30, *1961*, Nr. 1. (Budapest, Tech. Univ., Lehrst. Strömungsmasch.)

1-143 **Robert Collongues** et **François Leprince-Ringuet.** *Un nouveau modèle du chalumeau à plasma.* Bull. Soc. chim. Fr. *1962*, S. 522–524, Nr. 3. (März.) (Vitry-sur-Seine, C. N. R. S., Lab.)

1-144 **Édouard Calvet.** *Emploi du microcalorimètre différentiel et à compensation par effet Peltier en analyse thermique différentielle quantitative.* J. Chim. phys. **59**, 319–323, *1962*, Nr. 4. (Apr.) (Marseille, Inst. Microcalor. Thermog.)

1-145 **Miriam V. Griffith.** *Thermoelectric refrigeration.* Advanc. Sci., Lond. **18**, 135–138, *1961*, Nr. 72. (Juli.) (Leatherhead, Elect. Res. Assoc., Heating Res.)

1-146 **H.-B. Ricke** und **K. Cruse.** *Beiträge zur Hochfrequenz-Titration. Ib. Das Ausschlagverfahren bei Anwendung kapazitiver Meßzellen.* Z. Instrum.-Kde **69**, 10–17, *1961*, Nr. 1. (Jan.) (Clausthal, Bergakademie, Phys. Chem. Inst.) H. Ebert.

1-147 **W. R. Datars.** *Electrolytic polish for antimony.* J. sci. Instrum. **39**, 173, *1962*, Nr. 4. (Apr.) (Ottawa, Def. Res. Telecomm. Est.) Nach einleitendem mechanischem Schleifen werden jene Teile der Probe mit einem Wachs überzogen, die nicht poliert werden sollen. Das so vorbereitete Stück wird in eine Elektrolytlösung (90% acetic anhydrid und 10% perchloric acid (60%)) gebracht und zwischendurch abgespült, bis die Oberfläche die gewünschte Glätte hat. H. Ebert.

1-148 **M. Mazur.** *Kybernetische Probleme des Lebensablaufs.* Wiss. Z. Hochsch. Elektrotech. Ilmenau **7**, 213–219, *1961*, Nr. 3. (Warschau, Elektrotech. Inst.) Einführung von allgemeinen Größen zur Beschreibung des Lebensablaufes wie Aufbau, Leistung und Alterung. Als Steuerungsbedingung des Organismus gibt der Vf. an $\int_0^{t_z} P\,dt = \text{Max}$, hierbei sind $0 \ldots\ldots t_z$ die Lebenszeit und P die verfügbare Leistung.
E. Bretnütz.

1–149 **P. N. Nikiforuk.** *Automatic control through signal polarities.* Brit. J. appl. Phys. **13**, 294–297, *1962*, Nr. 6. (Juni.) (Saskatoon, Can., Univ., Coll. Engng.) Vf. beschreibt die Untersuchung eines Analog-Rechners für ein Regelsystem, in welchem die Signalpolaritäten die Größe der benutzten Rückkopplung regeln. Das System besteht aus einer konventionellen, in zweiter Ordnung linearen Mitkopplung und einer zusätzlichen Rückkopplungsschleife, die den gewünschten Regelvorgang auslöst. Die Empfindlichkeit des Systems gegenüber Veränderungen der Dämpfung und der Bandbreite der linearen Mitkopplung wurde durch sinusförmige Schaltpulse am Eingang festgelegt. Es wird gezeigt, daß das System gegenüber Veränderungen der Dämpfung unempfindlich, jedoch gegenüber Änderung der Bandbreite sehr empfindlich ist. H. Helke.

1–150 **R. N. Clark** and **P. C. Wheeler.** *A self-adjusting control system with large initial error.* Trans. Inst. Radio Engrs, N. Y. **AC-7**, 33–38, *1962*, Nr. 1. (Jan.) (Seattle, Wash., Univ., Assoc. Elect. Engng; Los Angeles, Space Technol. Labs.) Das beschriebene Regelsystem besteht aus einer Regelstrecke und einem Regler. Die Regelstrecke hat zwei zeitveränderliche Parameter, die große Abweichungen vom optimalen System verursachen können. Dieser Systemfehler soll durch Veränderung von zwei Parametern im Regler ausgeglichen werden. Ein Rechner berechnet aus Messungen das Integral der quadratischen Abweichungen (‚ISE') und daraus die vorzunehmende Korrektur des Reglers. Die Zeit der Anpassung, in der das ISE von einem großen Wert bis unter eine kleine vorgegebene Grenze gedrückt wird, wird untersucht. Sie kann auf etwa das Sechzigfache der Einschwingzeit gebracht werden, die das System für den Systemfehler Null aufweist. Da das ISE nur über einen beschränkten Zeitraum ausgewertet werden kann, werden Betrachtungen über den minimalen und den optimalen Meßzeitraum angestellt. Das optimale Integrationsintervall, bei dem die gesamte Anpassungszeit minimal wird, ist etwa dreimal so groß wie das mindestens erforderliche. P. Schnupp.

1–151 **R. C. Dorf, M. C. Farren** and **C. A. Phillips.** *Adaptive sampling frequency for sampled-data control systems.* Trans. Inst. Radio Engrs, N. Y. **AC-7**, 38–47, *1962*, Nr. 1. (Jan.) (Monterey, Calif., U. S. Nav. Postgrad. School, Dep. Elect. Engng; China Lake, Calif. Air Devel. Squadron VX-5; Key West, Flor., Air Devel. Squadron VX-1.) Die Methode, eine Funktion dadurch anzunähern, daß zu bestimmten Zeitpunkten Augenblickswerte der Funktion abgetastet werden (sampling), arbeitet mit einer festen Abtastfrequenz. Der Wert der angenäherten Funktion zwischen den Tastmomenten wird durch einen Haltekreis konstant gehalten, so daß die wirkliche Funktion durch eine Treppenfunktion konstanter Stufenbreite angenähert wird. Eine Untersuchung zeigt, daß die Abtastung mit einer veränderlichen Tast-Folgezeit, d. h. mit veränderlicher Stufenbreite, die ursprüngliche Funktion besser annähert, wenn gleich viel Abtastimpulse verwendet werden, und gleich gut annähert, wobei weniger Abtastimpulse notwendig sind, wenn die Abtastfrequenz der ersten Ableitung der Funktion nach der Zeit proportional ist. Mit Hilfe von Analogrechnern und den notwendigen Ergänzungen wie Abtastkreis, Haltekreis, einem spannungsgesteuerten Oszillator usw. wurde experimentell dieses Ergebnis überprüft. Die Einsparung von Abtastimpulsen beträgt etwa 40% und steigt für eine lange Zeitspanne der Abtastung auf etwa 75%. O. Macek.

1–152 **I. M. Horowitz.** *Plant adaptive systems versus ordinary feedback systems.* Trans. Inst. Radio Engrs, N. Y. **AC-7**, 48–56, *1962*, Nr. 1. (Jan.) (Malibu, Calif., Div. of Hughes Aircr. Co., Hughes Res. Labs.) Vf. bespricht die Grenzen des klassischen Rückkopplungssystems, welche die Anwendung komplizierterer adaptiver Systeme rechtfertigen. Nach Meinung des Vf. sind lediglich die Anfälligkeit für Rauschen im Rückkopplungszweig sowie das begrenzte Verstärkungs-Bandbreite-Produkt bei Regelstrecken, die nicht die Minimum-Phase-Eigenschaft besitzen, Punkte, die den höheren Aufwand für ein adaptives System sinnvoll erscheinen lassen könnten. Jedoch seien noch keine adaptiven Regelsysteme vorgeschlagen worden, deren Überlegenheit über Rückkopplungssysteme einwandfrei quantitativ nachgewiesen wurde. P. Schnupp.

1–153 **G. J. Murphy.** *A simple but exact model for sampled-data systems with non-negligible pulse width.* Trans. Inst. Radio Engrs, N. Y. **AC-7**, 75–76, *1962*, Nr. 1.

(Jan.) (Evanston, Ill., Univ., Elect. Engng Dep.) In Abtastsystemen für Regelzwecke, vor allem solchen, welche mit Rückkopplung arbeiten, spielt die Breite der Abtastimpulse eine Rolle. In der Theorie wurde sie bisher meist vernachlässigt. In der vorliegenden Notiz wird eine Methode der Berechnung und Analyse von Abtastsystemen unter Berücksichtigung der endlichen Breite der Abtastimpulse gezeigt. O. Macek.

1-154 **M. V. Meerov.** *Concerning the structural stability of a class of closed dynamic systems.* Soviet Phys.-Doklady **6**, 667—669, *1962*, Nr. 8. (Febr.) (Engl. Übers. aus: Doklady Akad. Nauk SSSR **139**, 827—829, *1961*, Nr. 6.) Es wird die Stabilität eines Regelungssystems untersucht, das aus einer Reihe hintereinander geschalteter Elemente besteht, von denen ein Teil gestört wird. Die mathematische Funktion des Regelkreises liefert Hinweise dafür, durch welche Maßnahmen das Ausgangssignal trotz der gestörten Elemente möglichst wenig vom Soll-Signal abweicht. Der Einfluß der Störung läßt sich dabei reduzieren, da man die Verstärkungskoeffizienten derjenigen Elemente vergrößert, die nicht direkt gestört werden. Ferner wirken die Störungen um so weniger auf das System ein, je mehr ungestörte Elemente den gestörten Elementen vorgeschaltet sind. R. Stark.

1-155 **M. L. Tsetlin.** *Certain problems in the behavior of finite automata.* Soviet Phys.-Doklady **6**, 670—673, *1962*, Nr. 8. (Febr.) (Engl. Übers. aus: Doklady Akad. Nauk SSSR **139**, 830—833, *1961*, Nr. 4.) Es wird das Verhalten begrenzter Automaten untersucht, deren Schaltschritte von außen in statistischer Unregelmäßigkeit beeinflußt werden. Unter der Annahme, daß der Automat mit einer für jeden Schaltschritt definierten Wahrscheinlichkeit ,,bestraft" wird, läßt sich zeigen, daß der Funktionsablauf des Automaten als MARKOV-Kette unter den gleichen Bedingungen beschrieben werden kann. Für einen Automaten mit linearer Taktik beispielsweise in einer Umgebung, deren Wahrscheinlichkeitseigenschaften von der Zeit unabhängig sind, nimmt die mathematische Erwartung einer Strafe mit größerer Speicherkapazität ab und fällt im Grenzfall mit der geringst möglichen Erwartung zusammen. Wenn dagegen die Eigenschaften von der Zeit abhängen in Übereinstimmung mit einer MARKOV-Kette, erhält man ein Erwartungsminimum für eine bestimmte Speicherkapazität. R. Stark.

1-156 **H. Kowalski.** *Pneumatische Regelgeräte mit Komponentenabgriff.* Regelungstechnik **10**, 102—105, *1962*, Nr. 3. (März.) (Rommelshausen b. Stuttgart.)

1-157 **A. Papoulis.** *Eine einfache Abschätzung der Vorgänge in Regelungssystemen mit Abtastung.* Regelungstechnik **10**, 105—107, *1962*, Nr. 3. (März.) (Brooklyn/New York.)

1-158 **E. M. Fischel.** *Die Dämpfung von Kreiselgeräten als Regelproblem.* Regelungstechnik **10**, 109—114, *1962*, Nr. 3. (März.) (Little Falls, N. J.)

1-159 **W. Böttcher.** *Vergleich von Dreipunktreglern mit einem linearen kontinuierlichen PI-Regler. I.* Regelungstechnik **10**, 114—119, *1962*, Nr. 3. (März.) (Frankfurt/M.)

1-160 **K. Jacobs.** *Empfehlungen bei der Anwendung digitaler Steuerungen für Werkzeugmaschinen.* Elektron. Rdsch. **15**, 542—548, *1961*, Nr. 11. (Nov.)

1-161 **Bernard Friedland.** *The structure of optimum control systems.* Trans. amer. Soc. mech. Engrs (D) **84**, 1—12, *1962*, Nr. 1. (März.) (Watertown, Mass., Melpar, Inc., Appl. Sci. Div.)

1-162 **A. N. Filatov.** *Problem of quick-response with arbitrary number of control functions without switching.* Automat. Telemech., Moskau **22**, 834—837, *1961*, Nr. 7. (Orig. russ. m. engl. Zfg.)

1-163 **S. A. Doganovsky.** *Automatic optimization by statistical criteria.* Automat. Telemech., Moskau **22**, 845—856, *1961*, Nr. 7. (Orig. russ. m. engl. Zfg.) H. Ebert.

IV. Mathematische Physik

1–164 **M. A. Weinstein.** *Effect of reflecting boundaries on the transport of resonance radiation.* J. appl. Phys. **33**, 587–596, *1962*, Nr. 2. (Febr.) (Nela Park, Ohio, Gen. Elect. Co., Lamp Res. Lab.) Der Transport von Resonanz-Strahlung durch das Gas, das die Strahlung emittiert, wird untersucht. Die Transportgleichung von Biberman (J. exp. theor. Phys. USSR **17**, 416, *1946*) und Holstein (Phys. Rev. **72**, 1212, *1947*), die bisherigen Untersuchungen zugrunde lag, setzt voraus, daß jedes Photon, das die Oberfläche erreicht, dem Gas verlorengeht. Da diese Annahme bei wichtigen technischen Anwendungen nicht gerechtfertigt ist, wird die Transportgleichung so verallgemeinert, daß die Oberfläche teilweise reflektierend sein darf. Es wird von zwei gekoppelten Boltzmann-Gleichungen ausgegangen, deren erste die angeregten Atome und die zweite die Resonanz-Photonen beschreibt. Die Photon-Gleichung wird unter der Bedingung diffuser Reflexion an den Rändern gelöst. Einsetzen in die Gleichung für die angeregten Atome liefert die verallgemeinerte Holstein-Biberman-Transportgleichung. Der Kern $G(\mathbf{r}, \mathbf{r}')$ dieser Integrodifferentialgleichung ist die mittlere Wahrscheinlichkeit, daß ein bei $\mathbf{r}'$ emittiertes Resonanzquantum bei $\mathbf{r}$ absorbiert wird, wobei der Weg beliebig oft die Begrenzung streifen kann. Anwendung auf Gasentladungen.

R. Klein.

1–165 **G. Möllenstedt** und **W. Bayh.** *Messung der kontinuierlichen Phasenschiebung von Elektronenwellen im kraftfeldfreien Raum durch das magnetische Vektorpotential einer Luftspule.* Naturwissenschaften **49**, 81–82, *1962*, Nr. 4. (Febr.) (Tübingen, Univ., Inst. Angew. Phys.) Mit einer Verbesserung des von den Autoren schon früher (Naturwissenschaften **48**, 400, *1961*) beschriebenen Elektronen-Biprismen-Interferometers konnte die phasenschiebende Wirkung des magnetischen Vektorpotentials quantitativ nachgewiesen werden. In kleinen Solenoid-Luftspulen von etwa 20 μ, an denen die kohärenten Elektronenbündel beiderseits im Abstand von 10–20 μ, außerhalb des Streufeldes, vorbeigingen, konnte der Fluß kontinuierlich geändert werden; dabei wurde eine Verschiebung des Interferenzbildes bis zu 8 Streifen beobachtet. Die Größe des Flusses Φ_0, der die Elektronenphase um 2π schiebt, ergab sich in Gauß cm² als $4{,}07 \cdot 10^{-7} \pm 14\%$, der theoretische Wert ist $4{,}135 \cdot 10^{-7} \triangleq h/e$. G. Eilenberger.

1–166 **F. Lenz.** *Zur Phasenschiebung von Elektronenwellen im feldfreien Raum durch Potentiale.* Naturwissenschaften **49**, 82, *1962*, Nr. 4. (Febr.) (Tübingen, Univ., Inst. Angew. Phys.) Die von Aharonov und Bohm aufgezeigte Analogie zwischen der Phasenschiebung der Elektronenwellenfunktion durch elektrisches und magnetisches Potential wird am Beispiel des Versuchs von Möllenstedt und Bayh neu verständlich gemacht: man geht zu einem Koordinatensystem über, in dem die Elektronenbündel ruhen und die Magnetfluß tragende Spule zwischen ihnen bewegt wird; die unterschiedliche Phasenänderung beider Bündel ist dann Folge einer Differenz des elektrischen Potentials, die gemäß $\operatorname{grad} V = -\partial\mathfrak{A}/\partial t$ auftreten muß. G. Eilenberger.

1–167 **Julian Schwinger.** *Exterior algebra and the action principle. I.* Proc. nat. Acad. Sci., Wash. **48**, 603–611, *1962*, Nr. 4. (Apr.) Zur Erweiterung des Wirkungsprinzips (J. Schwinger, Proc. nat. Acad. Sci. Wash. **47**, 1075, *1961*) auf mehr als zwei Freiheitsgrade definiert der Vf. eine äußere Algebra und darin eine Gruppe infinitesimaler Transformationen für die Variation des Wirkungsintegrals, eine Verallgemeinerung der Hermiteschen Operatoren und eine Differentiation. E. Bretnütz.

1–168 **A. N. Mitra.** *Analyticity of amplitudes and separable potentials.* Phys. Rev. (2) **123**, 1892–1895, *1961*, Nr. 5. (1. Sept.) (Delhi, Univ., Dep. Phys.) Ausdrücke für die Partialstreuamplituden von nichtlokalen separierbaren Potentialen werden in Form von Dispersionsrelationen dargestellt, die automatisch in die N/D-Form von Chew und Mandelstam gebracht werden können. Anhand einiger Kriterien für „annehmbare" separierbare Potentiale und mit Hilfe einer konkreten Potentialform, die diesen Kriterien genügt, wird die Beziehung zwischen „lokalen" und separierbaren Potentialen aufgeklärt. Außerdem wird durch eine solche Potentialform die physikalische Bedeutung der „Wechselwirkungsreichweite", ausgedrückt durch separierbare Potentiale, erläutert. — Als Anwendung solcher „analytischer" Potentiale werden die 2-Körper-Parameter für niedrige Energie berechnet. G. Weber.

1–169 **L. Salem.** *Quantum-mechanical sum-rule for infinite sums involving the operator* $\partial H/\partial\lambda$. Phys. Rev. (2) **125**, 1788–1791, *1962*, Nr. 6. (15. März.) (Cambridge, Mass., Harvard Univ., Dep. Chem.) Explizite Bestimmung von Summen der Art

$$\sum_n{}' \frac{\langle m|A|n\rangle\langle n|\frac{\partial\Omega}{\partial\lambda}|m\rangle}{\varepsilon_n - \varepsilon_m}$$

wobei Ω hermitesch ist mit Eigenwerten ε_k; λ Parameter in Ω und A ein beliebiger linearer Operator. E. Bretnütz.

1–170 **Lloyd Motz.** *Quantization and the classical Hamilton-Jacobi equation.* Phys. Rev. (2) **126**, 378–382, *1962*, Nr. 1. (1. Apr.) (New York, Columb. Univ., Rutherford Obs.) Vf. entwickelt einen Formalismus für eine Quantisierung, der von der HAMILTON-JACOBIschen Differentialgleichung ausgeht. Diese wird algebraisch umgeformt und aus einem Variationsprinzip hergeleitet. Der Übergang zur Quantentheorie wird vollzogen durch Zusammenfassung der gleichwahrscheinlichen klassischen Bahnen zu einem dynamischen System. E. Bretnütz.

1–171 **Joseph B. Keller.** *Determination of a potential from its energy levels and undetectability of quantization at high energy.* Amer. J. Phys. **30**, 22–26, *1962*, Nr. 1. (Jan.) (New York, Univ., Inst. Math. Sci.) Mit Hilfe einer Umkehrung der WBK-Methode löst der Vf. näherungsweise das Problem, zu einem gegebenen Satz von Energieeigenwerten die Form des zugehörigen Potentials zu bestimmen. Im kugelsymmetrischen Fall ergibt sich das COULOMB-Potential richtig bei Vorgabe der Wasserstoffterme. Im eindimensionalen Fall läßt sich nur die Weite des Potentials bestimmen. Auf die gleiche Weise leitet der Vf. einen Ausdruck für die Energiedifferenz benachbarter Terme als Ausdruck des BOHRschen Korrespondenzprinzips ab und zeigt, daß $\Delta E/E_n$ schneller als $1/\sqrt{E_n}$ abnimmt. Die schwächste Abnahme besitzt das Rechteckpotential. E. Bretnütz.

1–172 **E. Merzbacher.** *Single valuedness of wave functions.* Amer. J. Phys. **30**, 237–247, *1962*, Nr. 4. (Apr.) (Chapel Hill, N. C. Univ.) Nach kurzer Diskussion des AHARONOW-BOHM-Effekts und der Flußquantisierung in Supraleitern untersucht der Vf. die Frage nach der Eindeutigkeit der Wellenfunktion. Im Anschluß an PAULI müssen zweideutige Eigenfunktionen des Drehimpulsoperators ausgeschlossen werden, da wegen ihrer Singularität $\mathbf{L}^2$ nicht hermitesch wäre. Solange die Auszeichnung eines Pols und einer Polarachse nur mathematischen Charakter besitzt und keine physikalische Situation widerspiegelt, muß Eindeutigkeit der Wellenfunktion gefordert werden. Dagegen zeigt der Vf., daß für Teilchen vom Spin $^1/_2$ in einer bestimmten Darstellung zweideutige Eigenfunktionen des Drehimpulsoperators existieren; dieser Darstellung liegt im Konfigurationsraum ein Polarkoordinatensystem zugrunde, in dem die Richtung des Radiusvektors die Quantisierungsrichtung des Spins ist. Sie ist damit vom Ort abhängig. E. Bretnütz.

1–173 **J. H. Epstein** and **S. T. Epstein.** *Some applications of hypervirial theorems to the calculation of average values.* Amer. J. Phys. **30**, 266–268, *1962*, Nr. 4. (Apr.) (Lincoln, Nebraska Univ.) Nach der Aussage des Titeltheorems verschwindet in stationären Zuständen der Mittelwert der zeitlichen Ableitung eines Operators. Dies wird angewendet, um für das nichtrelativistische und das relativistische Wasserstoffatom sowie für den isotropen harmonischen Oszillator die Mittelwerte der Potenzen von $|\mathfrak{r}|$ ($\mathfrak{r}$ Radiusvektor) zu berechnen. E. Bretnütz.

1–174 **Pierre Hillion.** *Théorie quantique du rotateur non relativiste et des particules expérimentales d'étrangeté nulle.* J. Phys. Radium **23**, 81–92, *1962*, Nr. 2. (Febr.) (Paris, Inst. Henri Poincaré.) Behandelt wird die nichtrelativistische Quantentheorie des Rotators sphärischer Symmetrie, invariant gegenüber der dreidimensionalen Drehgruppe. Die Drehgruppe wird im HILBERT-Raum für Skalar-, Spinor- und Vektorfelder jeweils durch unitäre Operatoren dargestellt, wobei die Invarianz der Theorie sich dann in der Invarianz gegenüber linearen Transformationen im jeweiligen HILBERT-Raum manifestiert. Folgende Operationen werden definiert: Parität, Ladungskonjugation, Isospin, isobarer Drehimpuls, Fermionenzahl und Ladung. Die Beziehung von NISHIJIMA und GELL-MANN wird für Felder mit Strangeness null aufgestellt. Bei der Anwendung dieser Rotatortheorie auf die Theorie der Elementarteilchen beschreiben die Spinor- und Vektorfelder die Eigenschaften und starke Wechselwirkung von Pionen und Nukleonen. Leptonen sind auf der Grundlage des nichtrelativistischen Rotatormodells nicht zu beschreiben. B. Bein.

1-175 **A. Martin.** *Selected topics on analyticity in potential scattering.* Suppl. Nuovo Cim. (10) **21**, 157–196, *1961*, Nr. 2. (Geneva, CERN.) Vorlesung über die analytischen Eigenschaften der Streuwellen für Potentiale der Form $V(r) = \int_{\mu}^{\infty} C(\alpha) \exp[-\alpha r] \, d\alpha$, insbesondere über das darin enthaltene YUKAWA-Potential. Zusammenhang der Unstetigkeiten der Streuamplituden mit dem Potential; Integraldarstellung der Wellenfunktionen, insbesondere der des Deuterons, und Anwendung auf elektromagnetische Formfaktoren und Photospaltung des Deuterons. E. Bretnütz.

1-176 **A. Galindo Tixaire.** *Notas sobre la inversión temporal.* An. Soc. esp. Fis. Quim. (A) **57**, 337–340, *1961*, Nr. 11/12. (Nov./Dez.) (Madrid, Junta En. Nucl.) Bewiesen wird die Existenz von antiunitären Operatoren für die dynamische Gruppe eines beliebigen Quantensystems. Das zyklische Verhalten der Operation Zeitumkehr wird untersucht. B. Bein.

1-177 **R. A. Minlos** und **L. D. Faddejew.** *Eine Bemerkung zum Dreikörperproblem mit punktförmiger Wechselwirkung.* Sh. exp. teor. Fis. **41**, 1850–1851, *1961*, Nr. 6. (Orig. russ.) SKORNJAKOW und TER-MARTIROSJAN (Ber. **37**, 1521, *1958*) haben eine Integralgleichung für die Wellenfunktion eines Systems aus drei Teilchen mit punktförmiger Wechselwirkung abgeleitet. Die entsprechende homogene Gleichung hat aber selbst im einfachsten Fall skalarer identischer Teilchen für beliebige Parameterwerte eine Lösung, so daß die gesuchte Lösung nicht eindeutig festgelegt ist. Vff. zeigen, daß die homogene Gleichung mit einer gewissen Zusatzbedingung Lösungen für eine abzählbare Menge negativer Parameterwerte hat, die gegen $-\infty$ konvergieren; es gibt also unendlich viele gebundene Zustände ohne Grundzustand. Das Modell von TER-MARTIROSJAN und SKORNJAKOW scheint aber nicht das einzig physikalisch zulässige Modell für die Punktwechselwirkung dreier Teilchen zu sein. Vff. schlagen selbst in einer anderen Arbeit ein allgemeineres Schema vor (Dokl. Akad. Nauk SSSR **141**, 6, *1961*). H. Vogel.

1-178 **T. C. Roy.** *A note on the calculation of the density of states.* Indian J. Phys. **36**, 29–30, *1962*, Nr. 1. (Jan.) (Calcutta, Jadavpur Univ., Phys. Dep.) Erhaltungssätze beim Streuprozeß erniedrigen die Zahl der Freiheitsgrade des Endzustandes. Vf. berücksichtigt dies durch Einführung neuer Koordinaten und gibt Formeln für die Zustandsdichte in diesen Koordinaten an. E. Bretnütz.

1-179 **B. Mielnik.** *On the damping problem in quantum theory.* Bull. Acad. polon. Sci. (math. astr. phys.) **9**, 389–393, *1961*, Nr. 5. (Warsaw, Univ., Inst. Theor. Phys.) O. Wegner.

1-180 **Masao Sugawara** and **Akira Kanazawa.** *Subtractions in dispersion relations.* Phys. Rev. (2) **123**, 1895–1902, *1961*, Nr. 5. (1. Sept.) (Lafayette, Indiana, Purdue Univ., Phys. Dep.) Es wird der Satz bewiesen: Wenn eine analytische Funktion f(z) nur Singularitäten auf der reellen Achse besitzt und sich im Unendlichen wie eine endliche, aber beliebige Potenz von z verhält, dann hat f(z) überall im Unendlichen dasselbe Grenzwertverhalten. — Dieser Satz bietet die Möglichkeit, den Beitrag vom sehr großen Kreis des CAUCHYschen Umlaufintegrals durch die Grenzwerte von f(z) im Unendlichen längs eines der ins Unendliche gehenden Schnitte auszudrücken. Auf diese Weise wird die exakte Dispersionsrelation bestimmt. Als Beispiele für die Anwendung dieses Satzes werden Vorwärts- und Doppel-π-Meson-Nukleon-Dispersionsrelationen unter der Annahme, daß der Gesamtwirkungsquerschnitt für unendlich große Energie gegen einen endlichen Grenzwert strebt, berechnet. G. Weber.

1–181 **R. E. Cutkosky.** *Wave functions.* Phys. Rev. (2) **125**, 745—754, *1962*, Nr. 2. (15. Jan.) (Pittsburgh, Penn., Carnegie Inst. Technol.) Eine Definition der Wellenfunktionen in Ausdrücken von Größen der S-Matrix kann man aus den Dispersionsbeziehungen hypothetischer Reaktionen erhalten, wobei eine Probe impulsiv mit einem Target in Wechsel tritt. Die auf diese Weise erhaltenen Wellenfunktionen sind zur Konstruktion einer Impulsapproximation komplizierter Reaktionen zu gebrauchen. Diese Wellenfunktionen befriedigen eine Wellengleichung. K. F. Leisinger.

1–182 **E. O. Kane.** *Spectral moments and continuum perturbation theory.* Phys. Rev. (2) **125**, 1094—1099, *1962*, Nr. 3. (1. Febr.) (Murray Hill, N. J., Bell Tel. Labs.) Das p-te Moment M_p des Eigenwertspektrums der Matrix H wird definiert durch $M_p = Sp(H^p) \equiv \sum_j E_j^p$; E_j sind die Eigenwerte des Hamilton-Operators $H = H_0 + \lambda H_1$. Vf. findet einen Zusammenhang zwischen diesen Momenten des Spektrums und der störungstheoretischen Entwicklung der „charakteristischen Funktion" (Spur des Resolventenoperators): Das p-te Moment kann exakt berechnet werden aus der nach Potenzen von λ entwickelten charakteristischen Funktion, wenn man alle Glieder ≤ p beibehält; jedes Glied der Ordnung > p bringt keinen Beitrag. Dieses Ergebnis kann nützlich sein in solchen Fällen, wo die Störungstheorie für hohe Energien konvergiert, aber nicht für kleine Energien. Schließlich wird eine Anwendung auf die Bandstruktur verunreinigter Kristalle angedeutet. R. Klein.

1–183 **Franz Schneider.** *Recoil model in quantum field theory.* Phys. Rev. (2) **125**, 2130—2135, *1962*, Nr. 6. (15. März.) (Vienna, Univ.) Bei Streuprozessen leichter Teilchen an schwereren werden letztere im einfachsten Fall als unbewegliche Streuzentren behandelt. Vf. bezieht eine Bewegung der Streuzentren etwa durch Rückstoß ein, indem er zum Hamilton-Operator des Feldes und dessen Quellen einen nichtrelativistischen Hamilton-Operator für die Bewegung der schweren Teilchen hinzufügt. Das resultierende System kann in der üblichen Weise quantisiert werden, die Teilchenzahl der schweren Teilchen bleibt dann konstant. Anwendung auf die Streuung von Mesonen an Nukleonen und Deuteronen mit der Wechselwirkung der Paartheorie in erster Näherung. Angabe einiger numerischer Werte und Winkelverteilungen. E. Bretnütz.

1–184 **Henry P. Stapp.** *Derivation of the CPT theorem and the connection between spin and statistics from postulates of the S-matrix theory.* Phys. Rev. (2) **125**, 2139—2162, *1962*, Nr. 6. (15. März.) (Berkeley, Calif. Univ., Lawrence Radiat. Lab.) Vf. schwächt die Voraussetzungen für die Gültigkeit des CPT-Theorems und des Zusammenhanges von Spin und Statistik erheblich gegenüber den Voraussetzungen der Quantenfeldtheorie ab. Beide Aussagen ergeben sich als Folgerungen aus der S-Matrixtheorie in ihrer Anwendung auf die Physik der Elementarteilchen. Es wird nicht benötigt: Lokalität der Felder und Bezug auf Raum-Zeit-Punkte; Vertauschungsrelationen von Feldoperatoren und Eigenschaften des Vakuums; Vollständigkeit der asymptotischen Zustände und positiv definite Metrik. Neben weit schwächeren asymptotischen Bedingungen beruht der Beweis auf der Unitarität, der makroskopischen relativistischen Invarianz der S-Matrix und einer sehr schwachen Voraussetzung über die Analytizität der Streufunktion. Er wird auf formaler Basis in der S-Matrixtheorie entwickelt. E. Bretnütz.

1–185 **Bryce S. de Witt.** *Quantum theory without electromagnetic potentials.* Phys. Rev. (2) **125**, 2189—2191, *1962*, Nr. 6. (15. März.) (Chapel Hill, N. C. Univ., Dep. Phys.) Vf. zeigt, daß die elektrodynamische Wechselwirkung nicht notwendig durch die Potentiale ausgedrückt werden muß. Durch eine nichtlokale Phasentransformation kann die Wechselwirkung allein durch die Feldstärken formuliert werden. Damit tritt der Vf. einer Behauptung von Aharonov und Bohm entgegen, die die wesentliche Bedeutung der Potentiale hervorhoben. E. Bretnütz.

1–186 **Y. Aharonov** and **D. Bohm.** *Remarks on the possibility of quantum electrodynamics without potentials.* Phys. Rev. (2) **125**, 2192—2193, *1962*, Nr. 6. (15. März.) (New York, Yeshiva Univ.; London, Birbeck, Coll.) Entgegnung auf die vorst. ref. Arbeit von B. S. de Witt. Vff. weisen darauf hin, daß durch die Phasentransformation keine echte nichtlokale Theorie entsteht, da sie stets wieder in eine lokale Form zurücktransformiert werden kann. Vff. diskutieren eine echte nichtlokale Elektrodynamik und zeigen, daß eine solche Theorie zu einer wesentlichen Änderung der Gesetze der Quantenmechanik führen würde. E. Bretnütz.

1-187 **P. Budini** and **T. Weber.** *Gauge invariance of form factors.* Nuovo Cim. (10) **22**, 1321–1323, *1961*, Nr. 6. (16. Dez.) (Trieste, Univ., Ist. Fis.) Wenn in der Quantenelektrodynamik Formfaktoren in der Weise eingeführt werden, daß die Elektron-Ausbreitungsfunktion im Matrixelement mit dem Faktor $\Lambda^2/(p^2 + m^2 + \Lambda^2)$ multipliziert wird, der der Einführung eines intermediären Bosonfeldes äquivalent ist, so wird die Eichinvarianz zerstört. Dies gilt auch für skalare Formfaktoren, die nur von p^2 abhängen; d. h., GREENsche Funktionen für Elektron- und Positron dürfen nicht mit Formfaktoren multipliziert werden, wenn die Eichinvarianz nicht zerstört werden soll. Es werden zwei Möglichkeiten aufgezeigt, die diese Schwierigkeit vermeiden: 1. durch Einführung des Formfaktors in das gesamte Matrixelement anstatt in die GREENsche Funktion; 2. durch Abänderung von sowohl der GREENschen Elektron-Positron-Funktion als auch der benachbarten Eckpunkte. Beispiele dafür werden angegeben. G. Weber.

1-188 **M. Sachs** and **S. L. Schwebel.** *A self-consistent field theory of quantum electrodynamics.* Suppl. Nuovo Cim. (10) **21**, 197–229, *1961*, Nr. 2. (Montreal, McGill Univ.; Cincinnati, Ohio, Univ., Dep. Phys.) Vff. suchen die sich aus dem Zusammenfügen der kovarianten und deterministischen MAXWELL-LORENTZschen Feldtheorie und der nicht-deterministischen Quantenmechanik ergebenden Schwierigkeiten durch eine nichtlineare Theorie zu überwinden. Zu deren Formulierung wird vorausgesetzt, daß die Feldgrößen eine vollständige Beschreibung des Systems ermöglichen und daß diese Feldgrößen mit elementaren Wechselwirkungen verknüpft sind, die an die Stelle der elementaren Teilchen treten; ein Raumzeitpunkt des MINKOWSKI-Raumes repräsentiert dann den Ort der Wechselwirkung, nicht den Ort des Teilchens. Die MAXWELLschen Gleichungen in Spinorform sind dann Ausdruck der elektromagnetischen Wechselwirkung, physikalische Bedeutung haben nur die inhomogenen Gleichungen, nicht die freien Felder. Die Feldgleichungen werden aus einem Wirkungsprinzip abgeleitet, dessen LAGRANGE-Funktion das MAXWELL-Feld mit dem DIRAC-Feld koppelt. Es ergibt sich eine dem PAULI-Prinzip analoge Aussage. Anwendung auf Positronium und Paarprozesse, ferner auf das Wasserstoffspektrum, wo sich die LAMB-Shift in ihrer richtigen Größe ergibt. E. Bretnütz.

1-189 **Y. Ahmavaara.** *Relativistic quantum theory as a group problem. I. General formalism.* Ann. Acad. Sci. fenn. (A) VI. (Phys.) *1961*, Nr. 85, S. 1–43. Die abstrakte Formulierung der renormierten Quantenfeldtheorie scheint darauf hinzudeuten, daß der wesentliche Kern dieser Theorie in einem reinen Schema von Invarianten und Transformationen besteht. Vf. ersetzt in der vorliegenden Arbeit den LAGRANGE- bzw. HAMILTON-Formalismus durch abstrakte Formulierungen topologischer Räume und Gruppen. Die lokale Weltgeometrie wird durch eine lokale Transformationsgruppe gegeben, aus der sich durch Erweiterungen und algebraische Operationen alle weiteren Größen der Feldtheorie ergeben. E. Bretnütz.

1-190 **W. G. Kadyschewski.** *Zur Theorie der Quantelung der Raumzeit.* Sh. exp. teor. Fis. **41**, 1885–1894, *1961*, Nr. 6. (Orig. russ.) Wie in der vorangegangenen Arbeit (Doklady Akad. Nauk SSSR **136**, 70, *1961*) wird angenommen, die hypothetische „Fundamentallänge" l, ohne deren Einführung keine richtige Beschreibung der physikalischen Vorgänge bei hohen Energien bzw. in kleinen Raum-Zeit-Maßstäben möglich ist, sei eine durch die Intensität der schwachen Wechselwirkungen festgelegte Konstante. Sie kann z. B. gleich der „β-Zerfallslänge" $\sqrt{G/\hbar c} = 6 \cdot 10^{-17}$ cm gesetzt werden, wo G die FERMI-Konstante ist. Die geometrische Struktur des Ortsraums „im Kleinen" und des Impulsraums „im Großen" muß also eng mit den schwachen Wechselwirkungen der Elementarteilchen verknüpft sein. Hier ist vielleicht auch die Deutung so eigenartiger „geometrischer" Eigenschaften der schwachen Prozesse wie der Nichterhaltung der räumlichen Parität und der Nichtinvarianz gegen „starke" Zeitumkehr zu suchen. Die neue Geometrie des Orts- und des Impulsraums soll den Grundprinzipien der Quantenmechanik und der Relativitätstheorie entsprechen, d. h. der Zustand physikalischer Systeme soll durch Vektoren in einem HILBERT-Raum darzustellen sein, beobachtbare Größen durch Operatoren in diesem Raum, die Theorie soll invariant gegen LORENTZ-Drehungen sein. Es wird ein Schema untersucht, in dem der Impulsraum eine konstante Krümmung hat und der Ortsraum gequantelt ist. In der neuen Geometrie bestehen Gründe für den Verzicht auf die Invarianzforderung hinsichtlich räumlicher Spiegelung und „starker" Zeitumkehr, wenn der CPT-Satz gilt. H. Vogel.

1-191 **A. D. Suchanow.** *Über den Hamilton-Operator der Wechselwirkung in der Quantenfeldtheorie.* Sh. exp. teor. Fis. **41**, 1915–1928, *1961*, Nr. 6. (Orig. russ.) S. auch Phys. Abh. Sowjetunion N. F. **7**, 1, 1962, Nr. 1. Vf. untersucht, wie man allgemein in der Quantenfeldtheorie zum HAMILTON-Operator der Wechselwirkung kommt, und analysiert den Ausdruck für den HAMILTON-Operator, der sich aus der Methode von BOGOLJUBOW ergibt, speziell für Theorien mit differentieller Kopplung. Es zeigt sich, daß dieser Ausdruck der Integrationsbedingung der Gleichung von TOMONAGA-SCHWINGER für eine beliebige renormierbare Theorie genügt. Außerdem wird festgestellt, auf welche Weise man in dieser Methode aus der S-Matrix die nichtphysikalische Abhängigkeit von der Form der Zwischenflächen beseitigen und die S-Matrix für die skalare Elektrodynamik im Formalismus von KLEIN-GORDON eichinvariant machen kann. Alle Ergebnisse werden ohne Berücksichtigung von „Oberflächen"-Divergenzen abgeleitet; die Frage danach bleibt offen. Wenn man von ihr absieht, ergibt sich nach der Methode von BOGOLJUBOW für jede renormierbare Theorie gesetzmäßig ein bestimmter Ausdruck für den HAMILTON-Operator. Er liefert bei der Lösung der Gleichung von TOMONAGA-SCHWINGER einen Ausdruck für die S-Matrix, der frei ist von „Ultraviolett-Divergenzen". Diese Methode zur Gewinnung des HAMILTON-Operators scheint daher natürlicher als die beiden bisher in der Quantenfeldtheorie üblichen. Sie verbannt aus der S-Matrix, die sich aus der Gleichung von TOMONAGA-SCHWINGER ergibt, auch alle Glieder, die quadratisch von den Normalen abhängen.
H. Vogel.

1-192 **D. A. Slawnow** und **A. D. Suchanow.** *Eine Uneindeutigkeit in der Definition des interpolierenden Feldes.* Sh. exp. teor. Fis. **41**, 1940–1948, *1961*, Nr. 6. (Orig. russ.) Auch Phys. Abh. Sowjetunion N. F. **6**, 567–578, *1962*, Nr. 6. In einer Reihe von Arbeiten von LEHMANN, SYMANZIK und ZIMMERMANN (Ber. **34**, 1586, *1955*; Nuovo Cim. **6**, 319, *1957*) wurde eine Variante der axiomatischen Konstruktion einer Quantenfeldtheorie entwickelt, wobei als Ausgangsgrößen zwei vollständige Sätze von „in"- und „out"-Feldoperatoren dienten. Außerdem muß ein „interpolierendes Feld" eingeführt werden, das durch eine asymptotische Bedingung definiert ist. Häufig wird das interpolierende Feld aber durch eine andere Beziehung definiert, die nur unter bestimmten Zusatzforderungen mit der genannten äquivalent ist. Vff. untersuchen den Sinn dieser Uneindeutigkeit und stellen ihren Zusammenhang mit der Uneindeutigkeit in der Definition des T-Produktes bei vorgegebener S-Matrix und mit der Uneindeutigkeit in der Definition des S-Matrix außerhalb der Energiefläche fest. Es wird weiter diskutiert, ob es möglich ist, von einer dieser Deutungen zur anderen überzugehen.
H. Vogel.

1-193 **W. N. Gribow.** *Partialwellen mit komplexen Bahn-Drehimpulsen und asymptotisches Verhalten der Streuamplitude.* Sh. exp. teor. Fis. **41**, 1962–1970, *1961*, Nr. 6. (Orig. russ.) REGGE (Ber. **39**, Nr. 10–116, *1960*) hat durch Einführung von Partialwellen mit komplexen Bahn-Drehimpulsen in der nichtrelativistischen Theorie ein interessantes Ergebnis über das asymptotische Verhalten der Streuamplituden und der Spektralfunktionen im nichtphysikalischen Gebiet hoher Impulsübertragungen abgeleitet. Vf untersucht das asymptotische Verhalten unter den gleichen Bedingungen in der relativistischen Theorie, um das mögliche Verhalten der Streuamplitude bei hohen Energien zu klären. Dabei spielt die Gleichung von MANDELSTAM eine wesentliche Rolle, die sich durch analytische Fortsetzung der üblichen Unitaritätsbedingung ergibt. Es zeigt sich, daß man Partialwellen mit komplexen Drehimpulsen l auch in der relativistischen Theorie einführen kann. Die Amplituden f_l der Partialwellen sind dann analytische Funktionen des Drehimpulses l mit Eigenschaften, die in gewissem Maße den Regularitätseigenschaften der entsprechenden nichtrelativistischen Größen ähneln. Die Einführung komplexer l gestattet, eine allgemeine Lösung der Gleichung von MANDELSTAM anzugeben und Auskünfte über das asymptotische Verhalten von Amplituden und Spektralfunktionen zu gewinnen. Das Verhalten der Streuamplitude als Funktion des übertragenen Impulses wird durch die nächstliegenden Singularitäten von f_l bestimmt. Es wird ein Ausdruck für die Streuamplitude für beliebige Impulsübertragungen in Abhängigkeit von f_l aufgestellt, der der MANDELSTAMschen Gleichung genügt.

H. Vogel.

1-194 **J. Bros, A. Messiah** and **R. Stora.** *A problem of analytic completion related to the Jost-Lehmann-Dyson formula.* J. math. Phys. **2**, 639–651, *1961*, Nr. 5. (Sept./Okt.) (Saclay, C. E. N.)

1-195 **R. J. Eden, P. V. Landshoff, J. C. Polkinghorne** and **J. C. Taylor.** *Acnodes and cusps on Landau curves.* J. math. Phys. **2**, 656–663, *1961*, Nr. 5. (Sept./Okt.) (Cambridge, Univ., Dep. Appl. Math., Theor. Phys.)

1-196 **D. A. Kirshniz.** *Der Grund des Verschwindens der renormierten Ladung im Lee-Modell.* Phys. Abh. Sowjetunion N. F. **6**, 463–470, *1962*, Nr. 5. S. auch Ber. **41**, Nr. 8–146, *1962.*

1-197 **D. A. Kirshniz.** *Zur Feldtheorie mit nicht-lokaler Wechselwirkung. I.Konstruktion einer unitären S-Matrix.* Phys. Abh. Sowjetunion N. F. **6**, 471–482, *1962*, Nr. 5. S. auch Ber. **41**, Nr. 8–147, *1962.* E. Bretnütz.

1-198 **N. R. Werthamer** and **H. Suhl.** *Renormalization of many-fermion momentum-space distributions in higher random phase approximations.* Phys. Rev. (2) **125**, 1402–1406, *1962*, Nr. 4. (15. Febr.) (La Jolla, Calif. Univ.) In einer früheren Arbeit verallgemeinerten Vff. (Ber. **40**, Nr. 2–143, *1961*) die als *random phase approximation* (RPA) bekannte Näherungsmethode bei Vielteilchenproblemen auf höhere Ordnungen, so daß die übliche RPA, die sich als äquivalent einer Störungstheorie niedriger Ordnung herausstellt, als erstes Gied einer unendlichen Reihe erscheint. Es gibt jedoch keinen Beweis, daß die gesamte verallgemeinerte RPA eine exakte Lösung des Problems ist. Vff. stellen die höheren RPA auf eine exaktere Grundlage und rechtfertigen damit die früher benutzten heuristischen Regeln. Der genannte Beweis kann allgemein nicht geführt werden, wird aber bis zur zweiten RPA geliefert. Dies war die Ordnung, bis zu der der Zusammenhang mit der Störungstheorie durch explizite Rechnung mit Hilfe der heuristischen Regeln hergestellt worden war. R. Klein.

1-199 **Martin C. Gutzwiller.** *Fermion ensembles of maximum entropy.* Phys. Rev. (2) **125**, 1455–1460, *1962*, Nr. 5. (1. März.) (Adliswil-Zurich, IBM Res. Lab.) Ein von MAYER (Ber. **40**, Nr. 12–367, *1961*) für klassische statistische Mechanik bewiesener Satz wird auf den quantenmechanischen Fall übertragen. Es werden Dichtefunktionen ρ_n definiert, wobei n aber immer sehr viel kleiner als die mittlere Zahl von Teilchen in der Teilchengesamtheit bleibt. Da meist die Kenntnis weniger ρ_n zur Bestimmung der Mittelwerte physikalisch interessanter Größen ausreicht, werden verschiedene Gesamtheiten mit den gleichen Dichtefunktionen, etwa ρ_1 und ρ_2 miteinander verglichen. Die Gesamtheit mit maximaler Entropie wird näher untersucht. Anwendungen auf Halbleiter, das ISING-Modell und BARDEEN-COOPER-SCHRIEFFER-Theorie der Supraleiter.

R. Klein.

1-200 **Ronald M. Rockmore.** *Spin susceptibility of normal fermion systems.* Phys. Rev. (2) **125**, 1778–1784, *1962*, Nr. 5. (1. März.) (Waltham, Mass., Brandeis Univ., Dep. Phys.) Es wird die Reaktion eines Systems wechselwirkender Fermionen auf ein angelegtes, örtlich veränderliches Magnetfeld betrachtet mit Hilfe der vom Vf. entwickelten Störungstheorie für Vielkörperprobleme (Ber. **39**, Nr. 8–137, 11–149, *1960*; **41**, Nr. 4–128, 12–102, *1962*). Die Rechnungen beschränken sich auf den Grenzfall kleiner Wellenzahl und gehen über die *random phase approximation* hinaus. Ein bis in alle Ordnungen der Teilchen-Teilchen-Kopplung exakter Ausdruck für die induzierte Spindichte wird im genannten Grenzfall hergeleitet. Dieser Ausdruck hängt nur ab von der Kenntnis der effektiven Masse und der Streuamplitude für Vorwärtsstreuung an der FERMI-Fläche. Die aus der induzierten Spindichte abgeleitete magnetische Suszeptibilität ist im Grenzfall verschwindender Wellenzahl identisch mit der von

Landau halbklassisch hergeleiteten, was ein weiterer Hinweis für die mikroskopische Gültigkeit der Landauschen Theorie der Fermi-Flüssigkeiten ist. R. Klein.

1-201 **Jerome Weinstock.** *Binary collision expansion of the classical N-body Green's function.* Phys. Rev. (2) **126**, 341—344, *1962*, Nr. 1. (1. Apr.) (Washington, D. C., Nat. Bur. Stand.) Nach Lee und Yang (Ber. **39**, Nr. 1—380, *1960*) gibt es eine Entwicklung der quantenmechanischen Verteilungsfunktion mit Hilfe von Zweierstoßoperatoren. Eine ähnliche Zweierstoßentwicklung kann man für die Lösung der klassischen Liouville-Gleichung durch die Greensche Funktion herleiten, wobei diese Entwicklung analog ist der Entwicklung der klassischen Verteilungsfunktion nach den Mayerschen f_{ij}. Vf. führt eine exakte Zeitintegration der Zweierstoßentwicklung der klassischen Greenschen Funktion für ein System starrer Kugeln durch. Das Ergebnis ist ein Produkt von Propagatoren, das ganz ähnlich dem Mayerschen Produkt der f_{ij} ist. Die über die Zeit integrierte Entwicklung kann über alle Anfangskoordinaten gemittelt werden, um eine Transportgleichung bis in alle Ordnungen der Dichte zu erhalten, ähnlich wie bei Brout (Physica **22**, 509, *1956*) in der niedrigsten Ordnung der Dichte. R. Klein.

1-202 **D. Kisdi.** *Application of Bogoliubov's canonical transformation method to the calculation of space-time correlation functions.* Phys. Letters **1**, 67—68, *1962*, Nr. 2. (15. Apr.) (Budapest, Acad. Sci., Res. Group. Theor. Phys.) Ergebnisse über Untersuchungen der Raum-Zeit-Korrelationsfunktion von van Hove (Ber. **34**, 1940, *1955*; **38**, 1265, *1959*) mit Hilfe der Bogoliubovschen kanonischen Transformation werden für große Bose- und Fermi-Systeme angegeben. R. Klein.

1-203 **R. Balian, L. H. Nosanow** and **N. R. Werthamer.** *Difficulty in the method of Green's functions for a many-body system.* Phys. Rev. Letters **8**, 372—375, *1962*, Nr. 9. (1. Mai.) (La Jolla, Calif. Univ.) Es werden die Supraleitungstheorien vom Typ der Bardeen-Cooper-Schrieffer-Theorie und die Methode der Greenschen Funktion von Gorkov und Galitskii miteinander verglichen, wobei besonders die Frage untersucht wird, ob die unendliche Menge der gekoppelten Gleichungen, die die Folge der n-Teilchen-Greenschen Funktionen erfüllen müssen, Lösungen hat, die eine niedrigere Energie liefern, die kleiner als die wahre Grundzustandsenergie ist. Die vorgetragene Schlußweise ist nicht gerechtfertigt. Ferner wird die Frage untersucht, welche der beiden Methoden die asymptotisch exakte Lösung ergibt. Dazu wird ein einfacher Modell-Hamilton-Operator gewählt, für den die Gorkov-Galitskii-Methode wiederum eine niedrigere Grundzustandsenergie liefert als die BCS-Methode. Da bewiesen wird, daß die BCS-Lösung niedrigster Energie asymptotisch exakt ist, muß die Gorkov-Galitskii-artige Lösung verworfen werden. R. Klein.

1-204 **V. V. Tolmachev.** *Diverging diagrams in the formal perturbation theory for a nonideal Fermi-Dirac system, and the mutual cancellation of such diagrams.* Soviet Phys.-Doklady **6**, 976—978, *1962*, Nr. 11. (Mai.) (Engl. Übers. aus: Doklady Akad. Nauk SSSR **141**, 582—585, *1961*, Nr. 3.) Die formale Störungstheorie für die Grundzustandsenergie eines nichtidealen Fermionensystems (Brueckner-Goldstone-Entwicklung) wird auf die Existenz divergierender Diagramme untersucht. Tatsächlich gibt es solche Diagramme in den höheren Ordnungen, deren Divergenzen aus dem Verschwinden von Energie-Nennern auf der Fermi-Fläche entstehen und nicht aus einer singulären Wechselwirkung stammen. Vf. zeigt, daß sich in den ersten (höheren) Ordnungen der störungstheoretischen Reihe, in denen solche Divergenzen erscheinen, diese divergenten Diagramme gegenseitig kompensieren. R. Klein.

1-205 **S. W. Malejew.** *Analytische Eigenschaften der Einfermion-Green-Funktion in der Quantentheorie des Mehrkörperproblems.* Sh. exp. teor. Fis. **41**, 1675—1680, *1961*, Nr. 5. (Orig. russ.) S. auch Phys. Abh. Sowjetunion N. F. **6**, 368, 1962, Nr, 4. (Leningrad, Inst. Tech. Phys.) Im Gegensatz zu Luttinger (Ber. **41**, Nr. 2—139, *1962*) betrachtet Vf. nicht nur „normale" Fermi-Systeme, d. h. solche ohne Energielücke im Spektrum der Einfermion-Anregungen, sondern den allgemeinen Fall. Er diskutiert die analytischen Eigenschaften der Greenschen Funktion für Systeme mit und ohne Lücke und untersucht speziell den Zusammenhang zwischen der Lücke im Spektrum der Einfermion-Anregungen und den Poloperator der Selbstenergie des

Fermions. Ferner zeigt er, daß zur Darstellung des Operators der Selbstenergie in Form eines Dispersionsintegrals eine Subtraktion nötig sein kann. Er beschränkt sich auf räumlich homogene Systeme, obwohl sich die Ergebnisse auch auf inhomogene Systeme verallgemeinern lassen. Außerdem betrachtet er die Teilchenzahl N im System als so groß, daß sich alle Korrekturen der Ordnung N^{-1} vernachlässigen lassen.

H. Vogel.

1–206 **H. J. Meister.** *Die Bewegung des Polarisationsvektors eines Dirac-Teilchens im makroskopischen elektromagnetischen Feld.* Z. Phys. **166**, 468–476, *1962*, Nr. 4. (2. Febr.) (München, Univ., Inst. theor. Phys.) Es wird die Bewegungsgleichung für die Bewegung des Polarisationsvektors $\overset{\circ}{\vec{s}} = \langle\vec{\sigma}\rangle$ eines Spin $^1/_2$-Teilchens mit anomalem magnetischem Moment $\mu_a = (g/2 - 1) \cdot e/2\,m$ und mit elektrischem Dipolmoment $\varepsilon = (g'/2)(e/2\,M)$ abgeleitet bei Bewegung des Teilchens mit relativistischer Geschwindigkeit in einem makroskopischen elektromagnetischen Feld. Ausgehend von der klassischen Bewegungsgleichung:

$$d\overset{\circ}{\vec{s}}/dx^0 = -\,e/m\,(g/2\,\overset{\circ}{\vec{H}} + g'/2\,\overset{\circ}{E}) \times \overset{\circ}{\vec{s}},$$

bezogen auf das momentane Ruhsystem des Teilchens wird durch Verwendung der relativistischen Kinematik die Bewegungsgleichung im Laborsystem erhalten:

$$d\overset{\circ}{\vec{s}}/dx^0|_{\text{Labors}} = \vec{\omega} \times \overset{\circ}{\vec{s}} \text{ mit } \vec{\omega} = -\,e/m\,\{\vec{H}\,[g/2 - 1 + \sqrt{1 - \vec{v}^2}] + \vec{v}\,(\vec{H} \cdot \vec{v})/\vec{v}^2\,(g/2 - 1)$$
$$[\sqrt{1 - \vec{v}^2} - 1] - (\vec{v} \times \vec{E})/\vec{v}^2\,[g/2\,\vec{v}^2 + \sqrt{1 - \vec{v}^2} - 1]$$
$$+ g'/2\,[\vec{E} + \vec{v}\,(E \cdot \vec{v})/\vec{v}^2\,(\sqrt{1 - \vec{v}^2} - 1) + \vec{v} \times \vec{H}$$

und für Spezialfälle (die zur Bestimmung von magnetischem und elektrischem Moment von Elementarteilchen dienen können!) diskutiert. D. Schildknecht.

1–207 **R. H. Good jr.** *Classical equations of motion for a polarized particle in an electromagnetic field.* Phys. Rev. (2) **125**, 2112–2115, *1962*, Nr. 6. (15. März.) (Princeton, N. J., Inst. Adv. Stud.) Diese Arbeit behandelt die klassische relativistische Bewegungsgleichung eines Teilchens mit innerem Drehimpuls in einem äußeren elektromagnetischen Feld, wobei die Effekte, die von den ersten Ableitungen des Feldes herrühren, mitberücksichtigt werden. Das speziell betrachtete System ist ein Kern in seinem Grundzustand. Der Wert für das elektrische Quadrupolmoment ergibt sich zu $-(2\,I - 1)\,\mu\,\hbar/mc$, wobei I der Spin und μ das magnetische Moment des Teilchens sind. E. Schmutzer.

1–208 **H. C. Corben.** *Radiation damping of spinning particles.* Proc. nat. Acad. Sci., Wash. **48**, 387–395, *1962*, Nr. 3. (März.) (Los Angeles, Space Technol. Labs, Inc.) Vf. entwickelt allgemeine Gleichungen für ein klassisches relativistisches Teilchen mit Spin und erhält durch jeweils charakteristische Vernachlässigungen die bereits von verschiedenen Autoren aufgestellten und behandelten Gleichungen. Hierdurch wird die Ursache für z. T. unterschiedliche Ergebnisse in der Literatur aufgedeckt. Im zweiten Teil verallgemeinert der Vf. das Problem durch Einschluß der Strahlungsdämpfung und eines Trägheitsmomentes senkrecht zur Spinachse. Wie sich zeigt, können die Glieder der Strahlungsdämpfung formal aus den Bewegungsgleichungen eliminiert werden, wenn der Impuls, die Masse und die Spinänderung umdefiniert werden. Die umdefinierte Masse ist dann keine Konstante der Bewegung mehr, und der Spinvektor verschwindet dann nicht mehr im Ruhsystem des Teilchens. E. Bretnütz.

1–209 **V. A. Prokof'ev.** *The equations of relativistic radiation hydrodynamics.* Soviet Phys.-Doklady **6**, 861–864, *1962*, Nr. 10. (Apr.) (Engl. Übers. aus: Doklady Akad. Nauk SSSR **140**, 1033–1036, *1961*, Nr. 5.) (Moscow, State Univ.) Die hauptsächlichsten Unstimmigkeiten bezüglich der Form der hydrodynamischen Bewegungsgleichungen mit Strahlung sind nach Auffassung des Vf. der Nichtbeachtung des Unterschiedes in der Definition der Größen des Strahlungsfeldes in einem festen und einem bewegten Koordinatensystem zuzuschreiben. In der vorliegenden Arbeit wird das Strahlungsfeld eines bewegten Gases im Rahmen der speziellen Relativitätstheorie behandelt.

E. Schmutzer.

1–210 **F. Gascón.** *Un principio de acción para la mecánica relativista.* An. Soc. esp. Fis. Quim. (A) **57**, 253–256, *1961*, Nr. 9/10. (Sept./Okt.) (Zaragoza, Univ., Fac. Ci., Cat. Fis. Mat.) Angegeben wird ein differentielles Wirkungsprinzip für die relativistische Mechanik, das eine Verallgemeinerung der HAMILTONschen Bewegungsgleichungen auf den vierdimensionalen Raum (x_1, x_2, x_3, $x_4 = ict$) liefert. B. Bein.

1–211 **H. A. Buchdahl.** *On the gravitational field equations arising from the square of the Gaussian curvature.* Nuovo Cim. (10) **23**, 141–157, *1962*, Nr. 1. (1. Jan.) (Hobart, Univ., Phys. Dep.) Vf. untersucht die Gravitationsfeldgleichungen $R_{;kl} + R R_{kl} - g_{kl} (\Box R + R^2/4) = 0$, die sich ergeben, wenn dem entsprechenden Variationsprinzip das Quadrat des Krümmungsskalars R zugrunde gelegt wird. Offensichtliche Lösungen sind EINSTEIN-Räume ($R = \text{const}$) und Räume mit $R = 0$. Es wird gezeigt, daß es keine kugelsymmetrischen statischen Lösungen gibt, die eine nicht überall verschwindende GAUSSsche Krümmung R besitzen und die (wesentlich eingehenden) MINKOWSKI-Grenzbedingungen im räumlich Unendlichen erfüllen. Dieses Ergebnis läßt sich auf den Fall nicht-kugelsymmetrischer Felder übertragen. Lösungen mit variabler GAUSSscher Krümmung haben also Eigenschaften, die durchaus von denen gewöhnlicher EINSTEIN-Räume verschieden sind. G. Dautcourt.

1–212 **Emilio Clauser.** *Proprietà di una particella di prova nel campo gravitazionale einsteiniano.* R. C. Accad. Lincei (8) **30**, 874–883, *1961*, Nr. 6. (Juni.) Ausgangspunkt der Arbeit ist eine früher (Ann. Mat. pur. appl. (IV) **56**, *1961*) gegebene Vervollständigung der INFELD-SCHILDschen Ableitung der Bewegungsgleichungen eines Probeteilchens in der allgemeinen Relativitätstheorie (Ber. **29**, 627, *1950*), bei der das Gravitationsfeld in der Umgebung der Weltlinie L des Probeteilchens mit der Masse m nach Potenzen von m entwickelt wird: $g_{\mu\nu} = \overset{0}{g}_{\mu\nu} + \overset{1}{g}_{\mu\nu} m + \ldots$ Besitzt nun die reguläre „Hintergrundsmetrik" $\overset{0}{g}_{\mu\nu}$ eine charakteristische Wellenfläche $\tau = \text{const}$ mit $H \equiv \overset{0}{g}{}^{\alpha\beta} \tau_{,\alpha} \tau_{,\beta} = 0$, auf der die zweiten Ableitungen der $\overset{0}{g}_{\mu\nu}$ springen, so werden im allgemeinen auch die zweiten Ableitungen der bei Anwesenheit des Probeteilchens von Null verschiedenen Größen $\overset{1}{g}_{\mu\nu}$ auf der Wellenfläche auf Grund der EINSTEINschen Feldgleichungen induzierte Sprünge erleiden. Dabei wird die Wellenfläche und damit die Ausbreitungsgeschwindigkeit der Stoßwelle durch das Probeteilchen nicht geändert. G. Dautcourt.

1–213 **Franca Graiff.** *Carattere tensoriale dell'azione Einsteiniana.* R. C. Accad. Lincei (8) **30**, 884–888, *1961*, Nr. 6. (Juni.) Neben der üblichen RIEMANNschen Metrik a'_{ik} wird eine zusätzliche pseudoeuklidische Metrik a_{ik} eingeführt. Die Differenz der zugehörigen CHRISTOFFEL-Symbole bildet einen Tensor, durch den sich der Krümmungstensor des RIEMANNschen Raumes a'_{ik} ausdrücken läßt. Sowohl die nichtinvariante EINSTEINsche LAGRANGE-Dichte des Gravitationsfeldes als auch der EINSTEINsche Energie-Impuls-Pseudotensor werden dadurch zu echt (d. h. gegenüber beliebigen Koordinatentransformationen) invarianten bzw. kovarianten Größen. — Siehe auch N. ROSEN (Ber. **21**, 1290, *1940*) und M. KOHLER (Z. Phys. **131**, 571, *1952*). G. Dautcourt.

1–214 **J. Plebanski** and **J. Ryten.** *Coordinate conditions.* J. math. Phys. **2**, 677–681, *1961*, Nr. 5. (Sept./Okt.) (Warsaw, Univ., Inst. Theor. Phys.; Acad. Sci., Inst. Phys.)

1–215 **Roland Guy.** *Sur la forme intégrale de l'équation d'évolution d'un système physique et ses solutions.* Ann. Inst. Poincaré **17**, 129–148, *1961*, Nr. 2. (Montréal, Univ., Dep. Math.)

1–216 **Jaroslav Pachner.** *On the influence of a magnetic dipole upon the gravitational field.* Acta phys. polon. **20**, 475–492, *1961*, Nr. 5/6. Berichtigung ebenda **21**, 439–441, *1962*, Nr. 4. (Apr.) (Pracha, Univ., Tech. Univ., Phys. Inst.) O. Wegner.

V. Mechanik

1-217 **Ferdinand Freudenstein.** *On the variety of motions generated by mechanisms.* Trans. amer. Soc. mech. Engrs (B) **84**, 156–160, *1962*, Nr. 1. (Febr.) (New York, Columb. Univ., Dep. Mech. Engng.) E. Bretnütz.

1-218 **I. M. Belen'kii.** *A new analogy in mechanics.* Soviet Phys.-Doklady **6**, 872–873, *1962*, Nr. 10. (Apr.) (Engl. Übers. aus: Doklady Akad. Nauk SSSR **140**, 1278–1280, *1961*, Nr. 6.) Vf. stellt eine Analogie auf zwischen der ebenen Strömung einer idealen, inkompressiblen Flüssigkeit und den Bahnkurven in einem konservativen Kraftfeld eines ebenen Problems der klassischen Mechanik. Das ebene hydrodynamische Problem läßt sich auf ein analoges mechanisches Problem transformieren, wenn die Kurven (-Schar) konstanten Geschwindigkeitspotentials als Äquipotentialkurven (-Schar) für ein Potential angesehen werden, das sich analytisch aus dem Geschwindigkeitspotential bestimmt. Auch die umgekehrte Zuordnung ist möglich. E. Bretnütz.

1-219 **W. W. Rumjanzew.** *Über die Stabilität der Kreiselbewegung.* Priklad. Mat. Mech. **25**, 9–16, *1961*, Nr. 1. (Jan./Febr.) (Orig. russ.) (Moskau.) V. Siegel.

1-220 **N. I. Novikov** and **A. I. Sapozhkov.** *Contactless optical device for measuring diameters of large components.* Measurement Tech. *1962*, S. 695–696, Febr. (Engl. Übers. aus: Ismeritelnaja Technika *1961*, S. 8–9, Nr. 9.) Eine einfache geometrisch-optische Anordnung zur Bestimmung des Durchmessers von Drehteilen während der Herstellung wird beschrieben. Die Meßunsicherheit wird bei Längen von 200 bis 500 mm mit $\pm$ 0,04 mm angegeben. Die Messung ist gedacht an Drehbänken, die ohne Kühlflüssigkeit während der Herstellung der Prüflinge arbeiten. M. Dühmke.

1-221 *Atomic and molecular frequency standards.* Instrum. Control. Syst. **34**, 1081 bis 1084, *1961*, Nr. 6. (Juni.)

1-222 **C. S. Rangan** and **T. N. Ghose.** *Speaking clock.* J. sci. industr. Res. **20 D**, 316–317, *1961*, Nr. 8. (Aug.) (New Delhi, Nat. Phys. Lab.) Beggerow.

1-223 **C. T. Fuji, C. D. Carpenter** and **R. A. Meussner.** *Simple recording spring balance.* Rev. sci. Instrum. **33**, 362–364, *1962*, Nr. 3. (März.) (Washington, D. C., U. S. Nav. Res. Lab.) Für die Messung der Oxydation fester Körper in wasserdampfhaltiger Atmosphäre bei hohen Temperaturen und variablen Drucken wurde eine einfache registrierende Waage entwickelt. Als Auswägeeinrichtung dient eine Schraubenfeder, deren durch die Gewichtszunahme der Probe verursachte Längenänderung photoelektrisch gemessen und mit einem Linienschreiber aufgezeichnet wird. Die Höchstlast der Waage beträgt 1,5 g, der Wägebereich 200 mg, die Empfindlichkeit 0,5 mg. G. Bochmann.

1-224 **K. Mangold** und **E. U. Franck.** *Die Dichte von Chlorwasserstoff bis 400° C und 2000 bar.* Z. Elektrochem. **66**, 260–266, *1962*, Nr. 3. (31. März.) (Göttingen, Univ., Inst. Phys. Chem.)

1-225 **E. A. Lidskij.** *Über die Stabilisierung stochastischer Systeme.* Priklad. Mat. Mech. **25**, 824–835, *1961*, Nr. 5. (Sept./Okt.) (Orig. russ.) (Swerdlowsk.) V. Siegel.

1-226 **R. Hill.** *Constitutive laws and waves in rigid-plastic solids.* J. Mech. Phys. Solids **10**, 89–98, *1962*, Nr. 2. (Apr./Juni.) (Nottingham, Univ., Dep. Math.) In einer kürzlich veröffentlichten Arbeit des Vf. (Ber. **41**, Nr. 11–149, *1962*) wurden Beschleunigungswellen betrachtet, bei denen ein eindeutiger Zusammenhang zwischen Spannungsänderung und Verzerrungsänderung vorausgesetzt war. Da dies bei plastischen Stoffen nicht der Fall ist, ist das Ziel dieser Arbeit, das früher von dem Vf. angegebene allgemeine Plastizitätsgesetz (J. Mech. Phys. Solids **7**, 209, *1959*) in einer für den Zweck der Betrachtung von Beschleunigungswellen in starr/plastischen Körpern geeigneten Weise zu formulieren und dann auf Beschleunigungswellen anzuwenden. Dabei werden die beiden Fälle unterschieden, daß die als Vektor im 9-dimensionalen Raum aufgefaßte infinitesimale Spannungsänderung entweder auf ein sich mit dem Körper deformierendes System bezogen ist (convected derivative) oder auf ein starres System, dessen Nullpunkt sich mit dem betrachteten Stoffelement mitbewegt und das dessen starre Rotation enthält (rigid-body derivative). Die drei Typen des Plastizitätsgesetzes sind so, daß sie in einer invarianten Weise die Begriffe Belastung, Entlastung, Verfestigung und Entfestigung festlegen. Die Sprungformeln für den Fall der Beschleunigungswellen werden mit dem HADAMARDschen charakteristischen Segment formuliert. Die Wellengeschwindigkeit läßt sich dann errechnen für die dann auftretenden Wellen von nur zwei möglichen Orientierungen; der quasistatische, die Trägheitsglieder vernachlässigende Fall wird in scharfem Unterschied zu stationären Diskontinuitäten diskutiert.

H. Schlechtweg.

1-227 **W. Prager.** *On higher rates of stress and deformation.* J. Mech. Phys. Solids **10**, 133–138, *1962*, Nr. 2. (Apr./Juni.) (Providence, R. I., Univ.) Die Änderung des skalaren Produktes zweier von einem Materiepunkt ausgehender materieller Linienelemente dx_i und δx_i läßt sich als quadratische Form in den Komponenten dieser Linienelemente darstellen, in der die Komponenten des Tensors der Verzerrungsgeschwindigkeiten als Koeffizienten auftreten; letztere sind daher geeignet zur Beschreibung der Deformationsänderung. Ziel der Überlegung ist es, eine vernünftige Definition zu bekommen für die Änderung von Spannung und Verzerrungsgeschwindigkeit. Die sich auf einen Tensor A_{ik} beziehende Definition von COTTER und RIVLIN [Quart. appl. Math. **13**, 177, *1955*) entspricht der in der Tensoranalysis üblichen Weise der Bildung der kovarianten Ableitung, indem hierzu die Koeffizienten der quadratischen Form in den dx_i und δx_k benutzt werden, durch die die materielle Ableitung des Skalars $A_{ik} dx_i \delta x_k$ dargestellt werden kann. Da dann aber die materiellen Ableitungen der Invarianten des Tensors A_{ik} nicht verschwinden, andererseits aber in einem sich mit-deformierenden System die symmetrischen Teile des Geschwindigkeitsgradienten verschwinden, so werden vom Vf. nur die antisymmetrischen Teile und damit die JAUMANNsche Ableitung (d. h. die eine starre Rotation enthaltende rigid-body-derivative, vorst. Ref.) benutzt, deren Zusammenhang mit den COTTER-RIVLINschen Ableitungen angegeben wird. Es wird gezeigt, daß das Verschwinden der JAUMANN-Ableitung eines Tensors auch das Verschwinden der JAUMANN-Ableitung seiner linearen Invarianten bedingt sowie das Verschwinden der JAUMANN-Ableitung für jede Potenz dieses Tensors. Fallen für ein Teilchen die Hauptachsen der Verzerrungsgeschwindigkeit und ihrer JAUMANN-Ableitung während einer endlichen Zeit zusammen, während der der Tensor der Verzerrungsgeschwindigkeit voneinander verschiedene Hauptachsenwerte hat, dann fallen auch die Hauptachsen der höheren JAUMANN-Ableitungen mit deren Hauptachsenrichtungen zusammen. Bei homogenem, von der Zeit nicht abhängendem Spannungszustand und einem momentanen Geschwindigkeitsfeld, das einer reinen Deformation entspricht, verschwindet die JAUMANN-Ableitung des Spannungstensors, nicht aber die COTTER-RIVLIN-Ableitung, so daß erstere die natürlichere ist. H. Schlechtweg.

1-228 **P. Chadwick.** *On the propagation of thermoelastic disturbances in thin plates and rods.* J. Mech. Phys. Solids **10**, 99–109, *1962*, Nr. 2. (Apr./Juni.) (Sheffield, Univ., Dep. Appl. Math.) Im ersten Teil der Arbeit wird die allgemeine Theorie thermoelastischer Störungen dargestellt, ausgehend von den aus der Thermodynamik irreversibler Prozesse entnommenen Bewegungsgleichungen, der Energiegleichung und dem zweiten Hauptsatz. Mit dem FOURIERschen Wärmeleitungsgesetz und dem linearen Ansatz für die Abhängigkeit der Komponenten des Spannungstensors von denen des Deformationstensors und dem Temperaturunterschied gegenüber der Temperatur des verzerrungsfreien Zustandes werden dann die linearen thermoelastischen Gleichungen abgeleitet und die Beziehungen angegeben zwischen isothermen und adiabatischen elastischen Konstanten sowie den spezifischen Wärmen bei konstantem Verzerrungszustand und bei konstantem Spannungszustand für beliebige anisotrope Stoffe. Die entsprechenden Formeln werden dann speziell für isotrope Stoffe angegeben, wobei auch die Zusammenhänge für adiabatischen und isothermen E-Modul bzw. Querkontraktionskoeffizienten erscheinen; dabei ergeben sich Vereinfachungen, so z. B. die bekannte Differentialgleichung der Wärmeleitung, im Fall harmonischer elastischer Wellen, wenn ihre Frequenz klein gegen eine charakteristische Frequenz ist, die angegeben wird. — Der zweite

und dritte Teil der Arbeit behandeln Näherungsmethoden, bei denen einige Spannungskomponenten als Null angesehen werden, so daß lineare Beziehungen zwischen Zustandsvariablen entstehen; hierdurch erhält man andere thermoelastische Gleichungen als im allgemeinen Fall. In Teil 2 werden die Differentialgleichungen für die Ausbreitung longitudinaler Störungen in dünnen Platten und Stäben abgeleitet und in Teil 3 die Differentialgleichungen für deren Biegeschwingungen. In einer Tabelle werden die im allgemeinen Fall, im Fall der longitudinalen Störung und im Fall der Biegeschwingungen einander entsprechenden Differentialoperatoren und Konstanten angegeben.
H. Schlechtweg.

1–229 **O. W. Dillon jr.** *A nonlinear thermoelasticity theory.* J. Mech. Phys. Solids **10**, 123–131, *1962*, Nr. 2. (Apr./Juni.) (Baltimore, Univ.) Erster und zweiter Hauptsatz werden benutzt, um unter Benutzung der Proportionalität zwischen Entropieänderung und Gefälle des Wärmeflusses eine Gleichung zu erhalten zwischen Wärmestrom und Änderung der freien Energie durch Temperaturänderung und Verzerrung. Dabei werden die Spannungen ausgedrückt durch die Ableitung der freien Energie nach den Verzerrungen. Die freie Energie wird als Polynom vierten Grades in den Invarianten des Verzerrungstensors und der Temperatur angesetzt, wobei auch Produkte der Temperatur mit den genannten Invarianten mitberücksichtigt werden. Die spezifische Wärme bei konstanter Deformation wird als unabhängig von den Invarianten des Verzerrungstensors und linear mit der Temperatur veränderlich angesehen. Auf diese Weise ergibt sich bei isotropem Material für die Temperatur eine Wärmeleitungsgleichung mit einem linearen Glied und einem von Temperatur und Verzerrungsdeviator abhängenden Glied. Letzteres Glied bewirkt bei Schwingungen eine Temperaturerhöhung der Probe. In dem Fall, daß das lineare Glied, das bei thermoelastischen Vorgängen die Hauptrolle spielt (vgl. z. B. vorst. Ref.), vernachlässigbar ist gegenüber dem die Temperaturerhöhung bewirkenden deviatorischen Glied, läßt sich für Torsionsschwingungen eines Stabes mit einem Ansatz für die Drillungsverzerrung, dessen Verträglichkeit mit den Bewegungsgleichungen nicht nachgewiesen wird, eine Näherungslösung angeben, die im Frequenzgebiet von $\omega \approx 2000/\text{min}$ verträglich ist mit dem experimentell beobachteten Temperaturanstieg.
H. Schlechtweg.

1–230 **L. M. Milne-Thomson.** *Bounds for the torsional rigidity of isotropic beams.* Proc. Camb. phil. Soc. **58**, 417–419, *1962*, Nr. 2. (Apr.) (Tucson, Arizona, Univ., Math. Dep.)

1–231 **W. M. Babitsch.** *Die Fundamentallösungen der dynamischen Gleichungen der Elastizitätstheorie für inhomogene Medien.* Priklad. Mat. Mech. **25**, 38–45, *1961*, Nr. 1. (Jan./Febr.) (Orig. russ.) (Leningrad.)

1–232 **W. A. Sweklo.** *Zur Lösung dynamischer Aufgaben der ebenen Elastizitätstheorie anisotroper Körper.* Priklad. Mat. Mech. **25**, 885–896, *1961*, Nr. 5. (Sept./Okt.) (Orig. russ.) (Kaliningrad.)

1–233 **A. Ja. Alexandrow.** *Die Lösung achsensymmetrischer Probleme der Elastizitätstheorie mit Hilfe der Abhängigkeit zwischen den achsensymmetrischen und ebenen Zuständen.* Priklad. Mat. Mech. **25**, 912–920, *1961*, Nr. 5. (Sept./Okt.) (Orig. russ.) (Nowosibirsk.)

1–234 **C. T. Molloy.** *Application of four-pole parameters to torsional vibration problems.* Trans. amer. Soc. mech. Engrs (B) **84**, 21–34, *1962*, Nr. 1. (Febr.) (Canoga Park, Calif., Space Technol. Lab.)
E. Bretnütz.

1–235 **N. W. Tschoegl.** *The mathematical relations of the torsion pendulum in the study of surface films.* Kolloidzschr. **181**, 19–29, *1962*, Nr. 1. (März.) (North Ryde, N. S. W., Bread Res.. Inst. Austral.) Die Bewegungsgleichungen des Oberflächentorsionspendels werden für den Fall eines impulsartigen, eines konstanten, eines gleichförmig beschleunigten und eines sinusartigen Drehmomentes für einen Apparat vom Searle- oder Couette-Typ abgeleitet, unter der Annahme, daß das viskoelastische Verhalten des Filmes durch ein einfaches Voigt-Modell dargestellt werden kann. Der Beitrag der reinen Grenzfläche und die Bestimmung der Apparatekonstanten werden untersucht. Komplexe

Modelle und die Anwendung der neueren Methoden und Konzepte der linearen viskoelastischen Theorie in Untersuchungen an Oberflächenfilmen werden gleichfalls besprochen. (Zfg.) W. Weber.

1–236 **E. Bousso.** *The viscosity of air at high rates of shear.* Bull. Res. Counc. Israel **10C**, 109—118, *1961*, Nr. 3. (Nov.) (Haifa, Inst. Technol., Technion.) Es wird ein Viskosimeter beschrieben, bei dem mit Luft hohe Geschwindigkeitsgefälle D erreicht werden durch Anwendung des von REINER gefundenen Zentripetal-Pumpeffektes (Anziehung einer rotierenden Platte, die sich in kleinem Abstand von einer festen Platte befindet, bis zu einer Gleichgewichtslage). Zwischen zwei rotierenden Platten befindet sich die feststehende Platte, das auf diese übertragene viskose Moment kann durch Kompensation mit Gewichten gemessen werden. Die rotierenden Platten sind verschiebbar in Achsrichtung gelagert und können zur Veränderung des Gleichgewichtsabstandes mit gegebenen Kräften belastet werden. Die extrem kleinen Spaltweiten zwischen den Platten erfordern eine sehr hohe Präzision der Platten sowie der Lagerung. Mit abnehmender Spaltweite nimmt die scheinbare Viskosität der Luft infolge von Gleitung ab. Durch Anwendung der MAXWELL-Korrektur für die Gleitung ergibt sich bis zu Werten von $D = 10^7\ s^{-1}$ kein Einfluß von D auf die Viskosität der Luft. W. Weber.

1–237 **Wolf Weber.** *Meßtechnische Besonderheiten des Kugelfall-Viskosimeters mit geneigtem Fallrohr, beobachtet bei der Messung der Druckabhängigkeit der Viskosität des Wassers.* Rheol. Acta **2**, 131—138, *1962*, Nr. 2. (Mai.) (Braunschweig, Phys.-Tech. Bundesanst.)

1–238 **V. Semjonow.** *Über ein Rotationsviskosimeter zur Messung der Druckabhängigkeit der Viskosität hochpolymerer Schmelzen.* Rheol. Acta **2**, 138—143, *1962*, Nr. 2. (Mai.) (Darmstadt, Dtsch. Kunstst.-Inst.)

1–239 **J. Schurz** und **M. Hermann.** *Die Temperaturkontrolle bei Hochdruckviskosimetern.* Rheol. Acta **2**, 143—147, *1962*, Nr. 2. (Mai.) (Graz, Univ., Inst. phys. Chem.)

1–240 **K. Kirschke.** *Zur Viskosimetrie strukturviskoser Flüssigkeiten bei hohen Werten des Geschwindigkeitsgefälles.* Rheol. Acta **2**, 147—159, *1962*, Nr. 2. (Mai.) (Berlin-Dahlem, Bundesanst. Materialprüf.) Beggerow.

1–241 **H. Lippmann.** *Principal line theory of axially-symmetric plastic deformation.* J. Mech. Phys. Solids **10**, 111—122, *1962*, Nr. 2. (Apr./Juni.) (Hannover, T. H., Inst. Mech.) In einem starr-plastischen Körper wird die TRESCAsche Fließbedingung zugrunde gelegt neben den Gleichgewichtsbedingungen, der Inkompressibilitätsbedingung und der Bedingung, daß die zur mittleren Hauptspannung gehörige Fließgeschwindigkeit Null ist und im übrigen die Hauptachsenrichtungen beider entsprechender Tensoren zusammenfallen. Die grundlegende Idee der Theorie ist die, zunächst einmal festzustellen, was die Forderung des Verschwindens einer Hauptachsenkomponente des Tensors der Verzerrungsänderungen und der zugehörigen Nicht-Diagonalelemente für die im Zylinderkoordinatensystem gemessenen Verschiebungen bedeutet. Unter Benutzung dieses Ergebnisses lassen sich dann bei Benutzung der Hauptspannungslinien als Koordinatenlinien für die Radialverschiebung u und den Winkel ψ zwischen einer Hauptspannungslinie und der z-Achse quasi-gewöhnliche Differentialgleichungen angeben, in denen die Ableitung nach jeweils nur einer längs einer Hauptspannungslinie gemessenen Koordinaten vorkommt. Zu jeder Lösung dieses charakteristischen Gleichungssystems können unter gewissen Voraussetzungen Verschiebungen angegeben werden. Es wird ein Beispiel betrachtet, in dem man ein sphärisches Fließen im Raum erhält. H. Schlechtweg.

1–242 **R. E. Ball** and **S. L. Lee.** *On the effect of uniform surface load upon the plastic yielding of simply supported beams.* J. Mech. Phys. Solids **10**, 151—163, *1962*, Nr. 2. (Apr./Juni.) (Evanston, Univ., Technol. Inst.) Als untere Grenze für die Grenzlast eines freigelagerten Balkens unter ebenem Spannungszustand bei gleichförmiger Belastung wird im Fall vollkommener Plastizität ein statisch zulässiges Spannungsfeld angegeben, das in innerem Gleichgewicht ist, mit der betreffenden Last in äußerem Gleichgewicht steht und die MISESsche Fließbedingung erfüllt. Für σ_y (y = nach unten gerichtete Koordinate des horizontal liegenden Balkens) wird eine reine Abhängigkeit von y genommen und unter Berücksichtigung der Bedingungen des inneren Gleichgewichtes und der Randbedingungen die Stelle des Maximalwertes der MISESschen Invarianten gesucht. In dem Fall, daß der Maximalwert der MISESschen Invarianten in der Mitte des längs seiner ganzen Erstreckung unter gleichförmiger Last stehenden Balkens auftritt, läßt sich das Problem in Näherung stückweise linearisieren und lösen, wobei die Normal- und Schubspannungen des ebenen Spannungszustandes in Rechnung gestellt werden. — Eine obere Grenze für die Grenzlast des vollkommen plastischen Balkens wird aus der Gleichsetzung von innerer und äußerer Arbeitsänderung errechnet für ein bestimmtes Geschwindigkeitsfeld, das die Randbedingungen für die Verschiebungen erfüllt. Es ergibt sich dabei, daß die Ergebnisse der elementaren Plastizitätstheorie bis auf weniger als maximal etwa 3,5% für den gleichförmig belasteten Balken richtig sind, wenn das Verhältnis von Länge zu Dicke größer als 3,55114 ist. H. Schlechtweg.

1–243 **A. J. M. Spencer.** *Perturbation methods in plasticity. III. Plane strain of ideal soils and plastic solids with body forces.* J. Mech. Phys. Solids **10**, 165—177, *1962*, Nr. 2. (Apr./Juni.) (Nottingham, Univ., Dep. Theor. Mech.) Für einen starr plastischen idealen Boden mit Volumenkräften werden die Grundgleichungen eines ebenen Spannungszustandes formuliert mit COULOMBscher Fließbedingung $(\sigma_x + \sigma_y)/2 \cdot \sin\psi + \{(\sigma_x - \sigma_y)^2/4 + 4\,\tau^2_{xy}\}^{1/2} = k\cos\psi$ als statisch bestimmtes Problem mit den Charakteristiken als Koordinatenlinien. Während die numerische Lösung dieser Gleichungen durchgeführt ist bei V. V. SOKOLOVSKIJ (Statics of soil media, Butterworth, London, *1960*) wird hier eine Lösung für kleine Volumenkraft gesucht durch Reihenentwicklung in der Umgebung einer Lösung für einen Boden, in dem keine Volumenkräfte vorhanden sind. Dieses volumenkraftfreie Ausgangsproblem muß so gewählt werden, daß seine Randbedingungen sich ebenfalls nur wenig unterscheiden von den Randwerten des gestörten Problems. Im übrigen ist die Methode dieselbe wie in vorangegangenen Arbeiten des Vf. (J. Mech. Phys. Solids **8**, 262, *1960*; Ber. **41**, Nr. 7—243, 11—154, *1962*). — Als Beispiel wird der Stempeleindruck betrachtet, wobei als Ausgangslösung die von SHIELD (Quart. appl. Math. **11**, 61, *1953*) dient, bei der wie üblich unterschieden wird zwischen einem Gebiet aktiven Erddruckes, passiven Erddruckes und einem Zwischengebiet. Dabei ergibt sich, daß die Störungsmethode für $\rho g a/k = 0{,}1$ (ρ = Dichte, g = Erdbeschleunigung, 2 a = Stempelbreite, k = Kohäsion) praktisch denselben mittleren Oberflächendruck des Stempels liefert wie die numerische Lösung. Es wird nachgewiesen, daß die PRANDTLsche volumenkraftfreie Lösung als Ausgangslösung der Störungsmethode ungeeignet ist. Das Beispiel nicht horizontaler Bodenoberfläche unter Normaldruck bei vertikaler Gravitationskraft findet anschließend seine Behandlung. H. Schlechtweg.

1–244 **L. M. Kurshin.** *On the stability of rods and plates under conditions of creep.* Soviet Phys.-Doklady **6**, 809—811, *1962*, Nr. 9. (März.) (Engl. Übers. aus: Doklady Akad. Nauk SSSR **140**, 549—552, *1961*, Nr. 3.) Als Kriechgesetz wird für einen drehbar gelagerten Stab die Beziehung $\dot{p} = A\sigma^n p^{-\alpha}$ mit $p = \varepsilon - \sigma/E$ verwendet, wobei σ die Spannung ist, ε die gesamte Verzerrung und p die auf dem Kriechvorgang beruhende Verzerrung. Zur Untersuchung der Stabilität werden kleine Variationen δp und $\delta\sigma$ über die Dicke hin angenommen, und in einem bestimmten Augenblick eine kleine Störung in Form einer kleinen bleibenden Auslenkung w vorgenommen. Integration der sich für δp ergebenden Gleichung über den Querschnitt ergibt mit $\delta\varepsilon = -z(w_{xx} - w^0_{xx})$ und $\int z\delta\sigma\, dF = Tw$, wo T die konstante Longitudinalkraft ist, eine Gleichung für w, die mit dem Ansatz $w = \tau(p) \cdot \sin\pi x/l$ gelöst wird. Für die Beschleunigung $\ddot{\tau}$ der gestörten Bewegung im Augenblick des Einsetzens dieser Bewegung ergibt sich ein die Variable p enthaltender Ausdruck, dessen Vorzeichen festlegt, ob die gestörte Bewegung im Laufe der Zeit anwächst oder nicht; das Verschwinden dieses Ausdruckes legt die kritische Kriechdeformation fest. — Es wird gezeigt, daß das im Falle des Kriechens benutzte Stabilitätskriterium $\ddot{\tau} = 0$ auch im elastischen Fall Stabilitätskriterium ist. Auch für den Fall einer Zustandsgleichung der Form $\Phi(\sigma, \rho, \dot{\rho}) = 0$ wird die Bedingung für die kritische Deformation formuliert. — Die Übertragung auf die Platte wird vorgenommen mit einem Kriechgesetz, das für die quadratischen Invarianten p_i und σ_i der an Stelle von p und σ tretenden Tensoren in der Form $\dot{p}_i = g(p_i, \sigma_i) \cdot \sigma_i$ mit $g = A\sigma_i^{n-1}p^{-\alpha}$ angesetzt wird und mit dem Fließgesetz $\dot{p}_{ij} = 3/2 \cdot g(p_i, \sigma_i) \cdot \sigma_{ij}$.

H. Schlechtweg.

1–245 **W. L. Dobrowolskij.** *Die ebene plastische Deformation anisotroper Medien.* Priklad. Mat. Mech. **25**, 169—173, *1961*, Nr. 1. (Jan./Febr.) (Orig. russ.) (Moskau.)

1–246 **O. D. Grigorjew.** *Zur Theorie der ebenen Deformation ideal-plastischer Massen.* Priklad. Mat. Mech. **25**, 906—911, *1961*, Nr. 5. (Sept./Okt.) (Orig. russ.) (Moskau.)

1–247 **A. S. Nowick** and **B. S. Berry.** *Lognormal distribution function for describing anelastic and other relaxation processes. I. Theory and numerical computations. II. Data analysis and applications.* IBM-J. Res. Dev. **5**, 297—311, 312—320, *1961*, Nr. 4. (Okt.)

O. Wegner.

1–248 **Ganjam K. Rajeswari** and **Seekote L. Rathna.** *Flow of a particular class of non-newtonian visco-elastic and visco-inelastic fluids near a stagnation point.* Z. angew. Math. Phys. **13**, 43—57, *1962*, Nr. 1. (25. Jan.) (Bangalore, Inst. Sci., Dep. Appl. Math.) Die Bewegungsgleichungen für die stationären Strömungen einer besonderen Klasse nicht-NEWTONscher, viskoelastischer und viskounelastischer Flüssigkeiten nahe einem Staupunkt sind nach der KÁRMAN-POHLHAUSEN-Methode integriert worden. Es hat sich gezeigt, daß der Effekt der Querviskosität und Viskoelastizität durch den dimensionslosen Parameter $R = \gamma a/\alpha$ bzw. $K = \beta a/\alpha$ dargestellt wird. Aus der Betrachtung der Dissipationsfunktion wird gefolgert, daß alle negativen Werte von K und R physikalisch zulässig sind. Die zweidimensionalen Grenzschichtgleichungen für viskoelastische Flüssigkeiten sind abgeleitet worden. (Zfg.) W. Weber.

1–249 **Chia-Shun Yih.** *Dual role of viscosity in the instability of revolving fluids of variable density.* Phys. Fluids **4**, 806—811, *1961*, Nr. 7. (Juli.) (Ann Arbor, Mich., Univ.) Es wird die Stabilität einer viskosen Flüssigkeitsströmung zwischen rotierenden Zylindern mit einem radialen Temperaturgradienten gegen die Bildung von TAYLOR-Wirbeln untersucht und es wird gefunden, daß die Viskosität dabei eine doppelte Rolle spielt. Wenn die Zirkulation radial nach außen ansteigt (so daß die Strömung bei Fehlen einer Dichteänderung stabil sein würde), die Dichte aber mit radialem Abstand abnimmt, kann der Fall eintreten, daß die Viskosität eine stabilitätsmindernde Wirkung hat. Im entgegengesetzten Falle wirkt die thermische Diffusion der Stabilität entgegen. Es werden Ergebnisse für kleine Spaltweiten zwischen den Zylindern mitgeteilt und die hinreichende Stabilitätsbedingung für eine umlaufende Flüssigkeit bei variabler Dichte und Entropie. W. Weber.

1–250 **C. Frederick Hansen.** *Interpretation of linear approximations for the viscosity of gas mixtures.* Phys. Fluids **4**, 926—927, *1961*, Nr. 7. (Juli.) (Moffett Field, Calif., Nat. Aeronaut. Space Admin., Ames Res. Cent.) Es besteht eine Unstimmigkeit zwischen den linearen Termen des Viskositätskoeffizienten für Gas-Mischungen und der linearen Form, die von KENNARD als Funktion der molekularen freien Weglänge angegeben wurde. Wie gezeigt wird, verschwindet die Unstimmigkeit, wenn statt der freien Weglänge zwischen Stößen, die freie Weglänge für die Übertragung der Momente genommen wird. W. Weber.

1–251 **K. E. Collins** and **D. J. Steele.** *Torsion vane flowmeter for the continuous recording of air flow.* J. sci. Instrum. **39**, 115—118, *1962*, Nr. 3. (März.) (Leatherhead, Surrey, Brit. Coal Utilisat. Res. Assoc., Domestic Appl. Dep.) Zur Messung des Luftverbrauchs bei verschiedenen industriellen Verbrennungsvorgängen wird folgendes Instrument vorgeschlagen und in seiner experimentell erprobten Wirkungsweise beschrieben: In der Luftzuführung wird ein vierblättriges Flügelrad drehbar aufgehängt, das fest mit einer Spule und einem kleinen Spiegel verbunden ist. Die Spule befindet sich in einem permanenten Magnetfeld, der Spiegel reflektiert einen Lichtstrahl auf eine Photozelle. Durch die strömende Luft wird ein Drehmoment auf das Flügelrad ausgeübt. Die hierdurch verursachte Drehung des Flügelrades verändert die auf die Photozelle auffallende Lichtmenge und dies ändert den durch die Spule fließenden Strom so lange, bis sich ein solcher Wert des Stromes eingestellt hat, bei dem das vom Magnetfeld auf die Spule ausgeübte Drehmoment dem Luftkraftmoment am Flügelrade gleich geworden ist. Der dann fließende Strom ist ein Maß für die Luftgeschwindigkeit. E. Becker.

1–252 **L. Molyneux** and **J. M. Edington.** *Portable propeller flowmeter determines water velocity.* Electronics **34,** *1961,* Nr. 25, (23. Juni.) S. 60–62. (Newcastle upon Tyne, Engl., King's Coll., Zoolog. Dep.)

1–253 **Otto Sawatzki.** *Über den Einfluß der Rotation und der Wandstöße auf die Flugbahnen kugliger Teilchen im Luftstrom.* Diss. T. H. Karlsruhe *1962.*

1–254 **F. M. White jr.** *Laminar flow in a uniformly porous tube.* J. appl. Mech. (E) **29,** 201–204, *1962,* Nr. 1. (März.) (Atlanta, Georg., Inst. Technol., Aeronaut. Engng.)

1–255 **W. N. Archipow.** *Die planparallele Strömung einer kompressiblen Flüssigkeit längs eines festen Körpers.* Priklad. Mat. Mech. **25,** 138–139, *1961,* Nr. 1. (Jan./Febr.) (Orig. russ.) (Moskau.)

1–256 **I. G. Filippow.** *Über die Bewegung eines Wirbels unterhalb der Flüssigkeitsoberfläche.* Priklad. Mat. Mech. **25,** 242–247, *1961,* Nr. 2. (März/Apr.) (Orig. russ.) (Moskau.)

1–257 **G. S. Samojlowitsch.** *Die Umströmung eines aerodynamischen Gitters mit dünnen vibrierenden Profilen.* Priklad. Mat. Mech. **25,** 630–645, *1961,* Nr. 4. (Juli/Aug.) (Orig. russ.) (Moskau.) V. Siegel.

1–258 **E. A. Novikov.** *Energy spectrum of an incompressible fluid in turbulent flow.* Soviet Phys.-Doklady **6,** 571–573, *1962,* Nr. 7. (Jan.) (Engl. Übers. aus: Doklady Akad. Nauk SSSR **139,** 331–334, *1961,* Nr. 2.) Im Hinblick auf Untersuchungen von turbulenten Schwankungen in der Elektronendichte der Ionosphäre wird eine Formel für das eindimensionale Energiespektrum E (p) im Bereich $p\lambda_0 \gg 1$ aufgestellt (p Wellenzahl, λ_0 microscale). Ausgehend von Ansätzen von A. A. Townsend (Proc. roy. Soc. (A) **208,** 534, *1951*) und G. K. Batchelor (J. Fluid Mech. **5,** Nr. 1, *1959*) und unter Vernachlässigung von nichtlinearen Mechanismen in der Energieübertragung ergibt sich für E (p) eine Formel, bei der ein Faktor mit $p^{-5/3}$ und ein zweiter mit einer exponentiellen Abhängigkeit in $- p^2$ auftritt. M. Herbeck.

1–259 **V. N. Constantinescu.** *Analysis of bearings operating in turbulent regime.* Trans. amer. Soc. mech. Engrs (D) **84,** 139–151, *1962,* Nr. 1. (März.) (Bucharest, Rum. Acad., Inst. Appl. Mech., Hydrodynam. Lubricat. Lab.)

1–260 **E. Meister.** *Beitrag zur Aerodynamik eines schwingenden Gitters. II. (Unterschallströmung).* Z. angew. Math. Mech. **42,** 9–31, *1962,* Nr. 1/2. (Jan./Febr.) (Riegelsberg/Saar.)

1–261 **Haakon Forwald.** *Wave phenomena in compressed-air ducts.* Acta polyt. scand. Nr. 292, *1961,* S. 1–149. (Ph 10.) (Ludvika, Engr High-voltage Switchgear, ASEA.)

1–262 **H. T. Nagamatsu, R. E. Sheer jr.** and **J. R. Schmid.** *High temperature rarefied hypersonic flow over a flat plate.* A. R. S.-J. **31,** 902–910, *1961,* Nr. 7. (Juli.) (Schenectady, N. Y., Gen. Elect. Co.)

1–263 **Iwao Hosokawa.** *Transonic flow past a wavy wall.* Berichtigung. J. phys. Soc. Japan **17,** 412, *1962,* Nr. 2. (Febr.) S. Ber. **41,** Nr. 9–161, *1962.* E. Bretnütz.

1–264 **H. J. Heinrich.** *Über dis Ausbreitung von Stoßwellen in der Umgebung eines detonierenden Explosivstoffkörpers.* Explosivstoffe **8,** 251–260, *1960,* Nr. 11. (Nov.) (Berlin-Dahlem, Bundesanst. Materialprüf.) Anhand von Trommelkameraaufnahmen wurde beobachtet, daß die Anfangsgeschwindigkeit der von der Detonationswelle im angrenzenden Gas ausgelösten Stoßwelle mit steigendem Druck und Molekulargewicht des umgebenden Gases abnimmt. Die Ergebnisse lassen sich mit der Theorie der Ausbreitungsgeschwindigkeit ebener Stoßwellen deuten. K. Zobel.

1-265 **K. Baumgärtel** und **G. Wallis.** *Starke, instationäre Stoßwellen mit Energieverlusten in der Front.* Beitr. Plasmaphys. **2**, 24–32, *1962*, Nr. 1. (Berlin-Adlershof, Akad. Wiss., Heinrich-Hertz-Inst.) Bei hohen MACH-Zahlen können instationäre Stoßwellen durch die sogenannte „Homologielösung" beschrieben werden. Die Bestimmung des „Homologieparameters" n ist einfach für Stoßwellen, die durch eine Explosion an einem festen Ort entstehen, jedoch wesentlich schwieriger für ebene Wellen, bei denen die nachfolgende Gasströmung frei abströmen kann, also kein Energienachschub auftritt. Dies ist der Fall bei astrophysikalischen Objekten. Die Homologieparameter für eine adiabatische ebene Welle unter den letztgenannten Bedingungen wurden unter Berücksichtigung der Energieverluste in der Front berechnet. Es kann gezeigt werden, daß ein Homologieparameter in dem ganzen Bereich zwischen adiabatischen und isothermen Fronten existiert. G. Brederlow.

1-266 **W. R. Smith.** *Mutual reflection of two shock waves of arbitrary strengths.* Phys. Fluids **2**, 533–541, *1959*, Nr. 5. (Sept./Okt.) (Princeton, N. J., Univ., Palmer Phys. Lab.) Es wurden Experimente durchgeführt über die gegenseitige Reflektion von schwachen Stoßwellen, wobei die Stoßstärke interferometrisch bestimmt wurde. Die normalen Reflektionswerte stimmen überein mit der normalen Reflektionslösung bei Strömungen. Die normale Reflektion erfolgt nur bis zu einem Grenzwinkel α_e, während darüber hinaus MACH-Reflektionen erfolgen. Bei vier Reihen von Experimenten konnten diese Verhältnisse gefunden werden, aber die Schwierigkeiten, die die MACH-Reflektionen enthalten, konnten nicht beseitigt werden. R. Wienecke.

1-267 **S. Ziering** and **F. Ek.** *Mean-free-path definition in the Mott-Smith shock wave solution.* Phys. Fluids **4**, 765–766, *1961*, Nr. 6. (Juni.) (Boston, Allied Res. Assoc. Inc.) Für Stoß-MACH-Zahl $M \to \infty$ geht die nach MOTT-SMITH (1951) berechnete Größe l_1/X (l_1 = mittlere freie Weglänge vor der Stoßfront, X = Fronttiefe) gegen Null für MAXWELLsche Moleküle, gegen einen endlichen Grenzwert für starre Kugeln. Ersatz von l_1 durch $\bar{l}$ (freie Weglänge inmitten der Stoßwelle) ergibt eine sachgemäßer erscheinende Darstellung, mit endlichen Grenzwerten in beiden Fällen. F. Wecken.

1-268 **S. Ziering, F. Ek** and **P. Koch.** *Two-fluid model for the structure of neutral shock waves.* Phys. Fluids **4**, 975–987, *1961*, Nr. 8. (Aug.) (Boston, Allied Res. Assoc. Inc.) Unter verschiedenen Versuchen, das MOTT-SMITH-Verfahren (das eine erhebliche Willkür enthält) so zu verbessern, daß es auch für schwache Stoßwellen die richtige Stoßfronttiefe ergibt, wird derjenige von GLANSDORFF (1960) diskutiert und erneut modifiziert durch Zurückgehen auf die BOLTZMANN-Gleichung für jede der beiden Komponenten. Durchrechnung für starre und MAXWELLsche Moleküle. Vergleich mit Experimenten befriedigend. F. Wecken.

1-269 **L. W. Altschuler, S. B. Kormer, A. A. Bakanowa, A. P. Petrunin, A. I. Funtikow** und **A. A. Gubkin.** *Irreguläre Bedingungen für schrägen Stoß von Stoßwellen in Festkörpern.* Sh. exp. teor. Fis. **41**, 1382–1393, *1961*, Nr. 5. (Orig. russ.) Vff. schildern eine Methode zur Bestimmung und Registrierung irregulärer Stoßzustände von Stoßwellen in Festkörpern. Für vier Metalle werden die Parameter für Dreierstoß-Konfigurationen von Stoßwellen mit Amplituden von $(3-4) \cdot 10^5$ Atm und $(1{,}0-1{,}8) \cdot 10^6$ Atm angegeben. Bei den Versuchen der ersten Serie registrierte man bei Winkeln in der Nähe der kritischen Winkel für das Auftreten von Kopfwellen eine Druckzunahme um einen Faktor 6–8. Für die Wellen noch höherer Amplituden stellte man beim Überschneiden zweier Stoßwellenfronten unter einem rechten Winkel im Überschneidungsgebiet im Fall des Aluminiums einen Druckanstieg auf $4 \cdot 10^6$, im Fall von Stahl, Kupfer und Blei bis $7 \cdot 10^6$ Atm fest. Die Ergebnisse wurden nach der Methode der Stoßpolaren analysiert. Es wird gezeigt, daß das Schema einer Strömung mit einer einzigen tangentialen Diskontinuität zur Beschreibung der irregulären Bedingungen für einen geneigten Zusammenstoß schwacher Stoßwellen in Metallen nicht ausreicht. Dafür wird eine Methode zur Bestimmung der Drücke und Dichten hinter der Front der reflektierten Welle aus den Parametern der Dreierstoß-Konfiguration dargelegt. Als Beispiel werden Druck und Dichte beim Stoß starker Stoßwellen in Aluminium berechnet. Die aufeinanderfolgenden

Kompressionen des Aluminiums durch die einfallende und die reflektierte Welle steigern seine Dichte um den Faktor 2,26, d. h. bis auf 6,12 g/cm³. H. Vogel.

1–270 **Yôrô Ôno.** *Propagation of shock waves in inhomogeneous gases. III. Spherical shock waves.* Progr. theor. Phys., Kyoto **24**, 825–828, *1960*, Nr. 4. (Okt.) (Sapporo, Univ., Dep. Phys.) Im Anschluß an Teil I (Ber. **40**, Nr. 1–243, *1961*), wo ebene Stoßwellen betrachtet wurden, und unter ähnlichen Voraussetzungen (perfektes Gas mit $\gamma = 5/3$; polytrope Ausgangsverteilung mit $k = 1, 4/3, 5/3$; Chisnells Methode, hier als „quasistationäre Approximation" bezeichnet) wird die Ausbreitung einer im Mittelpunkt eines Sternes entstandenen Stoßwelle durch Integration einer gewöhnlichen Differentialgleichung untersucht. Das Stoß-Druckverhältnis nimmt erst ab, dann zu. Die Frage der Stabilität des Sternes wird berührt. — Vgl. Sakurai (J. Fluid Mech. **1**, 436, *1956*). F. Wecken.

1–271 **H. G. David** and **A. H. Ewald.** *Photographic observations on shock waves in liquids.* Aust. J. appl. Sci. **11**, 317–320, *1960*, Nr. 3. (Sept.) (Sydney, C. S. I. R. O. Chem. Res. Labs, Div. Phys. Chem., High Press. Lab.)

1–272 **H. Gessner** und **L. Primavesi.** *Die Bestimmung der Tropfengrößen in künstlichen Nebeln.* Kolloidzschr. **182**, 140–145, *1962*, Nr. 1/2. (Mai.) (Zürich, E. M. P. A., Abt. Kolloidchem., Industriestaube und Abgase.)

1–273 **T. Czibere.** *Iterationsverfahren zur Profilbestimmung von geraden und radialen Schaufelgittern mit Hilfe beliebiger Trägerkurven der hydrodynamischen Singularitäten.* Period. Polyt. (Engng-Masch. u. Bauw.), Budapest **5**, 65–77, *1961*, Nr. 1. (Budapest, Tech. Univ., Fak. Maschinenw., Lehrst. Math.)

1–274 **W. S. Sorokin.** *Nichtlineare Erscheinungen in geschlossenen Strömungen in der Nähe der kritischen Reynoldsschen Zahlen.* Priklad. Mat. Mech. **25**, 248–258, *1961*, Nr. 2. (März/Apr.) (Orig. russ.) (Iwanowo.) V. Siegel.

1–275 **G. von Vick.** *Friction effects in a satellite environment — the present state of the art.* Vacuum, Lond. **11**, 252–254, *1961*, Nr. 5/6. (Gardena, Calif., Data Sensors Incorp.) Vf. geht zunächst auf die „historischen" Theorien über die Oberflächenreibung ein und berichtet dann über Experimente auf dem Gebiet der Reibung im Hochvakuum, die von Hughes im Jahre 1939 und von Young im Jahre 1949 durchgeführt worden sind. Ersterer verwendete metallische Proben, die im Vakuum von etwa 10^{-6} Torr erhitzt und entgast wurden. Bei den Metallkombinationen Nickel auf Wolfram und Kupfer auf Kupfer zeigte sich im Vakuum nach der Entgasung ein Anwachsen des Reibungskoeffizienten um den Faktor 10 gegenüber den Koeffizienten für saubere Oberflächen in der Atmosphäre. Diese wurde durch das Entstehen eines Verunreinigungsfilmes auf der Metalloberfläche erklärt, der beim Evakuieren entstand. Fügte man dem Vakuum-Kessel Sauerstoff hinzu, so reduzierte sich der Reibungskoeffizient bei der Kombination Nickel-Wolfram erheblich. Young kam zu ähnlichen Ergebnissen und fand außerdem, daß die Reibungskoeffizienten bei Temperaturen bis 1000° C um 50% anwachsen. — Nichtmetallische Körper, z. B. Graphite, wurden gleitend gegen ein Kupferrad gedrückt, das mit einer Umfangsgeschwindigkeit von 1000 m/sec rotierte. Graphit-Körper zeigten im Vakuum hohe kinetische Reibung und Abnutzung gegenüber geringerer Reibung und Abnutzung in feuchter Luft und Wasserdampf. Diese und andere Ergebnisse und Theorien werden bei der Entwicklung von Instrumenten für die Bestückung von Erdsatelliten angewendet, wobei es sich zeigt, daß sie häufig nicht ausreichen, um den Verhältnissen in Weltraumumgebung zu genügen. R. Stenzel.

1–276 **M. L. Rosenzweig, W. S. Lewellen** and **J. L. Kerrebrock.** *Feasibility of turbulent vortex containment in the gaseous fission rocket.* A. R. S.-J. **31**, 873–883, *1961*, Nr. 7. (Juli.) (Los Angeles, Space Technol. Labs Inc.)

1–277 **Richard J. Rosa.** *Propulsion system using a cavity reactor and magnetohydrodynamic generator.* A. R. S.-J. **31**, 884–889, *1961*, Nr. 7. (Juli.) (Everett, Mass., Avco-Everett Res. Lab.) O. Wegner.

1–278 **Theo Mager.** *Elektronisch gesteuerte Getriebe.* Feinwerktechnik **66**, 124–131, *1962*, Nr. 4. (Apr.) (Donaueschingen.)

1–279 **A. M. Tabarowskij.** *Über die Bewegung und Stabilität eines Kreisels in kardanischer Lagerung, der sich in einem zentralen Newtonschen Kraftfeld befindet.* Priklad. Mat. Mech. **25**, 259–264, *1961*, Nr. 2. (März/Apr.) (Orig. russ.) (Moskau.)

1–280 **W. N. Koschljakow.** *Über die Ableitbarkeit der Bewegungsgleichung des horizontalen Kreiselkompasses.* Priklad. Mat. Mech. **25**, 801–805, *1961*, Nr. 5. (Sept./Okt.) (Orig. russ.) (Moskau.) V. Siegel.

1–281 **Robert V. Meghreblian.** *Gaseous fission reactors for booster propulsion.* A. R. S.-J. **32**, 13–21, *1962*, Nr. 1. (Jan.) (Pasadena, Calif., Jet Propuls. Lab.) Für große Schubraketen wird der gasförmige Kernspaltreaktor als Quelle benutzt, um den gasförmigen Treibstoff zu erhitzen. Die theoretischen Untersuchungen zeigen, daß bei Verwendung gasförmiger Reaktorstoffe es möglich ist, höhere Temperaturen zu erreichen, als die umgebenden Festteile ertragen können. Der spezifische Impuls wird ungefähr dreimal größer als für feste Reaktoren. Die Strahlungswärme wird durch regeneratives Kühlen abgeführt. Die thermische Strahlung ist bei höherem Schub kein kritischer Faktor. Man erhält eine bessere Benützung der Energie offenbar als bei anderen Antriebssystemen. Die Nutzlasten müssen in der Größenordnung von 200000 kg sein, da die Reaktorgewichte ziemlich hoch sind. F. Staab.

1–282 **Robert H. Cannon jr.** *Some basic response relations for reaction-wheel attitude control.* A. R. S.-J. **32**, 61–74, *1962*, Nr. 1. (Jan.) (Stanford, Calif., Univ.) In manchen Raumfahrzeugen wird die Stellungs-Regelung durch eine Kombination von Schwungrädern und Düsen für eine periodische Impulserzeugung durchgeführt. Das wesentliche Kennzeichen für die Güte einer Regelung mit Hilfe von Schwungrädern ist die kurzzeitige Reaktion des Systems auf die Störgrößen, die entweder sinusähnlich oder als Einzelimpulse auftreten können. Vf. untersucht die Beziehungen zwischen der Stellung des Raumfahrzeuges, dem notwendigen Regelmoment der Schwungrad-Bewegung, den mechanischen Kräften und dem Energieverbrauch für ein Fahrzeug, das beiden Störgrößen unterworfen ist. Dabei werden ein- und dreiachsige Regeleinrichtungen vorausgesetzt. R. Stenzel.

1–283 **J. B. White.** *Meteoric effects on attitude control of space vehicles.* A. R. S.-J. **32'** 75–78, *1962*, Nr. 1. (Jan.) (Huntsville, Ala., NASA Marshall Space Flight Cent.) Zur richtigen Bemessung einer Lage-Regeleinrichtung für einen Kreisbahn-Satelliten muß man die Werte der Störgrößen kennen, die das Fahrzeug beeinflussen können. Es gibt zwar zahlreiche Veröffentlichungen über die Störeinflüsse durch die Erdgravitation, durch magnetische und elektrische Felder, durch den aerodynamischen Widerstand und durch den Druck der Sonnenstrahlung, aber nur wenig Unterlagen über die Störmöglichkeiten durch Meteoritentreffer. Vf. versucht eine Berechnung des Einflusses derartiger Treffer auf die Winkelgeschwindigkeit bekannter Satelliten, wobei er die bisher ermittelten Massen für Meteoriten zugrunde legt. Die Ergebnisse werden dann auf die geplanten Fernmelde-Satelliten in der 24-Stunden-Bahn angewendet. Die wahrscheinliche Bahnstörung dürfte in der Größenordnung von 10^{-3} Grad/sec liegen, was mit Messungen am Explorer I und an einem Vanguard-Satelliten angenähert übereinstimmt. R. Stenzel.

1–284 **Arthur Widawsky** and **Gary A. McCue.** *Optimum nozzles for nonequilibrium expansions.* A. R. S.-J. **32**, 86–88, *1962*, Nr. 1. (Jan.) (Downey, Calif., N. Amer. Aviat. Inc., Space Inform. Syst. Div.) Vff. legen eine mathematische Methode vor, die eine Dimensionierung von Raketen-Düsen für ungleichmäßige Expansion gestattet, wobei der spezifische Impuls ein Maximum wird. Sie gilt für die Expansion eines zweiatomigen Gases. Die Durchrechnung eines numerischen Beispiels ergab, daß die beste Düsenform eine glockenförmige Gestalt besitzt. R. Stenzel.

1–285 **B. S. Jain.** *Solutions of the equations of internal ballistics for pressure-index law of burning.* Proc. nat. Inst. Sci. India (A) **26**, 74–80, *1960*, Nr. 1. (Jan.) (Delhi, Hindu Coll.) V. Weidemann.

1–286 **Henrik L. Selberg.** *Detonation in a tube with an open space between charge and tube wall.* Ark. Fys. **18**, 283–288, *1960*, Nr. 3.

1–287 **Henrik L. Selberg.** *Normal and supernormal detonation velocity.* Ark. Fys. **18**, 353–356, *1960*, Nr. 4. V. Weidemann.

1–288 **A. Bauer, M. A. Cook** and **R. T. Keyes.** *Detonation-generated plasmas.* Proc. roy. Soc. (A) **259**, 508–517, *1961*, Nr. 1299. (24. Jan.) (Salt Lake City, Univ. Utah, Inst. Met. Explos. Res.) Mittels hochfrequenzkinematographischer Aufnahmen werden die von den freien Oberflächen von Sprengstoffen ausgesandten Wolken hochionisierter Gase beobachtet. Es zeigen sich interessante Effekte, wie Zusammenziehung, Einschnürung und Expansion der Plasmen. Diese werden diskutiert. Beispiele von Plasma-Explosionen zeigen den metastabilen Charakter dieser Plasmen. Messungen der Dichte, Leitfähigkeit und Geschwindigkeit weisen auf einen quasi-metallischen Charakter der Plasmen hin. K. Zobel.

VI. Akustik

1–289 **G. Bobbert.** *Komponentenbestimmung bei Kraftfahrzeug-Geräuschen.* Akust. Beih. *1961*, S. 276–283, Nr. 1. (Neckarsulm.)

1–290 **Anton M. Springer.** *Über Aufbau und Zweck des Informationswandlers.* Frequenz **16**, 42–44, *1962*, Nr. 2. (Febr.) D. Kinne.

1–291 **A. N. Rivin.** *Provision of uniformity in sound pressure measurements.* Measurement Tech. *1962*, S. 750–752, Febr. (Engl. Übers. aus: Ismeritelnaja Technika *1961*, S. 51–53, Nr. 9.) Vf. weist auf die Fehler bei der Kalibrierung von Meßmikrophonen hin, die durch die Anwesenheit des Mikrophons im freien Schallfeld infolge von Feldverzerrungen hervorgerufen werden. Wie Messungen ergeben haben, können auch bei der Korrektur dieser Verzerrungen, etwa nach Ballantine, noch Fehler bis zu 2 dB bestehen bleiben, wenn das Mikrophon nicht ideale Kugelgestalt besitzt. Vf. schlägt daher vor, eine geeignete Meßmethode international zu normen. Er empfiehlt ein Verfahren, bei dem Mikrophon und Schallstrahler vom gleichen Typ sind und gleiche Gestalt besitzen. Die erste Messung erfolgt im Freifeld bei kurzem Abstand zwischen Sender und Empfänger, die zweite in einer Wasserstoff-Atmosphäre in einem kleinen geschlossenen Raum, wobei der Sendestrom auf dem gleichen Wert gehalten wird. Für die Beugungskorrektur wird eine aus dem Reziprozitäts-Theorem abgeleitete Formel angegeben. Die Unsicherheit liegt innerhalb von 0,2 dB. W. Kallenbach.

1–292 **A. N. Golenkov.** *Calibration of measuring hydrophones in the range of 0.1–100 cps.* Measurement Tech. *1962*, S. 752–756, Febr. (Engl. Übers. aus: Ismeritelnaja Technika *1961*, S. 53–57, Nr. 9.) Vf. beschreibt eine Meßeinrichtung zur Kalibrierung von Hydrophonen im Frequenzbereich von 0,1 bis 100 Hz. In einem dickwandigen Gefäß aus Bronze (innere Abmessungen kleiner als 400 mm, Stärke der Wände und des Bodens 30 bzw. 40 mm) werden ein Bariumtitanatschwinger als Sender und das zu prüfende Hydrophon montiert. Der erzeugte Schalldruck wird durch eine Kompensationsmessung bestimmt. Hierzu befindet sich in der Gefäßwand ein dünnwandiges Fenster, das von außen durch ein elektrodynamisches System erregt werden kann. Die äußere Erregung wird so eingestellt, daß die durch den Schall hervorgerufene Bewegung des Fensters aufgehoben wird. Die Bewegungslosigkeit wird mittels einer optischen Einrichtung über Photovaristoren beobachtet. Die Meßeinrichtung kann statisch durch Änderung des Wasserdrucks kalibriert werden. Der mittlere quadratische Fehler wird im ungünstigsten Falle mit 3% angegeben. W. Kallenbach.

1–293 **Hu-Nan Chu.** *Simple axisymmetric thickness vibrations of a soft elastic cylinder with a hard, thin, elastic skin.* J. acoust. Soc. Amer. **33**, 1293–1295, *1961*, Nr. 10. (Okt.) (Denver, Col., Martin Co., Struct. Res. Staff.) Es werden Frequenzgleichungen von einfachen achsensymmetrischen axialen Scherungen und von einfachen achsensymmetrischen radialen Schwingungen für einen weichen, elastischen Zylinder mit harter, dünner und elastischer Wand angegeben, wobei der weiche Kern mit Hilfe der dreidimensionalen exakten Elastizitätsgleichung behandelt wird, während die dünne Haut als Membran betrachtet wird. Für verschiedene Wandstärken wurden die Frequenzen für die ersten Moden tabellarisch erfaßt und die Ergebnisse diskutiert. Es zeigt sich, daß das Hinzufügen einer dünnen steifen Wand die Frequenz der radialen Moden erhöht, während der Einfluß auf die Frequenz der axialen Schermoden gering ist. H. Heller.

1–294 **David C. Greene.** *Vibration and sound radiation of damped and undamped flat plates.* J. acoust. Soc. Amer. **33**, 1315–1320, *1961*, Nr. 10. (Okt.) (University Park, Penn. State Univ., Ordn. Res. Lab.) Wegen der vielen Resonanzen haben Platten eine besonders kleine Punktimpedanz, und genaue Messungen sind schwer auszuführen. Nach einem Überblick über die vorhandenen Theorien werden an Hand von Experimenten die grundsätzlichen Schwierigkeiten solcher Messungen erläutert. Messungen an dünnen rechtwinkligen Platten zeigen, daß die charakteristische Punktgeschwindigkeit entsprechend der Theorie in dem erwarteten Frequenzbereich unabhängig von der Frequenz ist. Der absolute Pegel der Punktgeschwindigkeit stimmt mit der Theorie für eine in ihrem Mittelpunkt angestoßene Platte überein. Durch steigende Massenimpedanz werden bei Frequenzerhöhung alle anderen Effekte verdeckt. Die Dämpfung hat, wie es die Theorie voraussagt, keinen merklichen Einfluß auf die charakteristische Impedanz oder auf den Grundpegel des abgestrahlten Schalldrucks. H. Heller.

1–295 **Joshua E. Greenspon.** *Vibrations of thick and thin cylindrical shells surrounded by water.* J. acoust. Soc. Amer. **33**, 1321–1328, *1961*, Nr. 10. (Okt.) (Baltimore, Md., J G Engng Res. Assoc.) Es werden freie und erzwungene Schwingungen von unendlich langen dicken und dünnen Zylinderschalen, die von Wasser umgeben sind, behandelt. Die exakte Theorie der unendlich langen Zylinderschale beschreibt das Verhalten endlich langer Schalen nicht genau. Ausgehend von der Schwingung einer unendlich langen Zylinderschale, die im Vakuum schwingt, wird dann eine Näherungstheorie angegeben, die den Einfluß eines umgebenden akustischen Mediums, des äußeren und inneren statischen Drucks, des im inneren befindlichen Mediums und der Materialdämpfung berücksichtigt. Der mathematische Aufwand wird wesentlich verringert. Ein Vergleich der Ergebnisse der exakten mit der Näherungstheorie zeigt, daß die Übereinstimmung für bestimmte Durchmesserverhältnisse sehr gut ist. H. Heller.

1–296 **George Chertock.** *Sound radiation from prolate spheroids.* J. acoust. Soc. Amer. **33**, 871–876, *1961*, Nr. 7. (Juli.) (Washington, D. C., David Taylor Model Basin.) Kugelkoordinaten und Wellenfunktionen werden verwendet, um die Schallabstrahlung eines gestreckten Spheroids bei beliebiger Schnelleverteilung auf der Oberfläche zu berechnen. Es werden Gleichungen angegeben, die die numerische Ausrechnung der Schalldruckverteilung, der Geschwindigkeitsverteilung, der Strahlungsimpedanz und der Richtungsverteilung für jede Abstrahlungsmode ermöglichen. Zuletzt werden zwei Beispiele für dünne Sphäroide numerisch durchgerechnet und Diagramme für die erwähnten Größen in dimensionsloser Darstellung für die Abstrahlung bei Festkörperschwingung und für eine Schwingung nach „Art einer Ziehharmonika" angegeben.
H. Heller.

1–297 **H. Thiede.** *Betrachtungen zur Frage der Optimalfrequenz bei Wasserschallortungsverfahren.* Acustica **11**, 22–25, *1961*, Nr. 1. (Bremen, Atlas-Werke AG.)

1–298 **S. V. Subrahmanyam** and **J. Bhimasenachar.** *Molar sound velocity in inorganic melts and solutions.* Berichtigung. J. phys. Soc. Japan **17**, 413, *1962*, Nr. 2. (Febr.) S. Ber. **41**, Nr. 5–225, *1962*.

1–299 **A. N. Hunter, R. Legge** and **E. Matsukawa.** *Measurements of acoustic attenuation and velocity in sand.* Acustica **11**, 26–31, *1961*, Nr. 1. (Leichester, Engl., Univ., Phys. Dep.)

1–300 **Gerhard Schreier.** *Beiträge zur Anwendung von baustatischen Methoden auf Probleme der Verformungstheorie.* Diss. T. H. Karlsruhe *1962*. H. Ebert.

1–301 **F. Linhardt** und **H. Oberst.** *Über die Temperaturabhängigkeit schwingungsdämpfender Kunststoffe.* Akust. Beih. *1961*, S. 255—264, Nr. 1. (Frankfurt-Höchst, Farbwerke Hoechst AG.)

1–302 **G. B. Madella.** *Analyse des excitateurs à condensateur plan pour l'étalonnage absolu de certains microphones.* Acustica **11**, 18—22, *1961*, Nr. 1. (Pisa, Univ., Fac. Ingegneria, Ist. Fis. Tech.) O. Wegner.

1–303 **Norbert Segard, Jean Pouliquen** et **Gérard Posselle.** *Schéma équivalent d'un quartz transducteur d'ultrasons chargé par une impédance liquide.* C. R. Acad. Sci., Paris **254**, 1744—1746, *1962*, Nr. 10. (5. März.) (Lille, Fac. Sci., Lab.) Vff. beschäftigten sich mit dem Problem der elektrischen Anpassung eines in Wasser schwingenden Quarzes an den Ausgang des Leistungsverstärkers. Es zeigte sich, daß sich eine vereinfachte, aus dem klassischen Schema nach Watanabe abgeleitete Ersatzschaltung angeben läßt, die aus einer Kapazität C und einem parallel geschalteten Widerstand R besteht. Durch Messungen der Leitfähigkeit $G = 1/R$ und der Suszeptanz $B = \omega C$ an einem mit 14 cm Wasserhöhe belasteten Quarz konnte die Brauchbarkeit der Ersatzschaltung bestätigt werden. W. Kallenbach.

VII. Optik

1–304 **M. Parker Givens.** *Noise in wave interaction experiments.* J. opt. Soc. Amer. **52**, 225—226, *1962*, Nr. 2. (Febr.) (Rochester, N. Y., Univ., Inst. Opt.)

1–305 **Richard K. McDonald.** *Optics and information theory.* Phys. Today **14**, 36—41, *1961*, Nr. 7. (Juli.) (Seattle, Wash., Boeing Airplane Co.) O. Wegner.

1–306 **H. Hauser.** *Optische Übertragung bei partiell-kohärenter Beleuchtung. I. Die Grenzen der linearen Übertragung.* Opt. Acta **9**, 121—140, *1962*, Nr. 2. (Apr.) Bei partiell-kohärent beleuchteten Objekten erfolgt die Übertragung der Intensitäts- bzw. Phasenverteilung aus dem Objekt in den Bildkontrast nicht mehr linear, sondern es treten Anteile höherer Ordnung auf, deren Größe von der Objektstruktur abhängt. Durch Entwicklung der Rechnung nach Potenzen der Objektmodulation bis zur zweiten Näherung gelangt man zu einer Abschätzung, die den nicht-linearen Anteil der Bildintensität mit der Objektstruktur in Beziehung bringt. Die Beurteilung der Abweichung von der Linearität beschränkt sich auf den Bereich mittlerer Bildintensitäten. Es werden eine Reihe von speziellen Abbildungsverfahren diskutiert und für einige Phasenobjekte die Abbildung im Zernicke-Kontrast numerisch ausgewertet. K.-J. Rosenbruch.

1–307 **H. Hauser.** *Dasselbe. II. Die Übertragungstheorie mehrstufiger Abbildungssysteme.* Ebenda S. 141—148. (Darmstadt, T. H.) Im Anschluß an die erste Arbeit werden vom Vf. die Eigenschaften optischer Systeme mit Hilfe der Übertragungstheorie untersucht, die aus mehreren Linsen zusammengesetzt sind. Es ergibt sich, daß nicht die Übertragungsfunktionen, sondern die komplexen Pupillentransmissionen multipliziert werden müssen. Die Überlegungen lassen sich für Fernrohre, Mikroskope und Mehrfachlinsen anwenden. K.-J. Rosenbruch.

1–308 **Toshimitsu Asakura.** *On the matrix theory of image formation.* Oyo Buturi **31**, 186—191, *1962*, Nr. 3. (März.) (Orig. jap. m. engl. Zfg.) (Tokyo, Univ., Inst. Indust. Sci.) Es werden folgende 4 Probleme über die Bildentstehung mit der Matrizentheorie behandelt. 1. Der Entropieverlust als Deutung der Bildverschlechterung durch ein lineares Filter bei der Informationstheorie. 2. Die Verwandtschaft zwischen der Entropievorstellung und den Kohärenzeigenschaften. 3. Die Verallgemeinerung der Matrizentheorie bei der Bildentstehung durch Kombination der Abbildung in einem beliebigen Ortsfrequenzbereich und mit einer Kohärenzgradfunktion, die von Wolf definiert wurde. 4. Die Definition und Diskussion des Einflusses der Kohärenz in dieser Kombination.
K.-J. Rosenbruch.

1–309 **H. H. Hopkins.** *21st Thomas Young oration. The application of frequency response techniques in optics.* Proc. phys. Soc. Lond. **79**, 889—919, *1962*, Nr. 5 (Nr. 511). (1. Mai.) (London, Imp. Coll. Sci. Technol.) G. Schumann.

1–310 **P. Hariharan** and **D. Sen.** *Interferometric measurements of the aberrations of microscope objectives.* Opt. Acta **9**, 159—175, *1962*, Nr. 2. (Apr.) (New Delhi, Nat. Phys. Lab.) Es wird eine Apparatur beschrieben, mit der Messungen der Aberrationskoeffizienten von Mikroobjektiven durchgeführt werden können. Es ist ein modifiziertes „Shearing"-Interferometer und gestattet in der Achse und außeraxial Messungen in der Art wie die Mikroskope in der Praxis benutzt werden, zu machen. Es werden einige Meßergebnisse, die mit dem Gerät gewonnen wurden, angegeben. K.-J. Rosenbruch.

1–311 **Hans G. Beck.** *Messung von Parabolspiegeln.* Z. Instrum.-Kde **70**, 125, *1962*, Nr. 5. (Mai.) Vf. gibt einige Ergänzungen und macht kritische Bemerkungen zu dem in Ber. **41**, Nr. 3—252, *1962* erschienenen Artikel von R. Wehn über die Prüfung von Parabolspiegeln. K.-J. Rosenbruch.

1–312 **R. C. Stanley.** *Counting statistics in X-ray spectroscopy.* Brit. J. appl. Phys. **12**, 503—506, *1961*, Nr. 9. (Sept.) (Leatherhead, Surrey, Central Elect. Lab.) Die theoretischen und experimentellen Untersuchungen haben gezeigt, daß bei Zählraten von mehr als 10000 Imp/s oder bei Beobachtungszeiten von mehr als 2 min geringe Fehler durch die Instrumente verursacht werden, daß aber bei den praktisch vorkommenden Zählraten die Röntgenphotonen statistisch verteilt emittiert werden und sich eine Poisson-Verteilung ergibt. Bei 256000 Impulsen beträgt der Fehler des Einzelwertes 0,6%, bei 64000 1,3%. Aus den angegebenen Kurven läßt sich für eine vorgegebene Genauigkeit die erforderliche Impulszahl entnehmen, wobei der Nulleffekt berücksichtigt wurde. W. Hübner.

1–313 **J. L. Goldberg** and **R. H. Brockman.** *Interferometry in length measurement.* Electron. Technol. **39**, 140—144, *1962*, Nr. 4. (Apr.) (Chippendale, N. S. W., C. S. I. R. O., Nat. Stand. Lab.) Es werden die optischen und elektrischen Bedingungen bei der elektronischen Streifenauszählung an einem Michelson-Interferometer untersucht. Dabei erweist sich das Verhältnis von Signalvollausschlag zum Störungsanteil als wesentlich, das von Form und Größe der Aperturblende vor der Photozelle, dem Streifenabstand wie der Streifenlage und den elektrischen Eigenschaften des Empfängers abhängt. Im zweiten Teil dieses Aufsatzes werden experimentelle Ergebnisse beim Gebrauch einer Kryptonisotoplampe 86 an einem Strichmaßinterferometer mitgeteilt. M. Dühmke.

1–314 **D. L. Simms, R. W. Pickard** and **P. L. Hinkley.** *Modified Moll thermopiles for measuring thermal radiation of high intensity.* J. sci. Instrum. **39**, 204—207, *1962*, Nr. 5. (Mai.) (Boreham Wood, Herts., Fire Res. Stat., Fire Off. Comm. Joint Fire Res. Org., Dep. Sci. Ind. Res.) Bei der Untersuchung der Entflammung von Stoffen durch Wärmestrahlung verwendet man Strahlungsquellen mit sehr hohen Strahlungsflüssen, zum Beispiel Hochintensitäts-Bögen mit großen Hohlspiegeln. Zum Messen dieser hohen Strahlungsflüsse benötigt man thermische Empfänger, die mechanisch unempfindlich sein müssen, die sich leicht kalibrieren lassen und deren Ausgangs-Signal sich einfach registrieren läßt. Hierzu wird eine normale Mollsche Thermosäule mit einem Wassermantel umgeben, der die nicht bestrahlten Lötstellen der Thermosäule auch beim Messen hoher Bestrahlungsdichten auf konstanter Temperatur hält. J. Euler.

1–315 **B. G. Tunmore.** *A simple radiometer for the measurement of radiative heat exchange between buildings and the environment.* J. sci. Instrum. **39**, 219—221, *1962*, Nr. 5. (Mai.) (Leatherhead, Surrey, Elect. Res. Assoc.) Das Gerät mißt thermoelektrisch die Differenz der aus entgegengesetzten Richtungen einfallenden Strahlung. Durch einen engen Zusammenbau beider Empfängerhälften und durch die geringe Oberfläche im Verhältnis zur Wärmekapazität bleibt der Einfluß der Konvektion auf die Meßergebnisse vernachlässigbar klein. Empfindlichkeit ungefähr 0,1 $\mu V/(\mu W/cm^2)$; Zeitkonstante in der Größenordnung 1 Minute; die Meßunsicherheit erreicht entsprechend der einfachen Bauart des Gerätes bestenfalls $\pm$ 5%. Die Konstruktion und Kalibrierung sowie eine einfache Theorie des Gerätes werden neben Ergebnissen von Vergleichsmessungen mit anderen Radiometern angegeben. K. Bischoff.

1–316 **R. P. Day, R. A. Wallner** and **E. A. Lodi.** *An experimental study of energetic proton radiation effects on IRI lead sulfide infrared detectors.* Infrared Phys. **1**, 212—224, *1961*, Nr. 3. (Dez.) (Sunnyvale, Calif., Lockheed Aircr. Corp. Miss. Space Co.) Der Strahlenschaden von IRI–PbS-Infrarotdetektoren bei Bestrahlung mit 12 MeV-Zyklotronprotonen wurde untersucht im Zusammenhang mit Fragen der Verwendbarkeit in Satelliten, die den VAN ALLEN-Gürtel durchqueren. Bei veränderlichem Fluß (10^3 — $4 \cdot 10^8$ p/cm²sec) und Dosis (bis $6{,}4 \cdot 10^{12}$ p/cm²) wurde dynamisch die Infrarotempfindlichkeit gemessen. Diese zeigte sich unabhängig vom Protonenfluß, jedoch trat ab einer Dosis von $6 \cdot 10^{11}$ p/cm² ein Absinken der Signalhöhe des Detektors ein. Bei Erhöhung der Dosis auf $6{,}4 \cdot 10^{12}$ p/cm² sank die Signalhöhe auf etwa $^2/_3$ des ursprünglichen Werts, der jedoch mit Abschalten des Zyklotrons sofort wieder erreicht wurde. Einflüsse der Umgebungsmaterialien und des Vakuums zeigten größere Effekte als die Bestrahlung mit Protonen. Um endgültige Aussagen für die Verwendbarkeit in Satelliten machen zu können, müssen noch Messungen bei anderen Energien und Flüssen gemacht werden. Hj. Matzke.

1–317 **S. S. Penner.** *On iraser detectors for radiation emitted from diatomic gases and coherent infrared sources.* J. quant. Spectr. Radiat. Transfer **1**, 163—168, *1961*, Nr. 2. (Nov.) (San Diego, Calif., Convair Gen. Dynam. Corp.) Die Grundlagen der Konstruktion eines Empfängers, die auf Anwendung des Maser-Prinzips im Infraroten (Iraser) beruht, werden für zweiatomige Gase angegeben. Die vorgeschlagene Anordnung läßt, besonders bei Gasen mit großem Abstand der Rotationslinien wie HCl oder HF, eine höhere Empfindlichkeit für zweiatomige Strahler als konventionelle Detektoren erwarten. Die Iraser-Anordnung kann auch als kohärente Infrarotstrahlungsquelle benützt werden. H.-J. Hübner.

1–318 **J. Tomiser.** *Schnellphotometrieren mit dem Oszillographen.* Acta phys. austr. **15**, 15—18, *1962*, Nr. 1/2. (Wien, T. H., Inst. Angew. Phys.) Es wird ein Verfahren zur Schnellphotometrierung von Spektrallinien oder RÖNTGEN-Interferenzlinien angegeben und an Hand einiger Beispiele dessen Nützlichkeit erläutert. (Zfg.) H. Willenberg.

1–319 **Andreas Brockes** und **Otto Koch.** *Zwei Zusatzgeräte zum Spektralphotometer der General Electric.* Farbe **9**, 267—272, *1960*, Nr. 4/6. (Dez.) (Leverkusen, Farbenfabr. Bayer A.G., Ing.-Abt. AP 3.)

1–320 **Luiz de Mello Vaz de Sampayo.** *Comparação de fontes de cores diferentes com o fotómetro de Weber.* Rev. Fac. Cienc. Coimbra **28**, 136—141, *1959*. V. Weidemann.

1–321 **Horst Piller.** *Durchlicht-Interferenzmikroskopie nach dem Jamin-Lebedeff-Prinzip.* Zeiss-Mitt. **2**, 309—334, *1962*, Nr. 8. (Mai.) (Oberkochen/Wtt., Lab. Mikrosk. Carl Zeiss.) Beschrieben werden Eigenschaften und Anwendung einer nach dem JAMIN-LEBEDEFF-Prinzip geschaffenen Durchlicht-Interferenzeinrichtung am Polarisationsmikroskop. Vergleichsweise werden auch andere Interferenzeinrichtungen mit optischer Polarisation diskutiert. Die beschriebene Anordnung dient dazu, Phasenstrukturen und ihre Gradienten sowohl in isotropen als auch in anisotropen Objekten sichtbar zu machen sowie die maßgebenden Phasendifferenzen quantitativ zu bestimmen. An Hand mathematischer Beziehungen wird die praktische Anwendbarkeit des Geräts zur Ermittlung von Brechungszahlen, Dicken und Konzentrationen herausgestellt. J. Flügge.

1–322 **V. J. Vanhuyse, E. D. Wattecamps, R. E. van de Vijver** and **G. J. Vanpraet.** *Secondary emission beam monitors for 0.5 to 3.5 MeV electrons.* Nuclear Instrum. **15**, 59—62, *1962*, Nr. 1. (Febr.) (Ghent, Univ., Natuurk. Lab.) Die Ansprechwahrscheinlichkeit eines Sekundärelektronen-Monitors (SEM) vom BROWN-TAUTFESTschen Typ mit drei Al-Folien (1,51, 2,05 und 2,62 mg/cm²) wurde untersucht, wobei ein FARADAY-Käfig zur Intensitätsmessung diente. Bei einer Foliendicke von 2,62 mg/cm² und einer Elektronenenergie von 2,5 MeV steigt die Ansprechwahrscheinlichkeit bis zu Spannungen von 30 V zwischen den Folien steil an, fällt dann bis 1500 V langsam ab. Vff. schließen aus dem Anstieg, daß praktisch alle Sekundärelektronen Energien von weniger als 30 eV besitzen. Die Ansprechwahrscheinlichkeit als Funktion der Elektronenenergie durchläuft bei fester Monitoreinstellung ein Minimum, dessen Lage sich mit größerer Foliendicke zu größeren Energien verschiebt: 1,6 MeV bei 1,51 mg/cm², 2,0 MeV bei 2,62 mg/cm². Die absolute Ansprechwahrscheinlichkeit steigt wenig mit zunehmender Foliendicke: 0,0315 bei 1,51 mg/cm², 0,0435 bei 2,62 mg/cm². — Für Elektronenenergien oberhalb des Minimums beträgt die Unsicherheit der Messungen ca. 1%, bei kleineren Energien nimmt sie ab. Es ist demnach ratsam, möglichst viele dünne Folien zu verwenden. — Die Stabilität des SEM stellte sich erst nach einem Betrieb von einigen Tagen ein, blieb dann gut konstant (vermutlich Oberflächeneffekt). Eine Änderung bei Drücken zwischen $7 \cdot 10^{-6}$ und $4 \cdot 10^{-5}$ Torr trat nicht auf. E. Brinkmann.

1–323 **V. J. Vanhuyse** and **R. E. van de Vijver.** *Efficiency of secondary emission monitors for electron beams.* Nuclear Instrum. **15**, 63—68, *1962*, Nr. 1. (Febr.) (Ghent, Univ., Natuurk. Lab.) Im Anschluß an eine experimentelle Arbeit (vorst. Ref.) wird die Ansprechwahrscheinlichkeit eines Sekundärelektronenmonitors berechnet. Vff. gehen aus vom MÖLLER-Wirkungsquerschnitt für Elektron-Elektron-Streuung an einem ruhenden Elektron. Die entstehenden Sekundärelektronen werden als Elektronen betrachtet, die ihrerseits Tertiärelektronen auslösen. Die Ausbeute der die Folien verlassenden Elektronen setzt sich aus zwei Anteilen zusammen: Tertiärelektronen, die nach der Sekundärelektronenemissionstheorie von BAROODY unter Berücksichtigung des WHIDDINGTONschen Gesetzes für den Energieverlust und einer exponentiellen Absorption der Tertiärelektronen ermittelt werden, und Sekundärelektronen, die die Folie verlassen. Der erste Anteil hängt von der Energie der Primärelektronen ab, nicht von der Foliendicke; der zweite Anteil ändert sich mit der Energie und der Foliendicke. Die Übereinstimmung mit Experimenten bei Primärenergien von 0,5—3,5, 15—40 und 100—600 MeV ist ziemlich gut. E. Brinkmann.

1–324 **J. H. Blackburn** and **L. B. Seely.** *Source of the light recorded in photographs of shocked granular pressings.* Nature, Lond. **194**, 370—371, *1962*, Nr. 4826. (28. Apr.) (Los Alamos, N. M., Univ. Calif., Sci. Lab.) D. Kinne.

1–325 **Günter Schulz** und **Günter Minkwitz.** *Die räumliche Intensitätsverteilung der Keilinterferenzen.* Ann. Phys., Lpz. (7) **7**, 371—380, *1961*, Nr. 7/8. (Berlin-Adlershof, Akad. Wiss., Inst. Opt. Spektrosk.) Die z. B. in MICHELSON-Interferometern auftretenden Keilinterferenzen werden hinsichtlich ihrer räumlichen Struktur untersucht. Im Mittelpunkt der Betrachtungen steht die gesamte räumliche Intensitätsverteilung. Letztere wird durch einen Ausdruck dargestellt, der außer elementaren transzendenten Funktionen nur die hinreichend untersuchten LOMMELschen Funktionen enthält. Polarisations- und Beugungseffekte bleiben unberücksichtigt. F. Loges.

1–326 **H. C. Hottel.** *Radiation as a diffusion process.* Int. J. Heat Mass Transfer **5**, 82—83, *1962*, Jan./Febr. (Cambridge, Mass., Inst. Technol., Dep. Chem. Engng.) Kritische Bemerkungen zu der Arbeit von KONAKOV (Int. J. Heat Mass Transfer **2**, 136, *1961*). H. Willenberg.

1–327 **S. Heine** und **J. Roppert.** *Die Behandlung des Problems der Entschmierung von Röntgen-Kleinwinkel-Streukurven mittels einer elektronischen Rechenanlage.* Acta phys. austr. **15**, 148—166, *1962*, Nr. 1/2. (Graz, Univ., Inst. phys. Chem.; Wien, Univ., Inst. Statist.) Ausgang ist das GUINIERsche Verfahren für die Entschmierung mit unendlich langem Primärstrahl. Die mathematische Behandlung des Problems für die numerische Auswertung wird erläutert. Das Verfahren läßt sich auch auf den endlichen Primärstrahl anwenden. Die Ergebnisse werden diskutiert. W. Hübner.

1–328 **M. De** and **S. C. Som.** *Diffraction images of circular openings with partially coherent illumination.* Opt. Acta **9**, 17—31, *1962*, Nr. 1. (Jan.) (Calcutta, Univ. Coll. Technol., Appl. Phys. Dep.) An Bildern kreisförmiger Objekte wurden theoretisch die Einflüsse der Beleuchtungsart untersucht. Es zeigt sich, daß die Bildstruktur sehr wesentlich von der Beleuchtungsart abhängt und daß die Übereinstimmung der numerischen Apertur des Beleuchtungskondensors mit der des abbildenden Systems keinesfalls sicherstellt, daß die Verhältnisse der inkohärenten Beleuchtung bei der Abbildung zutreffen. Es werden der Intensitätsverlauf innerhalb der geometrischen Bildgrenzen in Abhängigkeit von dem Aperturverhältnis von Objektiv und Kondensor und in Abhängigkeit von der relativen Objektgröße graphisch dargestellt. K.-J. Rosenbruch.

1–329 **Heinz Schilling.** *Die Reflexion von ebenen und von Kugelwellen an der Trennebene zwischen absorbierenden Medien.* Wiss. Z. Tech. Hochsch. Otto v. Guericke Magdeburg **5**, 461–473, *1961*, Nr. 4. Auf der Grundlage der MAXWELLschen Gleichungen wird das Verhalten elektromagnetischer Wellen untersucht. — Bei der ebenen Welle ergibt sich, daß auch beim Übergang zwischen absorbierenden Medien ein Grenzwinkel auftreten kann. In Abhängigkeit von den dielektrischen Verlusten liegen dann entweder die Phasen- oder die Amplitudenebenen der gebrochenen Welle orthogonal zur Trennebene. Abweichend von der Theorie für nichtabsorbierende Medien hängt der Grenzwinkel maßgeblich vom Verhältnis der Leitfähigkeit beider Medien ab. Dagegen zeigt bei schwachsorbierenden Medien die Amplitude der reflektierten Welle in der Umgebung des Grenzwinkels kein besonders kennzeichnendes Verhalten, während sie in der Umgebung einer nur vom Verhältnis der Dielektrizitätskonstanten bestimmten Stelle (Grenzwinkel der Totalreflexion bei nichtsorbierenden Medien) sehr stark auf einen Wert nahe eins ansteigt. Von hier an nimmt auch die Strahlversetzung der reflektierten Welle meßbare Werte an, jedoch wächst diese für den Grenzwinkel der Totalreflexion nicht ins Unendliche, wie nach der Theorie für nichtsorbierende Medien folgt. Größere Werte der Strahlversetzung ergeben sich außerdem für den MALUS-BREWSTERschen Winkel. Auch das Auftreten negativer Werte für die Strahlversetzung ist möglich. Die Untersuchung der Kugelwelle erfolgt nach dem Verfahren der Zerlegung in ebene unbegrenzte Teilwellen. — Die reflektierten Teilwellen des orthogonal zur Trennebene schwingenden HERTZschen Vektors verhalten sich bezüglich Amplitude, Phasenverschiebung und Strahlversetzung wie ebene Wellen mit parallel zur Einfallsebene schwingendem elektrischem Vektor. — Bei parallel zur Trennebene schwingendem HERTZschen Vektor erfahren die Wellen der in Richtung des Dipols schwingenden elektrischen Komponente eine Versetzung sowohl parallel als auch orthogonal zur Einfallsebene. Dieses Ergebnis steht in Übereinstimmung mit theoretischen Untersuchungen für nichtabsorbierende Medien von PICHT und FEDOROV. Die Größe der orthogonalen Versetzung hängt maßgeblich von der Phasendifferenz $\delta_{rp} - \delta_{rs}$ der ebenen Wellen gleichen Einfallswinkels α ab. H. Schilling.

1–330 **Shun-ichi Tanaka, Noriyuki Noguchi, Makoto Watanabe** and **Tsunehiko Takahashi.** *Measurement of reflection characteristics of rough surfaces by the use of a frequency chart.* Oyo Buturi **31**, 216–221, *1962*, Nr. 3. (März.) (Tokyo, Univ., Fac. Engng, Dep. Appl. Phys.) Es werden die Winkelverteilungen der Reflexionskurven von verschiedenen rauhen Oberflächen mit einem Winkelphotometer gemessen. Die K-Werte in der Gleichung von JENTZSCH: $2\,h \cos \theta_c = \lambda/K$ wurden für Mattglas unabhängig von der Wellenlänge λ und Rauhigkeit h der Probe bei $K \approx 2-3$ gefunden. θ_c ist der kritische Glanz-Winkel, bei dem der Kontrast Null wird. Gleichzeitig wurde die Kontrastübertragungsfunktion der Proben bestimmt. K.-J. Rosenbruch.

1–331 **V. M. Danilenko** and **G. Y. Kozyrsky.** *On intensity of X-ray reflections.* Ukrain. fis. Sh., Kiew **5**, 190–202, *1960*, Nr. 2. (Orig. ukrain. m. engl. Zfg.) Die theoretische Formel für die Intensität der Röntgenreflexe eines einzelnen „Korns" wird für den Fall monochromatischer Strahlung abgeleitet. Die Reflexbreite auf dem DEBYE-Kreis wird unter der Annahme berechnet, daß sie von folgenden Faktoren abhängt: Strahldivergenz, Korngröße und Fehlorientierung. Die Formeln für die Reflexbreite eines rotierenden Kristalles mit bewegter und feststehender Platte werden angegeben. G. Schniedermann.

1–332 **P. Rajagopala Rao.** *An expression for minimum deviation of a small angled double prism.* J. sci. industr. Res. **20B**, 546–547, *1961*, Nr. 11. (Nov.) (Magpur, Univ., Lakshminarayan Inst. Technol., Dep. Appl. Phys.) Vf. berechnet die minimale Abweichung bei einem Doppelprisma. Er geht dabei genau so vor wie bei der Ableitung am einfachen Prisma. Der erhaltene Ausdruck für die minimale Ablenkung hängt dann nur noch von den beiden Brechungsindices und den brechenden Winkeln der beiden

Prismen ab. Vf. behauptet, daß diese Methode genauer sei als früher bekannte. Die Formeln sind auch zur Berechnung der Dispersion und des Ablenkungswinkels für achromatische und Geradsichtprismen geeignet. J. Klebe.

1–333 **J. Klebe** und **W. Richter.** *Untersuchungen über die Erreichung optimaler Abbildungsbedingungen bei einer verkitteten Doppellinse.* Optik, Stuttgart **19**, 8—24, *1962*, Nr. 1. (Jan.) (Potsdam, Pädagog. Hochsch., Inst. theor. Phys.) Unter Beschränkung auf die Bildfehler 3. Ordnung werden Untersuchungen angestellt, unter welchen Bedingungen sich für eine verkittete Doppellinse in Luft die Summen der SEIDELschen Bildfehlerkoeffizienten möglichst klein ergeben, um daraus gewisse allgemeine Richtlinien für die Aufstellung optimaler Abbildungsbedingungen zu erhalten. Die Radien und Abstände der drei brechenden Flächen werden hierbei (indirekt) als freie Parameter benutzt, für die man entsprechende Forderungen erhält, wenn die gewünschten Abbildungseigenschaften erfüllt werden sollen. Die Untersuchungen werden auf unendlich große Objektweiten beschränkt. J. Klebe.

1–334 **S. Benda, J. Klebe, H.-R. Lehmann** und **K. Miesel.** *Über eine Methode zur Bestimmung von Brennweiten optischer Systeme.* Optik, Stuttgart **19**, 25—30, *1962*, Nr. 1. (Jan.) (Potsdam, Pädagog. Hochsch., Inst. theor. Phys., Arbeitsgr. „Optik".) Eine exakte Methode zur Bestimmung der Brennweiten optischer Systeme wird beschrieben, die weder die Kenntnis irgendwelcher Grundgrößen der Systeme noch Nebenmessungen oder -rechnungen erfordert. Die Messungen werden mittels eines Hilfssystems durchgeführt, dessen Brennweite aber nicht in die Endformel eingeht. Zwei Verschiebungen des Hilfssystems und die zugehörigen Schnittweitenänderungen gestatten eine Bestimmung der Brennweite f_2 des Testsystems. Die Ableitung der dafür gültigen Formel von bekannten Beziehungen wird gegeben. Die Fehlerabschätzung und einige Vereinfachungen für die praktische Durchführung der Messungen zeigen die Vorteile der Methode vor allem für Routinemessungen. J. Klebe.

1–335 **J. Klebe** und **R. Nitz.** *Untersuchungen über den Einfluß von Brechzahländerungen auf den Seidelschen Flächenteilkoeffizienten der sphärischen Aberration.* Optik, Stuttgart **19**, 31—35, *1962*, Nr. 1. (Jan.) (Potsdam, Pädagog. Hochsch., Inst. theor. Phys.) Für ein beliebiges k-flächiges optisches System wird die Änderung der SEIDELschen Flächenteilkoeffizienten der sphärischen Aberration und damit auch die ihrer Summe als Funktion von beliebigen Brechungsindexänderungen im System berechnet. Ausgehend von der Darstellung der Teilkoeffizienten durch die Größen der paraxialen Abbildung, wird die Abweichung der Koeffizienten durch die Änderung der Abbildungsgrößen 1. Ordnung ausgedrückt, die sich nach bekannten Formeln durch die Brechzahländerungen angeben lassen. J. Klebe.

1–336 **J. Klebe.** *Zur Berechnung von Zusatzlinsen zur Erzielung von Achromasie.* Optik, Stuttgart **19**, 36—40, *1962*, Nr. 1. (Jan.) (Potsdam, Pädagog. Hochsch., Inst. theor. Phys.) Es wird gezeigt, daß man Zusatzlinsen für ein beliebiges optisches System berechnen kann, die bewirken, daß bei ihrer Anwendung Achromasie bezüglich der paraxialen bildseitigen Schnittweite, der Brennweite oder des lateralen Abbildungsmaßstabes erzielt wird. Durch Einführung eines sogenannten „Formparameters" kann man der Zusatzlinse eine besonders brauchbare Gestalt geben. J. Klebe.

1–337 **A. Nawijn** und **M. P. Visser.** *Der Einfluß von Fabrikationsungenauigkeiten der asphärischen Korrektionselemente auf die Kontrastübertragung und auf das Auflösungsvermögen von Kameraobjektiven.* Optik, Stuttgart **19**, 253—260, *1962*, Nr. 5. (Mai.) (Delft, N. V. Opt. Ind.) Zu dem konzentrischen Spiegelsystem nach BOUWERS kann ein Korrektionselement für lichtstarke Objektive hinzugefügt werden. Allgemein besteht dieses Element aus einer Kegellinse oder einem Korrektionsglied mit asphärischer Oberfläche höherer Ordnung mit nur geringen Vertiefungen im Gegensatz zu dem komplizierten Korrektionselement der SCHMIDT-Optik. Die Untersuchungen wurden an pem ersteren Element durchgeführt. Aus der Messung der Herstellungsfehler am asphärischen Element wird in Näherung die Kontrastübertragungsfunktion berechnet und in Übereinstimmung mit den experimentell gefundenen Werten der Kontrastübertragungsfunktion gefunden. K.-J. Rosenbruch.

1–338 **Roland Prat.** *Influence de la diffraction sur la structure des images d'objets étendus.* Cah. Phys. **15**, 321–366, *1961*, Nr. 132. (Aug.) Es werden für kohärentes, teilkohärentes und inkohärentes Licht die Übertragungsfunktionen einiger periodischer Objekte und die Punktbildintensitäten gemessen. Das Meßinstrument zur Bestimmung der aufgeführten Werte wird in seinen Einzelheiten beschrieben. K.-J. Rosenbruch.

1–339 **J. Casas, F. Merino** y **S. Valdés.** *Sobre la mejor imagen en presencia de aberraciones.* An. Soc. esp. Fis. Quim. (A) **57**, 231–238, *1961*, Nr. 9/10. (Sept./Okt.) (Zaragoza, Fac. Ci., Cat. Opt.) Optimales Bild ausgedehnter Objekte bei Abbildung durch ein System mit Aberration. Ein Vergleich zeigt, daß photographisch optimales Bild und visuell optimales Bild nicht übereinstimmen. B. Bein.

1–340 **Toshimitsu Asakura** and **Katsura Fukui.** *Study on the best focus with small amounts of primary spherical aberration.* Oyo Buturi **31**, 221–232, *1962*, Nr. 3. (März.) (Tokyo, Univ., Inst. Indust. Sci.; Boston, Mass., Emmanuel Coll., Phys. Dep.) Die Lage der besten Einstellung in der Achse bei einem optischen System mit verschiedener Größe primärer sphärischer Aberration wird unter wellentheoretischen und informationstheoretischen Gesichtspunkten untersucht. Die axiale Intensitätsverteilung wird durch Verwendung von ZERNIKEs Polynomen untersucht. Ferner wird für 4 Gütekriterien, die verschiedene Bewertungen des Objektortsfrequenzspektrums beinhalten, die beste Einstellung berechnet und die Ergebnisse verglichen. K.-J. Rosenbruch.

1–341 **Kakuji Yamamoto.** *The analytical solution of anastigmatic optical lenses. I. Single thin lenses.* Oyo Buturi **31**, 233–236, *1962*, Nr. 3. (März.) (Tokyo, Metropol. Isotope Centre.) Für eine dünne Linse mit fixierter Blendenlage wird eine analytische Methode angegeben, um den Astigmatismus im SEIDELschen Gebiet für jede Vergrößerung und jeden Objektabstand zu beseitigen. Es wird eine quadratische Gleichung, die die Brechkraft der ersten Fläche und die Brennweite der Linse enthält, abgeleitet, aus der sich die Form der 2. Fläche ergibt. K.-J. Rosenbruch.

1–342 **Koichi Kanaya.** *Theoretical limitation of creating a micro probe with maximum current.* J. Electronmicr., Tokyo **9**, 69–71, *1960*, Nr. 2. (Tokyo, Electrotech. Lab.) Erneute Anwendung von in Bull. electrotech. Lab. Tokyo **24**, 211, *1960* entwickelten Ausdrücken für die resultierenden Bildfehler eines mehrstufigen Abbildungssystems auf die Erzeugung einer Sonde eines RÖNTGEN-Mikro-Analysators. Dabei werden Angaben über optimale Bestrahlungsapertur gemacht und Schranken für Bildfehler (Öffnungsfehler, Koma, Astigmatismus) des Gesamtsystems und dessen Justierung gegeben. P. Schiske.

1–343 **B. A. Strukov.** *The temperature dependence of birefringence in crystals of ammonium sulfate and ammonium fluoroberyllate.* Soviet Phys.-Cryst. **6**, 511–514, *1962*, Nr. 4. (Jan./Febr.) (Engl. Übers. aus: Kristallografija **6**, 635–639, *1961*, Nr. 4.) (Moscow, Univ.) Die Temperaturabhängigkeit der Doppelbrechung in $(NH_4)_2SO_4$ und $(NH_4)_2BeF_4$ wurde an Kristallen, die senkrecht zu je einer der drei Kristallachsen geschnitten waren, unter- und oberhalb des CURIE-Punkts gemessen. Es zeigt sich, daß der Einfluß der Temperatur auf den optischen Weg hauptsächlich über die Änderung der Dielektrizitätskonstanten verläuft. G. Harbeke.

1–344 **Hans-Joachim Hübner.** *Ein einfaches Netzgerät zur Speisung von H_2- bzw. D_2-Lampen.* Z. Instrum.-Kde **70**, 123–125, *1962*, Nr. 5. (Mai.) (Braunschweig, Phys.-Tech-Bundesanst.) Schaltung und Eigenschaften eines einfachen, elektronisch nicht geregelten Netzgerätes zum Betrieb von Wasserstofflampen werden beschrieben. H.-J. Hübner.

1–345 **F. S. Dainton** and **D. B. Peterson.** *Forms of H and OH produced in the radiolysis of aqueous systems.* Proc. roy. Soc. (A) **267**, 443–463, *1962*, Nr. 1331. (5. Juni.) (Leeds, Univ., Dep. Phys. Chem.) H. Ebert.

1–346 **Johannes Flügge.** *Die Schärfentiefe in Übersichtsbildern mit dem einfachen Mikroskop.* Zeiss-Mitt. **2**, 334—336, *1962*, Nr. 8. (Mai.) (Göttingen.) Die Schärfentiefe in schwach vergrößerten Aufnahmen mit kurzbrennweitigen Anastigmaten wird mathematisch abgeleitet und in einem Diagramm zur praktischen Auswertung dargestellt. Dabei werden auch die Verhältnisse berücksichtigt, wie sie durch eine Nachvergrößerung des Negativs und durch die Betrachtungsentfernung der nachvergrößerten Aufnahme gegeben sind. J. Flügge.

1–347 **M. Martone** and **S. E. Segre.** *High-aperture, high-speed framing camera using an image-converter tube.* J. sci. Instrum. **39**, 112—114, *1962*, Nr. 3. (März.) (Roma, Euratom, C. N. E. N., c/o Lab. Naz. Frasc., Lab. Gas Ionizzati.) Die Ablenkspule des Bildwandlers wird mit stufenweise ansteigendem Ablenkstrom versorgt, so daß 6 Bilder nach- und nebeneinander entstehen. Die Belichtungszeit beträgt 0,2 μs, die Bildwechselzeit 1,8 μs; die Kameraöffnung ist f:1,9. Der Versorgungskreis für den Ablenkstrom und die Begrenzungen der Bildwechselfrequenz werden diskutiert. Verbesserungen der Apparatur (kürzere Belichtungszeit, höhere Bildwechselfrequenz) werden zitiert.
E. Freytag.

1–348 **P. R. Smy, J. H. Turner** and **D. Stonebridge.** *An inexpensive rotating mirror smear camera.* J. sci. Instrum. **39**, 309—311, *1962*, Nr. 6. (Juni.) (Vancouver, Can., Univ., Phys. Dep.) Eine Kamera, die eine lineare Lichtverteilung durch einen rotierenden Spiegel im Strahlengang als Funktion der Zeit aufzeichnet, wird beschrieben. Die einfache Konstruktion benötigt weder optisch polierte Spiegel noch eine dynamische Auswuchtung des rotierenden Spiegels. Sie kann bei einem Öffnungsverhältnis von 1:10 auf dem Film eine Ablenkung von 1 mm pro Mikrosekunde erreichen.
K.-J. Rosenbruch.

1–349 **I. V. Volkov, V. F. Esipov** and **P. V. Shcheglov.** *Contact image intensifier for red region of spectrum.* Soviet Phys.-Doklady **6**, 349—350, *1961*, Nr. 4. (Okt.) (Engl. Übers. aus: Doklady Akad. Nauk SSSR **137**, 840, *1961*, Nr. 4.) Vff. berichten kurz über ihre Versuche mit Kontakt-Bildverstärkern, deren Photokathoden aus Multialkali-Elementen oder der Kombination Wismut-Cäsium bestehen. Der Vergleich einer Bildverstärkeraufnahme des Nordamerikanebels im Lichte der Hα-Linie von 1 min Belichtungszeit und einer 60 min-Aufnahme mit der Emulsion Kodak 103 a E zeigt einen Empfindlichkeitsgewinn von einem Faktor 50, der sich bei längeren Belichtungszeiten wegen der dann auftretenden Abweichungen vom Reziprozitätsgesetz der photographischen Aufnahmematerialien noch erhöhen wird. E. Lamla.

1–350 **P. M. Cassiers.** *Memory effects in electrophotography.* J. photogr. Sci. **10**, 57—64, *1962*, Nr. 2. (März/Apr.) (Mortsel, Belg., Gevaert Photo-Prod. N. V.) Vf. vergleicht den Einfluß von Vorbelichtungen auf das Verhalten verschiedener in der Elektrophotographie verwendeter photoleitender Schichten. Es werden typische anorganische, organische und Polymer-Photoleiter betrachtet. Die durch die Vorbelichtung entstehenden „Geisterbilder" können mit Hilfe optischer, thermischer oder elektrischer Methoden ausgelöscht werden. Ein elektrophotographischer Prozeß wird beschrieben, der lichtempfindliche organische Substanzen anstelle von Photoleitern benutzt. Bei diesem entsteht im Gegensatz zu bisher bekannten Systemen durch Belichtung ein dauerhaftes latentes Leitfähigkeitsbild, das durch eine nachfolgende Aufladung, Erwärmung oder langwellige Bestrahlung nicht zerstört werden kann. Die Eigenschaften und Anwendungen des neuen Prozesses werden diskutiert. G. Vieth.

1–351 **E. Weyde, E. Klein** and **H. J. Metz.** *Silver deposition in the diffusion process.* J. photogr. Sci. **10**, 110—115, *1962*, Nr. 2. (März/Apr.) (Leverkusen, Agfa AG., Res. Labs.) Die Abhängigkeit der optischen Dichte und der Farbe bei Silber-Gelatine-Schichten von der Packungsdichte der einzelnen Silberteilchen wird theoretisch gedeutet. Experimentelle Untersuchungen über die Benutzung von Silberschichten werden mitgeteilt. Schichten mit einer sehr großen Volumenkonzentration des Silbers (>3%) zeigen eine hohe optische Dichte und eine Farbtonverschiebung nach Schwarz. Die Teilchengröße ist bei ihnen nicht von großem Einfluß. Bei Schichten mit geringer Silber-Volumenkonzentration hängt der Farbton von der Größe der einzelnen Aggregate ab und kann annähernd nach der MIEschen Theorie berechnet werden. Bei den Untersuchungen war die Zugabe von Blautonern stets mit der Bildung von Zonen hoher Silber-Volumenkonzentration verbunden, so daß eine echte Farbtonverschiebung nicht vom Einfluß der hohen Volumenkonzentration getrennt werden kann. Ein Blautoner-Effekt erfolgt vermutlich auch durch Vergiftung der Keime. Die Frage, ob echte Blautoner existieren, bleibt offen. G. Vieth.

1–352 **Jean Prouvost.** *Quelques aspects cristallographiques de la formation de l'image latente en photographie.* Sci. Industr. photogr. (2) **32**, 417–423, *1961*, Nr. 12. (Dez.) Zusammenfassender, kritischer Artikel über den heutigen Stand der Theorie der Entstehung des photographischen Bildes. G. Vieth.

1–353 **E. Kinder** und **R. Haensel.** *Über die Verwendbarkeit höchstempfindlicher photographischer Schichten bei physikalischen Untersuchungen.* Photogr. Korr. **98**, 51–58, *1962*, Nr. 4. (Apr.) (München, Univ., II. Phys. Inst.) Untersuchung der für eine photographische Schicht charakteristischen Kenngrößen bei den Filmen Kodak Royal-X und Agfa Isopan Record bei Exposition mit Glühlicht und mit 50 keV-Elektronen (im Elektronenmikroskop). Quantitative Angaben über die Schwärzungskurven bei verschiedenen Entwicklersorten, Entwicklertemperaturen und Entwicklungszeiten, über die Wirkung des SCHWARZSCHILD-Effektes und über das Auflösungsvermögen. Allgemeine Hinweise zur Verarbeitung höchstempfindlicher Filme. R. Haensel.

1–354 **Karl Pokorny.** *Über den Rhodiumeffekt und andere Probleme moderner Emulsionstechnik.* Photogr. Korr. **98**, 59–60, *1962*, Nr. 4. (Apr.) (Wien.) Qualitative Beschreibung der gradationssteigernden Wirkung von Rhodiumverbindungen, welche während des Reifungsprozesses einer Silberemulsion beigefügt werden und der dabei entstehenden verarbeitungstechnischen Schwierigkeiten bei verschiedenen Emulsionstypen. R. Haensel.

1–355 **Antoine Hautot.** *Sur la sensibilité des émulsions au chlorure d'argent.* Sci. Industr. photogr. (2) **32**, 409–416, *1961*, Nr. 12. (Dez.) (Liège, Univ.) Das Reziprozitätsverhalten und die Oxydierbarkeit der Keime des latenten Bildes von einfachen, spektral nicht sensibilisierten AgBr- und AgCl-Emulsionen werden verglichen. AgCl-Emulsionen, obgleich allgemein unempfindlicher als solche mit AgBr, zeigen jedoch gegenüber Belichtungen mit sehr geringer Beleuchtungsstärke eine mindestens gleichgroße Empfindlichkeit. Die bei AgBr angewandten Sensibilisierungsmethoden wirken bei AgCl wenig. Dennoch gewinnt die kombinierte Sensibilisierung von AgCl-Emulsionen mit Goldsalzen und Natriumthiosulfat eine gewisse Bedeutung. Aus dem unterschiedlichen Verhalten der beiden Emulsionen bei verschiedenen Experimenten (Oxydierbarkeit, Reziprozitätskurven, HERSCHEL-Effekt, Solarisation) ist zu schließen, daß sich die Struktur ihrer inneren Kristallbaufehler unterscheidet. Dasselbe scheint auch für die Oberflächenfehler zuzutreffen. Die Empfindlichkeitszentren der beiden untersuchten Emulsionen sind nicht oder wenig oxydierbar. Wahrscheinlich bestehen sie in beiden Fällen aus Kristallfehlern. G. Vieth.

1–356 **Antoine Hautot.** *Sur la validité de la loi de Siedentopf.* Sci. Industr. photogr. (2) **33**, 41–48, *1962*, Nr. 2. (Febr.) (Liège, Univ.) Die Gültigkeit des Gesetzes von SIEDENTOPF, wonach die Körnigkeit G eines photographischen Bildes mit der Wurzel aus der optischen Dichte dieses Bildes wächst ($G = k\sqrt{D}$), untersucht Vf. an einer Reihe verschiedener Emulsionen (Gevaert: Replica, Graphic [non ortho], Gevapan 30 und 36, Kodak: P 1200, P 2000; Agfa: Isopan Record) und verschiedenen Entwicklern. Bei Positivemulsionen scheint es befriedigend erfüllt zu sein, nicht jedoch bei den untersuchten Negativemulsionen. Bisweilen weichen die letztgenannten wesentlich ab, besonders im Bereich geringer Dichten, wo die Körnigkeit deutlich größer ist als nach dem Gesetz zu erwarten. Feinkornentwickler vermindern die Größe von G. Dabei ist jedoch zu beachten, daß die Empfindlichkeit und der Kontrast im allgemeinen durch den Gebrauch von Feinkornentwicklern verringert werden. Da außerdem ja Negativbilder meistens zur Herstellung von Positiven dienen, ist nicht nur G, sondern G/γ (γ = Gradation) des Negativs zu betrachten. Eine Gegenüberstellung dieser Werte bei Feinkornentwicklung zeigt, daß sich die Materialien sehr verschieden verhalten. Daher muß man, um einen Minimalwert für G/γ zu erhalten, für jedes Material die optimalen Entwicklungsbedingungen gesondert bestimmen. G. Vieth.

1–357 **F. Simon.** *Influence du p–Ag de préparation d'une émulsion ionographique sur le diamètre des grains.* J. Phys. Radium **22**, 792—794, *1961*, Nr. 12. (Dez.) (Strasbourg, Centre Rech. Nucl., Dép. Phys. Corp.) In Fortsetzung einer früheren Arbeit (C. R. Acad. Sci. Paris **251**, 1774, *1960*) berichtet Vf. über Verbesserungen seiner dort angegebenen Methode zur Herstellung von feinkörnigen Kernspuremulsionen (automatischeRegelung der Silberionenkonzentration, Fällungszeit 15 min) und vergleicht seine Ergebnisse mit denen anderer Autoren. Neben anderen Faktoren (z. B. Typ der Gelatine) beeinflußt besonders die Silberionenkonzentration die Körnigkeit der Emulsion. Es scheint gut gesichert zu sein, daß man bei Silberionenkonzentrationen unterhalb des isoelektrischen Punktes ($p_{Ag} = 5{,}8$ bei 50° C) arbeiten muß, um sehr feinkörnige Silberbromid-Emulsionen zu erhalten. Der zu wählende p_{Ag}-Wert hängt in diesem Bereich von der benutzten Gelatine ab. Obgleich ohne Zweifel auch andere Faktoren von Einfluß sind, konnte Vf. die reagierenden Volumina und die Fällungsdauer ohne wesentliche Änderung des Korndurchmessers und der Korngrößenverteilung variieren. Unbekannt ist noch der Einfluß der periodischen p_{Ag}-Änderung während der Fällung auf die Korngröße. G. Vieth.

1–358 **Gerhard Heyl.** *Die Verwendbarkeit des Farbfilms für quantitative mehrdimensionale Farbschlierenverfahren.* Ann. Phys., Lpz. (7) **7**, 312—325, *1961*, Nr. 5/6. (Marburg, Univ., Inst. Angew. Phys.) Abhandlung über die Anwendung des Farbfilms als quantitatives Meßinstrument, und zwar zur Auswertung von mehrdimensionalen Farbschlierenverfahren nach dem Testplatten- und dem Komponentenverfahren. Zum ersteren werden Methoden zur Herstellung von gesättigten und ungesättigten Normalfarben beschrieben, die zur Herstellung von Testplatten gebraucht werden. Beim Komponentenverfahren dienen die drei Schichten des Farbfilms als Basis. Es wird angegeben, wie die Komponenten von Normalfarben bezüglich dieser Basis gemessen werden können. Sodann werden verschiedene Farbfilme untereinander und mit dem Auge sowie einem Photoelement als Basis verglichen. R. Haensel.

1–359 **H. Stöckel.** *Herleitung dreidimensionaler Beugungslösungen für ebene elektromagnetische Wellen aus zweidimensionalen Lösungen.* Optik, Stuttgart **19**, 3—7, *1962*, Nr. 1. (Jan.) (Potsdam, Pädagog. Hochsch., Inst. Phys.) Es wird gezeigt, daß sich die Lösung des dreidimensionalen Beugungsproblems: „Beugung einer ebenen elektromagnetischen Welle an einem Zylinder" auf einfache Weise aus der Lösung des „zugeordneten zweidimensionalen Beugungsproblems" herleiten läßt. J. Klebe.

1–360 **A. Keller.** *Vorschlag eines Elektronen-Interferometers zur Bestimmung von Kristallphasen.* Optik, Stuttgart **19**, 117—121, *1962*, Nr. 2. (Febr.) (Valparaiso, Univ. Téc.) Es wird ein Interferometer vorgeschlagen, mit dem Phasendifferenzen zwischen Elektronenstrahlen verschiedener Interferenzordnungen gemessen werden sollen, die an der zur Oberfläche eines massiven Kristalls parallelen Netzebenenschar gebeugt werden. Die von der spaltförmigen und 0,05 μm breiten monochromatischen Elektronenquelle ausgehenden Strahlen sollen mit Hilfe einer elektrostatischen Zylinderlinse parallel gemacht, durch einen 3 μm starken positiv geladenen Faden in zwei Teilbündel geteilt und jedes Teilbündel um den halben Beugungswinkel zum anderen hin abgelenkt werden. Eines der beiden Teilbündel soll dann durch Beugung an der Oberfläche des Kristalls entgegengesetzt zur ersten Ablenkung um den ganzen Beugungswinkel zurückgelenkt und so zum anderen Teilbündel, das am Kristall vorbeigeht, fast parallel gemacht werden, so daß die Bündel dann miteinander interferieren. Die Interferenzstreifen hätten etwa 0,3 μm Abstand und könnten bei elektronenoptischer Nachvergrößerung beobachtet werden. Zum Übergehen auf eine andere Interferenzordnung soll die Elektronenwellenlänge, d. h. die Strahlspannung, verändert werden, der geometrisch-optische Strahlenverlauf aber unverändert bleiben und die Phasenänderung anhand der Verschiebung des Streifensystems bestimmt werden. W. D. Riecke.

1–361 **W. D. Riecke.** *Feinstrahl-Elektronenbeugung mit dreistufigem Kondensor und langbrennweitiger letzter Kondensorstufe.* Optik, Stuttgart **19**, 81—116, *1962*, Nr. 2.

(Febr.) (Berlin-Dahlem, M. P. G., Fritz-Haber-Inst., Inst. Elektronenmikrosk.) Eine neue Methode zur Aufnahme von Elektronenbeugungsdiagrammen kleiner ausgewählter Teilbereiche elektronenmikroskopischer Durchstrahlungspräparate wurde auf einer elektronenoptischen Bank entwickelt. Der minimale Durchmesser des auszuwählenden Bereiches beträgt etwa 0,1 μm. Die Bereichsauswahl wird dadurch vorgenommen, daß allein der interessierende Präparatteil beleuchtet wird. Das Kondensorsystem bestand aus zwei kurzbrennweitigen elektromagnetischen Linsen, die die Strahlquelle stark verkleinerten, und einer langbrennweitigen elektromagnetischen Linse, die das verkleinerte Strahlquellenbild in die Präparatebene übertrug. Diese langbrennweitige Linse mußte besonders kleine Aberrationen haben. Sie hatte ein ungewöhnlich ausgedehntes Linsenfeld (Halbwertsbreite 50 mm), hohe Durchflutung (5000 Å) und war mit Stigmatoren zur Korrektur des zweizähligen und des dreizähligen axialen Astigmatismus ausgerüstet. Das Abbildungssystem bestand aus einer elektromagnetischen Objektiv- und einer ebensolchen Projektivlinse sowie aus einer elektrostatischen Zwischenlinse. Durch Einstellen der Zwischenlinsenbrechkraft konnten abwechselnd das Bild des Präparates und das in der hinteren Objektivbrennebene entstehende Beugungsdiagramm auf den Endbildschirm projiziert werden. Eine magnetische Zwischenlinse durfte an Stelle der elektrostatischen nicht verwendet werden, weil die Veränderung ihres magnetischen Streufeldes bei Änderung der Zwischenlinsenbrechkraft den Feinstrahl von der ausgewählten Präparatstelle fortbewegt hätte.

W. D. Riecke.

1–362 **W. D. Riecke.** *Über eine neue Methode zur Herstellung von Elektronenbeugungsdiagrammen extrem kleiner, ausgewählter Bereiche aus elektronenmikroskopischen Durchstrahlungspräparaten.* Optik, Stuttgart **19**, 273—286, *1962*, Nr. 5. (Mai.) (Berlin-Dahlem, MPG., Fritz-Haber-Inst., Inst. Elektronenmikrosk.) Es wird über einen neuen Strahlengang zur Feinstrahl-Elektronenbeugung berichtet, bei dem das Präparat in der Feldmitte einer starken elektromagnetischen Objektivlinse angeordnet ist und der vor der Präparatebene liegende Feldteil fast ebensoviel Brechkraft hat wie das hinter der Präparatebene liegende Abbildungsfeld. Der von diesem Vorfeld gebildete kurzbrennweitige Vorfeldkondensor erzeugt — zusammen mit zwei weiteren vor dem Objektiv angeordneten kurzbrennweitigen Magnetlinsen — in der Präparatebene ein stark verkleinertes Bild der Strahlenquelle. Hierdurch entsteht eine feine Elektronensonde von wenigen 100 Å Durchmesser. Ihre Lage wird in der — von Objektiv und Projektiv erzeugten — vergrößerten Abbildung des Präparats beobachtet. Das Beugungsdiagramm des beleuchteten Präparatbereiches entsteht in der hinteren Objektivbrennebene und wird, wie üblich, von Zwischenlinse und Projektiv auf den Endbildschirm übertragen. Mit Hilfe einer vor dem Vorfeldkondensor zusätzlich angeordneten langbrennweitigen Kondensorlinse, die zusammen mit diesem ein Dublett bildet, kann man die Feinstrahlsonde ohne Veränderung der Brechkraft der auf das Präparat scharfgestellten Objektivlinse fokussieren. Der kritische Punkt des Verfahrens ist das bekannte Aufwachsen von Kohleschichten. Eine praktische Anwendung ist daher nur möglich, wenn es gelingt, die Verschmutzung des Präparats zu verhindern und wenn man bei möglichst hoher Elektronenenergie arbeitet.

J. Kessler.

1–363 **Wolfdietrich Schulz** und **Ferdinand Stangler.** *Eine Beugungsanlage für langsame Elektronen.* Anz. österr. Akad. Wiss., math.-naturw. Kl. *1961*, S. 141—149, Nr. 9. Die Konstruktion einer Beugungsanlage für langsame Elektronen wird beschrieben. Der im Hochvakuum arbeitende Versuchsaufbau besteht aus einem Strahlerzeugersystem, das zur besseren Strahlfokussierung eine dritte Elektrode aufweist, einem magnetfeldfrei heizbaren Probenhalter und einem Strahlauffängersystem, bei dessen Konstruktion auf die Vermeidung von Sekundärelektronen besonderes Gewicht gelegt wurde. Die Anlage gestattet es, bei fixem Winkel zwischen Strahlerzeuger, Probe und Nachweiser durch Variation der die Elektronen beschleunigenden Spannung Beugungsdiagramme aufzunehmen. Beugungsversuche an (111)-Flächen von Eisen- und Silbereinkristallen wurden durchgeführt. Messungen bei verschiedener Probentemperatur ergaben die Nachweisbarkeit von Gashäuten geringster Stärke.

F. Stangler.

1–364 **P. Curcio** and **J. F. Nankivell.** *An exposure meter for an electron microscope.* J. sci. Instrum. **39**, 175, *1962*, Nr. 4. (Apr.) (Melbourne, Aeronaut. Res. Labs., Dep. Supply.) Für die Aufnahme kontrastarmer Objekte und für Stereo-Bilder in Elektronenmikroskopen ist die Ermittlung geeigneter Belichtungszeiten für die zu benutzenden Photoplatten wichtig. Es wird ein Gerät beschrieben, das sich als Ersatz für ein Fenster in der Beobachtungskammer eines Siemens-Elmiskops I einbauen läßt. Eine vergoldete Kollektorplatte, die im Arbeitsraum nach der Seite geklappt werden kann, ist über isolierte, vakuumdichte Durchführungen mit einem Galvanometer verbunden, dessen anderer Kontakt an Masse (Gehäuse des ,,Belichtungsmessers") liegt. Nach einmal erfolgter Zuordnung der so gemessenen Strahlströme zu den für die verschiedenen Photoplattentypen optimalen Belichtungszeiten ist das Gerät jederzeit als Belichtungsmesser verwendbar. Bei Proben mit normalem Kontrast ergaben sich gute Aufnahmen bei 100 kV, 2 s Belichtungszeit, Kollektorstrom $= 1{,}5 \cdot 10^{-9}$ A auf Ilford N 40-Platten. Eine Anzeigefähigkeit des Galvanometers von $1 \cdot 10^{-10}$ A/Skt war ausreichend für alle Messungen. S. Baselt.

1–365 **J. A. Chapman.** *A systematic method for the correction of astigmatism in the Siemens Elmiskop I.* J. sci. Instrum. **39**, 273–277, *1962*, Nr. 6. (Juni.) (Manchester, Univ., Rheumatism Res. Centre.) Ein systematisches Verfahren für die Korrektur des Astigmatismus der Objektivlinse des Siemens Elmiskops I wird beschrieben. Die Asymmetrie des Fresnel-Saums am Bildrand eines Loches wird als Vektor dargestellt. Es wird gezeigt, daß die so definierten Astigmatismus-Vektoren den Gesetzen der Vektoraddition gehorchen, was die Grundlage des Verfahrens bildet. Mit Hilfe dieser Vektoren lassen sich die erforderlichen Korrekturen mit geringem Aufwand durchführen. J. Kessler.

1–366 **U. Valdrè.** *A simple goniometer stage for the Siemens electron microscope.* J. sci. Instrum. **39**, 278–280, *1962*, Nr. 6. (Juni.) (Cambridge, Cavendish Lab., Crystallogr. Lab.) Es wird eine einfache Goniometerstufe beschrieben, die in der normalen Objektstufe des Siemens-Elektronenmikroskops benützt werden kann, ohne die Luftschleuse zu öffnen. Eingehende Beschreibung der technischen Details und der Arbeitsweise der Anordnung. Das Verfahren kann auch bei anderen Typen von Elektronenmikroskopen verwendet werden. J. Kessler.

1–367 **Hisazo Kawakatsu** and **Koichi Kanaya.** *Magnetic stigmators used in correcting second and third order astigmatisms in the electron microscope.* Bull. electrotech. Lab. Tokyo **25**, 801–814, *1961*, Nr. 11. (Tokyo, Electrotech. Lab.) D. Kinne.

1–368 **A. Strojnik.** *Current stabilizer for magnetic electron microscopes.* J. sci. Instrum. **39**, 168–170, *1962*, Nr. 4. (Apr.) (Ljubljana, Yugosl., Univ., Elect. Engng Dep.) In Elektronenmikroskopen mit magnetischen Linsen braucht man für hohes Auflösungsvermögen zur Vermeidung chromatischer Fehler eine Stabilität des magnetisierenden Stromes von $1:10^5$ über mehr als 1 Minute. Mit Hilfe einer im Sättigungsgebiet arbeitenden Diode mit Wolfram-Heizfaden läßt sich ein einfacher Strom-Stabilisator bauen. Eine Änderung des Heizstromes dieser Diode um 1% bewirkt eine Änderung des Emissionsstromes von 15%; das Elektrodensystem muß unempfindlich gegenüber mechanischen Erschütterungen sein. Der unstabilisierte Strom fließt über eine Röhre mit mehreren Gittern, die Linsenwicklung und den Dioden-Heizfaden. Jede Stromänderung wird über den dabei ebenfalls geänderten Dioden-Emissionsstrom, der die Spannung am Steuergitter der ersten Röhre beeinflußt, wieder ausgeglichen. Handelsübliche Dioden wie 29 Cl, GRD 6, A 2087, AV 33 sind verwendbar, sie erreichen bei niedrigen Arbeitstemperaturen Lebensdauern von 10^4 Stunden. Wenn die Netzspannung bereits magnetisch stabilisiert und die Raumtemperatur annähernd konstant ist, beträgt nach Anwärmzeit die Drift weniger als $1:10^5$/min. — Es wird außerdem eine vereinfachte Schaltung beschrieben, die eine gleichzeitige Umschaltung von Zwischen- und Projektor-Linse entweder auf Feinbereichsbeugung oder auf verschiedene Vergrößerungen erlaubt. S. Baselt.

1–369 **Bernard Fagot** et **René Santouil.** *Quelques observations sur le contraste des images en microscopie électronique à émission secondaire sous bombardement ionique.* C. R. Acad. Sci., Paris **254**, 2147–2149, *1962*, Nr. 12. (19. März.) Wird in einem Sekundärelektronen-Emissionsmikroskop die beobachtete Oberfläche mit Ionen beschossen, so treten erhebliche Kontraständerungen auf. Untersucht wurden polykristalline Cu- und γ-Fe-Oberflächen oberhalb 900° C. Die Bildänderungen wurden in Abhängigkeit vom Einschußwinkel der Ionen untersucht, deren Energie von 10 bis 85 keV variierte. Drechsler.

1–370 **J. A. Chapman.** *Preparation of carbon films for electron microscopy.* Brit. J. appl. Phys. **13**, 248, *1962*, Nr. 5. (Mai.) (Manchester, Univ., Rheumatism Res. Centre.) E. Bretnütz.

1–371 **Allan M. Russell.** *Electron trajectories in a field emission microscope.* J. appl. Phys. **33**, 970–975, *1962*, Nr. 3. (März.) (Riverside, Calif. Univ., Dep. Phys.) Elektronenbahnen eines Feldelektronenmikroskopes wurden unter der Voraussetzung berechnet, daß Emitterspitze und Leuchtschirm die Form konfokaler Hyperboloide haben. Die Bahnberechnungen erfolgten über eine Iterationsmethode mit einer IBM-Rechenmaschine. Als bekannt vorausgesetzt wurden Scheitelradius der Spitze, Leuchtschirmradius, Emissionsort und -Moment der Elektronen, Abstand Spitze—Leuchtschirm und die Anodenspannung. Die Berechnung lieferte den Ort, an dem die Elektronen einer Fläche auf den Leuchtschirm treffen, das Moment der Elektronen am Leuchtschirm und die Flugzeit der Elektronen. Die für die W-Flächen 100, 110 und 211 berechneten Leuchtschirmlagen stimmen mit dem Feldelektronenmikroskop-Bild überein. M. Drechsler.

VIII. Wärme-Thermodynamik

1–372 **F. Lieneweg.** *Die Übergangsfunktion beim Abkühlen und Erhitzen fester Körper in beliebigen Mitteln einschließlich der Anzeigeverzögerung von Thermometern. I.* Regelungstechnik **10**, 159–165, *1962*, Nr. 4. (Apr.) (Karlsruhe, Siemens u. Halske AG., Wernerw. Meßtech.) In der Arbeit wird mit Hilfe der Gesetze der Wärmeübertragung abgeleitet, daß die Übergangsfunktion beim Abkühlen und Erhitzen fester Körper sich ohne Kenntnis der spezifischen Stoffwerte und der Abmessungen der Körper allein aus der $^9/_{10}$- und Halbwertszeit bestimmt werden kann. Die Übergangsfunktion ist bei linearem Verhalten praktisch eine Exponentialfunktion mit Verzugszeit oder Voreilzeit. Wenn der Temperaturverlauf in der Mitte eines Körpers bekannt ist, läßt er sich auch an jeder anderen Stelle ermitteln. Die Übergangsfunktion, z. B. die Anzeigeträgheit von Thermometern, in beliebigen Medien kann allein aus dem Verhältnis $^9/_{10}$- zur Halbwertszeit in einem einzigen Medium berechnet werden. W. Blanke.

1–373 **M. A. Kaganov** and **Yu. L. Rozenshtok.** *Utilization of thermistors for correcting differential temperature-difference measuring circuits.* Measurement Tech. *1962*, S. 712 bis 715, Febr. (Engl. Übers. aus: Ismeritelnaja Technika *1961*, S. 22–25, Nr. 9.) Mit der angegebenen Schaltung ist es bei Messungen von Temperaturdifferenzen mit Thermopaaren möglich, in einem gewissen Temperaturbereich für gleiche Temperaturdifferenzen gleiche Ausschläge des Anzeigeinstrumentes zu erhalten. Dem Anzeigeinstrument wird ein geeigneter Thermistor mit negativem Temperaturkoeffizienten parallel geschaltet, der sich auch auf der zu messenden Temperatur befindet. Der quadratische Anstieg der Thermokraft mit der Temperatur wird dadurch kompensiert, daß bei steigender Temperatur ein größerer Anteil des Stromes durch den Thermistor anstelle durch das Meßinstrument fließt. Für Temperaturdifferenzmessungen mit Widerstandsthermometern wird eine entsprechende Schaltung beschrieben. Formeln für die Bemessung der Thermistoren werden angegeben. W. Blanke.

1–374 **N. A. Yaryshev.** *Inertial parameters of resistance thermometers and thermocouples.* Measurement Tech. *1962*, S. 716–718, Febr. (Engl. Übers. aus: Ismeritelnaja

Technika *1961*, S. 25–27, Nr. 9) An einer Anzahl Thermoelementen und Widerstandsthermometern wurden die notwendigen Konstanten zur Berechnung der thermischen Trägheit bestimmt, und für einige russische handelsübliche Thermopaare werden numerische Werte mitgeteilt. W. Blanke.

1–375 **Walter Obrowski** und **Walter Prinz.** *Neu bestimmte Grundwerte für die Thermopaarkombination Pt30%Rh–Pt6%Rh.* Arch. Eisenhüttenw. **33**, 1–4, *1962*, Nr. 1. (Jan.) (Hanau, Main, Degussa Metall-Labor.) Die Eigenschaften des Thermopaares Pt30%Rh–Pt6%Rh („PtRh 18") werden diskutiert, und die Kalibrierung wird bei verschiedenen Metallschmelzpunkten nach einer abgewandelten Drahtmethode beschrieben. Dabei wird an Stelle des üblicherweise verwendeten Drahtstückes aus dem als Fixpunkt dienenden Metall ein Metallplättchen verwendet. Für das Thermopaar „PtRh 18" wurden die Thermospannungsgrundwerte zwischen 0 und 1800°C neu bestimmt. Die früheren Grundwerte mußten besonders für Temperaturen unter 250°C, zwischen 1250 und 1500°C und über 1650°C geändert werden. W. Blanke.

1–376 **M. Priem.** *Method for sealing thermocouple wire through fused silica for use at high temperatures.* J. sci. Instrum. **39**, 134, *1962*, Nr. 3. (März.) (Aldermaston, Berks., Assoc. Elect. Ind. Ltd., Res. Lab.) Es wird eine Vakuumdurchführung für Thermopaare durch Quarzglas beschrieben, die bis zu einer Temperatur von etwa 850°C verwendbar ist. W. Blanke.

1–377 **H. C. Wright.** *A thermocouple slide rule.* J. sci. Instrum. **39**, 238, *1962*, Nr. 5. (Mai.) (Redhill, Surrey, Mullard Res. Labs.) Der Rechenschieber erlaubt die Umwandlung von Millivolt in Grad Celsius für Chromel/Alumel-Elemente zwischen –160 und +600°C und für Platin/Pt 13% Rh-Elemente zwischen 0 und 1000°C. Die mV-Skalen (linear) sind auf der Zunge, die (verzerrten) °C-Skalen auf dem Körper angebracht. Die Nullpunkte der mV-Skala werden auf die Temperatur der Referenzlötstelle eingestellt. Der Schieber ist 50 cm lang; Unsicherheit etwa ±1°C. J. Euler.

1–378 **G. F. Blackburn** and **F. R. Caldwell.** *Reference tables for 40 percent iridium-60 percent rhodium versus iridium thermocouples.* J. Res. nat. Bur. Stand. **66C**, 1–12, *1962*, Nr. 1. (Jan./März.) (Columbus, Ohio, Measurement Control Sci. Ind.) Die Thermokraft des Thermopaares 40% Iridium 60% Rhodium–Iridium wird im Bereich von 0 bis 2100°C gemessen, und es wird eine Tabelle in Schritten von 0,01 mV aufgestellt. Bei 2100°C beträgt die Thermokraft 11,6 mV. Die differentielle Thermokraft beträgt etwa 2,8 μV/grd bei 500°C. Die Thermopaare wurden bis 1400°C mit PtRh–Pt-Thermopaaren und bei höheren Temperaturen mit einem optischen Pyrometer verglichen. Dabei diente als Schwarzer Körper ein Iridiumblock, der durch Induktion geheizt wurde. Bei den hohen Temperaturen wurde als Isolation der Thermopaare Thorium- und Berylliumoxyd verwendet. Obgleich bei hohen Temperaturen der elektrische Widerstand dieser Materialien schon sehr klein wird, blieb er bei der Meßtemperatur noch so groß, daß die Thermokraft genügend genau gemessen werden konnte. Die Meßgenauigkeit wurde durch das optische Pyrometer begrenzt. Sie beträgt im Bereich von 1400 bis 2100°C etwa 5 bis 7 grd. W. Blanke.

1–379 **T. D. Bansal.** *Copper-advance thermocouples in the temperature range 0–100°C.* J. sci. industr. Res. **21 D**, 23–24, *1962*, Nr. 1. (Jan.) (New Delhi, Nat. Phys. Lab.) Für das Thermopaar Kupfer–Advance wird die Abhängigkeit der Thermokraft von der Temperatur im Bereich von 0 bis 100°C durch die Gleichung $e = bt + ct^2$ dargestellt, wenn die Vergleichsstelle sich auf der Temperatur 0°C befindet. Die Konstanten der Gleichung haben folgende Werte: $b = 36 \pm 1$ und $c = 0{,}043$. Wenn bei der Kalibrierung nur die Konstante b durch Messung bei einer Temperatur bestimmt wird, beträgt die Unsicherheit ±0,5 grd, wenn auch die Konstante c bestimmt wird, ±0,02 grd. W. Blanke.

1–380 **F. R. Caldwell.** *Thermocouple materials.* Nat. Bur. Stand. Monograph *1962*, Nr. 40, (1. März.) S. 1–43. H. Ebert.

1–381 **T. D. Bansal.** *Calibration equipment for surface pyrometers and pipe thermometers.* J. sci. Instrum. **39**, 232—233, *1962*, Nr. 5. (Mai.) (New Delhi, Nat. Phys. Lab.) Zum Eichen von Oberflächen-Pyrometern (Anlegepyrometern, Pyrometer für Walzen usw.) sind zwei regelbare Standardkörper aus Kupfer entwickelt worden. Beide sind mit „thermischen Schutzringen" versehen. Der eine ist eben, quadratisch 30×30 cm², geeignet für Temperaturen bis 350° C. Der andere hat die Form einer Walze von 7,5 cm Dmr. und 10 cm Länge, geeignet für Temperaturen bis 500° C. Die Temperatur der Standardkörper und der „Schutzringe" kann mit Thermoelementen gemessen werden. Die Temperatur der Oberfläche der Standardkörper soll besser als 0,05° C isotherm sein. J. Euler.

1–382 **H. J. Kostkowski** and **R. D. Lee.** *Theory and methods of optical pyrometry.* Nat. Bur. Stand. Monograph. *1962*, Nr. 41, (1. März.) S. 1–28. Es werden die theoretischen Methoden der optischen Pyrometrie und die Anwendung dieser Methoden beim National Bureau of Standards zur Darstellung der Internationalen Praktischen Temperaturskale über 1063° C beschrieben. In dem theoretischen Teil der Arbeit werden die effektive und die mittlere effektive Wellenlänge eingeführt, und es werden verschiedene Gleichungen abgeleitet, die diese beiden Parameter miteinander und mit anderen physikalischen Größen verbinden. Die wichtigsten Grundlagen der visuellen optischen Präzisionspyrometer werden diskutiert. Eine Anzahl Schwarzer Körper und Wolframbandlampen sowie der experimentelle Aufbau zur primären und sekundären Kalibrierung von Pyrometern werden beschrieben. Schließlich werden Maßnahmen empfohlen, die zur Erreichung einer kleinen Unsicherheit erforderlich sind. Die fundamentalen Grenzen der visuellen optischen Pyrometrie werden angegeben. W. Blanke.

1–383 **Leo Storm.** *Zur genauen Messung der absoluten Temperatur aus dem thermischen Rauschen.* Z. angew. Phys. **14**, 117—121, *1962*, Nr. 3. (März.) (Münster, Univ., Inst. Angew. Phys.) Durch Messung des thermischen Rauschens von Widerständen läßt sich die absolute Temperatur bestimmen. Zwei bekannte Verfahren werden theoretisch analysiert. Die durch das Eigenrauschen des Meßverstärkers verursachten systematischen Fehler werden unter Verwendung von experimentellen Ergebnissen abgeschätzt, die bei der Bestimmung der BOLTZMANN-Konstanten aus dem thermischen Rauschen gewonnen werden. Es werden Formeln für die verschiedenen von der zu messenden Temperatur abhängigen Meßfehler angegeben. Die optimale Dimensionierung wird diskutiert und die erreichbare Meßgenauigkeit abgeschätzt. Bei den bisherigen Messungen wurde bei hohen Temperaturen eine Genauigkeit von 0,5% und bei 2° K von 8% erreicht. Der kleinste erreichbare Meßfehler beträgt bei hohen Temperaturen 3 bis $5 \cdot 10^{-4}$ und bei 1° K etwa 10%. W. Blanke.

1–384 **W. Wagner.** *Über die Verwendung von Thermistoren in der Präzisionskalorimetrie. Ein neues Metallblock-Verbrennungskalorimeter.* Z. phys. Chem. **218**, 392—416, *1961*, Nr. 5/6. (Dresden, Tech. Univ., Inst. Elektrochem., phys. Chem.) Es wurde ein neues Verbrennungskalorimeter entwickelt, das genau beschrieben und skizziert ist. Es besteht aus einem zylindrischen Kupferblock von 20 cm Höhe und 12,4 cm Durchmesser, der in einem Rezipienten innerhalb eines Präzisionsthermostaten aufgehängt wurde. Die Temperatur wird mittels Thermistoren in einer WHEATSTONE-Brücke gemessen, es können noch Änderungen von $2 \cdot 10^{-5}$ Grad erfaßt werden. Die Stabilität dieser Widerstandsthermometer wurde geprüft. Die Unsicherheit der Mittelwerte lag unter 0,01%. Für Kalibrierzwecke wurde die Verbrennungswärme von Hippursäure gemessen und $-\Delta H^0_{298} = (1008{,}21 \pm 0{,}16)$ kcal/Mol erhalten in ausgezeichneter Übereinstimmung mit den Literaturwerten. M. Wiedemann.

1–385 **A. Ferrier.** *A new mechanism for dropping calorimetry samples at high temperatures.* J. sci. Instrum. **39**, 233—234, *1962*, Nr. 5. (Mai.) (St. Germain-en-Laye, Seine-et-Oise, Inst. Rech. Sidérurgie, Phys. Chem. Dep.) H. Ebert.

1–386 **V. P. Skripov.** *Heat of mixing of light and heavy water.* Soviet. Phys.-JETP **8**, 903, *1959*, Nr. 5. (Mai.) (Engl. Übers aus.: J. exp. theor. Phys., Moscow **35**, 1294—1295, *1958*, Nov.) Vf. bestimmte die Mischungswärme für eine 50%ige Mischung aus H_2O

und D_2O bei $+24°C$ zu $(7{,}92 \pm 0{,}25)$ cal/mol. Infolge der Absorption der Mischungswärme kühlte sich das Meßsystem um 0,3° C ab. W. Koeppe.

1-387 **Hans Jäckel.** *Nichtlineare Theorie der Wärmeleitung in festen Körpern.* Wiss. Z. Hochsch. Masch.-Bau Karl-Marx-Stadt **3**, *1961*, Nr. 2, S. 23—40. Nach kurzer Zusammenfassung der Ergebnisse der linearen Theorie wird die nichtlineare Aufgabe formuliert, indem nunmehr die Abhängigkeit der Stoffwerte von der Temperatur des betrachteten Körpers berücksichtigt und auf eine für die weitere rechnerische Behandlung brauchbare Form gebracht wird. Es folgt die Erörterung eines Approximationsverfahrens für zwei Hauptfälle (einmal: alle nichtlinearen Differentialausdrücke positiv monoton zunehmend, das andere Mal: monoton abnehmende Funktionen der Temperatur). Es schließen sich der Konvergenzbeweis und die Durchrechnung eines Beispieles an (Versuche von Jung 1958), durch die die Leistungsfähigkeit der vom Vf. entwickelten allgemeinen Theorie gezeigt wird; insbesondere erweist sich die Einführung einer Quellfunktion linear von der Temperatur abhängiger für die numerische Behandlung der allgemein auftretenden nicht linearer Anfangs-Randwertprobleme als nützlich. H. Ebert.

1-388 **K. L. Butcher.** *Chemical engineering fundamentals. 5.* Chem. Process Engng **42**, 313—318, *1961*, Nr. 7. (Juli.) (Leeds, Univ., Houldsworth School Appl. Sci.) Beggerow.

1-389 **Hans-Joachim Bittrich.** *Das Nernstsche Wärmetheorem und die Unerreichbarkeit des absoluten Nullpunktes.* Wiss. Z. Tech. Hochsch. Chemie, Leuna-Merseburg **4**, 47—51, *1961/62*, Nr. 1. Der erste und der zweite Hauptsatz legen Begriffe wie Wärme, Entropie, absolute Temperatur fest. Der Satz von der Unerreichbarkeit des absoluten Nullpunktes stellt, auch im Sinne der statistischen Mechanik, eine Randbedingung dar. Der erste und der zweite Hauptsatz sagen etwas über extensive Größen aus, der Unerreichbarkeitssatz darüber, daß der Intensitätsparameter Temperatur (auch Druck) nicht verschwinden kann. Eine umfassendere Formulierung, die die innere Energie und die Entropie eines Systems verknüpft, wird vom Vf. in Aussicht gestellt. H. Ebert.

1-390 **G. N. Hatsopoulos** and **J. H. Keenan.** *A single axiom for classical thermodynamics.* J. appl. Mech. (E) **29**, 193—199, *1962*, Nr. 1. (März.) (Cambridge, Mass., Inst. Technol., Mech. Engng.) Angesichts von Schwierigkeiten bei der Erweiterung thermodynamischer Begriffe in der Theorie irreversibler Prozesse (z. B. negative Temperaturen) bemühen sich die Vff. im Anschluß an Gibbs um eine genaue Definition thermodynamischer Begriffe wie „System", „Gleichgewicht" usw. Aquivalente Zustände sind nach Definition solche, die ohne eine resultierende Veränderung im Zustand der Umgebung in einen dritten Zustand überführt werden können (Zustände gleicher Energie). Das Grundaxiom besagt dann, daß für jedes abgeschlossene System unter allen Zuständen einer Klasse äquivalenter Zustände genau ein stabiler Zustand ist. Von dieser axiomatischen Basis aus lassen sich die grundlegenden thermodynamischen Begriffe leicht einführen und die Hauptsätze der Thermodynamik ableiten. E. Bretnütz.

1-391 **Fillmer W. Ruegg** and **William W. Dorsey.** *A missile technique for the study of detonation waves.* J. Res. nat. Bur. Stand. **66C**, 51—58, *1962*, Nr. 1. (Jan./März.) Es wird die Ausbildung von Detonationen in Wasserstoff/Luft-Gemischen untersucht, die durch die Schockwelle einer Geschoßkugel gezündet werden. Form und Lage der Schockwelle werden durch die Verbrennung bei Mach 4 bis 6,5 und Drucken oberhalb $^1/_{10}$ at verändert. Chemisches Gleichgewicht wird bei der Verbrennung wahrscheinlich nicht erreicht. Für die beobachtete Zündverzögerung werden Werte zwischen 1 und 10 µs gemessen. Der Zündverzug wird reaktionskinetisch untersucht und mit Versuchsergebnissen an Stoßwellenrohren verglichen. In bestimmten Mach- und Druckbereichen treten in der Verbrennungszone hinter der Kugel starke Oszillationen mit Frequenzen um 100 kHz auf. G. Holzapfel.

1-392 **Stanislaw Kielich.** *The second virial coefficient for polar gas mixtures.* Acta phys. polon. **20**, 433—445, *1961*, Nr. 5/6. (Poznań, Acad. Sci., Inst. Phys.) O. Wegner.

1-393 **A. Dupré, A. van Itterbeek** and **G. Brandt.** *On the increase of the boiling temperature of liquid oxygen in a magnetic field.* Physica **28**, 353—356, *1962*, Nr. 4. (Apr.)

(Leuven, Inst. Lage Temper. Tech. Phys.) Mittels eines Pt-Thermometers wurde die Siedetemperatur von flüssigem Sauerstoff bei atmosphärischem Druck in Magnetfeldern mit bis zu 28,8 kG gemessen, es wurde ein Anstieg um etwa 0,6° K beobachtet. Der Anstieg mit der magnetischen Feldstärke ist zuerst schwächer, dann stärker ausgeprägt. Durch Rühren wird er herabgedrückt. Für die Magnetoresistenz des Pt und für Verunreinigungen im Sauerstoff werden Korrekturen angebracht. Der Anstieg der Siedetemperatur beträgt dann 70% des theoretischen Wertes für eine paramagnetische Flüssigkeit in einem inhomogenen Magnetfeld. Dieser Unterschied wird auf den Wärmetransport in der Flüssigkeit zurückgeführt. M. Wiedemann.

1–394 **H. F. P. Knaap, R. J. J. van Heijningen, J. Korving** and **J. J. Beenakker.** *The heat of mixing of the liquid systems H_2–D_2, H_2–HD and HD–D_2.* Physica **28**, 343–352, *1962*, Nr. 4. (Apr.) (Leiden, Kamerlingh Onnes Lab.) Mittels eines aus zwei Messing-Gefäßen bestehenden Kalorimeters von etwa 10 cm³ wurde unter konstantem Druck und unter Verwendung eines Niedertemperaturventils, um die Strömung von Flüssigkeit durch das Kalorimeter zu vermeiden, die Mischungswärme der flüssigen Systeme H_2–D_2, H_2–HD und D_2–HD im gesamten Konzentrationsbereich gemessen. Es wurde stets eine Abkühlung beobachtet. Zur Temperaturmessung diente ein Kohlenstoff-Widerstandsthermometer. Die thermodynamischen Größen wurden ermittelt. Die Ergebnisse stehen mit der Theorie von PRIGOGINE in Einklang. Diese Lösungen müssen als nicht-regulär angesehen werden, da die Überschuß-Entropien von null verschieden sind. M. Wiedemann.

1–395 **W. Czaja.** *Zur thermodynamischen Theorie irreversibler Prozesse.* Helv. phys. acta **34**, 893–908, *1961*, Nr. 8. (Basel, Univ., Inst. angew. Phys.) Es wird eine „thermodynamische" Theorie der irreversiblen Prozesse entwickelt, in dem Sinn, als sie eine Fortsetzung der Thermodynamik des Gleichgewichts auf sich nur wenig davon entfernte Nichtgleichgewichtszustände ist. Dadurch werden die Anwendungsmöglichkeiten gegenüber bestehenden Formen der Theorie eingeschränkt, was durch eine größere Einfachheit aufgewogen wird. R. Klein.

1–396 **Ta-You Wu** and **R. L. Rosenberg.** *Kinetic equation describing irreversible processes in ionized gases.* Canad. J. Phys. **40**, 463–519, *1962*, Nr. 4. (Apr.) (Ottawa, Nat. Res. Counc., Div. Pure Phys.; Fredericton, N. B. Univ., Dep. Math.) Vff. beschäftigen sich mit der Formulierung der Theorie der irreversiblen Prozesse in ionisierten Gasen auf der Grundlage der Theorie von BOGOLIUBOV für neutrale Gase. Die kinetische Gleichung wird für räumlich inhomogene Systeme hergeleitet. Ferner werden bestehende Theorien der irreversiblen Prozesse, insbesondere die von PRIGOGINE und BALESCU untersucht. Vff. glauben, in dieser Theorie und in der Plasmatheorie von BALESCU (Phys. Fluids **3**, 52, *1960*) falsche Schlußfolgerungen gefunden zu haben. Dazu siehe demnächst in Canad. J. Phys. erscheinende Erwiderung von BALESCU. R. Klein.

1–397 **I. Gyarmati.** *On the phenomenological basis of irreversible thermodynamics. II.* Period. Polyt. (Chem. Engng.), Budapest **5**, 321–339, *1961*, Nr. 4. (Budapest, Polytech. Univ., Dep. Phys. Chem.) In Fortsetzung des ersten Teiles (1961) wird jetzt eine mögliche nicht-lineare Theorie ebenfalls auf rein phänomenologischem Wege entwickelt. Es werden quasi-lineare, phänomenologische Gesetze zwischen thermodynamischen Flüssen und Kräften angegeben; dann für Leitfähigkeiten und Widerstände, abhängig von nicht-gleichgewicht-thermodynamischen Parametern. Eine Darstellung von Bewegungsgleichungen wird gegeben, welche für die Beschreibung des zeitlichen Ablaufes nicht-linearer Effekte nahe dem Gleichgewichtszustand zweckmäßig ist. Die Gültigkeit der ONSAGERschen Reziprozitätsbeziehungen ist auf die Leitfähigkeitskoeffizienten quasi-linearer Gesetze ausgedehnt worden. Zusätzliche Beziehungen werden mitgeteilt. Schließlich wird die Theorie auf die Phänomene der thermischen Wanderung und der Thermoelektrizität angewandt. (Zfg.) H. Ebert.

1–398 **C. F. Cullis, A. Fish** and **D. W. Turner.** *The gaseous oxidation of 2-methyl-but-2-ene. II. Carbon-14 tracer studies.* Proc. roy. Soc. (A) **267**, 433–442, *1962*, Nr. 1330. (22. Mai.) (London, Imp. Coll., Dep. Chem. Chemical Engng.) H. Ebert.

1–399 **Yves Pujol** et **Numa Manson.** *Estimation de la pression de détonation des explosifs condensés.* C. R. Acad. Sci., Paris **254**, 3173—3175, *1962*, Nr. 18. (30. Apr.) (Toulouse, E. N. S. E. E. H. T., Lab. Electron. Haute-Fréquence.) Es wird gezeigt, daß die strengere Berechnung des Detonationsdruckes aus der Abhängigkeit der Detonationsgeschwindigkeit D von der Ladungsdichte auf Werte führt, die 3–15% niedriger sind als bei Benutzung der auf vereinfachenden Annahmen beruhenden Formeln von H. JONES. Eine zuverlässige Bestimmung des Detonationsdruckes sollte sich daher auf Messungen von D in Abhängigkeit einer weiteren Variablen (Ausgangsdruck oder -temperatur) stützen. R. Schall.

1–400 **Christiane Kourilsky** et **Henri James.** *Les processus réactionnels responsables des domaines particuliers d'éxplosion à trois limites. I. Mécanisme d'initiation de la combustion de l'hydrogène.* Bull. Soc. chim. Fr. *1962*, S. 563—571, Nr. 3. (März.) (Paris, Fac. Sci., Lab. Chim. Gén.)

1–401 **O. Schwab** und **H. Klingelhöffer.** *Die IR-spektroskopische Messung der Ammoniakadsorption an Cellulose.* Kolloidzschr. **181**, 107—115, *1962*, Nr. 2. (Apr.) (München, Inst. Papiertech. Stift.)

1–402 **Pierre Chiche.** *Thermodynamique de l'adsorption. I. II.* J. Chim. phys. **59**, 375—393, 394—411, *1962*, Nr. 4. (Apr.) (Verneuilen-Halatte, Oise, C. E. Rech.) Beggerow.

1–403 **D. J. Fraade.** *Appareils et méthodes de mesure de l'humidité dans les gaz, les liquides et les solides.* Mes. Contrôle industr. **27**, 473—482, *1962*, Nr. 299. (Apr.) Behandelt werden ausführlicher die beiden für Gase bestimmte Verfahren: Taupunktsbestimmung und die hygrometrische Methode. Dabei werden handelsübliche Typen gezeigt. Bei Feuchtemessungen in Flüssigkeiten wird das Verfahren der Bestimmung der Dielektrizitätskonstanten und das der Ultrarotabsorption verwandt. Bei festen Körpern ist ebenfalls die elektrische Methode (Kapazitäts- oder Leitfähigkeits-Bestimmung) in Gebrauch, auch eine radioaktive, vor allem zur Untersuchung der Bodenfeuchtigkeit. Besonders erwähnt wird das vielseitig zu benutzende Verfahren der aufgewickelten offenen Spule, bei der sich zwischen den Drähten eine hygroskopische Substanz (Phosphorpentoxyd) befindet. Der elektrische Widerstand dieser Zwischenschicht bei angelegter Spannung ist ein Maß für den Feuchtigkeitsgehalt des die Sonde umgebenden Mediums. Es wird dabei auch die Verwendung dieses Verfahrens bei Festkörpern erwähnt (Austreiben der Feuchtigkeit in eine umgebende Gasatmosphäre, die dazu notwendigen Geräte, vor allem der Spezialofen). H. Ebert.

1–404 *L'humidimètre-densimètre système C. E. A. et ses applications.* Mes. Contrôle industr. **27**, 489—491, *1962*, Nr. 299. (Apr.) Es wird eine Sonde beschrieben, die in Geophysik, Landwirtschaft und Industrie weitgehende Verwendung findet. Mit ihr — eingetaucht in das zu untersuchende Medium — können gleichzeitig der Feuchtigkeitsgehalt des Mediums (Absorption schneller Neutronen) und dessen Dichte (Messung der COMPTON-Streuung) bestimmt werden. H. Ebert.

1–405 **K. Elgeti.** *Ein neues Verfahren zur Berechnung des Strahlungsaustausches zwischen einem Gas und einer grauen Wand.* Brennstoff-Wärme-Kraft (P) **14**, 1—6, *1962*, Nr. 1. (Jan.) (Hannover, T. H., Inst. Thermodynam. Verfahrenstech.) Bei der Berechnung des Strahlungsaustausches zwischen einem Gas und einer grauen Wand verwendet man anstelle des Emissionsverhältnisses ε des Gases ein Strahlungsaustauschverhältnis $\bar{\varepsilon}$, das man nach E. ECKERT aus der Näherungsbeziehung $1/\bar{\varepsilon} = 1/\varepsilon + (1 - A)/A\varepsilon_\infty$ erhält. Darin ist A das Absorptionsverhältnis der Wand und ε_∞ das Emissionsverhältnis des Gases bei unendlich großer Schichtdicke. Bei kleinen Werten von A können nach dieser Näherungsbeziehung Fehler bis zu 50% und mehr auftreten. Es wird daher eine exakte Berechnung des Strahlungsaustauschverhältnisses durchgeführt, die überraschenderweise auch ohne Kenntnis der spektralen Verteilung der Emission des Gases möglich ist. Das Ergebnis lautet: $\bar{\varepsilon} = A^2[\varepsilon_s + (1 - A)\varepsilon_{2s} + (1 - A)^2\varepsilon_{3s} + \ldots]$. Darin bedeutet ε_s das Emissionsverhältnis des Gases bei der maßgebenden Schichtdicke s, ε_{2s} bei der Schichtdicke 2 s usw. Die Ergebnisse dieser Gleichung kann man mit großer Genauigkeit für CO_2 und H_2O gemeinsam aus einem Diagramm ablesen, in dem $\bar{\varepsilon}/\varepsilon_\infty$ als Funktion von $\varepsilon/\varepsilon_\infty$ für verschiedene Werte von A aufgetragen ist. Außerdem lassen sich die Ergebnisse mit einer neuen Näherungsgleichung $\bar{\varepsilon} = A\varepsilon_{s*}$ mit $s^* = A^{-0,85} \cdot s$ mit einem mittleren Fehler von 1,5% wiedergeben. ε_{s*} ist das Emissionsverhältnis des Gases, welches nicht bei der vorhandenen Schichtdicke s, sondern bei der Schichtdicke s* abzulesen ist. K. Elgeti.

1-406 **A. F. Mal'nev** and **L. S. Kremenchugskii.** *Testing equipment for determining the parameters of heat radiation receivers.* Measurement Tech. *1961*, S. 458—462, Nr. 6. (Juni.) (Engl. Übers. aus: Ismeritelnaja Technika *1961*, S. 26—30.) Vff. beschreiben eine Meßanordnung, die alle wichtigen Daten für thermische Strahlungsempfänger, z. B. Bolometer oder Thermoelemente zu bestimmen gestattet. Im einzelnen sind dieses der quadratische Mittelwert des gesamten Rauschens, die Empfindlichkeit bezogen auf den Strahlungsfluß bei modulierter Einstrahlung, Empfindlichkeitsgrenze, Zeitkonstante, spektrale Verteilung des Rauschens und Stromrauschen im Empfänger. Als Strahler dient ein Schwarzer Strahler, der im Temperaturbereich zwischen 400 und 500° K betrieben wird. Die Modulation der Strahlung erfolgt im Bereich von 3 bis 70 Hz mit einem Vibrations-Modulator, bei höheren Frequenzen mit einer Lochscheibe. Der Aufbau der zugehörigen Verstärkerapparatur und ihre Wirkungsweise werden ausführlich beschrieben. Wesentlich ist eine gute Anpassung der niederohmigen Empfänger an den hohen Eingangswiderstand des ersten Verstärkers derart, daß das Rauschen der ersten Verstärkerstufe kleiner ist als das Rauschen des Empfängers. G. Bauer.

1-407 **A. S. Kompanejez** und **J. J. Lanzburg.** *Aufheizung eines Gases durch Strahlung.* Sh. exp. teor. Fis. **41**, 1649—1654, *1961*, Nr. 5. (Orig. russ.) Vff. untersuchen die strahlende Wärmeausbreitung in einem kalten Gas; die Wärme soll ursprünglich in einem endlichen Teilgebiet des Gases eingeschlossen sein. Dabei wird angenommen, daß die Temperatur des erhitzten Gases so hoch ist, daß innerhalb dieses Teilgebietes das Gas für die Strahlung durchlässig ist. Das erhitzte Gebiet dehnt sich aus durch strahlenden Wärmeaustausch mit der undurchlässigen Außenschicht, die den Übergang zum kalten Gas bildet, und zwar erfolgt die Ausbreitung der Strahlungsenergie in dieser Schicht durch Diffusion. Der Ausdehnungsprozeß wird als quasistationärer Wanderungszustand der Grenze des heißen Gebietes in Form einer ebenen Welle behandelt, die sich durch das kalte Gas bewegt. Es wird eine Methode zur Berechnung der Ausbreitungsgeschwindigkeit dieser Grenze unter Berücksichtigung dessen angegeben, daß sich die Strahlung im inneren durchlässigen Teilgebiet nicht im Gleichgewicht befindet. Unter den angenommenen Bedingungen (Temperaturen um 10^6 °K und darüber) läßt sich der Vorgang nicht mehr durch eine Wärmeleitfähigkeit ausdrücken, weil dies ein lokales thermisches Gleichgewicht zwischen Strahlung und Materie voraussetzen würde. Eigentlich läßt sich streng also nur die Integralgleichung für den Strahlungstransport benutzen; wenn aber die freie Weglänge sich hinreichend stark mit der Temperatur ändert, genügen einfachere Näherungen. H. Vogel.

1-408 **N. N. Bogoljubow.** *Quasimittelwerte in Problemen der statistischen Mechanik. I.* Phys. Abh. Sowjetunion N. F. **6**, 113—138, *1962*, Nr. 2. E. Bretnütz.

1-409 **Frank C. Andrews.** *Exact evolution of reduced distribution functions in an homogeneous dense classical fluid.* Phys. Rev. (2) **125**, 1461—1469, *1962*, Nr. 5. (1. März.) **Frank C. Andrews.** *Approach to equilibrium in a dense classical fluid.* Ebenda S. 1469 bis 1472. (Berkeley, Calif. Univ., Dep. Chem.) Es werden Nichtgleichgewichtsvorgänge in klassischen, homogenen dichten Gasen und Flüssigkeiten mit einer Methode behandelt, die von der — von Prigogine und Mitarbeitern — entwickelten Diagrammtechnik abweicht. Wesentliche Voraussetzung bei der Herleitung von Gleichungen für die zeitliche Entwicklung reduzierter Verteilungsfunktionen aus der Liouville-Gleichung mit Hilfe einer Resolventenmethode ist die Beschränkung auf Korrelationen zwischen Gruppen von höchstens ν-Teilchen ($\nu \ll N$ = Gesamtteilchenzahl). Dies entspricht der Annahme relativ kurzreichender Wechselwirkung. Für Impulsverteilungsfunktion und reduzierte s-Teilchenverteilungsfunktion ergeben sich wegen der endlichen Dauer eines Stoßes im allgemeinen nicht-MARKOVsche Entwicklungsgleichungen. Sie werden vom MARKOVschen Typ nur, wenn man annimmt, daß die Änderung der Impulsverteilung während der Dauer eines Stoßes zu vernachlässigen ist. — Die so entstehende verallgemeinerte master-equation für die Impulsverteilungsfunktion $\varphi_N(t)$ enthält keine räumlichen Korrelationen mehr. Das zeitlich-asymptotische Verhalten wird durch Streuprozesse bestimmt; im Gleichgewicht ist $\varphi_N(H_N^0)$ eine willkürliche Funktion der kinetischen Energie. Für eine Darstellung in der gewünschten Form $\propto \exp(-\beta H_N^0)$ ist notwendig und hinreichend, daß sich die Gleichgewichtsverteilung im Impulsraum faktorisieren läßt. In einer Näherung wird noch gezeigt, daß die gezogenen Schlußfolgerungen durch den nicht-MARKOVschen Charakter der allgemeineren Gleichungen nicht aufgehoben werden, die Annäherung an das Gleichgewicht verläuft lediglich beschleunigt. Da sich die reduzierten s-Teilchenverteilungsfunktionen als Funktionale der Impulsverteilungen darstellen lassen, ist deren monotone Annäherung an das Gleichgewicht gesichert. H. Gabriel.

1-410 **Frank C. Andrews.** *Evolution of reduced distribution functions for inhomogeneous dense classical fluids.* Phys. Rev. (2) **125**, 1473—1477, *1962*, Nr. 5. (1. März.) (Berkeley, Calif. Univ., Dep. Chem.) Das für den homogenen Fall entwickelte Verfahren (vorst. Ref.) wird auf ein inhomogenes, dichtes fluides System übertragen, wobei als zusätzliche Voraussetzung lediglich benutzt wird, daß die Inhomogenität in einem Bereich, dessen Abmessungen gegeben sind durch das Gebiet, in dem ein ν-Teilchenstoß stattfindet, zu vernachlässigen ist. Wieder erhält man MARKOVsche Gleichungen für die zeitliche Entwicklung der s-Teilchenverteilungsfunktionen, wenn sich die Einteilchenverteilungsfunktion während der Dauer eines Stoßes vernachlässigbar wenig ändert. Die Bedeutung der verallgemeinerten Gleichungen und ihr Zusammenhang mit der klassischen BOLTZMANN-Gleichung für Zweierstöße ($\nu = 2$) werden erläutert. H. Gabriel.

1-411 **J. Kagan** und **A. M. Afanasjew.** *Zur kinetischen Theorie eines Gases mit Rotations-Freiheitsgraden.* Sh. exp. teor. Fis. **41**, 1536—1545, *1961*, Nr. 5. (Orig. russ.) Die bisherigen Arbeiten, die Rotations-Freiheitsgrade zu berücksichtigen versuchen, beschreiben die Stöße durch einfache Modelle in Form starrer Körper und übertragen dann die Methode von CHAPMAN, ENSKOG-BARNETT, die für ein einatomiges Gas entwickelt wurde, auf den betrachteten Fall. Vff. diskutieren die daraus resultierenden Fehler, speziell in der Arbeit von CURTISS und MUCKEFUSS (J. chem. Phys. **24**, 225, *1956*; **26**, 1619, *1957*). Dann behandeln sie nach eigenen Methoden einige Probleme der kinetischen Theorie eines zweiatomigen Gases (oder eines solchen mit linearen Molekülen) in einem Temperaturgebiet, wo die Schwingungsfreiheitsgrade vernachlässigt werden können. Sie benutzen dabei eine kinetische Gleichung ohne rasch veränderliche Phasen und untersuchen Probleme der Wärmeleitfähigkeit und der ersten und zweiten Viskosität. H. Vogel.

1-412 **J. M. Hammersley.** *Comparison of atom and bond percolation processes.* J. math. Phys. **2**, 728—733, *1961*, Nr. 5. (Sept./Okt.) (Oxford, Univ., Inst. Statist.)

1-413 **T. Konkoly.** *Diffusion of nitrogen in iron-titanium alloys.* Period. Polyt. (Engng-Masch. u. Bauw.), Budapest **5**, 5—12, *1961*, Nr. 1. (Budapest, Univ., Inst. Mech. Technol.) O. Wegner.

IX. Elektrizität und Magnetismus

1-414 **Klemens Heumann.** *Magnetische Spannungsmesser hoher Präzision.* Elektrotech. Z. (A) **83**, 349—356, *1962*, Nr. 11. (21. Mai.) (Berlin-Reinickendorf, Forschungsinst. AEG.) Vf. beschreibt einen magnetischen Spannungsmesser, dessen Meßunsicherheit in der Größenordnung 0,1% liegt. Die Wicklung dieses Spannungsmessers ist auf geschliffenen geraden Keramikstäben aufgebracht. Die Stoßstellen der geraden Stäbe sind durch magnetische Abschirmungen feldfrei gemacht. Die theoretischen und praktischen Fehlereinflüsse dieser Geräte werden erörtert. Die genaue Messung der im Spannungsmesser induzierten Wechselspannungen kann mit Hilfe von Meßkontakten oder auch mit integrierenden elektronischen Verstärkern ausgeführt werden, so daß sich Effektivwert, zeitlicher Verlauf, Grundschwingungen, Oberschwingungen und Phasenwinkel von großen Strömen zuverlässig messen lassen. Speist man über einen integrierenden elektronischen Meßverstärker die Stromspule eines elektrodynamischen Leistungsmessers, so lassen sich Leistungsmessungen bei hohen Strömen und kleinen Spannungen ausführen, wenn letztere über lineare Meßverstärker der Spannungsspule des Leistungsmessers zugeführt werden. Auch zur Messung von magnetischen Spannungsdifferenzen oder zur Messung von Stoßströmen ist der beschriebene magnetische Spannungsmesser geeignet. H. Helke.

1-415 **K. S. Imrie.** *Simple peak voltmeter for nanosecond pulses.* J. sci. Instrum. **39**, 172, *1962*, Nr. 4. (Apr.) (Armidale, N. S. W. Austral., Univ., Dep. Phys.) Eine Pentode (drittes Gitter und Anode über Widerstände und Kapazität kurzgeschlossen) gestattet eine Anordnung, 100 V-Impulse von 30 bis 250 ns Dauer zu messen. H. Ebert.

1-416 **Paul P. B. Brooks.** *Calibration procedures for direct-current resistance apparatus.* Nat. Bur. Stand. Monograph *1962*, Nr. 39, (1. März.) S. 1—53.

1-417 **G. Claus.** *Entwicklungstendenzen in der Elektrizitätszählertechnik.* Feinwerktechnik **66**, 111—118, *1962*, Nr. 4. (Apr.) (Hameln.)

1-418 **Shoei Kataoka** and **Shintaro Kobayashi.** *The application of the magnetoresistance effect in an intermetallic semiconductor to the measurement of electric power. I. Fundamental.* Bull. electrotech. Lab. Tokyo **25**, 827—834, *1961*, Nr. 11. (Tokyo, Electrotech. Lab.) D. Kinne.

1-419 **S. M. Bozic.** *Mean square voltmeter.* J. sci. Instrum. **39**, 210—213, *1962*, Nr. 5. (Mai.) (Birmingham, Coll. Advanc. Technol., Phys. Dep.) Die zu messende Wechselspannung (20 Hz bis 10 MHz) wird (nach Verstärkung und Umsetzung in Strom) zusätzlich der mit Gleichstrom vorgeheizten Kathode einer im Sättigungsgebiet arbeitenden Diode zugeführt. Ihr Anodenstrom wird durch automatische Nachregelung (Verminderung) der Vorheizung konstant gehalten. Die zu einem bestimmten Eingangssignal gehörende Verminderung des Vorheizstromes ist bis auf einen Verstärkungsfaktor dem quadratischen Mittelwert des Eingangssignales gleich. Das Instrument ist für Rauschmessungen geeignet, Einstellzeit etwa 3 sec. J. Euler.

1-420 **P. E. Seiden.** *A new technique for the measurement of spinwave linewidths from the saturation of the ferrimagnetic resonance line.* Trans. Inst. Radio Engrs, N. Y. **MTT-10**, 51—54, *1962*, Nr. 1. (Jan.) (Yorktown Heights, N. Y., Internat. Bus. Mach. Corp., Thomas J. Watson Res. Cent.) Eine neue Technik zur direkten Aufzeichnung der Sättigungskurve eines ferrimagnetischen Materials bei starken Feldern mit einem Kathodenstrahloszillographen wird beschrieben. Die nach der SUHLschen Theorie mit „kritischer Feldstärke" benannte Größe kann aus der aufgezeichneten Kurve direkt abgelesen werden. Dadurch wird die zeitraubende Aufgabe hinfällig, die Sättigungskurve Punkt für Punkt messen zu müssen, um die kritische Feldstärke zu erhalten. Da aus den kritischen Feldstärken die Linienbreiten der Spinwellen berechnet werden können, bedeutet es auch für die Bestimmung dieser Größen eine große Zeitersparnis, eine aufzeichnende Meßmethode zu besitzen. O. Macek.

1-421 **Peter Lacy.** *A versatile phase measurement method for transmission-line networks.* Trans. Inst. Radio Engrs, N. Y. **MTT-9**, 568—569, *1961*, Nr. 6. (Nov.) (Palo Alto, Calif., Wiltron Co.) Eine den Phasenunterschied zwischen zwei Hohlkabelwellen anzeigende Phasenmeßanordnung wird beschrieben. Die beiden Wellen werden den Enden einer geschlitzten Meßleitung zugeführt. Eine Abtastsonde mit zwei in einem Abstand voneinander angebrachten Richtleitern mit quadratischer Kennlinie kann über die Meßleitung verschoben werden. Die Differenz der Richtspannungen der beiden Richtleiter ist dem Sinus des Phasenwinkels proportional. Vektordarstellungen der Feldkomponenten und Aufbauskizzen des Phasenmeßgerätes vervollständigen die Notiz. O. Macek.

1-422 **E. Archbold.** *Frequency dividing circuit and phase comparator.* J. sci. Instrum. **39**, 107–110, *1962*, Nr. 3. (März.) (Teddington, Middl., Nat. Phys. Lab.) Der technische Aufbau und die Arbeitsweise eines Frequenzteilers mit zugehöriger Meßanordnung zum Phasenvergleich zwischen Impulszügen verschiedener Frequenzen werden beschrieben. Um einen genauen Phasenvergleich durchführen zu können, ist zunächst eine Transformation auf gleiche Frequenz erforderlich. Hierbei werden die beiden zu vergleichenden Frequenzen auf die Frequenz des größten gemeinschaftlichen Teilers reduziert und der Phasenvergleich zwischen diesen beiden Impulszügen durchgeführt. Der Frequenzteiler besteht aus einem Impulszählkreis, wobei von den eintretenden Impulsen über eine Folge in sinnvoller Weise zusammengeschalteter Stromtore nur jeweils jeder n.-Impuls am Ausgang erscheint und n irgendeine Zahl bis zum Maximalteiler n_{max} der Anordnung bedeutet. Der Phasenkomparator vergleicht zwei Impulszüge der gleichen Frequenz, wobei kleinste Phasenabweichungen angezeigt werden. Die beschriebene Anordnung ist für Frequenzen bis zu 100 kHz geeignet. $n_{max} = 128$; die Genauigkeit des Phasenvergleichs beträgt $4 \cdot 10^{-4}$. H. Bayer.

1-423 **E. D. Sharp** and **E. M. T. Jones.** *A sampling measurement of multimode waveguide power.* Trans. Inst. Radio Engrs, N. Y. **MTT-10**, 73–82, *1962*, Nr. 1. (Jan.) (Menlo Park, Calif., Stanford Res. Inst.; Palo Alto, Calif., TRG-West.) Meßverfahren zur Bestimmung der Gesamtenergie bei Ausbreitung mehrerer Wellentypen in verschiedenen Frequenzbereichen in einer Übertragungsleitung rechteckigen Querschnitts. Die Gesamtenergie läßt sich theoretisch und praktisch bis auf ± 2 db oder ± 5 db bestimmen, je nachdem über welche Querschnittsbereiche des Hohlleiters gemessen wird. R. Busch.

1-424 **Hideo Yamanaka.** *On the measurements of spherical dielectric materials on the microwave bands.* Bull. electrotech. Lab. Tokyo **25**, 835–842, *1961*, Nr. 11. (Tokyo, Electrotech. Lab.)

1-425 **G. W. A. Dummer** and **R. H. W. Burkett.** *Recent developments in fixed and variable resistors.* Proc. Instn elect. Engrs (B) **109**, 3–8, *1962*, Suppl. Nr. 21. (S. B.)

1-426 **D. A. Bell.** *The noisiness of materials for fixed resistors.* Proc. Instn elect. Engrs (B) **109**, 9–13, *1962*, Suppl. Nr. 21. (S. B.) (Birmingham, Univ., Elect. Engng Dep.)

1-427 **H. F. Church.** *The long-term stability of fixed resistors.* Proc. Instn elect. Engrs (B) **109**, 19–27, *1962*, Suppl. Nr. 21. (S. B.)

1-428 **P. L. Kirby** and **B. Walton.** *Recent developments in resistors for use at high voltages.* Proc. Instn elect. Engrs (B) **109**, 47–52, *1962*, Suppl. Nr. 21.

1-429 **G. G. Blowers, G. T. Hurry** and **F. Welsby.** *Ceramic capacitors.* Proc. Instn elect. Engrs (B) **109**, 466–471, *1962*, Suppl. Nr. 22. (S. B.)

1-430 **R. W. Franklin.** *Electrolytic capacitors.* Proc. Instn elect. Engrs (B) **109**, 525 bis 536, *1962*, Suppl. Nr. 22. (S. B.) E. Bretnütz.

1-431 **Pierre Parcelier.** *Un étalon de fréquence à quartz. Application d'une nouvelle technique de comparaison.* Ann. franç. Chronom. (2) (31. Jahr.) **16**, 197–206, *1961*, 4. Trim. (Paris, Obs.) Unter Verwendung von 100 kHz-Quarzstangen (Gütefaktor $Q = 2{,}5$ bis $3 \cdot 10^6$) und vereinfachten Schaltungen, die für verschiedene Stufen eines Frequenznormals entwickelt worden sind, wird eine Stabilität von einigen 10^{-10}/Tag erreicht. Die schwingende Stufe kann aus Entfernungen bis 100 m gesteuert werden. Daran anschließend wird über ein Vergleichsverfahren berichtet, das für Frequenzvergleiche mit hoher Genauigkeit geeignet ist. Die zu vergleichende Frequenz darf jedoch keine raschen Phasenschwankungen aufweisen. Der Vergleich erfolgt durch unmittelbares Auszählen einer Frequenz von 10 MHz, die durch Mischen der drei Frequenzen 1000, 900 und 90 MHz erhalten wird, wobei diese letzteren durch Vervielfacherketten bereitgestellt werden. Das Auszählen ergibt unmittelbar den Wert der Frequenz des verglichenen Oszillators. Die Zählergebnisse werden 6stellig ausgedruckt. Die

Genauigkeit der Methode beträgt $1 \cdot 10^{-9}$, $1 \cdot 10^{-19}$ oder $1 \cdot 10^{-11}$ für Auszählzeiten von 1 s, 10 s oder 100 s. A. v. Alvensleben.

1–432 **Sheila Ayers.** *A new type of piezoelectric flexural vibrator in the form of balanced cantilevers.* Proc. Instn elect. Engrs (B) **109**, 302–316, *1962*, Suppl. Nr. 22. (S. B.)

1–433 **R. H. A. Miles** and **S. A. Stevenson.** *High-frequency overtone cryst l units and their measurement.* Proc. Instn elect. Engrs (B) **109**, 328–332, *1962*, Suppl. Nr. 22. (S. B.) (Wembley, Engl., Gen. Elect. Co. Ltd., Central Res. Labs., Hirst Res. Centre; Salford, Elect. Instrum. Ltd.) E. Bretnütz.

1–434 **A. H. Bowles.** *The effect of a thermal gradient upon charge separation between similar polyethylene surfaces.* Proc. phys. Soc. Lond. **78**, 958–969, *1961*, Nr. 5 (Nr. 504). (15. Nov.) (Manchester, Brit. Cotton Ind. Res. Assoc.) Nach vorheriger Entladung in ionisierter Luft kurze Berührung zwischen zwei Kugeln verschiedener Temperatur in Pendelaufhängung. Messung der Ladung in Faraday-Käfig mit Schwingkondensator-Elektrometer. Reproduzierbarkeit der Messung auf $3 \cdot 10^{-14}$ C, Reproduzierbarkeit der Ladungserzeugung pro Stoß um eine Größenordnung schlechter. Mindestens ein vom Temperaturgradienten abhängiger Mechanismus. Abhängigkeit von speziellen Stellen auf den berührenden Flächen. Änderung der Ladungserzeugung mit Stoßzahl, gedeutet durch Übertragung aktiver Zentren von einer Fläche auf die andere. G. Schumann.

1–435 **P. J. Lawrenson.** *A note on the analysis of the fields of line currents and charges.* Proc. Instn elect. Engrs (C) **109**, 86–90, *1962*, Nr. 15. (März.) (Manchester, A. E. I., Ltd., Res. Dep.) Zur Analyse von Feldern, die von Strömen oder Ladungen herrühren, werden oft Bildladungen benutzt. Dieses Verfahren ist nur begrenzt anwendbar, so daß eine allgemeinere Methode erforderlich ist. Vf. zeigt, daß für die Analyse von zweidimensionalen Feldern, die aus linearen Fäden von Strom oder Ladung entstehen, konforme Abbildungsmethoden für eine Vielzahl von Problemen verwendet werden können. Die einzige Bedingung ist die Bestimmung einer Gleichung (oder einer Reihe von Gleichungen), die eine gerade Linie in die Gestalt der Feldbegrenzungsflächen überträgt. Die Grenzschichttypen sind Äquipotential- und Flußlinien sowie deren Kombination. Die notwendigen Grundfeldlösungen für jede dieser drei Typen für die Fehler innerhalb und außerhalb gegebener Grenzen werden entwickelt. An zwei Beispielen für einfache polygonale Grenzen wird die Anwendbarkeit der Methode gezeigt. Zunächst wird der auftretende Fehler bestimmt, wenn eine endliche Grenze als unendlich behandelt wird. (Eine Näherung, die bei Verwendung der Bildladungsmethode häufig notwendig ist.) Das zweite Beispiel ist eine Abschätzung des Widerstandes eines von hochfrequentem Wechselstrom durchflossenen Leiters, der durch eine leitende Oberfläche beeinflußt wird. Abschließend wird ein Verfahren zur Bestimmung des Widerstandes eines von permeablen Körpern beeinflußten Leiters erwähnt. H. Helke.

1–436 **G. Raoult, J. Adamski, J. P. Cueille, C. Laval** et **M. R. Roux.** *Obtention de champs magnétiques homogènes.* Suppl. J. Phys. Radium **23**, 47 A–51 A, *1962*, Nr. 3. (März.) (Clermont-Ferrand, Fac. Sci., Lab. Radioélect.) Unter der Annahme, daß der magnetische Fluß senkrecht aus den Polschuhen austritt, wird in einem elektrolytischen Trog die für ein homogenes Feld beste Polschuhform gesucht. Durch Herausarbeiten von Kegelstümpfen aus den normalerweise zylinderförmigen Polschuhen ist es möglich, die räumliche Homogenität des Feldes eines gebräuchlichen Elektromagneten um den Faktor 150 zu erhöhen. W. Baran.

1–437 **Wolfram Breuer** und **Johannes Jaumann.** *Der Abbau der Koerzitivkraft durch Ultraschall.* Z. angew. Phys. **14**, 306–313, *1962*, Nr. 5. (Mai.) (Köln, Univ., II. Phys. Inst.) Es wurde das magnetische Verhalten, insbesondere die Koerzitivfeldstärke ${}_IH_c$ kleiner, massiver ferromagnetischer Proben (Nickeleinkristall, polykristallines Carbonylnickel und Kobalteisen) im Ultraschallfeld bei 600 kHz und Amplituden P bis zu 70 kp/cm², unter statischen Spannungen und im Wechselfeld untersucht. ${}_IH_0$ zerfällt danach in drei Anteile H_0, $H_1 \cdot \exp - ZP$ und $H_2 \cdot \exp - (ZP/2)^2$ (Z = Materialkonstante). H_0 wird mit der Preisachschen Grenzfeldstärke in Beziehung gebracht. Der zweite und dritte Anteil werden mit dem Momentanwert des Spannungszustandes bzw. mit einem Schalldruckeffekt auf die Wände gedeutet. Der Abbau von $_IH_c$ durch statische Wechselbeanspruchung ist weniger wirksam, da dabei der in den Spannungen quadratische dritte Anteil nicht auftritt. Vergleich mit der Wechselfeldabmagnetisierung. W. Baran.

1-438 **M. Huber** und **B. Natterer.** *Eine selbstkompensierende Waage für Suszeptibilitätsmessungen.* Z. angew. Math. Phys. **13**, 92–94, *1962*, Nr. 1. (25. Jan.) (Zürich.) Der Lichtzeiger der Waage fällt auf zwei Photowiderstände in Differentialschaltung. Die Fehlerspannung wird verstärkt; der Verstärker liefert den zur elektromagnetischen Kompensation erforderlichen Spulenstrom sowie eine zusätzliche Dämpfung. Die Waage verträgt eine Belastung bis zu 5 g und erlaubt den Nachweis von $5 \cdot 10^{-7}$ g. Suszeptibilitätsmessungen sind auf mindestens 0,1% reproduzierbar. Weitere Angaben betreffen eine Magnetstromstabilisierung durch Steuerung des Erregerstroms einer Umformergruppe. K.-H. v. Klitzing.

1-439 **Perry B. Alers.** *High-field optical magnetometer.* Rev. sci. Instrum. **33**, 74–75, *1962*, Nr. 1. (Jan.) (Washington, D. C., U. S. Nav. Res. Lab.) Zur Messung der Feldstärke in starken Magnetfeldern wird der FARADAY-Effekt in einem Block aus optischem Glas benutzt. Der Polarisator wird durch einen Motor mit der Frequenz f schnell gedreht, so daß die Photozelle hinter dem Glasblock und dem ruhenden Analysator eine mit der doppelten Frequenz sinusförmig schwankende Intensität aufnimmt. Die Phasenlage dieser Frequenz wird verglichen mit der der Lichtimpulse, die eine zweite, von der gleichen Lichtquelle mit der gleichen Frequenz 2f intermittierend unmittelbar beleuchtete Photozelle aufnimmt. Die FARADAY-Drehung wird also als Phasenverschiebung zweier Wechselspannungen bzw. Impulse gemessen. Meßgenauigkeit 0,1° Drehwinkel, entsprechend 100 Gauß. K.-H. v. Klitzing.

1-440 **Arnold L. Bloom.** *Principles of operation of the rubidium vapor magnetometer.* Appl. Optics **1**, 61–68, *1962*, Nr. 1. (Jan.) (Mountain View, Calif., Spectra-Phys. Inc.) Rb-Dampf-Magnetometer sind z. B. in Raumfahrzeugen benutzt worden, um das Magnetfeld der Erde in größerem Abstand von der Erdoberfläche zu messen. Die vorliegende Arbeit betrachtet besonders selbstoszillierende Typen, die also analog zu einem Maser arbeiten insofern, als die Resonanzeigenschaften des Spinsystems selbst benutzt werden, um kontinuierliche Oszillation bei der Resonanzfrequenz aufrechtzuerhalten. Unter anderem wird behandelt die Abhängigkeit der Amplitude von der Orientierung, die Empfindlichkeit, das Verhalten in extrem schwachen Feldern sowie bei schnellen Feldstärkeänderungen. K.-H. v. Klitzing.

12-441 **N. I. Sudakow, M. K. Sawtschenko, Je. K. Sagirowa** und **I. I. Starostin.** *Messung der Hystereseverluste dünner Schichten in einem magnetischen Drehfeld.* Phys. Abh. Sowjetunion N. F. **6**, 387–391, *1962*, Nr. 4. (Übers. aus: Iswest. Akad. Nauk **25**, 643–646, *1961*.) (Krasnojarsk, Akad. Wiss., Inst. Buntmetalle.) E. Bretnütz.

1-442 *Hall transducer instrument for measuring magnetic fields.* Measurement Tech. *1961*, S. 414–415, Nr. 5. (Mai.) (Engl. Übers. aus: Ismeritelnaja Technika *1961*, S. 57 bis 58.) Referat eines Artikels „Ein Magnetfeldmeßgerät mit HALL-Sonde", Z. Instrum.-Kde. **68**, 197, *1960*. Die Vorteile des von der Firma Siemens & Halske entwickelten Instrumentes sind im einzelnen aufgeführt. K.-H. v. Klitzing.

1-443 **R. A. Mintern.** *Platinax II. A new powerful permanent magnet alloy.* Instrum. Practice, Lond. **16**, 289–292, *1962*, Nr. 3. (März.) Platinax II enthält 23,3% Co und 76,7% Pt. In angelassenem Zustand kann die Legierung spanabhebend oder spanlos ohne Schwierigkeit verformt werden. Die Wärmebehandlung ist optimal für eine dreistündige Glühung unter Schutzgas bei 950–1000° C und anschließende Temperung im Salzbad bei 660° C für 15–45 Minuten. Die Legierung besitzt danach keine Vorzugsrichtung; die magnetischen Werte sind: Remanenz 6400 Gauß, Koerzitivkraft der Induktion 4800 Oersted, $(B \cdot H)_{max} = 9{,}2 \cdot 10^6$ Gauß · Oersted, CURIE-Punkt 500° C. — Anwendungsgebiete: Miniatur-Relais, Tonabnehmer, Meßinstrumente und solche Fälle, in denen die hohe Korrosionsfestigkeit von Bedeutung ist. Magnete aus Platinax II-Folie, 75 μm dick, ausgestanzt, werden in kleinen Mikrophonen und Hörgeräten verwendet, ferner in elektrischen Armbanduhren. K.-H. v. Klitzing.

1–444 **E. Braunersreuther, J. C. Combe, L. Hoffmann** and **M. Morpurgo.** *A 200 kgauss pulsed magnet for emulsion experiments.* CERN *1962*, Nr. 62–7, (30. Jan.) S. 1–18. Der bereits in CERN 60-27 kurz beschriebene Magnet hat einige Verbesserungen erfahren, die folgende Bedingungen erfüllen ließen: Feldkonstanz über ein Volumen von 120 cm³ bei einem Querschnitt von 50 cm² besser als 3%; zeitliche Konstanz für 150 μs besser als 2%. Eine Kondensatorbatterie von 75000 μF wird auf 2,8 kV aufgeladen und über ein HELMHOLTZ-Spulenpaar entladen. Technische Einzelheiten und Hinweise auf weitere mögliche Verbesserungen. K.-H. v. Klitzing.

1–445 **N. J. Alexejewski** und **N. N. Michailow.** *Supraleitende Spulen auf Nb_3Sn-Basis für starke Magnetfelder.* Sh. exp. teor. Fis. **41**, 1809–1810, *1961*, Nr. 6. (Orig. russ.) S. auch Phys. Abh. Sowjetunion N. F. **6**, 538, 1962, Nr. 5. Die supraleitende intermetallische Verbindung Nb_3Sn mit ihrer kritischen Temperatur von 18,06° K ist schon seit 1954 bekannt, aber erst Anfang 1961 wurde festgestellt, daß zwar das Magnetfeld schon bei verhältnismäßig kleiner Feldstärke in dieses Material einzudringen beginnt, daß aber der Widerstand bis hinauf zu etwa 100 kOe praktisch Null bleibt, während Strömdichten von 10^5 A/cm² durch die Probe fließen können. Daraus ergibt sich die Möglichkeit, Spulen zur Erzeugung sehr hoher Felder zu bauen. Dem steht hauptsächlich die große Sprödigkeit des Materials im Wege. Vff. überzogen einen Niob-Kern mit einer verhältnismäßig dünnen Schicht der intermetallischen Verbindung Nb_3Sn und stellten daraus kleine Kurzschlußspulen her, die einen kritischen Strom von 1800 A im feldfreien Fall hatten (entsprechend einem Stromfeld an der Oberfläche von etwa 24 kOe, was gut mit dem gemessenen magnetischen Moment übereinstimmt). Dieser kritische Strom nahm mit dem Feld außerordentlich langsam ab und betrug z. B. bei 10 kOe noch etwa 120 A. Außerdem wurden kleine Spulen mit äußeren Zuleitungen aus supraleitenden Kupferstäben hergestellt. H. Vogel.

1–446 **H. Pfeifer.** *Protonenrelaxationen und Hydratation in wäßrigen Lösungen des Manganions.* Z. Naturf. **17a**, 279–287, *1962*, Nr. 4. (Apr.) (Leipzig, Univ., Phys. Inst.) Von der Protonenrelaxationszeit T_1 einer $5 \cdot 10^{-3}$ mol wäßrigen $MnSO_4$-Lösung konnte durch vergleichende, temperaturabhängige Messung bei 4, 16, 24 und 36 MHz ein „Translationsanteil" (10 bis 20%) experimentell abgetrennt und theoretisch gedeutet werden (Fernhydratation). Die bisherige Vernachlässigung dieses Anteil ist nicht schwerwiegend. B. Dischler.

1–447 **K. C. Kao.** *A new electrode system for the measurement of surface resistance.* J. sci. Instrum. **39**, 208–209, *1962*, Nr. 5. (Mai.) (Loughborough, Leics., Brush Elect. Engng Co. Ltd.) Beim Messen von Oberflächenleitfähigkeiten setzt man üblicherweise zwei Elektroden auf die Oberfläche und mißt den Widerstand zwischen ihnen. Dabei treten drei Fehlerquellen auf: 1. ein Teil des Stromes fließt außen herum; 2. ein zweiter Teil des Stromes fließt durch das massive Material; 3. an den Rändern der Elektroden treten Feldverzerrungen auf. Diese Fehler werden durch die Anordnung von vier Elektroden vermieden, von denen zwei als „Schutzringe" wirken. J. Euler.

1–448 **J. Fleury.** *Un pont pour l'étude en basse fréquence de la polarisation électrolytique.* J. Phys. Radium **22**, 845–846, *1961*, Nr. 12. (Dez.) (Bordeaux, Lab. Phys. S. P. C. N.) Für Messungen an verdünnten wäßrigen Lösungen wurde eine Wechselstrombrücke für niedere Frequenz (20 Hz bis 200 kHz) konstruiert, bei der die wechselseitigen Störungen bei Erreichung des Gleichgewichts ausgeschaltet sind. Es werden ein Schaltschema sowie die Dimensionierung der Impedanzen und anderer Schaltteile angegeben. Die verschiedenen Gleichgewichtsbedingungen werden ebenfalls abgeleitet. M. Wiedemann.

1–449 **A. Winsel.** *Beiträge zur Kenntnis der Stromverteilung in porösen Elektroden.* Z. Elektrochem. **66**, 287–304, *1962*, Nr. 4. (30. Apr.) (Braunschweig, T. H., Inst. Tech. Phys.) Beggerow.

1–450 **K. Schwabe, H. Dahms, Q. Nguyen** und **G. Hoffmann.** *Vergleichende Untersuchungen der elektromotorischen Eigenschaften und des chemischen Verhaltens von Glaselektroden mit Hilfe radioaktiver Indikatoren. II. Untersuchungen im Gebiet des Säurefehlers.* Z. Elektrochem. **66**, 304–309, *1962*, Nr. 4. (30. Apr.)

1–451 **N. F. Mott, R. Parsons** and **R. J. Watts-Tobin.** *The capacity of a mercury electrode in electrolytic solution.* Phil. Mag. (8) **7**, 483–493, *1962*, Nr. 75. (März.) (Cambridge, Cavendishh Lab.; Bristol, Univ., Dep. Chem.)

1–452 **W. Rafalski** and **S. Minc.** *The mechanism of cathode process in the preparation of thorium-zinc alloys in fused salts. I. The systems ThF_4 and ThF_4-CaF_2.* Nukleonika **7**, 13–23, *1962*, Nr. 1. (Orig. russ. m. engl. Zfg.)

1–453 **George Scatchard.** *Osmotic coefficients and activity coefficients in mixed electrolyte solutions.* J. Amer. chem. Soc. **83**, 2636–2642, *1961*, Nr. 12. (20. Juni.) (Cambridge, Mass., Inst. Technol., Lab. Nucl. Sci., Dep. Chem.)

1–454 **Ralph G. Pearson** and **Ronald A. Munson.** *The determination of ionic mobilities directly from resistance measurements.* J. phys. Chem. **65**, 897–900, *1961*, Nr. 6. (26. Juni.) (Evanston, Ill., Univ., Chem. Dep.)

1–455 **G. S. Deshmukh** and **O. P. Asthana.** *Polarographic behaviour of selenium (IV).* Naturwissenschaften **48**, 477, *1961*, Nr. 13. Juli.) (Varanasi, India, Univ.)

1–456 **J. N. Pitts jr., J. David Margerum** and **Wm. E. McKee.** *Photochemistry and space power generation.* A. R. S.-J. **31**, 890–896, *1961*, Nr. 7. (Juli.) (Riverside, Calif., Univ.; Pacoima, Calif., Sundstrand Corp.) O. Wegner.

1–457 **J. E. Drummond.** *Transconductance properties of plasmas.* Trans. Inst. Radio Engrs, N. Y. **AP-10**, 4–8, *1962*, Nr. 1. (Jan.) (Seattle, Wash., Boeing Sci. Res.) Die verschiedenen Theorien der Entstehung elektromagnetischer Wellen infolge der Elektronen- und Ionenbewegung im Plasma werden aufgeführt. Beginnend mit den Fällen einfacher geradliniger Ladungsträger-Bahnen wird der Vergleich zwischen Theorie und Praxis in bezug auf die Wellen-Streuung, Dämpfung, Verstärkung und Strahlung gebracht. Weiterhin werden Kreis- und Spiralbahnen, lineare und „Drift"-lineare Schwingungsbahnen betrachtet. Die hieraus gewonnene Erkenntnis läßt Schlüsse auf die Wirkung allgemeiner Bahnen zu. Umfassendes Literaturverzeichnis. R. Busch.

1–458 **S. V. Yadavalli.** *On a kinetic equation for and the dynamical friction of a particle in a plasma. A phenomenological approach.* Z. Phys. **167**, 525–532, *1962*, Nr. 5. (25. Apr.) (Menlo Park, Calif., Stanford Res. Inst.) Der Vf. versucht eine kinetische Gleichung, ähnlich derjenigen von LANGEVIN und von FOKKER-PLANCK, auf Grund phänomenologischer Betrachtungen abzuleiten. In seiner Einleitung bringt er eine kurze Übersicht über die bisher angewandten statistischen Verfahren und erwähnt insbesondere die BBGKY-Hierarchie und ihre Anwendung auf das Plasma. Bei der Ableitung seiner statistischen Gleichung macht er den Ansatz $f_N(\vec{v}_1 \ldots \vec{v}_N, \vec{v}_1 \ldots \vec{v}_N, t) = \Pi_{i=1}^N f_i(\vec{v}_i, v_i, t) + \Sigma_{i=1}^N g_i$ für die Wahrscheinlichkeitsdichte eines N-Teilchensystems. Dieser Ansatz besagt, daß im wesentlichen die Verteilungen der einzelnen Teilchen stochastisch unabhängig sein müssen (Produktansatz) und daß alle Abweichungen von dieser stochastischen Unabhängigkeit in einem Korrekturglied (zweites Glied auf der rechten Seite des Ansatzes) enthalten sind. Der Vf. bezeichnet dieses Korrekturglied als dasjenige, welches die Einflüsse der „nächsten" benachbarten Teilchen angibt. Weiterhin wird dann die Wahrscheinlichkeitsdichte f_i in ihren Variablen separiert, derart, daß ein Produktansatz für die Verteilung im Ortsraum und für die Verteilung im Geschwindigkeitsraum gemacht wird. Für beide wird eine GAUSSsche Verteilung zugrundegelegt. Die Zeitabhängigkeit wird durch eine Störungsfunktion eingeführt. Nachdem weiterhin die Kräfte auf ein Teilchen in einen zeitunabhängigen und zeitabhängigen Teil aufgespalten werden, der zeitabhängige Teil als sehr klein gegen den zeitunabhängigen Teil angenommen und dann nach Einsetzen in die LIOUVILLE-Gleichung eine Linearisierung der Störungsterme durchgeführt wird, gibt der Vf. ein Ergebnis für die dynamische Reibung eines Teilchens im Plasma an. Für den Fall sehr kleiner Geschwindigkeiten erhält er das bekannte Gesetz der BROWNschen Bewegung, ferner erhält er das bekannte Maximum der Reibungskraft, wenn die Teilchengeschwindigkeit der mittleren Geschwindigkeit sich nähert, jedoch ist es ihm nicht möglich, das Ergebnis von TCHEN (Phys. Rev. **114**, 394, *1959*) für den Fall sehr hoher Geschwindigkeiten aus seiner Darstellung abzuleiten. H. J. Kaeppeler.

1-459 **P. L. Auer, H. Hurwitz jr.** and **R. W. Kilb.** *Large-amplitude magnetic compression of a collision-free plasma. II. Development of a thermalized plasma.* Phys. Fluids **5**, 298–316, *1962*, Nr. 3. (März.) (Schenectady, N. Y., Gen. Elect. Res. Lab.) Die Ausbreitung einer Störung in einem Plasma wird an folgendem Modell untersucht: Das Plasma, welches sich zwischen zwei zur x-Achse senkrechten Wänden befindet, wird in eine endliche Zahl paralleler dünner Schichten unterteilt. Die Elektronen und Ionen innerhalb der einzelnen Schichten können sich in y-Richtung bewegen, die Schichten selbst in x-Richtung, wobei sie sich gegenseitig überholen können. Ferner wird ein magnetisches Feld in z-Richtung angenommen. Zum Zeitpunkt $t=0$ wird in der Nähe der Wände ein elektrisches Feld in y-Richtung angelegt, welches so gerichtet ist, daß sich die Schichten nach innen bewegen und eine Stoßwelle erzeugen. Das System der Bewegungsgleichungen für die einzelnen Schichten wird numerisch gelöst. Ist die ALFVEN-MACH-Zahl der Stoßwelle größer als 2, so treten Durchdringungen der Schichten und damit starke Entropie- und Temperaturerhöhungen auf. Die Breite der Stoßfront ist etwas größer als der Gyrationsradius der Ionen. Die Struktur der Stoßfront erweist sich als stark zeitabhängig mit großen Schwankungen innerhalb einer Ionen-Zyklotron-Periode. J. D. Welly.

1-460 **P. A. Wolff.** *Pair correlation in a plasma.* Phys. Fluids **5**, 316–321, *1962*, Nr. 3. (März.) (Murray Hill, N. J., Bell Tel. Labs. Inc.) Nach einem von DUPREE (Ber. **41**, Nr. 3–461, *1962*) angegebenen Verfahren wird die Korrelationsfunktion eines verdünnten homogenen ruhenden Plasmas berechnet, wobei verschiedene Geschwindigkeitsverteilungen zugrunde gelegt werden. Bei einer MAXWELL-Verteilung ergibt sich Übereinstimmung mit der DEBYE-HUECKELschen Theorie. Dieser Fall kann auf Plasmen mit richtungsabhängiger Temperatur verallgemeinert werden. Untersucht wird ferner die DRUYVESTEYN-Verteilung und eine Verteilung, die durch eine gebrochen rationale Funktion der Geschwindigkeit dargestellt wird. Letztere scheint unphysikalisch zu sein, da sich bei ihr keine vollständige Abschirmung ergibt. J. D. Welly.

1-461 **Ralph L. Guernsey.** *Kinetic equation for a completely ionized gas.* Phys. Fluids **5**, 322–328, *1962*, Nr. 3. (März.) (Seattle, Wash., Boeing Sci. Res. Lab.) Zur Aufstellung einer exakten gaskinetischen Grundgleichung für ein Plasma ist die Kenntnis der Zweiteilchen-Korrelationsfunktion in Abhängigkeit von der Geschwindigkeitsverteilung notwendig. Bisher ist die Berechnung dieser Funktion nur für ein räumlich homogenes und zeitlich langsam veränderliches Plasma gelungen. Vf. entwickelt eine neue Methode zur Berechnung der Korrelationsfunktion, bei der nur noch vorausgesetzt wird, daß die Abweichung vom Gleichgewicht so klein ist, daß die Gleichungen linearisiert werden können. J. D. Welly.

1-462 **F. Ek, S. L. Kahalas** and **D. A. Tidman.** *Instability of contrastreaming plasmas with resonance distribution functions.* Phys. Fluids **5**, 328–333, *1962*, Nr. 3. (März.) (Boston, Mass., Allied Res. Assoc. Inc.) Untersucht werden die Instabilitäten, die in einem Plasma auftreten, welches aus zwei gleichen Komponenten mit verschiedenen Strömungsgeschwindigkeiten besteht. Da die MAXWELL-Verteilung rechnerische Schwierigkeiten bereitet, wird für die Geschwindigkeitsverteilung jeder einzelnen Komponente eine Funktion der Form $f(v) = \mathrm{const} \cdot [(v-u)^2 + V^2]^{-3}$ angesetzt (Resonanzverteilung). Es wird sowohl die Elektronen-Elektronen- als auch die Elektronen-Ionen-Instabilität behandelt. Für beide Fälle werden Stabilitätskriterien hergeleitet und Anfachungskoeffizienten in Abhängigkeit von der Wellenzahl berechnet. Vergleich mit der MAXWELL-Verteilung ergibt, daß die kritische Temperatur, oberhalb derer bei gegebener Strömungsgeschwindigkeit keine Instabilität auftritt, bei der Resonanzverteilung etwa viermal größer ist. J. D. Welly.

1–463 **H. S. Green.** *Statistical thermodynamics of plasmas.* Nuclear Fusion **1**, 69—77, *1961*, Nr. 2. (März.) (Adelaide, S. Austral., Univ.) Aus den Grundprinzipien heraus wird eine systematische Methode für die Berechnung der thermodynamischen Funktionen eines gasförmigen Plasmas entwickelt. Die Theorie der Zustandsgleichung wird dabei benutzt zur Ableitung eines Systems von Integralgleichungen, die die Verteilungsfunktion der Elektronen und Ionen bestimmen. Eine Näherungslösung dieser Gleichungen führt zu ähnlichen Ergebnissen wie die Theorie von DEBYE-HUECKEL für starke Elektrolyte. Darüber hinaus werden genauere Lösungen entwickelt, um die Zustandsgleichungen und andere thermodynamische Funktionen zu berechnen.
R. Wienecke.

1–464 **P. H. Rebut** et **J. P. Somon.** *L'hypothèse de pression scalaire dans la dynamique des plasmas sans collision.* Plasma Phys. **3**, 246—255, *1961*, Nr. 4. (Okt.) (Fontenay-aux-Roses, Seine, CEN.) Bei isotroper Geschwindigkeitsverteilung der Partikel der einzelnen Plasmakomponenten und unter der Voraussetzung, daß keine Zusammenstöße erfolgen, wird der Druck eines Plasmas im Falle äußerer Felder berechnet. Nur im Falle des θ-Pinches resultiert ein skalarer Druck, in anderen Fällen nicht.
W. Lochte-Holtgreven.

1–465 **C. M. Tchen.** *Kinetic equation for plasmas with collective and collisional correlations.* Proc. fifth Internat. Conf. on Ionization Phenomena in Gases **1**, 825—841, *1961*. (Washington, D. C., Nat. Bur. Stand.) Es wird die kinetische Gleichung für ein Plasma nach der sogenannten BBGKY-Methode aufgestellt. Dabei werden die eine Änderung der Verteilungsfunktionen bewirkenden langreichenden und kurzreichenden COULOMB-Kräfte durch das auf ein Teilchen einwirkende self-consistent field E der übrigen Teilchen (kollektive Wechselwirkung) bzw. durch eine korrelativ bedingte Feldstärke berücksichtigt. Da letztere vom self-consistent field E mit abhängt, besteht somit außer dem kurz- und dem langreichenden Feld ein gemischtes Feld. Die Reichweiten der Felder werden betrachtet. Die kinetische Gleichung wird schließlich für den stationären Fall und danach für den nichtstationären Fall, der als Störung behandelt wird, durch geeignete Ansätze gelöst. Die Ergebnisse könnten zur Untersuchung von Plasmaschwingungen von Interesse sein. W. Neumann.

1–466 **P. E. M. Vandenplas** and **R. W. Gould.** *Resonant behaviour of a plasma slab-condenser system.* Physica **28**, 357—367, *1962*, Nr. 4. (Apr.) (Bruxelles, Ecole Roy. Mil; Pasadena, Calif. Inst. Technol.) Es wird eine unendlich ausgedehnte Plasmaschicht in einem Behälter der Dicke a betrachtet, der sich zwischen zwei unendlichen ebenen Kondensatorplatten des Abstandes $l > a$ von vorgegebener Potentialdifferenz befindet. Mit Hilfe der linearisierten hydrodynamischen Gleichung der Elektronenbewegung und der MAXWELLschen Gleichungen werden die Fälle $T = 0$ (°K) und $T \neq 0$ dieses Systems bei konstanter Elektronendichte $\langle N \rangle$ untersucht. Im ersten Falle tritt eine charakteristische geometrische Frequenz $\omega_e \sqrt{1 - a/l}$ auf, die sich im zweiten Falle gering verändert. Im zweiten Falle wird ein diskretes Resonanzspektrum $\omega_n^2 \cong \omega_e^2 [1 + (2n+1)^2 \pi^2 \gamma r_D^2/a^2]$ erhalten mit $n = 1, 2, 3, \ldots$ und r_D als DEBYE-Radius. Dieser zweite Fall wird mit dem Ergebnis einer Untersuchung des zylindrischen Plasmas von GOULD verglichen. Es zeigt sich, daß auch der allgemeinere Fall $\langle N \rangle \neq$ konstant und $T \neq 0$ untersucht werden müßte. J. Friedrich.

1–467 **Jai P. Agarwal** and **Mahinder K. Jain.** *On the motion of visco-elastic electrically conducting liquid in the presence of a magnetic field.* Z. angew. Math. Phys. **13**, 152—160, *1962*, Nr. 2. (25. März.) (Kharagpur, India, Inst. Technol., Dep. Math.) Mittels der hydromagnetischen Grundgleichungen wird die Strömung einer viskoelastischen, inkompressiblen, elektrisch leitenden Flüssigkeit zwischen zwei parallelen Platten bei Anwesenheit eines homogenen, auf den Platten senkrecht stehenden Magnetfeldes untersucht. Die Strömung läßt sich durch zwei dimensionslose Zahlen (HARTMANNsche Zahl und Elastizitätszahl) charakterisieren. Das elastische Verhalten bewirkt eine Abflachung des Geschwindigkeitsprofils und verändert auch den Druck und die Schubspannungen. J. D. Welly.

1–468 **D. A. Baker** and **J. E. Hammel.** *Demonstration of classical plasma behavior in a transverse magnetic field.* Phys. Rev. Letters **8** 157—158, *1962*, Nr. 4. (15. Febr.) (Los

Alamos, N. M., Univ., Sci. Lab.) Vff. untersuchten das Verhalten der Störung eines nahezu vollständig ionisierten Gases (Deuterium-Plasma), wobei die Vektoren Injektionsgeschwindigkeit $\mathfrak{v}_i$ des Plasmas, elektrische Feldstärke $\mathfrak{E}$ und Magnetfeldstärke $\mathfrak{B}$ ein orthogonales Rechtssystem bildeten. Damit das Plasma senkrecht zur Richtung des Magnetfeldes strömen konnte, mußte $\mathfrak{E} \sim [\vec{\mathfrak{v}}_i \times \mathfrak{H}]$ sein, was durch Einführung eines äußeren elektrischen Feldes am Ort der Plasma-Störung erreicht wurde. Es wurden photographische Demonstrationsaufnahmen gemacht und in dem vorliegenden Letter abgebildet, welche das Zurückbilden des angelegten, äußeren elektrischen Feldes auf Grund der Plasma-Strömung zeigen, und zwar durch die Änderung des Plasmabildes. Ein schematisches Diagramm zeigte den Plasmafluß rund um den Bereich der verbotenen Zone der Plasma-Strömung bei der elektrischen Feldstärke null. H. Kleinpoppen.

1–469 **K. V. Roberts** and **J. B. Taylor.** *Magnetohydrodynamic equations for finite Larmor radius.* Phys. Rev. Letters **8**, 197–198, *1962*, Nr. 5. (1. März.) (Abingdon, Berks., Culham Lab.) Bei der Untersuchung der Gravitationsinstabilität eines magnetisierten Plasmas mittels der Vlasovschen Gleichung entdeckten Rosenbluth et al. eine stabilisierende Wirkung des Magnetfeldes. In der vorliegenden Arbeit wird gezeigt, daß die hydromagnetischen Grundgleichungen zu dem gleichen Ergebnis führen, wenn man die Anisotropie des Druckes berücksichtigt. J. D. Welly.

1–470 **C. C. Chang** and **T. S. Lundgren.** *Flow of an incompressible fluid in a hydromagnetic capacitor.* Phys. Fluids **2**, 627–632, *1959*, Nr. 6. (Nov./Dez.) (Minneapolis, Minn., Univ.) In einem Torus mit rechteckigem Querschnitt wird eine elektrisch leitende Flüssigkeit angenommen. Die innere und äußere Wand des Torus soll aus ideal leitenden Elektroden bestehen, während die oberen und unteren Begrenzungen nicht leitend sind. Ist ein homogenes Magnetfeld in Richtung der Polarachse des Torus vorhanden, so beginnt die Flüssigkeit bei Anlegen eines radialen elektrischen Feldes zu rotieren. Allgemeine Eigenschaften wie die Zeit bis zur Erreichung eines stationären Zustands, der Widerstand und die Kapazität werden berechnet und ein Ersatzschaltbild für diese Anordnung wird gegeben. R. Wienecke.

1–471 **John M. Wilcox, Alan W. De Silva** and **William S. Cooper III.** *Experiments on Alfvén-wave propagation.* Phys. Fluids **4**, 1506–1513, *1961*, Nr. 12. (Dez.) (Berkeley, Calif. Univ., Lawrence Radiat. Lab.) Die vorliegende Arbeit setzt frühere experimentelle Untersuchungen derselben Vff. über die Ausbreitung Alfvénscher Wellen fort. Die Versuchsanordnung ist folgende: In einem Kupferrohr von der Gestalt eines Kreiszylinders wird ein hochionisiertes Wasserstoff-Plasma erzeugt. Äußere Spulen liefern ein statisches Magnetfeld parallel zur Zylinderachse. An der einen Endfläche des Zylinders befindet sich eine Molybdän-Elektrode, von der ein elektrischer Stromimpuls in radialer Richtung zum Zylindermantel fließt. Gemeinsam mit dem statischen Magnetfeld regt dieser Impuls hydromagnetische Torsionswellen an, die sich in axialer Richtung ausbreiten. Die folgenden Größen sind gemessen worden: a) Die Profile der durch Stark-Effekt verbreiterten Balmer-Linien. Aus ihnen kann die Ionendichte (als Funktion der Zeit) erschlossen und auf diese Weise bestätigt werden, daß ein hochionisiertes Plasma vorliegt. Dabei ist als Theorie für die Linienprofile die von H. R. Griem, A. C. Kolb und K. Y. Shen in der Fassung von 1959/1960 verwendet. b) Die Phasenänderung der hydromagnetischen Wellen bei der Reflexion an der anderen Endfläche des Zylinders. Diese Phasenänderung hängt davon ab, ob die Endfläche ein Isolator, ein Leiter oder eine Grenzschicht Plasma-Neutralgas ist. c) Die radiale Verteilung des Magnetfeldes der hydromagnetischen Welle und seine Amplitude. Zu b) und c) wird im Anschluß an Arbeiten vor allem von W. A. Newcomb die Theorie ausführlich entwickelt. Theorie und Experiment stimmen miteinander befriedigend überein, lediglich die gemessene Amplitude des Magnetfeldes der hydromagnetischen Welle weicht vom theoretischen Wert bis um 15% ab. H. Pfennig.

1–472 **M. N. Kogan.** *Vortex and circulation conservation in magnetohydrodynamics.* Soviet Phys.-Doklady **6**, 565–566, *1962*, Nr. 7. (Jan.) (Engl. Übers. aus: Doklady Akad. Nauk SSSR **139**, 58–59, *1961*, Nr. 1.) Während in der Hydrodynamik Wirbel von einer Strömung mitgeführt werden, tritt bei dem entsprechenden Problem in der Magnetohydrodynamik zu dem Geschwindigkeitsvektor noch eine Größe, die den magnetischen Feldvektor enthält. Damit lassen sich zur Hydrodynamik analoge Beziehungen angeben. W. Lochte-Holtgreven.

1-473 **J. J. Lowezki** und **A. A. Ruchadse.** *Zur Hydrodynamik eines anisothermen Plasmas.* Sh. exp. teor. Fis. **41**, 1845–1849, *1961*, Nr. 6. (Orig. russ.) Vff. nehmen Bezug auf eine Arbeit von KLIMONTOWITSCH und SILIN (Sh. exp. teor. Fis. **40**, 1213, *1961*), in der eine magnetische Einflüssigkeits-Hydrodynamik eines anisothermen Plasmas ohne Teilchenstöße aufgebaut wird. Dies ist dann möglich, wenn sich im anisothermen Plasma bei $T_e \gg T_i$ schwach gedämpfte magnetohydrodynamische und magnetoakustische Wellen ausbreiten können. Die Dämpfung dieser Wellen beruht auf ihrer Absorption durch die Plasmateilchen infolge ČERENKOV-Strahlung und magnetischer Bremsung. Die Stöße im Plasma können aber, selbst wenn das Stoßintegral in der kinetischen Gleichung verhältnismäßig klein ist, von wesentlichem Einfluß auf das Dispersionsgesetz dieser schwach gedämpften Wellen sein. Unter bestimmten Bedingungen wird das Dämpfungsdekrement der Wellen allein durch die Stöße bestimmt, während diese auf die Schwingungsfrequenz kaum einen Einfluß haben. Für hohe Frequenzen, wo die thermische Bewegung vernachlässigt werden kann, überwiegen die Elektron-Ion-Stöße. Vff. untersuchen dagegen hauptsächlich den Bereich $kv_i \ll \omega \ll kv_e$ (v_e und v_i thermische Geschwindigkeiten von Elektronen und Ionen, k Ausbreitungsvektor), wo Ion-Ion-Stöße die Hauptrolle spielen und leiten die Gleichungen der magnetischen Hydrodynamik eines anisotherm verdünnten Plasmas unter dieser Voraussetzung für Frequenzen ab, die wesentlich kleiner als die LARMOR- und die LANGMUIR-Frequenz der Ionen sind. H. Vogel.

1-474 **F. B. Bunkin.** *Zur Theorie der elektromagnetischen Schwankungen in einem nichtstationären Plasma.* Sh. exp. teor. Fis. **41**, 1859–1867, *1961*, Nr. 6. (Orig. russ.) Vf. hatte die elektromagnetischen Schwankungen auf Grund der Stoßeffekte in einem nichtrelativistischen Plasma außerhalb des Gleichgewichtes untersucht (Ber. **41**, Nr. 7–513, *1962*), aber nur für den stationären Fall, in dem die kinetischen Parameter des Plasmas zeitunabhängig sind. Dieser Fall liegt z. B. vor, wenn auf das Plasma ein starkes elektrisches Gleich- oder Wechselfeld einwirkt. Jetzt wird der Fall eines nichtrelativistischen periodisch-nichtstationären Plasmas untersucht; dieser Fall liegt vor, wenn auf das Plasma periodische starke elektrische und magnetische Wechselfelder einwirken. Die Komponenten des Tensors der spektralen Intensität $\varphi_{\alpha\beta}(\omega, t)$ für die Schwankungen des elektrischen Stroms im magnetoaktiven Plasma werden berechnet. Einige allgemeine Eigenschaften eines solchen Mediums mit zeitabhängigen Parametern werden untersucht. H. Vogel.

1-475 **William T. Snyder.** *The magnetohydrodynamic slider bearing.* Trans. amer. Soc. mech. Engrs (D) **84**, 197–202, *1962*, Nr. 1. (März.) (Oyster Bay, N. Y., State Univ. New York.) E. Bretnütz.

1-476 **S. Ichimaru, D. Pines** and **N. Rostoker.** *Observation of critical fluctuations associated with plasma-wave instabilities.* Phys. Rev. Letters **8**, 231–233, *1962*, Nr. 6. (15. März.) (Urbana, Ill., Univ., Dep. Phys. Elect. Engng; San Diego, Calif., Gen. Dynam. Corp., Gen. Atom. Div., John Jay Hopkins Lab. Pure Appl. Sci.) Von BUNEMAN (Phys. Rev. **115**, 503, *1959*) und PINES und SCHRIEFFER (Ber. **41**, Nr. 8–1059, *1962*) wurde die Existenz von Instabilitäten von Plasma-Wellen untersucht, die mit der Drift von Elektronen gegenüber Ionen auf Grund eines angelegten elektrischen Feldes in einem vollständig ionisierten Plasma zusammenhängt. Hier wird die Möglichkeit betrachtet, die Streuung von elektromagnetischen Wellen zu benutzen, um das Einsetzen solcher Instabilitäten zu beobachten. Wenn sich das Plasma aus einem Gebiet der Stabilität einem kritischen Punkt nähert, der dem Einsetzen einer Instabilität entspricht, so wird eine Erscheinung vorhergesagt, die analog ist der kritischen Opaleszenz, wobei man unter gewissen Winkeln stark erhöhte Streuung der elektromagnetischen Strahlung erwarten kann. Es wird die Streuung der elektromagnetischen Wellen durch

Fluktuationen der Elektronendichte berechnet. Besonders betrachtet wird die Anwendung auf Instabilitäten in Halbleitern (PINES und SCHRIEFFER, Ber. **41**, Nr. 8–1059, *1962*), wo Rechnungen für InSb durchgeführt werden. R. Klein.

1–477 **A. Kildal.** *Energy absorption in a longitudinal wave in a collisionless, magnetized plasma.* Plasma Phys. **3**, 256–260, *1961*, Nr. 4. (Okt.) (Bergen, Univ., Dep. Math.) In einem äußeren magnetischen Feld beliebiger Richtung erfahren longitudinale Plasmawellen eine Dämpfung. Diese „LANDAU-Dämpfung" ist auf Resonanzabsorption von Elektronen zurückzuführen; sie wird unendlich für ganz bestimmte Frequenzen. W. Lochte-Holtgreven.

1–478 **A. Hessel, N. Marcuvitz** and **J. Shmoys.** *Scattering and guided waves at an interface between air and a compressible plasma.* Trans. Inst. Radio Engrs, N. Y. **AP-10**, 48–54, *1962*, Nr. 1. (Jan.) (New York, Polytech. Inst. Brooklyn.) Die Wellenausbreitung in einem kompressiblen, isotropischen Elektronenplasma, in dem keine Stöße stattfinden, wird untersucht. Optische und akustische Ausbreitungsarten werden im einzelnen betrachtet. Aus den Untersuchungen ergibt sich, daß theoretisch die gesamte elektro-magnetische Energie in Plasmaschwingungen umgesetzt werden kann. Eine Oberflächenwelle an einer ebenen Trennfläche zwischen dem freien Raum und dem Plasma wird gefunden, deren Eigenschaften durch die Kompressibilität bei $\omega_p/\omega > \sqrt{2}$ beeinflußt wird. Im Gegensatz zum Fall des reinen dielektrischen Plasmas besitzt diese Oberflächenwelle keine obere Grenzfrequenz. R. Busch.

1–479 **Kenzo Yamamoto, Shigeki Miyajima** and **Satoshi Ito.** *Cylindrical plasma in a longitudinal magnetic field.* Proc. fifth Internat. Conf. on Ionization Phenomena in Gases **1**, 324–332, *1961*. (Nagoya, Univ., Fac. Engng.) Die Vff. untersuchen das Verhalten eines Plasmazylinders sehr geringer Dichte in einem longitudinalen Magnetfeld mit Hilfe des 2-Flüssigkeiten-Modells (Erweiterung der Ionen-frei-Fall-Theorie von TONKS und LANGMUIR auf das Vorhandensein eines Magnetfeldes). Dabei wird angenommen: 1. Stationarität, 2. Ionisationsrate räumlich konstant, 3. Stoßterme in den Komponenten der Bewegungsgleichungen senkrecht zum Magnetfeld vernachlässigbar, 4. Quasineutralität. Es resultiert u. a. die radiale Verteilung des elektrischen Potentials sowie die Abhängigkeit der Elektronentemperatur von p · d (p Gasdruck, d Gefäßradius). Aus letzterer Abhängigkeit folgt, daß es gewisse Bereiche gibt, in denen die untersuchte Plasmakonfiguration nicht stabil ist. C. Mahn.

1–480 **R. G. Meyerand jr., F. Salz, E. C. Lary** and **A. P. Walch.** *Electrostatic potential gradients in a nonthermal plasma.* Proc. fifth Internat. Conf. on Ionization Phenomena in Gases **1**, 333–342, *1961*. (East Hartford, Connect., U. Aircr. Corp., Res. Labs.) Es wird gezeigt, daß elektrische Felder, wie sie z. B. infolge ambipolarer Diffusion in nicht vollständig ionisierten Plasmen existieren, ganz allgemein in nichtthermischen Plasmen entstehen können. Die Bedingung der Quasineutralität bleibt aufrechterhalten, die Geschwindigkeitsverteilungen der Ionen und Elektronen stellen sich entsprechend ein. Die Rechnung benutzt ein eindimensionales Modell, einmal ohne Stöße, einmal mit Stößen (die Eindimensionalität wird dabei annähernd gewahrt durch die Annahme eines starken Magnetfeldes in Entladungsrichtung). Die Ergebnisse werden verglichen mit experimentellen Werten aus den LANGMUIR-Sondenmessungen an einer PENNING-Entladung. C. Mahn.

1–481 **Louis Gold.** *Natural resonances of magnet-ionic plasmas.* Proc. fifth Internat. Conf. on Ionization Phenomena in Gases **1**, 458–464, *1961*. (Ann Arbor, Mich., Univ., Radiat. Lab., Dep. Nucl. Engng.) Der Vf. behandelt ein Mehrkomponentenplasma, das sich in einem äußeren Magnetfeld befindet, analog zu gekoppelten Oszillatoren. Stöße werden vernachlässigt. Der Kopplungsmechanismus, der zu den gemischten Oszillationsfrequenzen führt, wird als LORENTZ-Feld gedeutet. Aus der Bewegungsgleichung der Teilchen einer Sorte erhält der Vf. dann ein gekoppeltes, lineares, homogenes Differentialgleichungssystem für die Verschiebung der Teilchen. Unter der Annahme harmonisch mit der Zeit sich ändernder Verschiebungen wird dann die Säkulardeterminante zu obigem Gleichungssystem angegeben, aus der $l + 1$ Eigenfrequenzen bestimmt werden können, wenn l die Zahl der Komponenten angibt. Für großes l ist eine Bestimmung der Eigenfrequenzen aus obiger Determinante schwierig, doch können dann Näherungsverfahren angewandt werden, wie sie zur Behandlung von gekoppelten Schwingungen entwickelt wurden. Der Vf. wendet das Verfahren auf ein Zweikomponentenplasma an.

E. Räuchle.

1–482 **Shoji Kojima, Shigeo Hagiwara** and **Kazuo Takayama.** *Oscillation in a dark plasma.* Proc. fifth Internat. Conf. on Ionization Phenomena in Gases **1**, 471–477, *1961.* (Tokyo, Univ. Educ.; Elect. Commun. Lab.) Die Vff. untersuchen Elektronenplasmaschwingungen in einer Quecksilberentladung bei einem Druck von 10^{-4} mm Hg. Das Entladungsgefäß ist eine Glaskugel von 30 cm Durchmesser mit 2 gegenüberliegenden Anoden-Kathoden-Systemen, die bei Stromstärken zwischen 5 und 15 mA betrieben werden. Mit Hilfe von 2 beweglichen Sonden werden die Elektronendichte im Plasma und die Plasmafrequenz gemessen. Die Sondenmessungen nach LANGMUIR deuten auf eine MAXWELLsche Geschwindigkeitsverteilung der Elektronen hin, für die Temperatur wird 1400° K, für die Elektronendichte $3 \cdot 10^6$ cm^{-3} angegeben. Es besteht ein linearer Zusammenhang zwischen der Elektronendichte und den Entladungsströmen. Plasmaschwingungen werden mit obigen Sonden und mit einer das Entladungsgefäß umgebenden Antenne untersucht. Mit beiden Methoden werden übereinstimmende Ergebnisse erzielt. Die von den Vff. gemessenen Plasmafrequenzen liegen je nach den Entladungsströmen zwischen 14 und 20 MHz, z. B. für 13 mA bei 16 MHz, die Halbwertsbreite wird dabei mit 1 MHz angegeben. Die gemessenen Frequenzen stimmen mit den aus der Elektronendichte berechneten überein. Entsprechend der räumlichen Dichteverteilung der Elektronen werden an verschiedenen Orten auch verschiedene Plasmafrequenzen gemessen, was auf räumlich begrenzte Schwingungen hinweist.

E. Räuchle.

1–483 **Yoshisuke Hatta** and **Noriyoshi Sato.** *The experimental study on the ionic wave in the dark plasma.* Proc. fifth Internat. Conf. on Ionization Phenomena in Gases **1**, 478 bis 484, *1961.* (Sendai, Tohoku Univ., Fac. Engng.) Die Vff. stellen zunächst die Dispersionsgleichungen für longitudinale Ionenwellen auf. Das Plasma wird als nur schwach ionisiert vorausgesetzt, so daß die Wellen durch Stöße gedämpft werden. Als Ausgangsgleichungen verwenden die Vff. die Bewegungsgleichungen der Kontinuumstheorie, die Kontinuitätsgleichungen für Elektronen und Ionen und die POISSONsche Gleichung. Stöße zwischen Elektronen und Neutralatomen und zwischen Ionen und Neutralatomen werden mit Hilfe von Stoßfrequenzen berücksichtigt. Stöße zwischen Elektronen und Ionen werden vernachlässigt. Nach Linearisierung der Gleichungen und Annahme harmonischer Wellen werden Beziehungen für Phasengeschwindigkeit und Dämpfung der Wellen in Abhängigkeit von Wellenfrequenz, Elektronen- und Ionentemperatur und obigen Stoßfrequenzen angegeben. In einem weiteren Teil ihrer Arbeit prüfen die Vff. die abgeleiteten Beziehungen durch Experimente. Sie verwenden ein mit Argon (Gasdruck 0,01–10 mm Hg) gefülltes zylindrisches Entladungsgefäß, in dem zwischen Anode und Kathode ein Gitter angeordnet ist. Zwischen Anode und Gitter wird eine Wechselspannung geringer Amplitude und variabler Frequenz (im kHz-Bereich) angelegt, die eine Ionenwelle zwischen Gitter und Kathode erregt. Mit Hilfe einer LANGMUIR-Sonde kann die Wellenausbreitung untersucht werden. Die Vff. fanden eine verhältnismäßig gute Übereinstimmung zwischen den berechneten und den gemessenen Werten für die Phasengeschwindigkeit und die räumliche Dämpfung der Welle.

E. Räuchle.

1–484 **G. S. Kino** and **M. A. Allen.** *The effects of fluctuations on propagation through a plasma medium.* Proc. fifth Internat. Conf. on Ionization Phenomena in Gases **1**, 602 bis 611, *1961.* (Stanford, Calif., Univ., W. W. Hansen Labs Phys., Microw. Lab.) Es wird die Streuung einer elektromagnetischen Welle bei ihrem Durchgang durch ein fluktuierendes Plasma theoretisch untersucht und experimentell geprüft. In einer Niederstrom-Hg-Entladung mit sinusförmigen Variationen der Plasmadichte mit der Zeit (durch Überlagerung eines Wechselstromes von 10–50 kHz über den Entladungsgleichstrom) konnten gute Übereinstimmungen mit der Theorie gefunden werden.

G. Müller.

1–485 **Arne A. Wyller.** *Dispersion relations in a fully ionized hydrogen plasma.* Proc. fifth Internat. Conf. on Ionization Phenomena in Gases **1**, 940–954, *1961.* (Bedford,

Mass., Air Force Cambridge Res. Labs.) Es werden die frequenzabhängigen Ausbreitungsparameter von elektromagnetischen Wellen in einem vollständig ionisierten Wasserstoffplasma, das sich in einem homogenen Magnetfeld befindet, berechnet, wobei einmal Elektronen-Ionenstöße und zum anderen sowohl diese als auch Elektronen-Elektronenstöße berücksichtigt werden. Die Berechnungen gelten für beliebige Werte der mittleren Elektronen-Ionenstoßfrequenz ν_{1m}, der Kreisfrequenz der Welle ω und der Gyrofrequenz der Elektronen s. Für die Spezialfälle a) $\nu_{1m} = \omega = S$ und b) $\nu_{1m} = \omega = s/z$ werden die nach beiden Berechnungsmethoden erhaltenen Ausbreitungsparameter für longitudinale und transversale Ausbreitungsrichtung der Welle für den ordentlichen und für den außerordentlichen Strahl als Funktion von ω_0^2/ω^2 (ω_0 = Plasmafrequenz) in Diagrammen angegeben. Es ergibt sich, daß die Elektronen-Elektronenstöße nur in der Nähe der Gyroresonanz den Brechungsindex und den Absorptionskoeffizienten bedeutend herabsetzen und sonst fast vernachlässigt werden können. Die größte Absorption ergibt sich im Falle a) (bei Gyroresonanz) für die sich longitudinal ausbreitende außerordentliche Welle und im Falle b) für die sich transversal ausbreitende ordentliche Welle. Die Ergebnisse werden mit denen anderer Autoren verglichen. W. Neumann.

1-486 **Annie Baglin.** *Propagation des ondes dans un milieu partiellement ionisé.* J. Phys. Radium **22**, 811–820, *1961*, Nr. 12. (Dez.) Vf. untersuchte theoretisch das Problem der Ausbreitung und Dämpfung von elektromagnetischen Wellen niedriger Frequenz in einem teilweise ionisierten Stoff, der sich in einem longitudinalen Magnetfeld befindet. Die Wellen wurden gedämpft durch die Stöße zwischen den Partikeln, und der Dämpfungskoeffizient ergab sich zu proportional dem Quadrat der Frequenz.

H. Kleinpoppen.

1-487 **J. N. Dnjestrowski** und **D. P. Kostomarow.** *Die Dispersionsgleichung für eine außerordentliche Welle, die sich in einem Plasma quer zu einem äußeren Magnetfeld bewegt.* Sh. exp. teor. Fis. **41**, 1527–1535, *1961*, Nr. 5. (Orig. russ.) (Moskau, Univ.) In einem homogenen unbegrenzten Plasma im homogenen äußeren Magnetfeld $\mathfrak{H}_0$ gibt es zwei Typen von Wellen, die sich senkrecht zu $\mathfrak{H}_0$ ausbreiten: Eine rein transversale Welle mit einem elektrischen Vektor parallel zu $\mathfrak{H}_0$ (die ordentliche Welle) und Wellen mit einer Polarisationsrichtung des elektrischen Vektors senkrecht zu $\mathfrak{H}_0$ (außerordentliche und Plasmawellen). Vff. hatten die Dispersionsgleichung für die ordentliche Welle qualitativ diskutiert (Ber. **41**, Nr. 2–497, *1962*) und tun dasselbe jetzt für die außerordentliche und die Plasma-Welle im nichtrelativistischen Fall. Sie bestimmen den Frequenzbereich, innerhalb dessen sich diese Wellen ohne Dämpfung ausbreiten können, und weisen auf die Fehlerhaftigkeit der Schlußfolgerung einiger Autoren hin, es gebe für Wellen dieses Typs ein undurchsichtiges Gebiet in der Umgebung jeder Zyklotron-Resonanz. Die qualitativ aufgestellten Gesetzmäßigkeiten werden durch eine numerische Lösung der Dispersionsgleichung veranschaulicht. H. Vogel.

1-488 **W. J. Eidman.** *Emission einer Plasmawelle durch eine in einem magnetoaktiven Plasma bewegte Ladung.* Sh. exp. teor. Fis. **41**, 1971–1977, *1961*, Nr. 6. (Orig. russ.) Bei der Behandlung der Abstrahlung einer Ladung im magnetoaktiven Plasma wurde bisher meist die räumliche Dispersion, also die thermische Elektronenbewegung vernachlässigt, obwohl sie häufig wesentlich ist, besonders hinsichtlich der Erzeugung neuer Typen von Normalwellen, die im kalten Plasma nicht auftreten. Vf. leitet nach einer Methode, die von der früher verwendeten etwas verschieden ist (Ber. **38**, 2391, *1959*; Sh. exp. teor. Fis. **36**, 1823, *1959*), einen Ausdruck für den gesamten Energieverlust einer Ladung ab, die sich in einem magnetoaktiven Plasma bewegt; die räumliche Dispersion wird berücksichtigt. Diese allgemeine Formel wird dann benutzt, um die Energieverteilung (spektral und über den Winkel) für die von der Ladung emittierte Plasmawelle zu berechnen. Da diese Energie manchmal sehr beträchtlich ist, können die abgeleiteten Formeln bei der Untersuchung der Radioemission der Strahlungsgürtel der Erde, der sporadischen Radiostrahlung der Sonne usw. nützlich sein. H. Vogel.

1-489 **W. A. Fabrikant.** *Das Auftreten eines negativen Absorptionskoeffizienten bei der Entladung in Gasgemischen.* Phys. Abh. Sowjetunion N. F. **6**, 174–178, *1962*, Nr. 2. (Moskau, Energet. Inst.) S. auch Ber. **41**, Nr. 7–537, *1962*. E. Bretnütz.

1-490 **Ju. M. Aleskowski** und **W. L. Granowski.** *Rekombinationsstrahlung des Zäsiumplasmas im homogenen Magnetfeld.* Phys. Abh. Sowjetunion N. F. **6**, 182—188, *1962*, Nr. 2. (Moskau, Univ.) S. auch Ber. **41**, Nr. 7—535, *1962*.

1-491 **I. F. Chartschenko, Ja. B. Fainberg, R. M. Nikolajew, Je. A. Kornilow, Je. I. Luzenko** und **N. S. Pedenko.** *Wechselwirkung eines Elektronenstrahls mit einem Plasma im Magnetfeld.* Phys. Abh. Sowjetunion N. F. **6**, 168—173, *1962*, Nr. 2. (Charkow, Akad. Wiss., Phys. Tech. Inst.) S. auch Ber. **41**, Nr. 7—544, *1962*. E. Bretnütz.

1-492 **J. K. Wright, R. D. Medford** and **B. Chambers.** *Equilibrium configuration of the plasma in theta discharges with reversed trapped magnetic fields.* Plasma Phys. **3**, 242—245, *1961*, Nr. 4. (Okt.) (Foulness, Essex, Atom. Weapons Res. Establish.) Der θ pinch bei einem Plasma, das wesentlich länger als sein Durchmesser ist, wird im Hinblick auf longitudinale Stabilität untersucht. Für jeden Wert des äußeren zum eingefrorenen Magnetfeld gibt es eine stabile Lösung. Allerdings sind Störungen, die von den Enden des Plasmas ausgehen, nicht in die Rechnung einbezogen.
W. Lochte-Holtgreven.

1-493 **P. R. Smy.** *Energy transfer between a moving body and a magnetic field.* Canad. J. Phys. **40**, 301—316, *1962*, Nr. 3. (März.) (Vancouver, B. C., Univ., Dep. Phys.) Die Wechselwirkungen zwischen einem bewegten Medium und einem sinusförmig oszillierenden magnetischen Feld werden untersucht. Es werden Abschätzungen über die hier auftretenden physikalischen Größen gemacht und Werte berechnet, bei denen die Energieübertragung maximal wird. Die anfängliche kinetische Energie kann höchstens um einen Faktor 14 gesteigert bzw. auf $^1/_{14}$ verringert werden. B. Ahlborn.

1-494 **John Holton McGinn.** *A new type arc for producing high temperature, high purity plasma jets.* Proc. fifth Internat. Conf. on Ionization Phenomena in Gases **1**, 967—975, *1961*. (Philadelphia, Gen. Elect. Co., Space Sci. Lab.) Es wird eine Plasmastrahlanordnung beschrieben, bei der ein an 2 Kohleelektroden ansetzender Bogen durch 3 Kammern hindurchbrennt. In die äußeren Kammern wird das beliebig wählbare Bogengas tangential, und zwar mit entgegengesetzten Rotationsrichtungen eingeblasen. Die Hauptkammer in der Mitte hat eine seitliche Öffnung, durch die der Plasmastrahl austritt. Für den Betrieb mit Luft werden Strom (bis 700 A), Spannung (Gesamtspannung ca. 300 V), Gasverbrauch (0,5 bis 5 g/s), Staudruck (0,7 bis 11 at), Plasmastrahlleistung, spezifische Enthalpie (bis 12000 cal/g), Temperatur und die Kohlenstoffverunreinigung des Plasmastrahls, die bis unterhalb der spektroskopischen Nachweisbarkeit herabgedrückt werden kann, bestimmt. Bedingung für die Erhaltung eines ruhigen Plasmastrahls vom wandstabilisierten Typ ist eine Stromstärke von mehr als 400 A und ein Massendurchfluß unterhalb 3,5 g/s. Die Plasmastrahltemperatur wächst unter dieser Bedingung bei Abnahme des Durchmessers der Hauptkammer auf 2 cm bis auf 11000° K an. Der Plasmastrahlerzeuger wird zur Untersuchung von Transportvorgängen in Plasmen und zur Erzeugung einer Überschallströmung angewendet.
W. Neumann.

1-495 **M. Ericson.** *Confinement des plasmas par des champs de radiofréquence.* J. Phys. Radium **23**, 145—148, *1962*, Nr. 3. (März.) (Lyon, Univ., Inst. Phys. Nucl.) Die Kräfte, die ein Hochfrequenzfeld auf die Oberfläche eines Plasmas ausübt, werden mit Hilfe einer makroskopischen, thermodynamischen Theorie berechnet. Die auftretenden Kraftwirkungen sind analog zur Elektrostriktion der normalen Dielektrika. Während aber die festen oder flüssigen, wenig kompressiblen Dielektrika ihre Form nur wenig ändern, ist der Effekt bei den Plasmen erheblich größer. Die neue Methode wird zur Erklärung einer starken Einschnürung herangezogen, die zuerst von C. S. Ward (nicht veröff. Master Thesis, MIT) beobachtet worden ist. J. Euler.

1-496 **A. P. Babitschew, A. I. Kartschewski, J. A. Muromkin** und **W. W. Sokolski.** *Bildung eines Stromkanals in einer Gasentladung im schwachen Magnetfeld.* Sh. exp. teor. Fis. **41**, 1378—1381, *1961*, Nr. 5. (Orig. russ.) Zum Studium einiger Eigentümlichkeiten von Starkstrom-Entladungen untersuchten Vff. den Entladungsvorgang in einer ringförmigen Kammer in Magnetfeldern bis 1000 Oe. In der ringförmigen Aluminiumkammer befand sich eine Entladungskammer (ein „Liner") von 160 mm ∅. Die Amplitude des Entladungsstroms betrug bis zu 50 kA bei einer Anfangsspannung von 1,1 kV und einer Dauer der ersten Halbwelle von 600 μs und einem Wasserstoffdruck von 10^{-2}—10^{-3} Torr; die Leitfähigkeit des Plasmas im Strommaximum an der Kammerachse betrug $6 \cdot 10^{14}$ CGS. Die Versuche wurden ausgeführt a) bei konstantem Magnetfluß im Liner-Querschnitt, b) bei konstantem und c) bei variablem Longitudinalfeld an der Entladungsperipherie. Es wird gezeigt, daß die oft beobachtete Bildung eines Stromkanals, die äußerlich an einen Pinch-Effekt erinnert, sowohl für konstante als auch für variable äußere Magnetfelder mit einem stationären kräftefreien Entladungsmodell beschrieben werden kann. In anderen Apparaturen ähnlichen Typs sind die Leitfähigkeit, das Verhältnis der charakteristischen geometrischen Größen und die Dauer des Prozesses nicht viel anders. Das gibt Grund zu der Annahme, daß das stationäre kräftefreie Modell einen großen Kreis von Tatsachen erklärt. Dieses Modell wurde zur Berechnung der magnetischen Feldverteilung im „Zeta-Gerät" von Lees und Rusbridge (Conf. Rep., Upsala IV A, 955, *1959*) benutzt. H. Vogel.

1–497 **Norman Rostoker** and **Alan C. Kolb.** *Fission of a hot plasma.* Berichtigung. Phys. Rev. (2) **125**, 2208, *1962*, Nr. 6. (15. März.) S. Ber. **41**, Nr. 11—425, *1962*. E. Bretnütz.

1–498 **A. R. Fairbairn.** *Temperature measurements of C_2 and CN radicals generated in a shock tube. I. Pyrolysis in the absence of oxygen.* Proc. roy. Soc. (A) **267**, 88—101, *1962*, Nr. 1328. (24. Apr.) (London, Imp. Coll., Dep. Chem. Engng.) Die Anregungstemperaturen von in einem Stoßrohr durch Verbrennung von Cyanogen und Acetylen hergestellten C_2- und CN-Radikalen wurden im Temperaturbereich von 3000 bis 5000° K gemessen. Die Messungen wurden mit Sekundärelektronenvervielfachern durchgeführt, deren Ausgangsspannung mit einem Elektronenstrahloszillographen aufgezeichnet wurden, wodurch man den gesamten Temperaturverlauf sichtbar machen konnte. Die Radikale zeigten eine Strahlungsrelaxationszone, die von einer Periode konstanter Temperatur gefolgt wurde, deren Werte gut mit den berechneten Werten übereinstimmen. Die Reaktion $2\,CN \rightarrow C_2 + N_2$ wird diskutiert. Es wurde eine Aktivierungsenergie von 96 kcal/mol gemessen. Außerdem werden die Prozesse, die zur Bildung elektronisch angeregter Radikale führen, unter Berücksichtigung der Strahlungsrelaxation an der Front der Stoßwelle diskutiert. W. Blanke.

1–499 **Louis A. Rosenthal.** *Thermal response of bridgewires used in electroexplosive devices.* Rev. sci. Instrum. **32**, 1033—1036, *1961*, Nr. 9. (Sept.) (White Oak, Md., U. S. Nav. Ordn. Lab.) Wird eine elektrische Brückenanordnung, in der sich in dem einen Zweig ein von der Temperatur abhängiger Widerstand befindet, mit Wechselstrom von der Frequenz f erregt, so tritt an diesem Widerstand eine Spannung von 3f auf. Die Größe dieser Spannung steht in unmittelbarem Zusammenhang mit der Wärmezeitkonstanten des Widerstandes (Erwärmung dividiert durch Wärmeableitung). Die Wärmeübergangsfunktion ist die Abhängigkeit der Größe der erzeugten Oberschwingung von der die Brückenanordnung erregenden Frequenz. Aus der Übergangsfunktion läßt sich bei der Eckfrequenz die Wärmezeitkonstante des Widerstandes bestimmen. — Die Kenntnis der Wärmezeitkonstanten des Widerstandes, in der die Wärmeübergangszahl an das den Widerstand umgebende Medium enthalten ist, läßt wichtige Schlüsse auf dieses Medium zu, die besonders bei explosiblen Gas-Luftgemischen nützlich sein können. R. Wotschke.

1–500 **M. Mitchner.** *Magnetohydrodynamic flow in a shock tube.* Phys. Fluids **2**, 62—71, *1959*, Nr. 1. (Jan./Febr.) (Palo Alto, Calif., Lockheed Aircraft Corp., Missile Syst. Div.) Die Einwirkung eines Quermagnetfeldes auf die Bewegung einer ideal leitenden Flüssigkeit wird näher untersucht. Eine verallgemeinerte Form der Riemannschen Invarianten für die kontinuierliche Bewegung einer solchen Flüssigkeit wird kombiniert mit den Erhaltungssätzen für einen magnetohydrodynamischen Stoß, um eine genaue Beschreibung der Flüssigkeitsbewegung in einem Stoßrohr bei Wahl beliebiger Anfangsbedingungen zu erreichen. Dabei wird angenommen, daß die Flüssigkeiten ein konstantes $\gamma = c_p/c_v$ haben. Ein Magnetfeld in dem Hochdruckgebiet erzeugt unter typischen Laborbedingungen Stoßwellen mit Mach-Zahlen in der Größenordnung von 100, was in

Übereinstimmung mit experimentellen Resultaten steht. Ein Magnetfeld im Niederdruckgebiet erzeugt schwächere Stöße, die aber eine größere Geschwindigkeit haben. R. Wienecke.

1–501 **P. Hammerling, J. D. Teare** and **B. Kivel.** *Theory of radiation from luminous shock waves in nitrogen.* Phys. Fluids **2**, 422–426, *1959*, Nr. 4. (Juli/Aug.) (Everett, Mass., Avco-Everett Res. Lab.) Die physikalischen Eigenschaften hinter einer normalen Stoßwelle in Stickstoff wurden als Funktion der Zeit berechnet. Diese Rechnungen schließen die Veränderungen der Temperatur, der Zusammensetzung und Ionisation und die Strahlung des 1. negativen Bandensystem des N_2^+-Ions ein. Die Berechnungen enthalten eine Verhältnisgleichung für die Dissoziation des Stickstoffs, die Erhaltungsgesetze und eine Gleichung, die die Relaxation beschreibt. Die N_2^+-Strahlung ist berechnet unter der Annahme, daß die Anregung des strahlenden Zustandes durch Zusammenstoß mit Stickstoffmolekülen erfolgt. Ein besonderer Fall wird betrachtet, für den experimentelle Ergebnisse vorhanden sind, und Gebiete, die für bestimmte Zustände empfindlich sind, werden aufgezeigt. R. Wienecke.

1–502 **Robert G. Jahn** and **Fred A. Grosse.** *Response of electrostatic probes to ionized gas flows in a shock tube.* Phys. Fluids **2**, 469–470, *1959*, Nr. 4. (Juli/Aug.) (Pasadena Calif., Inst. Technol.; Bethlehem, Penn., Lehigh Univ.) Es wird in einer kurzen Notiz darauf hingewiesen, daß die Messungen der Elektronendichte mit elektrostatischen Sonden, die im Innern des Stoßwellenrohres untergebracht sind, sehr schwierig sind und sehr leicht zu Fehldeutungen führen können. Die Signale, die von dünnen Platinfilmen in der Innenwand des Stoßwellenrohres auf den Oszillographenschirm erzeugt wurden, hängen sehr stark von dem Außenwiderstand ab. Es wird diskutiert, wie die Funktionen solcher Sonden sein könnten. Eine Lösung der Probleme wird nicht angegeben. R. Wienecke.

1–503 **F. D. Bennett.** *Cylindrical shock waves from exploded wires of hydrogen-charged palladium.* Phys. Fluids **2**, 470–471, *1959*, Nr. 4. (Juli/Aug.) (Aberdeen Proving Ground, Maryland, Ballistic Res. Labs.) Führt man Drahtexplosionen mit Palladium-Drähten durch, die vorher elektrolytisch mit Wasserstoff beladen worden sind, so zeigt sich, daß die entstandene Stoßwelle schwächer ist und geringere Leuchtdichte hat als bei einer Drahtexplosion mit unbeladenem Palladium. Erklärt wird dies damit, daß beim Einsetzen des elektrischen Stromes der Wasserstoff sehr schnell aus dem Palladium entweicht und daß dann das aufgeheizte Palladium den Wasserstoff als Stoßwelle vor sich hertreibt. Um diesen unglücklichen Fall zu verhindern, wird nach dem Beladen des Palladium-Drahtes mit Wasserstoff elektrolytisch eine dünne Schicht Kupfer oder Gold auf das Palladium gebracht, die beide für Wasserstoff schwer durchlässig sind. Es zeigt sich, daß diese aufgebrachte Materialschicht zum Erfolg führt. Die beobachteten Stoßstärken sind erheblich größer, und die Leuchtkraft steigt ebenfalls stark an. Eine genaue Diskussion wird nicht gegeben, da noch zu wenig Untersuchungsmaterial vorliegt. R. Wienecke.

1–504 **H. G. Voorhies** and **F. R. Scott.** *Anomalous precursor signals in helium shocks.* Phys. Fluids **2**, 576–577, *1959*, Nr. 5. (Sept./Okt.) (San Diego, Calif., Gen. Atomic Div. Gen. Dynamics Corp., John Jay Hopkins Lab. Pure Appl. Sci.) In einem Stoßwellenrohr nach Josephson, bei dem die Stoßwelle durch eine hochfrequente Kondensatorentladung zwischen einer stiftförmigen und einer kreisförmigen Elektrode erzeugt wird (Spitzenstrom $I_{max} = 200$ kA), beobachten die Vff. eine „Precursor-Strahlung" der Helium 5876 Linie. Die Zeitdauer der Precursor-Linien ist wesentlich kleiner als derselben Linien in der Stoßfront. Es wird gezeigt, daß die Anregung des zur Emission gehörenden ^{3}D-Zustands nicht durch schnelle Elektronen erfolgen kann, da ein Magnetfeld mit 4 kΓ senkrecht zur Stoßrichtung, das schnelle Elektronen abbremsen müßte, keine Wirkung hat. Zur Klärung dieser Strahlung wird angenommen, daß durch Absorption eines Photons zunächst ein 3^1P-Zustand erzeugt wird, der durch einen Zusammenstoß mit einem anderen Atom unter Spinwechsel in einen ^{3}D-Zustand überführt wird. Es wird gezeigt, daß die anregende Strahlung nicht in der Stoßfront erzeugt wird, sondern in dem Entladungsgebiet zwischen den Elektroden. R. Wienecke.

1–505 **G. Charatis** and **T. D. Wilkerson.** *Excitation temperature of chromium in the shock tube.* Phys. Fluids **2**, 578–579, *1959*, Nr. 5. (Sept./Okt.) (Ann Arbor, Mich., Univ., Dep. Phys.) In einem Membranstoßwellenrohr wird bei MACH-Zahlen zwischen 4 und 7 und Anfangsdrucken von 5–50 Torr in einer Mischung von Neon und einem kleinen Anteil von $Cr(CO)_6$ Dampf die Anregungstemperatur von CrI-Linien mit der kinetischen Temperatur verglichen. Aus relativen Intensitätsmessungen ergibt sich, daß die Verteilung des CrI-Zustands einer BOLTZMANN-Verteilung genügt, aber daß die die Verteilung beschreibende Temperatur T_E im allgemeinen nicht gleich ist der kinetischen Temperatur T des Gases. Bei einer Temperatur $T \sim 10^4$ °K ist T_E um nur 60% von T verschieden, während T und T_E bei einer Temperatur von 5000° nur um 10% differieren.
R. Wienecke.

1–506 **E. M. Reeves** and **W. H. Parkinson.** *Spectral energy distribution and brightness temperatures in continuous flash sources.* Proc. fifth Internat. Conf. on Ionization Phenomena in Gases **1**, 1017–1026, *1961*. (London, Imp. Coll., Dep. Phys. Chem. Engng.) Die Messungen im Gebiet zwischen 2580 Å und 4520° (mit Philips Wolframbandlampe kalibriert) ergeben nach dem WIENschen Verschiebungsgesetz Temperaturen im Strahlungsmaximum zwischen 13000° und 30000°K. Die Intensitäten pro Wellenzahleinheit sind in diesem Spektralbereich bei 2 Blitzanordnungen unabhängig von der Wellenzahl. Lichtimpulsformen werden verglichen. B. Ahlborn.

1–507 **H. Bartels, J. Bortfeldt** und **K.-H. Berg.** *Über den Zündungsprozeß bei Drahtexplosionen.* Proc. fifth Internat. Conf. on Ionization Phenomena in Gases **1**, 1048–1051, *1961*. (Hannover, T. H., Inst. Experimentalphys.) Bei Drahtexplosionen in einem beliebigen Gas bildet sich um den Metalldampfzylinder eine Plasmaröhre des umgebenden Gases aus. Wie Schmierkamera- und Zeitlupenaufnahmen in Verbindung mit Kurzzeitspektroskopie zeigen, entsteht diese Plasmaschicht bereits zu Beginn der Drahtexplosion im äußeren Gas längs der Drahtoberfläche. Die Plasmaröhre entwickelt sich dann unabhängig von den Vorgängen im Metalldampfzylinder (bzw. Draht) sogar dann, wenn der Draht während des Versuchs nicht zerstört wird. B. Ahlborn.

1–508 **C. Aycoberry, A. Brin, F. Delobeau** et **P. Veyrie.** *Striction de plasmas métalliques obtenus par explosion de fils.* Proc. fifth Internat. Conf. on Ionization Phenomena in Gases **1**, 1052–1059, *1961*. (Saclay, Gif-sur-Yvette, C. E. N., Commiss. En. Atom.) Bei Drahtexplosionen (Energie 1 μF bis 100 kV) wurde mit Schmierkamera- und KERR-Zellenaufnahmen ein Pincheffekt beobachtet. Die Temperatur erreicht dabei etwa 75000° K. Ob der Draht tatsächlich explodiert, hängt vom Druck des umgebenden Gases ab. B. Ahlborn.

1–509 **Pierre Valentin** et **Claude Fauquignon.** *Utilisation d'un tube de choc pour la mesure de la conductivité électrique de l'air ionisé.* Ann. Phys., Paris (13) **7**, 27–34, *1962*, Nr. 1/2. (Jan./Febr.) (Bellevue, Seine-et-Oise, C. N. R. S.) In einem Stoßrohr von 6×6 cm² Querschnitt und 5 bis 10 m Länge werden mit Hilfe von Berstscheiben Stoßwellen in verdünnter Luft erzeugt, die mit einer Geschwindigkeit von 3300 bis 5000 m/sec laufen. Dabei treten Temperaturen von 2000 bis 3000° K auf. Die Leitfähigkeit des Gases wird mit einer magnetischen Methode oder mit zwei Elektroden gemessen. So ergibt sich bei 6000 m/sec eine Leitfähigkeit von etwa 1 S/cm. J. Euler.

1–510 **Donald L. Jones.** *Strong blast waves in spherical, cylindrical and plane shocks.* Berichtigung. Phys. Fluids **5**, 637, *1962*, Nr. 5. (Mai.) S. Ber. **41**, Nr. 12–427, *1962*.
V. Weidemann.

1–511 **H. Schlüter.** *Untersuchungen an Balmer-Spektren bei einer Hochfrequenzentladung.* Z. Naturf. **16a**, 972–984, *1961*, Nr. 10. (Okt.) (München, Max-Planck-Inst. Phys. Astrophys.) An einer elektrodenlosen Hochfrequenzentladung in sehr reinem Wasserstoff werden auf spektroskopischem Wege die Größen, P_e, T_e und T_{gas} bestimmt. Das Ionisationsgleichgewicht wird an Hand einer modifizierten Korona-Formel diskutiert.
J. Richter.

1–512 **L. Mollwo.** *Eigenfrequenzen und Dämpfung des „Plasmaresonators".* Beitr. Plasmaphys. **2**, 33–47, *1962*, Nr. 1. (Berlin-Adlershof, Akad. Wiss., Heinrich-Hertz-Inst.) Die zu einem, quer zur Achse einer zylindrischen Plasmasäule gerichteten Hochfrequenzfeld gehörende Dispersionsgleichung wird aus den Plasmagleichungen hergeleitet. Die Ähnlichkeit mit den entsprechenden Gleichungen aus der Hohlleitertheorie wird dazu benutzt, ein „Ersatzschema" für den Plasmaresonator anzugeben. Trotz der verhältnismäßig groben Näherung bestehen einige gute Übereinstimmungen zwischen Theorie und Messung. Insbesondere erscheint eins als gesichert: Das Auftreten einer Vielzahl von Resonanzen ist dadurch bedingt, daß das Plasma nicht unendlich ausgedehnt, sondern in zwei Dimensionen stark begrenzt ist; so werden die geometrischen Randbedingungen zusammen mit den Ausbreitungsbedingungen für Raumladungswellen maßgebend. W. Frie.

1–513 **A. Garscadden** and **K. G. Emeleus.** *Notes on the effect of noise on Langmuir probe characteristics.* Proc. phys. Soc. Lond. **79**, 535–541, *1962*, Nr. 509 (Nr. 3). (1. März.) (Belfast, Univ., Phys. Dep.) Schwankungserscheinungen im Plasma, die durch eine Änderung der Elektronentemperatur, des lokalen Plasmapotentials und zufälligen lokalen Elektronenströmen bedingt sind, können Sondenmessungen im Plasma verfälschen. Der Einfluß dieser Fehlerquellen wird theoretisch behandelt unter der Annahme periodischer Änderung dieser Einflüsse. Diese Beschreibung liefert für die Elektronentemperatur richtige Werte, während die Elektronenkonzentration zu klein heraus kommt. Der Einfluß der Schwankungen des lokalen Plasmapotentials wurde außerdem experimentell untersucht. Der Spannungsverlauf über der Sonde wurde gemessen. Die Resultate werden unter Vergleich mit anderen Messungen diskutiert. K. Bethge.

1–514 **J. D. Swift.** *Effects of finite probe size in the determination of electron energy distribution functions.* Proc. phys. Soc. Lond. **79**, 697–701, *1962*, Nr. 510 (Nr. 4). (1. Apr.) (London, Northern Polytech., Phys. Dep.) Messungen mit LANGMUIR-Sonden im Plasma können durch die endliche Ausdehnung der Sonden verfälscht werden. Die hier durchgeführten Rechnungen zur Korrektur der Meßergebnisse berücksichtigen die Energieverteilung $f_0(U)$ der Elektronen, die auf die Sonden gelangen. Mit steigendem Gasdruck p, zunehmendem Sondenradius a und abnehmender Spannung U wird dieser Effekt besonders groß. Er kann für $f_0(U)$ bis zu 25% betragen, wenn $U_{-} > 1/2\,\bar{U}$ und $a < 1/2\, l_e$ angenommen wird, wobei l_e die mittlere freie Weglänge und $e\bar{U}$ die mittlere Energie der Elektronen ist. K. Bethge.

1–515 **P. V. Marrone** and **R. A. Hartunian.** *Thin-film thermometer measurements in partially ionized shock-tube flows.* Phys. Fluids **2**, 719–721, *1959*, Nr. 6. (Nov./Dez.) (Buffalo, N. Y., Cornell Aeronaut. Lab., Inc.) Bei der Messung eines Wärmeübergangs von der Grenzschicht einer Stoßwelle auf die Wand des Stoßwellenrohres mittels eines direkten Platinwiderstandthermometers gibt es dann Schwierigkeiten, wenn die Stoßwelle auch nur zu einem kleinen Bruchteil ionisiert ist (Kurzschlußeffekt). Die Vff. beschreiben eine Reihe von Abänderungsmöglichkeiten zur Verhinderung dieses Effekts. Eine Bedampfung des Widerstandthermometers mit SiO und nachfolgende Erwärmung mit Umwandlung in SiO_2 führte zum besten Erfolg. Die Schichtdicke der aufgedampften Si Schutzschicht beträgt zwischen 800 und 1000 Å. R. Wienecke.

1–516 **Giuseppe Lisitano.** *Mikrowellen-Polar-Interferometer für Plasmadichte-Messungen.* Proc. fifth Internat. Conf. on Ionization Phenomena in Gases **1**, 405–416, *1961.* (München, Max-Planck-Inst. Phys. Astrophys.) Es wird ein Mikrowellen-Interferometer beschrieben, das für die Messung der Elektronendichte in Plasmen geeignet ist. Die Amplituden- und Phasenänderung des Mikrowellensignals wird auf dem Schirm einer BRAUNschen Röhre in einem Polardiagramm dargestellt. J. Richter.

1–517 **M. Dagai.** *Techniques et equipements de mesure de densité de plasma de l'ordre de 10^{14} e/cm^3.* Proc. fifth Internat. Conf. on Ionization Phenomena in Gases **1**, 417–422, *1961.* (Gif-sur-Yvette, Sect. Ion. Gén., Serv. Phys. Appl.) Der Artikel enthält eine Beschreibung von zwei Ausführungen eines Mikrowelleninterferometers für die Wellenlänge $\lambda = 2$ mm. Beide Typen arbeiten mit der optischen Methode, nicht mit Wellenleitern. Praktische und physikalische Gründe sprechen dafür. Einer der beiden Apparate benutzt Linsen (dielektrische oder metallische) für die Fokussierung, der andere Plan-

und Hohlspiegel. Die beschriebenen Interferometer sind in der Lage, Plasmadichten in der Nähe von 10^{14} Teilchen pro cm^3 zu messen. W. Herrmann.

1–518 **T. Consoli** et **M. Dagai.** *Mesure de la densité électronique par effet Faraday.* Proc. fifth Internat. Conf. on Ionization Phenomena in Gases **1**, 423—430, *1961.* (Gif-sur-Yvette, Sect. Ion. Gén., Serv. Phys. Appl.) Die Rotation einer linear polarisierten Welle im Plasma mit Magnetfeld (der Faraday-Effekt), bietet die Möglichkeit, die Dichte eines Plasmas zu bestimmen. Die Grenzdichte, die noch gemessen werden kann, hängt quadratisch von der Frequenz der Welle ab. Für 2 mm-Wellen liegt sie bei $2 \cdot 10^{14}$ Teilchen pro cm^3. Die Vff. geben in ihrem Artikel einen kurzen theoretischen Abriß, eine Beschreibung der Apparatur, eine berechnete Kurvenschar für den Drehwinkel als Funktion der Dichte mit der Magnetfeldstärke als Parameter für eine Wellenlänge von 8,4 mm. Ferner teilen sie erste Ergebnisse mit. W. Hermann.

1–519 **T. Consoli, M. Dagai** et **D. Lepechinski.** *Application de la propagation des ondes droites polarisées circulairement au diagnostic U. H. F.* Proc. fifth Internat. Conf. on Ionization Phenomena in Gases **1**, 465—470, *1961.* (Gif-sur-Yvette, Sect. Ion. Gén., Serv. Phys. Appl.) Die Vff. bestimmen die Gruppengeschwindigkeit der rechtszirkularen Welle (außerordentliche Welle) in einem Plasma mit äußerem Magnetfeld. Sie hat ein Maximum in der Nähe von $f_{ce}/4$, wobei f_{ce} die Elektronenzyklotronfrequenz ist. Die Vff. benützen diese Eigenschaft, um die Elektronendichte oder das Magnetfeld im Plasma im Druckbereich von 10^{-4} bis 10^{-2} mm Hg zu bestimmen. Die Länge der zylindrischen Plasmasäule beträgt 85 cm, der Durchmesser 11 cm. Das statische Magnetfeld kann von 0 bis 1500 G variiert werden, außerdem können kurzzeitig (100 μs) durch eine Kondensatorentladung über eine Spule $2 \cdot 10^4$ G erreicht werden. Die Wellenfrequenz beträgt 35 GHz. E. Räuchle.

1–520 **Philip Parzen.** *Noise power radiation from non-equilibrium cylindrical plasmas with one-dimensional thermal velocities.* Proc. fifth Internat. Conf. on Ionization Phenomena in Gases **1**, 431—436, *1961.* (Farmingdale, N. Y., Republ. Aviat. Corp.) Das Mikrowellenrauschen eines Gleichstromplasmas kann nicht mit Hilfe des Kirchhoffschen Gesetzes berechnet werden, da es nicht im thermischen Gleichgewicht ist. Hierzu eignet sich die sogenannte Stromquellenmethode. Zunächst werden Stromschwankungen berechnet, danach die aus diesen resultierende Strahlungsleistung. Der Vf. setzt ein unendlich langes, zylindrisches Plasma voraus, das in den freien Raum strahlt. Die thermische Geschwindigkeit ist nur longitudinal. Für die Dielektrizitätskonstante des Plasmas wird ein isotroper Wert angenommen. Die Berechnungen führen zu einem Ausdruck, der die Strahlung pro cm in eine Raumwinkeleinheit als Funktion der Frequenz angibt. Parzen hält eine Erweiterung seiner Theorie für möglich.

W. Herrmann.

1–521 **R. E. Jahn.** *Spectroscopic measurements of the temperature of plasma jets.* Proc. fifth Internat. Conf. on Ionization Phenomena in Gases **1**, 955—966, *1961.* (London, Brit. Oxygen Co. Ltd.) Mit einer Anordnung, bestehend aus einer 6 mm dicken angespitzten Wolframrundstabkathode und einer mit einer 19 mm langen Bohrung von 6 mm Durchmesser versehenen Kupferanode wurde bei einer Gaszufuhr von 58 l/min (Argon + 5% H_2), einer Stromstärke von 200 A und einer Brennspannung von 50 V ein Plasmastrahl erzeugt, dessen Temperatur aus der absoluten Strahlungsintensität der Linien H_α und H_β, aus deren Intensitätsverhältnis und aus dem Linienprofil der Linie H_β bestimmt wurde. Die Messungen wurden photoelektrisch durchgeführt und ergaben für die mittlere Plasmastrahltemperatur gut übereinstimmende Werte von ungefähr 12600° K. Anschließend wurden aus Intensitätsmessungen die kombinierten Übergangswahrscheinlichkeiten der Linienpaare AI 3945/3947,5 Å und AI 4044,4/4046 Å zu $1{,}29 \cdot 10^5$ und $1{,}53 \cdot 10^5\ s^{-1}$ bestimmt, deren Kenntnis die Temperaturbestimmung in einem reinen Argonplasma über die absolute Intensität dieser Linien ermöglicht.

W. Neumann.

1–522 **R. Geller** et **D. Pigache.** *Mécanisme de la décharge reflex à l'équilibre.* Proc. fifth Internat. Conf. on Ionization Phenomena in Gases **1**, 1111—1118, *1961.* (Gif-sur-Yvette, Sect. Ion. Gén., Serv. Phys. Appl.) Die im nachst. Ref. beschriebene Apparatur wird dazu benutzt, die Wechselwirkung des aus der Kathode austretenden Elektronenstrahls mit dem Gas, das er durchläuft, zu untersuchen. Es werden drei Arten von Stößen betrachtet und theoretisch beschrieben: 1. Vielfachstöße auf große Distanz; 2. elastische Stöße mit Neutralteilchen; 3. ionisierende und anregende unelastische Stöße. Zum Schluß werden Theorie und Experiment miteinander verglichen. W. Frie.

1–523 **T. Consoli, R. Geller** et **R. le Gardeur.** *Décharge pulsée, reflex du type P. I. G. à forte densité.* Proc. fifth Internat. Conf. on Ionization Phenomena in Gases **1**, 1119 bis 1125, *1961.* (Gif-sur-Yvette, Sect. Ion. Gén., Serv. Phys. Appl.) Es wird eine Plasmaquelle beschrieben, die Teilchendichten von 10^{12} bis 10^{14} Teilchen/cm^3 erzeugen kann. Sie besteht aus einem Rohr, in dem sich das zu untersuchende Neutralgas befindet und das durch zwei ringförmige Anoden, eine kalte und eine heiße Kathode sowie durch zwei Reflektoren angeschlossen ist. Aus der heißen Kathode werden im Stoßbetrieb Ströme bis zu 200 A entnommen. Die Zündung geschieht mit Funkenstrecken bei einer Stromanstiegzeit von etwa 10 μs. Ein axiales Magnetfeld dient der besseren Längsführung des Elektronenstrahls. Gemessen wird der Zusammenhang zwischen Druck, Stromstärke, Zündspannung und Magnetfeld. Mit Hilfe eines Perot-Fabry-Interferometers wird aus der Doppler-Verbreiterung der Linien die Ionentemperatur bestimmt. W. Frie.

1–524 **Francis F. Chen.** *Radial electric field in a reflex discharge.* Phys. Rev. Letters **8**, 234–237, *1962*, Nr. 6. (15. März.) (Princeton, N. J., Univ., Plasma Phys. Lab.) In einer PIG-Entladung bildet sich im Anodenraum ein starkes Radialfeld aus, über dem fast die ganze Bogenspannung abfällt. Chen berechnet für eine PIG-Entladung mit Glühkathoden diese radiale Potentialverteilung und kommt bei geeigneter Wahl der Parameter (Ionen- und Elektronentemperatur) zu guter Übereinstimmung mit den Experimenten, sowohl in bezug auf die Höhe des Potentialabfalles, als auch bei dem radialen Potentialverlauf. Chen nimmt einen mit dem Radius sich ändernden Kathodenfall an, ferner einen Strom energetischer Plasmaelektronen, die durch den Kathodenfall die Kathode erreichen können. Die Diffusionskonstanten werden nach der Bohmschen Theorie bestimmt. Setzt man verstärkte Ionendiffusion voraus, ergibt die Theorie keine Übereinstimmung mit dem Experiment. W. Herrmann.

1–525 **F. Lüdi.** *Der Schroteffekt und das Rauschen einer Gasentladung in elementarer Behandlung.* Helv. phys. acta **35**, 220–228, *1962*, Nr. 3. (Baden, Schweiz, Brown, Boveri u. Cie.) Die Schottkysche Methode zur Behandlung des Schroteffektes wird auf das Gasentladungsrauschen übertragen. Für dichte Gase ergibt sich die Nyquist-Gleichung (thermisches Rauschen); für dünne Gase eine der Schrotgleichung für Diodenrauschen ähnliche Gleichung. Güntherschulze.

1–526 **C. A. A. Wass.** *An automatic wire-snapping machine for experiments on electrical ignition of gases.* J. sci. Instrum. **39**, 229–230, *1962*, Nr. 5. (Mai.) (Sheffield, Ministry Power, Safety Min. Res. Est.) Vf. beschreibt eine kontinuierlich arbeitende Versuchsanordnung zur Bestimmung der Zündfähigkeit von Öffnungsfunken, die beim Zerreißen von dünnen stromführenden Drähten in explosiblen Gas/Luft- oder Dampf/Luft-Gemischen auftreten können. Die zur Zündung ausreichenden Mindestwerte von Strom, Spannung, Widerstand, Kapazität und Induktivität werden zur Festlegung von Anforderungen an explosionsgeschützte elektrische Betriebsmittel bzw. Stromkreise in der Schutzart „Eigensicherheit" benötigt. Die Meßwerte wurden vom Vf. u. Mitarbeiter früher mitgeteilt (Nature, Lond. **191**, 1085, *1961*). G. Schön.

1–527 **H. E. Seifert.** *Experimente zur Zündzeit von Niederdruck-Gasentladungen.* Proc. fifth Internat. Conf. on Ionization Phenomena in Gases **1**, 742–747, *1961.* (Männedorf/Schweiz, Cerberus AG.) Die Zündspannungen in Gasentladungen wurden unter Variation der verschiedenen Parameter experimentell untersucht. Zur Zündung wurden Spannungsimpulse großer Steilheit mit einem Spannungsanstieg, der in einem Bereich von 500 V/sec bis 2000 V/sec geregelt werden konnte, verwandt. Die Meßergebnisse wurden diskutiert und mit der klassischen Paschen-Kurve verglichen. G. Brederlow.

1–528 **E. Kuffel, M. J. Mulcahy** and **C. B. Guelke.** *The breakdown voltage between spheres in sulphur hexafluoride and in mixtures of air and sulphur hexafluoride.* Proc.

fifth Internat. Conf. on Ionization Phenomena in Gases **1**, 976—985, *1961*. (Manchester, Coll. Sci. Technol.; Assoc. Elect. Ind. Ltd.) Die Zündspannung einer Kugelfunkenstrecke (Kugeldurchmesser: 2 cm) wurde in einem Gemisch von Luft und Sulfurhexafluorid in verschiedenen Mischungsverhältnissen bei atmosphärischem Druck gemessen. Der relative Wert der Zündspannung in Vergleich zu dem der Luft nimmt mit wachsendem Kugelabstand bis zu einem Maximalwert zu, um dann bei weiterer Vergrößerung des Abstandes wieder abzunehmen. Der kritische Abstand, bei dem das Maximum auftritt, nimmt ab, wenn der Partialdruck des Sulfurhexafluorids vergrößert wird. Es wird angenommen, daß der Verlauf der relativen Zündspannung durch die Ionisierungs- und Anlagerungskoeffizienten bestimmt wird, und daß der Zündmechanismus wechselt, wenn der kritische Abstand überschritten wird. G. Brederlow.

1-529 **M. J. Mulcahy, M. C. Sexton** and **J. J. Lennon.** *Electron removal in the afterglows of oxygen and helium-oxygen mixtures.* Proc. fifth Internat. Conf. on Ionization Phenomena in Gases **1**, 612—620, *1961*. (Liverpool, Univ., Dep. Elect. Engng.) In reinem O_2 wurde bei Drucken zwischen 0,55 und 5,5 Torr nur ambipolare Diffusion festgestellt, aus der sich eine druckunabhängige Beweglichkeit von $3{,}3 \pm 0{,}2$ cm²/Vsec ergab (O_2^+ in O_2). In O_2–He-Mischungen wurde bei O_2-Drucken zwischen 0 und 0,5 Torr und He-Drucken zwischen 14,3 und 24,8 Torr ebenfalls nur ambipolare Diffusion gefunden. Die Beweglichkeit war 28 cm²/Vsec (O_2^+ in He). Erst bei größeren He-Drucken (bis 50 Torr) deutete das scheinbare Anwachsen der gemessenen Diffusionskonstante auf Dreierstoßanlagerung mit He als drittem Stoßpartner hin. K. Schretzmann.

1-530 **J. M. Anderson.** *The very early afterglow in gaseous helium.* Proc. fifth Internat. Conf. on Ionization Phenomena in Gases **1**, 621—629, *1961*. (Schenectady, N. Y., Gen. Elect. Res. Lab.) Durch eine kurzzeitige Gleichstromentladung wurde in He-Gas bei 24 Torr ein Plasmafaden von etwa 1,5 mm Durchmesser erzeugt. Unmittelbar nach dem Abschalten der Entladung betrug die Elektronendichte einige 10^{13} cm^{-3}. Die He-Atomlinien klingen nach dem Ende der Entladung in wenigen µsec ab. Die Intensitäten der He_2-Banden steigen in 3 bis 20 µsec auf ein Maximum an und fallen dann sehr langsam ab. Solange eine schwache Mikrowellenstrahlung auf das Plasma wirkt, verschwindet die Lichtemission. Bei Banden mit hohen Quantenübergängen ist die Intensität nach dem Abschalten der Mikrowellenstrahlung sogar noch größer als zuvor. Die Energiezustände, die für die Emission der Banden verantwortlich sind, werden während oder wenige µsec nach dem Ende der Entladung besetzt. Wie die He_2-Moleküle entstehen und in die beobachteten Anregungszustände gelangen, ist ungeklärt. K. Schretzmann.

1-531 **P. J. Chantry, J. S. Wharmby** and **J. B. Hasted.** *Attachment in oxygen and oxygen-nitrogen mixtures.* Proc. fifth Internat. Conf. on Ionization Phenomena in Gases **1**, 630—637, *1961*. (London, Univ. Coll.) Ein Vergleich der Elektronendichte, die man in zerfallenden Mikrowellenplasmen mißt, mit den Werten, die man mit der Anlagerungs-Abtrennreaktion und den aus Driftmessungen bekannten Anlagerungs- und Abtrennkoeffizienten berechnet, zeigen, daß es in Mikrowellenplasmen noch eine andere, wirksamere Abtrennreaktion geben muß, an der vielleicht angeregte O_2-Moleküle beteiligt sind. So würde dann in Mikrowellenplasmen eine kleinere Anlagerungsrate vorgetäuscht werden. Um den Abtrennkoeffizienten in einem Mikrowellenplasma zu messen, wird dem O_2-Gas Stickstoff als dritter Stoßpartner zugesetzt. — Nur in reinem Sauerstoff liegen endgültige Meßergebnisse vor. Sie ergeben einen druckunabhängigen Anlagerungsquerschnitt von $1{,}2 \cdot 10^{-22}$ cm². K. Schretzmann.

1-532 **E. Hinnov** and **J. G. Hirschberg.** *Spectroscopic measurements of helium afterglow.* Proc. fifth Internat. Conf. on Ionization Phenomena in Gases **1**, 638—650, *1961*. (Princeton, Univ., Plasma Phys. Lab.) Im ruhigen He-Plasma des B1-Stellarators wurden nach dem Abschalten der Ohmschen Heizung ($n_e = 10^{11}$ bis 10^{15} cm^{-3}, $T_e = 0{,}1$ bis 0,3 eV, p = 0,4 bis 4 µ Hg, Ionisationsgrad 40 bis 60%, B = 23 kGauß) optisch und durch Mikrowellenmessungen Rekombinationsraten festgestellt, die viel größer waren als die, die man bei Zweier- oder Dreierstoß mit Neutralteilchen erwartet. Die Vff. hatten bei ihren Absolutmessungen der Linienintensitäten des neutralen Heliums außerdem festgestellt, daß die Anregungszustände mit $n \geqq 4$ mit den freien Elektronen im thermischen Gleichgesicht sind. Daraus schließen sie, daß die Rekombination bis $n = 4$ herunter durch Dreierstöße mit Elektronen erfolgt (Elektron-Elektron-Rekombination). Darunter überwiegt die Strahlungsrekombination. Die Vff. entwickeln mit diesen Vorstellungen und der weiteren Voraussetzung, daß bei Stößen nur $\Delta n = \pm 1$ vorkommt, eine Theorie, die in dem angegebenen Bereich von Elektronendichte und Temperatur die richtigen Besetzungsdichten und den gemessenen Rekombinationskoeffizienten liefert. K. Schretzmann.

1–533 **P. Hubert.** *Décharge à très basse pression dans des champs statiques croisés.* Proc. fifth Internat. Conf. on Ionization Phenomena in Gases **1**, 687–692, *1961.* (Fontenay-aux-Roses, C. E. N.) In einem Rohr von 200 cm Länge und 25 cm Dmr. aus rostfreiem Stahl kann ein Vakuum von $6 \cdot 10^{-9}$ Torr erzeugt werden. Das Gefäß enthält im Mittelteil zehn in axialer Richtung hintereinander angeordnete Rohrstücke von je etwa 8 cm Länge als Elektroden. Ein Solenoid erzeugt ein axiales Magnetfeld von 190 Gauß. Trotz des niedrigen Druckes läßt sich im Restgas eine selbständige, leuchtende Gasentladung zünden. Die Zündspannung in Abhängigkeit von der Magnetfeldstärke für verschiedenartige Polung der Elektroden wird angegeben. Besonders interessant ist die lange, einigermaßen definierte Zündverzögerung von etwa 2 bis über 40 sec, die als Aufbauzeit der Lawine gedeutet wird. J. Euler.

1–534 **M. S. Bhalla, J. D. Craggs** and **J. M. Meek.** *Absorption of photons in a Townsend discharge.* Proc. fifth Internat. Conf. on Ionization Phenomena in Gases **1**, 315–323, *1961.* (Liverpool, Univ., Dep. Elect. Engng.) Mittels zweier benachbarter Entladungsrohre, die spiegelsymmetrisch aufgebaut waren, so daß die Anoden, die zu einem Teil lichtdurchlässig waren, aneinander lagen, wurden die Messungen durchgeführt. Die Photonen, die nun in einem Entladungsrohr erzeugt wurden, gelangten zum Teil durch die durchlässige Anode in den anderen Entladungsraum, in dem die Absorption der Photonen gemessen wurde. Experimente wurden in Wasserstoff, Wasserdampf, Kohlenmonoxyd, Kohlendioxyd und Luft gemacht. Die Meßwerte wurden mit berechneten Werten verglichen. G. Brederlow.

1–535 **J. Smith.** *The effect of a previous glow discharge on the Townsend ionization coefficients.* Proc. fifth Internat. Conf. on Ionization Phenomena in Gases **1**, 449–457, *1961.* (Redhill, Surrey, Mullard Res. Labs.) Nach dem Abschalten einer Glimmentladung, die zwischen zwei Elektroden gebrannt hat, kann man feststellen, daß die Zündspannung längere Zeit beeinflußt wird als man aus der Entionisierungszeit schließen kann. Dieser Effekt wird dadurch hervorgerufen, daß die Gasdichteverteilung nicht einheitlich ist, da die Temperatur der Kathode einen höheren Wert hat. Der Einfluß dieses Effektes auf die Ionisierungskoeffizienten wird untersucht. Die Ergebnisse zeigen, daß der Wert von γ beim Verlöschen der Entladung nicht im gleichen Verhältnis wie (x/ρ) an der Kathode zunimmt. (x = Feldstärke, ρ = Gasdichte.) Es wird gezeigt, daß die Herabsetzung der Zündspannung unter den normalen Wert, die bei Erhöhung der Kathodentemperatur auftritt, erklärt werden kann. G. Brederlow.

1–536 **Wolfgang Ohlendorf.** *Das Eindringen der Glimmentladung in Spalte.* Z. Phys. **167**, 123–151, *1962,* Nr. 2. (13. März.) (Bonn, Univ., Inst. Theor. Phys.) Die Untersuchungen erstrecken sich auf Wasserstoff bei größenordnungsmäßig 1 Torr. Zur Messung der Stromverteilung ist die Kathode ebenso wie die ihr gegenüberstehende Gegenelektrode in 32 Elemente mit getrennten Stromzuführungen unterteilt, wobei der Abstand der einzelnen Kathoden- und Gegenelektrodenelemente von der Anode schrittweise zunimmt. Zwecks Unterdrückung von störenden Temperatureffekten werden beide Elektrodenreihen mit Wasser gekühlt. Die Breite des Entladungsspaltes zwischen Kathode und Gegenelektrode beträgt bei den verschiedenen Versuchen 2,5, 5 und 10 mm. Unter den Bedingungen einer isolierenden Wand ist die Eindringtiefe ξ der Entladung etwa proportional zur Spannung und variiert mit Spaltbreite und Druck. Der Elektronenstrom im negativen Glimmlicht parallel zur Kathodenoberfläche sowie die Kathodenstromdichte in einer bestimmten Entfernung x von der Anode hängen exponentiell von $\xi - x$ ab. Bei leitender Wand kann die Entladung beliebig tief eindringen, wenn sie noch nicht behindert ist. Für einen Hohlkathodenspalt ist die Eindringtiefe klein, jedoch erreicht die Stromdichte in Anodennähe extrem hohe Werte. Zum Fernhalten der Entladung von gewissen Konstruktionselementen sind Spalte am günstigsten, bei denen der Kathode eine isolierende Wand gegenübersteht.

J. Wolff.

1–537 **Ludwig Rothhardt.** *Über das Wesen des sogenannten normalen Kathodenfalls in Glimmentladungen.* Proc. fifth Internat. Conf. on Ionization Phenomena in Gases **1**, 290–296, *1961.* (Jena, Akad. Wiss., Inst. Magnetohydrodynam.) Um zu klären, warum eine normale Glimmentladung mit konstanter Stromdichte und konstanter Brennspannung brennt, wurden Untersuchungen mit einer Anordnung gemacht, die es ermöglichten, den Kathodengebietsrand zu kompensieren. Es ergab sich, daß dieser Bereich entscheidend für das normale Verhalten einer Glimmentladung mit teilweise bedeckter Kathode ist. Theoretische Abschätzungen ergaben, daß der Randbereich zusätzliche Verluste verursacht, so daß die Entladung im Randbereich eine höhere Brennspannung hat als die randlose Zone. Die Brennspannung der normalen Entladung ist die des Randbereichs, da nur diese eine stabile Entladung ermöglicht.

G. Brederlow.

1–538 **G. J. M. Ahsmann.** *Some remarks on the anodefall in the Faraday dark space.* Proc. fifth Internat. Conf. on Ionization Phenomena in Gases **1**, 306–314, *1961.* (Eindhoven, N. V. Philips' Gloeilampenfabr.) Es werden Berechnungen unter Annahme eines quasineutralen Plasmas durchgeführt, wobei sich ergibt, daß das elektrische Feld im FARADAYschen Dunkelraum eine umgekehrte Richtung hat, wenn die Entfernung zwischen Anode und negativem Glimmlicht klein ist. Bei einer bestimmten kritischen Entfernung tritt ein Anodenfall auf. Kleine kritische Entfernungen wurden in Entladungsrohren gefunden, deren Anode einen Photostrom emittiert. G. Brederlow.

1–539 **D. Formato** and **A. Gilardini.** *Microwave determinations of the G factor in nitrogen and oxygen.* Proc. fifth Internat. Conf. on Ionization Phenomena in Gases **1**, 660–670, *1961.* (Rome, Selenia S. p. A.) Ein Elektron der Geschwindigkeit v in einem Plasma ohne Magnetfeld verliert bei einem Stoß mit einem ruhenden Gasmolekül im Durchschnitt die Energie $G(mv^2/2)$. Der Faktor G wird in der vorliegenden Arbeit für Stickstoff- und Sauerstoffplasmen bestimmt. Dazu ist, wie theoretische Ableitungen zeigen, unter der Voraussetzung, daß G geschwindigkeitsunabhängig ist, die Messung der Leitfähigkeit und der Strahlungstemperatur im Afterglow der Entladung nötig, und zwar jeweils mit und ohne ein zusätzliches Mikrowellenfeld. Für N_2 finden die Vff.: $G = (3,95 \pm 0,25) \cdot 10^{-4}$ und für O_2: $G = (4,8 \pm 1,0) \cdot 10^{-3}$. Für N_2 ergibt sich keine Temperaturabhängigkeit, für O_2 nimmt G mit wachsender Temperatur ab. Die Werte für N_2 sind in guter Übereinstimmung mit Messungen von CROMPTON und SUTTON.

W. Herrmann.

1–540 **F. A. Benson** and **G. P. Burdett.** *Argon, krypton and xenon admixtures in neon glow-discharge reference tubes.* Electron. Engng **34**, 326–332, *1962,* Nr. 411. (Mai.) (Sheffield, Univ.) Von einer Glimmentladungsröhre (Neon, zylindrischer Aufbau, Mo-Kathode außen) werden Zündspannung, Brennspannung, Temperaturkoeffizient der Brennspannung und äquivalente Rauschspannung bei verschiedenen Gaszusätzen bestimmt. Außerdem wird der komplexe Widerstand bei verschiedenen Stromstärken als Funktion der Frequenz gemessen und mit der Theorie von VAN GEEL verglichen.

W. Köhrmann.

1–541 **F. W. Crawford.** *Low-frequency fluctuations in a plasma.* Proc. fifth Internat. Conf. on Ionization Phenomena in Gases **1**, 593–601, *1961.* (Stanford, Calif., Univ., W. W. Hansen Labs Phys., Microw. Lab.) Es wird über experimentelle Untersuchungen zum Erzeugungsmechanismus von niederfrequenten Schwingungen in einem Hg-Niedervoltbogen (mit Heißkathode) berichtet. Die Untersuchungen werden in Entladungsröhren verschiedener Geometrien und mit direkt und indirekt geheizten Kathoden durchgeführt. Es wird gefolgert, daß eine Komponente des Frequenzspektrums von radialen Ionenwellen herrührt und daß die Schwingungen auch vor der Kathode erzeugt werden. Außerdem wird gezeigt, daß sowohl durch kleine axiale Magnetfelder als auch durch ein engmaschiges Gitter vor der Kathode die Schwingungen weitgehend unterdrückt werden können. G. Müller.

1–542 **E. I. Urasakow** und **W. L. Granowski.** *Bestimmung der Größe $\omega_H \tau$ und der effektiven Stoßfrequenzen der Elektronen und Ionen eines Plasmas im Magnetfeld.* Sh. exp. teor. Fis. **41**, 1375–1377, *1961*, Nr. 5. (Orig. russ.) S. auch Phys. Abh. Sowjetunion N. F. **6**, 531, 1962, Nr. 5. (Moskau, Univ.) Ein homogenes longitudinales Magnetfeld erzeugt in einem zylindrischen Niederdruckplasma (z. B. einer positiven Säule) eine Transversalbewegung (HALL-Diffusion) der Elektronen und Ionen senkrecht zum Konzentrationsgradienten und zum Magnetfeld. Die Diffusion zur Wand in einem Rohr mit nichtleitenden Wänden ist ambipolar, die azimutale Drift dagegen erfolgt bei beiden Teilchenarten mit Geschwindigkeiten verschiedener Größen und Richtungen. Eine Folge dieser Drift ist der magnetomechanische Rotationseffekt. Die azimutale Diffusion läßt sich zur Bestimmung des Einflusses des Mangetfeldes auf Elektronen und Ionen im Plasma sowie von deren mittleren Stoßzahlen ausnutzen. Dazu hat man die gerichteten Stromdichten von Elektronen und Ionen zur Wand und in azimutaler Richtung am gleichen Ort zu messen. Das wurde in Edelgasen mit zwei Sonden, einer ebenen Sonde senkrecht zum Röhrenradius und einer doppelten ebenen Sonde parallel zur z, r-Ebene ausgeführt. Es werden die Ergebnisse für Argon in einem Magnetfeld von 400 Oe und mit einem Entladungsstrom von 0,5 A bei 5, 50 und $500 \cdot 10^{-3}$ Torr angegeben. Die Ergebnisse zeigen, daß im Feld von 400 Oe dessen Einfluß auf die Elektronen bis unterhalb von 10^{-6} Torr wesentlich bleibt; für die Ionen ist er schon bei $5 \cdot 10^{-3}$ Torr gering; die Stoßfrequenz der Ionen ist proportional dem Druck, d. h. ihre mittlere Geschwindigkeit ändert sich nicht wesentlich. H. Vogel.

1–543 **Horst Kopplin.** *Das dynamische Verhalten von Lichtbögen im Wechselstromkreis.* Arch. Elektrotech. **47**, 47–60, *1962*, Nr. 1. (Berlin.) Einen Schalterlichtbogen kann man als einen über eine Induktivität gespeisten Wechselstrombogen darstellen, der von einer Parallelkapazität überbrückt ist. Der Verlauf von Bogenstrom und -spannung wird in normierten Einheiten durch die Werte zweier Parameter (Zeitkonstante des Lichtbogens und dem Bogen entzogene Leistung) bestimmt. Bei der thermischen Neuzündung eines Lichtbogens wird dem Restplasma des Bogens nach dem Stromnulldurchgang durch den Nachstrom wieder so viel Energie zugeführt, daß es zu einer Wiederaufheizung des Bogenkanals und damit zu einer Neuzündung kommt. Die Löschung des Bogens erfolgt beim nächsten Stromnulldurchgang, in dem die Löschintensität größer ist. Strom und Spannung verlaufen bei thermischer Neuzündung und Löschung gleichzeitig durch Null. Bei sehr großer Löschintensität wird durch die Brennspannung des Lichtbogens ein Teil des Bogenstromes in die Parallelkapazität gedrängt. Dieser Effekt führt zu einem beschleunigten Erlöschen des Bogens, so daß Strom und Spannung nicht mehr gleichzeitig Null werden. Die dynamischen Lichtbogeneffekte beim Stromnulldurchgang im Schalter liegen innerhalb des Bereiches von thermischer Neuzündung bis zum Abkippen. In Abhängigkeit von den beiden Parametern ermittelt Vf. die für das Lichtbogenverhalten kennzeichnenden Werte: Höhe der Löschspitze, Restwiderstand der Schaltstrecke im Stromnulldurchgang und Größe des Nachstromes nach dem Stromnulldurchgang. Die Grenzbedingungen zwischen thermischer Neuzündung und Löschung werden bestimmt. H. Helke.

1–544 **H. N. Olsen.** *Thermal and electrical properties of an argon plasma.* Phys. Fluids **2**, 614–623, *1959*, Nr. 6. (Nov./Dez.) (Indianapolis, Indiana, Union Carbide Corp., Linde Co.) In einem Argonbogen unter Atmosphärendruck konnten bei Strömen zwischen 200 und 800 A Temperaturen im Bereich zwischen 10000 und 25000° K gemessen werden. Die elektrischen Größen des Plasmas wurden abgeleitet aus der gemessenen radialen Temperaturverteilung unter Benutzung der SPITZERschen Theorie für die Temperaturabhängigkeit der elektrischen Leitfähigkeit eines vollkommen ionisierten Gases. Existenz des lokalen thermischen Gleichgewichts konnte durch die Übereinstimmung der Anregungstemperaturen von Atom- und Ionen-Linien gezeigt werden. Die Übereinstimmung zwischen den direkt gemessenen elektrischen Größen und denen, die aus der Temperaturmessung unter Annahme des lokalen thermischen Gleichgewichts abgeleitet werden, zeigt die innere Konsistenz der experimentellen und analytischen Methoden. R. Wienecke.

1–545 **Charles H. Corliss.** *Ionization in the plasma of a copper arc.* J. Res. nat. Bur. Stand. **66 A**, 169–175, *1962*, Nr. 2. (März/Apr.) Der Ionisationsgrad von elf einem

Gleichstrom-Kupferbogen in Luft zugefügten Elementen wird aus den relativen Intensitäten von Bogen- und Funkenlinien bestimmt. Mit Hilfe der SAHA-Gleichung wird die Elektronendichte im Bogen zu $2{,}4 \cdot 10^{14}\,cm^{-3}$ berechnet. Die Zustandssummen für 29 Elemente wurden neu berechnet oder abgeschätzt. Werte der Ionisationspotentiale und Zustandssummen von 70 Elementen und deren Ionisationsgrad im Kupferbogen werden angegeben. Die Elektronendichte im Bogen wird bestimmt durch drei voneinander unabhängige spektroskopische und elektrische Messungen. S. Witkowski.

1–546 **P. L. Auer.** *The space charge sheath in low pressure arcs.* Proc. fifth Internat. Conf. on Ionization Phenomena in Gases **1**, 297—305, *1961.* (Frascati, Euratom, CNEN.) Es wird gezeigt, daß die Voraussetzungen, die zum Aufbau einer Raumladungsschicht in der positiven Säule eines Niederdruckbogens notwendig sind, für die Schicht einen minimalen Zustrom positiver Ionen erfordern. Dieser minimale Ionenstrom ist für ein gegebenes Ion nur eine Funktion der Elektronendichte und der Temperatur. Er ist im speziellen Fall einer symmetrischen Entladung unabhängig von der Art der Ionenproduktion. Den Ergebnissen kann man entnehmen, daß das BOHM-Kriterium für ein solches System nicht zutreffend ist. G. Brederlow.

1–547 **H. Edels, A. B. Shaw** and **D. Whittaker.** *Arc reignition with gas flow.* Proc. fifth Internat. Conf. on Ionization Phenomena in Gases **1**, 1088—1096, *1961.* (Liverpool, Univ., Dep. Elect. Engng.) Es werden Experimente und vorläufige Ergebnisse zur Messung der Wiederzündspannung in Zeiten von ca. 1 μsec—1 msec nach einer plötzlichen Unterbrechung einer gepulsten Gleichstromentladung von 20 Amp in Luft bei Atmosphärendruck beschrieben. Die Wiederzündspannungscharakteristiken werden bei verschiedenen Elektrodenabständen von 1—5 mm, bei mehreren Gasgeschwindigkeiten von 0—5 m/sec für Elektroden aus Kohle und Kupfer und bei Elektrodenorientierung sowohl in Richtung der Gasströmung als auch quer zur Gasströmung gemessen. Die Ergebnisse entsprechen qualitativ den Erwartungen. Bei kleinsten Elektrodenabständen hat die Elektrodenart den größten Einfluß, während die Geschwindigkeit des Gases bei großen Elektrodenabständen und bei Querstellung der Elektroden den größten Einfluß zeigt. G. Müller.

1–548 **I. G. Kesaev.** *Minimum potentials of arc discharge and two types of arc with a cold cathode.* Soviet Phys.-Doklady **6**, 904—906, *1962,* Nr. 10. (Apr.) (Engl. Übers. aus: Doklady Akad. Nauk. SSSR **140**, 1289—1292, *1961,* Nr. 6.) Die Metalle der 2. Gruppe des Periodischen Systems führen bei Verwendung als Kathodenmaterial zu viel geringeren Bogenspannungen, bezogen auf ihre Ionisierungsspannung, als die Metalle der 1. und 3. Gruppe. Dieser Befund findet eine einfache Erklärung durch die Rolle metastabiler Zustände, die für Metalle der 2. Gruppe die Stufenionisation sehr begünstigt. J. Wolff.

1–549 **G. von Gierke, L. Lisitano, G. Müller, H. Schlüter, M. Tutter** und **H. Wulff.** *Vergleich spektroskopischer Untersuchungen mit Mikrowellen- und Sonden-Messungen.* Proc. fifth Internat. Conf. on Ionization Phenomena in Gases **1**, 380—388, *1961.* (München, Max-Planck-Inst. Phys. Astrophys.) Eine Hochfrequenz-Wasserstoffentladung mit äußerem Magnetfeld wird mit verschiedenen Methoden untersucht. Aus dem BALMER-Kontinuum ergeben sich Elektronendichte n_e und Elektronentemperatur T_e, aus dem Vorrücken der Seriengrenze der BALMER-Linien folgt n_e. Eine Absorptionsmessung mit Mikrowellen führt zur gleichen Elektronendichte. Sondenmessungen ergeben abweichende Werte. Die Gründe hierfür werden diskutiert. J. Richter.

1–550 **G. Landauer.** *Magnetfeldabhängige Mikrowellen-Strahlung aus einer He-Gasentladung.* Proc. fifth Internat. Conf. on Ionization Phenomena in Gases **1**, 389—394, *1961.* (München, Max-Planck-Inst. Phys. Astrophys.) In einer He-Niederdruckentladung mit überlagertem Magnetfeld (0—2000 Gauß) wurde im Frequenzbereich um 10 und 25 GHz eine magnetfeldabhängige Mikrowellenemission mit bandenähnlicher Struktur beobachtet. Die Intensität der Emission änderte sich mit Druck und Entladungsstrom. Die Emissionsfrequenzen stimmen gut mit den ganzzahligen Vielfachen der Elektronen-Zyklotronfrequenz überein. J. Richter.

1–551 **C. de Montgolfier** et **Y. Papillon.** *Mesure des intensités par ceinture de Rogowski; utilisation d'une spire compensatrice.* Suppl. J. Phys. Radium **23**, 13A–14A, *1962*, Nr. 3. (März.) (Saclay, C. E. N.) Die Messung großer Stromstärken, besonders in Stoßentladungen mit einem ROGOWSKI-Gürtel, wird durch die außen liegenden Teile des zu messenden Stromkreises beeinflußt. Dadurch werden Fehler hervorgerufen, die mittels einer Kompensationswindung kompensiert werden. J. Euler.

1–552 **J. D. Klebanow** und **W. I. Sinizyn.** *Injektion eines Plasmas ins Vakuum aus einer Hochleistungs-Impulsentladung.* Sh. exp. teor. Fis. **41**, 1340–1346, *1961*, Nr. 5. (Orig. russ.) Vff. beschreiben Experimente über den Ausstoß eines Plasmas aus einer Hochleistungs-Impulsladung in eine Wasserstoffatmosphäre. Es wurde gezeigt, daß der Plasmaausstoß in zwei entgegengesetzten Richtungen längs der Entladungsachse erfolgt. Die Parameter des Plasmas bei verschiedenen Arbeitsbedingungen des Injektors wurden photographisch, photoelektrisch und mit Hilfe von Thermosonden untersucht. Speziell wurden Arbeitsbedingungen gewählt, bei denen das System die Möglichkeit gibt, das Plasma in Form einzelner Impulse von 2–5 μs Dauer zu injizieren; die Länge des Clusters beträgt hierbei 30–40 cm. Auf photoelektrischem und kalorimetrischem Wege wurde die Gesamtzahl der Teilchen bestimmt, die pro Impuls injiziert wird; ihre Dichte wurde abgeschätzt und die Geschwindigkeit der Bewegung des Plasmas längs der Achse gemessen. Bei den beschriebenen Experimenten wurden unter verschiedenen Bedingungen folgende Werte dieser Parameter erzielt: $N = 8 \cdot 10^{16}$, $n = 6 \cdot 10^{13}\ cm^{-3}$, $V_Z = 2{,}8 \cdot 10^7$ cm/s. Eine grobe Abschätzung der Ionentemperatur aus Versuchen mit verschieden orientierten Thermoempfängern liefert etwa $5 \cdot 10^5$ °C. H. Vogel.

1–553 **D. I. Gaffee.** *The microcircuit concept.* Proc. Instn elect. Engrs (B) **109**, 336–341, *1962*, Suppl. Nr. 22. (S. B.)

1–554 **A. P. C. Thiele.** *Multiple-tapped magnetostrictive delay lines.* Proc. Instn elect. Engrs (B) **109**, 379–388, *1962*, Suppl. Nr. 22. (S. B.)

1–555 **K. Stülpner.** *Schaltungen zur Abfallverzögerung von Relais mit Transistoren.* Elektron. Rdsch. **15**, 523–524, *1961*, Nr. 11. (Nov.) (Bad Homburg, W. Assmann GmbH.)

1–556 **K. J. Button** and **B. Lax.** *Perturbation theory of the reciprocal ferrite phase-shifter.* Proc. Instn. elect. Engrs (B) **109**, 56–58, *1962*, Suppl. Nr. 21. (S. B.) (Lexington, Mass., Inst. Technol., Lincoln Lab.)

1–557 **R. W. Beattie, G. Forshaw** and **E. N. Leney.** *Design, material and performance of plugs and sockets for electronic switching applications.* Proc. Instn elect. Engrs (B) **109**, 102–110, *1962*, Suppl. Nr. 21. (S. B.)

1–558 **A. G. Ball, J. E. Wright, D. L. Hood** and **J. A. W. Butcher.** *The design of recording heads for use on a magnetic storage drum, and the characteristics of various recording surfaces.* Proc. Instn elect. Engrs (B) **109**, 165–174, *1962*, Suppl. Nr. 21. (S. B.)

1–559 **D. R. Callaby.** *Magnetic film storage units.* Proc. Instn elect. Engrs (B) **109**, 175–179, *1962*, Suppl. Nr. 21. (S. B.)

1–560 **A. Fairweather, F. Lazenby** and **A. E. Parker.** *Long-life low-voltage contacts with special reference so sliding structures.* Proc. Instn elect. Engrs (B) **109**, 567–586, *1962*, Suppl. Nr. 22. (S. B.)

1–561 **Aisuke Katayama.** *Adaptive control system design using root-locus.* Trans. Inst. Radio Engrs, N. Y. **AC-7**, 81–83, *1962*, Nr. 1. (Jan.) (Akita, Jap., Univ., Dep. Elect. Engng.)

1–562 **C. D. Leedham.** *Discussion of "theory and design of high-order bang-bang control systems".* Trans. Inst. Radio Engrs, N. Y. **AC-7**, 89, *1962*, Nr. 1. (Jan.) (Lafayette, Ind., Univ., Control Informat. Sys. Lab., Dep. Elect. Engng.) D. Kinne.

1-563 **Warren A. Christopherson.** *Matrix switch and drive system for a low-cost magnetic core memory.* Trans. Inst. Radio Engrs, N. Y. **EC-10**, 238—246, *1961*, Nr. 2. (Juni.) (San Jose, Calif., IBM Corp., Gen. Prod. Div., Devellop. Lab.)

1-564 **M. Lehman.** *Serial matrix storage systems.* Trans. Inst. Radio Engrs, N. Y. **EC-10**, 247—252, *1961*, Nr. 2. (Juni.) (Tel Aviv, Min. Def., Sci. Dep.)

1-565 **George J. Fan.** *A study of the playback process of a magnetic ring head.* IBM-J. Res. Dev. **5**, 321—325, *1961*, Nr. 4. (Okt.) O. Wegner.

1-566 **C. B. Sharpe.** *An alternative derivation of Orlov's synthesis formula for nonuniform lines.* Proc. Instn elect. Engrs (C) **109**, 226—229, *1962*, Nr. 15. (März.) (Ann Arbor, Mich., Univ., Dep. Elect. Engng.) Aus den Leitungsgleichungen erhält man, indem man die Ortskoordinate z durch ein Integral über den Fortpflanzungskoeffizienten substituiert, eine eindimensionale SCHRÖDINGERsche Wellengleichung. Mit Hilfe dieser Gleichung läßt sich die Analysis der Leitung als eindimensionales Streuproblem mit den üblichen Methoden der Störungsrechnung durchführen, wobei der Leitungsabschluß eine Randbedingung liefert, welche die übliche Randbedingung für $x \to \infty$ ersetzt. Die Integralgleichung des Problems mit einer entsprechenden GREENschen Funktion wird näherungsweise durch Entwicklung in eine FREDHOLMsche Reihe gelöst, die nach dem ersten bzw. zweiten Term abgebrochen wird. Dieses Verfahren führt auf die ORLOVschen Formeln für den Koeffizienten der Streuwelle und für die Leitungssynthese (J. tech. Phys. USSR, **26**, 2361, *1956*). Vf. weist darauf hin, daß einige Formeln in der ORLOVschen Originalarbeit einen Fehler um den Faktor 1/2 enthalten. D. Schnupp.

1-567 **Nelson M. Blachman.** *A generalization of Woodward's theorem on FM spectra.* Inform. Control **5**, 55—63, *1962*, Nr. 1. (März.) (Mountain View, Calif., Sylvania Electron. Def. Labs.) WOODWARDS Theorem besagt, daß die Leistungsspektraldichte eines langsam frequenzmodulierten Signals durch die Wahrscheinlichkeitsdichte der Modulation gegeben ist. Das Theorem läßt sich auf den Fall einer langsamen Amplitudenmodulation erweitern, indem jede Frequenz mit dem ihr zugeordneten mittleren Amplitudenquadrat gewogen wird. Das erweiterte Theorem wird angewandt, um das Spektrum hoher Harmonischer der Überlagerung einer Sinusschwingung und eines schmalbandigen GAUSSschen Rauschens zu bestimmen. P. Schnupp.

1-568 **C. V. Freiman.** *Optimal error detection codes for completely asymmetric binary channels.* Inform. Control **5**, 64—71, *1962*, Nr. 1. (März.) (Yorktown Heights, N.Y., IBM. Res.) Vf. zeigt, daß der n/2-aus-n-Code der am wenigsten redundante binäre Block-Code ist, der in vollständig asymmetrischen Kanälen die Entdeckung aller Fehler erlaubt, und daß der Summen-Code von BERGER (Inform. Control. **4**, 68, *1961*) der am wenigsten redundante aller separierbaren Codes dieses Typs ist. Die Redundanzen dieser beiden Codes werden berechnet. Es zeigt sich, daß für n nach unendlich der n/2-aus-n-Code zweimal so redundant ist wie der Summencode. Im Anhang gibt Vf. eine Methode zur Konstruktion separierbarer Codes, welche asymmetrische Fehler bis zu einer bestimmten Anzahl aufdecken können. P. Schnupp.

1-569 **Peter G. Neumann.** *A note on cyclic permutation error-correcting codes.* Inform. Control **5**, 72—86, *1962*, Nr. 1. (März.) (Murray Hill, N. J., Bell Tel. Labs, Inc.) Vf. untersucht selbstkorrigierende Codes mit n bit/Wort, großen Abständen (etwa n/2) und kleiner Wortzahl (etwa 2 n). Es werden Beziehungen zwischen zyklisch permutierenden Codes, bei denen die Hälfte der Wörter durch zyklische Permutation auseinander hervorgeht, und die andere Hälfte deren Komplement ist, und Differenzmengen aufgezeigt. Zwar ist die Kodierung und Dekodierung für diese Codes einfach, jedoch wird für große n die Informationsrate asymptotisch 0, so daß derartige Codes für Zwecke der Nachrichtenübertragung unzweckmäßig sind, sie können aber für den Entwurf von Schaltnetzwerken von Bedeutung sein. P. Schnupp.

1-570 **Hiroshi Inose** and **Yasutoshi Abe.** *An approximate calculation on blocking probabilities of a triangular alternate routing system.* J. Inst. elect. Commun. Engrs Japan **44**,

1450—1456, *1961*, Nr. 10. (Okt.) (Orig. jap. m. engl. Zfg.) (Tokyo, Univ., Fac. Engng; Nippon Telegr. Tel. Publ. Corp.) Unter der Annahme einer POISSON-Verteilung für ankommende Gespräche und exponentieller Wartezeitverteilung wird eine Formel für die Blockierwahrscheinlichkeit für Gespräche in einem Dreiecks-Umleitungssystem abgeleitet. Hierbei wird vorausgesetzt, daß ein über den Umweg geleitetes Telefongespräch auf eine direkte Leitung umgelegt wird, sobald eine solche frei wird.
P. Schnupp.

1–571 **K. K. Maitra.** *A map approach to the solution of a class of Boolean functional equations.* Commun. and Electronics *1962*, S. 34—36, Nr. 59. (März.) (Rochester, N. Y., Gen. Dynam./Electron.) Für eine Klasse von BOOLschen Funktionalgleichungen, wie sie bei der logischen Konstruktion von Schaltkreisen auftritt, läßt sich die Lösung durch abbildende Zuordnung in einem Tabellensystem nach VEITCH erhalten. H. Hora.

1–572 **A. Nathan.** *A proof of the topological rules of signal-flow-graph analysis.* Proc. Instn elect. Engrs (C) **109**, 83—85, *1962*, Nr. 15. (März.) (Haifa, Israel Inst. Technol., Tech., Fac. Elect. Engng.)

1–573 **A. Mukhopadhyay.** *A method of determination of all the minimal forms of Boolean functions.* Proc. Instn elect. Engrs (C) **109**, 250—255, *1962*, Nr. 15. (März.) (Calcutta, Univ., Inst. Radio Phys. Electron.)

1–574 **Rangasami Shidhar** and **Rufus Oldenburger.** *Stability of a nonlinear feedback system in the presence of Gaussian noise.* Trans. amer. Soc. mech. Engrs (D) **84**, 61—70, *1962*, Nr. 1. (März.) (Lafayette, Univ., Elect. Engng; Mech. Engng.)

1–575 **Yu. M. Korshunov.** *Analysis of self-oscillations due to level quantization of signal in automatic digital systems.* Automat. Telemech., Moskau **22**, 885—895, *1961*, Nr. 7. (Orig. russ. m. engl. Zfg.)

1–576 **I. A. Lubinsky, V. A. Milutina** and **N. V. Pozin.** *Pulse-frequency telemetering transmitting device.* Automat. Telemech., Moskau **22**, 934—938, *1961*, Nr. 7. (Orig. russ. m. engl. Zfg.)

1–577 **D. A. Calahan.** *A note on root-locus synthesis.* Trans. Inst. Radio Engrs, N.Y. **AC-7**, 84, *1962*, Nr. 1. (Jan.) (Aberdeen Proving Ground, Md., Ballist. Res. Labs.)
D. Kinne.

1–578 **R. T. Waters** and **R. E. Jones.** *New methods of producing high-voltage square waveforms, and their application to spark photography.* Proc. Instn elect. Engrs (A) **109**, 144—150, *1962*, Nr. 44. (Apr.) Vff. geben einen Überblick über Zerhackerschaltungen für die Gewinnung von rechteckigen Hochspannungskurvenformen und beschreiben die Entwicklung von zwei neuen Methoden für die Verwendung bis zu 1 MV. Die erste besteht aus einem Kreis von zwei Kugelfunkenstrecken zum Zerhacken von Impulsen mit einem zeitlichen Streubereich des Zerhackens von $\pm 3\%$. Es wurde auch eine Schaltung mit Hilfsimpulsgenerator und Trigatron-Kugelfunkenstrecke verwendet, um eine rechteckige Welle für eine vorgegebene Dauer oder für automatisches Abschalten der Spannung kurz vor dem Zusammenbruch der Prüffunkenstrecke zu erreichen. Diese Automatik ist eine wertvolle Hilfe bei der photographischen Untersuchung von Entladungsvorgängen, bei denen die Durchbruchspannung nach wesentlich verschiedenen Zeiten erreicht wird. H. Helke.

1–579 **H. Goldenberg.** *The determination of electromagnetic forces in transformer windings with axial symmetry by means of a resistance network.* Ann. Ass. int. Calcul analog. **3**, 164—166, *1961*, Nr. 4. (Okt.)

1–580 **Z. Krasucki.** *Processes leading to discharges in oil-impregnated paper.* Proc. Instn elect. Engrs (B) **109**, 435—439, *1962*, Suppl. Nr. 22. (S. B.) E. Bretnütz.

1–581 **Yves Garault.** *Expressions des ondes électromagnétiques élémentaires du type EH en coordonnées cylindriques.* C. R. Acad. Sci., Paris **254**, 1590—1592, *1962*, Nr. 9. (26. Febr.) (Fontenay-aux-Roses, Seine, Lab. Electron Sorbonne.) Elektromagnetische Wellen vom

EH-Typ besitzen in Ausbreitungsrichtung sowohl eine E- wie eine H-Komponente. (E_z, H_z.) Ihre Existenz ist in Wellenleitern periodischer Struktur mit Phasengeschwindigkeiten gleich, kleiner und größer der Lichtgeschwindigkeit möglich. Ausgehend von den aus der MAXWELLschen Theorie hergeleiteten Fortpflanzungsgleichungen wird die Lösung des Problems in Zylinderkoordinaten durchgeführt. Für Phasengeschwindigkeiten $v_\varphi = 0$, $v_\varphi < 0$ und $v_\varphi > 0$ werden die formelmäßigen Ausdrücke für die Feldkomponenten E_z, H_z; E_r, H_r; E_ϑ, H_ϑ explizit in Zylinderkoordinaten angegeben. H. Bayer.

1–582 **E. Pels** and **W. Liang.** *A method of array steering by means of phase control through heterodyning.* Trans. Inst. Radio Engrs, N. Y. **AP-10**, 100, *1962*, Nr. 1. (Jan.) (Dobbs Ferry, N. Y., Columb. Univ., Hudson Labs.)

1–583 **N. A. Logan** and **K. S. Yee.** *A simple expression for propagation constants associated with a reactive convex surface.* Trans. Inst. Radio Engrs, N. Y. **AP-10**, 103, *1962*, Nr. 1. (Jan.) (Sunnyvale, Calif., Lockheed Miss. Space Div.) D. Kinne.

1–584 **W. L. Hatton.** *Oblique-sounding and HF radio communication.* Trans. Inst. Radio Engrs, N. Y. **CS-9**, 275–279, *1961*, Nr. 3. (Sept.) (Ottawa, Def. Res. Telecommun. Establish.) Es werden Ergebnisse von Ausbreitungsuntersuchungen über kurze Entfernungen (kanadische Übertragungsstrecken) und über lange Entfernungen (transatlantische Übertragungsstrecken) gebracht, die mit Hilfe von sogenannten Ferndurchdrehern gewonnen worden sind. Die genannten Übertragungsstrecken sind insofern interessant, als sie teilweise durch die Polarlichtzone beeinflußt worden sind. Es zeigt sich, daß die Vorhersage der Ausbreitungsbedingungen in vielen Punkten unbefriedigend ist. Obgleich deshalb in einigen Fällen schon Anstalten getroffen sind, um Ferndurchdrehergebnisse direkt für entsprechende Nachrichtenverbindungen nutzbar zu machen, ist es für wirkungsvollere Ergebnisse doch notwendig, auch die technische Ausrüstung der Nachrichtenübertragungsanlagen diesen Gegebenheiten anzupassen. Ein entsprechender Vorschlag wird gebracht. R. Busch.

1–585 **Paul D. Shaft.** *Information bandwidth of tropospheric scatter systems.* Trans. Inst. Radio Engrs, N. Y. **CS-9**, 280–287, *1961*, Nr. 3. (Sept.) (Palo Alto, Calif., Philco Western Develop. Labs.) Für Interferenzstörungen, hervorgerufen durch selektives Fading bei Frequenzmultiplexsystemen werden mehrere rechnerisch ermittelte Kurvenscharen angegeben, die die Abhängigkeit des Verhältnisses Modulationsstörung zu Signalstärke von der Informationsbandbreite, die ihrerseits durch das Produkt aus der Summe der höchsten Modulationsfrequenz und der maximalen Frequenzabweichung mit dem Faktor zwei definiert ist, mit der Entfernung als Parameter darstellen. Diese Kurvenscharen lassen sich anwenden bei troposphärischer Scatter-Übertragung mehrerer Telephon- und Telegraphenkanäle. Um brauchbare Resultate zu erhalten, ist ein troposphärisches Übertragungsmodell mit zwei Strahlwegen zugrunde gelegt, wodurch sich allerdings insofern eine Einschränkung in der Anwendung ergibt, als die Informationsbandbreite geringer sein muß als die Übertragungsbandbreite, die durch den Frequenzzuwachs zwischen zwei aufeinanderfolgenden, durch das selektive Fading hervorgerufene Nullstellen definiert ist. Eine Methode, mit der die Wahrscheinlichkeitsverteilung der Interferenzstörungen erhalten werden kann, wird unter Anführung eines Beispiels angegeben. Bei der Planung von troposphärischen Scatter-Übertragungssystemen muß berücksichtigt werden, daß Interferenzstörungen unter Umständen stärker ins Gewicht fallen als das thermische Rauschen. R. Busch.

1–586 **F. du Castel.** *Influence de la terre en propagation transhorizon.* Onde élect. **42**, 48–66, *1962*, Nr. 418. (Jan.) Die theoretische Untersuchung stützt sich auf die Methode von *V.* FOCK, bei der komplexe Integrale in der von der HERTZschen Funktion abgeleiteten Gleichung der Dämpfungsfunktion verwendet werden. Das Ergebnis wird auf die Ausbreitung ultrakurzer Wellen angewendet. R. Busch.

1–587 **Efraim Ravid-Weissberg.** *On the efficiency of the excitation of surface waves by distributed coupling.* Trans. Inst. Radio Engrs, N. Y. **MTT-9**, 573–575, *1961*, Nr. 6. (Nov.) (Hakirya, Tel Aviv, Min. Def., Sci. Dep.) Das hier angewandte Verfahren zur

Erregung von Oberflächenwellen besteht im wesentlichen aus der Anwendung der Theorie der Richtungskoppler, wobei aber versucht wurde, eine vollständige Energieübertragung von der primären Übertragungsleitung auf die Übertragungsleitung zu erreichen, auf der sich die Oberflächenwellen ausbreiten sollen. Wirkungsgrade von 92 bis 95% wurden erzielt. R. Busch.

1–588 **G. B. Walker** and **C. G. Englefield.** *An apparent anomaly in the group and energy velocity in a dielectrically loaded slow-wave structure.* Trans. Inst. Radio Engrs, N. Y. **MTT-10**, 30—33, *1962*, Nr. 1. (Jan.) (Vancouver, Univ. Brit. Columb., Dep. Elect. Engng.) Die hier betrachteten Übertragungsleitungen sind in periodischen Abständen mit dielektrischen Scheiben belastet, so daß sich mehrere gleiche Abschnitte ergeben. Es ergibt sich, daß für jedes Übertragungsleitungssystem, bei dem der Wert ψ (Phasenwechsel pro Abschnitt) nicht gleich π ist, die Gruppengeschwindigkeit und die Energiegeschwindigkeit gleich wird. R. Busch.

1–589 **A. Y. Hu** and **A. Ishimaru.** *The dominant cutoff wavelength of a lunar line.* Trans. Inst. Radio Engrs, N. Y. **MTT-9**, 552—556, *1961*, Nr. 6. (Nov.) (Renton, Wash., Boeing Airplane Co., Transport Div.; Seattle, Wash., Univ., Dep. Elect. Engng.) Die „Halbmond"-HF-Übertragungsleitung wird gebildet aus zwei inandergeschobenen Metallröhren, die zueinander exzentrisch angeordnet sind; auf einer Seite können sich dabei die Rohre berühren oder sie sind über Metallstege miteinander verbunden. Zur Lösung des gestellten Problems, nämlich der Berechnung der höchsten Grenzfrequenz, wird der halbmondförmige Querschnitt durch stufenförmige Einteilung in mehrere Abschnitte des äußeren Leiters angenähert, wobei der Verlauf der einzelnen Stufen konzentrisch zum Innenleiter ist. Der ganze Querschnitt wird so durch mit den Radien des Innenleiters zusammenfallende und in Richtung auf die Stufenkanten verlaufende Strahlen in 18 Sektoren eingeteilt. Damit wird aber das Problem auf eine Vielfach-Stufen-Übertragungsleitung reduziert und kann durch Einführen eines Winkelparameters für jeden Sektor gelöst werden. Mit Hilfe von Integralgleichungen, die für jeden Sektor die in den nächsten Sektor übertragene Gesamtenergie darstellen und näherungsweise durch Lösung des ersten Terms ihrer Entwicklung in unendliche Reihen gelöst werden, ergibt sich ein Gleichungssystem mit 18 Gleichungen und 18 Unbekannten: Die der Grenzfrequenz entsprechende Wellenzahl, die Ordnung der BESSEL-Funktion und der Winkelparameter. Durch schrittweise Näherung ergibt sich dann schließlich die Grenzfrequenz, wobei ein Vergleich mit empirisch gefundenen Ergebnissen eine gute Übereinstimmung zeigt. R. Busch.

1–590 **Theo Fischer.** *Über die inneren Ungleichmäßigkeiten von Hochfrequenzkabeln und ihren Einfluß auf die Resonanzfrequenzen.* Arch. elektr. Übertr. **15**, 326—334, *1961*, Nr. 7. (Juli.) (Köln-Mülheim, Felten u. Guilleaume Carlsw. AG., Versuchsanst. Nachrichtentech.)

1–591 **J. D. S. Hinchliffe** and **J. A. G. Neville.** *Recent developments in radio-frequency cables.* Proc. Instn elect. Engrs (B) **109**, 614—621, *1962*, Suppl. Nr. 22. (S. B.) E. Bretnütz.

1–592 **Horst Gruber.** *Gütemessungen an Hohlraumresonatoren. Eine Vergleichsgütemeßmethode.* Wiss. Z. Karl-Marx-Univ. Leipzig **11**, 11—26, *1962*, Nr. 1. Die Veröffentlichung gibt in theoretischer und experimenteller Hinsicht einen umfassenden Überblick über das Resonanzverhalten von Hohlraumresonatoren und die Methoden zur experimentellen Bestimmung des Q-Wertes. Nach einigen einleitenden Bemerkungen zur Theorie der Hohlraumresonatoren wird der Gütefaktor definiert und das prinzipielle Berechnungsverfahren angegeben. Die Resonanzkurve wird theoretisch abgeleitet und aus ihr der Gütefaktor ermittelt. Die Berechnung der Blindleistung wird durchgeführt. Der Begriff der „losen Kopplung" wird definiert und als Bedingung für Gütemessungen an der Resonanzkurve aufgestellt. Die Q-Wert-Messung nach „der Vergleichsgütemethode" wird ausführlich beschrieben und theoretisch begründet. Das Grundprinzip dieses Verfahrens ist folgendes: Ein mit Niederfrequenz gewobbelter Mikrowellen-Oszillator ist in Zweig 1 lose an den auszumessenden Hohlraumresonator gekoppelt, dessen Ausgangssignal auf ein Mischglied gegeben wird, dem andererseits das starke Signal eines Überlagerungs-

Oszillators zugeführt wird. Die mit der Modulation variable ZF wird über den ZF-Verstärker dem Oszillographen zugeführt, auf dem die Resonanzkurve des Hohlraums abgebildet wird. Im Ast 2 gibt der gewobbelte Oszillator sein Signal direkt auf ein zweites Mischglied, das ebenfalls eine Einspeisung vom gleichen Lokaloszillator wie Ast 1 erhält. Die in Zweig 2 nicht mehr von der Hohlraumresonanz abhängige ZF wird einem Vergleichskreis zugeführt, dessen Resonanzfrequenz mit der Bandmitte des ZF-Bandes übereinstimmt. Das Ausgangssignal des Vergleichskreises wird über einen schnell zwischen Kanal 1 und Kanal 2 umlegbaren Wechselschalter dem gleichen ZF-Verstärker zugeführt wie das Signal aus Zweig 1. Durch Änderung der Kapazität des Vergleichskreises werden beide Resonanzkurven auf dem Schirmbild des Oszillographen zur Deckung gebracht. Dann ist $Q_1 = Q_2$. Abschließend wird die beschriebene Methode mit anderen Gütemeßverfahren verglichen und über experimentelle Meßergebnisse an verschiedenen Resonatoren berichtet. H. Bayer.

1–593 **I. M. Firth.** *On casting plastic microwave cavities.* J. sci. Instrum. **39**, 131—132, *1962*, Nr. 3. (März.) (Fife, Univ., St. Andrews, School Natur. Phil.) Bei Mikrowellen-Hohlraum-Anordnungen, wo es besonders auf ein möglichst gleichmäßiges Eindringen des höchstfrequenten Feldes in die Wandungen ankommt, ist es wesentlich, Hohlräume mit extrem dünnen metallischen Wandungen herstellen zu können. In der vorliegenden Arbeit beschreibt der Vf. in allen Einzelheiten ein technisches Verfahren, bei dem der Hohlraum gegossen und innen mit einer dünnen Silberschicht überzogen wird. Dabei wird eine Kunstharzmasse („Araldit CT 200 mit Härtungsmittel HT 109") in eine metallische Gießform gefüllt, die aus dem Kern, der äußeren Schale und der Grundplatte besteht. Die Trocknung und Aushärtung erfolgt in der Gießform 2 Stunden lang bei + 200° C. Danach wird die Bearbeitung auf Größe und Polierung der Oberfläche vorgenommen. Die Versilberung wird in einem Bad aus ammoniakalischem Silbernitrat bei Abkühlung auf 12—15° C durchgeführt. Dadurch wird ein langsamerer und gleichmäßigerer Niederschlag erzielt. Die fertiggestellten Hohlräume werden dann mehrmals auf etwa 1,2° K unterkühlt. Dadurch wird bei Raumtemperatur ein Q-Wert von 4000 und bei tiefen Temperaturen von etwa 6000 erzielt. Ein Zerspringen des Gusses oder Abspringen des Silberüberzuges ist in keinem Falle beobachtet worden. H. Bayer.

1–594 **F. S. Hickernell, B. H. Auten** and **N. G. Sakiotis.** *Nonlinear effects in ferrite-filled reduced-size waveguide.* J. appl. Phys. **33**, 1272—1273, *1962*, Suppl. zu Nr. 3. (März.) (Scottsdale, Ariz., Motorola Inc., Solid State Electron. Dep.) Nichtlineare Effekte bei 9375 MHz in ferrit-gefüllten rechteckigen Hohlleitern mit transversalen äußeren magnetischen Feldern wurden untersucht. Die Querschnittsfläche des Standard-X-Band-Hohlleiters konnte auf den zehnten Teil des ursprünglichen Wertes verkleinert werden. Eine untere Grenze von 3 W wurde mit gewöhnlichen Polykristallen aus Ferrit-Materialien beobachtet. Es war möglich, brauchbare Begrenzerglieder zu bauen, deren Leistungsverluste kleiner als 1 db waren. Die Anwendung dieser Effekte beim Entwurf eines stabilen X-Band-Begrenzers sowie die Vorteile und Nachteile von Geräten, die diese Effekte benutzen, werden erwähnt. H. Helke.

1–595 **E. L. Johansen.** *Scattering coefficients for wall impedance changes in waveguides.* Trans. Inst. Radio Engrs, N. Y. **MTT-10**, 26—29, *1962*, Nr. 1. (Jan.) (Ann Arbor, Mich. Univ., Radar Lab.) Die Wiener-Hopf-Methode wird angewendet, um eine exakte Lösung des zweidimensionalen Steuerungsproblems zu erhalten. In einer Tabelle werden für einige Leitungswellentypen die Übertragungs- und Reflexionskoeffizienten für rechteckige und kreisförmige Hohlleiterquerschnitte bei diskontinuierlichen Begrenzungswand-Impedanzen angegeben. R. Busch.

1–596 **Arthur K. Jordan.** *Some effects of dielectric loading on ferrite phase shifters in rectangular waveguide.* Trans. Inst. Radio Engrs, N. Y. **MTT-10**, 83—84, *1962*, Nr. 1. (Jan.) (Blue Bell, Penn., Philco Corp., Res. Div.) Es wird eine Lösung des Grenzwertproblems einer dielektrisch belasteten Ferritscheibe in einem Hohlleiter rechteckigen Querschnitts gebracht, um Werte für die Konstante der verlustlosen Ausbreitung bei verschiedenen Stellungen der Ferritscheibe und für beide Ausbreitungsrichtungen zu erhalten. Hierzu wird die differentielle Phasenverschiebung, d. h. die Differenz der Phasenkonstanten für die Ausbreitung des TE-Typs in positiver Richtung längs der Ferritscheibe und des Dielektrikums und der Phasenkonstanten in negativer Richtung theoretisch und praktisch bestimmt. Für Stellungen der dielektrisch belasteten Ferritscheibe in der Mitte des Hohlleiters ergab sich eine gute Übereinstimmung der gemessenen Werte mit den theoretisch ermittelten. R. Busch.

1–597 **Shin-ichi Iiguchi.** *Mode conversion in the excitation of TE_{01} waves in a TE_{01} taper type mode transducer.* Rev. elect. Commun. Lab. **9**, 725–732, *1961*, Nr. 11/12. (Nov./Dez.) Es werden kurze Formeln zur Bestimmung der Amplitude der unerwünschten Wellentypen abgeleitet, die in einem Wellenformwandler entstehen, der zur Umwandlung einer H_{10}-Welle im Rechteckhohlleiter in eine H_{01}-Welle im runden Hohlleiter dient. Der Querschnitt des Wellenformwandlers geht vom Rechteck über einen Kreissektor schließlich in den Kreisquerschnitt des runden Hohlleiters über. Die mathematische Methode beruht auf dem Prinzip der stationären Phase. Es werden die Telegraphengleichungen von Reiter benutzt, die für inhomogene Hohlleiter mit gerader Achse abgeleitet wurden. Bei einem Wellenformwandler von 22 cm Länge, 2,22 cm innerem Durchmesser und einer Frequenz von 24 GHz betragen die Amplituden der angeregten H_{11}-, H_{21}- und E_{11}-Wellen der Reihenfolge nach – 15,4 dB, – 18,4 dB, – 17,6 dB. G. Piefke.

1–598 **J. J. Green, J. H. Saunders** and **E. Schlömann.** *Ferrite materials for microwave applications at high peak-power levels.* Proc. Instn elect. Engrs (B) **109**, 75–80, *1962*, Suppl. Nr. 21. (S. B.) (Cambridge, Mass., Univ.)

1–599 **G. Comte.** *Influence des irrégularités localisées sur la propagation d'une onde TE_{01} en guide circulaire.* Onde élect. **41**, 795–807, *1961*, Nr. 415. (Okt.)

1–600 **M. G. Krein** und **G. Ja. Ljubarskij.** *Zur Theorie der Durchlaßbandbreite periodischer Wellenleiter.* Priklad. Mat. Mech. **25**, 24–37, *1961*, Nr. 1. (Jan./Febr.) (Orig. russ.) (Charkow.) V. Siegel.

1–601 **A. S. Risley** and **I. Kaufman.** *Efficient frequency doubling from ferrites at the 100-watt level.* J. appl. Phys. **33**, 1269–1270, *1962*, Suppl. zu Nr. 3. (März.) (Canoga Park, Calif., Space Technol. Labs. Inc.) Vff. berichten über einen Ferrit-Frequenzverdoppler im Mikrowellenbereich mit einem Wirkungsgrad von 5% für eine Eingangsleistung von 300 W bei der Frequenz 8,5 GHz. Von der den Wirkungsgrad als Funktion von χ_0'' und h_ω bestimmenden Gleichung und aus experimentell gewonnenen Kurven von χ_0'' gegen h_ω für verschiedene Materialien wurde ein Diagramm ermittelt. Aus diesem Diagramm kann das beste Material für eine gegebene Eingangsleistung bestimmt werden. Im vorliegenden Fall war das Optimum Einkristall Mangan-Ferrit. H. Helke.

1–602 **W. F. Krupke, T. S. Hartwick** and **M. T. Weiss.** *Solid-state X-band power limiter.* Trans. Inst. Radio Engrs, N. Y. **MTT-9**, 472–480, *1961*, Nr. 6. (Nov.) (Los Angeles, Minneapolis-Honeywell Co., Aeronaut. Div.) Um die empfindlichen Richtleiter in Radar-Empfängern vor der Zerstörung durch die starken Sender-Mikrowellenimpulse zu schützen, wurde ein Leistungsbegrenzer für das X-Band konstruiert, der aus einem Ferritabsorber und einigen Halbleiter-Dioden besteht, während man sonst für diesen Zweck Gasentladungsröhren, sog. Nulloden, verwendet. Der nichtlineare Mechanismus der Absorption von Mikrowellenenergie im Ferrit wurde studiert und wird quantitativ beschrieben. Aus diesen Studien entstand ein wirksamer Hochleistungsbegrenzer, dessen Wirkungsweise qualitativ angegeben wird. Wenn man diesen Ferritbegrenzer anwendet, muß man einen zweiten Begrenzer für kleinere Leistung nachschalten. Als solcher wurden Halbleiterdioden verwendet, welche nicht als Ohmsche Last, sondern als kapazitive Last wirken. Dadurch wird eine übermäßige Wärmebeanspruchung der Halbleiterdioden vermieden. Beide Begrenzer sind zu einem einzigen Bauteil vereinigt, dessen Betriebsdämpfung über alles 20 dB beträgt und der eine Bandbreite von 200 MHz besitzt. O. Macek.

1–603 **J. C. Cacheris** and **N. G. Sakiotis.** *Modern U. H. F. and microwave ferrite devices.* Proc. Instn elect. Engrs (B) **109**, 127–134, *1962*, Suppl. Nr. 21. (S. B.) (Phoenix, Ariz., Solid State Dep., Motorla Inc.) E. Bretnütz.

1–604 **G. S. Heller, J. B. Thaxter** and **J. J. Stickler.** *Ferrite and anti-ferromagnetic millimetre- and submillimetre-wavelength devices.* Proc. Instn elect. Engrs (B) **109**, 134 bis 136, *1962*, Suppl. Nr. 21. (S. B.)

1–605 **Harley Halverson.** *Testing microwave transmission lines using the sampling oscilloscope.* Electronics **34**, *1961*, Nr. 26, (30. Juni.) S. 86–88. (Palo Alto, Calif., Hewlett-Packard Co.)

1–606 *Einfache RC-Glieder zur Formung von Impulsen.* Funktechnik **6**, 177–180, *1962*, Nr. 2.

1–607 **N. C. Hekimain** and **P. M. Schmitz.** *Four-layer diode triggers high-voltage pulse generator.* Electronics **34**, *1961*, Nr. 26, (30. Juni.) S. 84–85. (Washington, D. C., Dep. Def.) O. Wegner.

1–608 **E. Just.** *Analogien zwischen elektrischen und thermischen Leitungsvorgängen. II. Nichtstationäre Vorgänge in mehrschichtigen homogenen Kettenleitern.* Wiss. Z. Hochsch. Elektrotech. Ilmenau **7**, 239–244, *1961*, Nr. 3. (Ilmenau, HfE.) In Teil I (Ber. **41**, Nr. 12–496, *1962*) wurden nichtstationäre Vorgänge in einschichtigen homogenen Kettenleitern betrachtet. Bestehende Analogien zwischen eindimensionalen elektrischen und thermischen Leitungsvorgängen wurden dargelegt. Verschiedene Randwertaufgaben der Telegraphengleichung bzw. der Wärmeleitungsgleichung wurden gelöst. Beispiele zeigten praktische Anwendungsmöglichkeiten. In diesem Teil II werden für die 1., 2. und 3. Randwertaufgabe bei n-Ketten (Schichten) die den Spannungs- und Stromverlauf (Temperatur- und Wärmestromverlauf) beschreibenden Gleichungen aufgestellt und die Lösungen für $n = 2$ und 3 angegeben. Die Ergebnisse gelten für elektrische Aufladungsvorgänge und thermische Aufheizprobleme. Homogene Anfangsbedingungen und konstante Stoffwerte werden vorausgesetzt. Ein Beispiel stellt den theoretischen Resultaten Meßwerte gegenüber. P. Seyfried.

1–609 **H. O. Ramp** and **E. R. Wingrove.** *Principles of pulse compression.* Trans. Inst. Radio Engrs, N. Y. **MIL-5**, 109–116, *1961*, Nr. 2. (Apr.) (Syracuse, N. Y., Gen. Elect. Co., Electron. Lab.)

1–610 **Heinrich Kaden.** *Das Einschalten eines Schwingungskreises mit einer gesteuerten Reaktanz.* Arch. elektr. Übertr. **15**, 313–318, *1961*, Nr. 7. (Juli.) (München, Siemens u. Halske AG., Zentr.-Lab.) O. Wegner.

1–611 **H. Roetschi.** *New type of loop tracer for ferroelectrics.* J. sci. Instrum. **39**, 152–153, *1962*, Nr. 4. (Apr.) (Zurich, Labs. RCA Ltd.) Beschreibung eines einfachen Netzwerkes zur Kompensation der linearen Verluste und Parallelkapazitäten bei der Aufnahme einer ferroelektrischen Hysteresekurve mit 50 Hz. H. E. Müser.

1–612 **M. Erdei.** *Duality of non-planar electric circuits without the use of ideal transformers.* Proc. phys. Soc. Lond. **79**, 599–604, *1962*, Nr. 3 (Nr. 509). (1. März.)

1–613 **A. Brameller** and **J. K. Denmead.** *Some improved methods for digital network analysis.* Proc. Instn elect. Engrs (A) **109**, 109–116, *1962*, Nr. 43. (Febr.) (Manchester, Assoc. Elect. Ind. Ltd.)

1–614 **Anthony Mellas.** *Servo error amplifier gain compensation network.* Trans. Inst. Radio Engrs, N. Y. **AC-7**, 77–79, *1961*, Nr. 1. (Jan.) (Fullerton, Calif., Hughes Aircr. Co., Rad. Lab.)

1–615 **W. K. Kahn** and **H. Kurss.** *The uniqueness of the lossless feed network for a multibeam array.* Trans. Inst. Radio Engrs, N. Y. **AP-10**, 100–101, *1962*, Nr. 1. (Jan.) (Brooklyn, N. Y., Polytech. Inst., Microw. Res. Inst.)

1–616 **I. Cederbaum.** *Topological considerations in the realization of resistive n-port networks.* Trans. Inst. Radio Engrs, N. Y. **CT-9**, 324–329, *1961*, Nr. 3. (Sept.) (New York, Columb. Univ., Dep. Elect. Engng.) W. Nonnenmacher.

1–617 **J. S. Seeley.** *Synthesis of interference filters.* Proc. phys. Soc. Lond. **78**, 998–1008, *1961*, Nr. 5 (Nr. 504). (15. Nov.) (London, Univ., Queen Mary Coll.) Anwendung eines Verfahrens zum Aufbau elektrischer Filter zur Übertragung vorgegebener Frequenzfunktionen auf dielektrische Interferenzfilter mit bis zu 4 Halbwellenschichten unter der Annahme, daß diese Schichten die einzigen frequenzempfindlichen Teile des Filters sind. Beschreibung der reflektierenden Viertelwellenschichten mittels eines einzigen Parameters r. Durchrechnung für 8% Bandbreite mit Durchlässigkeit $\geq 0,91$. Prinzip anwendbar auf Filter mäßiger Bandbreite für beliebige Spektralbereiche. Gegenüber elektrischen Filtern gewisse Einschränkungen, weil r durch Kombinationen der Brechungsindizes der in den reflektierenden Schichten benutzten Dielektrika darstellbar sein muß. G. Schumann.

1–618 **Kunihiko Fukushima.** *Redundancy of two-dimensional pattern.* J. Inst. elect. Commun. Engrs Japan **44**, 1473–1480, *1961*, Nr. 10. (Okt.) (Tokyo, Broadcast. Co., Tech. Res. Labs.) Vf. untersucht, wieviel der in einem Fernsehsignal enthaltenen Redundanz dadurch eliminiert werden kann, daß das Bild gespeichert wird und nur seine Veränderungen übertragen werden. Dazu wird die zweidimensionale Redundanz bei gegebener Korrelation zwischen benachbarten Bildelementen für Verfahren mit und ohne Zeilensprung berechnet und graphisch dargestellt. P. Schnupp.

1–619 **L. P. Huelsman.** *Use of two negative-impedance converters to synthesize RC transfer functions.* Trans. Inst. Radio Engrs, N. Y. **CT-9**, 357, *1961*, Nr. 3. (Sept.) (Tucson, Ariz. Univ., Dep. Elect. Engng.) W. Nonnenmacher.

1–620 **Roy W. Roberts, Bert A. Auld** and **Robert R. Schell.** *Magnetodynamic mode ferrite amplifier.* J. appl. Phys. **33**, 1267–1268, *1962*, Suppl. zu Nr. 3. (März.) (Palo Alto, Calif., Melabs; Stanford Univ.) Ein longitudinal angeregter Ferrit-Verstärker wurde in zwei verschiedenen magnetodynamischen Arten für Signal- und Leerlauf-Resonanzschaltungen verwendet. Diese magnetodynamischen Verfahren resultieren aus der Kopplung einer Hohlraum-Resonanzmethode mit einer magnetostatischen Resonanz. Die Kopplung oder Mischung ist am stärksten, wenn die beiden ungestörten Resonanzfrequenzen gleich sind. Für den in dem Aufsatz beschriebenen Verstärker wurde eine Einkristall-Kugel aus Yttrium-Eisen-Granat verwendet. Das magnetische Anregungsfeld betrug 17 GHz/γ Oe. Die magnetodynamischen Arten zeigten bei 21 GHz bzw. 14 GHz für die zwei Äste der Abstimmungskurve Resonanz. Der Vorteil dieser Form der ferritischen Verstärkung ist leichtes Koppeln und keine Interferenz mit anderen Resonanzformen. H. Helke.

1–621 **M. E. Pedinoff.** *The negative-conductance slot amplifier.* Trans. Inst. Radio Engrs, N. Y. **MTT-9**, 557–566, *1961*, Nr. 6. (Nov.) (Malibu, Calif., Hughes Aircraft Co.) Zur Vereinfachung von Mikrowellenübertragungssystemen wurde bereits vorgeschlagen, Festkörperverstärkervorrichtungen direkt in die Antenne einzubauen. Eine erste Näherungsmethode zum analytischen Erfassen der Eigenschaften eines durch eine Tunneldiode überbrückten Antennenschlitzes stützt sich auf die Ersatzschaltung einer solchen Anordnung bei Resonanz und erstreckt sich auf die Erfassung des Antennengewinns und der Rauscheigenschaften. Die zweite Näherungsmethode befaßt sich mit dem Frequenzverhalten des Scheinleitwertes des Antennenschlitzes und der Diode. Versuche ergaben einen Übertragungsgewinn von 21,5 db bei 2,7 GHz. R. Busch.

1–622 **A. van der Ziel.** *Noise measure of distributed negative-conductance amplifiers.* Proc. Inst. Radio Engrs, N. Y. **49**, 1212–1213, *1961*, Nr. 7. (Juli.) (Minneapolis, Minn., Univ., Elect. Engng Dep.)

1–623 **R. L. Willett.** *Positive and negative feedback multiply amplifier input impedance.* Electronics **34**, *1961*, Nr. 27, (7. Juli.) S. 52–53. (Baltimore, Md., Martin Co.)

1–624 **Guy H. Smith jr.** *Distortion monitor checks linear amplifier characteristics.* Electronics **34**, *1961*, Nr. 27, (7. Juli.) S. 57–59. (Atlanta, Georg., Inst. Technol., Exp. Stat.) O. Wegner.

1–625 **R. D. Middlebrook** and **A. D. Taylor.** *Differential amplifier with regulator achieves high stability, low drift.* Electronics **34**, *1961*, Nr. 30, (28. Juli.) S. 56–59. (So. Pasadena, Calif., Microdot, Inc.)

1–626 **H. R. Senf, F. E. Goodwin, J. E. Kiefer** and **K. W. Cowans.** *Masers for radar systems applications.* Trans. Inst. Radio Engrs, N. Y. **MIL-5**, 58–65, *1961*, Nr. 2. (Apr.) (Malibu, Calif., Hughes Aircr. Co., Res. Labs.; Culver City , Calif., Hughes Aircr. Co., Aerospace Engng Div.) O. Wegner.

1–627 **R. A. Moore.** *Millimeter wave parametric amplification with antiferromagnetic materials.* J. appl. Phys. **33**, 1274–1275, *1962*, Suppl. zu Nr. 3. (März.) (Baltimore, Md., Westinghouse Elect. Co., Appl. Phys. Group.) Der Gebrauch von Material mit magnetischer Resonanz in Millimeter- und Submillimeterwellen-Bändern ermöglicht elektromagnetische Wechselwirkung ohne ein extrem großes magnetisches Feld. Die am besten für Mikrowellen-Anwendung geeigneten antiferromagnetischen Materialien Cr_2O_3 und $MnFe_2$ zeigen Resonanzen bei etwa 160 GHz und 250 GHz. Bei Vorhandensein eines magnetischen Feldes parallel zur Untergitter-Magnetisierung ergibt die Präzession Resonanz bei verschiedenen Frequenzen für entgegengesetzt gerichtete zirkular polarisierte Anregung. Vf. führt eine Analyse zum Bestimmen des parametrischen Ansprechens der entgegengesetzt gerichteten Präzession für longitudinale Einspeisung durch. Es folgen Berechnungen über das Verhalten eines antiferromagnetischen Mediums in einem Silber-Hohlraum in Resonanz mit der Pumpfrequenz. Für antiferromagnetische Millimeter- und Submillimeter-Verstärkung werden Materialien mit enger Signalbreite benötigt. Ein besserer Wirkungsgrad der Pumpleistung und ein vereinfachter Aufbau für Millimeterwellen-Anwendung ergibt sich, wenn die Pumpfelder durch Resonanz in einem dielektrischen Stab unterstützt werden. Wenn der Stab über der schmalen Seite des rechteckigen Hohlleiters angebracht wird, bilden die breiten Seiten die leitenden Endschichten der H_{11}-Welle. H. Helke.

1–628 **C. R. Boyd jr.** *Design considerations for parametric amplifier low-noise performance.* Trans. Inst. Radio Engrs, N. Y. **MIL-5**, 72–80, *1961*, Nr. 2. (Apr.) (Syracuse, N.Y., Gen. Elect. Co., Electron. Lab.)

1–629 **S. V. Kulikov.** *On "reversal" conditions for relay semi-conductor devices.* Automat. Telemech., Moskau **22**, 914–918, *1961*, Nr. 7. (Orig. russ. m. engl. Zfg.)

1–630 **N. P. Vasilieva** and **I. Gashkovetz.** *Determination of optimum parameters of some types of magnetic logic elements.* Automat. Telemech., Moskau **22**, 919–933, *1961*, Nr. 7. (Orig. russ. m. engl. Zfg.) H. Ebert.

1–631 **H. R. Raemer.** *Radiation from linear electric or magnetic antennas surrounded by a spherical plasma shell.* Trans. Inst. Radio Engrs, N. Y. **AP-10**, 69–78, *1962*, Nr. 1. (Jan.) (Waltham, Mass., Sylvania Electron. Syst., Appl. Res. Lab.) Für die theoretische Untersuchung wird angenommen, daß die Antenne klein ist gegenüber der freien Raum-Wellenlänge, aber groß genug, um einige Multipolstrahlungen außer der Dipolstrahlung zuzulassen. Diese Antennenfelder werden mit Hilfe von sphärischen Vektor-Wellenfunktionen dargestellt, mit deren Hilfe die Felder innerhalb und außerhalb des Plasmas berechnet werden können. Außer den Reflexions-Dämpfungsverlusten im Plasma selbst wird der Einfluß der Plasmareflexionen auf den Antennenstrom durch eine Störungsrechnung angenähert bestimmt, die auf die klassische ,,Hallen"-Integralgleichung angewendet wird, wobei der Fall des unendlichen freien Raumes als Lösung nullter Ordnung betrachtet wird. R. Busch.

1–632 **Campbell McCord** and **J. W. Vinyard.** *Digital computer solution of a microwave reflector.* Pwr Apparatus Syst. *1961*, S. 710–715, Nr. 57. (Dez.) (Knoxville, Tenn., Valley Authority; Chattanooga, Tenn.) Die hier vorliegende theoretische Untersuchung betrifft das System: Mikrowellen-Parabolspiegel — ebener, passiver Reflektor. Die mit Hilfe einer Rechenanlage IBM 704 ermittelten Werte gestatten die Darstellung einer Kurvenschar, die die Abhängigkeit der Reflektorverluste von der Wellenlänge, den Antennen- und Reflektorabmessungen und des gegenseitigen Abstandes zeigt. Darüber hinaus wird das Flußdiagramm der Rechenanlage für das Programm und die dem Programm zugrunde liegende Näherungsmethode angegeben. R. Busch.

1–633 **G. O. Young** and **A. Ksienski.** *Signal and data-processing antennas.* Trans. Inst. Radio Engrs, N. Y. **MIL-5**, 94–102, *1961*, Nr. 2. (Apr.) (Culver City, Calif., Hughes Aicr. Co., Aerospace Engng Div.)

1–634 **Sukemoto Kawazu, Keizo Ohashi, Shusuke Kato** and **Yuji Numano.** *Dualpolarization parabolic antenna for wide-band microwave relay system.* J. Inst. elect. Commun. Engrs Japan **44**, 351–356, *1961*, Nr. 3. (März.) (Orig. jap. m. engl. Zfg.) (Tokyo, Elect. Commun. Lab.)

1–635 **David Cohen.** *Converter produces television bar display.* Electronics **34**, *1961*, Nr. 44, (3. Nov.) S. 45–47. (S. B.) (Deer Park, N. Y., Airborne Instrum. Lab.)

1–636 **Georges Valensi.** *Télévision en couleurs par satellite.* Ann. Télécomm. **17**, 67–76, *1962*, Nr. 3/4. (März/Apr.)

1–637 **Dieter Seitzer.** *Formänderung von steilen Impulsen durch eine Ecke in einer Leitung.* Arch. elektr. Übertr. **15**, 303–307, *1961*, Nr. 7. (Juli.) (Stuttgart, T. H., Inst. elekt. Nachrichtentech.) O. Wegner.

1–638 **Henri Bardeau** et **Robert Picca.** *Cathode à noyau d'oxydes chauffée par induction haute fréquence.* C. R. Acad. Sci., Paris **254**, 1394–1396, *1962*, Nr. 8. (19. Febr.) (Toulouse, C. N. R. S., Lab. Opt. électron.) Es wird eine Glühkathode mit Oxyd-gefüllter Kernbohrung beschrieben, deren Emission sich gleichmäßig über den Oxydquerschnitt (20–100 µm ∅) verteilt und auf diesen beschränkt. Die Kathode wird induktiv mit 5 MHz bis maximal 1100° C geheizt, hat eine Lebensdauer von 6–8 Stunden und liefert bei geeigneter WEHNELT-Elektrode und mit 25 kV Beschleunigungsspannung eine Strahlungsdichte (Richtstrahlwert) von 60000 A/cm² pro Raumwinkeleinheit. H. Niehrs.

1–639 **K. Tomiyasu.** *On the possibility of drift-tunnel oscillations in high-power klystrons.* Proc. Inst. Radio Engrs, N. Y. **49**, 1207–1208, *1961*, Nr. 7. (Juli.) (Schenectady, N. Y., Gen. Elect. Co., Gen. Engng Lab.) O. Wegner.

1–640 **G. Papp.** *Limits of resolution in magnetically focused image converter tubes.* Trans. Inst. Radio Engrs, N. Y. **NS-9**, *1962*, Nr. 2, (Apr.) S. 91–93. (Fort Wayne, Indiana, ITT Fed. Labs.) Es wird der Fokussierungsfehler infolge der unterschiedlichen Anfangsgeschwindigkeit der Photoelektronen für die einfachen Bildwandlerröhren berechnet, bei denen die gleichmäßig beschleunigten Elektronen durch ein homogenes, longitudinales Magnetfeld auf dem Leuchtschirm fokussiert werden. Es zeigt sich, daß eine optimale Auflösung erreicht wird, wenn die Fokuseinstellung der durchschnittlichen Anfangsgeschwindigkeit der Elektronen angepaßt wird. Eine Methode zur Messung der Anfangsgeschwindigkeit wird entwickelt und eine Formel hergeleitet, mit deren Hilfe die erwartete Auflösung für Röhren mit S–11-Photokathoden bei Lichteinfall aus einer unterheizten Glühbirne berechnet werden kann. H. Reich.

1–641 **H. Dormont.** *Random effects of transit times and secondary emission multiplications in a multiplier phototube.* Philips Res. Rep. **17**, 79–94, *1962*, Nr. 1. (Febr.) (Paris, Labs. Electron. Phys. Appl.) Die statistischen Beziehungen der Laufzeit und Sekundäremissionsvervielfachung, die in der Nähe einer Einzeldynode auftreten, werden durch Berechnung der ersten beiden Mittelwerte der Wahrscheinlichkeitsfunktionen, die durch diese Erscheinungen miteinander verbunden sind, erhalten. Diese Funktionen beschreiben genau die Elektronenstrahlen, die durch einen Photovervielfacher gehen. Die statistischen Eigenschaften des Anodenstromes werden dann mit einer Reihe Rekursionsgleichungen berechnet. Es wird gezeigt, daß der mittlere Anodenstrom aus dem klassischen Dunkelstrom und dem verstärkten und durch Laufräume gefilterten Eingangssignalstrom besteht. Das Anodenrauschen besteht aus dem Dunkelstromrauschen, dem verstärkten und auf die gleiche Weise wie das mittlere Signal gefilterten Eingangssignalrauschen sowie dem durch die Zufallseigenschaften hervorgerufenen Zusatzrauschen. Wenn die Zahl der Dynoden groß ist, vereinfachen sich alle Formeln bei der Untersuchung ihres asymptotischen Verhaltens. P. Seyfried.

1–642 **J. Pardies.** *Amplificateur à grand gain et à bande très étroite pour photomultiplicateur.* J. Phys. Radium **21**, 90S–92S, *1960*, Nr. 11. (Nov.) (Bordeaux, Fac. Sci., Lab. Phys. Exper.) Um die Empfindlichkeit eines Sekundäremissionsvervielfachers, mit Hilfe dessen Strahlungsmessungen an einer mit 100 Hz modulierten Hochdruck-Hg-Lampe vorgenommen wurden, bei Zimmertemperatur voll ausnutzen zu können, wurde ein mehrstufiger selektiver Verstärker mit Doppel-T-Filtern entwickelt, dessen Aufbau und Wirkungsweise näher beschrieben werden. W. Hübner.

1–643 **P. Görlich, A. Krohs** and **H.-J. Pohl.** *Electron-optical conditions at Venetian blind type dynodes and their effects in photomultipliers.* Brit. J. appl. Phys. **12**, 525–526, *1961*, Nr. 9. (Sept.) (Jena, VEB Carl Zeiß.)

1–644 **Werner Bloss.** *Untersuchungen über die Direktumwandlung von Wärmeenergie in elektrische Energie durch gasgefüllte Glühkathodenröhren.* Diss. T. H. Stuttgart *1962.* H. Ebert.

1–645 **S. G. Rautian** und **I. I. Sobelman.** *Photodissoziation von Molekülen als Mittel zur Erzeugung eines Mediums mit negativem Absorptionskoeffizienten.* Sh. exp. teor. Fis. **41**, 2018–2020, *1961*, Nr. 6. (Orig. russ.) Neben der Erzeugung einer inversen Besetzung der Terme durch optische Anregung wird hier die Herstellung angeregter Atome durch optische Dissoziation von Molekülen diskutiert. Das Potentialkurven-Schema in Konfigurationskoordinaten zeigt, daß es zwei mögliche Situationen gibt, bei einer von denen unter gewissen Umständen eine inverse Besetzung der Atomterme entstehen kann, die zur Verstärkung einer Strahlung nach dem Maser-Prinzip brauchbar ist. Im Gegensatz zu den bisherigen Methoden kann hier die „Pumpstrahlung" ein verhältnismäßig breites Spektrum (von der Größenordnung 10^3 cm^{-1}) haben, wodurch sich leichter große Verstärkungskoeffizienten erreichen lassen. Der Verstärkungskoeffizient wird für einen typischen zweiatomigen Fall abgeschätzt. H. Vogel.

1–646 **P. E. Wagner, J. G. Castle jr.** and **P. F. Chester.** *Inversion by fast passage in a multilevel spin system.* J. appl. Phys. **31**, 1498, *1960*, Nr. 8. (Aug.) (Pittsburgh, Penn., Westinghouse Res. Labs.) Der Brief beschreibt einige Messungen eines adiabatisch schnellen Durchgangs in einem Spinsystem mit vielen Elektronenebenen, mit besonderem Verweis auf einen neuen Vorschlag von SIEGMANN und MORRIS für einen „Treppen"-Maser. Bei Betrachtung eines Spinsystems im thermischen Gleichgewicht hat man drei nahezu gleich weit entfernte Energiebahnen. Im Prinzip kann die Methode der synchronen Umkehrung benutzt werden, um Impulse von Millimeterausstrahlung zu erzeugen. Sie hat den Vorteil gegenüber anderen Methoden, daß sie nur einen kleinen Feld-Spielraum benötigt. Die Ausdehnung auf mehr als drei Ebenen ist klar, falls eine arbeitende Substanz gefunden werden kann, die den Bedingungen der Ebenen mit gleichen Abständen genügt und den Übergang zwischen den zusammentreffenden Ebenen und zwischen dem äußeren Paar erlaubt. H. Fark.

1–647 **W. W. Rigrod, H. Kogelnik, D. J. Brangaccio** and **D. R. Herriott.** *Gaseous optical maser with external concave mirrors.* J. appl. Phys. **33**, 743–744, *1962*, Nr. 2. (Febr.) (Murray Hill, N. J., Bell Tel. Labs. Inc.) Bei einem optischen Helium-Neon-Gasmaser wurde das PEROT-FABRY-Parallelplattensystem, das sich normalerweise im Inneren der Entladungsröhre befindet, durch ein außerhalb derselben angebrachtes Hohlspiegel-Paar ersetzt. Die sphärischen Spiegel mit 130 mm Radius stehen sich konfokal gegenüber. Ihre reflektierenden Oberflächen sind aus 13 dielektrischen Schichten aufgebaut mit einer Durchlässigkeit von 0,3% bei 11530 Å. Die Gasentladungsröhre ist mit zwei Fensternabgeschlossen, die unter dem BREWSTER-Winkel zur Röhrenachse geneigt sind. (Reflexionsminderung der einen Polarisationskomponenten.) Das Strahlungsbündel des Masers hat einen Öffnungswinkel von ca. 10 Bogenmin. — Vff. nennen als Vorteile der Anordnung die vereinfachte Konstruktion, große experimentelle Flexibilität und das Vermeiden einer Gefährdung der empfindlichen dielektrischen

Schichten bei Manipulationen an der Gasentladungsröhre. Die Parallelstellung der Spiegel ist weniger kritisch als bei ebenen Platten (Genauigkeit 3 Bogenminuten gegenüber 4 Bodensekunden). Auch bei nicht ganz konfokaler Aufstellung der Spiegel arbeitet der Maser. H. Happ.

1–648 **C. Benoit à la Guillaume** et **Tric.** *Les semi-conducteurs et leur utilisation possible dans les „lasers“.* J. Phys. Radium **22**, 834–836, *1961*, Nr. 12. (Dez.) Vorschläge für Halbleiterlaser: 1. mit Besetzungsumkehr zweier Niveaus zufolge Trägerinjektion. Emission entweder zwischen Grund- und angeregtem Niveau einer Störstelle (z. B. As in Ge) oder zwischen Leitfähigkeits- und Valenzband (InSb). 2. Durch Injektion und emittierende Rekombination, jedoch ohne Besetzungsumkehr für Übergänge zweiter Ordnung, an denen ein Photon und ein Phonon beteiligt sind. Die Dimensionierung einer pin-Anordnung wird angegeben. D. Geist.

1–649 **Maurice Bernard** et **Georges Duraffourg.** *Possibilités de „lasers à semi-conducteurs.“* J. Phys. Radium **22**, 836–837, *1961*, Nr. 12. (Dez.) Allgemeine Bedingung für emissionsfähige Besetzungsumkehr zwischen zwei Gruppen von Elektronenzuständen im Halbleiter ist, daß die Differenz der zugeordneten QUASI-Ferminiveaus die Quantenenergie übersteigt. Laser mit direkten und indirekten Übergängen zwischen den Bändern und zwischen einer Störstelle und einem Band werden diskutiert. D. Geist.

1–650 **W. M. Fain** und **J. I. Chanin.** *Bedingungen für die Selbsterregung eines Lasers.* Sh. exp. teor. Fis. **41**, 1498–1502, *1961*, Nr. 5. (Orig. russ.) (Gorki, Radiophys. Inst.) Vff. zeigen, daß man die Frage nach der Selbsterregung eines Lasers wesentlich strenger behandeln kann, als dies bisher geschehen ist und betrachten dazu ein System schwach wechselwirkender Moleküle mit zwei Energiezuständen, die den gesamten Resonator erfüllen. Dieser Resonator soll wesentlich größer sein als die zu erzeugende Wellenlänge. Das Problem wird durch Entwicklung nach Eigenfunktionen des Resonators mit ideal leitenden Wänden gelöst. Die Anwendbarkeitsgrenzen der Ergebnisse für reale Resonatoren werden diskutiert. H. Vogel.

1–651 **Götz v. Bernuth, Wolfgang Meissen** und **Franz Wesselak.** *Das Silizium-Stromtor BSt G 01.* Siemens-Z. **36**, 215–217, *1962*, Nr. 4. (Apr.) Silicium-Stromtore sind steuerbare elektrische Ventile wie Glühkathodenröhren oder Quecksilberdampf-Gefäße, jedoch auf Halbleiterbasis. Vff. beschreiben die kennzeichnenden Eigenschaften, die für die Verwendung der Stromtore bekannt sein müssen. Die negative Sperrfähigkeit und die Kippspannung bestimmen die zulässige Spannungsbeanspruchung des Stromtores; sie nehmen bei hohen Sperrschichttemperaturen mit der Temperatur rasch ab. Die Temperatur der Sperrschicht hängt im Betrieb von der auftretenden Verlustleistung und vom Wärmewiderstand des Stromtores ab. Während der äußere Wärmewiderstand in weiten Grenzen geändert werden kann, ist der innere ein Kennwert des Stromtores. Da Sperrverluste und Verluste in der Steuerstrecke meistens vernachlässigbar sind, ist die Verlustleistung praktisch durch die Höhe der Verluste in Durchlaßrichtung festgelegt. Um daraus die Strombelastbarkeit ermitteln zu können, ist als weitere kennzeichnende Eigenschaft des Stromtores die Angabe des Spannungsabfalles in Durchlaßrichtung abhängig vom Strom erforderlich. Für die Steuerung des Stromtores interessiert der höchste nötige Zündstrom und die dabei auftretende Spannung zwischen Gitter und Kathode sowie die Mindestdauer des Zündstromes. Für verschiedene Anwendungen können noch die Einschaltzeit und die Freiwerdezeit von Bedeutung sein. Abschließend werden die Eigenschaften des Silicium-Stromtores BStG 01 angegeben. Mit Hilfe der verschiedenen Kühlmöglichkeiten kann es den betrieblichen Anforderungen angepaßt werden. H. Helke.

1–652 **S. Jansen.** *Das neue Silizium-Thyratron — ein Steuerelement der Zukunft.* Feinwerktechnik **66**, 186–187, *1962*, Nr. 5. (Mai.)

1–653 **H. N. Yu.** *The Chargistor, a new class of semiconductor devices.* IBM-J. Res. Dev. **5**, 328–330, *1961*, Nr. 4. (Okt.) O. Wegner.

1–654 **Reinhard Köster.** *Einschwingvorgänge an Halbleitergleichrichtern in Transduktorschaltungen.* A. E. G. Mitt. **52**, 4–10, *1962*, Nr. 1/2. (16. Apr.) Vf. zeigt, daß Ausfälle an Halbleiter-Einkristall-Gleichrichtern, besonders in Transduktorschaltungen bei einer Frequenz bis etwa 1 kHz, entgegen früheren Vermutungen vielfach auf Spannungsbeanspruchungen über die zulässige Spitzenspannung hinaus zurückzuführen sind und nicht auf Effekte wie hole storage oder recovery, die in der Technologie des Gleichrichters begründet sind. Die Überspannungen entstehen durch periodische Einschwingvorgänge, an denen schaltungsabhängige Kapazitäten und Induktivitäten mitwirken. Zunächst wird das Verhalten der drei wichtigsten Halbleiter-Gleichrichter (Selen-, Germanium- und Silicium-Gleichrichter) gegenüber Sperrspannungs-Überbeanspruchungen behandelt. Es gibt verschiedene Möglichkeiten zur Beseitigung der Überspannungsbeanspruchungen an Silicium-Gleichrichtern durch zusätzliche Dämpfung. Einige Verfahren und Bemessungsunterlagen zur Dämpfung von Einschwingvorgängen werden angegeben und durch Messungen und Oszillogramme belegt. Die Dämpfung erfolgt entweder durch einen Widerstand parallel zur induktiven Last (der Widerstand kann auch spannungsabhängig sein) oder durch ein RC-Glied parallel zur induktiven Last. Die Erfahrung hat gezeigt, daß Transduktorschaltungen, die gegen periodische Einschwingvorgänge durch diese Maßnahmen geschützt wurden, im allgemeinen keine zusätzliche Bedämpfung gegen Überspannungen aus gelegentlichen Schaltvorgängen benötigen. Allerdings ist dies grundsätzlich vor der Inbetriebnahme zu überprüfen.

H. Helke.

1–655 **P. N. Butcher, J. A. Hulbert** and **K. F. Hulme.** *Indium antimonide tunnel diodes in high magnetic fields.* J. Phys. Chem. Solids **21**, 320–324, *1961*, Nr. 3/4. (Dez.) (Great Malvern, Worcesters., Minist. Aviat., Roy. Rad. Est.) Die Strom-Spannungs-Charakteristik von InSb Tunnel-Dioden wurde bei 77° K als Funktion eines gepulsten Magnetfeldes ($H = 10 \ldots 180$ kG) gemessen, das senkrecht zum p–n-Übergang der Tunneldiode orientiert war. Mit der Annahme einer parabolischen Potentialschwelle wurde ein theoretischer Ausdruck für den Tunnelstrom erhalten, der keine freien Parameter zur Anpassung an die Messungen enthält. Die bei sehr hoch dotierten Tunneldioden und sehr starken Magnetfelder noch auftretenden Abweichungen der Messungen von der Theorie werden diskutiert.

F. Lappe.

1–656 **L. I. Smilen** and **D. C. Youla.** *Stability criteria for tunnel diodes.* Proc. Inst. Radio Engrs, N. Y. **49**, 1206–1207, *1961*, Nr. 7. (Juli.) (Brooklyn, N. Y., Polytech. Inst., Microwave Res. Inst.)

O. Wegner.

1–657 **Reimer Emeis** und **Hubert Patalong.** *Ein neuer Silizium-Leistungstransistor.* Siemens-Z. **36**, 220–221, *1962*, Nr. 4. (Apr.) Der als Schalttransistor entwickelte Silicium-Transistor MUb 20 schaltet Gleichströme bis 10 A und hat eine Sperrfähigkeit von etwa 400 V Gleichspannung. Die außergewöhnlich hohe Sperrfähigkeit ist durch Beschränkung auf eine geringere Stromverstärkung erreicht worden. In Emitterschaltung betrieben, liegt seine Stromverstärkung im unteren Strombereich bei 20 bis 30 und sinkt bei der Nennstromstärke von 10 A auf etwa 5 bis 6 ab. Hervorzuheben ist die kleine Restspannung unter 0,7 V, die entscheidend für die geringen Durchlaßverluste dieses Transistors ist. Die Schaltzeiten liegen in der Größenordnung von 10 μs, hängen im einzelnen aber stark von den Größen im äußeren Stromkreis ab. Der Transistor ist für Schaltleistungen bis 2,5 kW bemessen. Bei einfacher Kühlung dürfen Verluste von etwa 25 W entstehen. Um diese Verluste sicher abführen zu können, ist die Siliciumtablette in einer festen Kapsel untergebracht. Die Stromzuführungen in der Druckglaseinschmelzung sind an die Basis- und Emitterelektroden hart angelötet, die Kollektorelektrode an der Unterseite der Tablette ist über eine Molybdänronde mit dem Fassungsboden aus Kupfer hart verlötet. Diese Lötverbindung gewährleistet guten Wärmekontakt und vor allem Temperaturwechselfestigkeit des Bauelementes. Bei verstärkter Kühlung können auch größere Verluste als 25 W abgeführt werden. Hinsichtlich seiner Verwendung bildet der Transistor die Ergänzung zum Stromtor, das sich vorzugsweise für das Schalten von Wechselströmen eignet.

H. Helke.

1–658 **P. J. Coppen** and **W. T. Matzen.** *Distribution of recombination current in emitter-base junctions of silicon transistors.* Trans. Inst. Radio Engrs. N. Y. **ED-9**, 75–81,

1962, Nr. 1. (Jan.) (Dallas, Tex., Instrum. Inc.) SAH, NOYCE und SHOCKLEY haben die Abnahme der Stromverstärkung von Si-Transistoren einer Rekombination im Raumladungsgebiet der Emitter-Basis-Verbindung zugeordnet. Die Vff. zeigen hier, daß der Rekombinationsstrom der Raumladung offenbar nur auf den Oberflächenbereich selbst konzentriert ist. Eine Messung des Basisstromes von Transistorstrukturen mit zwei Basiskontakten in Abhängigkeit von der Spannung zwischen diesen beiden Basiskontakten ermöglicht eine Unterscheidung zwischen einem Rekombinationsstrom, der im Raumladungsgebiet der Schichtverbindung konzentriert ist und solchen Rekombinationsströmen, die über den gesamten Oberflächenbereich verteilt sind. Eine experimentelle Nachprüfung ergibt bei einigen Diffusionsstrukturen aus Si eine stark lokalisierte Verteilung des Rekombinationsstromes. P. Thoma.

1-659 **A. N. De Sautels.** *A proportional transistor switch.* Control Engng 8, 87—88, *1961*, Nr. 7. (Juli.)

1-660 **Yu. L. Kurkin** and **N. S. Kurkina.** *Precision transistor integrator.* Automat. Telemech., Moskau **22**, 907—913, *1961*, Nr. 7. (Orig. russ. m. engl. Zfg.) H. Ebert.

X. Aufbau der Materie

1-661 **H. Felber** und **P. Vychytil.** *Meßanordnung für energiearme β-Strahlung geringer Intensität, speziell zur Altersbestimmung nach der Radiokohlenstoffmethode.* S. B. österr. Akad. Wiss. (II) **170**, 179—205, *1962*, Nr. 5/7. (S. B.) (Wien, Inst. Radiumforsch.) Es wird eine im Institut für Radiumforschung und Kernphysik der österreichischen Akademie der Wissenschaften speziell zur Altersbestimmung nach der Radiokohlenstoffmethode errichtete Apparatur beschrieben. Die besondere Konstruktion des Gasprobenzählers mit massearmer Kathode, der mit dem Antikoinzidenzschirmring eine Einheit bildet, ermöglicht eine Herabsetzung des Leereffektes auf 8,8 Imp/min bei 3,5 l Meßvolumen. Die experimentellen Untersuchungen zur Wahl der Dicke der Kunststoffolie, mit der die massearme Kathode realisiert ist, werden beschrieben. Die Probenaufbereitung zu Methan erfolgt durch katalytische Hydrierung. Der Arbeitsbereich liegt zwischen 250 und 35000 Jahren. H. Felber.

1-662 **Heinz Felber.** *Über die Leistungsfähigkeit einer C-14-Altersbestimmungsapparatur.* S. B. österr. Akad. Wiss. (II) **170**, 85—103, *1962*, Nr. 1/4. (S. B.) (Wien, Inst. Radiumforsch.) Die durch die statistische Gesetzmäßigkeit des radioaktiven Zerfalles verursachte relative Unsicherheit σ_t/t einer Altersbestimmung in Abhängigkeit vom Probenalter t bei konstanter Meßdauer ϑ für die Bestimmung von Probenaktivität, Rezentzählrate C_R und Leereffekt C_L ist gegeben durch $\sigma_t/t = \tau/t\,(\vartheta C_R)^{1/2} \ln 2 \cdot [2\,C_L/C_R \cdot (1 + 2^{2t/\tau}) + 1 + 2^{t/\tau}]^{1/2}$ (τ = Halbwertszeit). Durch die Kenngrößen C_L und C_R einer Apparatur ist unter Zugrundelegung des $k\sigma$-Kriteriums außer dem oberen Grenzalter $t_{max} = \tau/\ln 2 \cdot \ln [C_R \sqrt{\vartheta}/k\,(2\,C_L)^{1/2}]$ auch ein unteres $t_{min} = \tau/\ln 2 \cdot k \sqrt{2}/C_R \sqrt{\vartheta} \cdot (C_R + 2\,C_L)^{1/2}$ festgelegt. Die zugehörige Unsicherheit hat für jede Apparatur den konstanten Wert $(\sigma_t/t)_{min} = l/k$. Mit Hilfe der Beziehung für σ_t/t wird eine graphische Methode zur Bestimmung der günstigsten Energiediskrimination angegeben. Abschließend wird anhand derselben Beziehung der Leistungsvergleich zweier Apparaturen diskutiert und gezeigt, daß dieser nicht allgemein, sondern nur im Hinblick auf eine vorliegende Aufgabe möglich ist. H. Felber.

1-663 **W. S. Lyon.** *Isotopic analysis: cerium-141 and cerium-144.* Nuclear Sci. Engng **4**, 709—712, *1958*, Nr. 6. (Dez.) (Oak Ridge, Tenn., Nat. Lab.) Vf. beschreibt eine Methode, um die Anteile Ce^{141} und Ce^{144} in Stoffgemischen nebeneinander zu bestimmen: Nach geeigneter chemischer Abtrennung des Cer wird das Ce^{144} mit Hilfe der 3,0 MeV-β-Strahlung des damit im Gleichgewicht stehenden Folgeelementes Pr^{144} ermittelt und das Ce^{141} durch seine 145 keV-γ-Strahlung mit Hilfe eines NaJ-Kristalles bestimmt. Die in dem letzteren Fall nötige Korrektion für den Beitrag von Ce^{144} wird durch eine Messung des β/γ-Verhältnisses für die 145 keV-bzw. 134 keV γ-Strahlung in Ce^{141} bzw. Ce^{144} ermöglicht. R. Fuchs.

1-664 **A. A. Abdurasakow, F. M. Abdurasakowa, H. J. Gromow** und **G. J. Umarow.** *Das neue Isotop* ^{159}Er. Sh. exp. teor. Fis. **41**, 1729—1732, *1961*, Nr. 6. (Orig. russ.) Vff. untersuchen das Spektrum der Konversionselektronen, die beim Zerfall der Erbium-Isotope mit Neutronen-Defizit auftreten, mit Hilfe eines β-Spektrometers mit konstantem Magnetfeld. Die Ausgangsisotope wurden durch Beschuß von Tantal mit 660 MeV-Protonen im Synchrotron von Dubna erzeugt. Es wurden vor allem auch die Konversionslinien untersucht, deren Intensität mit Halbwertszeiten unterhalb von 2 h abfiel. Dabei wurde ein neues Erbium-Isotop mit der Massenzahl 150 und einer Halbwertszeit von etwa 1 h beobachtet. Mit dieser Umwandlung $^{159}Er \rightarrow {}^{159}Ho \rightarrow {}^{159}Dy$ ist eine Reihe neuer γ-Übergänge verbunden. Für diese Zerfallskette, deren beide Glieder durch K-Einfang erfolgen (Halbwertszeiten ≈ 1 h bzw. 33 Min.) wird ein Zerfallsschema vorgeschlagen. H. Vogel.

1-665 **Ronald D. Macfarlane.** *Natural occurrence of samarium-146.* Nature, Lond. **188**, 1180—1181, *1960*, Nr. 4757. (31. Dez.) (Berkeley, Univ. Calif., Lawrence Radiat. Lab.) In dieser Arbeit wird Samarium-146 aus natürlichem Samarium angereichert, das α-Teilchen-Spektrum wiedergegeben und diskutiert sowie nähere Angaben über die Meßanordnung gemacht. J. Pilot.

1-666 **A. Kosmowski.** *Kernphysikalische Meßgeräte für die Luftüberwachung.* Z. Instrum.-Kde **70**, 118—123, *1962*, Nr. 5. (Mai.) H. Ebert.

1-667 **M. J. B. Duff.** *The digiscat — a digitally controlled device for the measurement of multiple scattering in nuclear emulsions.* Nuclear Instrum. **15**, 87—94, *1962*, Nr. 1. (Febr.) (London, Univ. Coll.) Der Vf. beschreibt eine halbautomatische Vorrichtung zur Messung der Vielfachstreuung in Kernemulsionen. Gegenüber der manuellen Methode ist die Meßgenauigkeit nicht geringer, die Meßgeschwindigkeit jedoch um den Faktor 2 bis 3 größer. Registrierungs- und Rechenfehler werden vermieden. W. Püschel.

1-668 **G. Brunner.** *Ein einfacher Einkanal-Impulshöhenanalysator mit Strahlablenkröhre.* Atompraxis **8**, 144—148, *1962*, Nr. 4. (Apr.) (Leipzig, Inst. angew. Radioaktiv.) Der beschriebene Analysator besteht im wesentlichen aus einer Strahlablenkröhre vom Typ E 80 T mit einem nachgeschalteten Schwellendiskriminator. Die Besonderheit des Gerätes besteht darin, daß nur ein Schwellendiskriminator, anstelle der sonst notwendigen zwei, verwendet wird. Es entfällt die Antikoinzidenzschaltung, so daß der Aufwand an Schaltelementen äußerst gering gehalten werden kann. Eine genaue Beschreibung der Schaltung und der Wirkungsweise des Gerätes sowie praktische Anwendungen werden angegeben. P. Seyfried.

1-669 **R. Reichel.** *Ein Transistorantikoinzidenzgerät für Niederniveaumessungen mit Geiger-Müller-Zählrohren.* Kernenergie **5**, 177—181, *1962*, Nr. 3. (März.) (Rossendorf b. Dresden, Zentralinst. Kernphys., Radiochem.) Zur Messung äußerst schwacher radioaktiver Präparate in Gegenwart eines entsprechenden niedrigen Nulleffektes werden häufig Zählrohranordnungen mit Antikoinzidenzabschirmung benutzt. Es gelingt damit, den Effekt der energiereichen Mesonenkomponente der Höhenstrahlung, die wegen ihrer Durchdringungsfähigkeit von normalen Bleikammern kaum geschwächt wird, zu unterdrücken. Vf. beschreibt ein einfaches Transistorantikoinzidenzgerät sowie den dazugehörigen Zählrohrmeßkopf, die speziell für die Aufnahme von β-Absorptionskurven sehr intensitätsarmer Quellen entwickelt wurden. Mit einem normalen Glockenzählrohr im Meßkreis wurden Werte von ca. 3 Imp/min für den Nulleffekt erhalten. Es werden ferner die Ergebnisse einiger Untersuchungen über den Eigennulleffekt verschiedener Zählrohre diskutiert. P. Seyfried.

1-670 **R. Kurz.** *Zusatzgeräte für den Betrieb von Proportionalzählrohren an beliebigen Meßplätzen.* Kerntechnik **4**, 115—117, *1962*, Nr. 3. (März.) (Wildbad/Schwarzwald,

Lab. Prof. Dr. Berthold.) Es wird ein neu entwickelter, volltransistorisierter 200fach-Vorverstärker für den Betrieb von Proportional-Zählrohren an beliebigen Strahlenmeßplätzen beschrieben, ferner ein „Zusatz-Hochspannungsgerät" zur Serienschaltung mit der von einem Strahlenmeßplatz gelieferten Hochspannung, wodurch die für den Betrieb von Proportionalzählern benötigte Hochspannung bis zu 5 kV in einfacher Weise gewonnen werden kann. P. Seyfried.

1–671 **H. Coxell, M. A. Meyer, P. S. Scull** and **A. W. Wolfendale.** *Optical measurements on neon flash-tubes.* Suppl. Nuovo Cim. (10) **21**, 7–20, *1961*, Nr. 1. (Durham, Univ., Coll., Dep. Phys.) Vff. untersuchten die Lichtblitzausbeute von Neonblitzröhren beim Durchgang ionisierender Teilchen. Der Druck des Neons betrug 65 Torr. Als Quelle für ionisierende Strahlung wurden ^{60}Co(10 mc) für einzelne Blitzröhren, kosmische Strahlen für Röhrengruppen verwendet. Es wurde die Abhängigkeit der Blitzintensität von der Lage der Bahn des ionisierenden Teilchens in der Röhre, die Intensitätsänderung von einem Impuls bis zum nächsten, von einer Röhre bis zur folgenden, die Abhängigkeit der Intensität von der Feldstärke und das Nachblitzen bei einer Aufeinanderfolge von Hochspannungsimpulsen untersucht. Die zeitliche Veränderung der Intensität (das „Profil") eines durch einen rechteckigen Hochspannungsimpuls ausgelösten Blitzes wurde ebenfalls gemessen. Thermische Relaxation und Emission während der Rekombination von positiven und negativen Ionen und metastabiler Atome können zur Erhöhung der Dauer des Lichtimpulses beitragen. Die Halbwertzeit metastabiler Neonatome beträgt 7,5 μs bei Atmosphärendruck. Die Anzahl der durch einen Impuls von 7 kV/cm in einer Röhre mit 25 cm Elektrodenabstand emittierten Photonen wurde sowohl mit einem photographischen Film wie mit einem Photovervielfacher zu 10^{12} ($= 2 \cdot 10^{10}$ Photonen/cm^3) bestimmt. Bei Röhrengruppen (25 Röhren, in 5 Schichten zu je 5 Röhren angeordnet) wurde gefunden, daß sich die integrierte Intensität mit der Anzahl entladener Röhren nur bei niederen Feldstärken (ca. 2,25 kV/cm) annähernd linear ändert; bei höheren Feldstärken (8,65 kV/cm) nimmt die Intensität mit wachsender Anzahl nur langsam zu. Die Linearität im ersteren Fall läßt die Möglichkeit zu, die photographische Registrierung durch Impulshöhenbestimmung vermittels eines Photovervielfachers zu ersetzen. S. Neue.

1–672 **B. Sujak.** *Einwirkung von Flüssigkeitsdämpfen auf den Luftspitzenzähler. I.* Acta phys. polon. **20**, 493–505, *1961*, Nr. 5/6. (Wroclaw, Univ., Inst. Exp. Phys.) O. Wegner.

1–673 *Stopping powers for use with cavity chambers.* Handb. nat. Bur. Stand. *1961*, Nr. 79, (1. Sept.) S. 1–85. Eingehende Diskussion der Hohlraumkammer-Theorie, bei der ältere und neuere Theorien ebenso besprochen werden wie der Vergleich von theoretischen Formeln mit experimentellen Werten für Reichweite und Bremsvermögen, Messungen mit der Hohlraumkammer in Abhängigkeit vom Kammergasdruck, Atomzahl der Wände und des Gases oder der Vergleich mit anderen dosimetrischen Methoden, wie z. B. Totalabsorption, Betastrahler in den Kammerwänden, Freiluftkammer, kalorimetrische Methoden und chemische Dosimetrie. C. Klett.

1–674 **I. Ogawa.** *Waveforms and pulse-height distribution of the grid pulses from gridded ionization chambers.* Suppl. Nuovo Cim. (10) **21**, 69–86, *1961*, Nr. 1. (Tokyo, Rikkyo Univ., Dep. Phys.) Für die Gitterimpulse einer Gitterionisationskammer wird eine verbesserte Impulshöhenformel auf der Grundlage einer Wellenformanalyse abgeleitet. Die von Bochagov, Vorobev und Komar aufgestellte ursprüngliche Formel reicht nicht mehr aus, wenn die Driftzeit t_2 der Elektronen im Gitterkollektorraum gegenüber der Driftzeit t_1 im Kathodengitterraum nicht mehr zu vernachlässigen ist. Wenn t_2 sehr klein gegenüber t_1 ist, sind die negativen Impulshöhen von Gitterimpulsen, die Teilchen zuzuschreiben sind, die von dem Kollektor oder dem Gitter ausgehen, ebenfalls sehr klein gegenüber den Impulshöhen der von der Kathode ausgehenden Teilchen. Die Verzerrung der Impulshöhenverteilung, die sowohl durch die endliche Dicke der Quelle wie durch die endliche Bandbreite des Verstärkers verursacht wird, wird analytisch untersucht. S. Neue.

1–675 **Shûji Fukui** and **Sigenori Miyamoto.** *The discharge chamber and its characteristics.* J. phys. Soc. Japan **16**, 2574–2585, *1961*, Nr. 12. (Dez.) (Nagoya, Univ., Phys. Inst.; Osaka, City Univ., Dep. Phys.) Der Aufbau und die Arbeitsweise sowie die Erfordernisse für den Bau von zuverlässig arbeitenden Entladungskammern, die als Teilchendetektoren bei kernphysikalischen Untersuchungen Verwendung finden, werden anhand von mehreren Bildern, Tabellen und Diagrammen eingehend besprochen. Im einzelnen werden der Bau einer 8,5 cm × 13 cm × 1 cm großen Kammer, die zur Herabsetzung der Stärke des für den Betrieb der Kammer erforderlichen pulsierenden elektrischen Feldes mit einem Gemisch von 99,5% Ne und 0,5% A von Atmosphärendruck gefüllt ist, die Eigenschaften der in zwei 2 cm bzw. 1 cm tiefen Versuchskammern bei Stärken des pulsierenden elektrischen Feldes von 11 bis 15 kV/2 cm bzw. von 6 bis 10 kV/1 cm erzeugten Entladungen unter Berücksichtigung von verschiedenen Verzögerungen für das Anlegen des pulsierenden elektrischen Feldes sowie die Charakteristik verschiedener Kammern in Abhängigkeit von den Betriebsbedingungen beschrieben und durch Angaben über die schätzungsweise Berechnung der nach der Entladung entstehenden Elektronenverluste ergänzt. Rehbein.

1–676 **L. Hoffmann** and **J. C. Combe.** *Use of a 200 kilogauss pulsed magnetic field for momentum measurements of high-energy particles in nuclear emulsions.* Nuclear Instrum. **15**, 51–54, *1962*, Nr. 1. (Febr.) (Geneva, CERN, E. O. N. R.) Innerhalb einer Spule wurden Kernemulsionen durch den herausgestreuten Protonenstrahl des CERN-Protonensynchrotrons belichtet. Das pulsierende Magnetfeld erreichte maximal 180 Kilogauß. Zur Bestimmung der Krümmungsradien der Protonen benutzten die Vff. die Vielfachstreuung. 150 Protonen mit 13,5 GeV/c und 120 Protonen mit 24,1 GeV/c mit Dipwinkeln $< 3°$ wurden vermessen. Die gemessenen Maxima der Krümmungsradienverteilungen entsprechen 13,8 GeV/c (Standardabweichung 1,3 GeV/c) und 25,7 GeV/c (Standardabweichung 2,9 GeV/c). Die Vff. zeigen, daß kleine Verzerrungen in der Emulsion vernachlässigt, größere Verzerrungen korrigiert werden können. 3 Methoden zur Verbesserung der Meßgenauigkeit werden vorgeschlagen: 1. Die Spurlänge sollte vergrößert werden, d. h. Magnetfelder größerer Fläche sind erforderlich. 2. Zeitlich sollte der Teilchenstoß verkürzt bzw. das pulsierende Feld verlängert werden. 3. Die Herstellung stärkerer Magnetfelder sollte versucht werden. W. Püschel.

1–677 **H. G. de Carvalho** and **M. Muchnik.** *The loading of nuclear emulsions with bismuth.* Nuclear Instrum. **15**, 101–102, *1962*, Nr. 1. (Febr.) (Roma, Ist. Naz. Fis. Nucl. Univ., Ist. Fis.) Die Zuführung von Wismut in Form von Wismutcitrat ergibt Kernemulsionen mit guten Eigenschaften, insbesondere werden die Nachteile ausgemerzt, die bei der Zuführung von Bi in Form von Lactaten, Tartraten oder EDTA-Salzen auftreten. — 1,7 g Ammoniak von Merck (25%ig) löst man in 110 g Wasser; sehr wenige Wismutcitrat-Kristalle werden darin aufgelöst; dann können bis 4 g Wismutcitrat hinzugefügt werden; um den pH-Wert auf etwa 6 einzustellen, gibt man 1 g Zitronensäure dazu. Nach Vermischung und Verschmelzung der Lösung mit der Kernemulsion in Gel-Form, wie sie Ilford liefert, haben die Vff. bis 120 mg Bi pro cm^3 in trockener Emulsion eingebettet. — Diese Technik wurde erfolgreich bei der Untersuchung der Spaltung von Wismut angewandt. W. Püschel.

1–678 **E. Dahl-Jensen, M. Gailloud, W. O. Lock** and **G. Vanderhaeghe.** *Two modes of measuring spurious scattering in nuclear emulsions.* Nuovo Cim. (10) **22**, 850–852, *1961*, Nr. 4. (16. Nov.) (Copenhagen, Inst. Theor. Phys.; Lausanne, Ecole Polytech.; Geneva, CERN.) Die Ergebnisse von Streuungsmessungen in photographischen Emulsionen, die auf verschiedene Weise behandelt worden sind, lassen sich wegen der unterschiedlichen Beurteilung der durch die „unechte" Streuung bedingten Einflüsse nur schwer miteinander vergleichen. Vff. untersuchen daher die beiden üblichen Methoden zur Messung dieser durch Änderung der Emulsion zwischen zwei Meßpunkten bedingten unechten Streuung. Die Ergebnisse der an einzelnen Spuren von Teilchen mit bekannter Energie sowie an Spurenpaaren vorgenommenen Streuungsmessungen werden zusammen mit der Durchführung der Versuche besprochen. Als unechte Streuung wird das bezeichnet, was nach Abzug aller durch bekannte Effekte verursachten Streuungen verbleibt. F. Rehbein.

1-679 **C. Candler.** *The track density of a charged particle in a photographic emulsion.* Suppl. Nuovo Cim. (10) **21**, 1–6, *1961*, Nr. 1. (Adelaide, South Austral. Inst. Technol.) In der Spur, die ein geladenes Teilchen beim Durchgang durch eine photographische Emulsion hinterläßt, läßt sich die Anzahl der Silber-Körner je Einheitslänge d N/d R zum Energieverlust d E/d R in Beziehung setzen. R bedeutet die Reichweite und d N/d R wird gewöhnlich g geschrieben. Die Versuche ergeben für diese Beziehung die Gleichung einer photographischen Monoschicht: $(s\,dE/dR)^P = g/(g_s - g)$, wobei g_s die lineare Sättigungsdichte, P die Anzahl der Photonen und s den Reaktionswirkungsquerschnitt eines Silberhalogenidkristalls angibt. Nach den Versuchen unterscheidet sich P wenig von 1. Die Charakteristik einer Platte, die einer größeren Anzahl α-Teilchen ausgesetzt wurde, genügt der POISSON-Gleichung $D/D_s = I - \exp[-sE]$. — Die Anzahl P der Photonen, die für die Anregung eines Silberhalogenidkristalls erforderlich sind, liegt im Sichtbaren zwischen 1,8 und 2,4; es sind aber auch Werte wie 1,44 (Sheppard's Seed-Graflex-Emulsion) und 3,6 (Kodak B-10-Platte) bekannt. Bei wachsender Frequenz der einfallenden Strahlung ist P meist invariant, fällt aber zwischen dem Ultraviolett- und dem Röntgenstrahlenbereich von ungefähr 2 auf rd. 1, wahrscheinlich weil bei höheren Energien ein Photon zwei Elektronen auslöst. S. Neue.

1-680 **A. M. Cartacci, M. G. Dagliana** and **L. Tocci.** *On the application of the nuclear emulsion technique to the study of complex electron conversion spectra.* Suppl. Nuovo Cim. (10) **21**, 21–28, *1961*, Nr. 1. (Firenze, Ist. Naz. Fis. Nucl.; Univ., Ist. Fis.) Vff. führten Messungen der Energie von langsamen Konversionselektronen, die bei den Reaktionen $^{109}Ag(n, p)^{109}Pd$ und $^{81}Br(n, p)^{81}Se$ im weiteren Verlauf gebildet werden, an Kernemulsionen durch Kornzählung (blob counting) und Reichweitebestimmung durch. Es wurde folgende Beziehung zwischen Kornzahl B und Reichweite R abgeleitet: $B = 0{,}316\,R^{1{,}142}$. Unter Anwendung der Reichweite-Energie-Beziehung von BLUM $R = 2{,}1 \cdot 10^{-2}\,E^{1{,}67}$ (R in μm, E in keV) bzw. DELLA CORTE und BIZZETI $R = 2{,}1 \cdot 10^{-2}\,E^{1{,}72}$ ergeben sich als Kornzahl-Energie-Beziehungen $B = 3{,}83 \cdot 10^{-3}\,E^{1{,}96}$ bzw. $B = 3{,}83 \cdot 10^{-3}\,E^{1{,}91}$. Sowohl nach der Reichweite wie nach der Kornzahl findet man drei Energiemaxima, die sich 1. Konversionselektronen aus der K-Schale beim ^{109}Ag-Zerfall (erwartete Energie 62 keV), 2. LM...Schalen von ^{109}Ag (87 keV) und von der K-Schale von ^{81}Se (90 keV) und 3. LM...Schalen von ^{81}Se (101,5 — 103 keV) entsprechend zuordnen lassen. Der Fehler der Methode beträgt etwa ±5% für die einzelne Messung; sie ist offensichtlich auch für andere Fälle anwendbar, bei denen die Emulsion mit Ausgangsnukliden beladen werden kann, ohne die Empfindlichkeit herabzusetzen. Es lassen sich mit dieser Methode (im Gegensatz zu anderen) (n, p)-Reaktionen deutlich von (n, np)- und (n, d)-Reaktionen unterscheiden. In der Winkelverteilung der ausgesandten Protonen tritt eine Bevorzugung der Vorwärtsrichtung auf. S. Neue.

1-681 **M. G. Dagliana, M. della Corte** and **L. Tocci-Cecchi.** *Fotometria dei nuclei pesanti relativistici.* Suppl. Nuovo Cim. (10) **21**, 29–38, *1961*, Nr. 1. (Firenze, Ist. Naz. Fis. Nucl., Arcetri, Univ., Ist. Fis.) Es wird das photometrische Profil der Spuren relativistischer schwerer Kerne in Kernemulsionen untersucht. Zugrunde gelegt werden 13 Spuren aus einem Stapel von Ilford-G5-Negativen, die bei 41° geographischer Breite 6 Std. in 27 km Höhe der kosmischen Strahlung ausgesetzt worden waren. Die Stärke des geomagnetischen Feldes bei 41° Breite entspricht ca. 1,5 GeV/Nukleon und daher einem Grenzwert $\beta = 0{,}925$. Es wird ein Modell für die Spuren vorgeschlagen, wonach sie im zentralen Teil aus Körnern bestehen, die direkt durch die schweren Kerne erzeugt werden, während die Schwärzung im peripheren Teil auf sekundäre Elektronen zurückzuführen ist. Durch Messung der Schwärzung in einem Abstand von mehr als 3,5 μm von der Achse der Spur erhält man eine Methode zur Bestimmung der Ladung Z der schweren Kerne, die anderen Standardmethoden so gut wie gleichwertig ist. Die Möglichkeit, die Halbwertsbreite als Parameter für die Identifizierung der Ladung der schweren Kerne zu verwenden, wird diskutiert. S. Neue.

1-682 **D. Kniffen.** *A study of uniform isothermal processing of nuclear emulsions.* Suppl. Nuovo Cim. (10) **21**, 55–68, *1961*, Nr. 1. (St. Louis, Mo., Univ., Dep. Phys.) Zur Feststellung der besten Entwicklungmethode für dicke (über 0,4 mm) Kernemulsionen wurden verschiedene Verfahren angewandt. Die Versuche wurden mit 14 0,6 mm dicken Emulsionen (Ilford G5) auf Glasplatten ausgeführt, die einem Strahl des Berkeley-Bevatrons mit 80% Protonen und 20% Pionen (1,86 GeV/c) ausgesetzt worden waren. Der Winkel, unter dem der Plattenstapel (mit insgesamt 56 Platten) dem Strahl ausgesetzt wurde, war so gewählt, daß in jeder Emulsion Spuren von etwa 1 cm Länge entstanden. Es wurde gefunden, daß man die günstigsten Ergebnisse durch isotherme Entwicklung bei 10° unter Verwendung eines Entwicklers folgender Zusammensetzung erhielt: 3,8 g/l Amidol, 6,7 g/l Natriumsulfit und 0,8 g/l KBr, aufgelöst in demineralisiertem Wasser. Als Unterbrechungsbad wurde eine $^1/_2$%ige Lösung von Essigsäure in demineralisiertem Wasser, als Fixierbad eine Lösung von 400 g/l Natriumthiosulfat und 40 g/l Natriumsulfit in Leitungswasser benutzt. Zur Entwässerung dienten nacheinander 4 Lösungen, die 6% Glycerin und in steigenden Mengen Alkohol enthielten. Bei Anwendung der niedrigen Temperatur von 10° ist übrigens ein Unterbrechungsbad nicht notwendig, auch sind Verzerrungen auf ein Mindestmaß beschränkt. Hinsichtlich der Korngrößen wurden keine großen Unterschiede gefunden. Auch die Nulleffektkorndichte in Abhängigkeit von der Schichttiefe wurde untersucht. S. Neue.

1-683 **R. Langkau, H. Neuert** und **H. Walter.** *Teilchendiskriminierung mit KJ(Tl)-Szintillatoren.* Z. Naturf. **17a**, 441–443, *1962*, Nr. 5. (Mai.) (Hamburg, I. Inst. Experimentalphys.) Anorganische Szintillatoren, wie NaJ(Tl), KJ(Tl) und Cs(Tl), werden heute vielfach als Teilchendiskriminatoren benutzt. Dies ist möglich, da die Lichtemission bei Anregung durch verschiedenartige Teilchen einen unterschiedlichen zeitlichen Verlauf zeigt. Man kann so z. B. zwischen α-Teilchen, Protonen und Elektronen unterscheiden. Die Vff. untersuchten KJ(Tl) im Hinblick auf diese Eigenschaft. Sie stellten fest, daß die Unterschiede in den Abklingzeiten bei höheren Temperaturen sehr viel stärker ausgeprägt sind als bei Zimmertemperatur. Praktische Anwendungen werden diskutiert. P. Seyfried.

1-684 **C. F. Barnaby** and **J. C. Barton.** *Ageing of plastic scintillators.* J. sci. Instrum. **39**, 176–177, *1962*, Nr. 4. (Apr.) (London, Univ. Coll. Hosp. Med. School, Med. Res. Counc., Dep. Clinical Res.; Northern Polytech., Dep. Phys.) Vff. stellten fest, daß im Laufe der Zeit das Auflösungsvermögen eines plastischen Szintillators (Barnaby und Barton, Proc. phys. Soc. Lond. **76**, 747, *1960*) schlechter wurde. Es zeigte sich, daß dies offensichtlich auf ein Absinken der Transparenz infolge einer gelblichen Verfärbung zurückzuführen ist. Beim Vergleich einiger Typen von Szintillatoren verschiedener Hersteller wurde gefunden, daß nur die auf der Basis von Polyvinyl-Toluen hergestellten diese mit fortschreitender Zeit stärker werdende Verfärbung zeigen. Nach Angaben von Herstellern soll sich diese Erscheinung jedoch durch geeignete Zusätze bei der Polymerisation verhindern lassen. P. Seyfried.

1-685 **G. Manduchi, G. Nardelli** e **M. T. Russo-Manduchi.** *Spettrometro a scintillazione con riduzione del contributo Compton.* Suppl. Nuovo Cim. (10) **21**, 87–93, *1961*, Nr. 1. (Padova, Ist. Naz. Fis. Nucl., Univ., Ist. Fis.) Vff. beschreiben ein Szintillationsspektrometer für γ-Strahlen, das aus einem NaJ(Tl)-Kristall in einem zylindrischen Plastikszintillator (aus Polystyrol mit Zusatz von p-Terphenyl und POPOP) in Antikoinzidenzschaltung besteht. Dieses System reduziert erheblich den Compton-Effekt der im Kristall nicht vollständig absorbierten Strahlung. Das Spektrometer eignet sich besonders für die Auflösung von γ-Spektren mit Ereignissen von verhältnismäßig niedrigen Frequenzen, die infolge ihrer geringeren Energie unter Umständen vom Compton-Spektrum überdeckt werden. Außerdem läßt es sich bei der Untersuchung der Winkelkorrelation sowie dann anwenden, wenn eine Kollimation der γ-Strahlen nicht möglich ist. Beispielsweise zeigt eine Anwendung auf ^{60}Co, daß der Compton-Beitrag zum Spektrum um 70% gesenkt werden kann. Durch Elektroneneinfang zerfällt ^{113}Sn in ^{113}In^m, das dann in den Grundzustand unter Aussendung von 392 keV-Photonen übergeht;

außerdem läßt sich ein Maximum bei 258 keV nachweisen, das sonst vom COMPTON-Spektrum überdeckt wird und einem angeregten Niveau von ^{113}In bei 650 keV entspricht. Das Spektrum von ^{65}Zn zeigt ein Maximum bei 511 keV, entsprechend der Emission von Positronen beim Übergang in den Grundzustand des ^{65}Cu; die Antikoinzidenzschaltung erlaubt eine bessere Bestimmung des Anteils der Positronen beim Kernzerfall. S. Neue.

1–686 **J. C. Caldero, R. Forzani** et **J. Schmouker.** *Chaine d'amplification linéaire pour détecteur à jonction.* Suppl. J. Phys. Radium **22**, 210A–212A, *1961*, Nr. 11. (Nov.) (Alger, Inst. E. N.) Es wird ein Röhrenvorverstärker für Halbleiterzähler beschrieben, der charge-sensitive ist und bei einfacher Bauweise sehr gute Leistungen aufweist, (150 μV Ausgangsrauschen bei 100–150 mV Ausgangsimpulshöhe für 8 MeV α-Teilchen). Ein transistorisiertes Netzgerät für 330 V, das für den Vorverstärker benötigt wird, ist ebenfalls beschrieben. Mit einem Si-Zähler (Fabrikat HUGHES) von 2 mm^2 Nachweisfläche und garantierter Auflösung von 3% wurden für die 6,04 und 6,08 MeV α-Linien des Bi^{212} Auflösungen von 22 keV gemessen, für Po^{212} (8,78 MeV) 26 keV. Dabei war der Zähler auf −35° gekühlt. W. Hering.

1–687 **G. A. Bartholomew, P. J. Campion** and **K. Robinson.** *A study of methods for obtaining high resolution with a pair spectrometer.* Canad. J. Phys. **38**, 194–216, *1960*, Nr. 2. (Febr.) (Chalk River, Ont., Atomic Energy Can. Ltd.) Es werden Methoden zur Verbesserung von Linienform und Auflösungsvermögen eines γ-Strahl-Paar-Spektrometers mit flachem Magnetfeld beschrieben durch Verwendung speziell entwickelter Detektor-Aperturen. Die Ausführung zweier solcher Aperturen wird in Einzelheiten angegeben. Theoretische Linienform und Auflösung werden für einen Aperturtyp berechnet und mit dem Experiment verglichen. M. Glier.

1–688 **H. Daniel** and **P. Jahn.** *Coil arrangement for a β-ray spectrometer with curved exit slit.* Nuclear Instrum. **14**, 353–354, *1962*, Nr. 3. (Jan.) (Heidelberg, Max Planck Inst. Nucl. Phys.) Die Anordnung und Form des Spulensystems eines Betaspektrometers mit gekrümmtem Austrittsschlitz wird in einer schematischen Zeichnung und in Tabellenform angegeben. Das im Max-Planck-Institut in Heidelberg im Bau befindliche Gerät soll in Verbindung mit einem Tandem VAN-DE-GRAAFF betrieben werden. Der Radius der stationären Bahn beträgt 30 cm, der Winkel zwischen Quelle und Detektor 324,50°. Bei der Berechnung der Spulen wurde zuerst die Dicke des Drahtes vernachlässigt, später aber die Effekte der endlichen Ausdehnung berücksichtigt. Es zeigte sich, daß diese das Ergebnis nicht wesentlich ändern. P. Skarek.

1–689 **J. A. Jungerman, M. E. Gardner, C. G. Patten** and **N. F. Peek.** *A precision solenoidal beta ray spectrometer.* Nuclear Instrum. **15**, 1–14, *1962*, Nr. 1. (Febr.) (California Davis, Univ., Dep. Phys.) Konstruktion und Eigenschaften eines Betaspektrometers vom Solenoidtyp werden beschrieben; es soll hauptsächlich mit einer Energiegenauigkeit von 1:10^4 Zerfallschemata auflösen und die relativen Intensitäten der L Unterschalen messen. Das Spektrometer besitzt ein HUBERT-Blendensystem mit einer maximalen Apertur von ± 1,09°, die einer Ringschlitzöffnung von 0,52 mm entspricht. Die Einstellung der Zentrierung der Quelle geschah mit einer um die Achse drehbaren Sektorblende. Bei einer Auflösung von 0,050%, 0,047%, 0,028% und 0,018% beträgt die Transmission 0,36%, 0,32%, 0,11% und 0,040% für die I-Linie von ThB. Die gemessenen Werte werden den theoretischen gegenübergestellt und das Gerät wird, in Hinblick auf Lichtstärke und Transmission, mit anderen Spektrometern hoher Genauigkeit verglichen. Die absoluten Bρ-Werte für die E-, F-, I-, J-, L-, O- und X-Linien von ThB werden angegeben, meist mit einer etwas besseren Genauigkeit als bei früheren Messungen. Das Magnetfeld wurde nach der Methode der magnetischen Kernresonanz von Protonen bestimmt. Sowohl ein Halbleiterdetektor, als auch ein 2″ NaI-Szintillator wurden an der Quellenseite angebracht, um α-, β- und γ-Strahlen in Koinzidenz mit Konversionselektronen messen zu können. P. Skarek.

1–690 **S. P. Wang, C. G. Shull** and **W. C. Phillips.** *Photography of neutron diffraction patterns.* Rev. sci. Instrum. **33**, 126–128, *1962*, Nr. 1. (Jan.) (Cambridge, Mass. Inst. Technol.) Durch Neutronen erzeugte sekundäre Strahlung fällt auf Fluoreszenzschirm-

Film-Kombination. Transmission: Film hinter Schirm. Reflexion: Film vorne. Verschiedene Variationen der Systeme Li^6–ZnS und Li^6F–ZnS (Li^6 zu 99,3% angereichert) wurden untersucht. Li^6–ZnS in heterogener Form (Li^6-Schicht vor dem Schirm), Li^6F–ZnS in heterogener und homogener (Li^6F mit ZnS gemischt) Form. Ergebnisse: heterogene Systeme, relative Neutronenexposition, um eine photographische Dichte von 0,5 mit 1,5 Å (0,0036 eV) Neutronen zu erreichen: Indium-Röntgenfilm: $800 \cdot 10^3$ n/mm², Li^6–ZnS (Transmission): $13 \cdot 10^3$, Li^6–ZnS (Reflexion): $8 \cdot 10^3$, Li^6F–ZnS (Tr): $20 \cdot 10^3$, Li^6F–ZnS (Refl.): $18 \cdot 10^3$. Homogene Kombination: Li^6F–ZnS (Refl.): $0,4 \cdot 10^3$. Die Werte gelten für Tri-X-Film und optimale Werte von Schirmzusammensetzung, Schirmdicke und Mischungsverhältnis für homogene Schirme. Untersucht wurde ferner die Abhängigkeit von der Neutronenenergie. Die Güte der homogenen Schirme hängt stark ab von Korngröße, Bindematerial und gutem Kontakt zwischen Film und Schirm. — Es wurden Pulver-, Laue- und Drehkristall-Beugungsbilder mit einer Polaroidkassetten-Anordnung (ASA 3000 Film) aufgenommen. H. Münzer.

1–691 **H. G. Smith.** *Use of polaroid film in neutron and X-ray diffraction.* Rev. sci. Instrum. **33**, 128—129, *1962*, Nr. 1. (Jan.) (Oak Ridge, Tenn., Nat. Lab., Chem. Div.) Neutronenempfindlicher Phosphor: 10 g ZnS(Ag)-Pulver mit 10 g Li^6F-Pulver gemischt. Entweder gepreßt oder mit Plexiglas (Plexiglas-Aceton-Mischung, Aceton verdunsten) gebunden. Fertiger Schirm: 1 mm dick, 100 mm Durchmesser. Schirm gegen Film gepreßt. Polaroid Filmhalter (Typ 500) mit 4,5 Zoll Filmpaketen (Typ 57 oder 52). Aufnahmen dauern wenige Minuten anstatt wie früher einige Stunden, Abbildungen von Rotationskristall- und Laue-Beugungsbildern. Die Methode erlaubt Feststellung von Symmetrieelementen, Zwillingsbildung, Mehrkristallen und hilft bei der Ausrichtung von Kristallen. H. Münzer.

1–692 **Charles Corge, Vinh-Dinh Huynh, Jean Julien, Joseph Morgenstern** et **Francis Netter.** *Spectrométrie des neutrons intermédiaires par temps-de-vol à haute résolution.* C. R. Acad. Sci., Paris **253**, 859—861, *1961*, Nr. 5. (31. Juli.) (Saclay, C. E. N.) In einer Weiterentwicklung der Neutronenspektroskopie mit Hilfe von Flugzeitmessungen wurde am Linearbeschleuniger in Saclay eine Auflösung von 1 nsec erzielt. Mit dieser Methode wurde die Neutronentransmission in U^{238} gemessen. Mit einer Auflösung von 2,5 nsec wurden in As, Zr und Pr mehrere bisher unbekannte Resonanzen festgestellt. T. Zimmerli.

1–693 **G. P. Felcher, F. Gazzarrini** e **G. Poletti.** *Una camara a fissione per il controllo dell'intensità di un fascio neutronico collimato.* Suppl. Nuovo Cim. (10) **21**, 94—100, *1961*, Nr. 1. (Segrate-Milano, C. I. C. E., Lab.) Vff. beschreiben eine Ionisationskammer zur Bestimmung der Intensität eines aus einem Reaktor kommenden Neutronenstrahls. Die Kammer besteht aus Anticorodal, die isolierenden Teile aus Teflon. Die mit spaltbarem Material bedeckte Kathode ist kreisförmig mit einem Durchmesser von 8 cm. Der Abstand der Elektroden beträgt 0,5 cm, das empfindliche Volumen 25 cm³. Durch die 0,5 mm dicken Wände wird der thermische Neutronenstrahl nur um 2% geschwächt. (Der Wirkungsquerschnitt des Anticorodals beträgt rd. 2 barn.) Die Kathode besteht aus Aluminium, das mit einer einige Mikron dicken Nickelschicht überzogen ist. Als spaltbares Material wird darauf elektrolytisch Uran aus einer Uranylnitratlösung in Gegenwart von Ammoniumoxalat bei 85° und einem pH 8—9 bei rotierender Platinanode und einer Stromdichte von 0,05 A/cm² niedergeschlagen. Meist genügt eine Stunde, um eine 0,4 mg/cm² dicke Schicht zu erhalten. Für eine 0,1 mg/cm² dicke Schicht von zu 20% mit ^{235}U angereichertem Uran wurden als günstigste Bedingungen für die Funktion des Zählers eine Spannung von 300 V und ein Druck der Argonfüllung von 760 Torr ermittelt. Die Leistung des Reaktors betrug 500 W, entsprechend einem Fluß von rd. $3 \cdot 10^4$ Neutronen/cm² · sec, die Empfindlichkeit des Zählers $2,5 \cdot 10^{-4}$. S. Neue.

1–694 **A. I. Alichanjan, F. R. Arutjunjan, K. A. Ispirian** und **M. L. Ter-Mikaeljan.** *Eine Beobachtungsmöglichkeit für geladene schnelle Teilchen.* Sh. exp. teor. Fis. **41**, 2002—2010, *1961*, Nr. 6. (Orig. russ.) Beim Durchgang durch ein periodisch geschichtetes Medium senden energiereiche geladene Teilchen eine charakteristische Strahlung aus, die sich zur Entdeckung dieser Teilchen und zur Messung ihrer Energie ausnutzen läßt. Diese

Möglichkeit wird vom theoretischen und experimentellen Standpunkt für ein eindimensionales geschichtetes Medium aus zwei abwechselnden Plattensorten diskutiert. Es werden mehrere Möglichkeiten zur Registrierung dieser Strahlung und zur Teilchenbeobachtung mit ihrer Hilfe diskutiert, nämlich die Methode der Energiefreisetzung, die Methode der charakteristischen Strahlung und die Methode der COMPTON-Streuung, ferner wird die Frage nach dem Strahlungshintergrund untersucht. Eine Entdeckung geladener kosmischer Teilchen an Hand der Resonanzstrahlung wird nur dadurch erschwert, daß man hier energiereiche Teilchen von einem intensiven Hintergrund von Teilchen mittlerer Energie abtrennen muß. Um kosmische Myonen mit Energien von 10^{11} eV und darüber nach der Methode der Energiefreisetzung zu registrieren, braucht man nur zwei gleichartige Plattenpacks in Koinzidenz zu schalten (Ionisierungsschwankungen werden berücksichtigt). Nach der Methode der charakteristischen Strahlung müßte man gleichzeitig 3—4 charakteristische Quanten registrieren, könnte also Myonen oberhalb von etwa $5 \cdot 10^{11}$ eV registrieren. H. Vogel.

1-695 **Georges Durand.** *Méthode permettant de mesurer directement au spectromètre de masse les rapports isotopiques du plomb contenu dans les traces de pechblende sans traitement chimique préalable.* C. R. Acad. Sci., Paris **254**, 1032—1034, *1952*, Nr. 6. (5. Febr.) (Nancy, Cent. Rech. Radiogeol.) Es wird eine neue Methode beschrieben, um ohne vorherige chemische Umwandlung Pechblendeproben im Massenspektrographen auf Bleiisotope zu untersuchen. Es wird dazu nur eine minimale Menge der Probe benötigt (weniger als 1 mg Pechblende). Der Fehler im Verhältnis Pb^{207}/Pb^{208} beträgt etwa 1%. T. Zimmerli.

1-696 **R. Kiessling** und **K. Wetzel.** *Über eine intermittierend pulsierte Sprühplattenkolonne zur Flüssig-Flüssig-Extraktion mit hoher Trennleistung.* Kernenergie **5**, 28—34, *1962*, Nr. 1. (Jan.) (Leipzig, Akad. Wiss., Inst. phys. Stofftr.) Die Wirksamkeit von Extraktionskolonnen wird durch eine Pulsierung des Inhalts erhöht. Hier werden der Charakter der Pulsation und die Art der Kolonneneinbauten untersucht und eine nach dem Mixer-Settler-Prinzip arbeitende Sprühplattenkolonne beschrieben, in der der Flüssigkeitsstrahl mit konstanter Geschwindigkeit und mit einer von der Kolonnenachse abweichenden Richtung in die unverteilte Phase eintritt, wodurch Bodenwirkungsgrade von 60% und eine Trennstufenhöhe von 8 mm erreicht werden. Hj. Matzke.

1-697 **Anatol Selecki.** *The separation of isotopes in the ultracentrifuge.* Nukleonika **4**, 13—33, *1959*, Nr. 1. (Orig. poln. m. engl. Zfg.) (Warschau, Univ., Lehrst. Chem.) Die Grundprobleme bei der Anwendung der Ultrazentrifuge zur Trennung von Isotopen werden diskutiert. Besonders berücksichtigt werden die Fortschritte, die die Entwicklung auf dem Gebiet in der letzten Zeit gemacht hat. Eine allgemeine theoretische Behandlung des Vorganges der Isotopentrennung durch die Ultrazentrifuge wird skizziert. Experimentelle Ergebnisse werden mitgeteilt. (Übers. d. Zfg.) R. Fuchs.

1-698 **Iu. M. Kagan** and **V. I. Perel'.** *Motion of ions in a mixture of isotopes.* Soviet Phys.-JETP **7**, 87—89, *1958*, Nr. 1. (Juli.) (Engl. Übers. aus: J. exp. theor. Phys., Moskau **34**, 126—128, *1958*, Jan.) (Leningrad, Inst. Precision Mech. Opt.) Es werden Formeln abgeleitet für die Driftgeschwindigkeit von Ionen verschiedener Masse in einem Gemisch von Isotopen, wobei als hauptsächlichste Wechselwirkung zwischen Ionen und Atomen reiner Ladungsaustausch angenommen wird. R. Fuchs.

1-699 **A. S. Ghosh Mazumdar** and **R. N. Singh.** *Gamma dosimetry in 'Apsara' (swimming pool reactor) of the Atomic Energie Establishment. Trombay.* J. sci. industr. Res. **21B**, 8—10, *1962*, Nr. 1. (Jan.) (Trombay, Atom. En. Est., Radiochem. Div.) Mit Hilfe von drei chemischen Dosismeßverfahren wurde die Gammadosis im Reaktor in verschiedenen Abständen (3 bis 155 cm) vom Reaktorkern und bei verschiedenen Betriebszuständen des Reaktors untersucht. W. Hübner.

1-700 **V. S. Merkulov.** *Soviet-made equipment with radioactive isotopes.* Measurement Tech. *1961*, S. 332—336, Nr. 4. (Apr.) (Engl. Übers. aus: Ismeritelnaja Technika *1961*, S. 61—63.) Eine Übersicht über eine Reihe russischer Verfahren und Geräte, die radioaktive Stoffe benützen, wird gegeben (z. B. Dickenmeßgerät, Dichtemesser, Lecksucher, Zählgeräte usw.). W. Hübner.

1–701 **B. Radak, V. Marković** and **I. Draganić.** *Radiation dosimetry of the reactor RA at Vinca.* Bull. Inst. Nuclear Sci. „Boris Kidrich", Belgrad **12**, 7—41, *1961*, Okt. An dem 6,5 MW-Reaktor, der eine thermische Neutronenflußdichte von der Größenordnung 10^{12} n/cm^{2}s hat, wurden mit einem näher beschriebenen isothermischen Kalorimeter Energiedosisleistungen (10^4—10^6 rad/h) infolge der Neutronen- und Gammastrahlungen in verschiedenen Höhen zweier vertikaler Strahlrohre gemessen. Die Genauigkeit wird mit 2% bis 5% angegeben. Die Reaktorleistung während dieser Messungen betrug 100 kW. W. Hübner.

1–702 **J. R. Knight.** *Calculation of the neutron leakage spectra and neutron doses from bare critical systems.* Nuclear Sci. Engng **11**, 239—245, *1961*, Nr. 3. (Nov.) (Oak Ridge, Tenn., Union Carbide Nucl. Co., Gaseous Diff. Plant.) Es werden Berechnungen angestellt, die es ermöglichen, die Neutronendosis und das Neutronenspektrum in der Nähe kritischer Massen von angereicherten Uranlösungen abzuschätzen. Die Energie der Neutronen und die Neutronendosis sinken etwas mit dem Verhältnis Wasserstoff/Uran, wobei die Zahl der thermischen Neutronen zunimmt. Jedoch ändert die Totaldosis sich nur um 20% bei der Variation des Atomverhältnisses H/U von 0 bis 2000, so daß eine genaue Kenntnis der Urankonzentration nicht nötig ist. Hj. Matzke.

1–703 **D. J. Dudziak** and **L. B. Freeman.** *Irradiated Ra: Be neutron sources.* Nuclear Sci. Engng **11**, 324—327, *1961*, Nr. 3. (Nov.) (Pittsburgh, Penn., Bettis Atom. Power Lab.) Eine Ra:Be-Quelle wurde im Reaktor bestrahlt, wobei durch Neutroneneinfang des Ra-226 die α-Strahler Ac–227 und Th–228 (Halbwertszeit 1,9 Jahre) entstehen, was zu einer wesentlich höheren spezifischen Aktivität der Quelle führt. So konnte die Neutronenabgabe bis um einen Faktor 100 erhöht werden. Man hat also eine billige Möglichkeit, starke Quellen herzustellen. Die Zerfallsketten der neu entstandenen Atomarten wurden analytisch überprüft und die Neutronenabgabe und die γ-Dosisrate der Quelle in Übereinstimmung mit den Meßwerten berechnet. Hj. Matzke.

1–704 **Robert I. Schermer** and **Gordon Brownell.** *Crystal spectrometer measurement of the MITR thermal neutron spectrum.* Nuclear Sci. Engng **11**, 343—345, *1961*, Nr. 3. (Nov.) (Cambridge, Mass. Inst. Technol.) Das Spektrum der thermischen Neutronen des MIT-Reaktors zwischen 0,005 und 0,2 eV wurde mittels eines Kristallspektrometers gemessen. Die Messungen erfolgen in den (111)-Ebenen von Ge, Cu und LiF in Reflexion mit Neutronennachweis in BF_3-Kammern. Es ergab sich eine Maxwell-Verteilung mit einer Abweichung von der theoretischen Kurve bei höheren Energien, die aber auch durch eine Überkorrektur der Ergebnisse entstanden sein kann. Hj. Matzke.

1–705 **M. F. Yudin** and **O. A. Filippov.** *Tissue-equivalent dosimeter for fast neutrons.* Measurement Tech. *1961*, S. 303—308, Nr. 4. (Apr.) (Engl. Übers. aus: Ismeritelnaja Technika *1961*, S. 37—42.) Der Aufbau einer Ionisationskammer mit Wänden aus einer Graphit-Polyäthylen-Mischung und Gasfüllungen mit Luft, Methan und einer gewebeäquivalenten Gasmischung (Methan 64,5%, CO_2 32,5%, N_2 3,0%) sowie das Meßverfahren werden beschrieben. Die Meßunsicherheit für die angegebenen Dosis- bzw. Dosisleistungsbereiche beträgt 7 bis 12%. W. Hübner.

1–706 **L. Kowalski.** *Réalisation et étude d'une chambre à fission à bismuth, détecteur de neutrons de grande énergie.* J. Phys. Radium **21**, 779—782, *1960*, Nr. 11. (Nov.) (Orsay, Fac. Sci., Lab. Phys. Nucl.) Für die Messung sehr energiereicher Neutronenstrahlbündel (50 bis 143 MeV) wird die Tatsache ausgenutzt, daß der Wismut-Kern durch sehr energiereiche Teilchen gespalten werden kann. Die Messungen werden mit einer speziell entwickelten Ionisationskammer durchgeführt, die zur Erzielung des erforderlichen hohen Wirkungsgrades mit einer Vielzahl von mit einem Wismutüberzug versehenen Al-Elektroden ausgerüstet ist. Der Aufbau und die Arbeitsweise der Kammer sowie die Anordnung der für ihren Betrieb erforderlichen elektronischen Geräte werden eingehend beschrieben. Die mit der Kammer erzielten Ergebnisse werden anhand eines Diagramms diskutiert. F. Rehbein.

1-707 **R. Micolet.** *Die verstärkten Strahlungsquellen und ihre Anwendung.* Microtecnic **16**, 74–81, *1962*, Nr. 2. (Apr.) (Grenoble, Atom-Forschungszentr., Atomen.-Komm.) Es werden die wichtigsten Anwendungen geschildert, die Beta- und Gammastrahlen hoher Intensität in industriellen Verfahrenstechniken finden. In der Chemie: Polymerisation, Verkettungsreaktionen und Vulkanisation. In der Landwirtschaft: Haltbarmachung konservierter Lebensmittel, Bestrahlung von Keimen zur Erzielung einer Ertragszunahme, Bekämpfung bestimmter Insekten in den USA u. a. m. Danach werden die Strahlenquellen, die Beschleuniger und Reaktoren besprochen. Dem Großeinsatz der Beta- und Gammastrahlen hoher Intensität stehen z. Zt noch die hohen Investitionskosten für die Strahlenquellen entgegen. H. Reich.

1-708 **Mohamed E. Abdelaziz.** *A high current radio frequency proton source with radial extraction.* Trans. Inst. Radio Engrs, N. Y. **NS-9**, *1962*, Nr. 2, (Apr.) S. 1–10. (Argonne, Ill., Nat. Lab., Particle Accelerat. Div.) Auf Grund theoretischer Betrachtungen über den Entladungsmechanismus in einem Wasserstoffplasma bei niedrigem Druck kann unter Berücksichtigung der Sekundärelektronenemission von den Gefäßwänden gezeigt werden, daß die maximale Elektronendichte im Zentrum der HF-Entladungsröhre herrscht, was experimentell bestätigt worden ist. Es wurde deshalb eine Ionenquelle konstruiert, bei der die Extraktionselektrode radial nahe dem Plasmazentrum angeordnet ist. Die radiale Extraktion ergibt über 20% höhere Bündelströme als die übliche axiale. Die ausgeführte Quelle (Hochfrequenz 100 MHz, gepulst) lieferte bis zu 150 mA Spitzenstrom im Bündel (Protonenanteil über 85%). Das Verhalten in Abhängigkeit von verschiedenen Betriebsparametern (Extraktionsspannung, HF-Leistung, Impulsdauer und -Wiederholungsfrequenz, Gasdruck) ist untersucht worden. S. Wagner.

1-709 **C. C. Goodyear** and **A. von Engel.** *Atomic ion production in radio-frequency ion sources.* Proc. fifth Internat. Conf. on Ionization Phenomena in Gases **1**, 203–213, *1961*. (Oxford, Clarendon Lab.) Eine Untersuchung der Stoßprozesse in einer HF-Wasserstoffentladungsröhre zeigte, daß die beiden aufeinanderfolgenden Reaktionen $H_2 + e \rightarrow H + H + e$; $H + e \rightarrow H^+ + 2e$ die große Ausbeute von Atomionen erklären. Eine theoretische Untersuchung des Gleichgewichtes zwischen Erzeugung und Verlust von Atomionen sowie gemessene Werte der Plasmadichte und der Elektronentemperatur sagen einen hohen Ionisationsgrad von ca. 70% für einen von den Gefäßdimensionen abhängigen Druckbereich voraus. Ferner wurde die Energiebilanz der Entladung aufgestellt. Sie zeigt, daß der Hauptanteil der die Entladung aufrechterhaltenden Leistung zur Erzeugung von ultravioletten Quanten von angeregten Atomen gebraucht wird. R. Frauenfelder.

1-710 **A. Eckardt, G. Götz, E. Greiner, A. Kriester, J. Mittenbacher** und **R. Prager.** *1-MV-Kaskadengenerator zur Beschleunigung von Protonen und Deuteronen.* Kernenergie **5**, 90–97, *1962*, Nr. 2. (Febr.) (Jena, Univ., Tech.-Phys.-Inst.) Es wird die Konstruktion eines 3stufigen Kaskadengenerators für 1 MV (Hochvakuumventile, 560 Hz) und eines 6stufigen Beschleunigungsrohres mit HF-Ionenquelle beschrieben (400 μA Ionenstrom am Target). S. Wagner.

1-711 **K. H. Krebs** und **E. Zilinski.** *Über die Dissoziation von H_2^+- und H_3^+-Ionen in einem Beschleunigungsrohr.* Kernenergie **5**, 98–103, *1962*, Nr. 2. (Febr.) (Zeuthen b. Berlin, Akad. Wiss., Kernphys. Inst., Forschungsgemeinsch.) Mit Hilfe eines Ablenkmagneten wurden die Impulse der durch Dissoziation aus H_2^+- und H_3^+-Ionen entstandenen Zerfallsprodukte analysiert (15stufiger Kaskadenbeschleuniger mit Wasserstoffionenquelle, Beschleunigungsspannung 600 kV, Druck im Beschleunigungsrohr etwa 10^{-4} Torr). Die Entstehung der einzelnen Maxima wird diskutiert. S. Wagner.

1-712 **A. Paulin.** *Entwicklungsstand des Mikrotrons.* Z. Instrum.-Kde **70**, 53–56, *1962*, Nr. 3. (März.) (Ljubljana.) Erster Teil einer Arbeit, die die Entwicklung des Mikrotrons behandelt. Nach einem geschichtlichen Rückblick und einer Beschreibung der Stellung des Mikrotrons in der Reihe der anderen Beschleuniger folgt die Theorie des Gerätes, soweit sie zum Verständnis der Wirkungsweise notwendig ist. R. Haensel.

1-713 **J. Haimson.** *Some aspects of electron beam optics and X-ray production with the linear accelerator.* Trans. Inst. Radio Engrs, N. Y. **NS-9**, *1962*, Nr. 2, (Apr.) S. 32—49. (Palo Alto, Calif., Varian Assoc., Radiat. Div., Accelerat. Res.) Ausgehend von den mathematischen Grundgleichungen des Linearbeschleunigers werden die Konstruktionsmerkmale diskutiert, die zu einer hohen Röntgenstrahlausbeute und hoher Betriebsstabilität führen. Für die meisten Anwendungen ist ferner eine geringe Energiestreuung der Elektronen wünschenswert, besonders wenn der Elektronenstrahl magnetisch abgelenkt wird, um einen stabilen Röntgenstrahl unter 90° zum Beschleunigerrohr zu erzielen. Im zweiten Teil der Arbeit werden Formeln hergeleitet, aus denen optimale Strahleigenschaften durch Gestaltung der Elektronenkanone und des Systems zur Vorbündelung des Strahles (prebuncher) abgelesen werden können. H. Reich.

1-714 **T. E. Fessler** and **J. S. Vincent.** *An external beam bunch selector for a 60-inch cyclotron.* Trans. Inst. Radio Engrs, N. Y. **NS-9**, *1962*, Nr. 2, (Apr.) S. 50—52. (Cleveland, Ohio, Nat. Aeronaut. Space Admin., Lewis Res. Cent.) Für Neutronen-Flugzeitmessungen am NASA-60 Zoll-Zyklotron (40 MeV-Alphateilchen, 20 MeV-Deuteronen) wurde ein externer Strahlimpulsselektor entwickelt, der es gestattet, jeden zweiten oder jeden vierten Strahlimpuls zum Aufprall auf den Auffänger zuzulassen. Es handelt sich um einen elektrostatischen Ablenker, der mit $^1/_4$ der Zyklotronfrequenz betrieben wird. Damit können ohne Verzerrung der Impulsform Flugzeiten bis zu 400 ns ausgenutzt und Energieauflösungen bis etwa 2% erreicht werden. H. Reich.

1-715 **W. A. S. Lamb.** *Design features of a high-current pulsed electron accelerator.* Trans. Inst. Radio Engrs, N. Y. **NS-9**, *1962*, Nr. 2, (Apr.) S. 53—56. (Livermore, Calif., Univ., Lawrence Radiat. Lab.) Für das „Astron"-Projekt zur Aufheizung und räumlichen Begrenzung eines heißen Plasmas wurde ein Hochleistungs-Elektronenbeschleuniger mit folgenden Daten konstruiert und befindet sich im Bau: Strahlenergie 4 MeV, Stromstärke im Impuls 200 A, Impulslänge 0,25 μs, Wiederholungsfrequenz 60 Hz, Strahlqualität (= durchschnittlicher Öffnungswinkel × Radius des Bündels) $<10^{-2}$ radian · cm, Energiestreuung im nutzbaren Teil des Impulses ± 0,5%. Der Beschleuniger besteht aus einer 720 keV-Elektronenkanone mit einer Kathode von 10 Zoll Durchmesser und sechs Beschleunigungseinheiten für 570 keV. Die Beschleunigungsspannung wird durch magnetische Induktion erzeugt: Jede der sechs Einheiten enthält 48 Magnetkerne, deren Magnetisierungsrichtung wie bei einem Impulstransformator durch Stromstoß in der Primärwindung umgedreht wird. Die Sekundärwindung ist offen und stellt zugleich den Beschleunigungsspalt dar. Jeder solche Transformator soll 12 keV bringen. H. Reich.

1-716 **Vernon L. Smith.** *Development of 36-megawatt modulators for the astron 1000-megawatt electron accelerator.* Trans. Inst. Radio Engrs, N. Y. **NS-9**, *1962*, Nr. 2, (Apr.) S. 57—67. (Livermore, Calif., Univ., Lawrence Radiat. Lab.) Die Arbeit behandelt verschiedene technische Fragen, die für den Betrieb des 1000 MW-Elektronenbeschleunigers beim Astron-Projekt für Fusionsexperimente (vorst. Ref.) wichtig sind. Als Material für die Magnetkerne des Induktionsbeschleunigers wurden Bänder aus Eisen und Nickel (je 50%) von 0,025 mm Dicke gewählt. Zur Erregung der Kerne dienten 36 MW-Laufzeitketten-Modulatoren. An den Thyratrontypen 6587 und 5949 A wurden bei 32 kV, 2000 A, 0,4 μs Impulsdauer und 60 Hz Folgefrequenz Lebensdauermessungen vorgenommen. Die Entscheidung fiel zugunsten der Type 5949 A aus, die über drei- bis fünftausend Stunden hinsichtlich Stromstärke, Leistung und Impulsanstiegszeit ein Vielfaches der Nennwerte aushält. Es wurde eine kleine gegen Koronaentladung widerstandsfähige Kabel-Steckverbindung für 16 kV entwickelt und geprüft. H. Reich.

1-717 **Horst Gruber.** *Hohlraumresonatoren zur Elektronenbeschleunigung im Mikrotron.* Wiss. Z. Karl-Marx-Univ. Leipzig **11**, 27—39, *1962*, Nr. 1. Hohlraumresonatoren sind als Elektronenbeschleuniger besonders geeignet, da infolge der erreichbaren hohen Güte beträchtliche Feldstärken bei geringen Abmessungen erzeugt werden können. Im Elektronenzyklotron (Mikrotron) ist bei einem Magnetfeld B = 1070 Gauß und einer Frequenz f = 3 GHz eine Beschleunigungsspannung von 511 kV notwendig. Der Radius der ersten Elektronenbahn ist r = 2,76 cm. Um schon bei möglichst kleiner

Leistung die hohe Beschleunigungsspannung zu erreichen, muß ein solcher Hohlraum eine möglichst hohe Güte besitzen ($Q = 10^4$). Als besonders geeignet für den Mikrotron-Betrieb haben sich der Doppelkonusresonator und der kapazitiv belastete E_{010}-Resonator erwiesen. Die Theorie beider Formen wird gegeben und die Berechnung von Feldverteilung, Resonanzfrequenz und Güte durchgeführt. Die für die Verwendung als Elektronenzyklotron wesentlichen Eigenschaften werden herausgestellt und die erforderlichen äußeren Abmessungen berechnet. Die bei einer vorgegebenen Güte zur Erzeugung der notwendigen Beschleunigung einzukoppelnde Leistung wird berechnet. H. Bayer.

1–718 **Bernard L. Cohen.** *Limitations of accelerator magnetic analyzing systems.* Rev. sci. Instrum. **33**, 85—92, *1962*, Nr. 1. (Jan.) (Pittsburgh, Penn., Univ.) Analyse der Zusammenhänge zwischen Auflösungsvermögen und Zählrate bei einem magnetischen Analysator für VAN DE GRAAFFs und andere Beschleuniger. R. Haensel.

1–719 **D. Yount** and **J. Pine.** *Production of positrons with the Stanford Mark III accelerator.* Nuclear Instrum. **15**, 45—50, *1962*, Nr. 1. (Febr.) (Stanford, Calif., Univ., High-En. Phys. Lab.) Mit einem Teil des Linearbeschleunigers werden Elektronen auf etwa 650 MeV beschleunigt und treffen auf ein im Innern des Beschleunigers angeordnetes Tantal-Target (3,2 Strahlungslängen dick), in dem über Bremsstrahlung Elektronenpaare erzeugt werden. In dem nachfolgenden Teil des Beschleunigers (der mit um 180° phasenverschobener HF gespeist wird) werden die durch eine Spule fokussierten Positronen auf 300 MeV beschleunigt. Das Bündel wird dann in zwei Ablenkmagneten analysiert. Im Impuls konnten auf diese Weise $3 \cdot 10^7$ Positronen erhalten werden (60 Imp/s), deren Energieverteilung 2% breit ist. Dabei fallen etwa $3{,}8 \cdot 10^{11}$ Elektronen pro Impuls auf den Radiator. S. Wagner.

1–720 **E. L. Burshtein, A. A. Vasil'ev, A. L. Mints, V. A. Petukhov** and **S. M. Rubchinskii.** *Circular high-energy accelerators with a self-adaptive magnetic field.* Soviet Phys.-Doklady **6**, 1001—1003, *1962*. Nr. 11. (Mai.) (Engl. Übers. aus: Doklady Akad. Nauk SSSR **141**, 590—592, *1961*, Nr. 3.) Die Maximalenergie moderner Kreisbeschleuniger wird gegenwärtig bestimmt durch die erreichbare Genauigkeit, mit der das Magnetsystem justiert werden kann. Wesentlich ist, daß die Anzahl der Betatron-Schwingungen während eines Umlaufs konstant und daß die Amplitude der erzwungenen Schwingungen möglichst klein ist. Verbesserungen hinsichtlich dieser Forderungen ermöglichen die Verwendung kleinerer Beschleunigungskammern, höherer Energien und Erniedrigung der Beschleunigerkosten. — Die Vff. behandeln die Probleme der automatischen Kontrolle der Betatronschwingungen in zwei Schritten: a) Kontrolle der Gleichgewichtsbahn, b) Stabilisierung der Schwingungsanzahl pro Umlauf. Die Abweichungen der Teilchen von der Sollbahn werden (beispielsweise durch elektrostatische Elektroden) registriert und die Störung in geeigneter Form Magnetwindungen mitgeteilt, die eine entsprechende Gegenstörung verursachen. Die Zeitkonstante dieser Stabilisierung beträgt etwa 1 msec. Die Konstanz der Schwingungen pro Umlauf erreicht man mit Hilfe einer Signalelektrode. Diese registriert die Schwingungsfrequenz, man vergleicht mit einem Sollwert und erzeugt ein Stromsignal, das der Frequenzabweichung proportional ist. Letzteres steuert beispielsweise die Quadrupollinsen. Eine Frequenzmessung ähnlich der beschriebenen wurde am Cosmotron angewandt. — Die Rechnungen der Vff. deuten darauf hin, daß p-Hochenergiebeschleuniger mit kleiner Apertur am besten durch folgende Anordnung realisiert werden: Linearbeschleuniger — Zwischen-Zirkularbeschleuniger — Zirkularbeschleuniger mit kleiner Apertur. H. Appel.

1–721 **H. A. Tasman, A. J. H. Boerboom** and **H. Wachsmuth.** *Calculation of the ion optical properties of inhomogeneous magnetic sector fields. III. Oblique incidence and exit at curved boundaries.* Berichtigung. Z. Naturf. **17a**, 363, *1962*, Nr. 4. (Apr.) S. Ber. **39**, Nr. 6—634, *1960*.

1–722 **M. Barbier** et **A. Susini.** *Considérations sur l'ordre de grandeur des paramètres de l'aimant et du système haute fréquence d'un accélérateur à champ fixe et gradient alterné de haute intensité.* CERN *1961*, Nr. 61—16, (17. Mai.) S. 1—35. V. Weidemann.

1-723 **Nils Vogt-Nilsen.** *Initial thoughts for a modification of the CERN 600-MeV proton synchro-cyclotron.* CERN *1961*, Nr. 61–18, (Juni.) S. 1–42.
V. Weidemann.

1-724 **Jeffery Lewins.** *A variational principle for nonlinear systems.* Nuclear Sci. Engng **12**, 10–14, *1962*, Nr. 1. (Jan.) (Camberley, Surrey, Staff Coll.) Aus nicht linearen, ein Reaktorsystem beschreibenden Gleichungen können keine nach der Zeit und den übrigen Variablen separierten Lösungen für die Neutronendichte gewonnen werden. Mit einem durch die Forderung, daß die Berechnung der observablen Eigenschaften des Reaktors unabhängig von der angesetzten Neutronendichte sei, gegebenen Variationsprinzip erhält man eine Gleichung für eine optimale Detektorverteilung zur Messung des beobachtbaren Verhaltens. Diese optimale Gewichtsfunktion ist nicht mit der normalen adjungierten Funktion oder der Einflußfunktion identisch; die konventionelle Behandlung eines linearen Systems erweist sich als Spezialfall des angegebenen allgemeineren Verfahrens. Es wird nachgewiesen, daß die näherungsweise Behandlung eines nicht linearen Systems als Eigenwertsystem grundsätzlich unbrauchbar ist.
A. G. Weber.

1-725 **J. B. Parker** and **E. R. Woodcock.** *Monte Carlo criticality calculations.* Reactor Technol. **3**, *1962*, (Febr.) S. 247–269. (Aldermaston, Atom. Weapons Res. Establish.) In einem zusammenfassenden Artikel werden ein Überblick über die Anwendung der Monte Carlo-Methode zu Kritikalitäts-Berechnungen gegeben und einige einfache Beispiele betrachtet. A. G. Weber.

1-726 **E. Aleksandrovich** and **M. Bartenbakh.** *Measurement of fast neutron flux distribution in the core of VVR–C reactor using electrical conductivity changes in germanium.* Reactor Sci. Technol. **15**, 233–234, *1961*, Nr. 4. (Dez.) Auf Grund der linearen Abnahme der Leitfähigkeit von Ge-Einkristallen mit der Bestrahlungszeit mit schnellen Neutronen (über 300 eV) eignen sich solche Kristalle zur Ausmessung der Flußverteilung schneller Neutronen in einem Reaktorkern. Mit einer Anordnung von neun n-Ge-Einkristallen höchster Leitfähigkeit wurde die relative Flußverteilung längs der Kernachse des im Titel genannten Reaktors bestimmt. A. G. Weber.

1-727 **Henri B. Smets.** *The effect of burnable fission products in power reactor kinetics.* Nuclear Sci. Engng **11**, 133–141, *1961*, Nr. 2. (Okt.) (Paris, O. E. E. C., Europ. Nucl. En. Ag.) Mittels topologischer Methoden wird die Stabilität eines Reaktors unter Berücksichtigung ausbrennbarer Spaltprodukte diskutiert. K. Meyer.

1-728 **Frederick H. Abernathy.** *The statistical aspects of nuclear reactor fuel element temperature.* Nuclear Sci. Engng **11**, 290–297, *1961*, Nr. 3. (Nov.) (Oak Ridge, Tenn., Nat. Lab., Reactor Projects Div.) Für den Spezialfall des heterogenen (gasgekühlten) Reaktors wird eine Methode gegeben, die es erlaubt, bei verschiedenen Variablen (physikalische Eigenschaften des Brennelements, Wärmeerzeugung und -übergang) statistisch die Wahrscheinlichkeit zu berechnen, daß die Oberflächentemperatur des Brennelements an verschiedenen Stellen des Reaktors innerhalb gewisser Grenzen liegt. Dabei können die einzelnen Variablen eine beliebige Verteilung haben.
Hj. Matzke.

1-729 **P. D. Sunavala.** *Computations on complete combustion of solid and liquid fuels.* J. sci. industr. Res. **21B**, 73–79, *1962*, Nr. 2. (Febr.) (Bombay, Indian Inst. Technol., Dep. Fuel Technol.) Es werden mengenmäßige Bilanzen für die Verbrennung fester und flüssiger konventioneller Brennstoffe aufgestellt und durchgerechnet. Diese Berechnungen sind von praktischem Nutzen für die Konstruktion der Hilfsanlagen von Kraftwerken. K. Meyer.

1-730 **H. Kiesewetter.** *Die Flußverbeulung als Maß für die Wirksamkeit einer beliebigen Konfiguration von Absorberstäben in einem homogenen Zylinderreaktor.* Kernenergie **5**, 76–82, *1962*, Nr. 2. (Febr.) (Berlin-Pankow, VEB Entw. Projekt. kerntech. Anl.) Im 2. Teil (1. s. Ber. **41**, Nr. 12–586, *1962*) wird gezeigt, wie die Flußverbeulung ein Maß für die Wirksamkeit eines Stabes und die kritische Flußverbeulung ein Maß für die Wirksamkeit einer Anordnung von mehreren Stäben ist. Für kranzförmige Anordnungen werden Wechselwirkungskoeffizienten gegeben. G. Röbert.

1–731 **W. Bergmann.** *Über die numerische Lösung von Zweiergruppendiffusionsgleichungen für stationäre Systeme auf Ziffernrechenautomaten.* Kernenergie **5**, 83—89, *1962*, Nr. 2. (Febr.) (Rossendorf b. Dresden, Zentralinst. Kernphys., Bereich Theor.) Vf. erörtert Gesichtspunkte für die Programmierungstechnik bei der Lösung der Zweigruppendiffusionsgleichungen an Hand der Erfahrungen, die mit Hilfe der Rechenautomaten 2 RA-1 und D 1-2 gewonnen wurden. Außerdem werden aus diesen Überlegungen Anforderungen an die Auslegung von Rechenautomaten abgeleitet.
K. Meyer.

1–732 **C. Carter** and **G. Rowlands.** *Some topics in one-velocity neutron transport theory.* J. nuclear Energy (A u. B) **15**, 1—21, *1961*, Nr. 1. (Sept.) (Harwell, Berks. Atom. En. Res. Establ.) Vff. geben eine Übersicht über neuere Entwicklungen in der Transporttheorie monoenergetischer Neutronen. Die verschiedenen Näherungsmethoden zur Lösung der Transportgleichung werden diskutiert und verglichen. Es kommen Entwicklungsmethoden, analytische Näherungsmethoden, bei denen eine Verquickung der Diffusionsnäherung mit speziellen Lösungen der Transportgleichung erfolgt, sowie Vielfachstreumethoden zur Sprache. Auf den Zusammenhang der Methode der diskreten Ordinaten mit den Entwicklungsmethoden wird besonders hingewiesen. Im besonderen wird die Güte der Näherungen in der Nachbarschaft von Quellen und Grenzflächen diskutiert. K. Meyer.

1–733 **R. Kladnik** and **I. Kuščer.** *Milne's problem for thermal neutrons in a nonabsorbing medium.* Nuclear Sci. Engng **11**, 116—120, *1961*, Nr. 2. (Okt.) (Ljubljana, Univ., Inst. Phys.; Inst. „J. Stefan".) Für einen unendlich ausgedehnten Halbraum, der aus einem einatomigen, gasförmigen und nichtabsorbierenden Medium besteht, wird die Extrapolationslänge für den totalen Neutronenfluß mittels eines Variationsansatzes berechnet. Für den Spezialfall des Moderators mit der Massenzahl 1 ergibt sich für die Extrapolationslänge $q_\infty = 0{,}9313 \cdot l(\infty)$, wobei $l(\infty)$ die freie Weglänge für hohe Neutronenenergie ist. Ferner werden die winkelabhängige Neutronenflußdichteverteilung und die Stromdichte an der Grenzfläche berechnet. K. Meyer.

1–734 **R. M. Pearce.** *Method of studying xenon spatial instability with an analog computer.* Nuclear Sci. Engng **11**, 328—337, *1961*, Nr. 3. (Nov.) (Chalk River, Ont., Atom. En. Canada Ltd.) Mit Hilfe einer Analogrechenmaschine wurden die Oszillationen des Neutronenflusses berechnet, die durch das Neutronengift Xe-135 in Kraftreaktoren entstehen können. Mit Xe-abhängigen Koeffizienten werden linearisierte Formen der Zwei-Gruppen-Diffusionsgleichung in einer Dimension gelöst. Die lineare Form des Problems erleichtert die Arbeitsweise mit der Analogrechenmaschine. Hj. Matzke.

1–735 **E. L. Wachspress, R. D. Burgess** and **S. Baron.** *Multichannel flux synthesis.* Nuclear Sci. Engng **12**, 381—389, *1962*, Nr. 3. (März.) (Schenectady, N. Y., Knolls Atom. Power Lab.) In Teil A der Arbeit wird eine Methode zur Berechnung des Neutronenflusses an den Knoten eines dreidimensionalen Gitters mit Hilfe weniger Punkte in Ebenen senkrecht zu einer gewählten Achse beschrieben. Differenzengleichungen, die die Flüsse innerhalb jeder Ebene in Beziehung setzen, werden im voraus aus genauen zweidimensionalen Untersuchungen bestimmt. Dieses „Viel-Kanal-Synthese"-Modell kann zu Parameter- und dynamischen Untersuchungen benutzt werden. In Teil B wird eine Rechnung nach diesem Verfahren mit dem Ergebnis einer genauen dreidimensionalen Rechnung verglichen. A. G. Weber.

1–736 **Wieslaw Ciechanowicz.** *Influence of the temperature reactivity coefficient on the transient temperature distribution in the rod type fuel element.* Nukleonika **6**, 461—466, *1961*, Nr. 7/8. (Warsaw, Acad. Sci., Inst. Nucl. Res., Reactor Engng Dep.)
E. Bretnütz.

1–737 **Henry A. Sandmeier.** *Ratio of fundamental and second order harmonics in flux for oscillator experiments with varying amplitude of reactivity insertion.* Nuclear Sci. Engng **11**, 339—340, *1961*, Nr. 3. (Nov.) (Argonne, Ill., Nat. Lab.) Es werden Gleichungen gegeben zur Berechnung des Amplitudenverhältnisses $a = X_2/X_1$ der 2. Harmonischen und der Grundschwingung bei veränderlicher Amplitude K_{ex} der Reaktivitätsänderung. Diese Gleichungen sind für jeden Reaktor verwendbar, bei dem der lineare Frequenzgang über einen Bereich bekannt ist, der doppelt so groß ist wie der interessierende nicht lineare Bereich und so lange K_{ex} beträchtlich unterhalb promptkritisch liegt.

Hj. Matzke.

1–738 **L. Heyne** und **H. Höfgen.** *Apparatur zur Messung des elektrischen Widerstandes von Isolatoren während Reaktorbestrahlung.* Exp. Tech. Phys. **10**, 32—40, *1962*, Nr. 1. (Rossendorf.) Es wird eine Apparatur beschrieben, bei der auf der Grundlage des OHMschen Gesetzes der elektrische Widerstand bestimmt wird. Die Spannung von 600 V wird konstant gehalten. Wegen des extrem hohen spezifischen Widerstandes der Isolatoren ist die Messung der geringen Stromstärken der Größenordnung 10^{-15} A sehr problematisch. Sie wird mit Hilfe der Auflademethode durchgeführt, bei der die durch den Widerstand fließende Ladung einem Kondensator zugeführt wird. Die Aufladung kann mit einem Elektrometer gemessen werden. Durch die Bestrahlung mit thermischen Neutronen ($\Phi_{max} \approx 2{,}3 \cdot 10^8$ n $\cdot$ cm^{-2} $\cdot$ sec^{-1}), schnellen Neutronen ($\Phi \approx 2{,}2 \cdot 10^8$ n $\cdot$ cm^{-2} $\cdot$ sec^{-1}[$E_n > 1$ MeV)] und γ-Strahlen ($D_{max} \approx 4{,}5 \cdot 10^3$ r $\cdot$ h^{-1}) tritt eine zeitlich abhängige Abnahme des spezifischen Widerstandes von dem in der Arbeit allein untersuchten Polystyrol ein. Besonders groß ist der Einfluß der γ-Strahlung, wie aus den angeführten Kurven zu entnehmen ist. Die Apparatur registriert kontinuierlich (angegebene Meßdauer bis zu 4 h). Sie ist zusätzlich mit einer weitgehend variablen Programm-Steuerung versehen (besonderer Literaturhinweis). W. Delle.

1–739 **H. Bridge, B. T. Kelly** and **B. S. Gray.** *Stored energy in graphite and reactor design.* Nuclear Engng **7**, 91—96, *1962*, Nr. 70. (März.) (Culcheth, U. L. AEA React. Mat. Lab.) In einem großen graphitmoderierten Reaktor werden etwa 5—7% des totalen Wärmeanfalls im Moderator selbst infolge Absorption von γ-Strahlen und durch Abbau der Neutronenenergie während der Thermalisierung verbraucht. Ein beträchtlicher Teil der Energie, die mit dem letztgenannten Prozeß einhergeht, wird im Moderator durch Freisetzen von Atomen aus den Kristallgitterpositionen gespeichert. Graphitkristall-Schäden offenbaren sich, um nur die wichtigsten zu nennen, in der sogenannten WIGNER-Energie, in starken Dimensionsänderungen der Graphitblöcke, in einer starken Reduzierung der Wärmeleitfähigkeit des Graphits und im Anwachsen des Kraft- und Elastizitätsmoduls. Der vorliegende Artikel demonstriert die Anwendung der in einem neueren Bericht über das intensive britische Forschungsprogramm zur Frage der Energiespeicherung im Graphit von Kraftreaktoren (s. **Bell** et al. Phil. Trans. Roy. Soc. (A) **254**, 361, *1962*) zusammengestellten Daten unter Berücksichtigung der bei gasgekühlten graphitmoderierten Systemen vorliegenden Verhältnisse. Anhand zahlreicher Diagramme wird der Einfluß der Temperatur auf die Freisetzungsquote (dE/dT) der gespeicherten Energie (E), der Einfluß der Strahlendosis auf die Freisetzungsquote der gespeicherten Energie, die Temperaturabhängigkeit der Wärmeleitfähigkeit von Graphit nach Bestrahlung, die Änderung von dE/dT durch den Reaktor, die Temperatur- und Leistungsgrößen-Verteilungen in einem graphitmoderierten Kraftreaktor u. a. m. aufgezeigt. J. Riedhammer.

1–740 **G. N. Walton.** *The migration of fission products in graphite.* Nuclear Engng **7**, 97—101, *1962*, Nr. 70. (März.) (Hanwell, AERE.) Vf. berichtet über Messungen an Graphitproben, die gleichmäßig mit Spaltmaterial imprägniert und in einem Reaktor bestrahlt wurden und nach der Entnahme aus dem Reaktor auf verschieden hohe Temperaturen erhitzt wurden. Die dabei freigesetzten Spaltproduktmengen wurden dann entweder aus der Konzentration in einem über die Graphitprobe geleiteten Gasstrom oder durch Messen der nach einer vorgegebenen Zeit im Graphit verbliebenen Spaltproduktmengen ermittelt. Eine theoretische Analyse des Diffusionsprozesses ergab, daß für kleine Freisetzungsmengen (f) das Quadrat derselben proportional der Erhitzungszeit war. Aus dieser Beziehung wurde ein $D/a^2 = 3{,}1 \exp(-49/RT)$ ermittelt (D = Diffusionskonstante, a = Korndurchmesser, R = Gaskonstante). Bezüglich der Diffusion von nicht gasförmigen Produkten wird vermerkt, daß die fraktionierte Emission einiger kondensierter Produkte, wie Antimon und Tellur, von den Dickendimensionen der Graphitprobe abhängig ist, was darauf hindeutet, daß Porendiffusion gering ist. Für z. B. Cäsium und Strontium ist die Emission unabhängig von der Probengröße. Andere Produkte, wie z. B. Molybdän, Zirkon und Ruthenium, zeigen praktisch keinen Temperaturgang. Die Ergebnisse sind in mehreren Diagrammen und Tabellen zusammengestellt. J. Riedhammer.

1–741 **T. J. Hurley jr., H. R. Fike** and **G. F. O'Neill.** *Experimental bucklings of heavy water moderated lattices of natural uranium metal rod clusters.* Nuclear Sci. Engng **12**, 341–347, *1962*, Nr. 3. (März.) (Aiken, S. Carol., E. I. Pont Nemours Co., Savannah River Lab.) Das Material-Buckling (B_m) wurde für verschiedene Brennelement-Gitter in D_2O gemessen. Die Brennelemente sind Stäbe aus natürlichem U (Durchmesser 2,5 cm). Die Ummantelung besteht aus 0,08 cm starkem Al-Blech. Die Anordnungen enthielten 1, 3, 7 und 19 Stäbe. Die Volumenverhältnisse Moderator zu Brennstoff liegen zwischen 10,23 und 161,53. Bei einigen Gittern wurden auch der Einfluß der Verunreinigung des D_2O (rein: 99,69–99,76 mol% D_2O; verunreinigt: 99,3–99,31 mol% D_2O) und der Einfluß eines Reflektors gemessen. F. Krings.

1–742 **E. C. Wingfield** and **E. J. Hennelly.** *Exponential measurements of natural uranium rods in heavy water and comparisons with critical experiments.* Nuclear Sci. Engng **12**, 348–358, *1962*, Nr. 3. (März.) (Aiken, S. Carol., E. I. Pont Nemours a. Co., Savannah River Lab.) In einer subkritischen Anordnung wurde das Buckling für Gitter mit 1, 3, 7 und 19 Uranstäben gemessen. Variiert werden das Volumenverhältnis Moderator zu Brennelement und die Reinheit des D_2O-Moderators. Die Ergebnisse werden mit den aus kritischen Experimenten gewonnenen verglichen. Es werden systematische Differenzen gefunden und diskutiert. F. Krings.

1–743 **H. W. Hahnemann.** *Schmelzpunkte von Reaktor-Werkstoffen.* Forsch. IngWes. (B) **28**, 33, *1962*, Nr. 1. (Düsseldorf.) H. Ebert.

1–744 **E. Kern.** *Formeln für die Brennstoffbeschickung von Reaktoren.* Atomkernenergie **7**, 1–14, *1962*, Nr. 1. (Jan.) (Mannheim, Brown Boveri/Krupp Reaktorbau GmbH.) Unter besonderer Berücksichtigung der Verhältnisse in dem BBC-Krupp-Kugelhaufenreaktor werden zwei Modelle für die Betriebsweise des Reaktors diskutiert und u. a. Beziehungen zur Berechnung des Abbrands hergeleitet. K. Meyer.

1–745 *Arbeitstagung über Reaktorschleifen in Dubna. II.* Kernenergie **5**, 129–132, *1962*, Nr. 2. (Febr.)

1–746 **U. Nallaperumal.** *Trickle bed reactors—kinetic study of gas-liquid reactions.* J. sci. industr. Res. **21 A**, 91–93, *1962*, Nr. 2. (Febr.) (Bangalore, Indian Inst. Sci., Dep. Chem. Engng.) E. Bretnütz.

1–747 **G. Sachse** und **E. Leibnitz.** *Reinigung von radioaktiven Abfallösungen mit natürlichen anorganischen Ionenaustauschern. III. Die Austauschadsorption von Cerionen, Ruthenium und Zirkonkomplexen an Radgendorfer Ton.* Kernenergie **5**, 114–117, *1962*, Nr. 2. (Febr.) (Rossendorf b. Dresden, Zentralinst. Kernphys.; Leipzig, Inst. Verfahrenstech. Org. Chem.) Die Untersuchungsergebnisse der Austauschadsorption von Cerionen in Abhängigkeit von Austauschgeschwindigkeit, pH-Wert und Lösungskonzentration werden gegeben. Bei maximaler Kapazität des Tons für Cerionen könnten 185c ^{144}Ce von 1 g Ton gebunden werden. Diskutiert werden die Reinigung ^{106}Ru-haltiger Lösungen und Versuche zur Reinigung Zr-haltiger Lösungen mit Radgendorfer Ton. Eine vollständige Entfernung von [Ru(NO)]-Komplexen durch den kationenaustauschenden Ton ist nicht möglich, dagegen werden Zirkonhydrolysekomplexe auch in salpetersaurer Lösung gut adsorbiert. G. Röbert.

1–748 **K. M. Case** and **S. G. Gasiorowicz.** *Can massless particles be charged?* Phys. Rev. (2) **125**, 1055–1058, *1962*, Nr. 3. (1. Febr.) (Berkeley, Calif. Univ., Lawrence Radiat. Lab.) Vff. zeigen, daß für Teilchen mit Spin $\geqq 1$ Lorentz-Invarianz, Masselosigkeit und konventionelle elektromagnetische Kopplung miteinander unverträglich sind. Unter konventionellen elektromagnetischen Kopplungen werden hier jene verstanden, die erzeugt werden durch koordinatenabhängige Eichtransformationen an den Feldern der geladenen Teilchen, ferner jene Kopplungen, die dadurch auftreten, daß die Teilchen statische elektrische oder magnetische Multipolmomente erhalten. E. Sauter.

1–749 **Lu Sun Liu.** *Vertex function, coupling constant and composite particle.* Phys. Rev. (2) **125**, 761–770, *1962*, Nr. 2. (15. Jan.) (Chicago, Univ., Enrico Fermi Inst. Nucl. Stud., Dep. Phys.) Eine Vertexfunktion mit nur drei Arten stark wechselwirkender Teilchen wird untersucht. Wenn eines von diesen instabil wird, bewegen sich die Struktursingularitäten (von denen eine der anomalen Schwelle entspricht) der Vertexfunktion aus der unphysikalischen Fläche heraus und bleiben auf dem physikalischen Schnitt. Beim Ausschreiben der Dispersionsbeziehungen wurde für den absorbierenden Teil die korrekte Riemannsche Fläche gewählt. Hierzu gelangte eine neue einfache Methode zur Anwendung. Eine physikalische Interpretation dieser Strukturanomalität wird gegeben. Mit Hilfe dieser Vertexfunktion wird ein Modell eines zusammengesetzten Teilchens, stabil oder instabil, besprochen. Man erhält eine dreifach lineare skalare Kopplungskonstante in Ausdrücken der drei Massen, indem eine vollständige Dispersionsbeziehung dieser Vertexfunktion benutzt wird. Eine Methode zur Ermittelung der Lebensdauer eines instabilen Teilchens wird vorgeschlagen. Eine andere Bedingung zwischen den Kopplungskonstanten und den Massen wird aus Überlegungen gewonnen, die die Ladungsstruktur des zusammengesetzten Teilchens betreffen. Die beiden unabhängig voneinander gewonnenen Bedingungen kann man zur Bestimmung der Kopplungskonstanten und der Bindungsenergie benutzen. Als Beispiel wird das Σ-Teilchen als Bindungszustand von Λ und π betrachtet, wobei eine skalare Kopplung vorausgesetzt wird. Beobachtete und berechnete Masse des Σ-Teilchens stimmen ausgezeichnet überein. Die Kopplungskonstante wird zu $g^2/4\pi = 1{,}4$ berechnet. K. F. Leisinger.

1–750 **C. A. Levinson, H. J. Lipkin, S. Meshkov, A. Salam** and **R. Munir.** *A reaction forbidden by the Sakata model of unitary symmetry.* Phys. Letters **1**, 125, *1962*, Nr. 4. (15. Mai.) (Rehovoth, Weizmann Inst. Sci., London, Imp. Coll., Phys. Dep.) Es wird gezeigt, daß die experimentell beobachtete Reaktion $p + \bar{p} \rightarrow K_1^0 + K_2^0$ dem Modell der unitären Symmetrie von Sakata zufolge streng verboten ist. Damit wird dieses Modell experimentell widerlegt. K. Heinloth.

1–751 **Y. Murai.** *The non-linear theory of Heisenberg in a five-dimensional space.* Nuovo Cim. (10) **23**, 122–140, *1962*, Nr. 1. (1. Jan.) (Urawa, Univ., Dep. Phys.) Feldgleichungen werden im fünfdimensionalen Raum konstruiert, welcher einem ebenen sechsdimensionalen Raum entspricht, in dem die fundamentale Gruppe die Rotationsgruppe ist. Nukleon und Λ-Teilchen werden dem Formalismus mit dem richtigen isobaren Spin angepaßt. Andere charakteristische Eigenschaften elementarer Teilchen werden ebenfalls berücksichtigt. Insbesondere wird gezeigt, daß bei Benutzung des Sakata-Modells die Teilchenzahl, welche Wechselwirkung enthält, stark und paritätserhaltend ist, während sie umgekehrt schwach und paritätsverletzend ist. K. F. Leisinger.

1–752 **L. A. Khalfin.** *Quantum theory of unstable elementary particles.* Soviet Phys.-Doklady **6**, 1010–1012, *1962*, Nr. 11. (Mai.) (Engl. Übers. aus: Doklady Akad. Nauk SSSR **141**, 599–602, *1961*, Nr. 3.) (Leningrad, Acad. Sci., V. A. Steklov Math. Inst.) Vf. diskutiert die Quantentheorie unstabiler Elementarteilchen auf der Grundlage einer Parametrisierung der differentiellen Energieverteilung (Massenverteilung) unstabiler Zustände physikalischer Systeme, welche eindeutig das Zerfallsgesetz für das unstabile System bestimmt. Die Elementarteilchen werden dann (außer durch andere Quantenzahlen) durch die Parameter dieser Verteilung charakterisiert. Das umgekehrte Problem der Bestimmung der Energieverteilung (Massenverteilung) aus dem Zerfallsgesetz wird erörtert; verschiedene mathematische Hilfssätze und ein Theorem werden aufgestellt. D. Jörchel.

1–753 **I. J. Kobsarew** und **L. B. Okun.** *Zur Frage nach den schweren neutralen pseudoskalaren Mesonen.* Sh. exp. teor. Fis. **41**, 1949–1952, *1961*, Nr. 6. (Orig. russ.) Im Modell von Sakata kann es neben den bekannten pseudoskalaren Mesonen, dem Pion und dem Kaon, noch zwei neutrale pseudoskalare Teilchen σ_1 und σ_2 (manchmal auch als ρ_1 und ρ_2 bezeichnet) geben. Von den neuen verschiedenen Ladungszuständen des Systems Baryon und Antibaryon haben drei Zustände ($\bar{p}p$, $\bar{n}n$, $\bar{\Lambda}\Lambda$) übereinstimmende

Quantenzahlen und können ineinander übergehen. Durch Diagonalisierung dieser Zustände erhält man drei andere Zustände, einen mit dem Isospin 1 (π^0), zwei mit dem Isospin 0 (σ_1 und σ_2). Die Normierungsfaktoren in den entsprechenden Ausdrücken hängen von den Eigenschaften der starken Wechselwirkung zwischen den Baryonen p, n und Λ ab. Wenn die starken Wechselwirkungen dieser Baryonen übereinstimmten (z. B. im Modell der universellen Vektor-Wechselwirkungen), so hätte das Modell von SAKATA eine zusätzliche Symmetrie, die unitäre Symmetrie. Dann würden die neun Mesonen in ein Oktett und ein Singulett zerfallen; die Massen der Mesonen im Oktett (π, K, σ_1) müßten gleich sein, die des neunten Mesons (σ_2) wäre wahrscheinlich etwas größer. Die Abweichung von der unitären Symmetrie läßt sich durch die Massendifferenz von Kaon und Pion (etwa 350 MeV) kennzeichnen. Die Masse des σ_1-Mesons wird daher kaum größer als 1 GeV sein. Es werden weitere Argumente für die Existenz der σ-Mesonen diskutiert und Experimente zu ihrer Entdeckung sowie weitere mögliche Eigenschaften dieser Teilchen vorgeschlagen. H. Vogel.

1–754 **Murray Gell-Mann.** *Symmetries of baryons and mesons.* Phys. Rev. (2) **125**, 1067–1084, *1962*, Nr. 3. (1. Febr.) (Pasadena, Calif. Inst. Technol.) Im System der stark wechselwirkenden Teilchen werden Elektromagnetismus, schwache Wechselwirkungen und Gravitation als Störungen betrachtet. Elektrischer Strom, schwacher Strom und Gravitationstensor sind wohldefinierte Operatoren mit endlichen Matrixelementen, die Dispersionsrelationen genügen. Zunächst wird der Fall betrachtet, daß diese Dispersionsrelationen überaus konvergent sind und daß Beiträge von Ein-Meson-Zwischenzuständen dominieren. Danach zeigt Vf., daß homogene lineare Dispersionsrelationen nicht genügen, um die Universalität der Stärke der Ströme herzuleiten. Feldtheoretische Modelle liefern mehr Information: Kommutator-Relationen für gleiche Zeiten für die Ströme werden daher herangezogen. Diese Kommutatorregeln weisen auf die Existenz einer Symmetriegruppe hin, die der Struktur des Baryon-Meson-Systems zugrunde liegt. Die Eigenschaften dieser Gruppe werden aufgezeigt. Vf. nimmt an, daß diese Gruppe gerade U(3)×U(3) ist, die anhand des SAKATA-Modells vorgestellt wird. Vf. kommt dann zur Frage der Verletzung der Symmetrien. Einige der Symmetrien können näherungsweise entartete Supermultipletts ergeben. Insbesondere sollte es Mesonenoktetts geben; bei den pseudoskalaren Mesonen sollte es zu π, K, $\bar{K}$ noch ein χ^0 (Isosingulett) geben. Als Alternative zum symmetrischen SAKATA-Modell wird der „achtfache Weg" vorgeschlagen: Baryonen und Mesonen können Oktetts und Singuletts bilden, und die Baryonen bilden ein näherungsweise entartetes Oktett. Schließlich wird noch die Hochenergiegrenze betrachtet, in der nichterhaltene Größen zu erhaltenen werden. Als Beispiel wird eine rohe Berechnung der Zerfallsrate von $K^+ \to \mu^+ + \nu$ aus der des Zerfalls $\pi^+ \to \mu^+ + \nu$ gegeben. E. Sauter.

1–755 **Y. Nambu** and **D. Lurié.** *Chirality conservation and soft pion production.* Phys. Rev. (2) **125**, 1429–1436, *1962*, Nr. 4. (15. Febr.) (Chicago, Univ., Dep. Phys.) Ein formal γ_5-invariantes System, bestehend aus einem DIRAC-Feld und einem masselosen pseudoskalaren Feld, gestattet Chiralitäts-Erhaltung, d. h. der Erwartungswert hiervon ist eine Konstante der Bewegung. Dies hat zur Folge, daß bei jeder Reaktion eine Änderung in der Fermion-Chiralität kompensiert wird durch die Emission eines masselosen Bosons mit Energie Null (Bremsstrahlung weicher Pionen). Vff. finden eine einfache Formel zwischen Strahlungsamplitude und elastischer Amplitude. Diese Reaktion wird zunächst an einem Modell von NISHIJIMA aufgezeigt, dann in niedrigster Ordnung der Störungsrechnung bewiesen und schließlich wird ein allgemeiner Beweis vorgeschlagen. Unter der Annahme, daß das Pion-Nukleon-System bei Vernachlässigung der Pionenmasse γ_5-invariant ist, wird die Formel angewandt auf die Prozesse $N + \pi \to N + \pi$ und $\to N + 2\pi$. Ein Vergleich mit πN-Streudaten bei der 3–3-Resonanz zeigt Übereinstimmung mit der Formel. E. Sauter.

1–756 **D. Flamm** and **P. G. O. Freund.** *Parity nonconservation induced by the universal Fermi interactions into the pion-nucleon vertex.* Phys. Rev. (2) **125**, 385–387, *1962*, Nr. 1. (1. Jan.) (Vienna, Univ., Inst. Theor. Phys.) Es wird dispersionstheoretisch die Größenordnung der Paritätsverletzung untersucht, die durch die schwachen Wechselwirkungen in Zwischenzuständen hoher Energie in den starken Wechselwirkungen induziert wird. Die schwachen Wechselwirkungen werden dabei mit einem schweren Vektorboson, dessen Masse so wie im Modell des Pions von BAUMANN, FREUND und THIRRING gewählt wird, ausgeschmiert. Für die Pion-Nukleon-Streuung ergibt sich das Verhältnis der paritätsverletzenden zur paritätserhaltenden Amplitude 10^{-5}, was mit den Experimenten verträglich ist. H. Pietschmann.

1–757 **Ronald F. Peierls** and **S. B. Treiman.** *Pionic nuclei.* Phys. Rev. Letters **8**, 339 bis 341, *1962*, Nr. 8. (15. Apr.) (Princeton, N. J., Inst. Adv. Study; Princeton Univ., Palmer Phys. Lab.) η^0-Meson und ζ-Meson werden als Kerne von 4 locker gebundenen π-Mesonen betrachtet. Die Quantenzahlen dieser Kerne sollen Zerfall in 2 oder 3 Pionen in Abwesenheit elektromagnetischer Wechselwirkung verbieten. Demnach müßten die Kerne folgende Quantenzahlen für Spin, Parität, G-Parität haben η^0-Meson: 0^{-+}; ζ-Meson: 0^{++}. K. Heinloth.

1–758 **N. N. Biswas.** *Y* and two-nucleon K⁻-captures.* Nuovo Cim. (10) **22**, 654–656, *1961*, Nr. 3. (1. Nov.) (München, Max-Planck-Inst. Phys. Astrophys.) Um eine Relation zwischen Ein- und Zweinukleon-Reaktionen bei K^--Einfang zu erhalten, wird der Prozeß $K^- + d \rightarrow Y + N$ so aufgefaßt, daß zunächst virtuell ein Y^* gebildet wird, dessen Zerfallspion vom zweiten Nukleon absorbiert wird, während es für Einnukleon-Prozesse reell emittiert wird. Eine grobe Abschätzung des Verhältnisses von Zweinukleon-Prozessen zu den Einnukleon-Prozessen, die über ein Y^* verlaufen, wird durchgeführt. Vergleich mit experimentellen Daten weist auf P-Zustand des virtuellen Pions hin und verlangt daher für Spin 1/2 des Y^* gerade, für 3/2 ungerade Parität des Y^* bezogen auf das Hyperon. H. Pietschmann.

1–759 **A. A. Logunow, W. A. Mestscherjakow** und **A. N. Tawchelidse.** *Über die genäherte γ_5-Invarianz der Theorie der starken Wechselwirkungen.* Phys. Abh. Sowjetunion N. F. **6**, 579–581, *1962*, Nr. 6. (Übers. aus: Dokl. Akad. Nauk **142**, 317–318, *1962*.) V. Weidemann.

1–760 **A. F. Dunaitsev, V. I. Petrukhin, Yu. D. Prokoshkin** and **V. I. Rykalin.** *Check of the conserved vector current hypotheses.* Phys. Letters **1**, 138–140, *1962*, Nr. 4. (15. Mai.) (Dubna, Joint Inst. Nucl. Res.) Der Zerfall $\pi^+ \rightarrow \pi^0 + e^+ + \nu$ wird untersucht, um die Hypothese von der Erhaltung des Vektorstroms direkt zu prüfen. Das theoretisch vorausgesetzte Zerfallsverhältnis $(\pi^+ \rightarrow \pi^0 + e^+ + \nu)/(\pi^+ \rightarrow \mu^+ + \nu) = 1{,}03 - 10^{-8}$ wird über den Nachweis der beiden Zerfallsquanten des π^0 gemessen zu $(1{,}1\ ^{+1,0}_{-0,5}) \cdot 10^{-8}$. K. Heinloth.

1–761 **A. Fujii** and **D. J. Hall.** *Muon capture and radiative pion capture in He³.* Nuclear Phys. **32**, 102–105, *1962*, Nr. 1. (Apr.) (London, Imp. Coll., Dep. Phys.; Queen Elizabeth Coll., Dep. Phys.) Vff. beschreiben eine Interpolationsmethode zur Bestimmung des Kernmatrixelements der Muoneneinfangreaktion $\mu^- + He^3 \rightarrow H^3 + \nu$ aus den Matrixelementen des Pionenstrahlungseinfangprozesses $\pi^- + He^3 \rightarrow H^3 + \gamma$ und des β-Zerfallsprozesses $H^3 \rightarrow He^3 + e + \bar{\nu}$. D. Jörchel.

1–762 **R. Silbar** and **H. Überall.** *V–A or V + A interaction in μ-meson capture?* Nuovo Cim. (10) **22**, 864–866, *1961*, Nr. 4. (16. Nov.) (Ann Arbor, Mich., Univ., Harrison M. Randall Lab. Phys.) Zur Bestimmung der Kopplungskonstanten für μ-Einfang eignen sich folgende meßbaren Größen: Einfangswahrscheinlichkeit, Asymmetrie der emittierten Neutronen und der Hyperfeinstruktureffekt. Man definiert das Verhältnis der Kopplungskonstanten $X = g_A/g_V$. Aus der Einfangswahrscheinlichkeit durch C^{12} folgen für X zwei Möglichkeiten: $X^+ = 1{,}46 \pm 0{,}13$ oder $X^- = -1{,}10 \pm 0{,}13$. Der letzte Wert bedeutet (V — A)-Wechselwirkung. Aus X folgt die Asymmetrie a der Neutronen nach Einfang polarisierter μ-Mesonen: $a(X^+) = -0{,}19 \pm 0{,}06$ oder $a(X^-) = -0{,}37 \pm 0{,}05$. Für S und Mg findet man experimentell $a = -0{,}35 \pm 0{,}10$. Das Experiment macht somit V — A wahrscheinlich. Auch die Hyperfeinstruktur des Einfangprozesses spricht für V — A. Die Diskussion der Meßresultate ist allerdings nicht ganz willkürfrei. H. Wegener.

1–763 **L. C. Biedenharn.** *Some remarks on the Feynman-Gell-Mann formulation of the Fermi interaction.* Nuovo Cim. (10) **22**, 1097–1098, *1961*, Nr. 5. (1. Dez.) (Durham,

N. C., Univ.) DIRAC-Teilchen mit scharfem Eigenwert von γ_5 lassen sich durch ein Zweikomponentenfeld Φ beschreiben. Solche Felder verwenden FEYNMAN und GELL-MANN zur Formulierung der schwachen Wechselwirkung. Der Vf. untersucht Φ im COULOMB-Feld $\alpha Z/r$. Der Radialteil genügt einer Wellengleichung, die formal äquivalent ist zur nichtrelativistischen Wellengleichung für Teilchen mit PAULI-Spin. Allerdings ist der Bahndrehimpuls l nicht mehr ganzzahlig. Deswegen haben die Lösungen keine definierte Parität. Eine Ausnahme bilden neutrale Teilchen mit $\alpha Z = 0$, $m_0 \neq 0$. Bei numerischen Rechnungen erweisen sich die zweikomponentigen COULOMB-Funktionen Φ den sonst üblichen DIRAC-Funktionen überlegen. H. Wegener.

1–764 **Viktor Gorgé.** *Die Elektronenabsorption positiver μ-Mesonen.* Helv. phys. acta **34**, 629—634, *1961*, Nr. 6/7. (Bern, Univ., Seminar theor. Phys.) Unter den schwachen Wechselwirkungen von μ-Mesonen mit Materie gibt es nur einen einzigen Prozeß, der mit dem freien μ-Zerfall konkurriert: $\mu^- + p \rightarrow n + \nu$. Das $(\mu^+ e)$-System hat aber, wie experimentell nachgewiesen wurde, auch einen gebundenen Zustand, das Muonium, der die mögliche Vernichtung in zwei Neutrinos begünstigen sollte. Die Wirkungsquerschnitte der Prozesse $\mu^- + p \rightarrow n + \nu$ und $\mu^+ + e \rightarrow \nu + \bar{\nu}$ werden auf Grund der universellen FERMI-Wechselwirkung sowie unter der Annahme eines intermediären Vektorbosons berechnet. Sie liegen im wesentlichen in derselben Größenordnung (10^{-39} resp. $\cdot 10^{-40}$ cm²). Der Unterschied in den Absorptionsraten liegt daher nur in der kleineren Dimension des $(\mu^- p)$-Systems gegenüber dem $(\mu^+ e)$-System. Die Annihilationsrate für Muonium beträgt $2{,}9 \cdot 10^{-6}$ sec^{-1} (gegenüber 188 sec^{-1} für das $(\mu^- p)$-System) und ist daher 10^{11}mal unwahrscheinlicher als der freie Zerfall und liegt auch weit unter der exp. oberen Schranke für die hypothetische 2 γ-Vernichtung. V. Gorgé.

1–765 **O. A. Saimidoroga, M. M. Kuljukin, B. Pontecorvo, R. M. Suljajew, A. I. Filippow, W. M. Supko-Sitnikow** und **J. A. Tscherbakow.** *Beobachtung der Reaktion $\mu^- + {}^3He \rightarrow {}^3H + \nu$.* Sh. exp. teor. Fis. **41**, 1804—1808, *1961*, Nr. 6. (Orig. russ.) Unter den auf schwacher Wechselwirkung beruhenden Prozessen mit nichtseltsamen Teilchen ist der Einfang eines Myons durch ein Nukleon am wenigsten untersucht. In Versuchen über den Einfang durch zusammengesetzte Kerne mißt man meistens die Gesamtwahrscheinlichkeit verschiedener Übergänge. Im Fall des Einfangs durch ^{3}He haben die theoretischen Voraussagen für die Wahrscheinlichkeit dieses Prozesses, die sich auf den bekannten ft-Wert für den β-Zerfall des Tritiums stützen, noch die höchste Genauigkeit. Dieser Einfang konnte jetzt erstmalig mit Hilfe einer ^{3}He gefüllten Diffusionskammer gemessen werden. Aus der Rückstoßenergie des Tritiums ließ sich eine obere Grenze für die Masse des beim Einfang emittierten neutralen Teilchens zu 6 MeV abschätzen; es handelt sich also tatsächlich höchstwahrscheinlich um ein Neutrino. Nach den vorliegenden vorläufigen Daten ist die Wahrscheinlichkeit der Einfangreaktion $(1{,}30 \pm 0{,}40) \cdot 10^3$ s^{-1}; die daraus bestimmte effekte Konstante der Myon-Nukleon-Wechselwirkung verträgt sich gut mit der universellen Theorie der schwachen Wechselwirkungen.
H. Vogel.

1–766 **J. I. Asimow.** *Erzeugung von Pionen in schwachen Wechselwirkungen.* Sh. exp. teor. Fis. **41**, 1879—1884, *1961*, Nr. 6. (Orig. russ.) Vf. untersucht Wechselwirkungen von Neutrinos oder Antineutrinos mit Nukleonen, bei denen ein Pion erzeugt wird, und zwar die gleichen sechs Prozesse, die von LEE und YANG im Zusammenhang mit der Möglichkeit einer experimentellen Prüfung der Lokalität des Lepton-Stroms diskutiert wurden. Bei diesen Reaktionen kann das Nukleon umgeladen werden; in diesem Fall wird neben dem immer vorhandenen Lepton (Elektron oder Myon) ein neutrales Pion erzeugt; wenn dagegen das Nukleon nicht umgeladen wird, entsteht ein geladenes Pion. Die Struktur des Querschnittes dieser Prozesse wird unter der Annahme einer V, A-Wechselwirkung analysiert; außerdem wird ihr Zusammenhang mit den Querschnitten für Erzeugung durch Elektronenstoß ermittelt. Ein Vergleich mit dem Experiment ist noch nicht vollständig möglich. Außer den betrachteten Prozessen sind auch solche mit Erzeugung von Kaonen und Λ- oder Σ-Hyperonen möglich; es wird angegeben, wie sich die Ergebnisse auch auf diese Fälle übertragen lassen. H. Vogel.

1–767 **W. M. Schechter.** *Isotopiestruktur der schwachen Wechselwirkungen und Vorgänge bei der Absorption von Neutrinos oder Antineutrinos durch Nukleonen.* Sh. exp. teor. Fis.

41, 1953—1961, *1961*, Nr. 6. (Orig. russ.) Die Vorgänge bei der Absorption von energiereichen Neutrinos oder Antineutrinos durch Nukleonen lassen sich in zwei Gruppen einteilen, bei denen die Summe der Seltsamkeiten der stark wechselwirkenden Teilchen im Endzustand dieselbe wie beim Nukleon, d. h. 0 ist, bzw. bei denen sie sich um 1 ändert. Die erste Art von Prozessen beruht auf der gleichen schwachen Wechselwirkung wie der Kern-β-Zerfall oder der μ-Einfang, während die Wechselwirkung, die zu Reaktionen mit Nichterhaltung der Seltsamkeit führt, sich nur bei Lepton-Zerfällen von Kaonen und Hyperonen äußert. Es wird angenommen, daß die schwache Wechselwirkung, die für Prozesse ohne Änderung der Seltsamkeit verantwortlich ist, eine lokale, CP-invariante Wechselwirkung ist und einen Baryon-Meson-Strom enthält, der eine Komponente eines Isotopievektors ist. Dann wird der Zusammenhang zwischen den Querschnitten solcher Reaktionen ermittelt, die bei der Absorption von Neutrino bzw. Antineutrino vor sich gehen, ferner wird auf eine Möglichkeit zur qualitativen Unterscheidung zwischen den V, A- und den S, P, T-Varianten der schwachen Wechselwirkung hingewiesen. Außerdem werden Isotopie-Gleichungen zwischen den Amplituden der verschiedenen Absorptionsprozesse von Neutrinos und Antineutrinos hingeschrieben. H. Vogel.

1-768 **L. D. Blochinzew** und **E. I. Dolinski.** *Über die Kopplungskonstanten beim μ-Einfang.* Sh. exp. teor. Fis. **41**, 1986—1995, *1961*, Nr. 6. (Orig. russ.) Die verschiedenen Varianten der Theorie der universellen FERMI-Wechselwirkung werden in Anwendung auf experimentelle Daten über die Wechselwirkung von Myonen und Nukleonen verglichen. Die beste Übereinstimmung mit den Daten über den μ-Einfang liefert die Variante mit einem vektoriellen Strom, der einem Erhaltungssatz genügt, bei einer großen effektiven pseudoskalaren Kopplungskonstante $g_p^{(\mu)}$. Die Vorzeichen der vektoriellen und der axial-vektoriellen Kopplungskonstante sind entgegengesetzt, was für eine (V — A)-Wechselwirkung spricht. Die axial-vektorielle Wechselwirkung ist stärker als die vektorielle. Die Kopplungskonstante der induzierten pseudoskalaren Wechselwirkung ist groß und hat das gleiche Vorzeichen wie die axialvektorielle; das entspricht den theoretischen Voraussagen. Die dritte und die vierte Aussage stützen sich hauptsächlich auf Experimente über die Winkelverteilung der Neutronen, die zweite stützt sich auf Absorptionsmessungen negativer Myonen aus verschiedenen Hyperfeinstruktur-Zuständen eines Mesoatoms; die erste ergibt sich aus der vergleichenden Betrachtung aller drei Gruppen von Experimenten (Wahrscheinlichkeit des μ-Einfanges; Winkelverteilung der Neutronen; Polarisationsmessungen). H. Vogel.

1-769 **S. C. Miller** and **R. M. Wilcox.** *Left-right asymmetry in Compton scattering by transversally polarized electrons.* Phys. Rev. (2) **124**, 637—639, *1961*, Nr. 3. (1. Nov.) (Boulder, Col. Univ., Dep. Phys.) Der unpolarisierte Fall im Ruhsystem des Targetelektrons wird durch Einführung des Spin-Projektionsoperators $^1/_2\,(1+\vec{\sigma}\vec{s})$ in die Spuren über DIRAC-Matrizen modifiziert. Die niedrigste Ordnung der Störungstheorie, in der $\vec{\sigma}\vec{s}$ einen Beitrag liefert, ergibt sich durch die Interferenz der Matrixelemente, die e^2 und e^4 proportional sind. In dieser e^6-Ordnung der Spur geben nur die Imaginärteile der Strahlungskorrektur-Integrale nicht verschwindende Beiträge. Die Rechnungen ließen sich stark vereinfachen, indem die Spuren vor Ausführung der Integrationen ermittelt wurden. Die Spuren über die DIRAC-Matrizen wurden maschinell nach einem von den Autoren entwickelten Programm berechnet. Die Ergebnisse sind in 3 Diagrammen dargestellt. Das Maximum der Asymmetrie beträgt ungefähr ein Tausendstel. G. Weber.

1-770 **Duane C. Gates, Robert W. Kenney** and **William P. Swanson.** *Electron triplet production by high-energy photons in hydrogen.* Phys. Rev. (2) **125**, 1310—1318, *1962*, Nr. 4. (15. Febr.) (Berkeley, Calif. Univ., Lawrence Radiat. Lab.) Elektron-Positron-Paare und Tripletts wurden mittels einer 323-MeV-Bremsstrahlung in einer 4-inch-Blasenkammer mit flüssigem Wasserstoff erzeugt. Messungen und Analysen wurden durchgeführt an 5417 Tripletts und 4019 Paaren der etwa 24000 photographierten Ereignisse. Die aus den Analysen gewonnenen Resultate waren folgende: a) das experimentelle Verhältnis zur Paar-Erzeugung ergab sich zu 0,291 ± 0,0097. Unterhalb von 100 MeV war dieses Verhältnis nahezu konstant, während es oberhalb 100 MeV abnahm. b) Der totale Paar-plus-Triplett-Wirkungsquerschnitt war konsistent mit den oberen und unteren Grenzen der Theorie. Die Resultate stehen in bester Übereinstimmung mit der Theorie von BORSELLINO (Helv. phys. acta **20**, 136, *1947* und Nuovo Cim. **4**, 112, *1947*). c) Kein Austausch-Effekt wurde beobachtet, wenn der Anteil der Austausch-Terme an dem Triplett-Wirkungsquerschnitt von BORSELLINO in der Form $-(B\alpha r_0 mc^2/k)\ln(2k/mc^2)$ angenommen wird, dann wird $B = 2{,}4 \pm 7{,}4$ (k Energie der Bremsstrahlung). d) Die Positron-Energieverteilungsfunktion stimmte mit den von J. A. WHEELER und W. E. LAMB (Ber. **20**, 2554, *1939* und Phys. Rev. **101**, 1836, *1956*) theoretisch ermittelten Werten überein. e) Die Rückstoßimpulsverteilung war im wesentlichen im Einklang mit den theoretischen Resultaten von K. S. SUH und H. A. BETHE (Ber. **39**, Nr. 8–750, *1960*). f) Die Rückstoßwinkelverteilung war in der Gestalt nahezu dreiecksförmig mit einem Peak bei etwa 50°. Große Rückstoß-Impulse (größer als etwa 1 MeV/c) waren vorzugweise auf der Seite der kleinen Winkel dieses Peaks angehäuft. g) Kein Ereignis wurde gefunden, daß sich positiv als Doppelpaar hätte identifizieren lassen können. Etwa ein solches Ereignis war bei der obigen Anzahl der aufgenommenen Ereignisse zu erwarten gewesen. H. Kleinpoppen.

1–771 **G. Andreassi, P. Budini** and **G. Furlan.** *Radiative corrections to pair annihilation total cross section.* Phys. Rev. Letters **8**, 184–187, *1962*, Nr. 4. (15. Febr.) (Trieste, Univ., Ist. Fis.) Im Zusammenhang mit der Frage der Gültigkeit der Quantenelektrodynamik bei sehr kurzen Abständen untersuchten Vff. theoretisch den Einfluß der Strahlungskorrekturen auf die elektrodynamischen Wirkungsquerschnitte bei hohen Energien. Speziell behandelt wurden die Strahlungskorrekturen des totalen Wirkungsquerschnittes für die Vernichtung des (e^+e^-)-Paares; die Durchrechnung geschah bis zur sechsten Ordnung. Die Ergebnisse für den totalen Wirkungsquerschnitt T wurden unter Berücksichtigung der Strahlungskorrekturen für virtuelle und reale Photonen in der Form $\sigma_T = \sigma_0(1 + \delta_T)$ angegeben, hierbei bedeutet σ_0 der BORNsche Wirkungsquerschnitt und δ_T den entsprechenden Strahlungskorrekturfaktor. Der erste Ausdruck für δ_T wurde in dieser Arbeit nicht hergeleitet (er soll in einer späteren Arbeit veröffentlicht werden), sondern nur eine Näherungsformel, die für $\beta = v/c \simeq 1$ (Laborsystem) und $\gamma \approx E_+/m \gg 1$ gültig sein soll, und zwar bis hinunter zu $\gamma \simeq 200$ auf etwa 2% genau. Interessant an der Näherungsformel der Vff. war das im Gegensatz zu der Arbeit von YUNG SU TSAI (Ber. **40**, Nr. 9–750, *1961*) erhaltene Ergebnis für den entscheidenden Faktor der Näherungsformel, der sich proportional zu $\ln^2(2\gamma)$ ergab. Die quantitativen Ergebnisse zeigen in der Tabelle den Vergleich zwischen den Ergebnissen der Näherungs- und der exakten Formel für T an:

γ	$2 \cdot 10^2$	$2 \cdot 10^3$	$2 \cdot 10^4$	10^6	10^8
T (Näherung)	0,0164	0,0291	0,0458	0,0833	0,1424
T (exakt)	0,0136	0,0286	0,0457	0,0832	0,1424

H. Kleinpoppen.

1–772 **N. Byers, W. E. Humphrey, A. H. Rosenfeld** and **R. R. Ross.** *Parity conservation* $\Sigma^0 \to \Lambda + \gamma$. Nuovo Cim. (10) **24**, 184–185, *1962*, Nr. 1. (1. Apr.) (Los Angeles, Univ., Dep. Phys.; Berkeley, Univ., Lawrence Radiat. Lab.) Eine mögliche Paritätsverletzung in der elektrisch-magnetischen Wechselwirkung von strange particles wird durch Messung der Longitudinalpolarisation von Λ-Teilchen aus dem Zerfall von Σ^0-Teilchen untersucht. Es resultiert eine Erhaltung der Parität innerhalb der 10% Genauigkeit des Experiments. K. Heinloth.

1–773 **J. Tolar.** *A possible test of quantum electrodynamics by means of polarization effects in electron-nucleon scattering.* Czech. J. Phys. (B) **11**, 799–807, *1961*, Nr. 11. (Prague, Tech. Univ., Fac. Tech. Nucl. Phys.) Es werden der differentielle Wirkungsquerschnitt für die elektromagnetische Streuung polarisierter relativistischer Elektronen an polarisierten Kernen unter Berücksichtigung der endlichen Ausdehnung der Teilchen mittels zweier Formfaktoren berechnet und Hinweise auf experimentelle Möglichkeiten zur Erforschung von Abweichungen von der Quantenelektrodynamik bei kleinen Entfernungen gegeben. G. Weber.

1–774 **V. K. Fedyanin.** *Dispersion relations for nucleon Compton effect.* Soviet Phys.-Doklady **6**, 791–794, *1962*, Nr. 9. (März.) (Engl. Übers. aus: Doklady Akad. Nauk SSSR **140**, 347–350, *1961*, Nr. 2.) Nach einer von CHEW und anderen vorgeschlagenen Methode (G. F. CHEW, F. E. LOW, M. L. GOLDBERGER, Y. NAMBU, Ber. **37**, 986, 1003, *1958*) werden Dispersionsrelationen für die Amplituden der Photon-Nukleon-Streuung angegeben. D. Schildknecht.

1–775 **W. N. Baier** und **W. S. Synach.** *Bildung des Bimyoniums in Elektron-Positron-Stößen.* Sh. exp. teor. Fis. **41**, 1576–1581, *1961*, Nr. 5. (Orig. russ.) Beim Stoß von Elektronen und Positronenbündeln werden elektromagnetisch geladene Teilchenpaare erzeugt, manchmal im gebundenen Zustand (Myonen, Pionen, Kaonen). Die Lebensdauer einiger dieser Systeme gegen elektromagnetischen Zerfall (in Elektron-Positron-Paaren oder Photonen) ist viel kleiner als die durch schwache Wechselwirkungen bedingte Lebensdauer der Teilchen selbst. Der Zerfall der gebundenen Systeme leistet dann Zusatzbeiträge zum Streu- und Vernichtungsquerschnitt von Elektron-Positron-Paaren. Vff. zeigen, daß diese Effekte unter bestimmten Bedingungen beobachtbar sind. Die Eigenschaften der gebundenen Systeme geben Auskunft über die niederenergetische Wechselwirkung ihrer Bestandteile (besonders über die S-Phasen). Die gebundenen Zustände lassen sich als instabile Teilchen mit dem üblichen Apparat der Quantenfeldtheorie behandeln. Die Anzahl der Endzustände wird gegeben durch den Imaginärteil der GREENschen Funktion des gebundenen Paares. Besonders eingehend werden die Eigenschaften des „Bimyonium" ($\mu^+\mu^-$) untersucht; es hat die niedrigste Erzeugungsschwelle (103,5 MeV) und läßt sich exakt berechnen, da die Myon-Myon-Wechselwirkung als rein elektromagnetisch betrachtet werden kann. Schließlich werden die Beobachtungsbedingungen für das Bimyonium diskutiert. H. Vogel.

1–776 **W. N. Gribow, W. A. Kolkunow, L. B. Okun** und **W. M. Schechter.** *Kovariante Ableitung der Formel von Weizsäcker-Williams.* Sh. exp. teor. Fis. **41**, 1839–1841, *1961*, Nr. 6. (Orig. russ.) Nach POMERANTSCHUK und SCHMUSCHKEWITSCH (Nuclear Phys. **23**, 452, *1961*) stimmt der Querschnitt unelastischer Prozesse im COULOMB-Feld, wenn man ihn in einer Polnäherung hinsichtlich des „COULOMB-Photons" berechnet, mit der Formel von WEIZSÄCKER-WILLIAMS überein. Bei der Berechnung des invarianten Pol-Matrixelementes kann man im Sinne der ursprünglichen quasiklassischen Methode von WEIZSÄCKER-WILLIAMS die Größen benutzen, die sich auf das Ruhsystem des einfliegenden Teilchens beziehen. Vff. leiten dagegen die Formel von WEIZSÄCKER-WILLIAMS auf verhältnismäßig einfache Weise in rein kovarianter Form ab. Sie erhalten einen allgemeinen Ausdruck, der bei hohen Elektronenenergien in die Formel von WEIZSÄCKER-WILLIAMS übergeht, aber noch ein Zusatzglied enthält, das einem geringen Beitrag eines Photoprozesses durch ein „longitudinales Pseudophoton" entspricht. Dieses Zusatzglied ist in einer Ableitung von BADALJAN und SMORODINSKI (Sh. exp. teor. Fis. **40**, 1232, *1961*) nicht enthalten; diese Ableitung stellt eine einfache klassische Berechnung des Pseudophotonen-Spektrums dar (der Ausdruck für den Energie-Impuls-Tensor hängt nicht von der Feldgleichung ab), nicht aber eine korrekte Ableitung der Formel von WEIZSÄCKER-WILLIAMS. H. Vogel.

1–777 **Richard A. Lundy.** *Precision measurement of the μ^+ lifetime.* Phys. Rev. (2) **125**, 1686–1696, *1962*, Nr. 5. (1. März.) (Chicago, Univ., Enrico Fermi Inst. Nucl. Stud.) Eine Präzisionsmessung der Lebensdauer des μ^+-Mesons mit einer Apparatur für digitale Zeitintervallmessung ergab einen Wert $\tau(\mu^+) = (2{,}203 \pm 0{,}004)$ µsec. Dieser Wert weicht von dem aus der Theorie der Erhaltung des Vektorstroms unter Berücksichtigung der Strahlungskorrekturen berechneten Wert $\tau(\mu^+)_{th} = (2{,}2298 \pm 0{,}05)$ µsec eindeutig ab. K. Heinloth.

1–778 **R. H. Good** and **E. Pauli.** *Sign of the $K_1 - K_2$ mass difference.* Phys. Rev. Letters **8**, 223–225, *1962*, Nr. 5. (1. März.) (Saclay, C. E. N., Lab. Phys. Corpusc. Haute Energ.) Nachdem die Größe der ($K_1 - K_2$)-Massendifferenz experimentell bestimmt wurde (Ber. **41**, Nr. 11–622, *1962*), führten Vff. nun eine quantitative theoretische Überlegung — vorgeschlagen von KOBZAREW und OKUN (Soviet Phys.-JETP **12**, 426, *1961*) —

zur Bestimmung des Vorzeichens dieser Massendifferenz auf Grund des Transmissions-Regenerationsphänomens (PAIS und PICCIONI, Ber. **35**, 1998, *1956*; GOOD, Ber. **38**, 848, *1959*) der K_2-Mesonen durch: Wenn K_2-Mesonen nacheinander zwei Platten a und b aus verschiedenem Material passieren, dann ist die K_1-Mesonen-Intensität auf Grund der Transmissionsregeneration der K_1-Mesonen in etwa proportional zu $1 + \Delta\varphi$, wobei $\Delta\varphi = \varphi_b - \varphi_a$, $\operatorname{tg}\varphi_a = \{\operatorname{Im}(f_+^0 - f_-^0)/\operatorname{Re}(f_+^0 - f_-^0)\}$ Platte a und f_+^0 und f_-^0 die nuklearen K^0- und $\bar{K}^0$-Vorwärtsstreuamplituden bedeuten. Das Vorzeichen von $\Delta\varphi$ ist dabei äquivalent dem Vorzeichen der $(K_1 - K_2)$-Massendifferenz. Vff. haben nun gezeigt, daß auf Grund des optischen Kernmodells (FERNBACH, SERBER und TAYLOR, Ber. **29**, 1281, *1950*) und des WOODS-SAXON-Potentials (Ber. **34**, 1490, *1955*) $\Delta\varphi = -0{,}17 \pm 0{,}11$ sein sollte, wenn die erste Transmissionsplatte der K_2-Mesonen aus Kohlenstoff und die zweite aus Gold ist und die experimentellen Daten der Kernpotentiale der beiden Stoffe zugrunde gelegt wurde. H. Kleinpoppen.

1-779 **S. G. Matinjan.** *Vorzeichen der Massendifferenz von K_1^0 und K_2^0 und ihre Lepton-Zerfälle.* Sh. exp. teor. Fis. **41**, 1503—1506, *1961*, Nr. 5. (Orig. russ.) Vf. diskutiert die Schwierigkeiten der von KOBSAREW und OKUN (Sh. exp. teor. Fis. **39**, 605, *1960*) vorgeschlagene Methode zur Messung der Massendifferenz der beiden neutralen Kaonen mit Hilfe der Interferenzerscheinungen beim Durchgang eines K_2^0-Bündels durch ein Paar von Platten aus verschiedenen Stoffen. Dabei soll die Phasenverschiebung der in den beiden Platten erzeugten K_1^0-Wellen das Kriterium darstellen. Vf. diskutiert statt dessen die Möglichkeiten zur Bestimmung des Vorzeichens der Massendifferenz unter Benutzung nur einer Platte in einem K_2^0-Strahl durch Untersuchung der Hyperonenerzeugung und der Leptonen-Zerfälle. H. Vogel.

1-780 **G. Shapiro** and **L. M. Lederman.** *Fundamental constants of the muon.* Phys. Rev. (2) **125**, 1022—1023, *1962*, Nr. 3. (1. Febr.) (New York, Columb. Univ.) Zur Frage der fundamentalen Konstanten des μ-Mesons kombinierten Vff. die Resultate der drei präzisen μ-Meson-Messungen: die Messung des g-Faktors, von $g - 2$ und der Frequenz des $(3\,D_{5/2} - 2\,P_{3/2})$-Überganges im mesonischen Phosphor. Als Ergebnis wurden die fundamentalen Konstanten des μ-Mesons in bezug auf die entsprechenden Konstanten des Elektrons angegeben, wobei die fundamentalen atomaren Konstanten nach DU MOND und COHEN (Fundamental Constants of Physics, New York 1955) zugrunde gelegt wurden. Hierbei wurde außerdem einmal die Ladung des μ-Mesons exakt gleich der des Elektrons gesetzt und zum anderen der experimentelle Meßwert der μ-Mesonen-Ladung zugrunde gelegt. Die Zahlenwerte der fundamentalen Konstanten des μ-Mesons lauteten: Fall a mit experimentellem Meßwert der μ-Meson-Ladung: Ladungsverhältnis $e_\mu/e_e = 0{,}999993 \pm 0{,}000035$, Massenverhältnis $m_\mu/m_e = 206{,}7630 \pm 0{,}0078$ und g-Faktor-Verhältnis $g_\mu/g_e = 0{,}9999984 \pm 0{,}000022$; Fall b: Elektronenladung gleich Mesonladung: $m_\mu/m_e = 206{,}7638 \pm 0{,}0054$ und $g_\mu/g_e = 0{,}999983 \pm 0{,}000022$. Die Bedeutung der Werte dieser Konstanten ist beträchtlich. Das g-Faktor-Verhältnis soll auf Grund der Theorie (s. z. B. A. PETERMANN, Ber. **36**, 2042, *1957*) $g = g_\mu/g_e = 1{,}000006$ betragen. Die Masse des μ-Mesons ist gegenwärtig der Eckstein für die Massenwerte aller unstabilen Partikel. Der genaueste Wert für die π-Meson-Masse ergibt sich aus der μ-Meson-Masse und dem Q-Wert des Zerfalls $\pi \to \mu + \nu$. Die gegenwärtig bekannte Differenz der π–μ-Massendifferenz ($\Delta m = 33{,}93 \pm 0{,}05$ MeV) begrenzt die Genauigkeit der π-Mesonen-Masse auf Grund der obigen Werte (Fall b) auf $m_\pi = (139{,}58 \pm 0{,}05)$ MeV. Alle Massen der seltsamen Teilchen schließen die Masse eines oder mehrerer μ-Mesonen-Massen ein. Unter der Voraussetzung der Gleichheit der μ-Mesonen- und Elektronenladung und der Erhaltung der Ladung beim μ-Mesonen-Zerfall läßt sich eine obere Grenze der elektrischen Ladung des Neutrinos festsetzen, vorausgesetzt, daß das Neutrino mit dem μ-Meson gekoppelt ist.
H. Kleinpoppen.

1-781 **A. Stajano** and **B. Vitale.** *Quantum numbers of a neutral particle decaying into $(\pi^+\pi^-\pi^0)$.* Phys. Letters **1**, 127—129, *1962*, Nr. 4. (15. Mai.) (Roma, Univ., Scuola Pefezion. Fis.; Ist. Naz. Fis. Nucl.) Eine Beschränkung der Möglichkeiten von Quantenzahlen für die neutralen resonanten Mesonenzustände wird durch Aufstellung einer schwachen Auswahlregel diskutiert. Darnach sollen nur solche resonante Mesonen-

zustände existieren, für die es einen entsprechenden Nukleon-Antinukleon-Zustand mit gleichen Quantenzahlen gibt. Bezüglich dieser Regel folgen Quantenzahlen für Spin-Parität und G-Parität des ω^0-Mesons zu 1^{--} und des η^0-Mesons zu 0^{--}.
K. Heinloth.

1–782 **C. Ryan.** *A note on muon parity.* Phys. Letters **1**, 135, *1962*, Nr. 4. (15. Mai.) (Dublin, Univ. Coll.) Es wird gezeigt, daß das Gesetz der Strangeness-Erhaltung in starken Wechselwirkungen $\Delta S = 4\,n$, wobei n eine ganze Zahl ist, ein Analogon in einer Regel $\Delta S' = 4\,n$ für die Strangeness-Erhaltung von Leptonen bei Wechselwirkung zwischen Leptonen hat. Dabei wird die GELL-MANN-Formel um die Strangeness S′ der Leptonen zu $Q = T_3 + L_3 + (N_B - N_L)/2 + (S - S')/2$ erweitert. K. Heinloth.

1–783 **Robert D. Tripp, Mason B. Watson** and **Massimiliano Ferro-Luzzi.** *Determination of the Σ parity.* Phys. Rev. Letters **8**, 175–179, *1962*, Nr. 4. (15. Febr.) (Berkeley, Calif., Univ., Lawrence Radiat. Lab.) Nachdem Vff. in einem vorangehenden Letter (Ber. **41**, Nr. 11–633, *1962*) bei einem Wasserstoff-Blasen-Kammer-Experiment die K^-p-Wechselwirkung untersucht haben, berichteten sie nun in Fortführung ihrer Blasenkammer-Untersuchungen der betreffenden Wechselwirkung über die Winkelverteilungen und Polarisationen der verschiedenen $\Sigma\pi$-Ladungszustände, woraus der Schluß gezogen wurde, daß die $(Kp\Sigma)$-Parität ungerade ist. Die Bestimmung der $(Kp\Sigma)$-Parität in der Reaktion $K^- + p \rightarrow \Sigma + \pi$ beruhte auf der Untersuchung der Parität des Übergangsoperators M, definiert durch $\psi_f = M\chi_i$, wobei $\psi_f(\theta, \varphi)$ die Endzustands-Wellenfunktion und χ_i die Anfangsspinfunktion sind. Die theoretische Auswertung des durchgeführten Experimentes konnte in konventioneller Weise gemäß der MINAMI-Transformation (Ber. **34**, 1117, *1955*) durchgeführt werden. Das Resultat der ungeraden Parität von $Kp\Sigma$ lieferte durch Vergleich mit dem $(K^- + He)$-Experiment, das eine ungerade $(Kp\Lambda)$-Parität ergab (BLOCK u. a. Ber. **39**, Nr. 7–738, *1960*) eine gerade Parität für $\Sigma\Lambda$, was in Übereinstimmung mit den Symmetrie-Modellen der Baryonen (SCHWINGER, Ber. **38**, 1227, *1959*). H. Kleinpoppen.

1–784 **Gordon L. Shaw** and **David Y. Wong.** *Quantum numbers of the η meson.* Phys. Rev. Letters **8**, 336–339, *1962*, Nr. 8. (15. Apr.) (La Jolla, Calif. Univ.) Aus der Berechnung des geladenen Zerfalls des η-Mesons einschließlich der Effekte aus der Massendifferenz $\pi\pm - \pi^0$ wird gezeigt, daß die Quantenzahlen für Spin, Parität und G-Parität mit 0^{-+} verträglich sind. Dabei wird der Zerfall des η-Mesons in 3 π-Mesonen über den Zwischenzustand eines ρ-Mesons und eines π-Mesons betrachtet. K. Heinloth.

1–785 **E. Lerner, G. Moscati, E. Silva** and **J. Goldemberg.** *Measurement of the circular polarization of high-energy collimated γ-ray beams.* An. Acad. brasil Ci. **33**, 281–288, *1961*, Nr. 3/4. (31. Dez.) (São Paulo, Univ., Fac. Fil., Dep. Fis.) Untersuchungen mit der Bremsstrahlung eines 22 MeV-Betatrons (Pt-Target). Als Streukörper eine $^1/_4''$ dicke permanentmagnetische Platte, deren Magnetisierungsrichtung entweder in gleicher oder in entgegengesetzter Richtung zur auftreffenden Bremsstrahlung orientiert war. Der durch COMPTON-Streuung abgelenkte Teil der Strahlung traf ein zum einfallenden Bündel zentriertes Kupferrohr von 2″ innerem Durchmesser. Die induzierte Radioaktivität $Cu^{63}(\gamma, n)Cu^{62}$ (Reaktionsschwelle 10,6 MeV) war ein Detektor für die COMPTON-Streustrahlung. Messung der Positronenstrahlung mit NaJ-Kristall. Eine Zirkularpolarisation war innerhalb der (großen) Fehlergrenzen nicht nachzuweisen. Demnach ist jedenfalls der Polarisationsgrad $P < 30\%$. C. Klett.

1–786 **O. Chamberlain, K. M. Crowe, D. Keefe, L. T. Kerth, A. Lemonick, Tin Maung** and **T. F. Zipf.** *Measurement of total cross sections of K⁻ mesons in hydrogen and deuterium in the momentum region 630 to 1100 Mev/c.* Phys. Rev. (2) **125**, 1696–1702, *1962*, Nr. 5. (1. März.) (Berkeley, Calif. Univ., Lawrence Radiat. Lab.) Es wurden die totalen Wirkungsquerschnitte für die Wechselwirkung von K^--Mesonen mit Wasserstoff und Deuterium in einem Impulsbereich von 630 bis 1100 MeV/c gemessen. Der totale Wirkungsquerschnitt für den K^-–n-Prozeß wurde aus den Daten der Wechselwirkungen mit dem Deuterium und dem Wasserstoff erhalten. Eine gut ausgeprägte Resonanzstelle im totalen Wirkungsquerschnitt trat bei der K^-–p-Wechselwirkung bei dem

Impulswert von etwa 1000 MeV/c auf. Zur Aussonderung der K^--Mesonen wurden Čerenkov-Zähler hoher Auflösung und mit Geschwindigkeits-Selektierung benutzt. Das Impuls-Auflösungsvermögen war bei 1 bis 2%; die Impulsintervalle, die man wählte, waren entsprechend sehr schmal. O. C. Allkofer.

1–787 **H. N. Brown, B. B. Culwick, W. B. Fowler, M. Gailloud, T. E. Kalogeropoulos, J. K. Kopp, R. M. Lea, R. I. Louttit, T. W. Morris, R. P. Shutt, A. M. Thorndike, M. S. Webster, C. Baltay, E. C. Fowler, J. Sandweiss, J. R. Sanford** and **H. D. Taft.** *Observation of production of a $\Xi^- + \overline{\Xi}^+$ pair.* Phys. Rev. Letters **8**, 255–257, *1962*, Nr. 6. (15. März.) (Upton, N. Y., Brookhaven Nat. Lab.; New Haven, Connect., Univ.) Unter 34000 Aufnahmen mit im Mittel 14 Antiprotonenspuren pro Aufnahme — entsprechend einer durchlaufenen Schicht von etwa 10^6 g/cm² flüssigen Wasserstoffs —, die an einer im 3,3 BeV/c-Antiprotonenstrahl des Brookhaven-Synchrotrons exponierten Wasserstoff-Blasenkammer gemacht wurden, wurde ein Beispiel der Reaktion $\bar{p} + p \rightarrow \Xi^- + \overline{\Xi}^+$ gefunden. Beide Kaskadenteilchen sowie das $\overline{\Lambda}$ vom $\overline{\Xi}^+$-Zerfall zerfallen im sichtbaren Bereich der Kammer. Eine Diskussion der Winkel zwischen den Spuren der Zerfallsteilchen führt zur Identifizierung des Ereignisses als ($\Xi^- + \overline{\Xi}^+$)-Erzeugung und die Energie sowie die Longitudinal- und Transversalimpulse des Kaskadenpaares passen ausgezeichnet zur Energie und zum Impuls des einfallenden Teilchens. L. Wiedecke.

1–788 *Example of anticascade ($\overline{\Xi}^+$) particle production in $\bar{p}$–p interactions at 3.0 Gev/c.* Phys. Rev. Letters **8**, 257–260, *1962*, Nr. 6. (15. März.) Ein Strahl von Antiprotonen der Energie 3,0 GeV/c aus dem CERN-Protonensynchrotron wurde auf eine Wasserstoff-Blasenkammer geschossen. Auf den ersten 10^4 photographischen Aufnahmen mit im Mittel sieben Antiprotonen pro Aufnahme wurde ein Fall einer Erzeugung eines Antikaskadenteilchens gefunden. Die experimentellen Daten, die zur Identifizierung des $\overline{\Xi}^+$ führen, werden mitgeteilt und die Wechselwirkung diskutiert, bei der das $\overline{\Xi}^+$ erzeugt wird. L. Wiedecke.

1–789 **R. Cester, G. Ciocchetti, A. Debenedetti, A. Marzari Chiesa, G. Rinaudo, C. Deney, K. Gottstein** and **W. Püschel.** *Λ^0's from K^- capture in emulsion.* Nuovo Cim. (10) **22**, 1069–1086, *1961*, Nr. 5. (1. Dez.) (Torino, Ist. Naz. Fis. Nucl.; München, Max-Planck-Inst. Phys. Astrophys.) Zwei größere Emulsionspakete von Ilford G_5-Emulsion wurden in einem „Flächenscan" nach Λ-Hyperonen abgesucht, die von K^--Mesoneinfängen in der Emulsion herrühren. Im Vergleich mit optischen Modellrechnungen deutet die an diesen Λ-Hyperonen erhaltene Energieverteilung darauf hin, daß der Multinukleon-Einfang einen Beitrag von etwa 30% zu den K^--Meson-Einfängen in Emulsion liefert. Das gleiche Ergebnis folgt aus der genaueren Analyse von 103 K^--Meson-Einfangssternen, die mit Λ-Hyperon-Zerfällen verbunden sind. Aus den bei K^--Einfängen unsichtbar bleibenden Energiebeiträgen wird geschlossen, daß die Absorptionswahrscheinlichkeit von π^0-Mesonen in Kernmaterie sehr gering ist. Die Wahrscheinlichkeit der Λ-Hyperon-Emission ist nicht in starker Weise vom Atomgewicht des Kerns abhängig, in dem das K^--Meson eingefangen wurde. Eine obere Grenze für die Bildung von „Kryptofragmenten" beträgt 15%. Es wurde nach einer $\pi\Lambda$-Resonanz in der Reaktion $K^- + 2\,n \rightarrow Y_1^{*-} + n$ gesucht. Wegen des geringen Umfangs der Statistik ergibt sich kein eindeutiges Resultat. L. v. Lindern.

1–790 **V. Amar, M. Lucchini** and **C. Marioni.** *S-wave amplitude for the K–π system.* Nuovo Cim. (10) **23**, 392–401, *1962*, Nr. 2. (16. Jan.) (Milano, Univ., Ist. Fis.; Ist Naz. Fis. Nucl.) Unter der Annahme einer $\overline{K}$–K–π-Wechselwirkung werden die Eigenschaften der S-Wellen Amplitude des K–π-Systems untersucht. Aus der Mandelstam-Darstellung werden die Singularitäten hergeleitet und die Dispersions-Beziehung wird angeschrieben. Es werden nur niederenergetische Resonanzbeiträge, insbesondere die P-Wellen-ππ-Resonanz zur Bestimmung der Diskontinuitäten an den unphysikalischen Schnitten herangezogen. — Unter Benützung der N/D-Methode ergibt sich eine Integralgleichung, zu deren Lösung ein Iterationsverfahren vorgeschlagen wird, welches eine numerische Auswertung möglich macht. H. Pietschmann.

1–791 **A. P. Balachandran.** *The K-meson-pion scattering.* Nuovo Cim. (10) **23**, 402–407, *1962*, Nr. 2. (16. Jan.) (Madras, Univ., Dep. Theor. Phys.) Der Einfluß der K–π- und der ππ-Resonanz auf die *K–π–P*-Wellen-Amplitude im T = 1/2 Zustand wird untersucht. Dabei wird die K–π-Resonanz im P-Zustand angenommen. Unter Zugrundelegung der MANDELSTAM-Darstellung werden die Beiträge der „gekreuzten Prozesse" $K + \pi \rightarrow \overline{K} + \pi$ und $\pi + \pi \rightarrow K + \overline{K}$ dadurch approximiert, daß nur die Resonanzamplituden mit verschwindender Resonanzbreite eingesetzt werden. Es ergibt sich eine Integralgleichung, welche mit der N/D-Methode gelöst wird. Die Lösung enthält 2 Subtraktionen für D. Die zugehörigen Subtraktionskonstanten werden a) durch Normierung und b) durch die Lage der K–π-Resonanz festgelegt. Es verbleiben 2 Parameter (im wesentlichen Kopplungskonstanten); die Phasenverschiebung für verschiedene Wahl dieser Parameter wird dargestellt. H. Pietschmann.

1–792 **R. L. Schult** and **R. H. Capps.** *K^- absorption and the Y_0^*.* Nuovo Cim. (10) **23**, 416–427, *1962*, Nr. 2. (16. Jan.) (Urbana, Ill., Univ., Evanston, Ill., Univ.) Nachdem in einer früheren Arbeit von den Vff. auf die Möglichkeit hingewiesen wurde, die Diskrepanz zwischen den K^--Wasserstoff- und den K^--Deuterium-Absorptionsdaten zu erklären durch eine im Zusammenhang mit einer (πΣ)-Resonanz auftretende starke Abhängigkeit der $(\overline{K} + N \rightarrow \pi + Y)$-Matrixelemente von der $(\pi + Y)$-Energie, wird jetzt gezeigt, daß die K^--Helium-Absorptionsdaten diese Erklärungsmöglichkeit unterstützen. Das kürzlich entdeckte Y_0^* kann die fragliche Resonanz sein. Um die Wasserstoff-Deuterium-Diskrepanz zu erklären, muß im zero-range-Modell der Realteil der Streulänge für Isospin 0 kleiner als — 1,3 Fermi sein. L. Wiedecke.

1–793 **Wang Yung** and **Hu Shih-ko.** *Ein mögliches Modell für die Erzeugung eines Λ-Teilchens in einem πN-Stoß bei hoher Energie.* Sh. exp. teor. Fis. **41**, 1868–1869, *1961*, Nr. 6. (Orig. russ.) SOLOWJOW u. a. haben den Transversalimpuls und die Winkelverteilung der bei hochenergetischen πN-Stößen erzeugten Λ-Teilchen für einen Impuls des eingeschossenen Pions von etwa 7 GeV gemessen und eine longitudinale Polarisation des Λ-Teilchens beobachtet. Vff. zeigen, daß alle typischen Eigenschaften eines in einem πN-Stoß erzeugten Λ-Teilchens bei hoher Stoßenergie sich im Einklang mit einem von BLOCHINZEW u. a. (Nuclear Phys. **22**, 410, *1961*) vorgeschlagenen Modell befinden. Dieses Modell setzt voraus, daß das Polglied entsprechend einem virtuellen Kaon und der Emission eines Λ-Teilchens, eines Kaons und mehrerer Pionen den Hauptbeitrag liefert, außerdem, daß der Knotenanteil (ΛNK) die Form $1 \pm \gamma_5$ hat; Paritätserhaltung bei der starken Wechselwirkung wird nicht vorausgesetzt. Außer den Erhaltungssätzen für Energie, Impuls und Seltsamkeit bestehen keine Einschränkungen für die Vielfachheit der zusammen mit dem Λ-Teilchen erzeugten Teilchen. Die diskutierten Ergebnisse und die entsprechenden Meßdaten hängen kaum von dieser Vielfachheit ab. In diesem Modell werden die Polarisation und die Verteilung der Transversalmimpulse der Λ-Teilchen berechnet, ferner der Anteil der im Schwerpunktsystem nach vorn fliegenden Teilchen (etwa 13,7% der Λ-Teilchen). Der optimale Transversalimpuls für ein Λ-Teilchen (≈ 400 MeV) ist fast unabhängig von der Energie des Primärpions. Beides stimmt gut mit dem Experiment überein. Weiterhin werden Voraussagen über die Polarisation im Laborsystem gemacht. H. Vogel.

1–794 **Hla Shwe, Frances M. Smith** and **Walter H. Barkas.** *Decay of neutral pions.* Phys. Rev. (2) **125**, 1024–1027, *1962*, Nr. 3. (1. Febr.) (Berkeley, Calif. Univ., Lawrence Radiat. Lab.) Unter Ausnutzung großer relativistischer Zeitdilatationen wurde die mittlere Lebensdauer des neutralen Pions gemessen. Negative Pionen von 3,5 GeV wurden auf K–5-Kernemulsion geschossen. Von etwa 2000 Sternen wurden 61 DALITZ-Zerfälle $(\pi^0 \rightarrow e^+ + e^- + \gamma)$ hochenergetischer neutraler Pionen gefunden; 32 davon, bei denen die Flugwege der neutralen Pionen einen projizierten Winkel ≤ 60° mit der Spur des primären Pions bildeten, wurden zur Messung der Lebensdauer herangezogen. Die Abstände des Zerfallsortes — gekennzeichnet durch den Ursprung des Elektronenpaares — vom Mittelpunkt des Sterns — festgelegt durch den Schnittpunkt nahezu minimalionisierender Spuren von bei der Wechselwirkung des negativen Pions erzeugten Teilchen — waren gut meßbar. Es wurde angenommen, daß das Impulsspektrum der neutralen Pionen gleich sei dem der in denselben Wechselwirkungen erzeugten geladenen Pionen. Die Winkelverteilungen der geladenen und neutralen Pionen werden getrennt angegeben. Der mittlere Transversalimpuls der geladenen Pionen wurde zu 250 ± 10 MeV/c bestimmt, die mittlere Lebensdauer der neutralen Pionen zu $(1{,}9^{+1{,}3}_{-0{,}8}) \cdot 10^{-16}$ s. L. Wiedecke.

1–795 **Mirza A. Baqi Bég** and **Paul C. de Celles.** *P-wave interactions in τ decay.* Phys. Rev. Letters **8**, 46—47, *1962*, Nr. 1. (1. Jan.) (Upton, N. Y., Brookhaven Nat. Lab.) Während verschiedene unabhängige Berechnungen der Pion-Pion-Wechselwirkung im S-Zustand bei niedrigen Energien ergaben, daß diese für T = J = 0 anziehend ist, folgte aus einer Untersuchung des τ-Zerfalls durch Khuri und Treiman (Ber. **40**, Nr. 12—860, *1961*) eine abstoßende Wechselwirkung für T = J = 0. Dieser Widerspruch wird aufgelöst durch Berücksichtigung der bekannten Pion-Pion-Wechselwirkung im P-Zustand bei den τ- und τ'-Zerfällen, wodurch das Ergebnis von Khuri und Treiman korrigiert wird. L. Wiedecke.

1–796 **R. E. Behrends** and **A. Sirlin.** *Implications of the existence of $\Delta Q = -\Delta S$ decays.* Phys. Rev. Letters **8**, 221—223, *1962*, Nr. 5. (1. März.) (New York, Yeshiva Univ., Graduat. School Sci.; New York Univ., Phys. Dep.) Ausgehend von dem experimentellen Ergebnis, daß der durch die ($\Delta S = \Delta Q$)-Regel verbotene Zerfall $K^0 \rightarrow \pi^+ + e^- + \bar{\nu}$ möglicherweise doch vorkommt, werden die theoretischen und experimentellen Folgerungen aus der Existenz von ($\Delta Q = -\Delta S$)-Zerfällen für die Struktur der schwachen Wechselwirkungen und für einige vorgeschlagene Symmetriemodelle der starken Wechselwirkungen diskutiert. L. Wiedecke.

1–797 **Arthur H. Rosenfeld, D. Duane Carmony** and **Remy T. van de Walle.** *Search for ϱ-meson decay into $\eta + \pi$.* Phys. Rev. Letters **8**, 293—294, *1962*, Nr. 7. (1. Apr.) (Berkeley, Calif. Univ., Lawrence Radiat. Lab.) Es wurden 2000 Ereignisse $\pi^+ + p \rightarrow p + \pi^+$ + Neutrale in einer 72-Zoll-Wasserstoff-Blasenkammer mit 1,25 GeV/cπ^+ ausgewertet. Der Auswertung lagen bestimmte Annahmen über Spin, Parität und G-Parität zugrunde. Aus den Experimenten wurde gefolgert, daß η eine gerade G-Parität besitzt. Die theoretischen Unsicherheiten sind jedoch so groß, daß sichere Schlüsse aus diesem Experiment allein nicht möglich sind. H. Thurn.

1–798 **J. M. Dobbs, K. Lande, A. K. Mann, K. Reibel, F. J. Sciulli, H. Uto, D. H. White** and **K. K. Young.** *Ratio of form factors in the leptonic decays of the K^+ meson.* Phys. Rev. Letters **8**, 295—297, *1962*, Nr. 7. (1. Apr.) (Philadelphia, Penn. Univ.) Experimente, die am Brookhaven Cosmotron ausgeführt wurden und bei denen das Energiespektrum der Myonen von $K^+_{\mu 3}$ gemessen wurde, ergaben für das Verhältnis $\xi = f_-/f_+$ der Formfaktoren f den wahrscheinlichen Wert $\xi = -9$. Das experimentelle Spektrum ist verträglich mit der Annahme, daß f_- und f_+ nicht stark energieabhängig sind. H. Thurn.

1–799 **J. J. Sakurai.** *Method for measuring the decay width of the ω meson.* Phys. Rev. Letters **8**, 300—302, *1962*, Nr. 7. (1. Apr.) (Pasadena, Calif. Inst. Technol.) Es wird vorgeschlagen, Messungen in einer Wasserstoff-Blasenkammer mit einem π^--Strahl von $p_{lab} \sim 2-3$ GeV/c durchzuführen und den Wirkungsquerschnitt der Reaktion $\pi^- + \pi^0 \rightarrow \omega^0 + \pi^-$ zu bestimmen. H. Thurn.

1–800 **G. Feinberg** and **A. Pais.** *Properties and effects of ζ decays.* Phys. Rev. Letters **8**, 341—343, *1962*, Nr. 8. (15. Apr.) (New York, Columb. Univ., Dep. Phys.; Princeton, N. J., Inst. Adv. Estudy.) Der Zerfall der ζ-Mesonen in 2 π-Mesonen wird für verschiedene Möglichkeiten der Quantenzahlen diskutiert; dementsprechend werden die Zerfallsverhältnisse abgeschätzt. Daraus ergibt sich die Möglichkeit einer eindeutigen Bestimmung der Quantenzahlen durch Messung der verschiedenen 2 π-Zerfallsraten.
K. Heinloth.

1–801 **E. Frota-Pessoa** and **N. Margem.** *Angular distribution in $\pi \rightarrow \mu + \nu$ decay.* Suppl. Nuovo Cim. (10) **21**, 48—54, *1961*, Nr. 1. (Rio de Janeiro, Fac. Nac. Fil., Centro Brasil. Pesq. Fis.) Die Winkelverteilung von μ-Mesonen, welche beim Zerfall von ruhen den Pionen in Kernphotoplatten entstanden, wurde 1957 von LATTES und FREIER gemessen. Eine anisotrope Winkelverteilung mit dem vorwärts-rückwärts Koeffizient b = (— 0,115 ± 0,023) wurde gefunden. Dieses überraschende Resultat wurde einem systematischen Fehler der angewandten π–μ-Vertex-Scanningmethode zugeschrieben. Um die Resultate von LATTES und FREIER zu überprüfen, studierten Vff. erneut die Winkelverteilung von 4132 μ-Mesonen. Anstatt direkt den Vertex des π–μ-Zerfalles zu suchen, wurde nach dem Spurenende abgestoppter μ-Mesonen gesucht. Die Spur wurde dann rückwärts verfolgt, um den π–μ-Vertex zu finden. Eine Verkleinerung des systématischen Fehlers beim Spurensuchen wird mit dieser Methode dadurch erreicht, daß, wenn das Ende einer μ-Spur gefunden wurde, der π–μ-Vertex auf der μ-Spur gefunden werden muß, selbst wenn er wie ein Streuprozeß aussieht, welcher bei der π–μ-Vertex Scanningmethode übersehen worden wäre. Im Gegensatz zu den Messungen von FREIER und LATTES wurde keine Asymmetrie festgestellt. Die Meß- und Auswertungsmethode wurde durch das Studium der Winkelverteilung von α-Teilchen aus natürlichen radioaktiven Sternen und von $\mu \to$ e-Zerfallselektronen überprüft. R. Frauenfelder.

1–802 **W. B. Mandelzweig** und **W. W. Solowjow.** *Einfluß der Massendifferenz der Pionen auf das Wahrscheinlichkeitsverhältnis der $K\pi_3$-Zerfälle.* Sh. exp. teor. Fis. **41**, 1606—1608, *1961*, Nr. 5. (Orig. russ.) Die nur auf Grund der Isotopieverhältnisse abgeleiteten Wahrscheinlichkeitsverhältnisse für die vier möglichen Zerfallsakte eines Kaons in drei Pionen werden unter Berücksichtigung der Massenunterschiede der Pionen korrigiert. Eine Ersetzung eines geladenen durch ein neutrales Pion vergrößert das Phasenvolumen etwa um 12%. Die statistischen Gewichte verhalten sich daher (in der Reihenfolge zunehmender Anzahlen neutraler Produktpionen) wie 1:1,248:1,240 :1,526, die Zerfallszeiten wie 1:1,217:1,245:1,481. Die Wahrscheinlichkeiten für die beiden Zerfallskanäle des K^+ in drei geladene bzw. zwei neutrale und ein positives Pion verhalten sich wie 0,311 (statt 0,25 aus den Isotopieverhältnissen), entsprechend für die beiden Zerfallskanäle K_2^0 wie 0,542 (statt 0,667) schließlich die Gesamt-Zerfallswahrscheinlichkeiten des K_2^0 und des K^+ in drei Pionen beliebiger Art wie 1,311 (statt 1,00). H. Vogel.

1–803 **G. T. Sazepin** und **W. A. Kusmin.** *Erzeugung von Neutrinos in der Atmosphäre* Sh. exp. teor. Fis. **41**, 1818—1827, *1961*, Nr. 6. (Orig. russ.) Vff. berechnen Energiespektren und Winkelverteilungen der in der Atmosphäre aus den Zerfallsreaktionen $\pi \to \mu + \nu$ und $\mu \to e + \nu + \bar{\nu}$ entstehenden Neutrinos und berücksichtigen dabei den Energieverlust der Myonen bei Neutrinoenergien zwischen 10^9 und $3 \cdot 10^{11}$ eV. Es zeigt sich, daß die Neutrinoflüsse aus beiden Zerfällen etwa von gleicher Größenordnung sind. Die Energieverluste der Myonen haben nur schwachen Einfluß auf die Neutrinoerzeugung. Kaonen sind wesentlich wirksamer in der Neutrinoerzeugung als Pionen. Der Plan einer Apparatur zur Registrierung energiereicher Neutrinos in der kosmischen Strahlung wird erörtert. H. Vogel.

1–804 **Gregor Wentzel.** *Hyperons with and without doublet symmetry.* Phys. Rev. (2) **125**, 771—776, *1962*, Nr. 2. (15. Jan.) (Chicago, Univ., Enrico Fermi Inst. Nucl. Stud., Dep. Phys.) Die Studie bezieht sich auf ein System, das ein Baryon mit den Eigenschaften des Λ–Σ-Quartetts in starker Wechselwirkung mit einem Meson, das in verschiedenen isobaren Zuständen gebunden ist, enthält. Das Modell enthält die beiden unabhängigen Kopplungskonstanten g und g'. Es wird gezeigt, daß der Fall g = g', welcher der Dublettsymmetrie entspricht, singulär ist, indem er stark von einer gewissen quantenmechanischen Singularität beeinflußt wird. K. F. Leisinger.

1–805 **R. H. Dalitz** and **G. Rajasekharan.** *The spins and lifetimes of the light hypernuclei.* Phys. Letters **1**, 58—60, *1962*, Nr. 2. (15. Apr.) (Chicago, Univ., Enrico Fermi Inst. Nucl. Stud., Dep. Phys.) Aus Messungen wurde neulich die Zerfallsrate des $_\Lambda H^3$ bestimmt: $\Gamma(_\Lambda H^3) = (0,87 \pm 0,35) \cdot 10^{10}\,\mathrm{sec}^{-1}$. Die Beobachtung dieser großen Zerfallsrate ließ Zweifel aufkommen an Rechnungen über die Zerfallsrate leichter Hyperonen, speziell an den Rechnungen, welche das Zweikörper-Verzweigungsverhältnis beim $_\Lambda H^4$-Zerfall behandeln und aus welchen BEALL et al. und CRONIN et al. folgerten, daß für den Grundzustand von $_\Lambda H^4$ J = 0 gilt. Vff. zeigen, daß der aus den erwähnten

Rechnungen berechnete Wert von $\Gamma(_\Lambda H^3)$ mit dem gemessenen übereinstimmt, sofern für $_\Lambda H^3$ $J = {}^1/_2$ gilt. Ferner wird gezeigt, daß der Wert für $\Gamma(_\Lambda H^4)$ und das große π^0/π^--Verhältnis beim $_\Lambda H^4$-Zerfall unter der Annahme von $J = 0$ gut verstanden werden können und daß diese Tatsachen die $^1S_0$ Λ–N-Wechselwirkung wahrscheinlicher erscheinen lassen als die $^3S_1$ Λ–N-Wechselwirkung. R. Frauenfelder.

1-806 **S. B. Treiman** and **C. N. Yang.** *Tests of the single-pion exchange model.* Phys. Rev. Letters **8**, 140—141, *1962*, Nr. 3. (1. Febr.) (Princeton, N. J., Univ., Palmer Phys. Lab.; Inst. Adv. Study.) Es wird darauf hingewiesen, daß man das 1–π-onen Austauschmodell (für den Stoß zweier Teilchen, der zu zwei Gruppen auslaufender Teilchen führt) experimentell prüfen kann, ohne die Abhängigkeit der Übergangsamplitude von der Viererimpulsübertragung oder die genaue Form der Vertex-Funktionen zu kennen. Das beruht darauf, daß man aus dem 1–π-onen Austauschmodell keine Korrelationen zwischen den Impulsen der auslaufenden Teilchen zu erwarten hat, außer den durch die Kinematik gegebenen. Experimentell gefundene Korrelationen würden also gegen den 1–π-onen-Austausch sprechen. D. Schildknecht.

1-807 **A. Hossain, M. F. Votruba, A. Wataghin** and **D. Evans.** *On the behaviour of the multiple scattering constant, K, for nuclear emulsions, at large cell sizes.* Nuovo Cim. (10) **22**, 861—863, *1961*, Nr. 4. (16. Nov.) (Geneva, CERN.) Bei der Messung der Vielfachstreuung von energiereichen Teilchen in Kernemulsion wurden Andeutungen dafür gefunden, daß eine Diskrepanz zwischen den theoretisch zu erwartenden Werten des mittleren Streuwinkels und den beobachteten Werten auftritt (Ber. **41**, Nr. 11—551, *1962*). Die Zellenlängen betragen dabei Werte t größer 1 cm. Weitere Messungen an π^--Mesonen von 16 GeV/c und μ-Mesonen von 8,2 GeV/c zeigen den gleichen Effekt. Die entsprechende „Streukonstante" für Zellenlängen $t > 1$ cm wird abgeschätzt. L. v. Lindern.

1-808 **A. A. Jemeljanow.** *Zur Theorie der Stöße von Nukleonen mit schweren Kernen.* Sh. exp. teor. Fis. **41**, 1673—1674, *1961*, Nr. 5. (Orig. russ.) Die Wechselwirkung von Nukleonen mit Kernen wurde nach der LANDAUschen hydrodynamischen Theorie für Fälle, wo die Anzahl der Nukleonen in der Stoßröhre $n < 3,7$ ist, von BELENKI und MILECHIN (Ber. **36**, 437, *1957*) vollständig behandelt. Für $n > 3,7$ ergab sich nur die Abhängigkeit der Vielfachheit des Prozesses von den Kernabmessungen. Vf. referiert Ergebnisse einer Untersuchung der Symmetrieeigenschaften für die Verteilung von Schauerteilchen nach der hydrodynamischen Theorie für den Fall $n > 3,7$. In diesem Fall kann sich in dem expandierenden Mesonenhaufen ein Gebiet ausbilden, das man als zweite Verdünnungswelle bezeichnen kann. Es grenzt einerseits ans Vakuum, andererseits an das Gebiet hydrodynamischer Bewegungen, die bei der Reflexion der einfachen Welle an der Stoßwellenfront entstehen (erste reflektierte Welle). Diese zweite Verdünnungswelle kann den gesamten Prozeß bestimmen. Die Winkelverteilung der Sekundärteilchen besitzt Vorwärts-Rückwärts-Symmetrie, aber in einem System, das sich gegenüber dem Schwerpunktsystem mit einer Geschwindigkeit bewegt, die z. B. für $n = 6$ den Wert 0,4 c hat. Die Energie des Systems, experimentell bestimmt nach der Halbwinkelmethode, führt zu einer Verringerung des Energiewertes um den Faktor $\exp(2\,\mathfrak{Tg}\,v/c)$ (bei $n = 6$ ist dieser Faktor 2,2); das hat wieder eine Erhöhung der Anisotropie der Winkelverteilung zur Folge. Die Symmetriestörung durch die einfache Welle und die erste reflektierte Welle ist ziemlich gering und fällt mit wachsender Primärenergie; bei Berücksichtigung der Viskosität kann dieser Schluß allerdings ungültig werden. H. Vogel.

1-809 **P. L. Jain.** *Energetic electromagnetic cascade produced in a high energy nucleon-nucleon interaction.* Nuovo Cim. (10) **22**, 1104—1110, *1961*, Nr. 5. (1. Dez.) (Buffalo, N. Y., Univ., Dep. Phys.) In einem Emulsionspaket von 22 Liter Ilford G_5 Emulsion wurde ein Ereignis vom Typ 4 + 27 p beobachtet und analysiert (p = einfach geladenes Primärteilchen, 27 „dünne" Schauerspuren, 4 „schwere" Spuren). Der Stack wurde in 116000 Fuß Höhe von der kosmischen Strahlung exponiert. Die Primärenergie wurde aus der Winkelverteilung der Schauerspuren zu $3,3 \cdot 10^{12}$ eV abgeschätzt und das Ereignis als ein Proton-Nukleon-Stoß angesehen. Die Energien der Schauerteilchen wurden aus Messungen der Vielfachstreuung bestimmt. Die im Schauerkegel sich entwickelnden elektromagnetischen Kaskaden wurden analysiert. Die erhaltenen Energie- und Winkelverteilungen der Sekundärteilchen im Schwerpunktsystem werden mit den Aussagen verschiedener Modelle verglichen. L. v. Lindern.

1–810 **E. Abate, G. Bellini, E. Fiorini** and **S. Ratti.** *Monte Carlo calculations on interactions of 300 MeV protons with carbon.* Nuovo Cim. (10) **22**, 1206–1236, *1961*, Nr. 6. (16. Dez.) (Milano, Ist. Fis. Univ.) Mit einer elektronischen Rechenmaschine wurden Monte Carlo-Berechnungen der Wechselwirkungen von 300 MeV-Protonen mit Kohlenstoffkernen durchgeführt. Zunächst wurden nur Kaskaden von Stößen mit gebundenen Nukleonen betrachtet, dann wurden dieselben Rechnungen durchgeführt unter der Annahme, daß jedes Kaskadennukleon mit einer Wahrscheinlichkeit von 30 bzw. 40% mit einem im Kern zufällig gerade gebildeten α-Klumpen zusammenstößt. Die Berechnung der Kaskade wurde einmal für eine Fermi- und einmal für eine Gauss-Verteilung der Nukleonenimpulse im Kern durchgeführt. Als Ergebnisse werden aufgeführt die Häufigkeiten der Kaskaden als Funktion der Zahl der Stöße und als Funktion der Zahl und Art der schnellen Sekundärteilchen, ferner die Winkel- und Energieverteilungen der schnellen Sekundären und die Verteilungen der Anregungsenergie der Restkerne. Der Vergleich der Rechnungen mit den wenigen verfügbaren experimentellen Daten ergibt die beste Übereinstimmung, wenn die Existenz von α-Klumpen im Kern angenommen wird. Die Annahme einer Gauss-Verteilung der Nukleonenimpulse führt bezüglich des Energiespektrums der schnellen sekundären Nukleonen und des Spektrums der Anregungsenergien der Restkerne zu absurden Ergebnissen. Für eine Fermi-Verteilung stehen die berechneten Spektren in Übereinstimmung mit den experimentellen Daten. L. Wiedecke.

1–811 **G. A. Timofejew.** *Einfluß der Polarisation des Mediums auf die Entwicklung von Elektron-Photon-Schauern.* Sh. exp. teor. Fis. **41**, 1487–1492, *1961*, Nr. 5. (Orig. russ.) (Moskau, Univ., Inst. Kernphys.) Elektron-Photon-Schauer hoher Energie in einem dichten Medium werden stark durch die elektromagnetische Wechselwirkung im Medium beeinflußt; besonders oberhalb von 10^{12} eV ist die Mehrfachstreuung von Schauerteilchen an Atomen des Mediums wesentlich für die Bremsstrahlungs- und Paarbildungsquerschnitte. Nach der Theorie von Migdal (Ber. **38**, 78, *1959*) sind diese Querschnitte dann nicht mehr so einfache Funktionen der Energie wie nach Bethe und Heitler (Wechselwirkung mit Einzelatomen). Die Kaskadentheorie ist daher nicht mehr in der üblichen Form brauchbar. Vf. entwickelt einen neuen Typ einer eindimensionalen Kaskadentheorie für Elektron-Photon-Schauer in der Näherung A für ein dichtes Medium unter Berücksichtigung der Polarisation des Mediums. Er berechnet die integralen Energiespektren von Elektronen und Photonen in Schauern, die sich in Blei bzw. Luft entwickeln, für die Tiefen $t = 1$ und $t = 2$. Die Ergebnisse werden mit der üblichen Kaskadentheorie verglichen. H. Vogel.

1–812 **W. Pak** and **K. Greisen.** *Nuclear interactions of high-energy cosmic rays observed near sea level.* Phys. Rev. (2) **125**, 1668–1670, *1962*, Nr. 5. (1. März.) (Ithaca, N. Y., Cornell Univ., Lab. Nucl. Stud.) Kernwechselwirkungen von Ultrastrahlungsteilchen, deren Energie mit einem Impulsspektrographen bestimmt wird, wurde auf Meereshöhe bei zwei Zenitwinkeleinstellungen von 0° und 68° gemessen; die Untersuchungen wurden durchgeführt, um Information über den Wirkungsquerschnitt für Kernwechselwirkungen der Mü-Mesonen zu erhalten. Außerdem wurde mit derselben Apparatur die Intensität der vertikalen Protonen-Komponente auf Meereshöhe bei einer Energie von etwa 20 BeV gemessen. Die Mü-Mesonen, die beim vorliegenden Experiment ausgewählt wurden, sind in der Energie denen vergleichbar, die etwa in einer Tiefe von 300 Meter W. Ä. vorgefunden werden. Das vorliegende Ergebnis stimmt gut mit den Daten von Avan bei einer Tiefe von 310 mWÄ bzw. 510 mWÄ überein. Alle drei Wirkungsquerschnitte liegen jedoch höher als die Werte, die man mit Hilfe der Williams-Weizsäcker-Methode erhält. Wegen der großen statistischen Fehler ist die Abweichung jedoch nicht beängstigend; es scheint sich ein Anstieg der photonuklearen Wirkungsquerschnitte mit zunehmender Energie abzuzeichnen. Der statistische Fehler in der gemessenen Protonenintensität ist ebenfalls groß; aber es handelt sich um den ersten Meßpunkt im Protonen-

spektrum bei dieser hohen Energie. Die mittlere Elastizität der hochenergetischen Kernstöße beträgt grob 50%. Der Meßpunkt des Spektrums ergibt zusammen mit den Ergebnissen früherer Messungen bei dem Impulswert 1 BeV/c ein differentielles Protonenspektrum, das durch ein Potenzgesetz mit dem Exponenten $\gamma = 1{,}9 \pm 0{,}3$ dargestellt werden kann. Das Spektrum der primären Teilchen, das zu dem Protonenfluß auf Meereshöhe in dem Energiebereich von 1 bis 20 BeV beiträgt, hat ein γ von 2,4. Der Umstand, daß das Spektrum auf Meereshöhe härter ist als das Primärspektrum, läßt vermuten, daß die Elastizität eine mit zunehmender Energie wachsende Funktion ist.
O. C. Allkofer.

1–813 **G. B. Cvijanovich, P. Egli, V. Gorgé, H. Hofer, W. Koch, M. Nikolić, R. Schneeberger, H. Winzeler, M. Zulauf, G. Czapek** und **G. Kellner.** *Elastische Streuung von 24 BeV-Protonen an Wasserstoffkernen.* Helv. phys. acta **34**, 823–826, *1961*, Nr. 8. (S. B.) (Bern, Univ., Phys. Inst.; Wien, Inst. Theor. Phys.) 480 elastische Streuungen von 24 BeV-Protonen an Wasserstoffkernen mit einem Streuwinkel über 2 mrad wurden aus Blasenkammeraufnahmen und aus Photoplatten gefunden. Für diese Ereignisse ergab sich ein Wirkungsquerschnitt $\sigma_{el}(\vartheta^L > 2\text{ mrad}) = 7{,}8 \pm 0{,}7$ mb. Eine Extrapolation des differentiellen Wirkungsquerschnittes für $\vartheta^L = 0$ ist innerhalb der Fehlergrenzen gut verträglich mit dem durch das optische Theorem geforderten Wert.
T. Zimmerli.

1–814 **G. Bonnevay.** *Some analytic properties of three-pion decay amplitudes.* Proc. roy. Soc. (A) **266**, 68–83, *1962*, Nr. 1324. (27. Febr.) (Birmingham, Univ., Dep. Math. Phys.) Unter Benützung der LANDAUschen Theorie der störungstheoretischen Singularitäten werden die Analytizitätseigenschaften der 3 Pion Zerfallsamplitude als Funktion der Pion-Energien und der Masse des zerfallenden Teilchens untersucht. Bedingungen werden hergeleitet, unter denen die Graphen der Streifennäherung der MANDELSTAM-Darstellung genügen. Dies ist der Fall für den Zerfall $K \rightarrow 3\pi$ (in erster Ordnung der schwachen Wechselwirkungen). Die Doppelspektralfunktion ist komplex und hat ihren Träger im ganzen physikalischen Gebiet, so daß die CINI-FUBINI-Näherung nicht gilt. Es wird ferner gezeigt, daß am Rande des physikalischen Blattes wesentliche Singularitäten auftreten.
H. Pietschmann.

1–815 **J. C. Polkinghorne.** *Analyticity and unitarity.* Nuovo Cim. (10) **23**, 360–367, *1962*, Nr. 2. (16. Jan.) (Cambridge, Univ., Dep. Appl. Math., Theor. Phys.) Eine reine S-Matrix-Theorie kann Analytizitätsgebiete nicht aus der Störungstheorie ableiten, da diese ohne Feldtheorie ebenfalls nicht gelten würde. Es ist daher nötig zu zeigen, daß die analytischen Eigenschaften der Störungstheorie direkt aus der Unitaritätsbeziehung abgeleitet werden können. — Die Unitaritätsbeziehung ist eine nichtlineare Gleichung für die S-Matrixelemente f_n; daraus wird gefolgert, daß die Menge der Singularitäten für die Diskontinuität am Schnitt von einer normalen Schwelle (disc f_n) größer oder gleich der Menge der Singularitäten des S-Matrixelements f_n selbst ist. Andererseits ist disc f_n die Differenz zwischen den Werten f_n auf 2 seiner RIEMANschen Blätter, und die erstere Menge ist daher kleiner oder gleich der letzteren. Daher muß die kleinstmögliche Menge der Singularitäten von f_n abgeschlossen unter der Unitaritätsoperation sein. Es wird nun gezeigt, daß die Singularitäten der Störungstheorie diese Voraussetzung erfüllen.
H. Pietschmann.

1–816 **S. K. Bose.** *Decay rate of the neutral pion.* Nuovo Cim. (10) **23**, 408–415, *1962*, Nr. 2. (16. Jan.) (Rochester, N. Y., Univ., Dep. Phys. Astron.) Der neutrale Pion-Zerfall $\pi^0 \rightarrow \gamma + \gamma$ wird nach der Methode von GOLDBERGER und TREIMAN untersucht. Dazu wird zunächst die COMPTON-Streuamplitude für Photonen an Protonen eingeführt; sie kann durch 6 invariante Funktionen dargestellt werden. Diese genügen im Prinzip der MANDELSTAM-Darstellung, doch werden nur die Polterme mitgenommen. Der Pion-Polterm trägt nur zu einer der 6 invarianten Funktionen bei und enthät im wesentlichen die πN-Kopplungskonstante g und die Zerfallsamplitude F für das π^0. Der Beitrag des Nukleon-Polterms (BORN-Term) zu derselben invarianten Funktion kann mit dem Pion-Pol-Beitrag verglichen werden, woraus sich ergibt $F = e^2(1 + \lambda)/gM$, wo M die Proton-Masse und λ sein anomales magnetisches Moment ist. Numerisch ergibt sich daraus die π^0-Lebensdauer zu $1{,}4 \cdot 10^{-16}$ sec. — Im Anhang werden analoge Formeln angegeben, welche die π-Baryon-Kopplungskonstanten, deren anomale magnetische Momente und Massen miteinander verknüpfen. H. Pietschmann.

1–817 **J. D. Dowell, W. Koch, B. Leontic, A. Lundby, R. Meunier, J. P. Stroot** and **M. Szeptycka.** *Strange particle spectroscopy.* Phys. Letters **1**, 53—56, *1962*, Nr. 2. (15. Apr.) (Geneva, CERN, Europ. Org. Nucl. Res.) Das Ziel dieser Arbeit war die Suche nach Resonanzen im Hyperonsystem Y^- mit dem Isotopenspin 1 oder 2 durch Messung der in der Reaktion $\pi^- + p \rightarrow Y^- + K^+$ erzeugten K^+-Mesonen. Der Impuls des intensiven π^- Strahles konnte zwischen 1 und 4 GeV/c variiert werden. Die Target bestand aus flüssigem H_2. Unter 0° erzeugte K^+ wurden magnetisch um 22° abgelenkt und in einem DISC Differential-Čerenkov-Zähler registriert. Der π^--Impuls wurde variiert, derjenige des K^+ fest eingestellt. Die Beiträge der Störreaktionen

$$\pi^- + p \rightarrow \left\{\begin{array}{c} \Lambda + K^* \\ \Sigma + K^* \\ Y^*_1 + K^* \end{array}\right\} K^* \rightarrow K^+ + \pi$$

werden untersucht und stellen sich als vernachlässigbar heraus. Die differentiellen Wirkungsquerschnitte für die Σ^--Resonanz bzw. die Y^*_1-Resonanz bei 1385 MeV betragen bei 180° c. m. 10 bzw. 4 µb/sterad und sind in guter Übereinstimmung mit früheren Messungen. Die Halbwertsbreite der Y^*_1-Resonanz beträgt 30 MeV. Ferner wurde eine dritte nicht mit Sicherheit erklärte Y^*_1-Resonanz bei 1550 ± 20 MeV mit einer Halbwertsbreite von 30 MeV gefunden. Mit einer analogen Meßanordnung wurden Reaktionen vom Typ $\pi^- + p \rightarrow B + p$ untersucht. R. Frauenfelder.

1–818 **L. Bertanza, P. L. Connolly, B. B. Culwick, F. R. Eisler, T. Morris, R. Palmer, A. Prodell** and **N. P. Samios.** *Λ^0–K^0 production by pions on protons.* Phys. Rev. Letters **8**, 332—335, *1962*, Nr. 8. (15. Apr.) (Upton, N. Y., Brookhaven Nat. Lab.) In einer Wasserstoffblasenkammer wird für die assoziierte Produktion von $\Lambda^0 + K^0$ in π^--Protonstößen mit Pionenenergien unterhalb der Schwelle für $\Sigma^0 + K^0$-Streuung werden der Wirkungsquerschnitt, die Winkelverteilung und die Polarisation der Λ^0 als Funktion der Energie gemessen. K. Heinloth.

1–819 **P. J. Finney, J. V. Major** and **P. G. J. T. Parkhouse.** *The interactions of π^--mesons with complex nuclei in the energy range (100—800) MeV. III. The interaction lengths and elastic scattering of 300 MeV π^--mesons in G5 emulsion.* Phil. Mag. (8) **7**, 237—245, *1962*, Nr. 74. (Febr.) (Durham, Coll. Univ., Phys. Dep.) In einer Emulsion wurden für 600 MeV π^--Mesonen die Wechselwirkungslängen für inelastische Prozesse bzw. für elastische Streuung im Winkel größer als 5° zu (37,9 ± 2,0) cm bzw. zu (77,4 ± 5,8) cm gemessen. Ein Vergleich mit dem optischen Modell ergibt einen Absorptionskoeffizienten von $(1{,}53 \pm 0{,}15) \cdot 10^{12}$ cm^{-1} und eine Änderung der Wellenzahl von $\pm (1{,}35 \pm 0{,}12) \cdot 10^{12}$ cm^{-1}, was einem Kernpotential von $\pm (25 \pm 1) - i(14{,}1 \pm 1{,}4)$ MeV und einer mittleren freien Weglänge für Wechselwirkung in Kernmaterie von $(6{,}5 \pm 0{,}7) \cdot 10^{-13}$ cm entspricht. K. Heinloth.

1–820 **M. Jacob, G. Mahoux** and **R. Omnes.** *Some results on $\pi\pi$ interaction phase shifts.* Conf. int. d'Aix-en-Provence sur les part. élém. **1**, 331—335, *1962*. (Saclay, C. E. N.) Die Chew-Mandelstam-Gleichungen für die Streuung werden gelöst. Die Gleichungen werden in einem Iterationsverfahren einmal mit der sog. N/D-Methode behandelt, zum anderen mit einer Methode, welche Information über die analytische Struktur der relativistischen S-Matrix-Elemente gibt. Bei der Lösung der C–M-Gleichungen werden als Parameter Lage und Breite der T = 1, J = 1 π–π-Resonanz und die Kopplungskonstante λ in S-Zuständen benützt. K. Heinloth.

1–821 **B. H. Bransden** and **J. W. Moffat.** *On pion-pion scattering.* Conf. int. d'Aix-en-Provence sur les part. élém. **1**, 343—346, *1962*. Die numerischen Werte für S- und P-Wellen π–π-elastischer Streuamplituden bei kleinen Energien, die man durch ein Iterationsverfahren aus einem Satz gekoppelter Gleichungen an den Dispersionsrelationen für die inversen Partialwellenamplituden erhielt und die als Funktion einer einzigen Kopplungskonstanten λ dargestellt werden konnten, wurden über den Bereich der

Kopplungskonstanten λ ausgedehnt, für den noch brauchbare Lösungen gefunden werden konnten. Um die Rechnungen zu höheren Energien auszudehnen, wurden die Doppelspektralfunktionen in der 2-Pion-Austauschnäherung berechnet.
K. Heinloth.

1-822 **J. Hamilton, P. Menotti, T. D. Spearman** and **W. S. Woolcock.** *Low energy pion-nucleon scattering and pion-pion interactions.* Conf. int. d'Aix-en-Provence sur les part. élém. **1**, 351–354, *1962*. (London, Univ. Col.) S-Wellen-π–N-Streuung bei niederen Energien wird durch Verwendung der analytischen Eigenschaften der Partialwellenamplituden analysiert. Die benützte Variable ist das Quadrat der Gesamtenergie im Schwerpunktsystem. K. Heinloth.

1-823 **E. M. Friedländer.** *On the interpretation of double-maximum angular distributions in high-energy nucleon interactions.* Nuovo Cim. (10) **23**, 261–279, *1962*, Nr. 2. (16. Jan.) (Bucharest, Inst. Atomic Phys., Cosmic ray Lab.) Die bei Reaktionen von Teilchen aus der kosmischen Strahlung mit Nukleonen beobachtete Doppelmaximum-Winkelverteilung wird in einem 2-Zentrenmodell behandelt. Es wird ein kinematisches Modell vorgeschlagen, wonach ein peripherer Nukleon-Nukleon-Stoß als zwei unabhängige π-Nukleon-Stöße angesehen werden kann. Bei kleinen Energien wird die kinetische Energie der Pionen im Ruhesystem des Nukleons vernachlässigt, während bei hohen Energien ein diskreter Energiewert und Winkelisotropie angenommen werden. Dieser aus experimentellen Daten abgeleitete diskrete Energiewert liegt in der Nähe der π–π-Resonanz. Die Übereinstimmung der mit Hilfe einer Monte-Carlo-Methode berechneten Verteilung mit den experimentellen Daten ist gut. K. Heinloth.

1-824 **M. Jacob, G. Mahoux** and **R. Omnès.** *ππ interaction in final state processes.* Nuovo Cim. (10) **23**, 838–847, *1962*, Nr. 5. (1. März.) (Saclay, C. E. N.; Paris, Inst. Haut. Et. Sci.) Es wird eine Methode zur geeigneten Berücksichtigung von Wechselwirkungen im Endzustand bei zwei Pion-Erzeugungsprozessen vorgeschlagen. Diese Methode wird auf die Analyse der T = 0 π–π-Wechselwirkung in der Reaktion $p + d = He^3 + 2\pi$ angewandt. Die experimentell beobachtete Anomalie kann durch Annahme einer π–π-Streulänge in der Größenrechnung zweier Pion-Compton-Wellenlängen erklärt werden. K. Heinloth.

1-825 **U. Bidan, F. Levy, N. Abbattista, A. Minafra, S. Mongelli, A. Romano** and **P. Waloschek.** *Elastic scattering $\pi^+ + p$ at 1,0 GeV.* Nuovo Cim. (10) **24**, 334–342, *1962*, Nr. 2. (16. Apr.) (Saclay, C. E. N., Bari, Univ., Ist. Fis.) Die Winkelverteilung bei elastischer Streuung von 1 GeV $\pi^\pm$-Mesonen an Protonen wurde an Hand von 1032 Ereignissen in einer Propan-Blasenkammer ermittelt. Dies Ergebnis wurde mit den Datem von 820 und 900 MeV π^+-Mesonen und mit π^--Mesonen ähnlicher Energien verglichen.
K. Heinloth.

1-826 **O. I. Zav'yalov** and **V. P. Pavlov.** *The matrix element of the reaction $\pi + N \to \pi + \pi + N$ at low energies.* Soviet Phys.-Doklady **6**, 595–597, *1962*, Nr. 7. (Jan.) (Engl. Übers. aus: Doklady Akad. Nauk SSSR **139**, 79–82, *1961*, Nr. 1.) Als Beispiel für einen Erzeugungsprozeß wird $\pi^- + p \to \pi^+ + \pi^- + n$ herangezogen; es werden dafür folgende 5 Invarianten eingeführt: Schwerpunktsenergie von Neutron und π^- bzw. π^+ der beiden Pionen und die Impulsübertragung zwischen Nukleonen und Pionen. Die invariante Amplitude für diesen Prozeß wird definiert; ihre Abhängigkeit von den Impulsübertragungen wird vernachlässigt. Unter Berücksichtigung nur der nächsten Singularitäten in den 3 verbleibenden s-Variablen ergibt sich eine Darstellung, die der Cini-Fubini-Näherung für Streuprozesse entspricht. — Die „Spektralfunktionen" werden aus der Unitaritätsbeziehung abgeleitet. H. Pietschmann.

1-827 **B. P. Bannik, A. M. Galper, W. P. Grischin, L. P. Kotenko, L. A. Kusin, J. P. Kusnezow, G. I. Merson, M. I. Podgorezki** und **L. W. Silvestrow.** *Elastische Streuung negativer Pionen mit Impulsen von 2,8 und 6,8 GeV/c an Kohlenstoff.* Sh. exp. teor. Fis. **41**, 1394–1401, *1961*, Nr. 5. (Orig. russ.) Mit dem Ziel, die gewonnenen Daten über den totalen und den differentiellen Querschnitt der elastischen Streuung negativer Pionen an Kohlenstoff mit Hilfe des optischen Modells zur Bestimmung von Größe und Vorzeichen des spinunabhängigen Realteils der Amplitude der Pion-Nukleon-Streuung aus-

zunutzen, die durch Interferenz von COULOMB-Kernstreuung entsteht, schossen Vff. Pionen mit den Impulsen 2,8 und 6,8 GeV/c ein. Die Auswertung nach dem optischen Modell zeigte, daß die charakteristischen Größen für die Streuung am Kohlenstoff im untersuchten Energiebereich nur vom übertragenen Impuls abhängen. Auch der Querschnitt für die Streuung von π^--Mesonen am Neutron in die hintere Halbkugel im Laborsystem wurde abgeschätzt: Bei 2,8 GeV/c ist er $\lesssim$ 0;4 mbarn, bei 6,8 GeV/c $\lesssim$ 0,1 mbarn.
M. Vogel.

1–828 **N. G. Birger, Wang Kan-Chan, Wang Tso-ziang, Ding Da-zao, J. A. Smorodin, M. I. Solowjow** und **Z. Trka.** *Unelastische Wechselwirkungen von π^--Mesonen mit einem Impuls von 6,8 GeV/c mit Nukleonen.* Sh. exp. teor. Fis. **41**, 1461–1474, *1961*, Nr. 5. (Orig. russ.) (Dubna.) Vff. analysierten 355 Wechselwirkungsakte negativer Pionen mit Nukleonen und maßen die Impuls- und Winkelverteilungen der erzeugten Sekundärteilchen. Sie erhielten daraus Informationen über die in den Wechselwirkungen erzeugten neutralen Pionen. Aus einem Vergleich der Meßergebnisse mit der statistischen Theorie läßt sich schließen, daß periphere Wechselwirkungen eine wesentliche Rolle spielen. Bei Ereignissen von geringer Vielfachheit (besonders Zweistrahl-Fälle) sind die peripheren „Einmeson"-Wechselwirkungen wesentlich, während bei Ereignissen hoher Vielfachheit „Mehrmesonen"-Wechselwirkungen den größten Beitrag leisten; unter ihnen sind auch zentrale Stöße möglich. H. Vogel.

1–829 **J. D. Bajukow, G. A. Lexin** und **J. J. Schalamow.** *Die Reaktion $\pi^- + n \to \pi^- + n + m\pi^0$ in einem π^--Bündel mit einem Impuls von 2,8 GeV/c.* Sh. exp. teor. Fis. **41**, 1787–1792, *1961*, Nr. 6. (Orig. russ.) Die untersuchte Reaktion mit Erzeugung von m = 1 oder 2 neutralen Pionen sowie die isotop-symmetrische Reaktion können Auskünfte über die unelastische Wechselwirkung von Pionen mit Nukleonen bei hohen Energien liefern, besonders über die Anwendbarkeit der statistischen Theorie und über das Modell der peripheren Stöße des einfliegenden Mesons mit einem Meson aus dem „Pelz" des Nukleons. Zur Messung wurde eine 17 l-Freon-Blasenkammer benutzt. Die Blasenkammer arbeitete ohne Magnetfeld, die Registriermethode war besonders effektiv hinsichtlich der γ-Quanten, die beim Zerfall der neutralen Pionen entstehen. Die gemessenen Winkelverteilungen von γ-Quanten und gestreuten negativen Pionen sowie die Vielfachheiten der π^0-Erzeugung in Abhängigkeit vom Einflugwinkel werden mit der statistischen Theorie und dem Modell der peripheren Wechselwirkungen verglichen. Die Übereinstimmung der mittleren Vielfachheiten und der prozentualen Anteile der verschiedenen Reaktionskanäle mit der statistischen Theorie unter Berücksichtigung des Isobars ist befriedigend, aber die beobachtete Abhängigkeit der Vielfachheit vom Einfallswinkel und Impuls der π^--Mesonen wird von der Theorie nicht richtig beschrieben, ebensowenig die Winkelverteilungen von γ-Quanten und gestreuten π^-.
H. Vogel.

1–830 **J. D. Bajukow, G. A. Lexin** und **J. J. Schalamow.** *Streuung schneller Pionen um große Winkel.* Sh. exp. teor. Fis. **41**, 2016–2018, *1961*, Nr. 6. (Orig. russ.) Vff. diskutieren die Möglichkeit einer Streuung von energiereichen Pionen um Winkel von nahezu 180° im Schwerpunktsystem in der Austauschreaktion $\pi^- + p \to \pi^0 + n$ und der elastischen Streuung $\pi^+ + p \to \pi^+ + p$. Wenn eine solche Streuung vorkommt, weist dies auf einen Beitrag FEYNMANscher Graphen mit einem virtuellen Nukleon hin und hängt zusammen mit der Art, wie die Kernkräfte bei hohen Energien vom Abstand abhängen. Eine vollständige Kompensation der Rückwärtsstreuung bedeutet speziell, daß in der Streuung beliebig große Stoßparameter eine Rolle spielen, daß aber deren Partialwellenamplituden sehr klein sind. Für die symmetrische Reaktion $\pi^- + n \to \pi^- + n$ bei 2,8 GeV/c ergab sich experimentell ein Querschnitt für Streuwinkel größer als 90° im Schwerpunktsystem, der höchstens 0,006 mbarn/sterad betragen könnte; die Wahrscheinlichkeit einer elastischen Streuung um Winkel größer als der Winkel des ersten Beugungsminimums ist klein und nimmt mit dem Pionenimpuls schnell ab. Der Gesamtquerschnitt der Austauschreaktion bei 2,8 GeV wurde mit einer Blasenkammer von SCHALAMOW und SCHEBANOW abgeschätzt (Ber. **40**, Nr. 10–807, *1961*). Jetzt werden diese Daten anders ausgewertet und liefern eine obere Grenze für π^0-Emission oberhalb 90° von höchstens 0,002 mbarn/sterad. H. Vogel.

1-831 **V. S. Barashenkov.** *Pion interaction in Fermi statistical theory.* Acta phys. polon. **20**, 471–474, *1961*, Nr. 5/6. (Dubna, Joint Inst. Nucl. Res., Lab. Theor. Phys.)
O. Wegner.

1-832 **W. J. Fickinger, E. Pickup, D. K. Robinson** and **E. O. Salant.** *p–p interactions at 2 Bev. I. Single-pion production.* Phys. Rev. (2) **125**, 2082–2090, *1962*, Nr. 6. (15. März.) (Upton, N. Y., Brookhaven Nat. Lab.) An einer Wasserstoffblasenkammer wurden bei 2 BeV p–p-Wechselwirkungen die Wirkungsquerschnitte für elastische Streuung für beide Moden der Einfach-π-Erzeugung und für Strange-Particle-Erzeugung gemessen. Das Verzweigungsverhältnis für Einfach-π-Erzeugung ist $\sigma(pn\pi^+)/\sigma(pp\pi^0) = 4{,}17 \pm 0{,}25$. Impulsverteilung und Q-Werte deuten auf eine vorwiegende Einfach-π-Erzeugung über den T = 3/2 I = 3/2 Resonanzzustand hin. Die Winkelverteilung der Nukleonen bei der Einfach-π-Produktion hat im Schwerpunktsystem bei Vorwärts- und Rückwärtsrichtung Maxima, was im Mechanismus des Einfach-π-Austausches eine Erklärung findet. K. Heinloth.

1-833 **E. Pickup, D. K. Robinson** and **E. O. Salant.** *p–p interactions at 2 Bev. II. Multiple-pion production.* Phys. Rev. (2) **125**, 2091–2101, *1962*, Nr. 6. (15. März.) (Upton, N. Y., Brookhaven Nat. Lab.) In einer Wasserstoffblasenkammer wurden in 2 BeV p–p-Reaktionen die Wirkungsquerschnitte für die beobachtbaren zweifach- und dreifach-π-Erzeugungsprozesse gemessen. Die Impulsverteilungen im Schwerpunktsystem und die Verzweigungsverhältnisse sind in brauchbarer Übereinstimmung mit dem erweiterten Isobarmodell. Aus den Daten geht die Bedeutung des 3/2, 3/2 Resonanzzustandes für die Mehrfach-Erzeugung und die Bedeutung des Einfach-Austausches klar hervor. K. Heinloth.

1-834 **E. Pickup, D. K. Robinson** and **E. O. Salant.** *Three-pion mass distributions and the η-meson.* Phys. Rev. Letters **8**, 329–332, *1962*, Nr. 8. (15. Apr.) (Ottawa, Nat. Res. Counc.; Upton, N. Y., Brookhaven Nat. Lab.) In einer Untersuchung der Mehrfach-Pionproduktion bei p–p-Stößen bei 2 BeV in einer Wasserstoffblasenkammer wurde die Existenz des η-Mesons mit einer Masse von 546 ± 4 MeV nachgewiesen. Bei bekanntem gesamtem Wirkungsquerschnitt für p–p-Wechselwirkungen folgt ein Wirkungsquerschnitt für Bildung eines η-Mesons und dessen Zerfall in 2 geladene und ein neutrales π-Meson $p + p \rightarrow p + p + \eta \rightarrow p + p + \pi^+ + \pi^- + \pi^0$ von (57 ± 10) μbarn, für ein η-Meson mit Zerfall in neutrale π-Mesonen $\eta \rightarrow \pi^0 + \pi^0 + \pi^0$ ein Wirkungsquerschnitt von (140 ± 55) μbarn. Der Dalitz-Plot ist verträglich mit Quantenzahlen für das η-Meson von I = 0, Parität – 1, G-Parität +1. K. Heinloth.

1-835 **E. Marquit.** *Remarks on the pp elastic scattering differential cross sections in the 1–9 GeV region.* Phys. Letters **1**, 41–43, *1962*, Nr. 2. (15. Apr.) (Warsaw, Univ., Inst. Exper. Phys.) Der „Energie-normalisierte" c. m. s. Wirkungsquerschnitt $(1/k^2)\, d\sigma_e/d\Omega$ wird als Funktion von $k \sin \vartheta$ betrachtet. k ist die c. m. s. Wellenzahl und ϑ der c. m. s. Streuwinkel. Resultate und Fehlerquellen zahlreicher Messungen werden miteinander verglichen. Die Analyse der Messungen zeigt, daß für $k \sin \vartheta < 10^{13}\ \text{cm}^{-1}$ $(1/k^2)\, d\sigma_e/d\Omega$ zwischen 2,8 und 8,5 GeV mit der Energie wenig ändert und daß sich die Vorwärtsstreuamplituden größer als die vom optischen Modell vorausgesagten Amplituden sind. Für $k \sin \vartheta > 10^{13}\ \text{cm}^{-1}$ sind die Werte für $(1/k^2)\, d\sigma_e/d\Omega$ zwischen 1 und 4,4 GeV energieunabhängig. Für $k \sin \vartheta > 2{,}5 \cdot 10^{13}\ \text{cm}^{-1}$ nimmt allerdings $(1/k^2)\, d\sigma_e/d\Omega$ von 6 GeV an ab, und zwar um so stärker, je größer $k \sin \vartheta$ ist. R. Frauenfelder.

1-836 **P. G. O. Freund** and **R. Karplus.** *The analytic structure of scattering and reaction amplitudes in unphysical Riemann sheets.* Conf. int. d'aix-en-Provence sur les part. élém. **1**, 327–330, *1962.* (Vienna, Univ., Inst. Theor. Phys.) Es wurden die Singularitäten von Streu- und Reaktionsamplituden, die man durch analytische Fortsetzung um den Verzweigungspunkt, den sie bei kinetischer Energie gleich Null besitzen, erhalten kann, im 2. unphysikalischen Blatt ihrer Riemann-Fläche untersucht. Weiter wird gezeigt, daß in diesem 2. Riemann-Blatt die Streu- und Wirkungsamplituden eine natürliche Grenze entlang der negativen realen s-Achse besitzen. Das Problem der anomalen Schwelle wird für die gesamte Reaktionsamplitude anstatt für ihre Partialwellen diskutiert. K. Heinloth.

1–837 **D. Amati, W. N. Cottingham** and **R. Vinh Mau.** *In the nucleon-nucleon potential,* Conf. int. d'Aix-en-Provence sur les part. élém. **1**, 347–349, *1962.* (Geneva, CERN.). Es wird nur der Übergangsbereich des Nukleon-Nukleon-Potentials zwischen den hard-core und dem äußeren Potential betrachtet. Es läßt sich ein nahezu energieunabhängiges Potential definieren. Das Ergebnis hängt von der π–N-Kopplungskonstanten und der Lage und der Breite der (3/2, 3/2) π–N-Resonanzen und der (T = 1, J = 1) π–π-Resonanzen ab. K. Heinloth.

1–838 **F. Paccanoni** and **E. Pagiola.** *$\bar{K}N$ and KN energy dependent s-wave scattering lengths.* Conf. int. d'Aix-en-Provence sur les part. élém. **1**, 355–358, *1962.* (Padova, Univ., Ist. Fis.) In Betrachtung kommen Annihilationssingularitäten, gewöhnliche Born-Terme und Rückstreuungs-Schnitte. Weit entfernte Singularitäten können in der S-Welle wegen der Abwesenheit von Zentrifugalschwellen nicht vernachlässigt werden. Sie werden als energieunabhängig durch phänomenologische Konstante beschrieben. Das Ergebnis kann nur innerhalb großer Grenzen angegeben werden. Der Beitrag einer Pion-Kraft scheint beträchtlich zu sein, die Art der Kraft ist unbekannt. Die zur Berechnung der Streulängen benötigte Kopplungskonstante liegt im Bereich von 0,1 bis 1. K. Heinloth.

1–839 **C. Bouchiat** and **G. Flamand.** *Final state interaction in proton-antiproton annihilation at rest.* Nuovo Cim. (10) **23**, 13–21, *1962*, Nr. 1. (1. Jan.) (Orsay, Ecole Polytech. Phys. Théor. Haut. En., Centre Phys. Théor.) Der Einfluß der Symmetrisierung der Endzustands-Wellenfunktion auf die Prozesse $p + \bar{p} \rightarrow \pi^+ + \pi^- + \pi^0$ und $p + \bar{p} \rightarrow K^0 + \pi^0 + \bar{K}^0$, bei denen jeweils 2 Teilchen des Endzustandes in Resonanz (π — π bzw. K — π) erzeugt werden, wird mit Hilfe der Theorie von Watson untersucht. Dabei wird die Vernichtung in Ruhe in einem S-Zustand angenommen. Die Winkelverteilung im Ruhsystem des Resonanzzustandes relativ zur Emissionsrichtung des dritten Teilchens wird angegeben. Für die 3-Pion-Vernichtung aus dem ^{3}S-Zustand ergibt die Symmetrisierung eine „Auswaschung" des $\sin^2 \vartheta$-Verhaltens (das für die freie Resonanz zu erwarten wäre) fast bis zur Isotropie, während sich für den ^{1}S-Zustand eine starke Vorwärts-Rückwärts-Anisotropie ergibt. In der $\pi K \bar{K}$-Vernichtung erscheint ebenfalls diese Anisotropie, unabhängig vom $p\bar{p}$-Zustand und dem Spin der Resonanz. H. Pietschmann.

1–840 **J. D. Jackson** and **G. L. Kane.** *Final state enhancement factors.* Nuovo Cim. (10) **23**, 444–447, *1962*, Nr. 2. (16. Jan.) (Urbana, Ill., Univ., Dep. Phys.) Um zu einem besseren Verständnis der Anomalie im Rückstoß-Spektrum der He-Ionen des Prozesses $p + d \rightarrow He^3 + \pi + \pi$ („ABC-Experiment") zu gelangen, wird die Wechselwirkung im Endzustand auf dispersionstheoretischer Grundlage untersucht. Der daraus resultierende Verstärkungsfaktor enthält die S-Wellen T = 0 Pion-Pion-Phasenverschiebung. Sie wird aus den numerischen Lösungen von Bransden-Moffat und Chew-Mandelstam-Noyes sowie der Lösung der effektiven Reichweite-Formel nach Chew-Mandelstam entnommen. Es stellt sich heraus, daß kein wesentlicher Unterschied zu dem von Abashian, Booth und Crowe zur Deutung des ABC-Experiments verwendeten Verstärkungsfaktor von Watson besteht. H. Pietschmann.

1–841 **Do In Seb, L. F. Kirillowa, P. K. Markow, L. G. Popowa, I. N. Silin, E. N. Zyganow, M. G. Schafranowa, B. A. Schachbasian** und **A. A. Juldaschew.** *Proton-Proton-Streuung bei 8,5 GeV.* Sh. exp. teor. Fis. **41**, 1748–1756, *1961*, Nr. 6. (Orig. russ.) Mit der Emulsionsmethode untersuchen Vff. die elastische pp-Streuung bei 8,5 GeV. Es wird eine Anordnung gewählt, bei der der einfallende Protonenstrahl senkrecht auf der Emulsionsebene steht. Insgesamt wurden 480 elastische Streuakte gefunden. Der totale Querschnitt für die elastische Streuung ergab sich zu 8,74 ± 0,40 mbarn. Der differentielle Querschnitt wird für Winkel von 1,5 bis 20,5° im Schwerpunktsystem untersucht. Die Meßergebnisse lassen sich nicht mit dem einfachen Modell eines Vorganges in Einklang bringen, bei dem der Realteil der Phasensprünge und die Abhängigkeit des Wechselwirkungsquerschnittes vom Spinzustand vernachlässigt werden. Der totale Querschnitt für die pp-Wechselwirkung, der unter diesen Voraussetzungen aus dem gemessenen differentiellen Querschnitt im genannten Intervall berechnet wird, übersteigt den direkt gemessenen totalen Querschnitt um eine Größe, die etwa dreimal so groß ist wie der mögliche Fehler. Man kann behaupten, daß der Realteil der Streuamplitude nicht größer ist als die Hälfte des Imaginärteils. Der quadratisch gemittelte Radius der Proton-Proton-Wechselwirkung ergibt sich zu 1,15 ± 0,05 Fermi. H. Vogel.

1–842 **Darrell J. Drickey** and **Robert F. Mozley.** *Possible evidence for a retardation term in low-energy π^0 photoproduction.* Phys. Rev. Letters **8**, 291–292, *1962*, Nr. 7. (1. Apr.) (Stanford, Calif., Univ., High-Energy Phys. Lab.) Mit polarisierter Bremsstrahlung wurde die π^0-Photoerzeugung bei und unterhalb der Energie der ersten Resonanz untersucht. Die Asymmetrie der Erzeugung senkrecht und parallel zum elektrischen Feldvektor wurde bei 235 MeV unter $\theta = 120°$, bei 285 MeV unter $\theta = 90°$ und bei 335 MeV unter $\theta = 60°$ gemessen. Die gemessenen Wirkungsquerschnitte sind angegeben. Das Experiment bestätigt die Voraussage der Theorie, daß α/C unterhalb der Resonanz einen Wert kleiner als Eins hat. H. Thurn.

1–843 **C. Eftimiu.** *On the photoproduction of pions on pions.* Nuovo Cim. (10) **23**, 186 bis 194, *1962*, Nr. 1. (1. Jan.) (Bucharest, Univ., Dep. Theor. Phys.) Für den Prozeß $\gamma + \pi \rightarrow \pi + \pi$ (mit T = 0 im Endzustand) wird die Kinematik gelöst und die MANDELSTAM-Darstellung angeschrieben. Die Partialwellenamplituden sind analytisch in der von 0 bis ∞ und $-\infty$ bis -1 ($m_\pi = 1$) geschnittenen Ebene. Als Zwischenzustände in der Unitaritätsbeziehung werden nur die 2-Pion-Zustände eingeführt. Für den Logarithmus der Partialwellenamplituden (anstelle des sonst üblichen Inversen!) wird eine Integralgleichung hergeleitet. Diese kann durch Iteration gelöst werden. Das Verfahren wird unter Annahme einer scharfen P-Wellen-Resonanz illustriert. H. Pietschmann.

1–844 **L. I. Lapidus** und **Chou Kuang-chao.** *Streuung von γ-Quanten durch Nukleonen.* Sh. exp. teor. Fis. **41**, 1546–1555, *1961*, Nr. 5. (Orig. russ.) (Dubna, Verein. Kernforschungsinst.) Vff. hatten die Dispersionsrelationen für alle sechs Invarianten für die Amplitude γN-Streuung untersucht, und zwar unter Vernachlässigung einiger Rückstoßeffekte bis 300 MeV (Ber. **39**, Nr. 11–142, 11–856, *1960*); sie hatten gezeigt, daß eine Photoerzeugung von Pionen im S-Zustand in der Nähe der Schwelle merkliche Änderungen zur Folge hat, die die Übereinstimmung zwischen Dispersionsanalyse und Experiment verbessern. In der Energieabhängigkeit der Amplituden und Querschnitte treten Nichtmonotonien in Schwellennähe auf. Zwischen 160 und 200 MeV konnte bisher noch keine befriedigende Übereinstimmung mit dem Experiment erzielt werden. Im Zusammenhang damit führen Vff. eine auf die Dispersionsrelationen gestützte Analyse der elastischen γN-Streuung bis 300 MeV durch, bei der sie außer der Berücksichtigung der Photoerzeugung von Pionen im S-Zustand auch den Beitrag des Gebietes hoher Energien genauer analysieren, ebenso die Frage nach der Anzahl der Subtraktionen in den Dispersionsrelationen; unter vollständiger Berücksichtigung des Rückstoßes des Nukleons werden die früher eingeführten Größen $R_i(\nu)$ (Realteile der Amplituden) bei $Q^2 = 0$ abgeschätzt, wozu sechs Dispersionsrelationen benutzt werden. Fünf Subtraktionskonstanten werden durch die niederenergetische Grenze definiert und durch die Ladung und das magnetische Moment des Nukleons ausgedrückt. Differentielle Querschnitte und Polarisation der Rückstoßnukleonen werden abgeschätzt. H. Vogel.

1–845 **A. M. Baldin** und **A. I. Lebedew.** *Eine Eigentümlichkeit der Photoerzeugung von π^0-Mesonen an der Schwelle.* Sh. exp. teor. Fis. **41**, 1688–1689, *1961*, Nr. 5. (Orig. russ.) Die Analyse der Meßergebnisse über die Photoerzeugung von π^0-Mesonen an Protonen in der Nähe der Schwelle hat auf mehrere Diskrepanzen mit Rechnungen nach der Methode der eindimensionalen Dispersionsbeziehungen geführt. Ungenauigkeiten in der Abschätzung der Dispersionsintegrale sind z. T. dafür verantwortlich. Bei der Analyse der Photoerzeugung im Winkelbereich um 0°, wo bisher die größten Abweichungen festgestellt wurden, beobachteten Vff. einen interessanten Effekt, der die große Empfindlichkeit des differentiellen Querschnittes für die Photoerzeugung gegen kleine Änderungen der Dispersionsintegrale zeigt. Genaueres Studium dieser Eigentümlichkeit kann Aufschlüsse über die $\pi\pi$-Wechselwirkung und die s-Photoerzeugung von π^0-Mesonen an Neutronen im Bereich kleiner Energien liefern. H. Vogel.

1–846 **P. S. Baranow, L. I. Slowochotow, G. A. Sokol** und **L. N. Schtarkow.** *Elastische Streuung von γ-Quanten an Wasserstoff bei 247 MeV*. Sh. exp. teor. Fis. **41**, 1713–1721, *1961*, Nr. 6. (Orig. russ.) Am Synchrotron des Lebedew-Inst. f. Phys. wurde die Winkelverteilung elastisch gestreuter γ-Quanten in Wasserstoff bei einer γ-Quantenenergie von 247 ± 10 MeV untersucht. Es ergaben sich die differentiellen Querschnitte für den Prozeß bei Streuwinkeln von 148, 132, 108, 93, 70 und 55° im Schwerpunktsystem. Die Meßergebnisse werden mit Rechnungen auf Grund der eindimensionalen Dispersionsrelation unter Berücksichtigung des Beitrages eines Einmeson-Übergangszustandes verglichen. Die Übereinstimmung mit den Meßdaten von Bernardini u. a. (Nuovo Cim. **18**, 1203, *1960*) ist für kleine Winkel gut; oberhalb von 90° steigt der Querschnitt nach Bernardini schneller an. Die theoretische Winkelabhängigkeit des Querschnittes enthält als Parameter noch die Lebensdauer des π^0-Mesons; eine genauere Anpassung an die Messungen und damit eine Bestimmung dieser Lebensdauer sind noch nicht möglich.

H. Vogel.

1–847 **A. S. Beloussow, S. W. Russakow, J. I. Tamm** und **L. S. Tatarinskaja.** *Photoerzeugung von π^0-Mesonen an Deuterium bei Energien von 170 bis 210 MeV*. Sh. exp. teor. Fis. **41**, 1793–1803, *1961*, Nr. 6. (Orig. russ.) Durch Vergleich zwischen der Photoerzeugung neutraler Pionen am Deuterium mit bzw. ohne Spaltung des Deuterons im Energiegebiet in der Nähe der Schwelle und dem entsprechenden Prozeß am Proton erhält man Auskünfte über die Photoerzeugung am Neutron. Vff. untersuchen dazu den Beitrag der beiden Kanäle der Photoerzeugung am Deuteron (mit und ohne dessen Spaltung) bei verschiedenen Photonenenergien sowie die Winkelverteilung dieser Reaktionen und messen für Energien zwischen 120 und 210 MeV das Verhältnis der differentiellen Querschnitte für die Photoerzeugung am Deuteron bzw. am Proton unter übereinstimmenden Bedingungen. Gemessen wurde bei Emissionswinkeln des Mesons von 44, 84 und 124° im Laborsystem. Die Meßergebnisse werden mit der Theorie in der Impulsnäherung verglichen. H. Vogel.

1–848 **M. I. Adamowitsch, E. G. Gorshewskaja, W. G. Larjonowa, N. M. Panowa, W. M. Popowa, S. P. Charlamow** und **F. R. Jagudina.** *Energieabhängigkeit des π^+-Photoerzeugungsquerschnittes an Wasserstoff in der Nähe der Schwelle*. Sh. exp. teor. Fis. **41**, 1811–1817, *1961*, Nr. 6. (Orig. russ.) Vff. maßen die differentiellen Querschnitte für die Photoerzeugung positiver Pionen an Wasserstoff für Energien von 167 bis 212 MeV in einer Emulsionskammer unter 42,5° zum Photonenstrahl im Laborsystem. Dieser Winkel entspricht im Schwerpunktsystem für das genannte Energieintervall Winkeln $\theta = \arccos (k\omega - t)/kq$, wobei die Größe t zwischen 0,88 und 0,99 liegt. Ein Wert t = 0,93, wie er für Photonen von 195 MeV exakt gegeben ist, entspricht dem Winkel, für den der Beitrag des nichtphysikalischen Gebietes in den Dispersionsintegralen verschwindet. Die Ergebnisse vertragen sich dann auch gut mit der Dispersionstheorie. Die Meßdaten werden in Verbindung mit Daten über die Winkelverteilung genauer analysiert.

H. Vogel.

1–849 **L. N. Hand, D. G. Miller** and **R. Wilson.** *Alternative nucleon form factors*. Phys. Rev. Letters **8**, 110–112, *1962*, Nr. 3. (1. Febr.) (Cambridge, Mass., Univ., Cyclotron Lab.) Die Autoren schlagen vor, die Rosenbluth-Formel für Elektron-Proton-Streuung durch Einführung von neuen Formfaktoren, gegeben durch: $G_M = F_1 + \mu F_2$; $G_E = F_1 - (q^2/4\,M^2)\,\mu F_2$; mit $F_{1p}(0) = F_{2p}(0) = F_{2n}(0) = 1$; $F_{1n}(0) = 0$; $\mu_p = 1{,}79$; $\mu_n = -1{,}91$ in die folgende Form umzuschreiben:

$$\frac{d\sigma}{d\Omega} = \left(\frac{\alpha r_0 m}{2\,E \sin \vartheta/2}\right)^2 \frac{E'}{E}\left[\frac{\operatorname{ctg}^2 \vartheta/2}{1 + q^2/4\,M^2}\, G^2_E + \frac{q^2}{4\,M^2}\left(2 + \frac{\operatorname{ctg}^2 \vartheta/2}{1 + q^2/4\,M^2}\right) G^2_M\right]$$

Die Umschreibung erleichtert die Analyse von Experimenten, da man G_M durch 180° Streuung und $G^2_E + q^2/4\,M^2\,G^2_M$ durch Vorwärtsstreuung ermitteln kann und daher auf die Methode der Ellipsenschnittpunkte verzichten kann. Auch das Neutron wird durch Einführung von G_M und G_E charakterisiert. Experimentelle Kurven für $G_{Mv} = 1/2\,(G_{Mp} - G_{Mn})$ und für G_{Ms} werden angegeben. D. Schildknecht.

1–850 **S. Fubini, M. Gourdin** and **A. Martin.** *Some remarks about inelastic electron-deuteron scattering*. Nuovo Cim. (10) **23**, 249–253, *1962*, Nr. 1. (1. Jan.) (Torino, Univ.,

Ist. Fis.; Geneva, CERN.) Die Vff. gehen aus von dem früher erhaltenen Resultat (M. GOURDIN, Nuovo Cim. **21**, 1094, *1961*), daß wegen relativistischer Invarianz und der Annahme eines Ein-Photon-Austausches der diff. Wirkungsquerschnitt für e–d-Streuung die allgemeine Form haben muß: $d^2\sigma/dE'\,d\Omega' = \sigma_{Mott}[A(q^2, W^2) + tg^2\,\vartheta/2\,B(q^2, W^2)]$ mit: $\sigma_{Mott} = \alpha^2 \cos^2(\vartheta/2)/4E^2\sin^4(\vartheta/2)$, und E = Elektroneneinfallsenergie, E' = Elektronenendenergie, ϑ = Streuwinkel des Elektrons, q = Viererimpulsübertragung, W = Energie von Neutron und Proton nach dem Stoß in ihrem Schwerpunktsystem. Im quasielastischen Maximum des diff. Wirkungsquerschnitts läßt sich W^2 durch q^2 ausdrücken, so daß man durch Messung von $d^2\sigma/dE'\,d\Omega'$ für verschiedene ϑ bei gleichem q^2 die Gültigkeit der Ein-Photon-Annahme prüfen kann. Unter Benutzung der von HOFSTADTER angegebenen Meßwerte (HOFSTADTER, to be published in the Proc. of the Aix en-Provence Conference 1961) wird $d^2\sigma/dE'\,d\Omega'\,\sigma_{Mott}$ gegen $tg^2\,\vartheta/2$ aufgetragen für $q^2 = 2{,}5\,f^{-2}$ und $q^2 = 5\,f^{-2}$. Die resultierenden Geraden bestätigen die Gültigkeit der Annahme des Ein-Photon-Austausches. Es wird weiterhin auf die große Unsicherheit in der Bestimmung des Neutronformfaktors durch die bisherigen Messungen hingewiesen, und es werden Koinzidenzmessungen zwischen Elektron und Rückstoßnukleon vorgeschlagen. D. Schildknecht.

1–851 **M. J. Kobiaschwili.** *Inkohärente Streuung von Elektronen an Kernen und magnetischer Radius des Neutrons.* Sh. exp. teor. Fis. **41**, 1628–1631, *1961*, Nr. 5. (Orig. russ.) (Tbilissi, Univ.) Nach Streuexperimenten mit schnellen Elektronen lassen sich Ladung und magnetisches Moment des Protons als ungefähr exponentiell abfallende Verteilung mit einem quadratisch gemittelten Radius von 0,8 Fermi annähern. Aus der Streuung an ^2H und ^9Be ergab sich dagegen nach der Methode der Formfaktoren unter der Voraussetzung freier Nukleonen für die Verteilung des magnetischen Moments des Neutrons ein kleinerer Radius für ^9Be (0,53 Fermi). Diese Abnahme des Radius wurde auf eine große Rolle der Meson-Austauscheffekte in diesem Kern und auf die Wechselwirkung des emittierten Neutrons mit dem Restkern zurückgeführt. Vf. bemüht sich, die Bindung des Neutrons im ^9Be und ihren Einfluß auf den magnetischen Radius genauer zu berechnen. Es zeigt sich, daß der Bindungseffekt die gesamte Abnahme erklären kann. Im Deuteron dagegen befinden sich die Nukleonen häufig außerhalb des Wirkungsbereiches der Kernkräfte. H. Vogel.

1–852 **W. W. Anissowitsch.** *Zur Dispersionsdarstellung des Deuteron-Formfaktors.* Sh. exp. teor. Fis. **41**, 1907–1914, *1961*, Nr. 6. (Orig. russ.) Der untersuchte Deuteron-Formfaktor hängt von nur einer Invarianten ab, nämlich dem Impulsquadrat s des Photons. In Abhängigkeit von s hat der Formfaktor neben normalen Singularitäten auch anomale. Die erste liegt bei $s = 16\,M\varepsilon$ (M Masse des Nukleons, ε Bindungsenergie des Deuterons), die zweite bei $s \sim 9\,\mu^2$. Für den einfachsten Graphen, der diese Singularität liefert, wird die Dispersionsdarstellung angegeben. Es wird eine Methode entwickelt, nach der man die Berechnung der Absorptionsanteile und ihrer Sprünge für Graphen mit drei freien Enden wesentlich vereinfachen kann. Die untersuchten Graphen und ihre Formfaktoren beschreiben die Struktur des Deuterons in Abständen von der Größenordnung μ^{-1}. Die entwickelte Methode läßt sich auch auf Graphen mit vier freien Enden anwenden, wodurch sich die Berechnung von $\rho(s, t)$ für komplizierte Graphen stark vereinfacht. H. Vogel.

1–853 **A. P. Buchwostow** und **I. M. Schmuschkewitsch.** *Depolarisation von μ^--Mesonen bei der Bildung von μ-Mesoatomen an Kernen mit dem Spin 1/2.* Sh. exp. teor. Fis. **41**, 1895–1906, *1961*, Nr. 6. (Orig. russ.) Hat der Kern, der ein Myon einfängt, einen Spin verschieden von Null, so besitzt das entstehende Mesoatom eine Hyperfeinstruktur neben der üblichen Feinstruktur mit entsprechend größerer Aufspaltung als im Fall der Elektronenterme. Außerdem tritt eine zusätzliche Depolarisation der Myonen auf. Ist die Hyperfeinstruktur-Aufspaltung für nicht allzu stark angeregte Terme groß gegen deren Breite, so spielt dieser Effekt die Hauptrolle bei der Depolarisation. Dieser Effekt wird für einen Kern vom Spin 1/2 abgeschätzt. Ist dabei die Hyperfeinstrukturaufspaltung der niederen Anregungszustände groß gegen ihre Breite, so ist die Polarisation des Myons in der K-Schale nur etwa ein Drittel von der im Fall eines Kerns mit dem Spin 0. Ist dagegen die Termbreite sehr viel größer als die Hyperfeinstrukturaufspaltung, so ist diese nur in der K-Schale zu beobachten, und die Polarisation verringert sich gegenüber dem Fall eines Kerns ohne Spin auf die Hälfte. Der Kaskadenübergang aus einem hoch angeregten Zustand in die K-Schale zerfällt in drei Etappen: In der ersten ist die Breite der durchlaufenen Zustände infolge des AUGER-Effektes größer als die Aufspaltung der Feinstruktur, in der zweiten liegt die Termbreite zwischen der Aufspaltung der Fein- und der Hyperfeinstruktur, in der dritten ist sie vergleichbar mit der Hyperfeinstruktur-Aufspaltung. In der ersten Etappe findet kaum eine Depolarisation statt, in der zweiten eine solche durch Spin-Bahn-Wechselwirkung, in der dritten auch durch Hyperfein-Wechselwirkung der magnetischen Momente. H. Vogel.

1–854 **F. J. Smith** and **J. G. Brennan.** *Use of normal coordinates in nuclear physics.* Phys. Rev. (2) **125**, 971–972, *1962*, Nr. 3. (1. Febr.) (Washington, D. C., Cath. Univ. Amer.) Vff. zeigen, daß Normalkoordinaten ohne Schwierigkeiten in der Kerntheorie benutzt werden können, wenn man voraussetzen kann, daß die Nukleonen gleiche Masse besitzen. Bei Streuproblemen lassen sich Teilchengruppen in ihrer relativen Bewegung leicht beschreiben. Die Vff. wenden Normalkoordinaten im Schalenmodell mit Oszillatorpotential an und zeigen, daß dann unphysikalische Zustände ausgeschlossen werden, die der Schwerpunktsbewegung zuzuschreiben sind. E. Bretnütz.

1–855 **Victor F. Weisskopf.** *Problems of nuclear structure.* Phys. Today **14**, 18–27, *1961*, Nr. 7. (Juli.) O. Wegner.

1–856 **Nikola Getoff** und **Masaru Nishikawa.** *Chemische Effekte bei Neutroneneinfang. I. Einfluß der Ammoniumgruppe auf das thermische Ausheilen von neutronenbestrahltem Ammoniumsulfat.* Anz. österr. Akad. Wiss., math.-naturw. Kl. *1961*, S. 121–130, Nr. 9. (S. auch Nature, Lond. **192**, 61, 1962.) Es wurde das thermische Ausheilen von neutronenbestrahltem Ammoniumsulfat (10^{10} n · cm^{-2} · s^{-1}; thermische Kolonne; BEPO, England) und insbesonders die Rolle der Ammoniumgruppe bei diesem Prozeß untersucht. Dabei konnte festgestellt werden, daß 40% des gebildeten radioaktiven Schwefels sich auf Grund des Kernrückstoßes bei dem (n, γ)-Prozeß in Sulfit umwandelt und chemisch in trägerfreier Form abtrennen läßt. Durch Erhitzen des festen Ammoniumsulfats rekombiniert das Sulfit wieder zu Sulfat, nud zwar mit einer Geschwindigkeitskonstante $k_A = 1{,}56 \cdot 10^{-4} \cdot s^{-1}$ bei 100°C. Jedoch wird bei Temperaturen oberhalb 150°C das thermische Ausheilen der vorliegenden Rückstoßfragmente durch die Ammoniumgruppe stark beeinflußt. Es tritt gleichzeitig auch ein entgegenlaufender Reduktionsprozeß ein. Dieser wird auf die Bildung von Hydrazin aus der Ammoniumgruppe durch die Einwirkung der Gamma-Strahlung im Reaktor zurückgeführt. Bei 180°C beträgt seine Geschwindigkeitskonstante $k_R = 2{,}22 \cdot 10^{-4} \cdot s^{-1}$. N. Getoff.

1–857 **R. A. Hoffman, J. Lefrançois, E. H. Thorndike** and **Richard Wilson.** *n–p triple scattering parameters R and A.* Phys. Rev. (2) **125**, 973–974, *1962*, Nr. 3. (1. Febr.) (Cambridge, Mass., Harvard Univ., Cyclotron Lab.) Die Parameter R und A wurden für die Streuung von polarisierten 140 MeV Protonen an in Deuterium gebundenen Neutronen (quasifreie p–n-Streuung) gemessen. Für die Messung von A durchlief der Strahl einen Ablenkmagnet um die Polarisation längs der Bewegungsrichtung zu orientieren. Target: flüssiges Deuterium. Das Rückstoßneutron wurde in Koinzidenz mit dem gestreuten Proton nachgewiesen. Um den Zusammenhang zwischen quasifreier und freier p–n-Streuung herzustellen, wurde das „Spectator"-Modell verwendet: eines der Nukleonen des Deuterons sieht unbeteiligt zu. Dabei Vernachlässigung von: Mehrfachstreuung des einfallenden Protons an beiden Targetnukleonen, Endzustandswechselwirkung zwischen den Targetnukleonen, Zweideutigkeit bezüglich des getroffenen und des zusehenden Nukleons. Nach Anbringung von Korrekturen für diese Vernachlässigungen ergaben sich folgende Werte für freie p–n-Streuung: für $\theta_{cm} = 42{,}1°, 52{,}5°, 62{,}9°, 73{,}4°, 83{,}6°$ ergab sich $R_{np} = 0{,}228 \pm 0{,}119$, $0{,}090 \pm 0{,}094$, $-0{,}012 \pm 0{,}075$, $-0{,}147 \pm 0{,}095$, $-0{,}147 \pm 0{,}210$ und $A_{np} = -0{,}037 \pm 0{,}094$, $-0{,}080 \pm 0{,}074$, $0{,}226 \pm 0{,}090$, $0{,}137 \pm 0{,}107$, $0{,}535 \pm 0{,}222$. H. Münzer.

1–858 **L. Cohen** and **J. B. Willis.** *Wave functions and matrix elements for triton.* Nuclear Phys. **32**, 114–127, *1962*, Nr. 1. (Apr.) (Southampton, Univ., Math. Dep.) Nach den früher entwickelten Methoden zur Klassifizierung von α-Teilchen-Wellenfunktionen ohne Verwendung von EULER-Winkel-Wellenfunktionen (Nuclear Phys. **22**, 492, *1961*) werden Wellenfunktionen beschrieben, die in der Grundzustandswellenfunktion von H^3 auftreten können. Isospin, Spin, Bahndrehimpuls und innere Funktionen werden entsprechend ihrem Verhalten gegenüber Permutationen der drei Teilchen klassifiziert und derart kombiniert, daß sie vollständig antisymmetrische Funktionen bilden. Es ergeben sich drei S-Zustands-, vier P-Zustands- und vier D-Zustandsfunktionen. Die Matrixelemente der kinetischen Energie und des Potentials werden über den Spin und Isospin summiert und über alle möglichen Orientierungen des Kerns integriert, so daß lediglich Integrale über die Teilchenabstände erhalten werden. D. Jörchel.

1–859 **J. Kennedy** and **T. D. Spearman.** *Singularities in partial wave amplitudes for two ingoing and two outgoing particles.* Conf. int. d'Aix-en-Provence sur les part. élém. **1**, 337–342, *1962*. (London, Univ. Col.) Bei der Bestimmung der analytischen Eigenschaften der Partialwellenamplituden für die verschiedenen Prozesse mit zwei einlaufenden und zwei auslaufenden Teilchen werden die Singularitäten betrachtet, welche von den Energiespektren in den drei Kanälen, die durch Betrachtung verschiedener Paare als ein- und auslaufend erhalten werden, herrühren. Der Beitrag dieser Singularitäten zu den Partialwellenamplituden wird im Sonderfall vier ungleicher Massen untersucht. K. Heinloth.

1–860 **R. Karplus** and **Y. Yamaguchi.** *Quasi-elastic nucleon-nucleus scattering at high energy.* Nuovo Cim. (10) **22**, 588–603, *1961*, Nr. 3. (1. Nov.) (Geneva, CERN.) Untersuchungen von Proton-Kernstößen bei sehr hohen Energien (> 15 GeV) ergaben eine Struktur nahe der oberen Grenze des Energiespektrums der gestreuten Protonen, die sich erklären läßt durch die Annahme, daß nur ein gebundenes Nukleon als Target wirkt, jedoch ergaben genauere Messungen, daß die höchstenergetischen der gestreuten Protonen im Mittel nur zwei Drittel des für elastische Streuung an einzelnen Targetnukleonen berechneten Energieverlustes aufwiesen. Ein solcher Effekt läßt sich, wie die Vff. zeigen, durch Mehrfachstöße im Kern erklären, da als Folge des scharfen Maximums in Vorwärtsrichtung, das die Winkelverteilung für elastische Nukleon-Nukleon-Streuung bei hohen Energien aufweist, ein Winkelintervall bei der Nukleon-Kern-Streuung auftritt, für das mehrere aufeinander folgende elastische Kleinwinkel-Streuungen des einfallenden Nukleons mit einem gebundenen mit größerer Wahrscheinlichkeit einen Beitrag liefern als einzelne solcher Streuungen. Die FERMI-Bewegung der gebundenen Nukleonen erzeugt eine Verbreiterung der Energieverteilung der gestreuten Nukleonen, verschiebt aber das Zentrum der Verteilung nur unwesentlich. Die auf Grund eines einfachen Modells des Kerns und der elementaren Wirkungsquerschnitte durchgeführten Rechnungen ergeben befriedigende Übereinstimmung mit den experimentellen Daten der Proton-Kohlenstoff-Streuung. L. Wiedecke.

1–861 **A. M. Green.** *The effect of velocity dependent forces in nuclear matter.* Phys. Letters **1**, 136–138, *1962*, Nr. 4. (15. Mai.) (La Jolla, Calif. Univ.) Es wird die Möglichkeit untersucht, den *hard core* in benutzten Nukleon-Nukleon-Potentialen durch nichtsinguläre, aber stark geschwindigkeitsabhängige Potentiale zu ersetzen. R. Klein.

1–862 **Erich W. Schmid.** *A Monte Carlo method for nuclear many body problems.* Nuclear Phys. **32**, 82–97, *1962*, Nr. 1. (Apr.) (Tallahassee, Flor., Univ.) Vf. entwickelt eine Monte-Carlo-Methode zur Lösung der nuklearen Mehrkörperprobleme im Rahmen des RITZschen Variationsprinzips. Die Methode wird für ein Zwei-Cluster-System unter Verwendung von Oszillatorwellenfunktionen und Hard-Core-Kräften formuliert, läßt sich jedoch auf ziemlich allgemeine Kräfte und Wellenfunktionen verallgemeinern. Als Beispiel werden die Grundzustandsenergie und der rms-Radius des α-Teilchens berechnet. Für die Endparameter wurde eine Energiegenauigkeit von 10% bzw. 2% nach einer Rechenzeit von 40 sec bzw. 16 min mit einer IBM 7090 erreicht. Die Radiusgenauigkeit ist um einen Faktor 8 besser. Die Minimumenergie hängt stark von der Form der Versuchswellenfunktion nahe dem hard core ab. D. Jörchel.

1–863 **Zygmunt Galasiewicz.** *Calculation of the moments of inertia of nuclei by the method of approximate second quantization.* Nuclear Phys. **32**, 140–150, *1962*, Nr. 1. (Apr.) (Wrocław, Univ., Inst. Theor. Phys.) Vf. leitet einen Ausdruck für die Trägheitsmomente von Kernen nach der Methode der näherungsweisen zweiten Quantisierung und unter Berücksichtigung der Nukleonenpaarung ab. Die Ergebnisse sind mit den von BELYAEV (Sh. exp. teor. Fis. **40**, 672, *1961*) nach einer modifizierten Methode der allgemeinen kanonischen Transformation erhaltenen Resultaten identisch. Der Fall schwach deformierter Kerne wird durch Spezifizierung der Quantenzahlen der individuellen Einteilchenzustände behandelt. D. Jörchel.

1–864 **N. Vinh-Mau** and **G. E. Brown.** *The 0^+ states in oxygen.* Phys. Letters **1**, 36–38, *1962*, Nr. 2. (15. Apr.) (Roma, Univ. Studi, Ist. Fis. ,,Guglielmo Marconi.) Das Auftreten des 0^+-Zustandes bei 6,06 MeV in O^{16} ist nicht leicht zu vereinbaren mit dem Schalenmodell, welches voraussagt, daß der erste 0^+-Zustand erst bei Energien auftritt, welche einer Versetzung um zwei Schalen entsprechen, d. h. 25 bis 35 MeV in O^{16}. Wegen dieser großen Anregungsenergie schlug eine Beschreibung dieses Zustandes als eine Einteilchen-Anregung fehl. Daher führten Vff. Rechnungen aus, welche alle Ein- und Zweiteilchenenergien ungestörter Energie $2\,\hbar\omega$ in Betracht zogen. $\hbar\omega$ ist der Schalenabstand. Wegen der Schwierigkeit des Problems wurden Spin-Bahn-Kräfte und spinabhängige Kräfte vernachlässigt, und es wurden Kräfte mit verschwindender Reichweite verwendet. Die einfach zu interpretierenden Resultate beschreiben den tiefsten 0^+-Zustand als eine kohärente Mischung von Zwei-Teilchen und Zwei-Löcher-Anregungen. Während das verwendete Modell die Energie befriedigend wiedergibt, sind neue experimentelle Resultate schwierig zu erklären. R. Frauenfelder.

1–865 **I. M. Band, L. A. Sliw** und **Ju. I. Charitonow.** *Die Bewegungskorrelation von vier Nukleonen im Kern Po^{212}.* Phys. Abh. Sowjetunion N. F. **6**, 215–228, *1962*, Nr. 2. S. auch Ber. **41**, Nr. 11–712, *1962*. (Leningrad, Akad. Wiss., Phys.-Tech. Inst.) E. Bretnütz.

1–866 **Neal D. Newby jr.** *Selection in the odd-even shift of certain nuclear rotational bands.* Phys. Rev. (2) **125**, 2063–2070, *1962*, Nr. 6. (15. März.) (Berkeley, Calif. Univ., Lawrence Radiat. Lab.) Nach dem Kollektiv-Modell von BOHR und MOTTELSON konnte man Rotationszustände in deformierten Kernen richtig voraussagen. Die Energieniveaus einer Rotationsbande sind durch $E(I) = \hbar^2 I(I+1)/2\,J_{eff}$, $(K \neq 1/2)$ gegeben. K ist die Projektion des Gesamtspins I auf die Kernsymmetrieachse. In u-u-Kernen treten Abweichungen auf. Der beobachtete Niveauabstand kann erklärt werden, wenn man den erwarteten $I(I+1)$-Niveauabständen eine leichte Energieabhängigkeit überlagert. Diese Energieabhängigkeit kann man als Verschiebung eines Niveaus mit ungeradem I gegenüber einem mit geradem I innerhalb einer Rotationsbande auffassen. In der vorliegenden Arbeit wird gezeigt, daß diese Verschiebung durch einen besonderen Typ von Streuung, bei der der Endzustand aus dem Anfangszustand durch Drehung um 180° hervorgeht, erklärt werden kann. Aus dieser Tatsache erhält man bestimmte Auswahlregeln für den für die Verschiebung verantwortlichen Teil in der verbleibenden n–p-Wechselwirkung der Oberflächennukleonen. Die WIGNER-Komponente der Kraft kann keinen Beitrag liefern. In einigen Fällen wird der Anteil aller Zentralkräfte stark gedämpft, und man kann den zur Streuung beitragenden Anteil der Tensorkraft allein beobachten. Die Theorie wird an Hand einiger numerischer Ergebnisse für die Beispiele Ho^{166}, Am^{242} und Lu^{172} erläutert. M. Kuntze.

1–867 **Per Chr. Hemmer.** *Deviation from $I(I+1)$ dependence in nuclear rotational spectra.* Nuclear Phys. **32**, 128–139, *1962*, Nr. 1. (Apr.) (Trondheim, T. H., Inst. Teor. Fys.) Vf. berechnet die Energie eines Systems von nicht-wechselwirkenden Fermionen in einem eine Präzession aufweisenden Schalenmodell-Oszillatorpotential bis zur 4. Ordnung im Gesamtdrehimpuls. Es zeigt sich, daß die Abweichung der Ergebnisse von dem einfachen Rotationsverhalten eines symmetrischen Kreisels empfindlich von der Deformation des Systems abhängt. Die gefundenen Ergebnisse beschreiben qualitativ die beobachteten Effekte und stimmen befriedigend mit experimentellen Daten für stark deformierte ebene Kerne überein. Bemerkenswert ist, daß der Spinanteil des

Operators des Gesamtdrehimpulses einen größeren Beitrag als der Anteil des Bahndrehimpulses liefert, was mit dem negativen Vorzeichen des entsprechenden Terms 4. Ordnung zusammenhängt. D. Jörchel.

1-868 **P. Gombás** and **D. Kisdi.** *Zur Theorie des aus zwei C_6^{12}-Kernen bestehenden Kernmoleküls.* Z. Phys. **167**, 250–257, *1962*, Nr. 3. (26. März.) (Budapest, Univ., Phys. Inst.; Forschungsgr. Theor. Phys.) Die experimentell gesicherte Existenz von Gebilden, bestehend aus zwei $^{12}C_6$-Kernen (Kernmolekülen), wird theoretisch untersucht. Zu diesem Zweck wird zunächst die Wechselwirkungsenergie der beiden $^{12}C_6$-Kerne mit Hilfe des Energieausdrucks für Nukleonen von Skyrme über ein Variationsverfahren bestimmt. Das auftretende Minimum der Wechselwirkungsenergie von $U_0 = -15{,}23$ MeV bei $R_0 = 3{,}6 \cdot 10^{-13}$ cm zeigt, daß Kernmoleküle existenzfähig sind. Die Energieniveaus des Kernmoleküls werden berechnet. Sie stimmen mit den empirischen Daten qualitativ überein. W. Greiner.

1-869 **J. Strnad.** *Momentum distributions for protons in Li^6 in the cluster model.* Phys. Rev. (2) **125**, 1639–1641, *1962*, Nr. 5. (1. März.) Berichtigung ebenda **126**, 2262, Nr. 6. (15. Juni.) (Ljubljana, Univ., Inst. Phys.) Messungen quasielastisch an ^6Li gestreuter Protonen ergeben zwei verschiedene Bindungsenergien (J. P. Garron u. a. Ber. **41**, Nr. 12–666, *1962*). Im Gegensatz zum Schalenmodell ermöglicht ein einfaches *cluster*-Modell eine Deutung der Daten. Vf. nimmt dazu an, daß die *cluster* im Kern getrennt sind und benutzt nicht-antisymmetrisierte *cluster*-Modell-Wellenfunktionen im Anschluß an Y. C. Tang u. a. (Phys. Rev. **123**, 548, *1961*). E. Bretnütz.

1-870 **J. Varma** and **M. A. Eswaran.** *Decay of Se^{75} and the lifetime of the 280-kev state of As^{75}.* Phys. Rev. (2) **125**, 656–659, *1962*, Nr. 2. (15. Jan.) (Trombay, Bombay, Atom. En. Establish.) Die γ-Strahlen des Zerfalls von Se^{75} (Halbwertszeit 120 d) wurden mit Szintillationsspektrometer und Koinzidenzmethoden untersucht. Die relativen Intensitäten für Elektroneneinfang zu den 403, 572 und 628 keV-Zuständen in As^{75} sind zu $1:5{,}3 \cdot 10^{-4}:2{,}4 \cdot 10^{-4}$ gemessen worden. Ferner sind durch Zusammenstellung der log. ft-Werte für Elektroneneinfang in Se^{75} und β-Zerfall von Ge^{75} zu den 477, 572, 628 und 814 keV-Zuständen in As^{75} die Spins und Paritäten $1/2^-$, $5/2^-$, $1/2^-$ und $5/2^-$ (oder $7/2^-$) zugeordnet worden. Durch die Methode der verzögerten Koinzidenzen wurde die mittlere Lebensdauer des 280 keV-Zustandes in As^{75} zu $7{,}8 \cdot 10^{-10}$ sec gemessen und die Partiale E 2 Lebensdauer für die 265 und 280 keV-Zustände sind jeweils zu $1{,}1 \cdot 10^{-9}$ und $5{,}2 \cdot 10^{-9}$ sec abgeschätzt worden. S. Zaidi.

1-871 **H. J. Martin jr., M. B. Sampson** and **R. L. Preston.** *Study of Zr^{92} levels excited in the (d, p) reaction.* Phys. Rev. (2) **125**, 942–947, *1962*, Nr. 3. (1. Febr.) (Blomington, Ind. Univ.) Sieben Energieniveaus von Zr^{92} wurden durch die Zr^{91}(d, p)Zr^{92}-Reaktion mit 10,85 MeV Deuteronen angeregt. Diese Niveaus liegen bei 0, 0,94, 1,49, 1,86, 2,06, 2,91 und 3,28 MeV. Die letzten beiden Niveaus scheinen komplex zu sein. Für alle Niveaus außer dem bei 1,86 MeV wurden Winkelverteilungen gemessen. Für die untersten drei ergab sich $l_n = 2$, für die obersten drei $l_n = 0$. Wirkungsquerschnittsvergleiche mit früheren Messungen an Zr^{91} lassen vermuten, daß die dominierende Konfiguration der untersten Niveaus $(d_{5/2})^2$ ist und beim 2,91 MeV-Niveau zum größten Teil $(d_{5/2}\, s_{1/2})$. Ausgehend von den Niveaus von Zr^{91} (40 Protonen, 51 Neutronen), die die Wechselwirkung eines einzelnen Neutrons mit dem Rumpf ergeben, wurden die Niveaus für Zr^{92} berechnet, wobei für die Neutron-Neutron-Wechselwirkung Singulett-Kräfte angenommen wurden (Parameter des Potentials: $V_0 = 46$ MeV, $r_0 = 1{,}6$ f). Es ergibt sich ungefähr Übereinstimmung. H. Münzer.

1-872 **H. A. Vartapétian.** *Sur la nature du niveau de 686 keV du Re^{187}.* Nuclear Phys. **32**, 98–101, *1962*, Nr. 1. (Apr.) (Erévan, USSR, Acad. Sci., Inst. Phys.) Vf. bestimmte nach der Methode der verzögerten Koinzidenz die Halbwertszeit des 686 keV-Niveaus von Re^{187} zu $T_{1/2} = (2 \pm 0{,}7) \cdot 10^{-10}$ sec. Die E1- und E2-Übergangswahrscheinlichkeiten werden mit den Aussagen des Nilssonschen Modells verglichen. Es zeigt sich, daß das 686 keV-Niveau kein Vibrationsniveau zu sein braucht, sondern auch ein Teilchenniveau sein kann. D. Jörchel.

1-873 **G. A. Wartapetjan.** *Lebensdauer und Natur des 686 keV-Terms im* ^{187}*Re.* Sh. exp. teor. Fis. **41**, 1710—1712, *1961*, Nr. 6. (Orig. russ.) In dem sonst gut untersuchten Termschema von ^{187}Re besteht noch keine Klarheit über die Natur der Niveaus mit 686 und 511 keV. Nach der Annahme von GALLAGHER u. a. (Ber. **40**, Nr. 8—764, *1961*), die aus einem Vergleich mit Rechnungen nach dem NILSSON-Modell auf eine Schwingungsstruktur schließen, wären dies die ersten Schwingungsterme, die man in ungeraden Termen beobachtet hat. Vf. mißt nach der Methode der verzögerten Koinzidenzen die Halbwertszeit für den Term 686 keV zu $(2 \pm 0{,}7) \cdot 10^{-10}$ s. Die entsprechenden Wahrscheinlichkeiten für Übergänge vom Typ E1 und E2 werden mit Rechnungen nach dem NILSSON-Modell verglichen. Diese Rechnungen mit NILSSONschen Wellenfunktionen stimmen mit der Formel von WEISSKOPF überein. Der Schluß, daß es sich bei dem 686 keV-Term um einen Schwingungsterm handelt, scheint sich nicht zu bestätigen, eher könnte es sich um ein Einteilchen-Niveau handeln. H. Vogel.

1-874 **R. Richert.** *Contribution à la technique des coincidences rapides et étude de quelques probabilités de transition E2 dans les noyaux légers.* Ann. Phys., Paris (13) **6**, 1437 bis 1492, *1961*, Nr. 11/12. (Nov./Dez.) (Strasbourg, Univ., Fac. Sci.) Übersicht über Kernmodelle, Übergangswahrscheinlichkeiten. Beschreibung der Apparatur (Auflösung einige 10^{-10} sec). Untersuchung des Zerfalls der durch (p, γ)-Reaktionen angeregten Niveaus von B^{10}, Al^{25} und Al^{26}. Protonenenergie: 1,2 MeV (Be^9), 1,5 MeV (Mg^{24}) und 0,97 MeV (Mg^{25}). — B^{10}: Halbwertszeit des 720 keV-Niveaus $T_{1/2} = (6{,}2 \pm 0{,}3) \cdot 10^{-10}$ sec, Übergangswahrscheinlichkeit $B(E2, 1^+ \rightarrow 3^+) = 4{,}7 \cdot 10^{-52}\, e^2 \cdot cm^4$, Quadrupolmoment des Grundzustands $Q(3^+) = \pm 0{,}0780$ e · barns. — Al^{25}: Niveau bei 450 keV: $T_{1/2} = (1{,}88 \pm 0{,}10) \cdot 10^{-9}$ sec, $B(E2)_{exp} = (10{,}3 \pm 0{,}9) \cdot 10^{-52}\, e^2 \cdot cm^4$, mit Wellenfunktionen nach NILSSON: $B(E2)_{th} = 16{,}8 \cdot 10^{-53}\, e^2 \cdot cm^4$. — Al^{26}: Niveau bei 418 keV: $T_{1/2} = (1{,}23 \pm 0{,}05) \cdot 10^{-9}$ sec, $B(E2)_{exp} = 36 \cdot 10^{-52}\, e^2 \cdot cm^4$, $B(E2)_{th} = 16{,}10 \cdot 10^{-53}\, e^2 \cdot cm^4$, Quadrupolmoment des Grundzustands $Q = \pm 0{,}45$ e · barns. H. Münzer.

1-875 **Jerzy Jastrzebski** et **Pierrette Kilcher.** *Vie moyenne des premiers états excités des noyaux des ors 192, 193, 195 et du mercure 195.* C. R. Acad. Sci., Paris **254**, 1411—1413, *1962*, Nr. 8. (19. Febr.) (Orsay, Lab. Joliot-Curie Phys. nucl.) Die Lebensdauern der ersten angeregten Zustände der im Zyklotron Orsay durch Bestrahlung von Gold mit 100 MeV-Protonen erhaltenen Atomarten Au–192 (31,5 keV; ca. $\leq$ 0,7 nsec), Au–193 (37,9 keV; 4,2 ± 0,6 nsec), Au–195 (61,5 keV; 3,2 ± 0,5 nsec) und Hg–195 (37,2 keV; ca. $\leq$ 0,8 nsec) wurden mittels SLÄTIS SIEGBAHN β-Spektrometer in schneller Koinzidenz mit GREEN-BELL-Zeitamplitudenkonverter gemessen. Hj. Matzke.

1-876 **A. K. Walter, J. P. Antufjew, J. G. Kopanez, A. N. Lwow** und **S. P. Zytko.** *Quantengrößen des 6,847 MeV-Terms des* ^{30}*P, beobachtet in der Reaktion* ^{29}*Si(p, γ)*^{30}*P.* Sh. exp. teor. Fis. **41**, 1449—1453, *1961*, Nr. 5. (Orig. russ.) Frühere Untersuchungen über die Reaktion ^{29}Si(p, γ)^{30}P wurden ins Gebiet höherer Energien der eingeschossenen Protonen fortgeführt. Für eine der beobachteten Resonanzen bei $E_p = 1330$ keV werden Spektren und Winkelverteilung der γ-Strahlung untersucht. Bei den Messungen wird ein Target aus dem magnetisch abgetrennten Isotop ^{29}Si verwendet, ferner ein γ-Spektrometer mit einem NaJ(Tl)-Kristall von 70 mm Durchmesser und 50 mm Höhe. Aus den Spektren und Winkelverteilungen ergaben sich die Quantengrößen für den Resonanzterm des ^{30}P mit der Energie 6,847 MeV zu $J\pi = 2^+$ und T = 1. Es wird ein Schema für die γ-Übergänge von diesem Resonanzniveau aus vorgeschlagen. H. Vogel.

1-877 **S. A. Baranow, P. S. Samoilow, J. F. Rodionow, S. N. Belenki** und **S. W. Piroshkow.** *Energiezustände des Kerns* ^{232}*U.* Sh. exp. teor. Fis. **41**, 1740—1747, *1961*, Nr. 6. (Orig. russ.) Nach den heutigen theoretischen Vorstellungen liegt in der Nähe des Grundzustandes deformierter gg-Kerne eine entwickelte Bande von Rotationszuständen ($I = 0^+, 2^+, 4^+, \ldots$), die auf kollektiven Bewegungen der Nukleonen im Kern beruht; darüber liegen die Banden der Oktupol-Schwingungen ($I = 1^-, 3^-, \ldots$) und der β- und γ-Schwingungsterme. Die Meßdaten über die Terme des ^{233}U aus dem radioaktiven Zerfall waren bisher einander widersprechend und paßten nicht in das theoretische Schema. Deshalb untersuchten Vff. mit einem magnetischen β-Spektrometer mit doppelter Fokussierung und einem Szintillations-γ-Spektrometer den Zerfall des ^{232}Pa. Aus einer Analyse des β-Spektrums und der Spektren von Konversionselektronen und γ-Strahlung wurden Energien und Intensitäten von vier β-Partialspektren bestimmt und eine Reihe von γ-Übergängen in ^{232}U identifiziert. Es zeigte sich, daß auch die E0-Übergänge $0_2^+ \rightarrow 0_1^+$ und $2_2^+ \rightarrow 2_1^+$ vorkommen. Die Meßdaten werden mit den Voraussagen der Theorie von A. Bohr und Mottelson und mit der Theorie der nichtaxialen deformierten gg-Kerne von Dawydow u. a. (Nuclear Phys. **20**, 499, *1960*) verglichen. H. Vogel.

1-878 **K. I. Sherebzowa, W. F. Litwin, Lu Chao-yuen** und **J. A. Nemilow.** *Zustände des ^{30}Si-Kerns aus der Reaktion ^{29}Si(d, p)^{30}Si.* Sh. exp. teor. Fis. **41**, 1761–1762, *1961*, Nr. 6. (Orig. russ.) Bei der Untersuchung der Abstreifreaktion ^{29}Si(d, p)^{30}Si in einem Multispektrographen (magnetischen Mehrwinkel-Analysator) erhielten Vff. neue Auskünfte über die Niveaus des ^{30}Si. Die Energie der eingeschossenen Deuteronen war 6,58 MeV, das Target war ein angereichertes Si-Isotopengemisch. Bei der Auswertung der Daten, besonders bei der Identifizierung der Protonengruppen im Energiespektrum, wurden auch andere experimentelle Arbeiten benutzt und eine Reihe dort gefundener Termlagen bestätigt. Die Winkelverteilungen konnten nur für die Terme des ^{30}Si mit 8,149 und 8,571 gemessen werden. Ein Vergleich dieser Winkelverteilungen mit der Theorie liefert den vom Neutron hinzugelieferten Drehimpuls sowie die Spins und Paritäten der Endzustände. Außerdem wurden die Wahrscheinlichkeiten für das Anhaften eines Neutrons im p-Zustand an den Kernen ^{29}Si und ^{30}Si verglichen. H. Vogel.

1-879 **W. A. Krawzow.** *Abstand zwischen den einzelnen Energieflächen der Kerne.* Sh. exp. teor. Fis. **41**, 1852–1858, *1961*, Nr. 6. (Orig. russ.) Vf. untersucht die vier Energieflächen im Z–N–E_b-Raum, auf denen die gg-, gu-, ug- bzw. uu-Kerne liegen (E_0 Bindungsenergie), unter Benutzung der genauesten verfügbaren empirischen E_b-Werte. Der mittlere Abstand der Energieflächen nimmt mit wachsender Massenzahl ungefähr wie $A^{-1/2}$ ab. Es wird bestätigt, daß im Durchschnitt die Abstände zwischen der gg-Fläche und der Fläche mit ungeraden Massenzahlen größer ist als der Abstand zwischen der letzteren und der uu-Fläche. Diese mittleren Abstände werden durch die empirischen Formeln $D_1 = 14{,}78 \cdot A^{-0{,}54}$ MeV, $D_2 = 7{,}25 \cdot A^{-0{,}45}$ MeV dargestellt. Diese Abstände nehmen also mit A langsamer ab als nach der Formel von Weizsäcker-Fermi ($D = \delta A^{-3/4}$). D hängt von A ab wie eine Paarenergie. Die Differenz der beiden D-Werte nimmt mit wachsendem A monoton von 1,05 MeV für leichte Kerne (A = 20) auf 0,15 MeV für die schwersten Kerne (A = 250) ab. In der Umgebung magischer Zahlen und an den Grenzen des Gebietes deformierter Kerne nimmt der Abstand zwischen den Energieflächen zu. H. Vogel.

1-880 **E. Bozek, A. Z. Hrynkiewicz** and **J. Styczen.** *g-factor of 482 keV state of ^{181}Ta measured with the differential method.* Phys. Letters **1**, 126–127, *1962*, Nr. 4. (15. Mai.) (Cracow, Inst. Nucl. Phys.; Univ. Jagellonian, Inst. Phys.) Bei der Messung der zeitabhängigen Koinzidenzspektren der 133–482 keV Gamma-Gamma-Kaskade betrug der Winkel zwischen den beiden Szintillationszählern 5 π/8 und 7 π/8. Dies vereinfacht die Formeln derart, daß aus diesen Spektren direkt die Larmor-Frequenz und daraus der g-Faktor bestimmt werden konnte. Das äußere Magnetfeld war B = ± (21150 ± 200) Gauß, die Zeitauflösung für die 480–130 keV Koinzidenzen betrug 8,4 nsec. Meßpunkte mit t < 5 nsec, die einer Verzerrung durch die endliche Zeitauflösung unterliegen, wurden ausgeschlossen, und man erhielt für Ta: g = 1,336 ± 0,015, μ = (3,34 ± 0,04) KM. Ein Vergleich mit Messungen nach der integralen Methode zeigte, daß die daraus gewonnenen Werte alle kleiner sind. Das könnte daran liegen, daß bei den bisher benutzten Quellen Störungen in der Winkelkorrelation vorhanden sind, da diese bei Verwendung der integralen Methode den g-Wert verringern. P. Skarek.

1-881 **Ingvar Lindgren.** *Nuclear magnetic moments in the rare earth region.* Nuclear Phys. **32**, 151–167, *1962*, Nr. 1. (Apr.) (Uppsala, Univ., Inst. Phys.) Vf. leitet genäherte analytische radiale Wellenfunktionen des Typs $R \sim r^n \exp(-ar) \cos h\,[k(ar - n')]$ für die 4 f-Elektronen in allen neutralen und dreifach ionisierten Atomen der Seltenen Erden (Z = 57–70) ab. Die Funktionen werden nach einer Methode der kleinsten

Quadrate und nach einem Verfahren der Interpolation und Extrapolation mit Hilfsbedingungen, die in allen Fällen die experimentellen Spinbahnkopplungen zu reproduzieren erlauben, den self-consistent-Feld-Wellenfunktionen für Pr^{3+} und Tm^{3+} angepaßt. Es zeigt sich, daß der Parameter n′ mit genügender Genauigkeit gleich der Hauptquantenzahl n gesetzt werden kann. Diese Wellenfunktionen werden zur Berechnung der $\langle r^{-3}\rangle$-Werte mit einer geschätzten Genauigkeit von ca. 5% verwendet. Alle aus dem Hyperfeinspektrum der 4 f-Elektronen bestimmten magnetischen Momente werden neu berechnet und erweisen sich als um ca. 25% größer als die ursprünglich angegebenen. Die Gesamtgenauigkeit liegt bei 10%. Ein Vergleich mit anderen theoretischen Berechnungen zeigt, daß die neuen Momente gut mit den nach dem Kollektivmodell für den oberen Bereich $A \gtrsim 150$ der Seltenen Erden bestimmten Momenten übereinstimmen. D. Jörchel.

1-882 **N. S. Selenskaja** und **J. N. Schirokow.** *Relativistische Korrekturen an den magnetischen Momenten für ^3H und ^3He.* Sh. exp. teor. Fis. **41**, 1934–1937, *1961*, Nr. 6. (Orig. russ.) In nichtrelativistischer Näherung wird das magnetische Kernmoment bestimmt durch die Eigenmomente der Nukleonen und die Bahnmomente der Protonen. Eine Berücksichtigung relativistischer Effekte führt auf Korrekturen der Ordnung $(p/M)^2$ zum HAMILTON-Operator der Nukleon-Nukleon-Wechselwirkung. Infolge der Eichinvarianz sind Glieder im HAMILTON-Operator, die vom Impuls abhängen, notwendig mit einer Zusatzwechselwirkung der Nukleonen im Kern mit dem elektromagnetischen Feld verbunden, was wieder Korrekturen zum Kernmoment liefert. Diese Korrekturen treten nur bei Nukleonenpaaren auf. Es gibt relativistische Korrekturen zur Wechselwirkungsenergie zweier Nukleonen, die der GALILEIschen Invarianzbedingung genügen, also nicht vom Gesamtimpuls der Nukleonen abhängen (z. B. Spin-Bahn-Wechselwirkung), und solche, die das nicht tun. Es wird ein allgemeiner Ausdruck für die relativistischen Korrekturen zum magnetischen Kernmoment abgeleitet, die auf nichtgalileischen relativistischen Korrekturen zum HAMILTON-Operator der Nukleon-Nukleon-Wechselwirkung beruhen. Für die Kerne ^3H und ^3He werden sie numerisch ausgerechnet. Die Korrekturen kommen nach Vorzeichen und Größenordnung richtig heraus, können aber nicht mehr als 30% der noch vorhandenen Diskrepanz zwischen Theorie und Experiment erklären. H. Vogel.

1-883 **N. J. Stone** and **B. G. Turrell.** *Polarisation of nuclei of Au^{198} in iron.* Phys. Letters **1**, 39–41, *1962*, Nr. 2. (15. Apr.) (Oxford, Clarendon Lab.) Für verschiedene Goldisotope wurden folgende Werte von H_{eff}, dem am Orte des Atomkerns durch die polarisierten Elektronen erzeugten Magnetfeld, gemessen: SAMOILOV et al.: $H_{eff} \geqq 0{,}75 \cdot 10^6$ Oe; KOGAN et al.: $H_{eff} \geqq 2{,}0 \cdot 10^6$ Oe; SHIRLEY et al. und ROBERTS: $H_{eff} = 2{,}8 \cdot 10^5$ Oe. Da allein die Elektronenkonfiguration das Magnetfeld H_{eff} erzeugt, ist kein Isotopieeffekt zu erwarten. Angesichts dieser Unstimmigkeiten wurde das Kernorientierungsexperiment an Au^{198} wiederholt. Die Probe bestand aus 2 g Eisen, welches 200 μC Au^{198} und 1,5 μC Co^{60} enthielt. Sie war am unteren Ende von Kupferstreifen angelötet, welche am oberen Ende in eine Probe von 40 g paramagnetischem Salz eingebettet waren. Die Kontaktfläche zwischen den Kupferstreifen und dem Salz betrug 250 cm². Das Salz wurde von 25 kOe bei 1° K auf 0,012° K entmagnetisiert. Zur Polarisation der Kerne diente das von einer supraleitenden Niobiumspule erzeugte Feld von 1,5 kOe. Die Anisotropie der 411 keV γ-Strahlung von Au^{198} und der 1300 keV und 1170 keV γ-Strahlung von Co^{60} wurde gemessen. Da das Zerfallsschema und H_{eff} von Co^{60} bekannt sind, kann aus der Anisotropie seiner Strahlung die Temperatur der Probe bestimmt werden. Die Vorzüge dieser Temperaturmeßmethode werden diskutiert. Aus der Anisotropie der Strahlung von Au^{198} wurde H_{eff} von Au^{198} berechnet: $(1{,}4 \leqq |H_{eff}| \leqq 1{,}8) \cdot 10^6$ Oe. Mögliche Fehlerquellen in den Resultaten der oben aufgeführten Autoren werden besprochen. R. Frauenfelder.

1-884 **Raymond K. Sheline, Torbjørn Sikkeland** and **Richard N. Chanda.** *Experimental observation of a new region of nuclear deformation.* Phys. Rev. Letters **7**, 446–449, *1961*, Nr. 12. (15. Dez.) (Berkeley, Calif., Univ., Lawrence Radiat. Lab.) Eine Analyse der bereits experimentell bekannten Gebiete des Periodischen Systems, in denen deformierte Kerne auftreten, legt es nahe, daß auch für $N \approx Z$, Z zwischen 50 und 82, Kerndeformationen zu erwarten sind. Da die betreffenden Kerne sehr unstabil und noch kaum untersucht sind, wurden durch Ionenbeschuß einige neue La- und Pr-Isotope erzeugt (z. B. nach $In^{115}(O^{16}, 5n)La^{126}$). Um eine mögliche Deformation festzustellen, wurden vor allem die ersten angeregten Niveaus der beim Zerfall entstehenden Tochterkerne untersucht und mit denen anderer, bekannter deformierter Kerne verglichen. Das Ergebnis der Messungen, besonders an den Isotopen Ba^{126}, Ba^{128}, Ba^{130} rechtfertigt die Annahme, daß Kerndeformation vorliegt. F. Münnich.

1-885 **J. S. Blair, D. Sharp** and **L. Wilets.** *Inelastic scattering by deformed nuclei.* Phys. Rev. (2) **125**, 1625—1638, *1962*, Nr. 5. (1. März.) (Seattle, Wash. Univ.) Das „L-cut off"-Modell wird ausgedehnt auf inelastische Streuung mit Monopol- bzw. Quadrupolanregung des deformierten Kernes. Folgende Annahmen werden gemacht: 1. Adiabatische Näherung: Für die Dauer des Streuprozesses werden die Koordinaten $\alpha_{\lambda\mu}$ der Kerndeformation als fest angenommen. 2. Schwarzer Kern: Starke Absorption innerhalb der Kernoberfläche $R(\theta', \varphi') = R_0(1 + \Sigma\alpha_{\lambda\mu} Y_\lambda^\mu(\theta', \varphi'))$, d. h. Absorption aller ankommenden Teilchen mit Drehimpuls $< L_0$, wo $L_0(L_0 + 1) = (kR)^2$. 3. Lineare Deformationsnäherung: Die Streuamplitude $f(\theta)$ wird nur bis zu linearen Gliedern in $\alpha_{\lambda\mu}$ berechnet. Die Näherung (1) erlaubt die Berechnung der inelastischen Streuquerschnitte aus dem $f(\theta)$ für die elastische Streuung, die Näherung (3) wird erreicht durch Entwicklung des in $f(\theta)$ enthaltenen Phasenfaktors $\eta(l - L_0)$ nach l und Abbrechen nach dem zweiten Glied. Für kleine Winkel geht die Streuung formal in die FRAUNHOFERsche Beugung über. Numerische Rechnungen werden mitgeteilt für einen abgerundeten Übergang der Absorption („grauer Rand") mit $\eta(l - L_0) = (1 + \exp(-(l - L_0)/\Delta))^{-1}$. Bei Zunahme von Δ/L werden die höheren Maxima unterdrückt und die Minima ausgefüllt. Vergleiche mit Experimenten fehlen. W. Hering.

1-886 **I. S. Schapiro.** *Zur Dispersionstheorie der direkten Kernreaktionen.* Sh. exp. teor. Fis. **41**, 1616—1627, *1961*, Nr. 5. (Orig. russ.) S. auch Phys. Abh. Sowjetunion N. F. **6**, 442, *1962*, Nr. 4. Vf. nimmt an, der Hauptbeitrag zur Amplitude eines direkten Kernprozesses stamme von den FEYNMANschen Graphen, deren Singularitäten am nächsten am physikalischen Gebiet der Variablen liegen. Mit Hilfe der Dispersionsbeziehung hinsichtlich der Energie ergibt sich eine singuläre Integralgleichung zur Berücksichtigung der Wechselwirkungen im Anfangs- und Endzustand. Diese Gleichung läßt sich exakt lösen und gestattet ein einfaches Iterationsverfahren, wobei die erste Iteration durch die Methode der verzerrten Wellen gegeben wird. Es wird festgestellt, daß außer Polgraphen, die einem BUTLERschen Mechanismus entsprechen, sowie den Reaktionen des Austausch-Abstreifens und schwerer Einfangreaktionen einen wesentlichen Beitrag zum Mechanismus des direkten Prozesses auch kompliziertere Graphen leisten können. Dies wird veranschaulicht an den Reaktionen $^9Be(d, n)^{10}B$, $^9Be(\alpha, t)^{10}B$ und $^{12}C(d, p)^{13}C$. Vom gleichen Standpunkt aus wird der Mechanismus einiger Reaktionen vom Typ (x, y, z) speziell des Herausschlagens zusammengesetzter Teilchen („clusters") aus einem Kern behandelt. Die benutzte Methode ist anschaulich, braucht keine Störungsrechnung und liefert Formeln, deren physikalischer Inhalt durchsichtig ist und die die Amplituden der verschiedenen Reaktionen miteinander verknüpfen. Daraus ergibt sich ein experimentelles Programm zur Prüfung der Grundvoraussetzungen. H. Vogel.

1-887 **G. Andersson-Lindström.** *Durch 14 MeV-Neutronen ausgelöste (n, α)-Reaktionen in Si^{28} und Si^{29}.* Z. Naturf. **17a**, 238—241, *1962*, Nr. 3. (März.) (Hamburg, Phys. Staatsinst., I. Inst. Experimentalphys.) Ein Si-Halbleiterzähler wurde mit Neutronen der Energien 14,1, 14,4 und 14,6 MeV bestrahlt und das im Zähler selbst auftretende α-Spektrum oberhalb 5 MeV registriert; der Protonenuntergrund, herrührend von der Reaktion $^{28}Si(n, p)^{28}Al$, kann klein gehalten werden, wenn die Sperrschicht kleiner als die Reichweite von 5 MeV-Protonen gewählt wird. Von der vorwiegend ausgelösten Reaktion $^{28}Si(n, \alpha)^{25}Mg$ konnten die Übergänge in den Grundzustand und in die vier ersten angeregten Zustände aufgelöst werden; das Spektrum wurde bis zu einer Anregungsenergie im ^{25}Mg von 6 MeV ausgemessen. Ferner konnten von der Reaktion $^{29}Si(n, \alpha)^{26}Mg$ noch die Übergänge in den Grundzustand und den ersten angeregten Zustand beobachtet werden. R. Müller.

1-888 **A. Trier.** *Note on the cross sections for Ti^{47} (n, p) Sc^{47} and Ni^{58} (n, p) Co^{58}.* Z. Naturf. **17a**, 275–277, *1962*, Nr. 3. (März.) (Santiago, Chile, Univ., Inst. Fis. Mat.) Zur Berechnung der Wirkungsquerschnitte für die Reaktionen ^{47}Ti (n, p) ^{47}Sc und ^{58}Ni (n, p) ^{58}Co wird im Gegensatz zu früheren Arbeiten das statistische Modell nur für den Compoundkern verwendet und die (n, p)-Reaktion analog zur inelastischen Streuung von Neutronen in den Grundzustand und eventuell ersten angeregten Zustand behandelt. Es wird eine allgemeine Formel angegeben und diese für die Energien 2, 3, 4 und 5 MeV ausgewertet.
R. Müller.

1-889 **James B. Mead** and **Bernard L. Cohen.** *Low-resolution survey of (d, α) reactions in heavy nuclei.* Phys. Rev. (2) **125**, 947–955, *1962*, Nr. 3. (1. Febr.) (Pittsburgh, Penn., Univ.) Etwa 28 schwere Kerne wurden mit 15 MeV-Deuteronen beschossen. Winkelverteilungen und differentielle Wirkungsquerschnitte wurden für die Winkel 30°, 60°, 90° und 120° bestimmt. Der Nachweis erfolgte durch einen CsJ-Kristall und einen Proportionalzähler in Koinzidenz als (dE/dx) – E Teilchen-Trennsystem. In den Energiespektren treten zwei Maxima auf, die sich mit zunehmender Ordnungszahl gegen höhere Energien verschieben. Der differentielle Wirkungsquerschnitt bei 90° nimmt zwischen Cu und Sn um den Faktor 22 ab, parallel mit einer Abnahme des niederenergetischen Peaks, der bei etwa Z = 50 verschwindet. Für höhere Z bleibt der differentielle Wirkungsquerschnitt annähernd konstant. Energieverteilung und Wirkungsquerschnitt des niederenergetischen Peaks stehen in Einklang mit der statistischen Theorie. Die wesentlichen Züge des hochenergetischen Peaks können durch einen Pick-up-Prozeß erklärt werden, bei dem ein Neutron und ein Proton aus verschiedenen Einzelteilchenniveaus aufgenommen werden. – Tabellen für: Targets und Dicken, differentielle Wirkungsquerschnitte als Funktion des Winkels, Parameter T und a des statistischen Modells, theoretische und experimentelle Wirkungsquerschnitte der Sn-Isotope. Kurven: Energiespektren für verschiedene Winkel. H. Münzer.

1-890 **C. P. Browne, W. E. Dorenbusch** and **J. R. Erskine.** *High-resolution study of the B^{10}(He^3, p) C^{12} reaction.* Phys. Rev. (2) **125**, 992–999, *1962*, Nr. 3. (1. Febr.) (Notre Dame, Ind., Univ.) He^3-Energie zwischen 2,49 und 3,74 MeV. Protonengruppen, die zu Niveaus bis 16,2 MeV führten, wurden mit einem broad-range-Spektrographen analysiert. Bei E_{He^3} = 3,74 MeV wurden Spektren bei 11 Winkeln zwischen 5° und 139° aufgenommen. Niveaus wurden gefunden bei Anregungsenergien von 4,43 (7), 7,655 ± 0,006, 9,645 ± 0,006, 10,849 ± 0,025, 11,841 ± 0,025, 12,713 ± 0,006, 13,29 ± 0,03, 14,083 ± 0,015, 15,108 ± 0,006 und 16,108 ± 0,006 MeV. Die Breiten der Niveaus bei 9,6, 10,8, 11,8, 13,3 und 14,1 MeV sind 35 ± 6, 320 ± 30, 245 ± 30, 430 ± 100 und 252 ± 15 keV. Die Breiten der anderen Niveaus sind kleiner als 15 keV. Bei 9,0, 11,1 oder 15,6 MeV wurden keine Niveaus gefunden. Ein 2 MeV breites Niveau bei 10,1 MeV wäre infolge des Hintergrundes von der Reaktion B^{10} (He^3, pα) Be^8 nicht beobachtbar. – Die Ausbeute für jeden Winkel wurde relativ zur Ausbeute der B^{10} (He^3, d) C^{11}-Reaktion gemessen. Für diese Reaktion wurde eine Winkelverteilung bestimmt. Der differentielle Wirkungsquerschnitt der B^{10} (He^3, p) C^{12}-Reaktion variiert zwischen 0,02 und 0,6 mb für die verschiedenen Niveaus und Winkel. H. Münzer.

1-891 **F. L. Hassler** and **R. A. Peck jr.** *Neutron-induced reactions in third and fourth shell nuclei.* Phys. Rev. (2) **125**, 1011–1016, *1962*, Nr. 3. (1. Febr.) (Providence, R. I., Brown Univ.) Mittels Zählerteleskop und Szintillationsspektrometer wurden Protonenspektren und Winkelverteilungen der (n, p)-Reaktionen mit 14 MeV-Neutronen an Mg, Al, Si, P, S, Ti, Fe, Co, Ni und Zn gemessen. Die Beiträge von direkter Wechselwirkung und (n, d)-Reaktion wurden abgetrennt. Für die Kerntemperaturen (in MeV) ergab sich aus den Spektren: Mg: 1,28 ± 0,07, Al: 1,31 ± 0,08, Si: 1,72 ± 0,07, P: 1,4 ± 0,10, S: 2,13 ± 0,10, Ti: 1,42 ± 0,08, Fe: 1,33 ± 0,08, Co: 1,25 ± 0,09, Ni: 1,22 ± 0,08, Zn: 1,06 ± 0,10. Aus den Winkelverteilungen ergab sich für den Spinverteilungsparameter σ: Mg: > 1,5, Si: ≥ 1,4, P: 0,9–1,3, Ni: ≥ 2,4, Zn: > 1,2. Für die totalen (n, p) Querschnitte (in mb) ergab sich (in Klammer der Anteil der direkten Wechselwirkung in %): Mg: 88 ± 9 (3), Al: 93 ± 10 (45), Si: 160 ± 16 (10), P: 155 ± 16 (24), S: 206 ± 21 (37), Ti: 35 ± 4 (40), Fe: 102 ± 10 (26), Co: 48 ± 5 (39), Ni: 255 ± 26 (13),

Zn: 170 ± 20 (43). Für die totalen (n, np) Querschnitte ergab sich: Al: 17 ± 6, P: 70 ± 14, S: 73 ± 15, Co: ~11, Ni: 240 ± 50. H. Münzer.

1-892 **W. L. Imhof, R. G. Johnson, F. J. Vaughn** and **M. Walt.** *Cross sections for the* $B^{11}(n, \gamma)B^{12}$ *reaction.* Phys. Rev. (2) **125**, 1334–1336, *1962*, Nr. 4. (15. Febr.) (Palo Alto, Calif., Lockheed Missiles Space Co., Res. Labs.) Aktivierungsmethode. Neutronenenergien zwischen 139 und 2325 keV und thermisch. Gepulster 3 MeV-VAN DE GRAAFF, Pulslänge 100 msec, Pulsabstand 100 msec. Während des Intervalls zwischen den Pulsen wurde die 20 msec β-Aktivität des B^{12} gemessen. Resonanzenergien (in keV), in Klammer die Strahlungsbreiten der Niveaus (in eV): 430 (0,3), 1030 (0,3), 1280 (0,2) und 1780 (0,9). Der Fehler der Breiten beträgt etwa 50%. Da die Resonanz bei 1030 keV keinem bekannten Niveau von B^{12} entspricht, wurde der totale Wirkungsquerschnitt zwischen 950 und 1350 keV mit einer Auflösung von 4 keV gemessen. Bei 1027 keV liegt eine s-wave-Resonanz, die einem B^{12}-Niveau bei 4,31 MeV entspricht. Dieses hat höchstwahrscheinlich Spin und Parität 1^- und eine Breite von 10 ± 4 keV. — Der Wirkungsquerschnitt für thermische Neutronen beträgt 5 ± 3 mb. H. Münzer.

1-893 **Lynn B. Brown** and **H. B. Knowles.** *Alpha particles from* Be^9 *and* C^{12} *by 25-Mev alpha-particle bombardment.* Phys. Rev. (2) **125**, 1339–1349, *1962*, Nr. 4. (15. Febr.) (Livermore, Calif. Univ., Lawrence Radiat. Lab.) Die Spektren im Schwerpunktssystem für beide Kerne weisen darauf hin, daß die 4-Körper-Reaktionen $Be^9(\alpha; 3\,\alpha, n)$ und $C^{12}(\alpha; 4\,\alpha)$ stark überwiegen gegenüber den 3-Körper-Reaktionen $Be^9(\alpha; \alpha, n)Be^8$ und $C^{12}(\alpha; 2\,\alpha)Be^8$. Verschiedene unelastische Niveaus beider Kerne scheinen auf und die Rückstoß-Zerfall α-Teilchen vom 9,61 MeV-Niveau von C^{12*} sind sichtbar. Das FERMI-statistische Modell wird verwendet um zu zeigen, daß die Vielkörperreaktionen ein vernünftiges Maß für die Anteile der 2- und 3-Clusterkonfigurationen der Grundzustände der beiden Kerne sind, und daß die 3-Clusterkonfiguration überwiegt. H. Münzer.

1-894 **L. Colli, U. Facchini, I. Iori, G. M. Marcazzan, M. Milazzo** and **F. Tonolini.** *Fluctuations in the cross section of* $Si^{28}(n, \alpha)Mg^{25}$ *reaction with fast neutrons.* Phys. Letters **1**, 120–123, *1962*, Nr. 4. (15. Mai.) (Milano, Lab. CISE.) Das Spektrum der Reaktion $Si^{28}(n, \alpha)Mg^{25}$ wurde untersucht, wobei die Energie der einfallenden Neutronen von 12,5 bis 18,5 MeV in Abständen zu 500 keV variiert wurde. Die Wirkungsquerschnitte der ersten sechs Maxima des Mg^{25}-Spektrums in Abhängigkeit von der Neutronenenergie zeigten Schwankungen, deren Gestalt im Intervall 13,5 bis 14,7 MeV mit 100 keV-Abständen näher bestimmt wurde. Diese Schwankungen wurden mit den theoretischen Vorhersagen verglichen. Während die Annahmen von WILDERMUTH von Riesenresonanzen der Alphateilchen nach dem Cluster-Modell nicht dem Experiment entsprechen, scheint dies bei den Annahmen von ERICSON nach dem Modell der Kernverdampfung eher der Fall zu sein. P. Skarek.

1-895 **E. Weigold** and **R. N. Glover.** *Some activation measurements and a comparison with theoretical (n, 2n) cross sections and isomeric cross section ratios.* Nuclear Phys. **32**, 106–113, *1962*, Nr. 1. (Apr.) (Canberra, Univ., Dep. Nucl. Phys.) Vff. bestimmten experimentell die Querschnitte der Reaktionen $Co^{59}(n, 2n)$, $Zn^{64}(n, 2n)$ und $Zn^{64}(n, p)$ im Energiebereich 13,8–14,8 MeV. Bei 14,7 ± 0,3 MeV wurden für die Reaktion $S^{32}(n, t)$ ein Querschnitt von 20 ± 5 μb sowie für die Reaktion $Ca^{49}(n, t)$ eine obere Grenze von 0,1 mb gemessen. Das isomere Co^{58}-Querschnittsverhältnis für die (n, 2n)-Reaktion sowie die Verhältnisse für andere Co^{58} liefernde Reaktionen sind mit der Theorie verträglich, wenn man für den Parameter σ, der die Abhängigkeit der Kernniveaudichte vom Drehimpuls kennzeichnet, einen Wert von ca. 4 annimmt. Unter Verwendung der aus Spektrummessungen abgeleiteten Kerntemperaturen werden die (n, 2 n)-Querschnitte nach der Formel von WEISSKOPF-EWING (Ber. **21**, 1736, *1940*) berechnet; die Ergebnisse stimmen gut mit dem Experiment überein, wenn die der Theorie zugrundeliegende Annahme (daß das zweite emittierte Teilchen stets ein Neutron ist) erfüllt ist. Es wird ferner ein einfaches Kriterium zur Identifizierung jener Fälle abgeleitet, in welchen diese Annahme ungültig ist. D. Jörchel.

1-896 **D. C. Stupegia, R. R. Heinrich** and **G. H. McCloud.** *Neutron capture cross sections of* ^{236}U. Reactor Sci. Technol. **15**, 200–203, *1961*, Nr. 4. (Dez.) (Argonne, Ill., Nat. Lab.)

Proben von U^{236} wurden mit monoenergetischen Neutronen im Energiebereich von 0,30 bis 1,7 MeV bestrahlt. Aus der gemessenen Aktivität des entstehenden U^{237} wurde der Neutroneneinfangquerschnitt von U^{236} als Funktion der Neutronenenergie ermittelt. Die Ergebnisse stimmen mit denen anderer Autoren überein. Der Einfangquerschnitt zeigt einen anomalen Anstieg bei 1 MeV, wie er auch von U^{238} und Th^{232} bekannt ist.

A. G. Weber.

1-897 **M. Lefort, G. N. Simonoff** et **X. Tarrago.** *Comparaison des sections efficaces des réactions (p, n) et (p, pn) induites sur le thorium par des protons de 30 à 150 MeV.* J. Phys. Radium **23**, 123, *1962*, Nr. 2. (Febr.) (Orsay, Seine-et-Oise, Fac. Sci., Lab. Joliot-Curie Phys. Nucl.) Bei der Beschießung von Thorium mit Protonen der Energien 30 bis 150 MeV wurde ein wesentliches Mißverhältnis zwischen den Wirkungsquerschnitten der Reaktionen ^{232}Th(p, pn)^{231}Th und ^{232}Th(p, n)^{232}Pa festgestellt. Der Umsatz zu ^{231}Th wurde durch seine β^--Zerfälle, der zu ^{232}Pa (β^-, $T_{1/2} = 1{,}31$ Tg.) durch die α-Strahlung des Nachfolgeprodukts ^{232}U ($T_{1/2} = 74$ J.) bestimmt. Die Wirkungsquerschnitte für die (p, pn)-Reaktionen wurden bei 40, 82 und 150 MeV unter der Annahme folgender möglicher Mechanismen bestimmt: a) direkte Wechselwirkung des einfallenden Protons mit einem Neutron und Emission beider, b) bei der Durchquerung des Kerns hinterläßt das einfallende Proton genügend Anregungsenergie für die Verdampfung eines Neutrons. Die danach berechneten Werte sind jedoch 6- bis 10mal geringer als die gemessenen. Bei der (p, n)-Reaktion ist der Übergang vom Proton zum Neutron nur durch direkten Stoß möglich; hier ist die Übereinstimmung zwischen berechneten und gemessenen Werten sehr gut. — Ähnliche Differenzen wurden auch bei (p, pn)-Reaktionen anderer Kerne festgestellt. Der Unterschied ist um so größer, je größer die Kernladungszahl ist.

S. Neue.

1-898 **A. Rytz, H. Winkler, F. Zamboni** und **W. Zych.** *Absolutbestimmung des Schwellenwertes der Reaktion $F^{19}(p, n)Ne^{19}$ bei 4,2 MeV.* Helv. phys. acta **34**, 819–822, *1961*, Nr. 8. (Zürich, Univ., Phys. Inst.) Zur Absolutbestimmung des Schwellenwertes der Reaktion F^{19}(p, n)Ne^{19} wurde die genaue Energie der einfallenden Protonen durch Ablenkung um 180° im homogenen Magnetfeld gemessen. Die Protonenbahn wurde durch Spaltblenden bei 0°, 90° und 180° festgelegt. Die Magnetfeldmessung erfolgte mit Hilfe der Kernresonanzmethode. Die so erzeugten streng monochromatischen Protonen wurden auf ein 50 keV dickes Target aus AlF_3 geschossen, das auf Gold aufgedampft war. Zum Nachweis der Neutronen diente ein Borplastikszintillator, vor dem sich als Moderator eine Plexiglasscheibe befand. Als Schwellenenergie ergab sich $E_s = 4234{,}7 \pm 1{,}0$ keV, in befriedigender Übereinstimmung mit Meßwerten verschiedener anderer Autoren. — Ferner wurde gezeigt, daß sich der Schwellenwert der Reaktion F^{19}(p, n)Ne^{19} gut zur Energieeichung des VAN-DE-GRAAFF-Generators eignet.

T. Zimmerli.

1-899 **S. Urech, E. Jeannet** et **J. Rossel.** *Les réactions (n, p) et (n, α) de Ca^{40} avec des neutrons de 6 MeV.* Helv. phys. acta **34**, 954–959, *1961*, Nr. 8. (Neuchâtel, Univ., Inst. Phys.) $CaSi_2$ als Targetmaterial wurde in die Emulsion einer Photoplatte eingelagert, die dann mit 6 MeV-Neutronen bestrahlt wurde. Die entstandenen Spuren wurden in bezug auf Länge, Richtung und Teilchenart (p oder α) untersucht. Die Winkelverteilungen ergaben kein typisches Merkmal für eine direkte Reaktion, woraus geschlossen wurde, daß sich die Reaktionen durch das statistische Modell beschreiben lassen. Für die totalen Wirkungsquerschnitte ergaben sich folgende Werte: $\sigma(n, p) = 520 \pm 50$ mb; $\sigma(n, \alpha) = 430 \pm 100$ mb. Es wurde noch versucht, mit verschiedenen analytischen Ausdrücken für die Niveaudichte das gemessene Energiespektrum der Protonen zu erklären; es ergab sich jedoch keine befriedigende Lösung. (Die beste Näherung liefert die Niveaudichte $\rho \sim \exp \beta (E_0 - E)^2$, was jedoch thermodynamisch widersinnig ist: $C_v < 0$!).

T. Zimmerli.

1-900 **A. Rytz, H. H. Staub** and **H. Winkler.** *Absolute precision determination of several resonance and threshold energies and the α-particle energy of Po^{210}.* Helv. phys. acta **34**, 960–976, *1961*, Nr. 8. (Zürich, Univ., Phys. Inst.) Präzisionsmessungen der Energien der T(p, n)- und ^{7}Li(p, n)-Schwelle sowie der ^{210}Po–α-Teilchen wurden mit Hilfe eines magnetischen 180°-Spektrometer durchgeführt. Das Spektrometer hatte einen Bahndurchmesser von 1 m und Spaltblenden von 0,04, 0,08 und 0,15 mm. Das Magnetfeld wurde mit einer magnetischen Kernresonanz-Sonde Punkt für Punkt ausgemessen und mit Tonbändern homogen gemacht. Mit einer zweiten Kernresonanz-Sonde wurde das Feld auf besser als $\pm 5 \cdot 10^{-6}$ stabilisiert. Die Regelung des 5,5 MV VAN-DE-GRAAFF-Generators geschah von dem ca. 0,4 mm breiten Mittelspalt her. Die an dicken Targets gemessenen Schwellenwerte betragen (1019,35 $\pm$ 0,20) keV für Tritium und (1880,48 $\pm$ 0,25) keV für Lithium. Die ^{210}Po-α-Energie ergab sich zu (5304,93 $\pm$ 0,60) keV.

P. Seyfried.

1-901 **B. N. Belyaev, A. V. Kalyamin** and **A. N. Murin.** *Experimental and calculated cross sections for the $Bi^{209}(p, xn)Po$ reaction with 135 Mev protons.* Soviet Phys.-Doklady **6**, 784–785, *1962*, Nr. 9. (März). (Engl. Übers. aus: Doklady Akad. Nauk SSSR **140**, 337–339, *1961*, Nr. 2.) Die Wirkungsquerschnitte für die Bi^{209}(p, xn) Po-Reaktionen mit 135 MeV-Protonen wurden für die verschiedenen entstehenden Po-Isotope zwischen A = 200 und A = 209 mit Hilfe einer α-Ionisationskammer und eines 4 π-Szintillationszählers gemessen. Außerdem wurden diese Wirkungsquerschnitte unter Benutzung des Kaskaden-Verdampfungsmodells berechnet. Als Kernradiusparameter ($R = r_0 \cdot A^{1/3}$) wurde $r_0 = 1{,}45 \cdot 10^{-13}$ cm benutzt. Die Kernniveaudichte wurde mit Hilfe des FERMI-Gas-Modells bestimmt und hat die Form $\rho = C \cdot \exp 2\,[a\,(E - \delta)]^{1/2}$. Es wurde $a = A/10$ gewählt. Die sehr gute Übereinstimmung von experimentellen und theoretischen Ergebnissen läßt den Schluß zu, daß sich das Kaskaden-Verdampfungsmodell gut zur Berechnung von Kernreaktionsquerschnitten eignet. T. Zimmerli.

1-902 **R. L. Hahn** and **J. M. Miller.** *Reactions of alpha particles with tin-124.* Berichtigung. Phys. Rev. (2) **125**, 2208, *1962*, Nr. 6. (15. März.) S. Ber. **41**, Nr. 9–762, *1962*.

E. Bretnütz.

1-903 **W. Greiner** und **H. Marschall.** *Eine Abschätzung des von einem nichtkugelsymmetrischen Mesonenzustand hervorgerufenen Beitrags zur Kernpolarisation bei Mesonenatomen.* Z. Phys. **165**, 171–175, *1961*, Nr. 2. (6. Nov.) (Freiburg/Br., Univ., Lehrst. theor. Kernphys.) Ein sich in einem nichtkugelsymmetrischen Zustand befindliches Meson eines Mesonenatomes bewirkt nicht nur eine Entmischung der Kernflüssigkeiten (Neutronen-Protonen), sondern auch eine Deformation der Kernoberfläche. Die Kernpolarisation erhält so einen Anteil, welcher durch ein im Kern induziertes Quadrupolmoment bedingt ist. Dieser wird hier abgeschätzt. Für den bei Abwesenheit des Mesons kugelsymmetrischen Pb-Kern erhält man eine Energieverschiebung des 1 p-Terms um rund 4 keV. W. Greiner.

1-904 **D.-M. Harmsen** und **K. Holm.** *Messung der longitudinalen Polarisation von Betastrahlen aus $RaE(Bi^{210})$ und Sb^{124} mit Hilfe der Møller-Streuung.* Z. Phys. **166**, 227–242, *1962*, Nr. 2. (5. Jan.) (Hamburg, Univ., II. Inst. Experimentalphys.) Elektronen vom 1,17 MeV β-Übergang des RaE und vom 2,31 MeV β-Übergang des Sb^{124} wurden in einer 3,3 μ dicken und 30×55 mm^2 großen magnetisierten Deltamaxfolie an ausgerichteten Elektronen gestreut. Ein Linsenspektrometer ermöglichte die Impulsselektion der Elektronen und verhinderte das Entstehen von Störkoinzidenzen, die durch γ-Strahlen erzeugt werden. Die Streufolie wurde mit einer HELMHOLTZ-Spule längs ihrer Fläche magnetisiert, ihre Hysteresis mit einer Induktionsspule und einem Stoßgalvanometer gemessen. Die gestreuten und die streuenden Targetelektronen wurden in Koinzidenz beobachtet. Aus der relativen Änderung der Koinzidenzzählrate bei Umkehrung der Magnetisierung wurde die Polarisation P der einfallenden Elektronen berechnet. Die vollautomatische Meßapparatur bestand aus 8 mm dicken NE 120-Szintillatoren, Plexiglaslichtleitern, RCA 6810 A Photomultipliern und einer gewöhnlichen Schnell-Langsam-Koinzidenz. Die Berechnung der Empfindlichkeit des Polarisationsnachweises und der Depolarisationskorrekturen ist in der Arbeit genau beschrieben. Die Rechnungen wurden auf einer IBM 650 ausgeführt. Das Ergebnis für RaE: P = – (0,77 $\pm$ 0,09) v/c stimmt mit dem anderer Autoren überein, die aber fast alle die MOTT-Streuung benutzten. Das bisher noch nicht gemessene Sb^{124} ergab: P = – (1,006 $\pm$ 0,008) v/c und ist mit der modifizierten B_{ij}-Approximation nach KOTANI verträglich. P. Skarek.

1-905 **R. G. Allas** and **F. B. Shull.** *Polarization of protons in $C^{12}(d, p)C^{13}$.* Phys. Rev. (2) **125**, 941, *1962*, Nr. 3. (1. Febr.) (Saint Louis, Miss., Washington Univ.) Auf Grund einer theoretischen Überlegung von NEWNS und REFAI (Ber. **38**, 1087, *1959*) sollte die Polarisation der Protonen von Stripping-Reaktionen ihr Vorzeichen bei demselben Winkel ändern wie das Vorzeichen der (theoretischen) Stripping-Amplitude. Zur Prüfung dieser Überlegung maßen Vff. die Polarisation der Protonen der $C^{12}(d, p)C^{13}$-Grundzustand-Reaktion für Winkel von $\theta = 42,5°$ (Laborsystem) bis $\theta = 76,0°$. Das angewandte experimentelle Verfahren war im wesentlichen dasselbe wie in den vorangehenden Untersuchungen der Vff. (Ber. **40**, Nr. 6–879, *1961*), es wurden lediglich die weniger γ-empfindlichen Ilford E–2-Kernemulsionsplatten anstelle der verwendeten Ilford C–2-Platten benutzt. Die Energie der auf das Kohlenstoff-Target auffallenden Deuteronen betrug 10 MeV. Die neuen gemessenen Werte der Polarisation der Protonen lauteten wie folgt: (Winkel im Laborsystem): $(-42,4 \pm 11,0)\%$ bei 42,5°, $(-35,4 \pm 10,5)\%$ bei 46,0°, $(-51,5 \pm 14,9)\%$ bei 52,0°, $(-22,5 \pm 6,5)\%$ bei 61,5°, $(-20,0 \pm 6,7)\%$ bei 64,5°, $(-6,0 \pm 4,7)\%$ bei 70,0° und $(\pm 35,0 \pm 4,7)$ bei 76,0° (die Quantisierungsrichtung entsprach der Basler Konvention $\vec{n} = [\vec{k}_d \cdot \vec{k}_p]$). Gemäß der Argumente von NEWNS und REFAI sollte der Vorzeichenwechsel der Polarisation bei etwa 60° (Laborsystem) auftreten, was nicht in Einklang mit den hier mitgeteilten Meßergebnissen steht. H. Kleinpoppen.

1–906 **J. Kantele** and **R. W. Fink.** *An integral-bias summing spectrometer for gamma-gamma coincidence and angular correlation studies.* Nuclear Instrum. **15**, 69–73, *1962*, Nr. 1. (Febr.) (Fayetteville, Arkans., Univ., Dep. Chem.) Es wird ein neuer Typ des Szintillations-Koinzidenz-Spektrometers beschrieben. Die Impulse von zwei Szintillationsereignissen, die gleichzeitig in zwei NaJ-Kristallen ablaufen, werden in einer Addierstufe addiert, um eine Summeninformation der Energie zweier in Kaskade emittierter γ-Quanten zu geben. Die Ausgangsimpulse der beidseitigen Integraldiskriminatoren werden in Koinzidenz oder Antikoinzidenz mit dem Summenimpuls dazu verwandt, um gewünschte Ereignisse zu erfassen. — Dieses Summenspektrometer hat einen größeren Wirkungsgrad und eine bessere Energieauflösung als ein einfaches Koinzidenzspektrometer, das durch Einfügen einer Addierstufe zu einem solchen Summenspektrometer umgebaut werden kann. Da nur integral diskriminiert wird, ist diese Ausführung unempfindlich gegenüber kleineren Schwankungen der Elektronik. Letzteres macht diese Anordnung besonders zur Messung von Winkelkorrelationen geeignet. In speziellen Fällen ist es sogar möglich, gleichzeitig mehrere Korrelationen zu messen. Weiterhin bietet sich die Möglichkeit, eine bekannte γ-Kaskade als internen Monitor zu benutzen, der dann Fehler geometrischer und auch anderer Art verringert. V. Jung.

1–907 **B. Gobbi** und **R. E. Pixley.** *$(p'-\gamma)$-Winkelkorrelationsmessungen an Fe^{56}.* Helv. phys. acta **34**, 802–803, *1961*, Nr. 8. (Zürich, E. T. H., Lab. Kernphys.) Es wird über Messungen der $p-p'-\gamma$-Winkelkorrelation bei der inelastischen Streuung von 4,3 MeV-Protonen an Fe^{56} berichtet. Die Asymmetrie der Kurven bezüglich der Rückstoßrichtung des Targetkerns spricht eindeutig gegen das Vorliegen einer direkten Anregung. Dagegen zeigen die Meßwerte gute Übereinstimmung mit Berechnungen von SHELDON auf der Grundlage des Zwischenkernmechanismus. T. Zimmerli.

1–908 **Eric Sheldon.** *Angular correlation with statistical reaction theory.* Helv. phys. acta **34**, 803–812, *1961*, Nr. 8. (Zürich, E. T. H., Lab. Kernphys.) Bei der Berechnung von Winkelkorrelationen benutzt man bei Energien über 15 MeV den Mechanismus der direkten Wechselwirkung, während bei niedrigeren Energien die Reaktion am besten durch die Bildung eines Zwischenkerns beschrieben wird. Berechnungen auf Grund dieser beiden Mechanismen führen zu stark unterschiedlichen Ergebnissen, so daß durch Messung der Korrelationsfunktion im allgemeinen klar entschieden werden kann, welcher Mechanismus für die Reaktion verantwortlich ist. In der vorliegenden Arbeit wurden die $p-p'-\gamma$- und die $n-n'-\gamma$-Winkelkorrelationen für die inelastische Proton- und Neutron-Streuung an Fe^{56} bei $E_p = 4,22$ MeV und $E_n = 2,00$ MeV berechnet. Dabei wurde die Korrelationstheorie für Zwischenkernreaktionen von SATCHLER benutzt. Es wurde eine statistische Verteilung der Phasen der Wellenfunktionen der einzelnen Zwischenkernniveaus zugrunde gelegt, was bei einer genügenden Energiebreite der einfallenden Partikel gerechtfertigt erscheint. Außerdem wurde für einen festen Winkel zwischen p und p′ bzw. n und n′ die Polarisation der γ-Quanten in Abhängigkeit vom γ-Streuwinkel berechnet. T. Zimmerli.

1-909 **J. Catalá, J. Aguilar, A. Garcia, G. Pardo** y **A. Lleó.** *Interacciones de partículas He^3 de 29 MeV sobre acetileno. I. Difusión elástica $He^3 + C^{12}$.* An. Soc. esp. Fis. Quim. (A) **57**, 249–252, *1961*, Nr. 9/10. (Sept./Okt.) (Valencia, Fac. Ci., Centr. Fis. Corpusc.; Murcia, Univ., Fac. Ci.) In Fortsetzung von Arbeiten von Aguilar et al. (Ber. **40**, Nr. 2–876, *1961*) und von Catala et al. (An. Soc. esp. Fis. Quim. (A) **56**, 301, *1960*) wird der differentielle Wirkungsquerschnitt für elastische Streuung von 29 MeV He^3-Partikeln durch C^{12} gemessen. In Analogie zur Fraunhoferschen Beugung an einer undurchsichtigen Scheibe wird der Wechselwirkungsradius zu $R = 5{,}35 \pm 0{,}24$ fermi berechnet. B. Bein.

1-910 **P. Huber, Z. Lewandowski, R. Plattner, C. Poppelbaum** und **R. Wagner.** *Inelastische Streuung von 14,7 MeV Neutronen an ^{238}U.* Helv. phys. acta **34**, 815–818, *1961*, Nr. 8. (Basel, Univ., Phys. Anst.) Um den Verlauf der Kerntemperatur in der Umgebung der magischen Neutronenzahl 126 zu untersuchen, wurde das Spektrum der an U^{238} inelastisch gestreuten Neutronen mit Hilfe der Flugzeitmethode gemessen. Dieses Spektrum setzt sich zusammen aus dem Anteil der Spaltungsneutronen aus den Fissionsfragmenten und dem sogenannten „Verdampfungsspektrum". Der Anteil der Spaltungsneutronen wurde nach einer Theorie von Terrel berechnet und von dem gemessenen Spektrum abgezogen. Aus der Differenz ergab sich dann eine Kerntemperatur von $T = 0{,}36 \pm 0{,}02$ MeV. Sie ist um etwa einen Faktor 3 kleiner als die entsprechenden Werte für Pb^{208} und Bi^{209}, was auf einen ausgeprägten Einfluß der magischen Neutronenzahl 126 hinweist. T. Zimmerli.

1-911 **A. M. Smith** and **F. E. Steigert.** *Elastic scattering in the N–N, C–N and C–C systems.* Phys. Rev. (2) **125**, 988–991, *1962*, Nr. 3. (1. Febr.) (New Haven, Connect. Yale Univ., Sloane Phys. Lab.) Die differentiellen Wirkungsquerschnitte wurden mit einer relativen Genauigkeit von 5% und einer absoluten Genauigkeit von 15% gemessen. Targets: handelsüblicher Stickstoff und Methan, 50 Torr für N–N und N–C, 100 Torr für C–C. CsJ-Kristall als Strahlmonitor. Es wurden Strahlenenergien von 10 MeV/amu verwendet, der untersuchte Winkelbereich war 4° bis 24° im Schwerpunktssystem. Die Verwendung von Festkörperdetektoren ergab eine Energieauflösung von etwa 1,5%. Nach dem einfachen Beugungsmodell und dem sharp-cutoff-Modell berechnete Wirkungsquerschnittskurven wurden den experimentellen Ergebnissen angepaßt und ergaben für die drei Reaktionen Wechselwirkungsradien (in Fermi) von: N–C: $6{,}44 \pm 0{,}17$ bzw. 7,00, N–N: $6{,}68 \pm 0{,}15$ bzw. 7,20, C–C: $6{,}23 \pm 0{,}16$ bzw. 6,59. H. Münzer.

1-912 **K. V. K. Iyengar** and **R. A. Peck jr.** *Elastic scattering of polarized 2,8-MeV neutrons.* Phys. Rev. (2) **125**, 1000–1002, *1962*, Nr. 3. (1. Febr.) (Providence, R. I., Brown Univ., Dep. Phys.) Polarisierte Neutronen wurden an C, Mg, Al, Ni und Cu unter 90° (lab) gestreut und mit Plastikszintillatoren die R/L-Asymmetrie gemessen. Die Neutronen stammten aus D(d, n) bei 49° und $E_d = 175$ keV, wobei den Neutronen $P = (-6 \pm 2{,}5)\%$ zugeschrieben wurde. Die Neutronenenergie war über 2,50 – 2,82 MeV verteilt. Die erhaltenen Polarisationen sind für C: $(80 \pm 17)\%$, Mg: 100%, Al: $(63 \pm 25)\%$, Ni: $(53 \pm 23)\%$, Cu: $(38 \pm 15)\%$. W. Hering.

1-913 **R. J. Slobodrian.** *Elastic and inelastic scattering of 28 MeV deuterons.* Phys. Rev. (2) **125**, 1003–1010, *1962*, Nr. 3. (1. Febr.) (Buenos Aires, Com. Nac. En. Atom., Phys. Dep., Synchrocyclotron Lab.) Es wurden Targets aus natürlichem Li, Polyäthylen und Al beschossen. Teilchennachweis durch NaJ- und CsJ-Kristalle und Einkanalanalysator. Es wurden die Winkelverteilungen für folgende Prozesse gemessen: Li(d, d)Li, $Li^7(d, d')Li^{7*}$ – 4,61 MeV, $C^{12}(d, d)C^{12}$, $C^{12}(d, d')C^{12*}$ – 4,43 MeV, $Al^{27}(d, d)Al^{27}$, $Al^{27}(d, d')Al^{27*}$ – 2,21 MeV und $H^1(d, p)H^2$. Die $Li^7(d, d')Li^{7*}$ – 4,61 MeV-Winkelverteilung entspricht einer Überlagerung von Kurven mit $l = 0$, Wechselwirkungsradius $a = 3{,}4$ f und $l = 2$, $a = 3{,}9$ f. Dies führt zu ungerader Parität für dieses Niveau. Für die Winkelverteilung für $C^{12}(d, d')C^{12*}$ – 4,43 MeV ergibt sich eine Überlagerung mit $l = 0$, $a = 4{,}1$ f und $l = 2$, $a = 4{,}6$ f, keine Paritätsänderung. Für die

Winkelverteilung von $Al^{27}(d, d')Al^{27*}$ — 2,21 MeV ergibt sich l = 1, a = 5,1 f, ungerade Parität. Die inelastischen Streukurven weisen auf einen totalen Spinflip der Deuteronen hin. Die Winkelverteilungen der elastischen Streuung zeigen das übliche Beugungsbild, mittels eines optischen Analogons erhält man mittlere Wechselwirkungsradien von 4,1 f (Li), 7,0 f (C) und 7,3 f (Al). Die Winkelverteilung für $H^1(d, p)H^2$ verträgt sich gut mit Ergebnissen bei benachbarten Energien und stimmt mit der unter Annahme einer SERBER-Kraft berechneten Kurve gut überein. H. Münzer.

1-914 **Thomas F. O'Malley, Leonard Rosenberg** and **Larry Spruch.** *Low-energy scattering of a charged particle by a neutral polarizable system.* Phys. Rev. (2) **125**, 1300—1310, *1962*, Nr. 4. (15. Febr.) (New York, Univ., Phys. Dep.) Bei der Streuung eines Teilchens (oder eines Systems) der Ladung Ze an einem neutralen System mit einer elektrischen Polarisierbarkeit α wird ein elektrisches Dipolmoment induziert, das ein effektives Potential mit einem asymptotischen Verhalten erzeugt. Dank dieser Wechselwirkung großer Reichweite ist die effektive Reichweite-Theorie in ihrer normalen Form nicht anwendbar. Folglich enthält zum Beispiel bei der Streuung eines Partikels mit einem einfallenden Bahndrehimpuls 0 die Entwicklung der in der Reichweite-Theorie entscheidenden Größe k cotg η (0) neben dem üblichen Term k^2 auch die Terme k und k^2lu k. Neben der normalen effektiven Reichweite r_0 kann eine Größe r_{p0} definiert werden, die explizit dem großen Reichweite-Charakter des effektiven Potentials Rechnung trägt. Für den Drehimpuls L > 0 nähert sich k^2 cotg η (L) rasch einer Konstanten, so wie sich k der Null schneller als k^{eL+1} cotg η (L) für ein kurzreichweitiges Potential nähert. Diese Resultate sollen ernste Konsequenzen für die Streuung der Elektronen und Positronen an neutralen kugelsymmetrischen Atomen haben. Einige detaillierte Betrachtungen über die Streuung an Wasserstoffatomen sind angefügt. Die Formulierung der effektiven Reichweite-Theorie, die dargestellt wurde, ist gültig, wenn eine PAULIsche Austausch-Wechselwirkung zwischen zwei kollidierenden Systemen möglich ist. H. Kleinpoppen.

1-915 **Eugene V. Ivash.** *Conversion-electron angular correlations for stripping reactions.* Phys. Rev. (2) **125**, 1337—1339, *1962*, Nr. 4. (15. Febr.) (Austin, Tex. Univ., Dep. Phys.) Die Winkelkorrelationsfunktion zwischen einem auslaufenden Proton bzw. Neutron bei einer Stripping-Reaktion und einem Konversionselektron [(d, p; e) und (d, n; e)] wird theoretisch abgeleitet; sie ist analog zur Korrelationsfunktion für (d, p; γ) bzw. (d, n; γ) mit dem zu erwartenden Unterschied, daß die üblichen Teilchenparameter b_ν(L L'; e) auftreten. Abschließend wird auf die Vorteile hingewiesen, die die Messung der Konversionselektronenkorrelation bei der Untersuchung von Stripping-Reaktionen an schweren Kernen bietet. F. Münnich.

1-916 **W. G. Sucharewski** und **I. B. Teplow.** *Berücksichtigung der Coulomb- und Kernwechselwirkungen bei Deuteron-Abstreifreaktionen.* Sh. exp. teor. Fis. **41**, 1842—1844, *1961*, Nr. 6. (Orig. russ.) Der Absolutwert des Querschnittes von Abstreifreaktionen vom Typ (d, p) und (d, n) ist wesentlich empfindlicher gegen COULOMB- und Kernwechselwirkungen der beteiligten Teilchen als deren Winkelverteilung. Um den Einfluß dieser Wechselwirkungen zu bestimmen, berechneten Vff. den differentiellen Abstreifquerschnitt mit verzerrten Deuteron- und Protonwellen für die Reaktion ^{30}Si (d, p)^{31}Si. Die Wechselwirkungen im Anfang- und Endzustand wurden nach einer Formel von TOBOCMAN und KALOS (Ber. **35**, 53, *1956*) berechnet, die Werte für die radialen COULOMB-Funktionen aus den von der Rechenmaschine „Strela" entnommen. Es wurden die Fälle mit einem Endkern im Grundzustand (l_n = 2, Q = 4,36 MeV) und im ersten Anregungszustand (l_n = 0, Q = 3,61 MeV) für Primärdeuteronen mit 4,25 MeV untersucht. Es zeigt sich, daß weder die COULOMB-Wechselwirkung noch die Kernwechselwirkung (Streuung der Protonen an einer starren Kugel vom Radius $5{,}5 \cdot 10^{-13}$ cm, der Deuteronen an einer starren Kugel vom Radius $6{,}5 \cdot 10^{-13}$ cm) die Ergebnisse (Querschnittsverhältnis und Maxima der Winkelverteilungen) wesentlich ändert: Die Winkelverteilung stimmt immer noch annähernd mit den Ergebnissen von BUTLER (R = 6,5 $\cdot 10^{-13}$) überein. H. Vogel.

1-917 **L. J. B. Goldfarb** and **R. C. Johnson.** *Angular distributions and polarization in stripping processes and in direct reactions.* Berichtigung. Nuclear Phys. **32**, 695, *1962*, Nr. 4. (Mai.) S. Ber. **40**, Nr. 10–865, *1961*. D. Jörchel.

1-918 **R. Münze** und **O. Hladik.** *Radiochemische Untersuchungen zur Mehrfachspaltung des Urans. I. Nachweis schneller α-Teilchen durch die Kernreaktion $^{54}Fe(\alpha, n)^{57}Ni$.* Kernenergie **5**, 158–165, *1962*, Nr. 3. (März.) (Rossendorf b. Dresden, Zentralinst. Kernphys., Radiochem.) Um die schnellen Alpha-Teilchen auf anderen Wegen als bisher (Kernplatte, Ionisationskammer) nachzuweisen, wurde eine Eisen–Nickel–Uran-Legierung 104 h im Reaktor bestrahlt und die Ni-Aktivität radiochemisch isoliert. Auf Grund des Beta- und Gamma-Spektrums enthielt sie im wesentlichen ^{57}Ni, ca. 5% ^{56}Ni aus der ^{54}Fe (α, 2n)-Reaktion sowie ^{66}Ni. Der ^{57}Ni-Anteil aus der ^{58}Ni (n, 2n)-Reaktion infolge der Ni-Verunreinigung des Targets betrug weniger als 3%. Die Häufigkeit einer Spaltung mit Alpha-Emission zur binären Spaltung wurde zu $1/(625 \pm 250)$ bestimmt, was mit einem Kernplattenwert von $1/(325 \pm 100)$ befriedigend übereinstimmt. Weitere Untersuchungen mit anderen Nachweisreaktionen und zum Nachweis leichter Teilchen (Tritonen) sind im Gange. K. H. Oertel.

1-919 **N. O. Lassen.** *Angular distribution of carbon nuclei from α-induced fission of neon 20.* Phys. Letters **1**, 65–66, *1962*, Nr. 2. (15. Apr.) (Copenhagen, Univ., Inst. Theor. Phys.) Die Winkelverteilung der Kohlenstoffkerne bei der Reaktion $Ne^{20} + He^4 \rightarrow C^{12} + C^{12}$ wurde mit Hilfe einer leicht modifizierten, mit Ne gefüllten Ionisationskammer gemessen. Die α-Energie betrug 19,5 MeV. Die C. M. Winkelverteilung der sich im Grundzustand befindenden C^{12} zeigt auffallende Ähnlichkeit mit einer $P_8^2(\cos\vartheta)$-Kurve. Vf. schließt daraus, daß der Spaltungsprozeß über einen $l = 8$ Compoundzustand des Mg^{24}-Kernes verläuft. Diese Vermutung wird auch durch Messungen von Almqvist, Bromley und Kuehner gestützt, welche gezeigt haben, daß der Mg^{24}-Compoundkern in gewissen „molekularen" $C^{12} + C^{12}$-Zuständen existieren kann. R. Frauenfelder.

1-920 **H. W. Lewis.** *Straggling effects on resonant yields.* Phys. Rev. (2) **125**, 937–940, *1962*, Nr. 3. (1. Febr.) (Princeton, N. J., Univ., Palmer Phys. Lab.) Es wird gezeigt, daß der diskrete Energieverlust beim Teilchendurchgang in Materie für das Einsetzen von Resonanzreaktionen einen Überschwingeffekt bewirkt, bevor die Ausbeute einen konstanten Wert annimmt. Dabei ist der Effekt um so deutlicher, je kleiner das Γ der Resonanz im Vergleich zum mittleren Energieverlust ist. Der Grund liegt darin, daß ein monoenergetischer Strahl erst nach Durchlaufen einer Streulänge eine wesentliche Energieverschmierung erfährt, so daß bei $E = E_{res}$ der gesamte Strahl an der Resonanzreaktion teilnehmen kann, während bei $E > E_{res}$ der Anteil kleiner wird. Es folgt noch ein deutliches Minimum in der Ausbeute, wenn der minimale Energieverlust ebenfalls groß gegen Γ ist. Die Überhöhung beträgt bis zu 20%. [Vgl. (p, γ) Messungen in Ber. **41**, Nr. 9–779, *1962*]. W. Hering.

1-921 **J. M. Peterson.** *Neutron giant resonances. Nuclear Ramsauer effect.* Phys. Rev. (2) **125**, 955–963, *1962*, Nr. 3. (1. Febr.) (Livermore, Calif. Univ., Lawrence Radiat. Lab.) Drei kontinuierliche Gruppen breiter Maxima und Minima treten in dem totalen Neutronen-Wirkungsquerschnitt zwischen den Energien 0,1 MeV und 100 MeV auf. Alle diese Gruppen verschieben sich langsam zu höheren Energien mit steigender Massenzahl. Die Beziehungen zwischen diesen Gruppen, ihre Massenzahl-Abhängigkeit und ihre detaillierten Energielagen wurden vom Vf. im Rahmen einer semiklassischen Behandlung des vereinfachten optischen Modells erörtert. Die Oszillationen in der Energieabhängigkeit des totalen Neutronen-Wirkungsquerschnittes folgten aus dieser Behandlung aus der Interferenz zwischen dem Anteil der Neutronen, die den Kern durchsetzten, und dem Anteil der Neutronen, die an dem Kern vorbeiflogen. Es wurde darauf hingewiesen, daß diese Situation analog zum Ramsauer-Effekt der Elektronen-Wechselwirkungen mit Edelgasen ist. Eine alternative Erklärung der breiten Maxima als Resonanzen der Einteilchen-Wellen ist nicht gültig, weil hierzu im allgemeinen mehrere Partialwellen gleichzeitig erforderlich sind und weil die Partialwellen-Charakteristika sich rapide ändern beim Fortschreiten innerhalb einer kontinuierlichen Gruppe von Maxima zu Maxima. Die Breite der breiten Maxima des totalen Neutronen-Wirkungsquerschnittes steht in höherem Maße mit den Parametern des reellen Potentialwalles als mit der Tiefe des imaginären Potentialwalles im Zusammenhang.

H. Kleinpoppen.

1-922 **A. M. Lane** and **J. M. Soper.** *The width of isobaric states observed in (p, n) reactions.* Phys. Letters **1**, 33, *1962*, Nr. 2. (15. Apr.) (Harwell, Berks., Atom. En. Res. Establish.) Die Halbwertsbreite Γ_c der isobaren Kernzustände wurde nach der Formel $\Gamma_c = 2\,\pi\rho_i\,\overline{<\varphi_i|v_c|\varphi>^2}$ berechnet, worin der Strich Mittelung über die genauen Zustände φ_i des Produktkernes in der Nähe des isobaren Zustandes φ und ρ_i die Dichte der Zustände φ_i bedeuten. v_c ist die Änderung der COULOMB-Wechselwirkung beim Übergang vom Target- zum Produktkern. Für die Kerne Mo^{100}, Dy^{164}, Cf^{252} und Pb^{208} ergeben sich für Γ_c die Werte 0,13, 0,17, 0,20 und 0,10 MeV. Daten über Γ_c zeigen, daß $\Gamma_c \gtrsim 150$ keV für Kerne mit $A < 110$.

R. Frauenfelder.

1-923 **P. Ribon, Z. Dimitrijevick, A. Michaudon** et **P. Wagner.** *Etude par temps de vol des résonances neutroniques du rhodium 103 entre 4 eV et 10 keV.* J. Phys. Radium **22**, 708–711, *1961*, Nr. 10. (Okt.) (Saclay, C. E. N.) Der totale Neutroneneinfangquerschnitt von Rh^{103} wurde gemessen. Die Neutronen wurden durch pulsierten Beschuß eines Urantargets mit Elektronen aus dem Elektronenlinearbeschleuniger in Saclay erzeugt. Die Flugstrecke der Neutronen betrug 53 bzw. 103 m. Bei 10 keV Neutronenenergie betrug die Auflösung 2,5 ns/m. Die vier abwechlungsweise verwendeten Rhodiumtargets mit Schichtdicken zwischen 0,25 und 13 g/cm² befanden sich aus geometrischen Gründen in der Mitte der Flugstrecke. Als Detektor diente eine mit 92% B^{10} angereicherte Borplatte. Der 470 keV Zerfallsgammastrahl von Li^{7*} wurde durch einen der sechs NaJ-Kristalldetektoren, welche die Borscheibe umgaben, registriert. Um die Transmissionskurve normalisieren zu können, wurde das Neutronenspektrum abwechlungsweise von zwei Flugzeitselektoren registriert, wobei das Target automatisch in den Strahlengang hinein und aus ihm hinaus geschwenkt werden konnte. Die Auswertung der Messungen ist noch im Gange. Der Wirkungsquerschnitt als Funktion der Energie zwischen 317 und 1800 eV wird angegeben. Zwischen 20 und 500 eV wurden 29 Resonanzen gefunden. Die Niveaudichte ist in diesem Bereich unabhängig von der Energie. Die Verteilung der Niveauabstände der ersten 29 Niveaus folgt dem theoretischen WIGNERschen Gesetz für 2 Populationen mit dem Spin 0 und 1.

R. Frauenfelder.

1-924 **A. Michaudon** et **P. Ribon.** *Contribution à la détermination des paramètres des résonances neutroniques de l'U 235.* J. Phys. Radium **22**, 712–714, *1961*, Nr. 10. (Okt.) (Saclay, C. E. N.) Der nach der Flugzeitmethode gemessene und schon publizierte Wirkungsquerschnitt für Spaltung von U^{235} wurde einer Formanalyse nach der Methode der kleinsten Quadrate unterworfen. Es wurde angenommen, daß die Resonanzen der BREIT-WIGNERschen Formel gehorchen und nicht interferieren und daß sie durch den DOPPLER-Effekt in bekannter Weise verbreitert werden. Die Analyse wurde auf der elektronischen Rechenmaschine Ferranti in Saclay durchgeführt. Zahlenwerte für σ_{0f} und Γ werden für verschiedene Resonanzen angegeben. Ferner wurde nach der Flugzeitmethode die Transmission von U^{235} zwischen 8 und 22 eV mit einer Auflösung von 0,01 µsec/cm gemessen. Daraus werden die Parameter σ_0, $2\,g\,\Gamma_n$, Γ_f und Γ_γ für fünf Resonanzen berechnet. Eine große Dispersion der Werte von Γ_γ wird beobachtet.

R. Frauenfelder.

1-925 **L. Majling.** *Influence of pair forces on the giant resonance energy.* Czech. J. Phys. **12**, 12–20, *1962*, Nr. 1. (Orig. russ. m. engl. Zfg.) Mit Hilfe der Summenregeln wird der Einfluß verschiedener Nukleon-Nukleon-Kräfte auf die Energie der Riesenresonanz untersucht. Für leichte Kerne wird die Abhängigkeit des Beitrages der Austauschkräfte zum integralen Wirkungsquerschnitt für Gammaabsorption von der Zahl der Protonen und Neutronen hergeleitet.

H. Reich.

1-926 **S. S. Wassiljew, W. W. Komarow** und **A. M. Popowa.** *Untersuchung der Reaktion* $^{12}C(\alpha, 4\alpha)$. Sh. exp. teor. Fis. **41**, 1757–1760, *1961*, Nr. 6. (Orig. russ.) Der Zerfall des ^{12}C-Kerns in drei α-Teilchen unter Beschuß mit einem α-Teilchen mit 23 MeV läßt sich durch verschiedene Mechanismen über mehrere energetisch mögliche Kanäle verwirklichen. Vff. versuchten, die relativen Wahrscheinlichkeiten der einzelnen Mechanismen nach einer Methode zu bestimmen, die sie früher auf die Zerfallsreaktionen leichter Kerne angewandt hatten. Sie geben die räumliche und Energieverteilung der Zerfallsprodukte sowie die Anregungsenergien der möglichen Zwischenteilchen $^{12*}C$ und ^{8}Be an. Als wichtigster Mechanismus für die untersuchte Reaktion erweist sich der Zerfall eines ^{16}O-Kerns in vier α-Teilchen mit einer Resonanzwechselwirkung der α-Teilchen im Endzustand. Ein Zwischenkern ^{8}Be erscheint bei diesem Zerfall als Ergebnis einer Resonanzwechselwirkung zweier α-Teilchen aus dem gleichzeitigen Zerfall des Compound-Systems. H. Vogel.

1–927 **H. Nifenecker, Y. Hazoni, A. Michaudon** et **D. Paya.** *Etude des fluctuations des largeurs partielles de transitions radiatives dans les résonances neutroniques du Th 232.* J. Phys. Radium **22**, 714–716, *1961*, Nr. 10. (Okt.) H. Ebert.

1–928 **J. S. Nodvik, C. B. Duke** and **M. A. Melkanoff.** *Optical-model analysis of elastic scattering of protons on carbon at intermediate energies.* Phys. Rev. (2) **125**, 975–987, *1962*, Nr. 3. (1. Febr.) (Los Angeles, Calif. Univ., Princeton, N. J., Univ.) Protonenenergie 7 bis 20 MeV, differentielle Wirkungsquerschnitte und Polarisation. Optisches Modell mit diffuser Oberfläche. Verschiedene Formen des absorbierenden Teils des Potentials. Hauptsächlich mit einem Oberflächen- plus Volumabsorptionspotential: $\mathrm{Im}(V_{CN}) = -W_1 \exp[-(r-R)^2/b^2] - W[1+\exp(r-R)/0{,}69\,b]^{-1}$. Unter 12 MeV ist die Übereinstimmung schlecht, bedingt anscheinend durch compoundelastische Streuung und Compound-Kernresonanzen. Gute Übereinstimmung für 11,85 MeV $\leq E_{lab} \leq$ 19,4 MeV mit vernünftigen Werten der Modellparameter, obwohl einige Züge ihrer Energieabhängigkeit noch zu klären sind. Auffallend in den Resultaten sind die dünne absorbierende Schale und die kleine Volumabsorption, die das Potential charakterisieren. — Tabellen: Parameter für optimale Übereinstimmung; Kompromißparameter zu $R_0 = 1{,}20$ f für alle Energien. — Optimale Übereinstimmung ergibt sich mit $R_0 = 1{,}30$ f für $E_{lab} \leq 14$ MeV, mit $R_0 = 1{,}25$ f für 14 MeV $\leq E_{lab} \leq$ 15,2 MeV und mit $R_0 = 1{,}20$ f für $E_{lab} >$ 15,2 MeV. Alle optimalen Übereinstimmungen unter 17,8 MeV sind durch $b = 0{,}25$ f und $W = 0$ charakterisiert, für 17,8 MeV $\leq E_{lab} \leq$ 18,9 MeV sind die optimalen Übereinstimmungen charakterisiert durch Verbreiterung des absorbierenden Teils des Potentials (Zunahme von b oder/und W). H. Münzer.

1–929 **M. H. Mittleman** and **Robert Pu.** *Optical potential for closely coupled states.* Phys. Rev. (2) **126**, 370–372, *1962*, Nr. 1. (1. Apr.) (Livermore, Calif., Lawrence Radiat. Lab.; Berkeley, Calif., Univ., Lawrence Radiat. Lab.) Aus der formalen Streutheorie stammt der Ansatz für die Gesamtwellenfunktion $\Psi(x, z) = \Sigma_n \Psi_n(x) \Phi_n(z)$, x = Koordinate des gestreuten Teilchens, z = Koordinaten des Streuers, Φ_n = vollständiger Satz von Eigenfunktionen des Streusystems allein. Die Summe geht über eine unbeschränkte Zahl von Zuständen des Gesamtsystems, so daß sie praktisch approximiert werden muß. Zwei der geläufigsten Verfahren sind a) Methode der „closely coupled states": Die Summe wird bei n = N abgebrochen, d. h. die ersten N-Zustände sind eng gekoppelt und der Rest trägt zur Streuung nichts bei. b) Methode des optischen Potentials: Man sucht nur eine Lösung Ψ_0 für das elastisch gestreute Teilchen mit einem im Prinzip exakten Potential. Es wird gezeigt, daß letztere Methode erweitert werden kann, so daß sie den Beitrag der N ersten angeregten Zustände des Streuers mit umfaßt und daß Methode a) die 1. Näherung der Methode b) ist. W. Hering.

1–930 **A. M. Lane.** *New term in the nuclear optical potential: Implications for (p, n) mirror state reactions.* Phys. Rev. Letters **8**, 171–172, *1962*, Nr. 4. (15. Febr.) (Harwell, Berks., Atom. En. Res. Est.) Es wird darauf hingewiesen, daß das optische Potential, bei einer Berechnung als Summe von Zweikörper-Kräften vom HEISENBERG-Typ und gemittelt über ein FERMI-Gas, die Form erhält $V = V_0 + A^{-1}(\vec{t}\cdot\vec{T})\,V_1$, wo $\vec{t}$ und $\vec{T}$ die Isospins des einfallenden Teilchens bzw. Targetkerns sind. Die Folgen sind: 1. Alle Einteilchenniveaus spalten in zwei Komponenten auf, wobei sich eine Potentialdifferenz von $\Delta V = (1/2)\,A^{-1}(2\,T+1)\,V_1$ ergibt. Wenn ΔV die Größenordnung MeV hat, können manche optical model fits, die ohne den Isospinterm bisher gemacht wurden, überholungsbedürftig werden. 2. Der Term $(\vec{t}\cdot\vec{T})$ kann ein einfallendes p in ein n verwandeln, wobei der Kernzustand die entsprechende Isospinänderung erfährt. Dies ist eine vom optischen Modell gelieferte Austauschstreuung. Aus vorliegenden Messungen wird 10 MeV $< V_1 <$ 120 MeV abgeschätzt. W. Hering.

1-931 **Janusz Dabrowski, Adam Sobiczewski** and **Malgorzata Zielińska.** *Calculation of the optical potential with the nucleon-nucleon phase-shifts in the Thomas-Fermi approximation.* Acta phys. polon. **21**, 145–152, *1962*, Nr. 2. (Febr.) (Warsaw, Univ., Inst. Nucl. Res. Inst. Theor. Phys.; Tech. Univ.) Mit Hilfe der empirischen Kerndichte wird die radiale Abhängigkeit des optischen Potentials für Nukleonenstreuung am Kern berechnet. Der Kern wird durch das FERMI-Modell lokal approximiert. Die Gleichungen für die Streuung werden näherungsweise gelöst und das optische Potential mit Hilfe des Nukleon-Nukleon-Phasenwinkels (phase-shift) ausgedrückt. Für numerische Rechnungen werden die Werte von SIGNELL-MARSHAK benutzt. Das Ausschließungsprinzip führt im Innern des Kerns zu einer Vertiefung des reellen Teils des optischen Potentials und zu einer Verflachung des imaginären Teils. Der Radius des reellen Teils ist praktisch gleich dem Radius der Dichteverteilung, der des imaginären Teils ist etwas größer. Vergleich mit experimentellen Abschätzungen des optischen Potentials. (Nach Zfg.)
E. Bretnütz.

1-932 **A. W. Lukjanow, J. W. Orlow** und **W. W. Turowzew.** *Ein optisches Kernmodell mit einem Polynom-Potential.* Sh. exp. teor. Fis. **41**, 1634–1643, *1961*, Nr. 5. (Orig. russ.) (Moskau, Univ., Inst. Kernphys.) Das optische Modell mit Oberflächenabsorption wird unter Berücksichtigung der Spin-Bahn-Wechselwirkung diskutiert, wobei im Gegensatz zu BJORKLUND und FERNBACH (Ber. **38**, 452, *1959*) nicht ein WOODS-SAXON-Potential bzw. eine GAUSS-Kurve, sondern ein Polynom-Potential angenommen wird. Für diese Potentialform werden Parameter gewählt, die eine gute Darstellung der Meßergebnisse über die Streuung von 14 MeV-Neutronen gestatten. Verschiedene Potentialtypen werden verglichen. Es gelingt, die gemessenen Querschnitte für Gesamtstreuung, Absorption und elastische Streuung für ein großes Gebiet von Kernen mit Parametern zu beschreiben, die nicht von der Massenzahl abhängen. Hier leistet allerdings ein Potential vom WOODS-SAXON-Typ dasselbe, aber die Rechnung mit Polynomen ist wesentlich einfacher; bei genügend guter Approximation liefern beide gleichwertige Ergebnisse. Die Rechnungen mit den Parametern von BJORKLUND und FERNBACH liefern etwas andere Ergebnisse, speziell etwas kleinere Gesamtquerschnitte (6–8%). Die Rechnungen wurden auf der elektronischen Maschine „Strela" ausgeführt.
H. Vogel.

1-933 **A. P. Shdanow** und **P. I. Fedotow.** *Inelastische Wechselwirkung von 660 MeV-Protonen mit C-Kernen.* Sh. exp. teor. Fis. **41**, 1870–1878. *1961*, Nr. 6. (Orig. russ.) Die unelastische Wechselwirkung sehr schneller Teilchen (oberhalb von 100 MeV) mit Kernen läßt sich vorwiegend als Ergebnis einer Reihe von Stößen des einfliegenden Teilchens mit Einzelnukleonen des Kerns auffassen (Modell von SERBER-GOLDBERGER). Für schwere Kerne (Massenzahlen 100 und darüber) ist die Anwendbarkeit dieses Modells gesichert; Vff. prüfen es auch für die innere Kaskade in leichten Kernen. Sie berücksichtigen dabei einige Eigentümlichkeiten der leichten Kerne, die für die Rechnung wesentlich werden können. Bei der Berechnung der Kaskade innerhalb des Kohlenstoffkerns werden berücksichtigt: 1. Stöße von Nukleonen mit Unterstrukturen vom Typ der α-Teilchen, 2. die Dichteänderung der Kernsubstanz vom Mittelpunkt zur Peripherie des Kerns, 3. die Impulsverteilung der Nukleonen in leichten Kernen, 4. Prozesse, die mit Mesonenerzeugung verbunden sind. Ein Vergleich zwischen berechneten und gemessenen Werten zeigt befriedigende qualitative Übereinstimmung. Dies trifft zu für den Absorptionsquerschnitt (Kernradius $1{,}36 \cdot 10^{-13}$ cm): 220 mbarn für einen Kern mit konstanter und 235 mbarn für eine radiusabhängige Dichte; den Querschnitt für quasielastische pp- und np-Wechselwirkungen; Energie- und Winkelverteilung der Kaskaden-Protonen und den Beitrag der Pionen. H. Vogel.

1-934 **G. N. Fljorow, W. W. Wolkow, L. Pomorski** and **J. Tys.** *Erzeugung von ^{17}N beim Beschuß einiger Elemente mit schweren Ionen.* Sh. exp. teor. Fis. **41**, 1365–1369, *1961*, Nr. 5. (Orig. russ.) (Dubna, Verein. Kernforschungsinst.) Bei peripheren Stößen schwerer Ionen mit Targetkernen können ein oder mehrere Nukleonen unmittelbar ohne Bildung eines Compound-Kerns ausgetauscht werden („transfer reactions"). Da diese Prozesse sich an der Kernoberfläche abspielen, liefern sie Auskunft über die Zustände der peripheren Nukleonen. Während man sonst Austauschreaktionen meistens durch Registrierung β-aktiver Produkte untersucht, versuchten Vff. eine andere Methode, bei der sie neutronenaktive Kerne registrieren. Im Zyklotron für schwere Ionen von Dubna wurden Targets aus Li, C, Al, Cu mit den Ionen von ^{15}N, ^{16}O und ^{22}Ne beschossen. In allen Fällen beobachtete man eine Erzeugung von ^{17}N-Kernen. Die Querschnitte für die Erzeugung von ^{17}N beim Beschuß der genannten Targets mit ^{15}N-Ionen wurden bei einer Energie von 95 MeV gemessen, für die beiden anderen Ionen wurde nur die Ausbeute von ^{17}N-Kernen aus dicken Targets bestimmt. H. Vogel.

1-935 **M. Nessin, T. H. Kruse** and **K. E. Eklund.** *Nuclear electric monopole transitions in O^{16}, Ca^{40}, Ge^{72} and Zr^{90}.* Phys. Rev. (2) **125**, 639–647, *1962*, Nr. 2. (15. Jan.) (New York, Columb. Univ.) Mit einem eisenfreien Zwischenbildpaarspektrometer wurden diese elektrischen Monopolübergänge auf innere Konversion, Paaremission und Zweiquantenemission untersucht. Für den 6,05 MeV O^{16} E0-Übergang wurde das Verhältnis W_k/W_{paar} zu $1 \cdot 10^{-4}$ abgeschätzt. Im Ca^{40} E0-Übergang wurden Konversionselektronen beobachtet und das Verhältnis $W_k/W_{paar} = (6{,}94 \pm 0{,}20)\,10^{-3}$ gemessen, außerdem wurde die Impulsverteilung für Positronen und Elektronen gemessen und das Verhältnis Zweiquantenemission zu Paarerzeugung von dem ersten angeregten Zustand auf $6 \cdot 10^{-3}$ abgeschätzt und die Energie dieses Zustandes zu $(3{,}353 \pm 0{,}003)$ MeV gemessen. Für den ersten angeregten Zustand von Ge^{72} durch inelastische Streuung von Protonen im Energiebereich zwischen 2,3 und 6,2 MeV wurde die Anregungsfunktion gemessen, außerdem wurden das Verhältnis $W_k/W_{(L+M+N+O)} = 8{,}70 \pm 0{,}06$ und die Energie des ersten angeregten Zustandes $(0{,}690 \pm 0{,}001)$ MeV gemessen. Schließlich wurde für Zr^{90} die Anregungsfunktion zum ersten angeregten Niveau für Protonenenergie zwischen 3,35 und 6,5 MeV und die Energie des ersten angeregten Zustandes $(1{,}762 \pm 0{,}002$ MeV) gemessen. Ferner wurde die Impulsverteilung für Positronen und Elektronen gemessen und $W_{Konversion}/W_{paar} = 2{,}38 \pm 0{,}08$ und schließlich $W_k/W_{(L+M+N+O)} = 7{,}06 \pm 0{,}08$. Alle Messungen sind im Einklang mit den theoretischen Voraussagen. S. Zaidi.

1-936 **Jean Vervier.** *Interprétation des noyaux de spin 1/2 comme rotateurs asymétriques.* J. Phys. Radium **22**, 704–706, *1961*, Nr. 10. (Okt.) (Mol, C. E. N.) Die Theorie von Davydov über die Energiezustände der ungeraden Kerne mit dem Spin 1/2 wird mit experimentellen Daten verglichen. Die Theorie betrachtet die besagten Kerne als asymmetrische Rotatoren, deren Energiezustände eine Funktion folgender drei Parameter sind: des Asymmetrieparameters γ; der Proportionalitätskonstanten c der Rotations-Partikel Kopplung und des mit dem Trägheitsmoment verknüpften Energiequants $\hbar^2/B\beta^2$. Gewisse experimentelle Resultate über M1- und E2-Übergangswahrscheinlichkeiten und über einige Energiezustände besagter Kerne sind im Einklang mit der Theorie von Davydov. Einige Unstimmigkeiten könnten durch Verfeinerungen der Theorie und durch eine größere Zahl experimenteller Daten ausgemerzt werden.
R. Frauenfelder.

1-937 **H. Ceulemans** et **F. Poortmans.** *Détermination du spin de niveaux de ^{116}In et ^{178}Hf par diffusion résonnante de neutrons lents.* J. Phys. Radium **22**, 707–708, *1961*, Nr. 10. (Okt.) (Mol, C. E. N.) Bei der verwendeten Methode mißt man die Diffusionsrate bei der Resonanzenergie und berechnet daraus Γ_n/Γ (Γ = totale Breite). Zusammen mit E_0, der Resonanzenergie und σ_0, dem Wirkungsquerschnitt bei der Resonanzenergie, liefert dieses Verhältnis den statistischen Faktor g: $2\,g = (2\,J + 1)/(2\,I + 1)$. J. bzw. I sind die Spins des angeregten bzw. des Grundzustandes. E_0 und σ_0 erhält man aus Transmissionsmessungen. Bei tiefen Energien liefern nur s-Wellen einen Beitrag zur Anregung des zusammengesetzten Kernes, so daß die Beziehung $J = I \pm 1/2$ besteht. Unter diesen Umständen liefern selbst relativ ungenaue Messungen den richtigen Wert für g. Bei der Messung von Γ_n/Γ diente als Quelle monoenergetischer Neutronen ein in den Reaktor BR1 gestelltes Kristall-Spektrometer. Der Neutronenstrahl bombardierte das kleine Target, welches sich in der Mitte des aus acht BF_3-Zählern bestehenden, ringförmigen Detektors befand. Γ_n/Γ wurde aus dem Vergleich der Zählraten mit dem Meßtarget und mit einem Pb-Standardtarget erhalten. Für σ_0, E_0 und die Transmission wurden Literaturwerte verwendet. Die Resultate sind: J = 5 für das Niveau bei 1,45 eV in In^{115} + n (Verifizierung eines schon bekannten Wertes) und J = 3 bzw. J = 4 für die Resonanzen bei 1,1 bzw. 2,4 eV in Hf^{177} + n. R. Frauenfelder.

1–938 **S. F. Semenko** und **B. A. Tulupow.** *Wechselwirkung von γ-Quanten mit orientierten nichtsphärischen Kernen.* Sh. exp. teor. Fis. **41**, 1996–2001, *1961*, Nr. 6. (Orig. russ.) Vff. diskutieren die Möglichkeiten, die heute für die experimentelle Entdeckung eines optischen Anisotropieeffektes der Kerne bestehen, d. h. einer Abhängigkeit der Wechselwirkung von Photonen und Kernen von der Orientierung des Kernspins gegenüber dem Ausbreitungsvektor des Photons, also einer elektrischen Dipol-Polarisierbarkeit der Kerne mit Tensorcharakter, analog zur Molekularoptik. Es wird der Gesamteffekt einer elastischen und inelastischen Streuung von Photonen an orientierten Kernen untersucht. Durch Analyse des Wirkungsquerschnittes dieses Prozesses kann man auf den Einfluß der Genauigkeit einer Messung der Energie der gestreuten Photonen und des Orientierungsgrades der Kerne auf die optische Anisotropie schließen. Auf Grund eines Modells der nichtaxialen Kerne von Dawydow u. a. werden einige Auswirkungen der optischen Anisotropie untersucht, die aus einer möglichen nichtaxialen Deformation der Kerne resultieren. Die Parameter der optischen Anisotropie sind ebenso wichtige phänomenologische Größen des Kerns wie Quadrupol- oder magnetische Momente. Sie sind sehr kritisch gegenüber Modellvorstellungen vom Kern. Die Kärglichkeit der Meßergebnisse schließt aber noch genauere Rückschlüsse auf das Modell aus. H. Vogel.

1–939 **Eberhard Braun.** *Kernphotoeffekt an Aluminium und Fluor mit der Lithium-Resonanz-Strahlung.* Z. Phys. **166**, 62–75, *1961*, Nr. 1. (18. Dez.) (Erlangen, Univ., Phys. Inst.) In dieser Arbeit wird die Anwendbarkeit der Weisskopfschen Theorie des Kernphotoeffektes (Compound-Kern, statistisches Kernmodell) bei einer mittleren Gammaenergie und zwei leichten Kernen untersucht. Mit der weitgehend monochromatischen γ-Strahlung von 17,6 MeV, die aus der Resonanz-Reaktion Li (p, γ) bei 440 keV Protonenenergie gewonnen wird, werden aus Al^{27} und F^{19} Photoprotonen ausgelöst. Die Energieverteilung dieser Protonen wird unter den Winkeln 30°, 90°, 150° zur Einfallsrichtung der Gammastrahlung mittels Kernspurplatten gemessen. Die gefundenen Spektren entsprechen weitgehend den Vorhersagen der genannten Theorie, größere Abweichungen davon ergeben sich am hochenergetischen Ende. Diese Abweichungen werden auf die Lage der entsprechenden Restkern-Niveaus zurückgeführt und können mit Spin- und Paritätsbetrachtungen erklärt werden. Die gefundene Winkelverteilung ist symmetrisch zu 90°, bei hohen Protonenenergien zeigen sich Abweichungen von der Isotropie. Mit Hilfe von bekannten Spins und Paritäten der Anregungsniveaus der Restkerne wird abgeleitet, daß bei der Absorption dieser Gamma-Energie nur E 1- und M 1-Wechselwirkung beteiligt ist, was im Einklang mit den Erwartungen von Weisskopfs Theorie steht. E. Braun.

1–940 **W. G. Schewtschenko** und **B. A. Jurjew.** *Photoprotonen aus* ^{141}Pr. Sh. exp. teor. Fis. **41**, 1421–1426, *1961*, Nr. 5. (Orig. russ.) (Moskau, Univ., Inst. Kernphys.) In schweren Kernen mit ihrem hohen Coulomb-Wall ist die Protonenausbeute infolge der Dipolabsorption von γ-Quanten stark unterdrückt. Es werden überwiegend Neutronen emittiert. So kann man die Protonen abtrennen, die durch Quadrupolabsorption von γ-Quanten entstehen. Der Querschnitt dieses Prozesses wird erst bei höheren Energien merklich, und ein Teil der emittierten Protonen hat also eine größere Energie. Vff. messen die Energie- und Winkelverteilung sowie die Ausbeuten von Photoprotonen aus ^{141}Pr, ausgelöst durch Bremsspektren mit den Maximalenergien 22,5 und 33,5 MeV. Auf Grund der Ergebnisse kommen sie zu dem Schluß, daß das Maximum des Querschnittes für die Photoprotonenerzeugung bei γ-Energien oberhalb 22 MeV liegt und daß die Absorption von γ-Quanten in diesem Gebiet im wesentlichen Quadrupolcharakter hat. H. Vogel.

1–941 **W. I. Mamasachlisow** und **R. I. Dshibuti.** *Photospaltung der Kerne* ^{9}Be *und* ^{12}C *bei hohen Energien.* Sh. exp. teor. Fis. **41**, 1493–1497, *1961*, Nr. 5. (Orig. russ.) (Tbilissi

Univ.) In leichten Kernen erfolgt die γ-Absorption vorwiegend an Unterstrukturen, z. B. α-Teilchen im Kern. Besonders merklich muß die Rolle solcher Nukleonengruppen bei hohen Energien oberhalb der Riesenresonanz sein, die zu erheblichen Ausbeuten an Nukleonen mit hohen Impulsen führen. Da ein Photon kaum einen Impulsbeitrag leistet, müssen diese Nukleonen schon im Ausgangskern hohe Impulse haben und daher eng korrelieren. Die Photospaltung von ^{9}Be und ^{12}C zeigt große Ähnlichkeit mit der des α-Teilchens. Dieser Prozeß wird daher auf Grund eines Mechanismus der γ-Absorption durch das α-Teilchen theoretisch untersucht. Die berechnete Winkelverteilung der Photoprotonen stimmt sehr gut mit der Erfahrung überein, die Energieabhängigkeit des Gesamtquerschnittes nicht ganz so gut. Die γ-Absorption durch ein Quasi-α-Teilchen macht demnach etwa 70% des Gesamteffektes aus; daneben gibt es einige andere Absorptionsmechanismen. Auch die erwartete Photoreaktion mit gleichzeitiger Emission eines Protons und eines Tritons ist beobachtet worden. H. Vogel.

1–942 **W. W. Balaschow, W. G. Schewtschenko** und **N. P. Judin.** *Die Riesenresonanz bei der Photospaltung des* ^{208}Pb. Sh. exp. teor. Fis. **41**, 1929—1933, *1961*, Nr. 6. (Orig. russ.) Der Hauptmangel des Einteilchenmodells für Photo-Kernreaktionen, nämlich die energetisch zu niedrige Lage der Riesenresonanz, hängt offenbar mit der Vernachlässigung der Korrelationen zwischen den Nukleonen im Kern zusammen. Im Schalenmodell führt eine Berücksichtigung der Wechselwirkung zwischen den Nukleonen zu einer erschöpfenden Beschreibung der Photospaltung leichter Kerne im Gebiet der Riesenresonanz. Das Mischen der Zustände hat in leichten Kernen keine wesentliche Verschiebung der Riesenresonanz gegenüber der „diagonalen Näherung" zur Folge. In leichten Kernen ist nämlich der mittlere Abstand zwischen den Zuständen der nullten Näherung wesentlich größer als das mittlere Nichtdiagonalelement der Matrix zwischen Einteilchen-Dipolübergängen. In schweren Kernen entspricht die Riesenresonanz einer großen Anzahl von Einteilchen-Übergängen. Innerhalb des Schalenmodells wird der Querschnitt für die Dipolabsorption von γ-Quanten durch ^{208}Pb berechnet. Bei diesem Kern bringt die diagonale Näherung keine wesentlichen Änderungen gegenüber dem Einteilchenmodell von Wilkinson. Es wird gezeigt, daß sich durch die Berücksichtigung der Rest-Paarwechselwirkungen zwischen den Nukleonen die Energie der Riesenresonanz etwa auf das Doppelte erhöht. Die Rechnung steht in guter Übereinstimmung mit dem Experiment. H. Vogel.

1–943 **L. I. Schtarkow.** *Photospaltung des Deuterons bei mittleren Energien.* Sh. exp. teor. Fis. **41**, 2011—2014, *1961*, Nr. 6. (Orig. russ.) Vf. analysiert die in letzter Zeit erschienenen theoretischen Arbeiten und Messungen über die Photospaltung des Deuterons bei Energien unterhalb der Photopionen-Erzeugungsschwelle auf ihre Übereinstimmung. In diesem Energiegebiet ist eine Multipolentwicklung gerechtfertigt. Berücksichtigt man nur die Haupt-Dipolübergänge und ihre Interferenz mit Quadrupolübergängen, so erhält man eine Winkelabhängigkeit des differentiellen Querschnittes mit vier Parametern, die theoretisch für verschiedene γ-Energien berechnet worden sind. Vf. bestimmt diese vier Parameter aus den Messungen für sechs Werte der mittleren γ-Energie zwischen 50 und 150 MeV. Der Vergleich mit der Theorie zeigt gute Übereinstimmung im größten Teil des untersuchten Energiebereiches, bis auf etwas zu hohe experimentelle Werte bei den höchsten Energien. Es werden einige Schlußfolgerungen für die Theorie der Photospaltung des Deuterons formuliert und mögliche Gründe für die zu niedrigen theoretischen Werte diskutiert. Zum Schluß wird gezeigt, daß und wie genauere experimentelle Untersuchungen über die Photospaltung des Deuterons in diesem Energiebereich angestellt werden sollten. H. Vogel.

1–944 **R. L. Robinson, F. K. McGowan** and **P. H. Stelson.** *Coulomb excitation of levels in* Se^{77}. Phys. Rev. (2) **125**, 1373—1378, *1962*, Nr. 4. (15. Febr.) (Oak Ridge, Tenn., Nat. Lab.) Untersuchung der Gammastrahlung von den mit α-Teilchen angeregten Niveaus. E_α zwischen 2,1 und 8,0 MeV. Die Werte für Energie (in keV), Spin und Parität und $B(E2)_{ex}$ (in $e^2cm^4 \cdot 10^{-50}$) der Niveaus sind: 242 ± 2, 3/2⁻, 18,2 ± 1,6; 248 ± 5, 5/2⁻, 0,37 ± 0,09; 440 ± 4, 5/2⁻, 25,9 ± 1,7; 515 ± 8, 3/2⁻, 1,0 ± 0,2. Neue Evidenz für die nahe benachbarten Niveaus bei 242 und 248 keV wurde durch Koinzidenzuntersuchungen erhalten. Ein Vergleich der $B(E2)_{ex}$ mit den $B(E2)_{sp}$ deutet darauf hin, daß die Niveaus bei 242 und 440 keV aus kollektiven Anregungen der Grundzustandskonfiguration resultieren und die Niveaus bei 248 und 515 keV aus Änderungen der Grundzustandskonfiguration. Neben den Übergängen zum Grundzustand traten Gammas mit 87, 161, 203 und 283 keV auf. Anregungskurven der 87 und 161 keV-Übergänge weisen auf eine Kaskade vom 248 keV-Niveau hin. Messungen der Gamma-Winkelverteilungen ergaben Werte für $(E2/M1)^{1/2}$ von $0{,}18 \pm 0{,}03$ und $0{,}05 \pm 0{,}03$ für den 242 keV-Gammastrahl bzw. den vom 440 KeV-Niveau ausgehenden 203 keV-Gammastrahl. H. Münzer.

1–945 **Gerd Buschhorn.** *Niederenergetische Gammastrahlung beim Einfang thermischer Neutronen in Rhodium.* Z. Naturf. **17a**, 241–248, *1962*, Nr. 3. (März.) (München, T. H., Lab. Tech. Phys.) Das γ-Spektrometer mit gebogenem Quarzkristall ist am Tangentialkanal des Forschungsreaktors München aufgestellt. Eine verbesserte Energie- und Intensitätseichung ergab für die (101) Ebene des 3 mm dicken Quarzkristalls die Gitterkonstante $(3336{,}32 \pm 1 \cdot 10^{-5})$ XU und für die Energieabhängigkeit des integralen Reflexionsvermögens in 2. Beugungsordnung $E^{-1{,}025 \pm 0{,}03}$; die Spektrometerempfindlichkeit wurde dann mittels einer Au^{198}-Koinzidenzeichung auf den effektiven Raumwinkel normiert. — Im Einfang-Gammaspektrum von Rh^{104} konnten im Bereich 20–400 keV Energien und Intensitäten von 39 Linien bestimmt werden. Ferner ergab die Untersuchung des Zerfalls des isomeren Rh^{104m} (Anregungsenergie 128 keV) 2 Linien bei 51,4 und 97,1 keV mit einem Intensitätsverhältnis von 32:1; außer einem Niveau bei 51 keV muß daher noch eines bei 97 keV angenommen werden. Mehrere Ritz-Kombinationen bestätigten diese Annahme und ermöglichten es, den niederenergetischen Teil des Niveauschemas von Rh^{104} zu ergänzen. R. Müller.

1–946 **Michael Kalvius.** *Nachweis der Hyperfeinstrukturaufspaltung des 8,42 keV-γ-Strahles von Tm^{169} durch den Mößbauer-Effekt in Tm_2O_3.* Z. Naturf. **17a**, 248–259, *1962*, Nr. 3. (März.) (München, T. H., Lab. Tech. Phys.) Die rückstoßfreie Kernresonanzabsorption der 8,42 keV-Linie von Tm^{169} in Thuliumoxydkristallen wurde bei Zimmertemperatur mittels eines Transmissionsexperimentes untersucht. Als Quelle diente am Reaktor aktiviertes Er_2O_3 (3 mg/cm²). Hauptbeitrag zum Untergrund lieferte die Er-L-Röntgenstrahlung. Der Absorber (13 mg/cm² Tm_2O_3) konnte sowohl mit konstanter Geschwindigkeit als auch sinusförmig bewegt werden, wobei im zweiten Fall die Registrierung in einem Vielkanalanalysator, sortiert nach Phasenlage, erfolgte. Das Aufspaltungsbild zeigt eine Hauptlinie bei $v = 0$, 2 symmetrische Linien halber Intensität bei $v = 2{,}9$ cm/sec und eine schwächere Linie bei $v = -1{,}6$ cm/sec. Es kann gedeutet werden als Überlagerung der Quadrupolaufspaltungen des 8,42 keV-Niveaus von $Tm^{169}(I = 3/2)$ für Ionen in Plätzen mit C_2- und solchen in Plätzen mit C_{3i}-Symmetrie. Die Wechselwirkungsenergien betragen $W_{el}(C_2) = 8 \cdot 10^{-7}$ eV und $W_{el}(C_{3i}) = 1{,}9 \cdot 10^{-6}$ eV, die Feldgradienten am Kernort $V_{zz}(C_2) = 1{,}1 \cdot 10^{+18}$ V/cm² und $V_{zz}(C_{3i}) = 2{,}6 \cdot 10^{+18}$ V/cm²; ferner ist für die $Tm(C_{3i})$-Ionen eine Isomerieverschiebung der Linien in der Quelle relativ zu denen im Absorber festzustellen: $\Delta E = 0{,}4$ cm/sec $= 1{,}1 \cdot 10^{-7}$ eV. R. Müller.

1–947 **F. W. Prosser jr., W. P. Unruh, B. H. Wildenthal** and **R. W. Krone.** *Gamma radiation from proton capture in Na^{23}.* Phys. Rev. (2) **125**, 594–599, *1962*, Nr. 2. (15. Jan.) (Lawrence, Kansas, Univ.) Die γ-Strahlen von 12 Resonanzen aus der $Na^{23}(p, \gamma)\,Mg^{24}$ Reaktion im Protonenenergiebereich von 0,58 bis 1,42 MeV, wurden mit einem (5 in × 5 in) NaJ-Kristall untersucht, außerdem wurden Koinzidenzmessungen mit einem (3 in × 3 in) NaJ-Kristall gemacht, um die Kaskaden der γ-Strahlung nachzuweisen. Einige schwache Kaskaden durch die angeregten Zustände im Mg^{24}, mit einer Anregungsenergie zwischen 6 und 8 MeV, wurden gefunden. Die relativen Intensitäten der γ-Strahlen wurden gemessen und Zerfallschemas vorgeschlagen. Die absolute Ausbeute der γ-Strahlen für diese Reaktion bei den verschiedenen Resonanzen wurde auch gemessen. S. Zaidi.

1–948 **N. F. Fiebiger, W. R. Kane** and **R. E. Segel.** *Thermal neutron capture gamma rays in iron.* Phys. Rev. (2) **125**, 2031–2037, *1962*, Nr. 6. (15. März.) (Upton, N. Y.,

Brookhaven Nat. Lab.; Dayton, Ohio, Aeronaut. Res. Lab.) Die auf den Einfang thermischer Neutronen in Fe^{56} folgende γ-Strahlung von Fe^{57} wurde untersucht. Es wurden Koinzidenzmessungen zwischen hochenergetischen γ-Quanten aus einem Paarspektrometer mit drei Kristallen und γ-Quanten niedriger Energie aus einem einzelnen NaJ-Kristall gemacht. Ein Target aus Magneteisen wurde in einen thermischen Neutronenstrahl gebracht. Um den Untergrund zu messen, wurde ein Graphit-Target an derselben Stelle dem Strahl ausgesetzt. Außerdem wurde der β-Zerfall von Co^{57} und Mn^{57} erneut untersucht. Das sich ergebende Termschema von Fe^{57} wurde mit den Ergebnissen der Koinzidenzmessungen aus Neutroneneinfang und Daten aus Kernreaktionen kombiniert. Dadurch sind die niedrigeren Energieniveaus in Fe^{57} vollständig bestimmt. Spin und Parität des 0,366 MeV-Niveaus wurde zu $3/2^-$ bestimmt. Das ist mit Messungen durch COULOMB-Anregung nicht in Übereinstimmung. Der Grundzustand und das erste angeregte Niveau in Fe^{57}, die sich nur um 14 keV unterscheiden, konnten nicht aufgelöst werden. Daher kommt für den Spin des 0,707 MeV-Niveaus 5/2 oder 7/2 in Frage. Parität ist negativ, das folgt aus dem β-Zerfall von Mn^{57}. Weiterhin liegen Teilergebnisse über den Zerfall der 1,266, 1,630 und 1,728 MeV-Niveaus vor. — Die gemessene Zerfallsenergie von Co^{57} ist größer, als aus Messungen der inneren Bremsstrahlung folgt. Gute Übereinstimmung besteht mit dem Ergebnis aus der Reaktion Fe^{57}(p, n)Co^{57}.

M. Kuntze.

1–949 **W. R. Kane, N. F. Fiebiger** and **J. D. Fox.** *Coincidence studies of the thermal neutron capture gamma rays of chromium.* Phys. Rev. (2) **125**, 2037—2048, *1962*, Nr. 6. (15. März.) (Upton, N. Y., Brookhaven Nat. Lab.) Die Apparatur besteht aus einem Paarspektrometer mit drei Kristallen und einem einzelnen NaJ-Kristall zum Nachweis der niederenergetischen γ-Quanten. Zwischen beiden wurden Koinzidenzen gemessen und im Vielkanalanalysator ausgewertet. Zum totalen thermischen Einfangquerschnitt tragen im wesentlichen nur die drei Cr-Isotope Cr^{51}, Cr^{53} und Cr^{54} bei. Gewöhnliche Cr-Targets und mit Cr^{50} sowie Cr^{51} angereicherte Targets wurden einem thermischen Neutronenstrahl ausgesetzt. Den einzelnen Isotopen konnten folgende γ-Strahlen zugeordnet werden: Cr^{51} — 8,499, 7,36, 6,34, 6,12, 5,46 und 5,18 MeV; Cr^{53} — 7,929, 7,36, 5,61 und 5,26 MeV; Cr^{54} — 9,716, 8,881, 7,097, 6,872, 6,644, 6,31, 6,00 und 4,83 MeV. Es werden Einzelheiten über den Zerfall der durch diese Übergänge besetzten Energieniveaus diskutiert. M. Kuntze.

1–950 **S. Gorodetzky, P. Mennrath, P. Chevallier, F. Scheibling** et **G. Sutter.** *Transitions électromagnétiques 6,92 MeV → 6,13 MeV et 7,12 MeV → 6,13 MeV dans ^{16}O.* Phys. Letters **1**, 116—117, *1962*, Nr. 4. (15. Mai.) (Strasbourg, Inst. Rech. Nucl.) Um das Verhältnis der Zerfallszweige $R_1 = (7{,}12\ \text{MeV} \rightarrow 6{,}13\ \text{MeV})/(7{,}12\ \text{MeV} \rightarrow 0)$ und $R_2 = (6{,}92\ \text{MeV} \rightarrow 6{,}13\ \text{MeV})/(6{,}92\ \text{MeV} \rightarrow 0)$ zu bestimmen, wurde eine O^{16}-Quelle — gewonnen aus einer $F^{19}(p, \alpha)O^{16}$-Reaktion — zwischen zwei NaJ 5″ × 4″ Harshaw-Kristallen mit einer Langsam-Schnell-Koinzidenz gemessen. Die efficiency der Zählanordnung wurde mit der Reaktion $Be^9(p,\gamma)B^{10}$ bei einer Resonanzenergie $E_p = 1084$ keV bestimmt, in Übereinstimmung mit direkter Abschätzung des Raumwinkels. Das Ergebnis war: $R_1 = (8 \pm 2) \cdot 10^{-4}$ und $R_2 = (2{,}5 \pm 1{,}5) \cdot 10^{-4}$. P. Skarek.

1–951 **N. N. De agin, W. S. Spinel** und **W. A. Brjuchanow.** *Resonanzabsorption von 23,8 keV-γ-Quanten durch ^{119}Sn in Kristallen.* Sh. exp. teor. Fis. **41**, 1347—1358, *1961*, Nr. 5. (Orig. russ.) (Moskau, Univ., Inst. Kernphys.) Mit einer ^{119m}Sn-Quelle in Form der Verbindung SnO_2 wurde die Resonanzabsorption von γ-Quanten mit einer Energie von 23,8 keV durch ^{119}Sn-Kerne in den Kristallen SnO_2, SnO, β-Sn und $SnNb_3$ untersucht. Man erhielt Spektren der Resonanzabsorption für Absorber verschiedener Dicke bei der Temperatur des flüssigen Stickstoffs und bei Zimmertemperatur, außerdem für einen β-Sn-Kristall auch bei der Temperatur des festen Kohlendioxyds. Für jeden der untersuchten Kristalle wurden die Wahrscheinlichkeiten für die Absorption von γ-Quanten ohne Energieverlust durch Rückstoß berechnet, ferner die Größe der Isomerieverschiebung gegenüber der Energie des γ-Überganges im SnO_2-Kristall. Für die Kristalle SnO und β-Sn beobachtete man eine Quadrupol-Aufspaltung der Absorptionslinien, die bei Stickstofftemperaturen $(12{,}5 \pm 1{,}5) \cdot 10^{-8}$ bzw. $(11{,}0 \pm 1{,}5) \cdot 10^{-8}$ eV beträgt. Für den β-Sn-Kristall hängt die Größe der Quandrupolaufspaltung wesentlich von der Temperatur ab. H. Vogel.

1-952 **G. A. Wartapetjan, S. A. Petrosjan** und **A. G. Chudawerdjan.** *Verbotene Übergänge vom Typ E1 in ^{159}Tb und ^{173}Yb.* Sh. exp. teor. Fis. **41**, 1704—1709, *1961*, Nr. 6. (Orig. russ.) Beim ^{177}Hf besteht eine große Diskrepanz des Verhältnisses der Wahrscheinlichkeiten für γ-Übergänge vom Typ E1 mit 208 und 321 keV gegenüber der Formel von ALAGA; der 208 keV-Übergang folgt etwa dem Modell von NILSSON, die Wahrscheinlichkeit für den 321 keV-Übergang weicht etwa um den Faktor 400 davon ab. Es wird untersucht, ob die Lage für andere E1-Übergänge in deformierten Kernen, für die die Formel von ALAGA nicht zutrifft, ähnlich ist. Solche Diskrepanzen beobachtet man für die durch asymptotische Auswahlregeln verbotenen E1-Übergänge u. a. bei ^{159}Tb und ^{173}Yb, daneben bei anderen Tb-Isotopen und beim Lu^{175}. Die gemessenen Halbwertszeiten für den 364 keV-Term im ^{159}Tb und für den 351 keV-Term im ^{173}Yb sind $(1,7 \pm 0,7) \cdot 10^{-10}$ bzw. $(4,2 \pm 0,7) \cdot 10^{-10}$ s. Es werden die Wahrscheinlichkeiten für Übergänge vom Typ E1 berechnet und mit den Werten nach dem Modell von NILSSON verglichen. Daraus ergibt sich, daß für beide untersuchten Isotope ebenso wie im Fall des ^{177}Hf E1-Übergänge vorliegen, deren Wahrscheinlichkeit stark von der Theorie abweicht. Es soll weiterhin untersucht werden, ob die in fast allen diesen Kernen beobachtete Einteilchen-Rotations- oder Rotations-Schwingungs-Wechselwirkung (die weder die Termlage noch die Wahrscheinlichkeit erlaubter γ-Übergänge stark beeinflußt), eine wesentliche Rolle für die Wahrscheinlichkeit verbotener E1-Übergänge spielen kann.

H. Vogel.

1-953 **W. S. Spinel, W. A. Brjuchanow** und **N. M. Deljagin.** *Isomere Energieverschiebungen des 23,8 keV-γ-Übergangs im ^{119}Sn.* Sh. exp. teor. Fis. **41**, 1767—1770, *1961*, Nr. 6. (Orig. russ.) Mit Hilfe des MÖSSBAUER-Effektes (Resonanzabsorption in Kristallen) werden kleine Änderungen in der Energie der γ-Übergänge gemessen, und zwar die Isomerieverschiebungen, die auf der Wechselwirkung des Kerns mit den Hüllenelektronen beruhen. Diese Verschiebung wird für den γ-Übergang mit 23 keV für ^{119}Sn in verschiedenen Zinnverbindungen untersucht. Es wird eine qualitative Deutungsmöglichkeit für die beobachteten Verschiebungen diskutiert; danach soll bei der Anregung des ^{119}Sn-Kerns der effektive Radius der Protonenverteilung im Kern zunehmen, wobei diese Verteilung im angeregten Zustand nicht mehr kugelsymmetrisch sein soll. Mangels Kenntnis der genauen Elektronen-Wellenfunktionen für das Zinnatom ist eine quantitative Deutung nicht möglich; sie wird noch außerdem durch den Einfluß der Kristallstruktur erschwert. H. Vogel.

1-954 **Rudolf L. Mössbauer.** *Rückstoßfreie Kernresonanzabsorption von Gammastrahlung.* Phys. Bl. **18**, 97—111, *1962*, Nr. 3. (Pasadena, Calif., Inst. Technol.)

1-955 **J. Da Veiga Simão, M. Alice F. Alves, A. J. P. L. Policarpo** e **C. A. N. Conde.** *Estudo de transições radiativas em nuclideos $20 < A < 40$.* Rev. Fac. Cienc. Coimbra **28**, 119—135, *1959*. (Coimbra, Centro Estudos Fis. Nucl.) V. Weidemann.

1-956 **C. de Vries.** *Determination of absolute Bϱ-values of conversion lines.* Nuclear Phys. **18**, 428—445, *1960*, Nr. 3. (Sept.) (Amsterdam, Inst. Nucl. Res.) Mit einem vor kurzem konstruierten SIEGBAHN-EDVARSON-Typ eisenfreien doppelfokussierenden Spektrometer wurden die absoluten Bρ-Werte für einige Konversionslinien gemessen. Das Instrument hat ein hohes Auflösungsvermögen (einige 10^{-4}) und die Lage der Linien kann auf $1 \cdot 10^{-5}$ genau gemessen werden. Die Lage der Linie wurde als Schnittpunkt der linear extrapolierten Flanken der Linie definiert. Der Einfluß der natürlichen Linienbreite und Quellendicke auf die so definierte Lage der Linie wurde untersucht. Es zeigte sich, daß bis zur Quellendicke von 1,25 mg/cm und für Energien oberhalb 75 keV die Verschiebung in der Lage der Linie weniger als 10^{-4} beträgt. Die absoluten Bρ-Werte für einige Konversionslinien in dem Spektrum von ThB (aktiver Niederschlag) wurden auf 10^{-4} genau gemessen, dabei wurde in einem Energiebereich von 150 keV bis 2,6 keV gute Übereinstimmung mit den in der Literatur veröffentlichten Werte gefunden, was auf die Liniarität des Instruments (besser als 10^{-4}) in diesem Energiebereich hinweist. S. Zaidi.

1-957 **U. C. Gupta, M. G. Shahani** and **P. K. Srivastava.** *Internal conversion coefficients of Au^{198}, Hg^{203}, Cs^{137} and Cr^{51} using a CsI(Tl) scintillation spectrometer.* J. sci. industr.

Res. **21B**, 1—3, *1962*, Nr. 1. (Jan.) (Trombay, Atom. En. Est.) Die Messungen wurden mit einem CsJ(Tl)-Kristall von 38,1 mm Höhe und 25,4 mm Durchmesser, der ein Fenster aus 0,05 mm starkem Aluminium besaß, durchgeführt. Es ergaben sich die folgenden Werte für den Konversionskoeffizienten: ^{203}Hg 0,154 $\pm$ 0,015, ^{198}Au 0,035 $\pm$ 0,003, ^{137}Cs 0,094 $\pm$ 0,010. Mit einem plastischen Szintillator in 4π-Anordnung wurde für ^{51}Cr $\alpha_T = 0{,}0016 \pm 0{,}0002$ ermittelt. P. Seyfried.

1-958 **B. N. Subba Rao.** *Nuclear structure effect in the internal conversion of the 81 keV transition in* Cs^{133}. Proc. Indian Acad. Sci. (A) **55**, 99—105, *1962*, Nr. 2. (Febr.) (Bombay, Tata Inst. Fundam. Res.) Frühere Messungen der Winkelkorrelation zwischen den K-Konversionselektronen im Cs^{133} wurden mit Hilfe von Konversionselektronenparametern, die von der Kernstruktur abhängig sind, erklärt. Diese Parameter wurden berechnet. Die Interpretation der Ergebnisse liefert für den Kernstrukturparameter λ (= Quotient aus dem Anteil des Konversions-Matrixelementes, der vom Eindringen des Elektrons in das Kerninnere herrührt, und dem γ-Matrixelement) einen Wert zwischen $-5{,}97$ und $+3{,}41$, der darauf schließen läßt, daß der innernukleare Beitrag der inneren Konversion kleiner ist, als nach den WEISSKOPFschen Abschätzungen erwartet würde. T. Zimmerli.

1-959 **M. A. Meyer, J. A. M. de Villiers, N. S. Wolmarans, J. W. Koen** and **I. J. Lessing.** *Scattering of cosmic ray muons with momenta between 298 and 773 MeV/c in iron and tin.* Nuclear Phys. **32**, 71—81, *1962*, Nr. 1. (Apr.) Mit Hilfe eines aus drei Systemen von gekreuzten GEIGER-Zählern bestehenden Hodoskops bestimmten Vff. die Streuung kosmischer Muonen in Fe und Sn im Impulsbereich 298—773 MeV/c. Die experimentellen Winkelverteilungen sind mit der Theorie von COOPER und RAINWATER (Phys. Rev. **97**, 492, *1955*), nicht jedoch mit der Theorie von MOLIÈRE (Z. Naturf. **3a**, 78, *1948*) verträglich. Der effektive Kernradius für die Muonenstreuung stimmt näherungsweise mit dem aus Elektronenstreuversuchen gewonnenen überein. Die Breiten der beobachteten Verteilungen werden mit der Theorie verglichen; das Verhältnis von experimenteller zu theoretischer Breite zeigt mit steigendem Impuls sowie bei Änderung der Atomzahl von 26 auf 82 keine Änderung. D. Jörchel.

1-960 **R. E. Segel** and **M. J. Bina.** *Partial widths of the 16,11-Mev state in* C^{12}. Phys. Rev. (2) **124**, 814—817, *1961*, Nr. 3 (1. Nov.) (Dayton, Ohio, Aeronaut, Res. Lab.) Ein dünnes Bortarget wurde mit Protonen aus einem COCKCROFT-WALTON-Generator bestrahlt und der Zerfall des 16,11 MeV-Zustands in C^{12} beobachtet. Dieser Zustand kann entweder zum Grundzustand in C^{12} direkt zerfallen oder durch den 4,43 MeV-Zustand in C^{12}, wobei eine γ–γ-Kaskade emittiert wird. Oder kann durch α-Emission zum Grundzustand bzw. einem angeregten Zustand in Be^8 führen, wobei B^8 wiederum in zwei α-Teilchen zerfällt. Die α-Teilchen wurden in einem drehbaren Silicium (p–n) Zähler nachgewiesen, während die γ-Strahlen in einem (5 in $\times$ 5 in) NaJ-Kristall, der gegen den Strahl um 90° fest war, spektroskopiert wurden. Das Verhältnis der Intensitäten für beide α-Zerfälle vom 16,11 MeV C^{12}-Zustand $\Gamma_{\alpha 1}/\Gamma_{\alpha 0}$ wurde zu 22 ± 3 gemessen. Das Verhältnis vom direktem γ-Übergang zum Übergang durch γ–γ-Kaskade $\Gamma_{\gamma 0}/\Gamma_{\gamma \mathrm{I}}$ wurde zu $4 \cdot 10^{-2}$ gemessen. Schließlich wurde das Verhältnis der Zerfälle durch γ–γ-Kaskade zu Zerfällen durch α-Zerfall $\Gamma_{\gamma-\gamma}/\Gamma_{\alpha} = (1{,}02 \pm 0{,}15) \cdot 10^{-3}$ gemessen. Aus der bekannten Breite des 16,11 MeV-Niveaus ($6{,}7 \pm 0{,}5$) keV wurden dann Partialbreiten berechnet. $\Gamma_{\alpha_0} = (290 \pm 45)$ eV, $\Gamma_{\alpha_\mathrm{I}} = (6300 \pm 500)$ eV, $\Gamma_{\gamma 0} = (0{,}22 \pm 0{,}09)$ eV und $\Gamma_{\gamma \mathrm{I}} = (6{,}8 \pm 1{,}1)$ eV, diese neuen Werte für die Partialbreiten stimmen mit den Voraussagen des Einteilchenmodells überein. S. Zaidi.

1-961 **Georges Ambrosino, Daniel Blanc, Francis Cambou, Danielle Devillers, Henri Reme** et **Gilbert Vedrenne.** *Réaction* $^{28}Si\,(n,\alpha)^{25}Mg$ *à 14,6 MeV*. C. R. Acad. Sci., Paris **254**, 1029—1031, *1962*, Nr. 6. (5. Febr.) (Toulouse, Fac. Sci., Cent. Phys. Nucl.) Ein n-p-Detektor aus natürlichem Silicium wurde mit Neutronen von 14,6 MeV bestrahlt. Da die Reaktion $Si^{28}(n,\alpha)\,Mg^{25}$ von allen möglichen Reaktionen den weitaus größten Wirkungsquerschnitt hat, zeigt das α-Spektrum hauptsächlich die α-Linien, die von den verschiedenen angeregten Zuständen des Mg^{25} herrühren. Die gemessenen Energien stehen in guter Übereinstimmung mit den theoretischen Werten. Es wurden die Wirkungsquerschnitte für die Anregung der einzelnen Niveaus bestimmt. Für sämtliche hier untersuchte Niveaus ergab sich ein totaler Wirkungsquerschnitt von 51,69 mb.

T. Zimmerli.

1-962 **S. A. Baranow, W. M. Kulakow, P. S. Samoilow, A. G. Selenkow, J. F. Rodionow** und **S. W. Piroshkow.** *Feinstruktur der α-Strahlung des ^{231}Pa und Termschema des ^{227}Ac.* Sh. exp. teor. Fis. **41**, 1475–1483, *1961*, Nr. 5. (Orig. russ.) Einige Widersprüche in dem Termschema des ^{227}Ac, das durch α-Strahlung mit einer Halbwertszeit von $3{,}4 \cdot 10^{19}$ a aus ^{231}Pa entsteht, enthält noch einige ungeklärte Punkte. Vff. nahmen daher eine genauere Untersuchung des α-Spektrums dieses Überganges sowie der Spektren der Konversionselektronen und der γ-Strahlen des ^{227}Ac vor. Gemessen wurde mit magnetischen α- und β-Spektrometern und mit einer spektrometrischen Apparatur für die γ-Strahlung. Im α-Spektrum wurden 20 monoenergetische Linien entdeckt, von denen 10 erstmalig beobachtet wurden. Eine Analyse der Elektronen- und γ-Spektren gab die Möglichkeit zur Entdeckung einiger neuer Konversionslinien und zur Identifizierung der Multipolordnung einer Reihe von γ-Übergängen im Tochterkern. Auf Grund sämtlicher Daten wurde ein vollständigeres Termschema des Kerns ^{227}Ac konstruiert.

H. Vogel.

1-963 **S. A. Baranow, W. M. Kulakow, P. S. Samoilow, A. G. Selenkow** und **J. F. Rodionow.** *Der radioaktive Zerfall des ^{237}Np.* Sh. exp. teor. Fis. **41**, 1733–1739, *1961*, Nr. 6. (Orig. russ.) Das von Wahl und Seaborg 1948 entdeckte Isotop ^{237}Np zerfällt durch α-Umwandlung in das β-aktive ^{233}Pa, und zwar mit einer Halbwertszeit von $2{,}2 \cdot 10^6$ a. Die geringe spezifische Aktivität hat sorgfältige Untersuchungen der Feinstruktur der α-Strahlung und des Elektronenspektrums erschwert. Mit Hilfe einer Apparatur mit verbesserter Effektivität und höherem Auflösungsvermögen, bestehend aus magnetischen β- und α-Spektrometern mit doppelter Fokussierung des Strahls geladener Teilchen und spektrometrischen Proportionalzählern, einem Szintillationsspektrometer usw. führen Vff. genauere Untersuchungen durch. Aus dem α-Spektrum ließ sich die Existenz von mehr als 20 monoenergetischen Feinstruktur-α-Gruppen sichern, von denen die meisten erstmalig beobachtet wurden. Die Meßergebnisse mit β- und γ-Spektrometern ließen auf 12 γ-Übergänge im Kern ^{233}Pa schließen. Auf Grund aller dieser Daten wird ein Termschema des ^{233}Pa konstruiert. H. Vogel.

1-964 **B. S. Dshelepow, R. B. Iwanow** und **W. G. Nedowezow.** *Der α-Zerfall des ^{239}Pu.* Sh. exp. teor. Fis. **41**, 1725–1728, *1961*, Nr. 6. (Orig. russ.) Mit einem magnetischen α-Spektrometer mit doppelter Fokussierung wurde an einer im Vakuum aufgedampften Plutonium-Probe das α-Spektrum des ^{239}Pu untersucht. Außer den bekannten α-Übergängen fand man noch solche in Anregungszustände des ^{235}U-Kerns mit den Energien 104, 198, 224 und 299 keV. Es wird eine Deutungsmöglichkeit für diese Zustände des ^{235}U angegeben: die deutlichste Linie, die in den Term mit 104 keV führt, könnte ein Übergang in die $11/2^-$-Bande, und zwar den Zustand mit $K = 7/2^-$ sein; unter dieser Annahme müßten noch zwei weitere niederenergetische Übergänge existieren, die aber durch intensivere andere Übergänge überdeckt werden; die weiteren höherenergetischen Übergänge lassen sich dann z. T. als höhere Glieder dieser Rotationsbande auffassen, womit sich auch ihr Intensitätsverhältnis teilweise verträgt. Das Termschema des ^{239}Pu wird präzisiert. H. Vogel.

1-965 **K. A. Petrshak** und **M. I. Jakunin.** *α-Aktivität des natürlichen Platins.* Sh. exp. teor. Fis. **41**, 1780–1782, *1961*, Nr. 6. (Orig. russ.) Die α-Aktivität des natürlichen Platins wurde bisher ohne ausreichende Begründung auf das ^{190}Pt zurückgeführt; für Halbwertszeit und Energie ergaben sich ca. $7 \cdot 10^{11}$ a bzw. 3,1 MeV. Vff. versuchen diese Daten mit Hilfe einer zylindrischen Impuls-Ionisierungskammer mit Gitter sowie mit Hilfsgeräten zu präzisieren, die eine Analyse der α-Teilchen bezüglich ihrer Ionisierung und der Orientierung ihrer Spuren gestatten. Neben dem Hauptpeak des ^{190}Pt wurden noch weitere α-Linien gefunden. Halbwertszeit und Energie des Hauptpeaks ergaben sich zu $(4{,}7 \pm 1{,}7) \cdot 10^{11}$ a bzw. $3{,}17 \pm 0{,}02$ MeV. Auch das ^{192}Pt scheint zu zerfallen und eine ganze Gruppe von α-Linien zu emittieren; für die entsprechende Halbwertszeit wird eine untere Grenze von 10^{14} a abgeschätzt. H. Vogel.

1-966 **M. L. Sehgal.** *Decay of* Sb^{115}. Phys. Rev. (2) **125**, 968–971, *1962*, Nr. 3. (1. Febr.) (Upton, N. Y. Brookhaven Nat. Lab.) Sb^{115} zerfällt durch Elektroneneinfang und Positronenemission mit einer Halbwertszeit von 32 Minuten in Sn^{115}. Die vorliegende Arbeit befaßt sich hauptsächlich mit den Intensitätsverhältnissen der nach diesem Zerfall emittierten γ-Strahlung. — Sb^{115} wurde durch Beschuß von angereichertem In^{113} mit 40 MeV α-Teilchen erzeugt. Die γ-Quanten wurden mit einem 3×2 inch² NaJ(Tl)-Kristall und die Positronen mit einem Anthracenkristall registriert. — Ergebnisse: 94% der Zerfälle führen auf das 499 keV-Niveau des Sn^{115} und 6% auf das 2719 keV-Niveau des Sn^{115}, das zu 5% über eine γ-Kaskade von 980 und 1240 keV und zu 1% direkt zum 499 keV-Niveau zerfällt. H. Leutz.

1-967 **Henry W. Brandhorst jr.** and **J. W. Cobble.** *Decay of* Ru^{105}, Pd^{109} *and* Rb^{86}. Phys. Rev. (2) **125**, 1323–1328, *1962*, Nr. 4. (15. Febr.) (Lafayette, Ind., Purdue Univ., Dep. Chem.) Ru^{105} zerfällt durch β^--Emission mit einer Halbwertszeit von 4,43 Stunden auf angeregte Niveaus des ebenfalls instabilen Kerns Rh^{105}, Pd^{109} mit einer Halbwertszeit von 13,47 Stunden hauptsächlich auf das metastabile Niveau von 88 keV des Ag^{109} und Rb^{86} teilweise auf das 1,08 MeV-Niveau und teilweise in den Grundzustand des Sr^{86}. — Um die Zerfälle dieser Kerne zu untersuchen, wurden folgende Präparate hergestellt: Proben von etwa 1 mg Ruthenium-Metall, in dem Ru^{104} zu 98,2% angereichert war, wurden mit einem Neutronenfluß von $2 \cdot 10^{12}$ cm^{-2} sec^{-1} 11 Stunden lang bestrahlt. Für β-Messungen wurden Präparate von 5 bis 10 μg/cm² auf Zaponunterlagen von 7 bis 25 μg/cm² verwendet. Pd-Proben, die auf 94,7% Pd^{108} angereichert waren, wurden 4 Stunden mit einem Neutronenfluß von $3 \cdot 10^{13}$ cm^{-2} sec^{-1} bestrahlt. Die auf 99,69% Rb^{85} angereicherten Rubidiumproben wurden 20 Stunden ebenfalls mit einem Neutronenfluß von $3 \cdot 10^{13}$ cm^{-2} sec^{-1} bestrahlt. Die β-Spektren wurden mit einem plastischen Bohrloch-Szintillator und die γ-Spektren mit zwei NaJ(Tl)-Kristallen von 3×3 inch² gemessen. — Ergebnisse: Beim Zerfall des Ru^{105} wurden sieben β-Gruppen von 1875, 1185, 1150, 1080, 915, 525 und 155 keV Grenzenergie und Rh^{105}-Niveaus bei 130, 395, 475, 685, 726, 795, 960, 1350 und 1720 keV identifiziert. Aus β–γ-Koinzidenzen wurden beim Pd^{109} außer der bekannten 1030 keV β-Gruppe zum 88 keV-Niveau des Ag^{109} noch β-Zweige mit 260 und 400 keV Grenzenergie und Ag^{109}-Niveaus bei 217, 258, 307, 412, 719 und 860 keV ermittelt. Das Verzweigungsverhältnis für den Zerfall des Rb^{86} wurde zu $(8{,}79 \pm 0{,}09)$% bestimmt. Es wurden folgende Halbwertszeiten gemessen: Ru^{105} $(4{,}43 \pm 0{,}02)$ Stunden, Rh^{105} $(35{,}88 \pm 0{,}02)$ Stunden und Pd^{109} $(13{,}47 \pm 0{,}01)$ Stunden. H. Leutz.

1-968 **R. P. Sharma, S. H. Devare** and **Babulal Saraf** *Beta spectra of neodymium-147.* Phys. Rev. (2) **125**, 2071–2076, *1962*, Nr. 6. (15. März.) (Bombay, Tata Inst. Fundam. Res.; Trombay, Atom. En. Establish.) Es wurden die β-Spektren von Nd^{147} mit einem magnetischen Spektrometer nach SIEGBAHN und SLÄTIS und einem Anthracenkristall (Dicke 3 mm) gemessen. Die Transmission des Spektrometers betrug 1,5%, die Impulsauflösung war 2%. Nd^{147} lag als Spaltprodukt vor und wurde im Ionenaustauscher gereinigt. Außerdem wurde angereichertes Nd^{146} im Reaktor bestrahlt. — Für den β-Übergang zum Grundzustand von Pm^{147} wurde eine Intensität $< 0{,}25$% gemessen. Das einfach verbotene β-Spektrum zum 91 keV-Niveau in Pm^{147} ist nicht-unique und zeigt Abweichungen von der statistischen Form. Dies wurde auch zusätzlich durch Koinzidenzmessungen mit der 91 keV-γ-Linie bestätigt. Dazu wurde ein NaJ-Kristall (1,5 inch ⌀ × 1 inch) und eine Schnell-Langsam-Koinzidenzanordnung mit 0,1 μsec Auflösezeit benutzt. Das β-Spektrum zum 531 keV-Niveau hat statistische Form. Hier wurde auch die koinzidierende γ-Strahlung gemessen. Die log ft-Werte der β-Übergänge zum Grundzustand, zum 410 und 489 keV-Niveau sind >10, 8,7 bzw. 8; die Spins werden mit 7/2, 3/2 oder 5/2 oder 7/2 bzw. 7/2 oder 5/2 angegeben. Die $\Delta J = 1$, ja-Übergänge von Nd^{147} sind daher retardiert. M. Kuntze.

1-969 **P. N. Trehan** and **D. M. van Patter.** *Decay of 18-min* Br^{80}. Phys. Rev. (2) **126**, 266–271, *1962*, Nr. 1. (1. Apr.) (Swarthmore, Penn., Franklin Inst., Bartol Res. Found.) Von einer mittels Se^{80}(p, n)Br^{89}-Reaktion hergestellten Br^{80}-Quelle wurden sowohl Einzel- als auch Gamma-Gamma-Koinzidenzspektren aufgenommen. Die Zählanordnung bestand aus zwei 3 × 3 inch² NaJ(Tl)-Kristallen, einer Langsam-Schnell-Koinzidenz, einem Einkanal und einem RIDL 400-Kanal. Folgende Gammaenergien wurden gefunden: 0,618 ± 0,003, 0,640 ± 0,009, 0,67 ± 0,02, 0,710 ± 0,010, 1,258 ± 0,007 und 1,333 ± 0,010 MeV und ihre Intensitäten bestimmt (früher kannte man nur die 0,618 MeV Gammalinie). Die Niveauschemata für Se^{80} und Kr^{80} werden angegeben, wobei zwei neue Niveaus von 1,26 und 1,33 MeV im Kr^{80} vorgeschlagen werden. Der 0,67 Gammalinie wird das erste 2+ Niveau von Se^{80} zugeordnet, ihre Energie zu 0,667 ± 0,004 MeV durch Studium der Se^{80}(p, p′γ)-Reaktion gefunden. Aus dem gemessenen Wert von 0,62 MeV γ/β^+ von 2,6 ± 0,1 wurde der log ft-Wert der verschiedenen Betaübergänge bestimmt. Die erlaubten Übergänge vom 1+-Grundzustand von Br^{80} zum Grundzustand und den ersten zwei Niveaus von Se^{80} und Kr^{80} scheinen ein schönes Beispiel für die empirische Regel von Sakai zu sein. P. Skarek.

1-970 **John D. Rogers** and **F. Boehm.** *Evidence for a large B_{ij} contribution in the first-forbidden beta decay of Rb^{86}.* Phys. Letters **1**, 113—114, *1962*, Nr. 4. (15. Mai.) (Pasadena, Calif. Inst. Technol.) Die Messung der Winkelverteilung der Zirkularpolarisation von Gammastrahlen, die dem Betazerfall von Rb^{86} folgen, lieferte zusätzliche Parameter zur Bestimmung der Kernmatrixelemente. Die Beta-Gamma-Koinzidenzen wurden bei den Winkeln 180°, 156°, 141°, 117° gemessen, die gefundene Anisotropie der Polarisation als Summe von Legendre-Polynomen erster und dritter Ordnung dargestellt. Daraus konnte der Schluß gezogen werden, daß der Beitrag des Tensor Matrixelementes groß ist, und eine Kombination der Vektor Matrixelemente $\int i\vec{\sigma}\cdot\vec{r}$ und $\int\vec{r}$ merklich zu diesem Betazerfall beiträgt. P. Skarek.

1-971 **R. M. Spector** and **R. J. Blin Stoyle.** *Beta decay of RaE; evidence for the conserved vector current theory.* Phys. Letters **1**, 118—120, *1962*, Nr. 4. (15. Mai.) (Oxford, Clarendon Lab.) Aus den experimentell gegebenen Größen C_0 = Formfaktor des Spektrums und P = Polarisation für den einfach verbotenen Betazerfall des RaE (Bi^{210}) wurden mit Hilfe einer Mercury Rechenanlage die mit C_0 und P verträglichen Grenzen für $A = i\int\vec{r}/\int\vec{\sigma}\cdot\vec{r}$ und $B = \int\vec{\alpha}/i\int\vec{r}$ bestimmt. Die Ergebnisse verschiedener Theorien und Abschätzungen wurden mit diesen Grenzen verglichen. Das führt einerseits zu der Annahme, daß bei den Wellenfunktionen nullter Ordnung für RaE und RaF nach dem Schalenmodell eine Beimengung erster Ordnung vorliegt, andrerseits zu einer eindeutigen Bevorzugung der CVC-Theorie für die schwache Wechselwirkung. P. Skarek.

1-972 **T. Mayer-Kuckuk** and **F. C. Michel.** *Comparison of the beta spectra of B^{12} and N^{12}.* Phys. Rev. Letters **7**, 167—169, *1961*, Nr. 5. (Sept.) (Pasadena, Calif. Inst. Technol.) Die Gleichheit der Vektorkopplungskonstante bei O^{14}-Zerfall und die Kopplungskonstante für Muon-Zerfall, führte Feynman und Gell-Mann den Vektoranteil des Nukleonenstroms zu einem Erhaltenenstrom zu erweitern (conserved vector current theory). Dieses hat zur Folge, daß in β-Wechselwirkung weitere Glieder erscheinen, die dem anomalen magnetischen Moment des Nukleons analog sind. Die Interferenzen zwischen diesem, und die Gamow-Teller-Matrixelemente für einen $1^+ \to 0^+$, $\Delta T = 1$ β-Zerfall führt dann zu Abweichungen von der erlaubten Form, z. B. in B^{12}- und N^{12} Spektren. Aus der Größe der Matrixelemente für den 15,11 MeV (M1) Übergang in C^{12} berechnet sich das Verhältnis der Formfaktoren für B^{12}- und N^{12}- Zerfälle zu $S(E, B^{12})/S(E, N^{12}) = \text{konst} \cdot [1 + (A + \delta A)\, E]\, f(E)$. Worin f(E) die Korrektur für innere Bremsstrahlung ist und $A + \delta A = (1{,}08 \pm 0{,}22) \cdot 10^{-2}$ pro MeV. B^{12} wurde durch Bestrahlung mit 1,65 MeV-Deuteronen aus natürlichem Bor erzeugt und N^{12} durch Bestrahlung von angereichertem B^{10} (96%) mit 2,75 MeV He^3-Ionen. Beide Spektren wurden mit einem eisenfreien magnetischen Linsenspektrometer gemessen. Für $A + \delta A$ ergab sich aus den Messungen der Wert $(1{,}13 \pm 0{,}25) \cdot 10^{-2}$ pro MeV. Die Meßergebnisse sprechen für die Theorie des Erhaltenenvektorstroms. S. Zaidi.

1-973 **Toshio Katoh** and **Yasukazu Yoshizawa.** *Study of the cadmium isotopes. I. Beta and gamma ray spectroscopy of Ag^{110m}.* Nuclear Phys. **32**, 5—24, *1962*, Nr. 1. (Apr.) Eine Untersuchung der dem Zerfall von Ag^{110m} (250 d) folgenden β- und γ-Strahlen lieferte als maximale Energien der 4 β-Linien 0,53, 1,4, 2,18 und 2,87 MeV (sowie eine ungenauer bestimmte β-Linie mit der maximalen Energie von ca. 0,084 MeV) und aus dem Spektrum der inneren Konversion 15 γ-Linien mit den Übergangsenergien von 0,115, 0,4462, 0,6189, 0,6577, 0,676, 0,688, 0,7072, 0,7451, 0,7643, 0,8153, 0,8846, 0,9368, 1,382, 1,474 und 1,504 MeV. Die neu entdeckte 0,688 MeV-K-Linie klärt Unstimmigkeiten unter den γ-Intensitäten. Durch Vergleich der gemessenen K/(L + M)-Verhältnisse und der Koeffizienten der inneren K-Schalenkonversion mit den theoretischen Werten wurden die Multipolaritäten der γ-Linien bestimmt. Unter Verwendung des RITZschen und des KIRCHHOFFschen Gesetzes (Energie- bzw. Intensitätsregel), der Kaskadenbeziehung sowie der Auswahlregeln wird ein konsistentes Zerfallsschema vorgeschlagen, das die Niveaus (in MeV) 0 (0^+), 0,658 (2^+), 1,474 (2^+), 1,542 (4^+, 3^+), 2,162 (3^+, 4^+), 2,218 (3^+, 4^+), 2,479 (6^+, 5^+) und 2,925 (5^+, 6^+) umfaßt. Die 0,115 MeV–γ-Linie wird dem isomeren Übergang in Ag^{110} zugeordnet. Die Ergebnisse erhärten das Vibrationsmodell. D. Jörchel.

1-974 **Toshio Katoh, Masao Nozawa** and **Yasukazu Yoshizawa.** *Dasselbe. II. Beta and gamma ray spectroscopy of In^{110}.* Ebenda S. 25—70. (Osaka, Univ., Fac. Sci., Dep. Phys.) Vff. untersuchten den Zerfall der durch die Reaktionen Ag^{107} (α, n) In^{110} und Ag^{109} (α, 3 n) In^{110} hergestellten In^{110}-Isomere (Halbwertszeiten 4,9 ± 0,2 h und 66 ± 2 min). Die schwachen β-Linien von In^{110} (4,9 h) (maximale Positronenenergien ca. 0,8 und 2,2 MeV) wurden nach einer Tripel-Koinzidenzmethode beobachtet; die maximale Energie der In^{110} (66 min)-β-Strahlung beträgt 2,20 ± 0,02 MeV. Aus den zahlreichen γ-Übergangsenergien wurde unter Verwendung der RITZschen und KIRCHHOFFschen Gesetze, der Kaskadenbeziehung sowie der Auswahlregeln ein Zerfallsschema aufgestellt, das zusätzlich zu dem Cd^{110}-Schema aus dem Ag^{110m}-Zerfall die Niveaus 3,122, 2,249, 2,162 und 2,005 MeV umfaßt. Die Ergebnisse werden nach dem Kollektivmodell der schwachen und der mittleren Kopplung sowie nach dem Modell des asymmetrischen Rotators gedeutet. Als Kennzeichen der geraden Kerne im Cd-Bereich wird folgende Systematik gefunden: 1. Die Energien der ersten 2^+-Zustände haben für A = 110 ein Maximum. In den Cd-Kernen ungerader Masse wechseln die Spins der Grundzustände zwischen A = 109 und A = 111 von $5/2^+$ nach $1/2^+$. 2. Die Energie des 3^+-Zustands ist etwa gleich der Summe der ersten 2^+- und 4^+-Zustände. 3. Die reduzierte Übergangswahrscheinlichkeit vom Grund- zum ersten 2^+-Zustand hängt linear von der Energie zwischen diesen Zuständen ab. 4. Die reduzierten Übergangswahrscheinlichkeiten der γ-Linien $\gtrsim 1$ MeV zwischen den höher angeregten Zuständen sind viel kleiner als die der energiearmen Linien vom selben Zustand. — Diese Systematik wird versuchsweise nach dem Supraflüssigkeitsmodell des Kerns zu deuten versucht. D. Jörchel.

1-975 **A. P. Balachandran.** *On the value of the axial vector renormalization in β-decay.* Nuovo Cim. (10) **23**, 428—439, *1962*, Nr. 2. (16. Jan.) (Madras, Univ., Dep. Theor. Phys.) Es wird ein Modell untersucht, für das die Renormalisierung der β-Zerfallskopplungskonstanten G_A in allen Ordnungen der starken Wechselwirkung berechnet werden kann. Voraussetzung dazu ist, daß die LAGRANGE-Dichte der starken Wechselwirkung γ_5-Invarianz zeigt. Der Vf. findet $-G_A/G = -1$. Die nicht renormalisierte β-Zerfallswechselwirkung wäre dann V + A. H. Wegener.

1-976 **N. A. Burgow, A. W. Dawydow** und **G. R. Kartaschow.** *Vergleichsmessungen über die Form der β-Spektren von ^{198}Au und ^{69}Zn.* Sh. exp. teor. Fis. **41**, 1337—1339, *1961*, Nr. 5. (Orig. russ.) Mit Hilfe eines eisenfreien ringförmigen β-Spektrometers wurden unter identischen Bedingungen die β-Spektren von ^{198}Au und ^{69}Zn gemessen. Vom letzteren weiß man, daß es ein FERMI-Spektrum hat. Im Gebiet kleiner Energien (100—300 keV) wurden Unterschiede zwischen beiden Spektren beobachtet, die bei 100 keV (6,5 ± 0,5)% im FERMI-Diagramm erreichen, und zwar in dem Sinne, daß dem ^{198}Au-Spektrum in diesem Gebiet Elektronen fehlen. Bemerkenswert ist, daß im gleichen Energiebereich bereits früher eine Abweichung des longitudinalen Polarisationsgrades der β-Elektronen aus ^{198}Au von dem Wert v/c beobachtet wurden. H. Vogel.

1-977 **W. M. Lobaschow** und **W. A. Nasarenko.** *Untersuchung des ^{144}Pr-Zerfalls mit der βγ-Korrelation.* Sh. exp. teor. Fis. **41**, 1433—1437, *1961*, Nr. 5. (Orig. russ.) (Leningrad, Inst. Tech. Phys.) Infolge der Verletzung der Paritätserhaltung beim β-Zerfall sind einige Effekte in erlaubten Übergängen vorhanden, die eigentlich verschwinden sollten; Größe und Vorzeichen dieser Effekte hängen wesentlich von den Spins des Anfangs- und Endzustandes ab. Infolge der Reduktion der Anzahl der Matrixelemente auf höchstens zwei wird hierbei die Deutung der Ergebnisse eindeutig. Vff. untersuchen einen dieser Effekte, nämlich die Korrelation zwischen dem Impuls des β-Elektrons und der Zirkularpolarisation des γ-Quants beim Zerfall des ^{144}Pr. Aus dieser Korrelation erhält man Präzisierungen des Termschemas des ^{144}Pr und der Eigenschaften seiner Zustände. Zum Beispiel ergibt sich für den Grundzustand ein Wert 1^- für Spin und Parität statt des bisher angenommenen 0^-. Der Übergang zum Grundzustand ^{144}Nd ist also ein $1^- \rightarrow 0^+$-Übergang, wodurch die älteren Versuche zur Bestimmung einer möglichen pseudoskalaren Beimischung aus der Form des Spektrums hinfällig werden. Allgemein zeigt sich, daß die Untersuchung verbotener β-Übergänge manchmal keine eindeutigen Antworten liefert, wohl aber die beschriebene Methode, angewandt auf erlaubte Übergänge. H. Vogel.

1–978 **K. A. Baskowa, S. S. Wassiljew, No Sen-Chan** und **L. J. Schawtwalow.** *Zerfallsschema des ^{75}Br.* Sh. exp. teor. Fis. **41**, 1484–1486, *1961*, Nr. 5. (Orig. russ.) (Moskau, Univ., Inst. Kernphys.) Das Einteilchenmodell des Kerns beschreibt gewisse Quantengrößen gut, z. B. den Gesamtdrehimpuls und die Parität des Grundzustandes ungerader Kerne. Für einige Kerne, wie ^{75}Se, bestehen aber Diskrepanzen mit dem Experiment; dieser Kern hat im Grundzustand den Gesamtdrehimpuls 5/2 und ein anomal hohes Quadrupolmoment. Anscheinend spielt hier die Deformation der Kernoberfläche eine wesentliche Rolle. Vff. untersuchten die Positronen- und γ-Spektren des ^{75}Br mit einer Halbwertszeit von 100 ± 5 min. Das Positronenspektrum enthält drei Komponenten mit Grenzenergien von 1720, 1100 und 650 keV. Es wurden γ-Übergänge mit den Energien 285 und 620 keV beobachtet. Eine Untersuchung über die $\beta^+\gamma$-Koinzidenzen zeigte, daß zwischen dem Positronenübergang mit 1720 keV und dem γ-Übergang mit 235 keV eine zeitliche Korrelation besteht. Es wird ein Zerfallsschema für das ^{75}Br vorgeschlagen. H. Vogel.

1–979 **B. N. Sacharjew, N. I. Pjatow** und **W. I. Furman.** *Matrixelemente für β-Übergänge.* Sh. exp. teor. Fis. **41**, 1669–1672, *1961*, Nr. 5. (Orig. russ.) S. auch Phys. Abh. Sowjetunion N. F. **6**, 458, *1962*, Nr. 4. (Dubna, Verein. Kernforschungsinst.) Bei der Berechnung der Kern-Matrixelemente kann man die nicht im selbstkonsistenten Feld einbegriffenen Wechselwirkungen nach dem rechnerisch komplizierten Verfahren der „Konfigurationsmischung" berücksichtigen, fruchtbarer ist aber die BOGOLJUBOWsche Methode der Paarkorrelationen. Vff. berechnen die Matrixelemente für β-Übergänge auf Grund des Modells der unabhängigen Teilchen unter Berücksichtigung der Rest-Paarwechselwirkungen zwischen den Nukleonen (nn- und pp-Wechselwirkung von Nukleonen mit gleichen oder entgegengesetzten Drehimpulsprojektionen auf die Symmetrieachse des Kerns). Dabei beschränken sich die Vff. der Einfachheit halber auf erlaubte β-Übergänge in stark deformierten Kernen innerhalb des Modells von NILSSON. Die berechneten reduzierten Wahrscheinlichkeiten ft nach dem einfachen Modell der unabhängigen Teilchen weichen um zwei oder mehr Größenordnungen von der Erfahrung ab; eine Berücksichtigung der Paarkorrelationen nähert die theoretischen ft-Werte systematisch an die experimentellen an. H. Vogel.

1–980 **M. H. Biavati, S. J. Nassiff** and **C. S. Wu.** *Internal bremsstrahlung spectrum accompanying 1 S electron capture in decay of Fe^{55}, Cs^{131} and Tl^{204}.* Phys. Rev. (2) **125**, 1364–1372, *1962*, Nr. 4. (15. Febr.) (New York, Columb. Univ.) Innere Bremsstrahlung, gemessen in Koinzidenz mit den charakteristischen Röntgenstrahlen nach dem Einfang von 1 S-Elektronen (für Fe^{55} und Cs^{131}). Nachweis mit 1 × 1,5 Zoll und 2 mm × 1,5 Zoll NaJ-Kristallen, schnell-langsam Koinzidenz und 100-Kanalanalysator. Die Resultate stehen in guter Übereinstimmung mit der Theorie von MARTIN und GLAUBER. Für Cs^{131} wurde weiter das dem Einfang von 2 P-Elektronen folgende Spektrum durch Subtraktion des 1 S-Spektrums vom totalen Spektrum erhalten und steht ebenfalls im Einklang mit der Theorie. Die Wahrscheinlichkeit für innere Bremsstrahlung nach 1 S-Elektroneneinfang verglichen mit der Röntgenintensität ergibt $(1,5 \pm 0,8) \cdot 10^{-5}$ für Fe^{55} und $(1,4 \pm 1) \cdot 10^{-5}$, zum Vergleich die theoretischen Werte $2,0 \cdot 10^{-5}$ und 2,2

$\cdot 10^{-5}$. — Der Endpunkt des Spektrums bei 1 S Elektroneneinfang für Tl^{204} liegt bei 310 ± 10 keV. H. Münzer.

1-981 **Robert Vinh Mau.** *Contribution à l'étude théorique de l'effet du champ de Coulomb dans le rayonnement de freinage interne associé à la désintégration β.* Ann. Phys., Paris (13) **6**, 1493–1528, *1961*, Nr. 11/12. (Nov./Dez.) Die Theorie der internen Bremsstrahlung beim β-Zerfall von KNIPP und UHLENBECK stand im Widerspruch zu mehreren Messungen, da sie die COULOMB-Wechselwirkung zwischen dem Elektron und dem Kern völlig vernachlässigt. Da neuere Autoren entweder die BORNsche Näherung benutzten (LEWIS und FORD) oder nichtrelativistisch rechneten (GOLD und SPRUCH), wurde in dieser Arbeit versucht, den Einfluß des COULOMB-Feldes des Kernes völlig streng zu erfassen. Bei der Berechnung der Übergangswahrscheinlichkeit tritt eine Summation über die Zwischenzustände auf. Diese wurde durch Einführung einer GREENschen Funktion für die Elektronwellengleichung im COULOMB-Feld umgangen. Diese GREENsche Funktion wurde als Operator aufgefaßt, der auf die Spinorwellenfunktionen wirkt. Der Radialanteil der Lösungen führt auf BESSEL, WHITTAKER und konfluente hypergeometrische Funktionen, deren Reduktion auf hypergeometrische Reihen von 3 Veränderlichen gezeigt wird. Die Rechnungen wurden auf den Fall von S^{35} angewendet und numerische Resultate — die eine IBM 704 ermittelte — in Tabellenform angegeben. Die Rechnungen vermindern die Diskrepanz zwischen Theorie und Messungen, ohne sie jedoch völlig beseitigen zu können. P. Skarek.

1-982 **U. Fano.** *Effects of configuration interaction on intensities and phase shifts.* Phys. Rev. (2) **124**, 1866–1878, *1961*, Nr. 6. (15. Dez.) (Washington, D. C., Nat. Bur. Stand.) Es wird ein auf der Konfigurationswechselwirkung zwischen diskreten und kontinuierlichen Zuständen (Autoionisation) beruhendes theoretisches Verfahren entwickelt, das eine quantitative Auswertung der charakteristischen unsymmetrischen Linien in Anregungsspektren gestattet. Angewendet wird das Verfahren auf die Analyse des autoionisierten 2 s 2 p ^{1}P-Niveaus von He, dessen Anregung durch unelastischen Elektronenstoß von SILVERMAN und LASSETTRE beobachtet wurde. — Weiterhin ist die Theorie für die Konfigurationswechselwirkung von einem diskreten Zustand mit 2 oder mehreren Kontinua und von einem Satz diskreter Zustände mit einem Kontinuum durchgeführt. Außerdem ist in einem Anhang die Störung einer RYDBERG-Serie diskreter Niveaus durch Wechselwirkung mit einem Niveau einer anderen Konfiguration behandelt und die Verbindung zur Theorie der Vielkanal-Resonanzstreuung aufgezeigt. G. Weber.

1-983 **Levente Szász.** *Atomic many-body problem. I. General theory of correlated wave functions.* Phys. Rev. (2) **126**, 169–181, *1962*, Nr. 1. (1. Apr.) (Haverford, Penn., Coll., Strawbridge Obs.) Es wird eine Methode zur Berechnung angenäherter Lösungen der SCHRÖDINGER-Gleichung mit Wellenfunktionen vom HYLLERAAS-Typ für Atome mit vielen Elektronen entwickelt. Damit wird eine allgemeine Theorie atomarer Wellenfunktionen geliefert, die explizit von den Abständen zwischen den Elektronen abhängen. Die Wellenfunktion hat die folgenden Eigenschaften: 1. Sie wird identisch der exakten Lösung des Vielkörperproblems, wenn die Vielelektronen-Funktionen nach einem vollständigen Satz von SLATER-Determinanten entwickelt werden. 2. Sie stellt Überlagerungen von Konfigurationen dar, wenn man die Vielelektronen-Funktionen in Form einer Linearkombination eines endlichen Satzes von Determinanten schreibt. Ferner werden allgemeine Formeln für die Matrixelemente des HAMILTON-Operators in bezug auf die korrelierten Funktionen hergeleitet. Besonders diskutiert wird die Näherung, die nur Zweielektronen-Korrelationen enthält. R. Klein.

1-984 **Levente Szasz.** *On the evaluation of integrals occurring in the theory of the correlated electronic wave functions.* J. chem. Phys. **35**, 1072–1076, *1961*, Nr. 3. (Sept.) (Haverford, Penn., Coll., Strawbridge Obs.) Die Methode von HYLLERAAS zur Berechnung der Wellenfunktion von Mehrelektronenatomen wurde bisher nur bis zu 3 Außenelektronen angewandt. Der Vf. zeigt, daß die einfachste Verallgemeinerung dieser Methode für beliebige Elektronenzahlen zu sechs- bzw. neundimensionalen Integralen führt. Es wird gezeigt, daß die neundimensionalen Integrale nach einem ähnlichen Verfahren behandelt werden können, wie die Integrale von HYLLERAAS und BREIT. H. H. Brömer.

1–985 **A. F. Kapustinskii.** *On the theory of isomorphism.* Soviet Phys.-Cryst. **6**, 326 bis 329, *1961*, Nr. 3. (Nov./Dez.) (Engl. Übers. aus: Kristallografija **6**, 413–417, *1961*, Nr. 3.) (Moscow, Chem. Technol. Inst.) Unter Anwendung des Tropfenmodells über den Atomaufbau wird die Isomorphie als Ionenaustausch im Kristallgitter betrachtet. Aus der Grundgleichung dieses Modells, die einen Zusammenhang des effektiven Ionenradius r mit dem Elektronenradius R_0, der Dicke der Elektronenschale δ, der Hauptquantenzahl n und der Ionenladung η gibt, wird für gleiche Ionenradien $r_1 = r_2$ zweier Ionen verschiedener Ladung und Quantenzahl die Isomorphiebedingung $n_1 - n_2 = \eta_1 - \eta_2$ abgeleitet. Es wird gezeigt, daß die Gleichung genau die bekannten Schrägbeziehungen im Periodischen System der Elemente und deren Isomorphiesubstitutionen (heterogene Isomorphie erster Ordnung) wiedergibt. Als heterogene Isomorphie zweiter Ordnung, die nicht dieser Gleichung gehorcht, wird das Phänomen bezeichnet, wenn die Summen von Kationen- und Anionenradien gleich sind (z. B. bei Ba^{2+} (1,43 Å) — SO_4^{2-} (2,30 Å) und K^+ (1,33 Å) — MnO_4^- (2,40)) und auf Grund dessen Isomorphiesubstitutionen ermöglicht werden; jedoch dürfen sich auch hier die einzelnen Ionenradien nicht um mehr als 20% unterscheiden. H. Pförtner.

1–986 **Christopher M. Wilson** and **Matthew P. Thekaekara.** *Ultraviolet spectrum of Ti I.* J. opt. Soc. Amer. **51**, 289–297, *1961*, Nr. 3. (März.) (Washington, D. C., Georgtown Univ.) Im Spektralbereich von 2117–3072 Å wurden die Wellenlängen von 214 Ti I-Linien mit einer Genauigkeit von 0,005 Å gemessen und klassifiziert. 62 dieser Linien sind bisher nicht beobachtet worden. Bei der Klassifikation leistete ein Computer gute Dienste. J. Richter.

1–987 **Lennart Minnhagen.** *(^3P) nf levels of Cl I.* J. opt. Soc. Amer. **51**, 298–302, *1961*, Nr. 3. (März.) (Lund, Univ., Phys. Lab.) 16 Niveaus im Termschema des neutralen Chlors wurden als (^{3}P) 4 f-, 5 f- und 6 f-Niveaus identifiziert. Die (^{3}P) 4 f- und (^{3}P) 5 f-Konfigurationen sind damit vollständig. Die fehlenden Niveaus der (^{3}P) 6 f-Konfiguration werden berechnet. Aus der (^{3}P) nf-Serie ergibt sich die Ionisationsgrenze zu 104591 cm^{-1}. J. Richter.

1–988 **S. Legowski.** *Calcul de la forme du profil de la raie de résonance du mercure élargie par l'argon basé sur la théorie de Jablonski.* J. Phys. Radium **22**, 154–158, *1961*, Nr. 3. (März.) (Torun, Univ., Inst. Phys.) Zweck der Arbeit ist die möglichst genaue Berechnung der Intensitätsverteilung der Hg-Linie 2537 Å, die durch Argon verbreitert wird, über einen möglichst großen Bereich und ein Vergleich der erhaltenen Verteilung mit der Erfahrung. Die Wechselwirkung zwischen Hg und A wird durch ein Lennard-Jones-Potential beschrieben, dessen Parameter aus in der Literatur gegebenen thermodynamischen und spektroskopischen Daten ermittelt werden. Die theoretischen Ergebnisse werden mit experimentellen Daten von Michel verglichen; sie sind in guter Übereinstimmung mit diesen. G. Weber.

1–989 **Armin Meisel** und **Wadim Nefedow.** *Röntgen-K- und L_{III}-Niveaubreiten.* Ann. Phys., Lpz. (7) **9**, 48–52, *1961*, Nr. 1/2. (Leipzig, Univ., Phys.-Chem. Inst.) Aus theoretischen Überlegungen und unter Benutzung experimenteller Werte für die K-Niveaubreiten und $K\alpha_1$-Halbwertsbreiten wurde die Abhängigkeit der K- und L_{III}-Niveaubreiten (in eV) von der Ordnungszahl Z ermittelt. Für Z > 36 ergab sich: $(\Delta E)_K^{1/4} = 0{,}035 \cdot (Z - 1{,}2)$, $(\Delta E)_{L_{III}}^{1/4} = 7{,}15 \cdot 10^{-3} (Z + 128{,}5)$. Für $Z \leqq 36$: $(\Delta E)_K^{1/4} = 0{,}0166 \cdot (Z + 37{,}1)$, $(\Delta E)_{L_{III}}^{1/4} = 0{,}0248 \cdot (Z + 11{,}6)$. Vergleiche mit dem Experiment und mit anderen Berechnungen von Niveaubreiten werden angestellt. A. Meisel.

1–990 **Armin Meisel** und **Wadim Nefedow.** *Beitrag zur Multiplettstruktur von Röntgenemissionslinien.* Ann. Phys., Lpz. (7) **9**, 53–61, *1961*, Nr. 1/2. (Leipzig, Univ., Phys.-Chem. Inst.) Die Arbeit enthält ein mögliches Schema zur Multiplettstruktur. Bisherige Angaben über die Aufspaltung von Röntgenemissionslinien werden diskutiert; die Aufspaltung der Cr $K\alpha_1$-Linie von Cr_2O_3 konnte experimentell bestätigt werden. — Folgende empirischen Tatsachen, die für die Multiplettstruktur der Röntgenspektren sprechen, werden angeführt: 1. Es ist unmöglich, jedem Energieniveau eine solche Breite zuzuschreiben, daß sich alle Linienbreiten (Halbwertsbreiten) als Summe der Breiten der an den entsprechenden Elektronenübergängen beteiligten Energieniveaus darstellen lassen. 2. Es besteht eine weitgehende Analogie zwischen Spindublettabständen und Linienbreiten. Für das Verhältnis von Dublettaufspaltung eines der an der Entstehung der betreffenden Linie beteiligten Niveaus zur Halbwertsbreite dieser Linie erhält man über einen großen Bereich der Ordnungszahlen eine lineare Beziehung, die lediglich im Bereich der Übergangselemente gestört ist. Mit Hilfe der abgeleiteten Gleichungen wurden „ungestörte“ $K\alpha$-Dublettabstände und „ungestörte“ $K\alpha_1$-Halbwertsbreiten für die Übergangselemente berechnet; letztere stimmen mit auf zwei anderen Wegen erhaltenen Werten gut überein. 3. Die Abhängigkeit der Form und Breite der Röntgenemissionslinien von den Anregungsbedingungen zeigt, daß die Niveaubreiten sehr empfindlich gegenüber der Anregungsart der Linien sind, was die Multiplettstruktur wahrscheinlich macht. A. Meisel.

1-991 **J. N. Singh.** *Fine structure of the X-ray K-absorption edge of Fe.* Physica **28**, 131–132, *1962*, Nr. 2. (Febr.) (Lucknow, India, Univ., Dep. Phys.) BOROVSKII und SHMIDT (Soviet Phys. Dokl. **4**, 855, *1960*) hatten gefunden, daß bei Fe(α) und Fe(γ) die Lage des ersten Absorptionsmaximums von Röntgenstrahlung an der K-Kante genau den Werten des charakteristischen Energieverlustes bei Elektronenstreuung entspricht und daraus gefolgert, daß Plasma-Oszillationen der Valenzelektronen für diese Effekte verantwortlich sind. Der Vf. zeigt, daß die auf dem Bändermodell basierende KRONIG-HAYASIsche Theorie der Feinstruktur der Absorptionskanten von Röntgenstrahlung ebenfalls die bisher beim Eisen beobachtete Feinstruktur der K-Kante und die charakteristischen Energieverluste bei Elektronenstreuung wiedergibt. W. Fischer.

1-992 **G. Nöldeke** und **G. D. Saksena.** *Die relative Isotopenlage des Os^{184}.* Z. Phys. **166**, 216–219, *1962*, Nr. 2. (5. Jan.) (Heidelberg, Univ., I. Phys. Inst.) Unter Verwendung einer Probe von 3 mg Os, in der das Isotop Os^{184} bis zu 2,25% angereichert war, wurde die Isotopieverschiebung zwischen Os^{192} und Os^{184} an zwei verschiedenen OsI-Linien mit einem registrierenden FABRY-PEROT-Interferometer gemessen. Es wurde folgendes Ergebnis für die relative Isotopieverschiebung gefunden: $\Delta\nu(Os^{192} - Os^{184})/\Delta\nu(Os^{192} - Os^{190}) = 4{,}80 \pm 0{,}05$. H. Walther.

1-993 **Matthias Elbel** und **Wolfgang Fischer.** *Zur Isotopieverschiebung im Silber I- und II-Spektrum.* Z. Phys. **166**, 504–509, *1962*, Nr. 5. (12. Febr.) (Marburg, Univ., Phys. Inst.) Unter Verwendung elektromagnetisch getrennter Isotope wurde im Ag I-Spektrum die Isotopieverschiebung der Übergänge zwischen den Konfigurationen $4\,d^{10}\,5\,p - 4\,d^{10}\,6\,s$, 7 s, 5 d, 6 d und im Ag II-Spektrum zwischen den Konfigurationen $4\,d^9\,6\,s - 4\,d^9 6\,p$ und $4\,d^9\,5\,p - 4\,d^8\,5\,s^2$ untersucht. Innerhalb der erreichten Meßgenauigkeit konnte kein Kopplungseffekt gefunden werden. Für die Isotopieverschiebungskonstante ergab sich der Wert $34 \cdot 10^{-3}\,cm^{-1}$. H. Walther.

1-994 **D. A. Goodings.** *Exchange polarization effects in hyperfine structure.* Phys. Rev. (2) **123**, 1706–1714, *1961*, Nr. 5. (1. Sept.) (Cambridge, Univ., Roy. Soc. Mond. Lab.) Die uneingeschränkte HARTREE-FOCK-Methode wird zur Berechnung der Austauschpolarisation der Rumpfelektronen durch äußere ungepaarte Elektronen für Li (^2S, ^2P), Be (^3P), B (^2P), N (^4S), F (^2P), Na (^2S, ^2P), Cl (^2P) und K (^2S) angewendet. Für dieselben Zustände werden damit Hyperfeinstruktur-Parameter berechnet und die zugehörigen Hyperfeinstruktur-Konstanten und die nach dem gewöhnlichen HARTREE-FOCK-Verfahren gewonnenen mit experimentellen Resultaten verglichen. Außerdem wird darauf hingewiesen, daß Austauschpolarisation auch bei festen Körpern wichtig ist (z. B. beim KNIGHT-shift in Metallen, bei Hyperfeinstrukturfeldern in ferromagnetischem Material, bei der Analyse von Elektronspin-Resonanzdaten von Farbzentren). — Geschlossen wird mit einer Diskussion erfolgloser Versuche, Rumpfpolarisation durch störungstheoretische Entwicklungsmethoden zu erfassen. G. Weber.

1-995 **André Bottreau** et **Serge Nahon.** *Variation avec la température du spectre hyperfin de la poudre polycristalline de glycocolle irradié aux rayons γ.* J. Phys. Radium **23**, 131–132, *1962*, Nr. 2. (Febr.) (Bordeaux, Fac. Sci., Lab. Opt. Ultrahertzienne.) Im paramagnetischen Resonanzspektrum von polykristallinem Glykokoll wird nach einer γ-Bestrahlung (ca. $4 \cdot 10^6$ Röntgen) eine Hyperfeinstruktur beobachtet. Die Temperaturabhängigkeit des Spektrums wird im Bereich von + 20 bis —170°C untersucht. Bei f = 8840 MHz liegt von +20° bis —80°C ein Quintett vor (Linienabstände 17 und 19 Gauß), unter —80°C ein Triplett (35 Gauß), welches bei ca. —110°C in ein Quartett (18 und 25 Gauß) aufspaltet. W. Heiland.

1-996 **B. G. Skinner.** *Effect of $2p_0 - 2p_{\pm 1}$ coupling on the cross section for excitation of the 1s — 2p transition of atomic hydrogen by proton and alpha particle impact.* Proc. phys. Soc. Lond. **79**, 717—720, *1962*, Nr. 510 (Nr. 4). (1. Apr.) (Belfast, Univ., Dep. Appl. Math.) In die störungstheoretische Berechnung des Wirkungsquerschnitts für den Prozeß H (1 s) + H^+ (oder He^{++}) → H (2 p) + H^+ (oder He^{++}) wird die Möglichkeit einer 2 p_0 — 2 $p_{\pm 1}$ Kopplung eingeschlossen. Dadurch erhöht sich der Wirkungsquerschnitt für den 1 s — 2 p-Übergang von 1,57 πa_0^2 auf 1,67 πa_0^2 für Stöße mit H^+ und von 5,35 πa_0^2 auf 6,02 πa_0^2 für Stöße mit He^{++}. Der Beitrag der separaten Komponenten 1 s — 2 p_0 und 1 s — 2 $p_{\pm 1}$ ist dagegen sehr viel größer. K. Bethge.

1-997 **François Gires** et **Guy Mayer.** *Influence de divers procédés d'excitation optique sur les populations des niveaux d'énergie des ions Cr^{3+} du rubis.* J. Phys. Radium **22**, 832—834, *1961*, Nr. 12. (Dez.) (Corbeville, C. S. F., Dép. Phys. Appl.) Am Beispiel des Rubins werden zwei Methoden zur optischen Messung des Besetzungsgrades verschiedener Elektronenniveaus fluoreszierender Kristalle mit Hilfe periodischer und kurzzeitiger Anregung beschrieben. — Einen relativ schwachen Effekt erzielt man durch Bestrahlung der Probe mit einer 100 Hz-Xenonlampe, wodurch der Besetzungsgrad des Grundzustandes periodisch geändert wird. Ein periodisch doppelbrechend wirkender $NH_4H_2PO_4$-Kristall erzeugt eine Modulationsfrequenz zwischen 50 und 500 kHz. Aus den gemessenen Amplitudenänderungen und Frequenzverschiebungen läßt sich auf die Lebensdauer eines Anregungszustandes und den Besetzungsgrad schließen. Auf diese Weise erhält man für einen Rubinkristall von 5 × 5 × 12 mm³ eine mittlere periodische Abnahme des Besetzungsgrades im Grundzustand von $5,7 \cdot 10^{-4}$. — Wesentlich größere Werte in der Abnahme des Besetzungsgrades (in der Größenordnung von 10^3) erzielt man mit einer anderen Anordnung, bei der anstelle der 100 Hz-Lampe ein Laser verwendet wird. Für den minimalen Besetzungsgrad wird hierbei 79% bei 4,3 kJ und 75% bei 4,7 kJ gefunden. H. Pförtner.

1-998 **E. Ostaszewicz.** *Absorption in thallium bromide vapour.* Acta phys. polon. **20**, 455—461, *1961*, Nr. 5/6. (Bialystok, Evening School Engng.) O. Wegner.

1-999 **Mihai Gavrila.** *Relativistic L-shell photoeffect.* Phys. Rev. (2) **124**, 1132—1141, *1961*, Nr. 4. (15. Nov.) (Bucharest, Parhon Univ., Dep. Phys.) Differentielle und totale Wirkungsquerschnitte werden berechnet und diskutiert für die L_I-Unterschale bis zur 1. Ordnung in αZ und für die L_{II}- und L_{III}-Unterschale in 0. Ordnung. Um die Matrixelemente genähert analytisch berechnen zu können, werden unabgeschirmte COULOMB-Spinorwellenfunktionen verwendet und Abschirmungseffekte gesondert diskutiert, wobei sich zeigt, daß in der niedrigsten Ordnung in αZ die COULOMB-Matrixelemente durch einen bestimmten konstanten Faktor korrigiert werden können. Für die Kontinuumszustandsfunktion des abgelösten Elektrons ist die BORNsche Näherung angewendet worden. Die Wirkungsquerschnitte reduzieren sich im nichtrelativistischen und im extremrelativistischen Grenzfall auf bekannte, in anderer Weise ermittelte Resultate; dabei wird deutlich, daß die in dieser Arbeit gewonnenen Formeln nur für leichte Elemente (niedrige Z) zutreffen. G. Weber.

1-1000 **I. P. Flax, G. M. Ogurzow** und **N. W. Fedorenko.** *Ionisierung bei Stößen von Ne^{n+} mit Xe und von Xe^{n+} mit Ne (n = 0, 1, 2, 3, 4).* Sh. exp. teor. Fis. **41**, 1438—1442, *1961*, Nr. 5. (Orig. russ.) (Leningrad, Inst. Tech. Phys.) Vff. messen die integralen Bildungsquerschnitte für freie Elektronen als totale Ionisierungsquerschnitte (σ) bei Einfachstößen schneller mehrfach geladener Ne-Ionen mit Xe-Atomen und schneller Xe-Ionen mit Ne-Atomen (Ionenwertigkeiten 0—4 bei Beschleunigungsspannungen von 3—30 kV). Man findet, daß mit wachsender Ladung n des schnellen Teilchens der Querschnitt σ_- für Ne^{n+}–Xe steigt, dagegen für Xe^{n+}–Ne fällt. Eine solche Ladungsabhängigkeit läßt sich erklären, wenn man von einer Analyse der Elementarprozesse ausgeht, in denen die Elektronen aus den Hüllen der beiden stoßenden Teilchen befreit werden. Die Vergrößerung des Querschnittes mit steigender Ladung des schnellen Teilchens beruht auf der Möglichkeit, exotherme Ionisierungsprozesse mit Einfang zu realisieren. Die Abhängigkeit hat entgegengesetzten Charakter, wenn Ionisierungsprozesse mit Einfang endotherm sind und Vorgänge mit einem Abstreifen von Elektronen vom schnellen Teilchen den Hauptbeitrag zum Querschnitt liefern. H. Vogel.

1-1001 **R. K. Peterkop.** *Berücksichtigung der Interferenz bei der Ionisierung eines Wasserstoffatoms durch Elektronen.* Sh. exp. teor. Fis. **41**, 1938—1939, *1961*, Nr. 6. (Orig. russ.) Wie Vf. früher gezeigt hat (Ber. **41**, Nr. 3—846, *1962*), läßt sich bei der Ionisierung des Wasserstoffatoms durch Elektronen der Austauscheffekt auf einen quantenmechanischen Interferenzeffekt zurückführen. Er beruht darauf, daß die Symmetrisierung der Wellenfunktion nach dem PAULI-Prinzip zu einer Interferenz derjenigen Streufälle führt, die sich durch eine Vertauschung der Elektronen im Anfangs- oder Endzustand unterscheiden. Vom Ionisationsquerschnitt ohne Austausch ist dann ein Interferenzanteil abzuziehen. Dieses Interferenzglied wird jetzt in BORNscher Näherung berechnet, und zwar mit einer elektronischen Rechenmaschine. Eine Berücksichtigung der Interferenz kann, wie die Ergebnisse zeigen, die Übereinstimmung des BORNschen Querschnitts mit dem Experiment erheblich verbessern. H. Vogel.

1-1002 **T. Tietz.** *Analytical formula for continuous absorption coefficient of the hydrogen negative ion.* Phys. Rev. (2) **124**, 493—495, *1961*, Nr. 2. (15. Okt.) (Lódź, Univ., Dep. Theor. Phys.) Um einen analytischen Ausdruck für den Absorptionskoeffizienten zu gewinnen, werden die Grundzustandswellenfunktion des H^- und die p-Partialwelle des Kontinuums auf Grund des Potentials $V(r) = -b e^{-ar}/(1 - e^{-ar})$ mit $a = 2{,}3$ und $b = 2{,}5$ bestimmt. Die erhaltene Formel gibt Werte für den Absorptionskoeffizienten, die mit denen von CHANDRASEKHAR vergleichbar sind, der eine Grundzustandsfunktion mit 11 Parametern und das Dipol-Geschwindigkeitsmatrixelement benutzte. Die numerischen Resultate stehen im Einklang mit den numerischen Berechnungen von GELTMAN. G. Weber.

1-1003 **W. Demtröder.** *Bestimmung von Oszillatorenstärken durch Lebensdauermessungen der ersten angeregten Niveaus für die Elemente Ga, Al, Mg, Tl und Na.* Z. Phys. **166**, 42—55, *1961*, Nr. 1. (18. Dez.) (Bonn, Univ., Phys.-Inst.) Zur Messung der Lebensdauer eines angeregten Atomzustandes wird der Dampf des betreffenden Elementes periodisch mit hochfrequent moduliertem Licht bestrahlt. Moduliert wird durch eine stehende Ultraschallwelle. Gemessen wird die Phasenverschiebung φ zwischen dem anregenden Primärlicht und dem von den angeregten Atomen ausgesandten Resonanzfluoreszenzlicht, die mit der mittleren Lebensdauer T_m zusammenhängt: $T_m = \mathrm{tg}\varphi/2\pi f$ (f = Modulationsfrequenz). Das Fluoreszenzlicht wird durch einen Quarzspektrographen ausgesondert und durch einen Multiplier nachgewiesen. Durch schmale Quarzfilter wird das kleine Signal aus dem Rauschuntergrund hervorgehoben. Die Meßgenauigkeit der Apparatur ist etwa $3 \cdot 10^{-11}$ sec. Die gemessenen Lebensdauern sind (in 10^{-8} sec): Ga 0,988; Al 0,643; Tl 0,866; Mg 0,329; Na 1,59. Daraus werden die Oszillatorenstärken berechnet. Durch Vergleich der relativen Absorption wurden für Ga und Al auch die f-Werte der höher angeregten Niveaus bestimmt. Beim Natrium wurde außerdem die Abhängigkeit der Lebensdauer des 3 P-Terms vom Druck beigefügter Fremdgase untersucht. Für Stickstoff als Fremdgas ergab sich ein Wirkungsquerschnitt für die Auslöschung der Resonanzfluoreszenz von $Q = 43 \cdot 10^{-16}\,\mathrm{cm}^2$, für Helium $Q = 0{,}34 \cdot 10^{-16}\,\mathrm{cm}^2$. W. Demtröder.

1-1004 **Charles Schwartz.** *Lamb shift in the helium atom.* Phys. Rev. (2) **123**, 1700 bis 1705, *1961*, Nr. 5. (1. Sept.) (Stanford, Calif., Univ., Inst. Theor. Phys., Dep. Phys.) Die Rechnungen von KABIR und SALPETER (Ber. **37**, 1984, *1958*) werden unter Verwendung einer anderen Näherungsmethode wiederholt. Während erstere jeden angeregten Zustand gesondert annähern, wird hier eine Variationsrechnung für die vollständige Störungsfunktion zu jedem Energiewert des virtuellen Photons durchgeführt. Für die

Ionisierungsenergie des He wird 198310,685 $\pm$ 0,005 cm^{-1} (exp. 198310,82 $\pm$ 0,15) gefunden; weiterhin werden im Anhang Hinweise zur Konstruktion von höheren Drehimpuls-Eigenfunktionen des 3-Körper-Problems gegeben. G. Weber.

1–1005 **H. F. Berg, A. W. Ali, R. Lincke** and **H. R. Griem.** *Measurement of Stark profiles of neutral and ionized helium and hydrogen lines from shock-heated plasmas in electromagnetic T tubes.* Phys. Rev. (2) **125**, 199—206, *1962*, Nr. 1. (1. Jan.) (College Park, Md. Univ.) Aus dem Spektrum einer magnetisch getriebenen Stoßwelle ergeben sich einmal Temperatur und Elektronendichte, zum anderen die Linienprofile und Verschiebungen von He I-, He II- und den Balmer-Linien. Der Vergleich der Linienbreiten und -verschiebungen zeigt in den meisten Fällen eine gute Übereinstimmung mit der Theorie. J. Richter.

1–1006 **Toshiharu Tako.** *Self-absorption of spectral line.* J. phys. Soc. Japan **16**, 2016 bis 2032, *1961*, Nr. 10. (Okt.) (Tokyo, Nat. Res. Lab. Metrol.) Zur Diskussion der Form von Spektrallinien mit Selbstabsorption werden einige Modelle mit verschiedenen Verteilungen der emittierenden und absorbierenden Atome in einer zylindrischen Entladungsröhre herangezogen. Dabei wird festgestellt, daß das einfachste Modell, bei dem angenommen wird, daß die absorbierenden Atome gleichmäßig und die emittierenden linear von der Achse nach außen abnehmend verteilt sind, bereits alle wesentlichen Züge selbstabsorbierender Linien wiedergibt. — Die mittels eines direkt registrierenden Fabry-Perot-Interferometer aufgenommenen, im Sichtbaren liegenden Triplettlinien von Hg^{198} und Cd^{114} in elektrodenlosen Lampen können genähert durch das Modell erfaßt werden, bei dem die Dichte der emittierenden Atome vom Maximum in der Mitte linear auf null an der Wand abfällt. G. Weber.

1–1007 **Peter Toschek.** *Ein Bezugsquerschnitt für die Streuung neutraler Moleküle.* Z. Naturf. **17a**, 357, *1962*, Nr. 4. (Apr.) (Bonn, Univ., Phys. Inst.) Der Streuquerschnitt von Kalium in Argon wird als Bezugsquerschnitt bei Relativmessungen der Streuung neutraler Moleküle vorgeschlagen, da er leicht reproduzierbar ist und schon öfters gemessen wurde. Eine Berücksichtigung der Geschwindigkeitsabhängigkeit ergab aus mehreren in der Literatur angegebenen Messungen den Mittelwert $Q_{K-Ar} = 655$ Å^2 (bei $T_K = 500°$ K). P. Lohse.

1–1008 **A. Temkin** and **J. C. Lamkin.** *Application of the method of polarized orbitals to the scattering of electron from hydrogen.* Phys. Rev. (2) **121**, 788—794, *1961*, Nr. 3. (1. Febr.) (Washington, Nat. Bur. Stand.) Berechnung der s-, p- und d-Wellenstreuung langsamer Elektronen an atomarem Wasserstoff mit der Methode der polarisierten Bahnen (Fortsetzung der Arbeit A. Temkin, Ber. **40**, Nr. 2—926, *1961*). Mit Hilfe einer von Omidvar angegebenen Transformation wird die numerische Auswertung der entstehenden Integro-Differentialgleichungen vereinfacht. Tabellarische und graphische Darstellung der Ergebnisse für k-Werte bis 1,0 (entspr. 13,6 eV). Es zeigt sich, daß die s-Wellenstreuung kleiner ist, als sie durch die Austauschnäherung gegeben wird. Die Streulängen liegen innerhalb der von Rosenberg, Spruch und O'Malley angegebenen Grenzen. Die d-Wellenverschiebungen sind zu klein, als daß sie eine Resonanz des totalen Wirkungsquerschnittes erklären könnten. Jedoch sind sie viel größer als die der Austausch- oder Bornschen Näherung und für eine beträchtliche Struktur in den differentiellen Wirkungsquerschnitten verantwortlich. Die p-Wellenverschiebungen nehmen durch die Polarisationseffekte nur unwesentlich zu. Befriedigende Übereinstimmung der Ergebnisse mit Messungen von Gilbody, Stebbing und Fite. J. Kessler.

1–1009 **B. A. Lippmann** and **H. M. Schey.** *Optical-model analysis of low-energy electron-hydrogen scattering.* Phys. Rev. (2) **121**, 1112—1118, *1961*, Nr. 4. (15. Febr.) (Livermore, Calif., Univ., Lawrence Radiat. Lab.) Versuch, das in der Kernphysik sehr erfolgreiche optische Modell auf die Streuung an der Atomhülle anzuwenden. Reduktion der Elektron-Wasserstoff-Streuung auf ein Einkörperproblem durch Benutzung eines dem optischen Modell entsprechenden Potentials. Der Einfluß des Pauli-Prinzips und die elastische Streuung im Triplett-Zustand werden quantitativ untersucht. Numerische Auswertung und graphische Darstellung der Wirkungsquerschnitte bis 14 eV und der s-Wellenverschiebung bis 10 eV. Für ein optisches Potential langer Reichweite ist der Einfluß des PAULI-Prinzips gering. Für ein optisches Potential kurzer Reichweite bewirkt jedoch das PAULI-Prinzip eine Vergrößerung des Wirkungsquerschnittes bei der Energie 0 um eine Zehnerpotenz. — Die Ergebnisse bezüglich der elastischen Streuung sind unbefriedigend. Vff. führen das auf die inkonsistente Anwendung des optischen Modells zurück. Eine konsistentere Anwendung dieses Modells ist äquivalent dem heuristischen Vorgehen von MARTIN, SEATON und WALLACE und liefert deshalb die Begründung des Verfahrens jener Autoren, das Streulängen liefert, die in der Nähe der von ROSENBERG, SPRUCH und O'MALLEY angegebenen oberen Grenzen liegen. J. Kessler.

1–1010 **Peter R. Fontana.** *Theory of long-range interatomic forces. I. Dispersion energies between unexcited atoms.* Phys. Rev. (2) **123**, 1865–1870, *1961*, Nr. 5. (1. Sept.) Durch Anwendung des Formalismus der irreduziblen Tensoren und der Drehimpulstheorie wird eine allgemeine Theorie der Dispersionskräfte 2. Ordnung zwischen Atomen in nichtentarteten Grundzuständen entwickelt. Für die Wechselwirkung zwischen Edelgasatomen wird angenommen, daß sich jedes Elektron im Zustand eines 3-dimensionalen harmonischen Oszillators befindet, und für Alkaliatome wird ein wasserstoffähnlicher Zustand vorausgesetzt. Es werden die wichtigsten Wechselwirkungskonstanten der Dispersionsenergie für einige Atome und Molekeln und die theoretischen Werte der Polarisierbarkeiten der Alkalien im Vergleich zu den experimentellen Werten in Tabellen angegeben. Bemerkenswert ist, daß die Dipol-Oktupol-Beiträge vielfach größer als die Quadrupol-Quadrupol-Terme herauskommen. G. Weber.

1–1011 **Peter R. Fontana.** *Dasselbe. II. First-order interaction energies in the uncoupled representation.* Ebenda S. 1871–1881. (New Haven, Connect., Yale Univ., Sloane Lab.) Allgemeine Methoden zur Berechnung der Matrixelemente zwischen zwei beliebigen Zuständen und für irgendeine Multipolordnung werden entwickelt. Die Resultate werden durch verallgemeinerte hypergeometrische Funktionen dargestellt. Als Hilfsmittel zur Ordnung der Säkulardeterminante und zur Klassifizierung der Molekelzustände dienen Wechselwirkungsdiagramme. Es werden nur solche Systeme betrachtet, in denen Spin-Bahn-Wechselwirkungseffekte vernachlässigbar sind. Angewendet wird die Theorie auf die Resonanzwechselwirkung zwischen einem Alkaliatom im Grundzustand und einem in angeregten Zuständen und auf die Wechselwirkung zwischen Alkaliatomen in angeregten Zuständen. Für letztere ist bemerkenswert, daß Resonanzkräfte weniger bestimmend sind, während Konfigurationswechselwirkungen und Kräfte, die durch einfache Produkt-Zustandsfunktionen erhalten werden, mehr an Bedeutung gewinnen. G. Weber.

1–1012 **H. G. Dehmelt** and **F. G. Major.** *Orientation of $(He^4)^+$ ions by exchange collisions with cesium atoms.* Phys. Rev. Letters **8**, 213–214, *1962*, Nr. 5. (1. März.) (Seattle, Wash., Univ., Dep. Phys.) Vff. hielten $(He^4)^+$-Ionen in einem elektromagnetischen Quadrupolfeld räumlich fest und orientierten die Ionen durch Austausch-Kollisionen mit orientierten Cäsium-Atomen. Der Ionenkäfig war ähnlich dem von E. FISCHER (Ber. **39**, Nr. 6–639, *1960*) beschriebenen. Die Ionen wurden im Käfig durch einen gepulsten Elektronenstrom erzeugt, der von außen eingeschossen wurde. Das resonante Hochfrequenz-Absorptionssignal, das von den axialen Oszillationen der Ionen im Käfig herrührte, diente als Nachweis der Zahl der stabilisierten Ionen. Durch Variieren des Zeit-Intervalls zwischen der Erzeugung der Ionen und ihres Nachweises wurde ihre Lebenszeit in dem Käfig zu etwa 8 s bei einem Restgasdruck von etwa $3 \cdot 10^{-8}$ mm Hg bestimmt. Die Orientierung der He^+-Ionen im Ionen-Käfig geschah auf folgende Weise: Aus einem Cäsium-Resonanzgefäß strömten Cäsium-Atome, die zurvor mittels optischer Pumpe orientiert wurden, in den Ionenkäfig und durch Austausch-Kollisionen konnten die He^+-Ionen orientiert werden. Der Nachweis der Polarisation der He^+-Ionen geschah auf Grund der Abhängigkeit der Lebensdauer der Ionen von der Polarisation der Cäsium-Atome, die sich bei den Austausch-Kollisionen änderte. Als maximaler Polarisationsgrad der He^+-Ionen wurde $P = 0{,}3$ erhalten. In Vorbereitung ist ein analoges Experiment zur Untersuchung der $(\Delta F = \pm 1)$-Hyperfeinstruktur-Übergänge des He^3-Ions. H. Kleinpoppen.

1–1013 **J. B. Hasted** and **A. R. Lee.** *The near-adiabatic criterion in charge transfer collisions.* Proc. phys. Soc. Lond. **79**, 702–709, *1962*, Nr. 4 (Nr. 510). (1. Apr.) (London, Univ. Coll.) Berechnet man für die beim Stoß zweier Atome auftretenden Umladungsprozesse aus der Maximumsbedingung der MASSEYschen Adiabatenhypothese $a \cdot |\Delta E_\infty| / h \cdot v = 1$ den Wechselwirkungsabstand a, so erhält man stark differierende Werte für die Prozesse 10/01, 00/$\overline{1}$1 und 10/$\overline{1}$2. Da bei Umladungsstößen der übertragene Impuls, der mit der Zahl m der ausgetauschten Elektronen zusammenhängt, berücksichtigt werden muß, ist es sinnvoller, die Größen $m a_\infty$ zu vergleichen (a_∞ bezeichnet dabei nur den zu $|\Delta E_\infty|$ [vollständig separierte Systeme] gehörenden Wert). Außerdem sind bei diesen Prozessen Korrekturen für COULOMB-Wechselwirkung und Polarisationseffekte (10/01-Prozeß) anzubringen. Die Ergebnisse der Rechnungen an 40 von verschiedenen Autoren experimentell ermittelten Werten ergeben einen für alle Prozesse gleichen Wert von ca. 7 Å. K. Bethge.

1–1014 **D. R. Bates** and **Anne H. Boyd.** *Effect of Coulomb repulsion between charged atomic systems on excitation and ionization cross sections.* Proc. phys. Soc. Lond. **79**, 710–716, *1962*, Nr. 4 (Nr. 510). (1. Apr.) (Belfast, Univ., Dep. Appl. Math.) Die COULOMB-Abstoßung zwischen Ionen hat im wesentlichen einen zu vernachlässigenden Einfluß auf die Wirkungsquerschnitte für Anregung und Ionisation; ausgenommen davon ist der Anfangsverlauf der $\sigma = f(E)$-Kurven. Am Beispiel der Anregung $He^+(1s) + He^{++} \to He^+(2s) + He^{++}$ wird gezeigt, daß die Korrektur zur 1. BORNschen Näherung 0,3% im Maximum der Wirkungsquerschnittskurve beträgt und ca. 5% für den Punkt dieser Kurve, an dem der Wirkungsquerschnitt erst $\sigma_{max}/4$ erreicht hat. Die Korrektur für den 1 s – 2 p-Übergang ist noch kleiner. K. Bethge.

1–1015 **P. A. Fraser.** *The scattering of low energy ortho-positronium by helium atoms.* Proc. phys. Soc. Lond. **79**, 721–731, *1962*, Nr. 4 (Nr. 510). (1. Apr.) (London, Can., Univ., Dep. Phys.) Die näherungsweise Berechnung des Wirkungsquerschnitts für elastische Streuung ($l = 0$) von Orthopositronium an He-Atomen bei niedrigen Energien ergibt einen extrapolierten Wert von $17{,}7\,\pi a_0^2$ bei $E = 0$. Dieser Wert ist um eine Größenordnung kleiner als frühere Rechnungen des gleichen Autors für die Streuung an H-Atomen ergaben. Oberhalb 2 eV stimmen die Resultate jedoch für H- und He-Atome überein. K. Bethge.

1–1016 **A. N. Pilyankevich.** *Some regularities in the elastic scattering of medium-energy electrons.* Soviet Phys.-Cryst. **6**, 272–276, *1961*, Nr. 3. (Nov./Dez.) (Engl. Übers. aus: Kristallografija **6**, 341–347, *1961*, Nr. 3.) Unter Benutzung der SLATERschen Wellenfunktionen werden die für die elastische Einzelstreuung mittelschneller Elektronen charakteristischen Größen berechnet: Formfaktor für den Streuwinkel 0, mittlerer quadratischer Atom-Radius, totaler Streuquerschnitt, Aufhellungsdicke und mittlere freie Weglänge werden als Funktion der Ordnungszahl graphisch dargestellt (letztere Größen für 60 kV-Elektronen). Es zeigt sich ein dem Periodischen System entsprechender periodischer Gang all dieser Größen mit Z. Es kommt dem Vf. mehr auf diesen qualitativen Gang mit Z als auf die quantitativen Werte der errechneten Größen an, da von den SLATER-Funktionen im betrachteten Kleinstwinkelbereich keine sehr gute Approximation zu erwarten ist. — Kurze Anwendung der gewonnenen Ergebnisse auf Probleme der Elektronenmikroskopie unter der vereinfachenden Annahme, daß die unelastische Streuung vernachlässigbar sei. J. Kessler.

1–1017 **Tara Bhattacharyya.** *Scattering of electron by excited helium atom.* Indian J. Phys. **35**, 623–627, *1961*, Nr. 12. (Dez.) (Jadavpur, Calcutta, Assoc. Cultiv. Sci., Dep. Theor. Phys.) Unter Verwendung der BORNschen Näherungsmethode (1. Näherung) wurde der differentielle Streuquerschnitt des angeregten Helium-Atoms für Elektronenstrahlen berechnet. Für 700 eV Strahlenenergie ist der Streuquerschnitt im ganzen Streuwinkelbereich bis 150° sehr wenig verschieden von den bekannten, etwas größeren des abgeschirmten Atoms und des nackten Heliumkerns. Die experimentell gefundenen Werte dagegen bleiben bei Winkeln $< 70°$ merklich kleiner und werden bei Winkeln $> 80°$ zunehmend beträchtlich größer als alle drei theoretisch erhaltenen Werte.
H. Niehrs.

1–1018 **E. W. Becker, R. Klingelhöfer** und **P. Lohse.** *Strahlen aus kondensiertem Wasserstoff, kondensiertem Helium und kondensiertem Stickstoff im Hochvakuum.* Z. Naturf. **17a**, 432–438, *1962*, Nr. 5. (Mai.) (Karlsruhe, T. H., Inst. Kernverfahrenstech., Kernforschungszentrum.) Durch Kühlung der Düse mit flüssigem Wasserstoff, flüssigem Helium bzw. flüssigem Stickstoff wurden „kondensierte" Wasserstoff-, Helium- bzw. Stickstoffstrahlen erzeugt — Strahlen, bei denen sich die Moleküle bzw. Atome auf Grund von VAN DER WAALS-Kräften während der Düsenexpansion zu größeren Agglomeraten zusammengelagert haben. Es wurden die Geschwindigkeitsverteilung und die Intensität in Abhängigkeit vom Einlaßdruck gemessen. Die Molekülstromdichte ließ sich durch Zusatz eines nichtkondensierenden Gases beträchtlich steigern. Das nicht kondensierende Zusatzgas wurde dabei durch den Trenndüseneffekt weitgehend aus dem Strahl entfernt. Bei der Verwendung von Wasserstoff-Deuterium-Gemischen als Strahlgas und flüssigem Wasserstoff als Düsenkühlmittel wurde das schwerere Isotop in dem kondensierten Strahl etwa um einen Faktor 3 angereichert. P. Lohse.

1–1019 **Byron L. Johnson.** *Charge transfer scattering in high-velocity neutral particle production.* J. appl. Phys. **33**, 739–743, *1962*, Nr. 2. (Febr.) (Cambridge, Mass., Inst. Technol., Elect. Engng Dep., High Voltage Res. Lab.) Bei der Umladung eines energiereichen Ionenstrahles durch Stöße in einem mit Gas gefüllten Streuvolumen ergibt sich für den Strahl aus den neutralen Teilchen eine Divergenz, die von der Energie der Ionen und der Dicke des Streuvolumens abhängt. Es wurde die Halbwertsbreite des Strahlprofiles der auf diese Weise erzeugten neutralen Helium-, Neon- und Argonstrahlen in Abhängigkeit von der Energie der Ionen (20–40 keV) und dem Druck im Streuvolumen gemessen. Als Streugas dienten Wasserstoff, Helium, Neon und Argon. Aus der gemessenen Strahlverbreiterung wurde der maximale Anteil an neutralen Teilchen innerhalb bestimmter Öffnungswinkel des Strahls abgeschätzt. P. Lohse.

1–1020 **J. Paymal.** *Action des rayonnements corpusculaires sur la structure vitreuse.* Opt. Acta **9**, 149–158, *1962*, Nr. 2. (Apr.) (Saint-Gobain, France.) Drei verschiedene Gläser (ein Pyrex-(I), ein Bleikristall- (II) und ein Natronsilikatglas (III)) werden Neutronenbestrahlungen bis zu $5 \cdot 10^{18}$ und in einem Fall bis zu $9 \cdot 10^{19}$ n · cm^{-2} ausgesetzt und die Verformung, die Änderung der Dichte, der thermischen Ausdehnung und des E-Moduls als Funktion der Strahlendosis gemessen. Für Glas I ergeben sich im Vergleich zu den Gläsern II und III gegensinnige Effekte. So erfolgt bei I eine Schrumpfung, bei II und III eine Dehnung bei Bestrahlung, entsprechend verhält sich der E-Modul. Bei Temperaturen von 500–600° C werden die durch die Bestrahlung verursachten Eigenschaftsänderungen wieder „ausgeheizt". R. Brückner.

1–1021 **Peter Lohse.** *Erzeugung normaler und kondensierter Molekularstrahlen mit Düsen.* Diss. T. H. Karlsruhe *1962*. H. Ebert.

1–1022 **J. Czekalla** und **G. Wick.** *Die Bestimmung von absoluten Übergangsmomentrichtungen und von Dipolmomenten angeregter Moleküle aus Messungen des elektrischen Dichroismus. II. Ergebnisse.* Z. Elektrochem. **65**, 727–734, *1961*, Nr. 9. (15. Okt.) (Würzburg, Univ., Inst. Phys. Chem.) An Derivaten von Benzol, Styrol, Diphenyl und Stilben wurde der elektrische Dichroismus in verdünnten Lösungen gemessen. In der Meßzelle konnten Feldstärken bis zu 50 kV/cm erzeugt werden. Die Substituenten waren NH_2 oder $N(CH_3)_2$ am einen Ende und NO_2, CN oder NO am gegenüberliegenden Ende. Nach den Ergebnissen ist in allen untersuchten Fällen das Übergangsmoment parallel zur Moleküllängsachse. Das Dipolmoment des angeregten Zustands ist 2–4mal so groß wie im Grundzustand. A. Saupe.

1–1023 **Thomas C. James.** *Wave functions and intensity calculations for a rotating anharmonic oscillator.* J. chem. Phys. **35**, 767–773, *1961*, Nr. 3. (Sept.) (Evanston, Ill., Northwestern Univ., Dep. Chem.) Es werden Wellenfunktionen für einen harmonischen Oszillator angegeben, der durch ein Potential der Form $V = \hbar\omega(a \cdot x + b \cdot x^2 + c \cdot x^3)$ gestört wird. Die angegebenen Wellenfunktionen sind besonders für die Störungstheorie zweiter Ordnung geeignet. Die Ergebnisse der Rechnung werden für den Fall des rotierenden anharmonischen Oszillators benutzt. Anwendungen zur Intensitätsberechnung elektronischer und infraroter Spektren werden diskutiert.

H. H. Brömer.

1–1024 **Jacques Tillieu** et **Françoise Dupont-Bourdelet.** *Sur le calcul des propriétés électriques et magnétiques moleculaires. II.* J. Chim. phys. **59**, 197—203, *1962*, Nr. 2. (Febr.) (Lille, École Polytech., Fac. Sci., Inst. Phys., Groupe Chim. Théor.) Eine früher entwickelte Variationsmethode wird angewandt, um die elektrischen Dipol- und Quadrupolmomente sowie die magnetischen Dipolmomente zu berechnen. Das äußere magnetische Feld soll uniform, das äußere elektrische nicht-uniform sein, beide Felder sollen zeitlich konstant sein. Die HAMILTON-Funktion wird aufgestellt, die einzelnen Terme werden interpretiert und die entsprechenden Wechselwirkungen, z. B. Spin-Bahn, zwischen Elektronen- und zwischen Kern-Spins, mit den äußeren Feldern usw. diskutiert. Es kommen mono- wie bielektronische Terme vor. M. Wiedemann.

1–1025 **H. F. Hameka.** *Theory of magnetic properties of molecules with particular emphasis on the hydrogen molecule.* Rev. mod. Phys. **34**, 87—101, *1962*, Nr. 1. (Jan.) (Baltimore, Md., Univ., Dep. Chem.) Den theoretischen Wert der diamagnetischen Suszeptibilität χ kann man aus der Wechselwirkung zwischen der Elektronenbewegung im Molekül und einem homogenen Magnetfeld H ableiten, während die Protonenabschirmungskonstante σ aus der Wechselwirkung zwischen der Elektronenbewegung, dem Feld H und einem unendlich kleinen Dipol μ entsprechend der Lage des Protons berechnet wird. Es werden verschiedene Näherungsmethoden (Störungstheorie, RITZsches Variationsprinzip, Rotationsmagnetismus unter Verwendung zusätzlicher experimenteller Angaben) und deren Anwendung auf Wasserstoff und kompliziertere Moleküle, sowie deren Beziehungen zueinander untersucht. So werden vor allem einige Fragen bezüglich der Berechnung von χ und σ mit Hilfe der GIAO (gauge invariant atomic orbital)-Methode diskutiert. Es wird gezeigt, daß sich χ und σ bei gegebener exakter Wellenfunktion des Grundzustandes eines Moleküls mit der GIAO-Methode genau berechnen lassen, wenn man den Wert der mittleren Anregungsenergie kennt. Es ergibt sich, daß die Fehler durch Einführung gewisser Unsicherheiten in den Anregungsenergien nicht größer sind als mit den gegenwärtig bekannten Näherungen in den Molekülwellenfunktionen. H. Pförtner.

1–1026 **R. Grandmontagne.** *Potentiel et fonctions d'onde de molécules diatomiques en dehors des cas classiques.* J. Phys. Radium **22**, 842—843, *1961*, Nr. 12. (Dez.) (Lyon, Univ., Inst. Phys. Gén.) Das Bandensystem $B^2\Sigma_u^+ - X^2\Sigma_g^+$ von Stickstoff ist bis zur Schwingungsquantenzahl v = 24 bekannt. Das Potential der unteren Zustände folgt einer MORSE-Funktion, deren Wellenfunktion bekannt ist. — Dieses System wird für höhere Zustände untersucht, um die exakten Wellenfunktionen im nichtklassischen Fall zu erhalten. Die Potentialkurve wird aus experimentellen Spektralwerten näherungsweise aufgestellt und graphisch der Flächeninhalt bestimmt, der gleich $(v + {}^1/_2)$ h sein sollte. Die graphischen Messungen werden korrigiert, indem die Krümmungen der Kurve $y = (E - V)^{1/2}$ mit denen einer Parabel verglichen werden. — Zur Auswertung wurde eine Analogrechenmaschine konstruiert: Ein „Kurvenleser" gibt eine (E — V) proportionale Spannung. Ein „Vervielfacher" liefert das Produkt aus (E — V) mit der Funktion ψ, die sich durch doppelte Integration der Maschine selbst berechnet. Die Methode, die für das Stickstoffsystem bis v = 21 gültig ist, läßt sich auf irgendeinen Übergang zweiatomiger Moleküle zur Berechnung des Potentials und der Wellenfunktionen anwenden. H. Pförtner.

1–1027 **Ernst Kordes.** *Berechnung der Ionenradien allein aus den Ionenabständen. I. Alkalihalogenide und Erdalkalichalkogenide.* Z. Kristallogr. **115**, 169—184, *1961*, Nr. 3/4. (Aug.) (Bonn, Univ., Chem. Inst.) Der Vf. zeigt, daß neben der bekannten Beziehung $r_+/r_- = (Z_- - S_-)/(Z_+ - S_+) = Z_{-\text{eff}}/Z_{+\text{eff}}$ für isoelektronische Ionenpaare gleicher Wertigkeit auch folgende Gleichung verwendet werden kann: $r_+/r_- = K \cdot \sqrt{Z_-/Z_+}$; (Z = Kernladungszahl, S = Abschirmkonst.). Der Proportionalitätsfaktor K hat für alle edelgasähnlichen Ionen den konstanten Wert von 0,778 und für die edelgasähnlichen zweiwertigen Ionen den Wert von 0,689. Daraus ergibt sich für zwei isoelektronische Ionenpaare I und II gleicher Wertigkeit die Beziehung $(r_+/r_-)_I \cdot (r_+/r_-)_{II} = \sqrt{(Z_-/Z_+)_I \cdot (Z_+/Z_-)_{II}}$. Diese Beziehung erlaubt die Berechnung aller 4 Ionenradien allein aus den Ionenabständen. Die Kenntnis eines Bezugsradius ist dabei nicht erforderlich. Die mit dieser Gleichung ermittelten Ionenabstände bei Alkalihalogeniden und Erdalkalihalogeniden stimmen mit den von GOLDSCHMIDT, PAULING und ZACHARIASEN theoretisch berechneten Wirkungsradien der Ionen gut überein. P. Thoma.

1-1028 **H. G. Bachmann** and **W. H. Barnes.** *Bonding in the trigonal bipyramidal-coordination polyhedra of V_2O_5 and of certain other structures containing pentavalent vanadium.* Z. Kristallogr. **115**, 215–230, *1961*, Nr. 3/4. (Aug.) (Ottawa, Nat. Res. Counc., Pure Phys. Div.) Die Vff. ermitteln die interatomaren Abstände für die trigonalen, bipyramidalen Koordinationspolyeder von 0 um V in folgenden Strukturen: V_2O_5 $Li_{1+x}V_3O_8$; $Na_{2-x}V_6O_{17}$; $K_{0,33}V_2O_5$: $KVO_3 \cdot H_2O$ und $Ca(VO_3)_2 \cdot 2\,H_2O$. Untersuchung der kovalenten Einfach- und Doppelbindung für tetraedrische, fünffache und oktaedrische Sauerstoffkoordination um V sowie der Bindungssymmetrie für die V–O-Bindung im V_2O_5 und in anderen Strukturen mit fünfwertigem V. P. Thoma.

1-1029 **M. M. Qurashi** and **A. K. M. Ahsanullah.** *Investigation of periodic discontinuities in the mutual potential energy of molecules of water and some polyhydric alcohols.* Brit. J. appl. Phys. **12**, 65–72, *1961*, Nr. 2. (Febr.) (Karachi, Pakistan, Centr. Labs. Counc. Sci. Indust. Res., Phys. Div.) E. Bretnütz.

1-1030 **Julius Kern.** *Bestimmung der Orientierung und der Oszillatorenlagen anisotrop adsorbierter Molekeln mittels UV- und IR-Absorption im polarisierten Licht.* Z. Naturf. **17a**, 271–272, *1962*, Nr. 3. (März.) (München, T. H., Inst. phys. Chem.) p-Dimethylaminobenzonitril wurde in einer Polyamidfolie durch Streckung ausgerichtet. Der Dichroismus der CN-Streckschwingung verrät, daß die Moleküllängsachsen vorwiegend in Reckrichtung zeigen. Durch UV-Absorptionsmessungen konnte danach die Lage der Übergangsmomente der 4 langwelligsten UV-Übergänge bestimmt werden.
A. Saupe.

1-1031 **W. Liptay** und **J. Czekalla.** *Die Beeinflussung der optischen Absorption von Molekülen durch ein äußeres elektrisches Feld. Erweiterte Theorie.* Z. Elektrochem. **65**, 721–727, *1961*, Nr. 9. (15. Okt.) (Würzburg, Univ., Inst. Phys. Chem.) Es wird die Wirkung eines elektrischen Feldes auf die Elektronenspektren von polaren und unpolaren Molekülen in verdünnten Lösungen unter der Einschränkung berechnet, daß eine eventuell vorhandene innere Beweglichkeit der gelösten Moleküle Dipolmoment, Übergangsmoment und Polarisierbarkeit unverändert läßt. Bei polaren Molekülen kann in geeigneten Fällen das Dipolmoment des angeregten Zustands, sein Winkel mit dem Dipolmoment im Grundzustand und die Winkel der Dipolmomente mit dem Übergangsmoment bestimmt werden. Bei unpolaren Molekülen erhält man Aussagen über Anisotropie und Änderung der Polarisierbarkeit. A. Saupe.

1-1032 **R. W. Nicholls.** *'Condon parabolae' in molecular spectra.* Nature, Lond. **193**, 966–967, *1962*, Nr. 4819. (10. März.) (London, Ont., Univ., Dep. Phys.) Es wird eine einfache Ableitung des FRANCK-CONDON Lokus von starken Banden in der v', v''-Ebene diskutiert, die aus der Kenntnis der Molekülpotentiale U(r) und ihrer Schwingungsenergieniveaus v entwickelt wird. Im Falle eines einfachen harmonischen Oszillator-Modells ergibt sich mit $U(r) = k\omega_e^2(r - r_e)^2$ und $G(v) = \omega_e(v + 1/2)$ in der v', v''-Ebene eine schräge, verschobene Parabel der Form $(y - \alpha)^2 = 4 \cdot a(x - \beta)$, wobei die x-Achse gegenüber der v''-Achse um einen Winkel geneigt ist, dessen Tangente ω_e'/ω_e'' ist. Demnach haben die Parabeln nur dann eine Hauptachse v' = v'', wenn die ω_e-Werte sehr nahe zusammenliegen. Trotz der Annahme eines einfachen harmonischen Oszillators gibt die Ableitung die Neigung des Lokus einiger starker Banden einer Anzahl Bandensysteme sehr gut wieder. H. Pförtner.

1-1033 **H. P. Gush, W. F. J. Hare, E. J. Allin** and **H. L. Welsh.** *The infrared fundamental band of liquid and solid hydrogen.* Canad. J. Phys. **38**, 176–193, *1960*, Nr. 2. (Febr.) (Toronto, Ont., Univ., McLennan Lab.) Die ultrarote Grundschwingungsbande von flüssigem und festem Wasserstoff wurde mit einem Prismenspektrometer und teilweise mit einem Gitterspektrometer hoher Auflösung untersucht. Die Beobachtungen am festen Wasserstoff stimmen gut überein mit einer von VAN KRONENBERG veröffentlichten Theorie. M. Klier.

1-1034 **L. Herman, P. Felenbok** et **R. Herman.** *Spectre d'émission des radicaux OH et OD.* J. Phys. Radium **22**, 83–92, *1961*, Nr. 2. (Febr.) (Paris-Meudon, Obs.) Die Rotationsstruktur der (0,6), (0,7), (0,8) und (0,9) OH-Banden und der (0,8), (0,9), (0,10), (0,11) und (1,11) OD-Banden des ($B^2\Sigma$ — $A^2\Sigma$)-Systems wurde mit einer höheren Dispersion als bisher gemessen und es wurden neue Werte für die Rotationskonstanten der 2 Niveaus für OH und OD ermittelt. Die beobachteten Störungen der Rotationsstruktur sind auf eine Prädissoziation des oberen Niveaus zurückzuführen, die auf Dissoziation durch Rotation beruht. Diese Dissoziation erzeugt (^1S) — O-Atome, die für ein kurzes Kontinuum im OH- und OD-Spektrum und Linien im OH-Spektrum verantwortlich zu machen sind. Es werden außerdem 2 neue Banden des ($C^2\Sigma$ — $A^2\Sigma$)-Systems von OH angegeben. G. Weber.

1-1035 **C. V. V. S. N. K. Santaram** and **P. Tiruvenganna Rao.** *Rotational analysis of the $A^1\Sigma^+ - x^1\Sigma^+$ system of the AsO molecule.* Proc. phys. Soc. Lond. **79**, 1093–1097, *1962*, Nr. 6 (Nr. 512). (1. Juni.) (Waltair, Univ., Dep. Phys., Spectrosc. Labs.)

1-1036 **Michel Courtois** et **Stanislas Jean Teichner.** *Étude par spectroscopie infrarouge des gaz CO, O_2, CO_2 et de leurs produits d'interaction adsorbés chimiquement sur l'oxyde de nickel.* J. Chim. phys. **59**, 272–283, *1962*, Nr. 3. (März.) (Lyon, Univ., Fac. Sci., Inst. Rech. Catalyse CNRS.) Beggerow.

1-1037 **S. P. S. Porto** and **D. L. Wood.** *Ruby optical maser as a Raman source.* J. opt. Soc. Amer. **52**, 251–252, *1962*, Nr. 3. (März.)(Murray Hill, N. J., Bell Tel. Labs. Inc.) Ein stabförmiger, gekühlter Rubinkristall mit 0,05% Cr-Gehalt, dessen eines Ende mit einer undurchsichtigen und dessen anderes Ende mit einer 25% reflektierenden Silberschicht bedampft ist, wird mit einer Xenon-Blitzlampe G. E. # FT 524 bestrahlt. Als Erregerlinie dient die Linie 6940 Å. Die teildurchlässige Fläche des Rubins wird mit einer Linse in das Streurohr abgebildet. Ein Interferenzfilter zur Eliminierung der Xe-Linien und der reinen Fluoreszenz des Rubins kann eingeschoben werden. Das Streurohr ist, um eine diffuse Reflexion zu erreichen, mit $BaSO_4$ beschichtet. Das Streulicht wird auf den Spalt eines Spektrographen abgebildet. Der Laser gibt in der Minute 3 Lichtblitze von je 1 msec Dauer. Mit 50 bis einigen 100 Lichtblitzen gelingt es, vom RAMAN-Spektrum des Benzols die Linien 849, 992, 1178, 1585 und 1606 cm^{-1} und von Tetrachlorkohlenstoff alle Grundtöne zu photographieren. Die Vff. stellen fest, daß der Laser gegenwärtig nicht viel besser ist als andere Lichtquellen mit Erregerlinien im roten Spektralbereich. Sie schlagen aber einige Verbesserungen vor, die eine Überlegenheit erwarten lassen. J. Brandmüller.

1-1038 **K. Venkateswarlu** and **S. Mariam.** *Raman spectra of alcohols: Intensity measurements.* Z. Phys. **168**, 195–198, *1962*, Nr. 2. (21. Mai.) (Annamalainagar, S. India, Univ., Dep. Phys.) E. Bretnütz.

1-1039 **H. W. de Wijn, P. J. Severin** and **K. van der Veen.** *The refractive index of $^{14}NH_3$ near the (3,3) line of the microwave inversion spectrum.* Physica **27**, 1146–1156, *1961*, Nr. 12. (Dez.) (Amsterdam, Univ., Natuurk. Lab.) Es wurde der Brechungsindex von Ammoniak-Gas nahe der 3,3-Linie des Inversions-Spektrums untersucht. Die Meßpunkte lagen um ± 24, ± 18, ± 12, ± 6 MHz von der Resonanzfrequenz entfernt. Bei den einzelnen Frequenzen und bei gleichgehaltener Temperatur von 300° K wurde der Brechungsindex in Abhängigkeit vom Druck gemessen. Die in Kurven dargestellten Meßergebnisse zeigen, daß sich der Brechungsindex aus zwei Teilen zusammensetzt, einem frequenzabhängigen und einem frequenzunabhängigen Teil. Der frequenzabhängige Teil beruht auf der anomalen Dispersion der 3,3-Linie und Einflüssen weiterer Inversionslinien. Der frequenzunabhängige Teil wächst proportional mit dem Druck und wird durch Übergänge im Infrarot- und optischen Frequenzbereich verursacht. Der experimentelle Befund wurde durch Rechnung eingehend erläutert. Hierbei lag die Theorie von VAN VLECK und WEISSKOPF zugrunde. R. Stark.

1-1040 **G. R. Hébert** and **R. W. Nicholls.** *Intensity measurements in emission on 29 bands of the O_2 Schumann-Runge system.* Proc. phys. Soc. Lond. **78**, 1024—1037, *1961*, Nr. 5 (Nr. 504). (15. Nov.) Anregung in Bogen zwischen Pt–Rh-Elektroden im Sauerstoffstrom wenig über Atmosphärendruck. Relative photoelektrische Intensitätsmessungen zwischen 2480 und 4500 Å in zweiter und dritter Ordnung mit 2,7 bzw. 1,7 Å/mm. Quantitative Ergebnisse für v' = 0, v'' = 9, ..., 19; v' = 1, v'' = 8, ..., 12, 16, ..., 20; v' = 2, v'' = 7, 8, 9, 15, 16, 19, 20, 21. Bestimmung des Elektronenübergangsmoments als Funktion des Kernabstandes, der relativen Schwingungsübergangswahrscheinlichkeiten und der Oszillatorenstärken. G. Schumann.

1-1041 **Y. Tanaka, T. Namioka** and **A. S. Jursa.** *New emission bands of N_2^+, $^2\Pi_g - A^2\Pi_u$.* Canad. J. Phys. **39**, 1138—1145, *1961*, Nr. 8. (Aug.) (Bedford, Mass., Air Force Cambridge Res. Labs., L. G. Hanscom Field., Geophys. Res. Director., Photochem. Lab.) Mit einem Vakuum-Gitter-Spektrographen (f = 2 m, 6000 Linien pro mm) wurden 38 neue Banden des N_2^+ im Spektralbereich von 2050 Å bis 3070 Å photographiert und vermessen. Die gleichen Banden wurden auch von JANIN und D'INCAN (1958, 1959) gefunden, deren Bandennumerierungen angenommen wurden. Die Banden gehören zu einem Übergang $^2\Pi_g - A^2\Pi_u$. Der untere Zustand ist das Ausgangsniveau der MEINEL-Banden. Es wird folgende Formel für die langwelligen R_2-Bandenköpfe gefunden: $\nu_{v',v''} = 43128{,}4 + 905{,}50\,(v' + 1/2) - 11{,}69\,(v' + 1/2)^2 + 0{,}0114\,(v' + 1/2)^3 - 1902{,}80\,(v'' + 1/2) + 14{,}92\,(v'' + 1/2)^2$. Die Anregung der Banden gelang nur durch kondensierte Entladung in einem Gemisch von Neon und 1—5% N_2 im Druckbereich von 1—20 Torr. An Hand des Niveauschemas des N_2^+ und der zugehörigen Potentialkurven wird die Richtigkeit der Bezeichnung des Bandensystems diskutiert. Eine Reihe von Hinweisen, u. a. auch die speziellen Anregungsbedingungen, lassen die Bezeichnung als korrekt erscheinen. Die Numerierung der Schwingungsstruktur bedarf noch einer Prüfung mit Hilfe des Isotopieeffektes. H. H. Brömer.

1-1042 **S. S. Penner, K. G. P. Sulzmann** and **C. B. Ludwig.** *Approximate infrared emissivity calculations for NO at elevated temperatures.* J. quant. Spectr. Radiat. Transfer **1**, 96—103, *1961*, Nr. 2. (Nov.) (San Diego, Calif., Convair Gen. Dynam. Corp.) Es werden analytische Ausdrücke zur Berechnung des spektralen und des Gesamt-Emissionsvermögens für den Halbraum bei hohen Temperaturen abgeleitet und auf NO angewendet. Die Übereinstimmung dieser Berechnung mit einer früher von BREENE (1958) ausgeführten ist annehmbar. H.-J. Hübner.

1-1043 **Georges Graner.** *Développement du moment dipolaire des molécules en fonction des coordonnées de symmétrie. I.* J. Phys. Radium **22**; 215—219, *1961*, Nr. 4. (Apr.) (Paris, Lab. Infrarouge.) Die gegenwärtige Situation auf dem Gebiet der Berechnung von Intensitäten infraroter Absorptionsbanden für 2- und mehratomige Molekeln wird zusammenfassend dargestellt und es wird gezeigt, welche Rolle die Entwicklungskoeffizienten des Dipolmomentes spielen. G. Weber.

1-1044 **H. Zimmermann** und **N. Joop.** *Polarisation der Elektronenbanden von Aromaten. VI. Wechselwirkung benachbarter Elektronenbanden.* Z. Elektrochem. **66**, 342—345, *1962*, Nr. 4. (30. Apr.) G. Beggerow.

1-1045 **L. S. Frost** and **A. V. Phelps.** *Molecular excitation of hydrogen and nitrogen from electron swarm experiments.* Proc. fifth Internat. Conf. on Ionization Phenomena in Gases **1**, 192—202, *1961*. (Pittsburgh, Penn., Westinghouse Res. Labs.) Es wurde die Energieverteilungsfunktion von Elektronen in H_2 und N_2 bei 77 und 300° K berechnet, und zwar für solche Werte von E/p, daß die Rotationsanregung der vorherrschende Prozeß für den Energieverlust ist. Dabei werden die diskrete Natur des Energieverlustes sowie Stöße 2. Art mit thermisch angeregten Molekülen berücksichtigt. Die errechneten Werte für Diffusionsgeschwindigkeit und charakteristische Energie D/μ werden in Diagrammen mit experimentellen Ergebnissen verglichen. Die Kurven für Impulsübertragung und Rotationsanregungs-Querschnitte werden dabei zur Verbesserung der

Übereinstimmung angepaßt. Die Kurven der Energieübertragung über Energie zeigen für beide Gase gute Übereinstimmung zwischen Theorie und Experiment.

E. Freytag.

1–1046 **J. F. Noxon.** *Observation of the $(b^1\Sigma_g^+ - a^1\Delta_g)$ transition in O_2.* Canad. J. Phys. **39**, 1110–1119, *1961*, Nr. 8. (Aug.) (Saskatoon, Saskatchewan Univ., Phys. Dep.) Der Übergang zwischen den beiden angeregten Zuständen $b^1\Sigma_g^+$ und $a^1\Delta_g$ ist sowohl für elektrische wie für magnetische Dipolstrahlung verboten. Für elektrische Quadrupolstrahlung ist der Übergang jedoch erlaubt. Es gelang, diese Strahlung in Emission mit einer Entladung in O_2 und He bei 1,908 μ zu beobachten (Q-Zweig der 0–0-Bande). Die absolute Übergangswahrscheinlichkeit konnte zu $2{,}5 \cdot 10^{-3}\,s^{-1}$ ermittelt werden (unsicher um den Faktor 2). Es wird abgeschätzt, daß die 0–0-Bande des Systems (b — a) in hellen Nordlichtern zu beobachten sein sollte, falls die Beobachtung in großer Höhe erfolgt.

H. H. Brömer.

1–1047 **R. K. Curran.** *Formation of NO_2^- by charge transfer at very low energies.* Phys. Rev. (2) **125**, 910–911, *1962*, Nr. 3. (1. Febr.) (Pittsburgh, Penn., Westinghouse Res. Labs.) Die Bildung von NO_2^--Ionen in NO_2 durch Ladungsübertragung von negativen Ionen mit nahezu 0 eV kinetischer Energie wurde massenspektroskopisch beobachtet. Der NO_2^--Strom wurde in Abhängigkeit von Druck p und Elektronenenergie gemessen und proportional zu p^2 gefunden. Als der vernünftigste NO_2^--Bildungsprozeß erscheint der Vorgang $e + NO_2 \rightarrow O^- + NO$, $O^- + NO_2 \rightarrow NO_2^- + O$.

G. Rust.

1–1048 **H. G. Dehmelt** and **K. B. Jefferts.** *Alignment of the H_2^+ molecular ion by selective photodissociation. I.* Phys. Rev. (2) **125**, 1318–1322, *1962*, Nr. 4. (15. Febr.) (Seattle, Wash. Univ., Dep. Phys.) Vff. untersuchten theoretisch die Möglichkeit der Ausrichtung von H_2^+-Molekülen durch selektive Photodissoziation in einem räumlichen elektromagnetischen Quadrupolfeld (s. z. B. E. Fischer, Ber. **39**, Nr. 6–639, *1960*) (Ionenkäfig). Der Grundgedanke besteht darin, daß die H_2^+-Molekülionen durch ein gepulstes Elektronenstoßbombardement erzeugt werden, in dem Ionenkäfig räumlich stabilisiert und durch die selektive Photodissoziation orientiert werden. Theoretisch betrachtet wurde im Detail die Photodissoziation der stabilisierten H_2^+-Ionen in bezug auf ihre Verweildauer im Ionenkäfig, die Orientierungsabhängigkeit der H_2^+-Ionen ohne Elektronen- und Kernspin und die Dissotiationsraten der H_2^+-Ionen. Abschließend wurden die geplanten Experimente zur Durchführung der von den Vff. angestellten Überlegungen erörtert.

H. Kleinpoppen.

1–1049 **C. C. Goodyear** and **A. von Engel.** *Dissociation and ionization of hydrogen in high frequency discharges.* Proc. phys. Soc. Lond. **79**, 732–740, *1962*, Nr. 510 (Nr. 4). (1. Apr.) (Oxford, Clarendon Lab.) Der große Anteil an Atomionen in einem Ionenstrahl aus einer Wasserstoff- oder Deuterium-Hochfrequenzionenquelle wird auf einen Zwei-Stufen-Prozeß zurückgeführt. Man nimmt zunächst eine Ionisation des Moleküls durch Elektronenstoß mit nachfolgender Dissoziation an. Dieser Prozeß wird auch theoretisch untersucht im Hinblick auf mögliche andere konkurrierende Prozesse, wobei die Plasmadichte und die Elektronentemperatur berücksichtigt wurden. Demzufolge liegt in bestimmten Druckbereichen eine hohe Dissoziationswahrscheinlichkeit vor. Eine Untersuchung der Energiebilanz ergibt, daß der große Teil der Energie, die zur Aufrechterhaltung der Entladung zugeführt wird, in Form von 10 eV-UV-Quanten von angeregten Atomen ausgesandt wird.

K. Bethge.

1–1050 **Robert N. Varney.** *The formation and stability of molecular ions.* Proc. fifth Internat. Conf. on Ionization Phenomena in Gases **1**, 42–46, *1961*. (St. Louis, Miss., Wash. Univ.) Es wird über Molekülionen von Stickstoff (N_4^+), Wasserstoff (H_3^+) und Argon (Ar_2^+) berichtet. Im Falle des Stickstoffs dissoziiert N_4^+ in einer temperatur- und druckabhängigen Gleichgewichtsreaktion für E/p_0-Werte zwischen 40 und 100 V/cm · Torr nach N_2^+ und N_2. Bei sehr niederen Drucken (0,1 bis 1 Torr) und E/p_0 unterhalb 40 V/cm · Torr läßt sich nur noch N_2^+ beobachten; ein Übergang nach N_4^+ findet nicht

mehr statt. Über die gemessene Ionenbeweglichkeit läßt sich auf die Bindungsenergie von N_4^+ und die Gleichgewichtskonstante der Dissoziationsreaktion schließen. Die Ergebnisse am N_4^+-Ion zeigen, daß sich das Molekül in einem hohen Schwingungsanregungszustand befinden muß. — Beim Wasserstoff werden bei sehr niederen Drucken sowohl H_2^+ als auch H_3^+ beobachtet. Es wird hierbei vermutet, daß zwischen H_3^+ und H_2 ein Ladungsaustausch stattfindet, wobei sehr wahrscheinlich kein Elektron, sondern ein Proton ausgetauscht wird. — Ar_2^+ zeigt sich überraschenderweise ziemlich stabil, was auf einen ungünstigen Stoßmechanismus zurückgeführt wird. Nur in einem sehr engen Druck- und E/p_0-Bereich lassen sich gewisse Effekte beobachten.
H. Pförtner.

1-1051 **K. A. Strong, G. D. Marshall, R. M. Brugger** and **P. D. Randolph.** *Scattering of slow neutrons from propane gas.* Phys. Rev. (2) **125**, 933–937, *1962*, Nr. 3. (1. Febr.) (Idaho Falls, Idaho, Phillips Petrol. Co., Atom. En. Div.) Es wird über Messungen (Propan von Zimmertemperatur) des partiellen differentiellen Wirkungsquerschnitts für Neutronen von 0,01 – 0,1 eV berichtet. Eine durch Berücksichtigung von Übergängen in den tiefsten Schwingungszuständen modifizierte KRIEGER-NELKIN-Theorie (Ber. **37**, 465, *1958*) gibt die Messungen am besten wieder. Die Annahme eines Rotationskontinuums erweist sich für fast den gesamten experimentell durchmusterten Bereich als zulässig. Bei großen Impuls- und Energieübertragungen weichen Experiment und Theorie voneinander ab. G. Rust.

1-1052 **R. E. Turner** and **Donald Rapp.** *Effect of an attractive potential on the classical theory of vibrational energy exchange.* J. chem. Phys. **35**, 1076–1077, *1961*, Nr. 3. (Sept.) (Oxford, Clarendon Lab.; Sunnyvale, Calif., Lockheed Aircraft Corp., Miss. Space Div.) Zur Berechnung der Schwingungsenergieübertragung zwischen zwei Molekülen wurde zu dem üblicherweise angenommenen exponentiellen Abstoßungspotential ein Anziehungsterm hinzugenommen. H. H. Brömer.

1-1053 **J. van Eck, F. J. de Heer** and **J. Kistemaker.** *Interaction of Li^+ ions with H_2 and He in the energy range of 5 to 25 keV.* Proc. fifth Internat. Conf. on Ionization Phenomena in Gases **1**, 54–59, *1961*. (Amsterdam, F. O. M. Lab. Massascheiding.) Die Wechselwirkung zwischen Li^+-Ionen mit H_2- und He-Gas wurde im Energiebereich von 5 bis 25 keV untersucht. Es wurden die Wirkungsquerschnitte für Elektroneneinfang der Li-Ionen, Ionisation der Gasatome und Elektronenabgabe der Li-Atome in diesen beiden Gasen bestimmt. Außerdem wurde noch die Anregung folgender Linien studiert: $Li^+ \rightarrow$ HeHe I 5016 Å, $Li^+ \rightarrow H_2H_\beta$ 4861 Å, $Li^+ \rightarrow$ HeLi I 4603 Å, $Li^+ \rightarrow H_2$Li I 4603 Å.
H. Walther.

1-1054 **Siegfried Grossmann.** *Zur quantenmechanischen Behandlung unelastischer H_2–H-Stöße.* Z. phys. Chem. N. F. **29**, 83–94, *1961*, Nr. 1/6. (Berlin, Freie Univ., Inst. Theor. Phys.) Beggerow.

1-1055 **D. Powers** and **W. Whaling.** *Range of heavy ions in solids.* Phys. Rev. (2) **126**, 61–69, *1962*, Nr. 1. (1. Apr.) (Pasadena, Calif., Inst. Technol.) Messung der Energieverluste von N-, Ne-, Ar-, Kr- und Xe-Ionen in Be, B, C und Al bei einer Anfangsenergie der Ionenstrahlen zwischen 50 und 500 keV. Der monoenergetische Strahl aus einem elektrostatischen Beschleuniger fällt schräg auf die Absorberplatte ein. Die Eindringtiefe wird durch Bestimmung der Momente monoenergetischer Protonen ermittelt, die an der Platte oder den Gitteratomen elastisch gestreut werden. Ableitung eines Ausdrucks für den Zusammenhang zwischen der Eindringtiefe und der im Absorber zurückgelegten Strecke. Bei den Ar-, Kr-, und Xe-Ionen ergibt sich ein linearer Zusammenhang zwischen Energieverlust pro Wegstrecke dE/dx und der Einfallsenergie. Bei N- und Ne-Ionen ergibt sich eine nichtlineare Beziehung für dE/dx. Die mit Berücksichtigung der Beiträge der Elektronen der äußeren Schalen zur Abbremsung abgeleitete theoretische Beziehung stimmt mit den Meßergebnissen gut überein. P. Thoma.

1-1056 **B. H. Armstrong, J. Sokoloff, R. W. Nicholls, D. H. Holland** and **R. E. Meyerott.** *Radiative properties of high temperature air.* J. quant. Spectr. Radiat. Transfer **1**, 143–162, *1961*, Nr. 2. (Nov.) (Palo Alto, Calif., Lockheed Aircr. Corp., Miss. Space Div.) Die vorliegende theoretische Arbeit ist eine Zusammenfassung von Untersuchungen aus den letzten fünf Jahren. Es werden behandelt: der Strahlungstransport, die Berechnung von Besetzungszahlen und von Wirkungsquerschnitten für Photonen, die Berechnung des Absorptionskoeffizienten für niedrige und hohe Temperaturen und eines mittleren Absorptionskoeffizienten für schwache bzw. starke Absorption (mittlerer PLANCK- bzw. ROSSELAND-Absorptionskoeffizient). H.-J. Hübner.

1–1057 **Gordon Baym.** *Thermodynamic Green's functions methods in neutron scattering by crystals.* Phys. Rev. (2) **121**, 741–747, *1961*, Nr. 3. (1. Febr.) (Cambridge, Mass., Harvard Univ., Lyman Lab. Phys.) Die Übergangswahrscheinlichkeit $W(\mathfrak{K}, \omega)$ für Streuung eines Neutrons am thermisch schwingenden Kristall hat (VAN HOVE, Ber. **34**, 1940, *1955*; GLAUBER, Ber. **35**, 1405, *1956*) in BORNscher Näherung die Form

$$(1)\quad W(\mathfrak{K}, \omega) \sim \Sigma_{\mathfrak{h}} \exp\{i\,\mathfrak{K}\cdot(\mathfrak{h}'-\mathfrak{h})\} \int_{-\infty}^{\infty} dt \exp\{i\omega t\} \langle \exp\{-i\,\mathfrak{K}\cdot q^{\mathfrak{h}}(t)\} \exp\{i\,\mathfrak{K}\cdot q^{\mathfrak{h}'}(0)\}\rangle_T .$$

(Hierin ist $\mathfrak{K} = \mathfrak{k} - \mathfrak{k}'$ die Differenz der Wellenzahlvektoren der einfallenden und der gestreuten Neutronenwelle, $\hbar\omega = \hbar^2(\mathfrak{k}^2 - \mathfrak{k}'^2)/2m$ die entsprechende Energiedifferenz. $q^{\mathfrak{h}}$ sind die Auslenkungen der Atome aus ihren gitterförmig angeordneten mittleren Lagen $\mathfrak{h}$. $\langle\,\rangle_T$ bedeutet thermische Mittelung bei der Temperatur T. t hat die Bedeutung einer Zeit.) Der gleiche Mittelwert $\langle\ldots\rangle_T$ wie in (1) tritt (mit $\mathfrak{h} = \mathfrak{h}' = \mathfrak{g}$) auch in der FOURIER-transformierten der Wahrscheinlichkeit $w(\omega)$ für Emission eines Neutrons oder γ-Quants durch das Gitteratom Nr. $\mathfrak{g}$ auf. — Unter der — für harmonische Kopplung zwischen den Gitteratomen exakt richtigen, aber auch für anharmonische Kopplung bei nicht zu großer Impulsübertragung $\int \vec{\varkappa}(t)\,dt$ (hier: $\hbar\mathfrak{K}$) näherungsweise brauchbaren Annahme, daß die durch an den einzelnen Atomen angreifende, zeitabhängige (hier durch die Neutronen bzw. Photonen ausgeübte) äußere Kräfte $\vec{\varkappa}^{\mathfrak{h}}(t)$ zusätzlich hervorgerufenen (zeitabhängigen) mittleren Auslenkungen lineare Funktionale der $\vec{\varkappa}(t)$ seien, gelingt es, den zu berechnenden Mittelwert in der Form

$$(2)\quad \exp\left[-\langle\{\mathfrak{K}\cdot q^{\mathfrak{h}'}(0)\}^2\rangle_T + \langle\{\mathfrak{K}\cdot q^{\mathfrak{h}}(t)\}\{\mathfrak{K}\cdot q^{\mathfrak{h}'}(0)\}\rangle_T\right]$$

zu schreiben. (VAN HOVE, Ber. **34**, 1940, *1955*; GLAUBER, Ber. **35**, 1405, *1956*. Für den harmonischen Fall ist dort bereits Formel (2) abgeleitet und die Korrelationsfunktion berechnet.) Es wird nicht versucht, die raumzeitliche Auslenkungskorrelation („GREENsche Funktion") $\langle q^{\mathfrak{h}}_i(t)\, q^{\mathfrak{h}'}(0)\rangle_T$, auf deren Berechnung damit die Bestimmung der Übergangswahrscheinlichkeit zurückgeführt ist, für den anharmonischen Fall auszurechnen. An Hand einer Spektralzerlegung werden jedoch einige allgemeine Eigenschaften dieser Funktion diskutiert. H. Hahn.

1–1058 **A. Saplakoglu.** *Precision measurements of the neutron total cross section of U^{235}.* Nuclear Sci. Engng **11**, 312–317, *1961*, Nr. 3. (Nov.) (Ankara, Middle East Tech. Univ.) Mittels sorgfältiger Messungen unter Verwendung eines 1024-Kanal-Flugzeit-Analysators wurde der totale Querschnitt von U-235 für Neutronen zwischen 0,004 bis 0,4 eV gemessen. Bei der Bezugsenergie von 0,0253 eV ergab sich $\sigma = 694 \pm 1{,}5$ barns bei zwei verschiedenen Versuchsaufbauten mit verschiedenen Neutronendetektoren und Probenlagen. Hj. Matzke.

1–1059 **G. C. Hanna.** *The depression of thermal neutron flux and density by absorbing foils.* Nuclear Sci. Engng **11**, 338–339, *1961*, Nr. 3. (Nov.) (Chalk River, Ont., Atom. En. Canada Ltd.) Es wird darauf hingewiesen, daß bei Vergleichen von Berechnungen der Abnahme des Neutronenflusses durch Einführen einer Absorberfolie mit ähnlichen Experimenten darauf geachtet werden muß, daß im Experiment (Messung der Aktivität von 1/v-Absorbern) die Neutronendichte und nicht der Fluß gemessen wird. Der Unterschied wird berechnet und in Abhängigkeit von der Foliendicke in einer Tabelle wiedergegeben. Hj. Matzke.

1–1060 **M. Okada.** *Approximate empirical formula for self-shielding effect in neutron activation.* Int. J. appl. Radiat. Isotopes **13**, 53, *1962*, Jan. (Tokyo, Governm. Chem. Indust. Res. Inst.) Messungen der Selbstabsorption von in festem Zustand bestrahlten und dann gelösten In-, Au- und Ag-Kügelchen ergeben eine empirische Formel $W_{10}\sigma_{abs}/M \simeq 0{,}06$ (W_{10} = Menge der festen Probe in g, die 10% Selbstabsorption aufweist, σ_{abs} = Absorptionsquerschnitt in barn, M = Atomgewicht). Hj. Matzke.

1–1061 **J. A. Isjumow** und **S. W. Malejew.** *Streuung polarisierter Neutronen im Ferromagnetikum und Antiferromagnetikum.* Sh. exp. teor. Fis. **41**, 1644–1648, *1961*, Nr. 5. (Orig. russ.) (Leningrad, Inst. Tech. Phys.) Bei der Polarisation, die bei der Streuung langsamer unpolarisierter Neutronen in einem Ferromagnetikum entsteht, kann man manchmal aus dem differentiellen Streuquerschnitt einen Teil abtrennen, der auf unelastischer magnetischer Streuung beruht, ferner einen Anteil infolge der Streuung an magnetischen Schwingungen. In einem Antiferromagnetikum kann eine solche Polarisation nicht eintreten, weil das System als ganzes (Neutron + Streusubstanz) nicht durch einen Pseudovektor gekennzeichnet wird, in dessen Richtung sich die Polarisation des gestreuten Neutrons einstellen könnte (die Magnetisierungsrichtung der Untergitter legt eine Achse, aber keine Richtung fest, weil die Untergitter äquivalent sind). Bei der Streuung polarisierter Neutronen im Antiferromagnetikum ist aber eine Drehung der Polarisationsebene möglich, ebenso im Ferromagnetikum. Es wird gezeigt, wie man aus dem Polarisationsvektor nach der Streuung die auf unelastischer magnetischer Streuung und magnetischen Schwingungen beruhenden Anteile abtrennen kann. H. Vogel.

1–1062 **Hazime Mori** and **Kyozi Kawasaki.** *On the critical scattering of neutrons.* Progr. theor. Phys., Kyoto **25**, 723–725, *1961*, Nr. 4. (Apr.) (Kyoto, Univ., Res. Inst. Fundam. Phys.) W. Behnsch.

1–1063 **F. F. Heymann, P. E. Osmon, J. J. Veit** and **W. F. Williams.** *Measurements of quenching of ortho-positronium in gases.* Proc. phys. Soc. Lond. **78**, 1038–1047, *1961*, Nr. 5 (Nr. 504). (15. Nov.) (London, Univ. Coll.; Norwood Tech. Coll.) Unter quenching werden hier alle Prozesse verstanden, bei denen Positronenvernichtung unter Emission von 2 Photonen an Stelle der Vernichtung mit 3 Photonen tritt, insbesondere: Austausch eines Elektrons zwischen Positronium und einem Atom oder Molekül mit einem unpaarigen Elektron, u. a. auch zwischen Ortho- und Para-Positronium, in Sauerstoff ~~Ortho-Para-Umwandlung mit Umorientierung des Drehimpulses eines Sauerstoff~~-moleküls, Erhöhung der Vernichtungsrate von Ortho-Positronium im Fall chemischer Bindung an andere Atome, Vernichtung des Positrons beim Stoß gegen ein Gasmolekül infolge der dort erhöhten Elektronenkonzentration, Spinumkehr des Positroniumatoms beim Zusammenstoß mit einem Gasmolekül infolge Wechselwirkung mit dessen magnetischem Moment. Messung der 3-Photonen-Vernichtung als Funktion des Druckes durch Energiediskriminierung mittels Szintillationsspektrometer. Verhältnis der quenching-Rate zur normalen Vernichtungsrate von Ortho-Positronium in A 0,035; Ne 0,024; He 0,014; O_2 3; NO 400; CO_2 0,08. Deutung der hohen Werte für O_2 und NO durch Ortho-Para-Umwandlung infolge Elektronenaustausch, der anderen niedrigen Werte durch Positronenvernichtung bei Stoß gegen Gasmoleküle. G. Schumann.

1–1064 **G. A. Volkov** and **G. R. Rik.** *On the energy spectra in the passage of beta radiation through matter.* Soviet Phys.-Doklady **6**, 897–899, *1962*, Nr. 10. (Apr.) (Engl. Übers. aus: Doklady Akad. Nauk SSSR **140**, 1045–1047, *1961*, Nr. 5.) Die Energieverteilung von β-Strahlen an verschiedenen Stellen eines durchstrahlten Mediums wird theoretisch berechnet. Lösung der Elektronen-Transportgleichung unter folgenden Voraussetzungen: Ebene Quelle von β-Strahlen mit vorgegebener Elektronen-Energieverteilung in einem isotropen, homogenen Medium. Streuung der Elektronen und Energieabgabe durch Ionisations- und Anregungsprozesse wird berücksichtigt, wobei die Energieverluste als kontinuierlich angenommen werden. — Als Beispiel wird C^{14} in Polystyren numerisch berechnet und graphisch dargestellt. (Energiespektren in verschiedenen Eindringtiefen.) Vergleich mit Experimenten gibt befriedigende Übereinstimmung.
J. Kessler.

1–1065 **H. Überall.** *Die Polarisation der quasimonochromatischen Bremsstrahlung von einem Einkristall.* Z. Naturf. **17a**, 332–334, *1962*, Nr. 4. (Apr.) (Ann Arbor, Mich., Univ., Harrison M. Randall Lab. Phys.) Bei sehr hohen Elektronenenergien ($>$1 GeV) bildet die in einem passend orientierten Einkristall erzeugte kohärente Bremsstrahlung nicht mehr ein Kontinuum. Interferenzeffekte formen ein Spektrum mit steil ansteigenden Spitzen und scharfen Kanten auf der kurzwelligen Seite, die den einzelnen reziproken Gitterpunkten zugeordnet sind. Vf. erweitert seine frühere Theorie der kohärenten Bremsstrahlung auf diesen Fall sehr hoher Energie, bestätigt die Ergebnisse über die Entstehung eines diskontinuierlichen Spektrums und berechnet den Polarisationsgrad der Bremsstrahlung, der sich in den Spitzen des Spektrums an einem durchgerechneten Beispiel als nahezu 100% erweist. Die Bedeutung dieses Effektes für die Erzeugung quasichromatischer, hochenergetischer Gamma-Strahlung wird hervorgehoben. H. Niehrs.

1–1066 **J. R. Klauder** and **P. W. Anderson.** *Spectral diffusion decay in spin resonance experiments.* Phys. Rev. (2) **125**, 912–932, *1962*, Nr. 3. (1. Febr.) (Murray Hill, N. J., Bell Tel. Labs.) Die durch statistische Umklapp-Prozesse von Spins mit Resonanzfrequenzen, die außerhalb der Frequenz des HF-Feldes, aber innerhalb der Linienbreite liegen, hervorgerufenen Fluktuationen der Präzessionsfrequenzen der beobachteten Spins werden mit Hilfe eines stochastischen Modelles beschrieben und für verschiedenste Markoff- und Nicht-Markoff-Verteilungen Linienform, Abfall der freien Präzession und verschiedene Spin-Echo-Signale vorausgesagt. Für Dipol-Wechselwirkung als Ursache homogener Verbreiterung hat die Verteilung der Präzessionsfrequenzen Lorentz-Kurvenform mit abgeschnittenen Ausläufern, im Gegensatz zur üblichen Annahme der Gauss-Kurvenform. Ursachen und Folgen Lorentzscher Diffusion für durch T_1-Prozesse bestimmte örtliche Frequenzfluktuationen und für dominierende T_2-Prozesse werden analysiert und an Hand dessen und der Ergebnisse der Zwei- und Dreiimpuls-Spinecho-Experimente von Mims und Mitarbeitern die große Bedeutung der Lorentz-Diffusion (sie führt zum gemessenen Zweiimpuls-Abfall $\sim \exp(-\text{const.}\,\tau^2)$) sowohl für temperaturabhängige und -unabhängige Diffusion aufgezeigt. Auch die vorausgesagte Diffusion durch Wirkung der angelegten Impulse wird durch die Ergebnisse von Mims bestätigt. Die allgemeine Form der Ergebnisse läßt eine Anwendbarkeit auf andere Experimente zu, auch wenn keine einfache Dipol-Wechselwirkung mehr bestimmend ist. I. Ebert.

1–1067 **R. K. Waring jr.** *Classical microscopic model for magnetic resonance including relaxation effects.* Phys. Rev. (2) **125**, 1218–1226, *1962*, Nr. 4. (15. Febr.) (Wilmington, Delaw., E. I. du Pont de Nemours Co., Centr. Res. Dep.) Die makroskopische Magnetisierung wird in Elemente mit konstanter Amplitude aufgeteilt, deren jedes dem gyroskopischen Teil der Blochschen Gleichung ohne Relaxation genügt. Jeder dieser — einzelnen Elementen zugeordneten — „Spins" ist einem einfachen, später hinsichtlich seiner Anwendbarkeit diskutierten Relaxationsmechanismus unterworfen, der die Orientierung der Spins sprunghaft ändert. Die Wahrscheinlichkeit für dieses Ereignis pro Zeiteinheit ist $1/T_1$. Durch beide Einflüsse kommt das System ins Gleichgewicht in einem Phasenraum, dessen Variablen die Orientierung der Magnetisierungselemente beschreiben. Wenn die Gleichgewichtsverteilung bekannt ist, kann das Signal für bestimmte durch das Experiment gegebene Bedingungen vorausgesagt werden. Für $T_1 = T_2$ erhält man die gleichen Ergebnisse wie mit der direkten Bloch-Gleichung unter Einbeziehung der Relaxation. Für einen einzigen adiabatischen Durchgang und für adiabatische sinusförmige Modulation des äußeren Feldes werden Ausdrücke für das gesättigte Dispersionssignal abgeleitet und eine Erklärung der Abhängigkeit der vom phasenempfindlichen Gleichrichter registrierten Linienform von der Phase der Vergleichsspannung gegeben. Eine Methode zur Messung von T_1 wird vorgeschlagen. Für $T_1 = T_2$ ergibt sich aus klassischen geometrischen Gründen ein Widerspruch zur Annahme von Bloch, daß die transversalen Relaxationseffekte unabhängig vom angelegten HF-Feld sind. Eine Beziehung zwischen den Methoden dieser Arbeit und der Lösung der klassischen Boltzmannschen Transportgleichung von Chambers wird diskutiert. I. Ebert.

1–1068 **G. W. Ludwig** and **F. S. Ham.** *Electrically induced transitions between spin levels.* Phys. Rev. Letters **8**, 210–212, *1962*, Nr. 5. (1. März) (Schenectady, N. Y., Gen. Elect. Res. Lab.) Vff. untersuchten zunächst theoretisch das Problem, welche Voraussetzungen zum Nachweis elektrisch induzierter Übergänge zwischen Spin-Zuständen erfüllt sein müssen. Unter Berücksichtigung des Spin-Hamilton-Operators eines paramagnetischen Ions mit der Punktsymmetrie T_d in einem Kristall kubischer Symmetrie wurde zunächst die Übergangswahrscheinlichkeit für Übergänge zwischen den Zuständen M = 1 und M = — 1 berechnet, die durch elektrische und magnetische Felder induziert werden sollten. Es ergab sich für die betreffende Übergangswahrscheinlichkeit eine quadratische Abhängigkeit von den Feldstärken, wobei sich aber die magnetischen und elektrischen Anteile durch ihre Phasenbeziehungen voneinander unterscheiden ließen. Mn^+-Ionen wurden zur experimentellen Untersuchung verwendet, da sie die größten elektrischen Feldparameter besitzen. Ein zylinderförmiges Probenstück wurde in einen TE_{011}-zylinderförmigen Mikrowellen-Hohlleiter eingebracht. Der Grundzustand des Mn^+ wurde beschrieben durch die Spin- und Bahn-Drehimpulsquantenzahlen S = 2 und L = 1. S und L koppeln sich zu einer Resultierenden J. Bei einer Temperatur von 4,2° K in dem betreffenden Hohlraum konnten (ΔM = 1)- und (ΔM = 2)-Übergänge innerhalb der (J = 1)-Unterniveaus und (ΔM = 2)-Übergänge innerhalb der (J = 2)-Unterniveaus leicht nachgewiesen werden. Bei noch niedrigerer Temperatur ($\sim$ 2° K) konnten die (ΔM = 2)-Übergänge bei J = 1 durch das elektrische Mikrowellenfeld gesättigt werden. Es wurde abschließend darauf hingewiesen, daß Doppelresonanz-Experimente bei gleichzeitiger Anwendung von elektrischen und magnetischen Feldern möglich sein sollten, und daß ferner die obigen Resonanzexperimente mit einem statischen elektrischen anstelle eines statischen magnetischen Feldes durchführbar sein sollten. H. Kleinpoppen.

1–1069 **B. N. Prowotorow.** *Magnetische Sättigungsresonanz in Kristallen.* Sh. exp. teor. Fis. **41**, 1582—1591, *1961*, Nr. 5. (Orig. russ.) Im Gegensatz zur Gleichung von BLOEMBERGEN, PURCELL und POUND (Phys. Rev. **73**, 679, *1948*) stellt Vf. eine kinetische Gleichung für den Fall der magnetischen Resonanz in Festkörpern auf, wobei er von der strengen Gleichung für die Dichtematrix ausgeht, und findet aus dieser kinetischen Gleichung die Ausdrücke für die Änderung der Absorptionssignale und der Dispersion bei Vergrößerung der Amplitude des Hochfrequenzfeldes H_1. Diese Gleichungen führen mit wachsendem H_1 zu einer Verschmälerung der beobachteten Resonanz- und Dispersionslinien sowie zu einer schnelleren Abnahme von $\chi''(\omega, H_1)$, verglichen mit $\chi'(\omega, H_1)$, die schon früher im Experiment von REDFIELD beobachtet wurde (Phys. Rev. **98**, 1787, *1955*). H. Vogel.

1–1070 **M. Heissrath.** *Berechnung von Ferroresonanzstabilisatoren unter Berücksichtigung des Frequenzeinflusses.* Z. Messen, Steuern, Regeln **4**, 505—512, *1961*, Nr. 12. (Dez.) (Ilmenau, Hochsch., Inst. allg. theor. Elektrotech.) Ferroresonanzstabilisatoren sind in der Lage, Spannungsschwankungen bei unveränderlicher Frequenz abzufangen. Sollen außerdem Frequenzschwankungen ohne Einfluß bleiben, muß ein zusätzlicher Kompensationskreis verwendet werden. Formeln für die Berechnung. K.-H. v. Klitzing.

1–1071 **L. Wegmann.** *Ein Kerninduktionsspektrograph hoher Auflösung für die chemische Forschung.* Dechema-Monogr. **35**, 84—95, *1959*, Nr. 528—555. (Zürich, Trüb, Täuber & Co., wissenschaftl. Abt.) Vf. beschreibt einige, im Hinblick auf chemische Untersuchungen speziell entwickelte Teile des Apparates und weist an Hand von Beispielen auf seine Anwendung bei der Strukturuntersuchung organischer Moleküle hin. R. Fuchs.

1–1072 **E. A. Faulkner.** *Improved circuit for an electron spin resonance spectrometer.* J. sci. Instrum. **39**, 135, *1962*, Nr. 3. (März.) (Reading, Univ., J. J. Thomson Lab.) Vf. beschreibt den Mikrowellenteil eines Elektronenresonanzspektrometers, der gegenüber dem von GORDY 1961 vorgeschlagenen Aufbau einige Vorteile besitzt. Bei diesem Nicht-Superheterodyn-Nachweissystem wird die Mikrowellenvorspannung, die den Detektor in den günstigsten Arbeitsbereich bringt und die gewünschte Komponente des komplexen Reflektionsfaktors des Hohlraumresonators heraussucht, durch einen Richtkoppler, der eine konstante Mikrowellenenergie vom Klystron abtrennt und dem Kristall zuführt, erzeugt. In Verbindung mit einem Zirkulator wird die gewünschte Mikrowellenenergie im Hohlraumresonator durch ein Dämpfungsglied, das auf die Vorspannung keinen Einfluß hat, geregelt. Eine Regelung der reflektierten Energie mit Hilfe eines Phasenschiebers macht die Anlage entweder absorptions- oder dispersionsempfindlich.

Da die Detektorempfindlichkeit unabhängig von der Hohlraumresonatorenergie ist, wurde über einen Bereich von 40 dB die geforderte Abhängigkeit des Signals von der Energie bei Proben gefunden, die keine Sättigung zeigen. Die theoretische Empfindlichkeit der Anlage gegenüber einer mit magischem T ist um 6 dB besser, da bei Verwendung eines magischen T nur die Hälfte der Klystronenergie ausgenützt und ebenfalls nur die Hälfte der Signalenergie den Detektor erreicht. K. Scheffler.

1–1073 **J. Haupt** und **W. Müller-Warmuth.** *Messungen der kernmagnetischen Relaxationszeiten von Flüssigkeiten im schwachen Magnetfeld T_2 in organischen Lösungsmitteln.* Z. Naturf. **17a**, 405–410, *1962*, Nr. 5. (Mai.) (Mainz, Max-Planck-Inst. Chem.) Beschrieben werden Theorie und praktische Ausführung einer neuartigen Methode zur Bestimmung von Protonenrelaxationszeiten T_1 und T_2 durch erzwungene Präzession, nachgewiesen mittels „schneller" Modulation. T_2-Ergebnisse für neun reine Lösungsmittel bei $H_0 = 15$ Oe, $H_1 = 0{,}7$ mOe und 20° C sind angegeben und liegen zwischen 1,7 und 12 sec. B. Dischler.

1–1074 **C. M. Verber, H. P. Mahon** and **W. H. Tanttila.** *Nuclear resonance of aluminum in synthetic ruby.* Phys. Rev. (2) **125**, 1149–1157, *1962*, Nr. 4. (15. Febr.) (Boulder, Col. Univ.) In Einkristallen von $(Al^{27})_2O_3$ mit Gewichtskonzentrationen von 0%, 0,01, 0,1, 1,5 und 4% Cr_2O_3 wurden die Linienbreite, Linienform und Spin-Gitter-Relaxationszeit T_1 der Al-Kernresonanz als Funktion der Temperatur vermessen. Die Kern-Spin-Spin-Wechselwirkung als wichtiger Beitrag zur Linienbreite beträgt 7 Gauß und ist temperaturunabhängig. Der Beitrag der paramagnetischen Ionen zur Linienbreite wächst abhängig von Cr-Konzentration, Temperatur und statischem Magnetfeld von Null bei 300° K bis auf 42 Gauß. Eine anomale Struktur der Al-Resonanz wurde sichergestellt. Der Übergang $1/2 \rightarrow -1/2$ zeigt eine Aufspaltung von 2,84 Gauß mit einer $(3 \cos^2 \theta - 1)$-Abhängigkeit vom Winkel zwischen der c-Achse und dem H_0-Feld. Die Aufspaltung ist unabhängig von der Beobachtungsfrequenz und der Cr-Konzentration. T_1 variierte als Funktion der Ionenkonzentration und der Temperatur von 150 sec bis 1,5 msec. Diese Abhängigkeit läßt sich mit bestehenden Theorien nicht korrekt erklären. Einige Proben zeigten uneinheitliches T_1. K. Scheffler.

1–1075 **William H. Jones jr.** and **Frederick J. Milford.** *Knight shift and quadrupole interaction in Tc metal.* Phys. Rev. (2) **125**, 1259–1262, *1962*, Nr. 4. (Febr.) (Columbus, Ohio, Battelle Memor. Inst.) Vff. konnten die magnetische Kernresonanz des Tc^{99}-Atomkerns im gepulverten Technetium-Metall beobachten. Das Technetium-Metall wurde von Oak Ridge National Laboratory erhalten. Die Beobachtungen wurden mit einem Varian-Kernresonanzspektrometer Modell V 4200 durchgeführt. Die registrierte Resonanzkurve zeigte eine zentrale Resonanzlinie und acht Satelliten. Gestalt und Lage der beobachteten Resonanz ließen sich deuten als Kombinationen aus den isotropen und anisotropen KNIGHT-Verschiebungen, den Quadrupolwechselwirkungen erster und zweiter Ordnung und der Dipolverbreiterung. Die verschiedenen Anteile der Resonanz wurden getrennt untersucht, indem ihre Charakteristika als Funktion der Frequenz studiert wurden. H. Kleinpoppen.

1–1076 **P. P. Mahendroo** and **A. W. Nolle.** *Nuclear magnetic relaxation in ionic crystals at high temperatures.* Phys. Rev. (2) **126**, 125–129, *1962*, Nr. 1. (1. Apr.) (Austin, Tex., Univ., Dep. Phys.) Es wurden die Spin-Gitter-Relaxationszeiten T_1 der Na^{23}- und F^{19}-Kerne in undotierten NaCl-, NaF-, BaF_2- und LiF-Einkristallen bei 6800 Gauß als Funktion der Temperatur (ca. 300...900°K) gemessen. Die Resultate für Na^{23} lassen sich durch die Wechselwirkung des Kernquadrupolmomentes mit dem elektrischen Kristallfeld erklären, wobei für niedrige Temperaturen die Theorie der 2-Phononen-Wechselwirkung und für höhere Temperaturen die der 1-Phononen-Prozesse (Diffusion von Gitterfehlstellen) herangezogen wird. Die Temperaturabhängigkeit der Relaxationszeit des Fluorkerns ($I = 1/2$) kann bei den niedrigen Temperaturen durch die Wechselwirkung mit paramagnetischen Verunreinigungen in Verbindung mit der Spin-Diffusion gedeutet werden. Oberhalb etwa 500...700°K ergibt sich jedoch, abhängig von der Temperung der Kristalle, eine stärkere Abnahme von T_1 (z. B. 0,65 eV Aktivierungsenergie bei NaF), die auf Teilchendiffusion (Kationendiffusion läßt die Wechselwirkung der Kerne untereinander wirksam werden, Anionendiffusion verstärkt die Wirksamkeit der paramagnetischen Verunreinigungen) zurückgeführt wird. H. Pfeifer.

1-1077 **M. Bloom** and **E. P. Jones.** *Detection of nuclear spin states in molecular crystals.* Phys. Rev. Letters **8**, 170–171, *1962*, Nr. 4. (15. Febr.) (Vancouver, B. C., Univ., Dep. Phys.) Vff. untersuchten das Verhalten der magnetischen Protonenresonanzen in den molekularen Kristallen C_2H_2 und H_2O bei den Temperaturen 78°K, 4,2°K und 1,7°K mit einem POUND-KNIGHT-Spektrometer. Es wurde gefunden, daß für C_2H_2 das Produkt aus Protonen-Suszeptibilität und absoluter Temperatur innerhalb der experimentellen Genauigkeit konstant ist, wie es auf Grund des CURIEschen Gesetzes zu erwarten ist. Außerdem wurden die Relaxationszeiten für die obigen Temperaturen in C_2H_2 zu 4,0 min, 4,8 min und 5,6 min mit einem Fehler von 15% bestimmt. Die Linienbreite war bei den verschiedenen Temperaturen konstant, während die Linienform durch Sättigungseffekte gestört wurde. Im Zusammenhang mit dem Problem, daß der Neutronen-Streuquerschnitt für Neutronen mit Energien kleiner als 0,023 eV bei Streuung an Ortho-Wasserstoff beträchtlich höher ist als an Para-Wasserstoff, wurde abschließend der Schluß gezogen, daß für C_2H_2 die Neutronenstreuexperimente nicht in der Weise interpretiert werden können, daß eine spontane Umwandlung von der Ortho- in die Para-Modifikation des C_2H_2 auftreten soll. Es wurde darauf hingewiesen, daß zur Deutung der Neutronen-Streuexperimente der Einfluß des kristallinen Feldes und die Ortho-Para-Energiezustände heranzuziehen seien. H. Kleinpoppen.

1-1078 **M. Bloom** and **H. S. Sandhu.** *Proton spin-lattice relaxation in pure methane and its deuterated modifications.* Canad. J. Phys. **40**, 289–292, *1962*, Nr. 2. (Febr.) (Vancouver, B. C., Univ., Dep. Phys.) Aus den Spin-Gitter-Relaxationszeiten T_1 von flüssigem und festem $CH_{4-n}D_n$ (n = 0 bis 3) zwischen 57° und 110°K, die aus Spin-Echos nach HAHN bestimmt wurden, lassen sich die Beiträge R_i der einzelnen Wechselwirkungen i zur Spin-Gitter-Relaxation berechnen. Als Wechselwirkungen werden innermolekulare Dipolwechselwirkungen (A), zwischenmolekulare Dipolwechselwirkungen (B) und IJ-Wechselwirkungen (C) betrachtet. Unter der Annahme, daß die IJ-Wechselwirkung proportional $< J(J+1) >$ und annähernd proportional der absoluten Temperatur und dem Trägheitsmoment der Moleküle ist, erhält man $(T_1)_n^{-1}$ als Summe der Beiträge R_A, R_B und R_C der einzelnen Wechselwirkungen für n = 0. Die Koeffizienten von R_A, R_B und R_C hängen linear von n ab. Aus den T_1-Messungen folgt für den flüssigen Zustand $0{,}08\,(T_1)_0^{-1} \leq R_C \leq 0{,}22\,(T_1)_0^{-1}$, wobei an den Grenzen $R_A = 0$, $R_B = 0{,}92\,(T_1)_0^{-1}$, $R_A = 0{,}78\,(T_1)_0^{-1}$, $R_B = 0$ ist. Im festen Zustand gilt $0 \leq R_C \leq 0{,}14\,(T_1)_0^{-1}$. Die Ergebnisse werden hinsichtlich des Beitrages der innermolekularen Wechselwirkungen R_A, R_C und der zwischenmolekularen Wechselwirkung R_B diskutiert. — Ein besonderes Reinigungsverfahren gestattete den O_2-Einfluß auszuschließen. G. Seifert.

1-1079 **M. Bloom** and **H. S. Sandhu.** *N. M. R. line-shape studies in methane using pulse techniques.* Canad. J. Phys. **40**, 292–295, *1962*, Nr. 2. (Febr.) (Vancouver, B. C., Univ., Dep. Phys.) Aus Spin-Echos und freien Induktionssignalen der Protonen in festen deuterierten Methanen der Formeln $CH_{4-n}D_n$ (n = 0 bis 3) lassen sich auch dann noch Angaben über die Korrelationszeit τ_c gewinnen, wenn bei Absorptionsexperimenten die Linienform die des starren Gitters ist ($\tau_c \gtrsim 10^{-5}$ sec). Die von ABRAGAM unter sehr allgemeinen Annahmen abgeleitete Relaxationsfunktion $G(t) \sim \exp\{-\omega_p^2\tau_c^2[\exp(-t/\tau_c) - 1 + t/\tau_c]\}$, worin ω_p^2 das zweite Moment der Linie ist und deren FOURIER-Transformierte die Linienformfunktion darstellt, ergibt für Spin-Echos, für die $t \ll \tau_c$ ist, eine GAUSS-kurvenförmige und für Signale der freien Induktion, für die $t \gg \tau_c$ ist, eine LORENTZ-kurvenförmige Linie. Die aus den Messungen unter Berücksichtigung der verschiedenen Linienformfunktionen gewonnenen Relaxationszeiten T_2 werden als Funktionen der reziproken absoluten Temperatur im Bereich von 56° bis 90° K graphisch dargestellt. Daraus ergibt sich eine Temperaturabhängigkeit der Korrelationszeit $(\tau_c)_n$ des n-fach deuterierten Methans der Form $(\tau_c)_n = (\tau_0)_n \exp(-E_a/RT)$. E_a ist dabei 3,2 kcal/mol und unabhängig von n. Die Verhältnisse der gemessenen zweiten Momente für n = 0 bis 3 — 1 : 0,8 : 0,63 : 0,28 — sind in guter Übereinstimmung mit den theoretisch erwarteten: 1 : 0,76 : 0,52 : 0,28. G. Seifert.

1–1080 **M. Lipsicas** and **A. Hartland.** *Nuclear spin-spin relaxation.* Canad. J. Phys. **40**, 382, *1962*, Nr. 3. (März.) (New Brunswick, N. J., Univ., Phys. Dep.) PINES und SLICHTER zeigten, daß in bestimmten Systemen, in denen die Korrelationsfrequenz sehr viel größer als die LARMOR-Frequenz ist, die Kern-Spin-Spin-Relaxationszeit T_2 gleich der Spin-Gitter-Relaxationszeit T_1 sein sollte. Dieser Fall sollte für die Protonrelaxation in Wasserstoffgas erfüllt sein, da unter normalen Beobachtungsbedingungen die Korrelationsfrequenz um Größenordnungen höher ist als die LARMOR-Frequenz. — Frühere Messungen zeigten (LIPSICAS und BLOOM 1961) innerhalb der Fehlergrenze von $\pm$ 10%, daß $T_2 = 0{,}8\ T_1$. — Durch Verbesserung der Probengeometrie zur Vermeidung von großen Gasdiffusionseffekten und Verbesserung der Magnetfeldhomogenität von $T_2^* = 0{,}5$ msec auf 8,25 msec gelang es den Vff., durch Vielfachechoexperimente die Gleichheit von T_1 und T_2 nachzuweisen. $T_2 = 11{,}75$ msec $\pm$ 4%, $T_1 = 12{,}0$ msec $\pm$ 4%.
K. Scheffler.

1–1081 **R. G. Barnes** and **T. P. Graham.** *Nuclear magnetic resonance in chromium metal.* Phys. Rev. Letters **8**, 248—250, *1962*, Nr. 6. (15. März.) (Ames, Iowa, Univ., Inst. Atom. Res., Dep. Phys.) Vff. berichten über Messungen des KNIGHT-shifts von Cr^{53} und V^{51} in Cr–V-Legierungen. Die Ergebnisse werden in Diagrammen wiedergegeben. Der V-KNIGHT-shift wurde über den gesamten Konzentrationsbereich Cr–V bei Zimmertemperatur und 77° K vermessen. Der KNIGHT-shift des Cr^{53} war innerhalb der Fehlergrenzen in dem untersuchten Bereich bis zu 3% V unabhängig von der Temperatur und der V-Konzentration. Die Linienbreite betrug etwa 500 Hz bei einem äußeren Feld von 16 k Gauß (entspr. 3,8 MHz). Durch magnetische Umordnungsvorgänge bei T_N trat Auslöschung der Resonanz ein, für reines Cr bei 39,5—41,0° C, in Übereinstimmung mit Beugungsmessungen mit Neutronen. Da T_N stark von der V-Konzentration abhängig ist, bietet sich hiermit eine genaue Methode zur T_N-Bestimmung an.
K. Scheffler.

1–1082 **Y. Ayant, P. Ducros** et **X. Pare.** *Résonance magnétique nucléaire à double quanta du deutérium de l'eau zeolitique lourde.* J. Phys. Radium **22**, 837, *1961*, Nr. 12. (Dez.) (Grenoble, Labs. Électrostat. Phys. Mét. Phys. Gén.) Der Vortrag enthält Ergebnisse von Untersuchungen der magnetischen Kernresonanz in Zeolith-Einkristallen mit schwerem Kristallwasser. Das Resonanzspektrum besteht aus einem Triplett, das der Deuteronresonanz in D_2O zugeordnet wird, und einem Dublett, das der Resonanz in HDO entspricht. Alle Linien gehören zu Doppelquantenübergängen $\Delta M = \pm 2$, die gewöhnlichen Resonanzen sind nicht beobachtbar wegen der Molekülbewegung und des Quadrupolmomentes vom Deuteron. W. Müller-Warmuth.

1–1083 **R. Ch. Timerow** und **K. A. Walijew.** *Theorie der Kernresonanz in paramagnetischen Medien.* Sh. exp. teor. Fis. **41**, 1566—1575, *1961*, Nr. 5. (Orig. russ.) (Kasan, Akad. Wiss., Phys. Tech. Inst.) Vff. geben eine allgemeine Theorie der Form und Breite der Resonanzlinie bzw. der Relaxationszeit $T_\perp$ in paramagnetischen Medien unter Berücksichtigung der Austauschwechselwirkung zwischen den paramagnetischen Atomen, die durch die thermischen Bewegungen im System moduliert wird (besonders in Flüssigkeiten). Die Wechselwirkung zwischen Kern- und Elektronenspins im System geschieht durch Dipol-Dipol- und Kontaktkräfte. Präzessions-, Relaxations- und Austauschbewegungen im Elektronen-Spin-System sowie die thermische Bewegung der Teilchen des Mediums werden berücksichtigt. Es ergeben sich Formeln für die Halbwertsbreite $\Delta\omega_{1/2}$ und die Verschiebung δ der Kernresonanzlinien in den Grenzfällen schneller und langsamer thermischer Bewegung im Medium. Die Ergebnisse zeigen, daß Messungen der Linienbreite und -verschiebung in paramagnetischen Medien als direktes Untersuchungsmittel für die magnetischen Effekte der Austauschwechselwirkungen benutzt werden können. Es wird nach der Methode von KUBO und TOMITA gerechnet. Zunächst werden die Autokorrelations-Funktionen der Komponente M_x der Kernmagnetisierung bestimmt; dann werden Halbwertsbreite und Verschiebung der Kernresonanzlinie für flüssige und feste paramagnetische Medien berechnet. H. Vogel.

1–1084 **J. S. Waugh** and **S. Castellano.** *Exact analysis of three-spin NMR spectra.* Berichtigung. J. chem. Phys. **35**, 1900—1901, *1961*, Nr. 5. (Nov.) S. Ber. **41**, Nr. 1—386, *1962*. Beggerow.

1–1085 **Armin Räuber** und **Jürgen Schneider.** *Paramagnetische Resonanz von Fe^{3+}-Ionen in synthetischen kubischen ZnS-Kristallen.* Z. Naturf. **17a**, 266—270, *1962*, Nr. 3. (März.) (Freiburg/Br., Fraunhofer-Ges., Inst. Elektrowerkst.) Mit einem Varian V-4500 X-Band-Spektrometer wurde das PMR-Spektrum von Fe^{3+}-Ionen ($^6S_{5/2}$) in synthetischen kubischen ZnS-Kristallen nach UV-Bestrahlung bei 77°K beobachtet. Die Analyse der Feinstrukturübergänge mit dem Spin-HAMILTON-Operator $H = g\beta \mathbf{H}\cdot\mathbf{S} + (a/6)(S_x^4 + S_y^4 + S_z^4 - 701/16)$ ergab $g = 2{,}0194 \pm 0{,}0003$ und $|a| = 0{,}0128 \pm 0{,}0001\ cm^{-1}$. Es war möglich, die HFS-Komponenten des seltenen (2,2%) Isotopes Fe^{57} aufzulösen und die HFS-Kopplungskonstante zu $|A| = 0{,}00078 \pm 0{,}00005\ cm^{-1}$ zu bestimmen. — Nach dem Zerreiben der Kristalle und nach Temperung im Vakuum oder in Zinkdampf traten zwei weitere Linien bei $g = 2{,}0035$ und $g = 2{,}0002$ auf, deren Ursache noch nicht geklärt ist. W. Wilke.

1–1086 **William Low** et **Uri Rosenberger.** *Nouveau spectre de résonance paramagnétique d'ions de terres rares dans le fluorure de calcium.* C. R. Acad. Sci., Paris **254**, 1771—1773, *1962*, Nr. 10. (5. März.) (Jerusalem, Univ. Hebr., Dep. Phys. Com. En. Atom.) Das PMR-Spektrum von Yb^{3+} in Calciumfluorid wurde gemessen. Es kann durch einen Spin-HAMILTON-Operator $H = g_{||}\beta H S_z + g_{\perp}\beta (H_x S_x - H_y S_y) + A S_z I_z + B(S_x I_x + S_y I_y) + Q'(I_z^2 - {}^1/_3\, I(I+1)) - \gamma\beta_n (H \cdot I)$ mit $g_{||} = 1{,}323 \pm 0{,}001$, $g_{\perp} = 4{,}389 \pm 0{,}0004$ und (in $10^{-4}\ cm^{-1}$) $A_{171} = 359 \pm 3$, $A_{173} = 96 \pm 1$, $B_{171} = 1174 \pm 5$, $B_{173} = 320 \pm 3$, $Q' = 85 \pm 4$ beschrieben werden. W. Wilke.

1–1087 **Maurice Guéron.** *Interaction hyperfine des électrons de conduction dans le semi-conductor InSb.* C. R. Acad. Sci., Paris **254**, 1969—1971, *1962*, Nr. 11. (12. März.) Das Vorzeichen des gyromagnetischen Faktors der Leitungselektronen in InSb ($g^+ = -50$) wird durch die beobachtete Verschiebung der paramagnetischen Resonanzlinie bestätigt. Die Übereinstimmung des gemessenen Wertes ($H_n = -11 \pm 1 \cdot 10^{-2}$ Gauß) mit dem theoretisch erhaltenen Wert ($-H_n = 10{,}5 \cdot 10^{-2}$ Gauß) ist befriedigend. R. Kosfeld.

1–1088 **André Bottreau.** *Sur la variation aux basses températures du signal de résonance paramagnétique électronique d'un monocristal de glycocolle irradié aux rayons X (dans la bande des 9000 MHz).* C. R. Acad. Sci., Paris **254**, 1245—1246, *1962*, Nr. 7. (12. Febr.) (Bordeaux, Fac. Sci., Lab. Opt. Ultrahertz.) Röntgenbestrahlte Einkristalle von Glykokoll zeigen paramagnetische Elektronenresonanz. Das Hyperfeinspektrum ist winkelabhängig und ändert seine Struktur bei —100°C (für Gamma-bestrahltes Glykokoll galt —115°C, vgl. Ber. **41**, Nr. 10—352, *1962*). Die gebildeten Radikale sind z. T. nicht beständig: $(CH_2)^+$. Die beiden Protonen dieses Radikals sind wohl für die Spektrumsänderungen verantwortlich. D. Geist.

1–1089 **N. F. Ussatschewa.** *Paramagnetische Resonanz in Lösungen von Cr^{3+}-Salzen.* Sh. exp. teor. Fis. **41**, 1771—1772, *1961*, Nr. 6. (Orig. russ.) Nach früheren Messungen läßt sich die Temperaturabhängigkeit der Linienbreite ΔH der paramagnetischen Resonanz in den violetten wässerigen Lösungen des Nitrats des dreiwertigen Chroms nicht mit der Theorie der paramagnetischen Relaxation von MCCONNEL (J. chem. Phys. **25**, 709, *1956*) beschreiben. Die Änderung von ΔH in Lösungen läßt sich aber in einem großen Temperaturintervall nicht nur auf eine direkte Temperaturabhängigkeit der Relaxationszeit, sondern auch auf Änderungen der Anfangs-Aufspaltung der Spin-Unterterme mit der Temperatur zurückführen. Für feste Chromsalze sind Fälle bekannt, wo die Konstante D des trigonalen Feldes sich mit der Temperatur ändert. Daher wird die Abhängigkeit der Linienbreite von der Viskosität bei konstanter Temperatur untersucht; bei der Viskositätsänderung sollen Störungen der nächsten Umgebung des Cr^{3+}-Ions fast vermieden sein. Dies gelingt durch Zusatz von $Al(NO_3)_3$. Man findet, daß die Linienbreite von der makroskopischen Viskosität nicht merklich abhängt; die Abhängigkeit bei höheren Chromnitrat-Konzentrationen läßt sich vollständig auf die magnetische Dipolwechselwirkung zwischen den $Cr(H_2O)_6{}^{3+}$-Ionen zurückführen; bei kleineren Konzentrationen, wo die Linienbreite offenbar nur durch die Spin-Gitter-Relaxation bestimmt wird, tritt keine solche Abhängigkeit auf. H. Vogel.

1–1090 **H. F. Symmons** and **G. S. Bogle.** *On the exactness of the spin-Hamiltonian description of Fe^{3+} in sapphire.* Proc. phys. Soc. Lond. **79**, 468—472, *1962*, Nr. 3 (Nr. 509). (1. März.) (Sydney, C. S. I. R. O., Div. Phys.)

1–1091 **D. Gainon** and **R. Lacroix.** *Electron paramagnetic resonance of Fe^{3+} ion in anatase.* Proc. phys. Soc. Lond. **79**, 658—659, *1962*, Nr. 3 (Nr. 509). (1. März.) (Geneva, Univ., Inst. Phys. Théor.)

1–1092 **E. Cipollini, J. Owen, J. H. M. Thornley** and **C. Windsor.** *Electron transfer in $(IrCl_6)^{2-}$.* Proc. phys. Soc. Lond. **79**, 1083—1085, *1962*, Nr. 5 (Nr. 511). (1. Mai.) (Oxford, Clarendon Lab.)

1–1093 **R. P. Hudson** and **B. W. Mangum.** *Spin-lattice relaxation in two rare earth double nitrates.* Nuovo Cim. (10) **23**, 1133—1135, *1962*, Nr. 6. (16. März.) (Washington, D. C., Nat. Bur. Stand.)

1–1094 **J. Burget, M. Odehnal, V. Petříček** and **J. Šácha.** *Two-quantum transitions in electron paramagnetic resonance.* Czech. J. Phys. (B) **10**, 547—548, *1960*, Nr. 7. (Prague, Acad. Sci., Inst. Nucl. Res.)

1–1095 **Tsuyoshi Murao.** *Electron paramagnetic resonance for metals with two conduction bands.* Berichtigung. J. phys. Soc. Japan **17**, 412, *1962*, Nr. 2. (Febr.) S. Ber. **41**, Nr. 7—477, *1962.*

1–1096 **P. E. Seiden.** *Relaxation equations for two-magnon and magnon-phonon processes in ferrimagnetic resonance.* Berichtigung. Phys. Rev. (2) **125**, 2208, *1962*, Nr. 6. (15. März.) S. Ber. **41**, Nr. 9—395, *1962.*

1–1097 **G. W. Skrotzki** und **Ju. I. Alimow.** *Die ferromagnetische Resonanz in einem zirkular polarisierten elektromagnetischen Feld beliebiger Amplitude.* Phys. Abh. Sowjetunion N. F. **6**, 397—401, *1962*, Nr. 4. (Übers. aus: Sh. exp. teor. Fis. **35**, 1481—1484, *1958.*)

1–1098 **Zdeněk Frait.** *Ferromagnetic resonance on cobalt whiskers.* Czech. J. Phys. (B) **10**, 546—547, *1960*, Nr. 7. (Prague, Acad. Sci., Inst. Phys.) V. Weidemann.

1–1099 **Fritz Schneider.** *Magnetische Resonanzerscheinungen in ferromagnetischen Stoffen.* Z. angew. Phys. **14**, 215—219, *1962*, Nr. 4. (Apr.) (Berlin-Reinickendorf, AEG-Forschungsinst.) In der zusammenfassenden Arbeit wird neben der Kernresonanz vor allem die ferromagnetische Resonanz behandelt. Die theoretischen Grundlagen und die neueren experimentellen Ergebnisse werden aufgezeigt. Technische Anwendungsbeispiele werden gegeben. E. Biller

1–1100 **Erwin Biller** und **Christoph Schwink.** *Zum ferromagnetischen Resonanzverhalten von Nickelblechen.* Z. angew. Phys. **14**, 219—221, *1962*, Nr. 4. (Apr.) (München, Univ., II. Phys. Inst.) Wird polykristallines Ni bei Zimmertemperatur durch Zug verformt, so nimmt die Linienbreite ΔH stetig zu; bei einer relativen Längenänderung $\varepsilon = 32\%$ um etwa 500 Oe. Eine Anisotropie von ΔH und der Resonanzfeldstärke wird beobachtet. Der Einfluß der inneren Spannungen und der Oberflächenrauhigkeiten auf die Änderung von ΔH wird getrennt untersucht. E. Biller.

1–1101 **Karl-August Hempel.** *Ferrimagnetische Resonanz in polykristallinen hartmagnetischen Ferriten.* Z. angew. Phys. **14**, 222, *1962*, Nr. 4. (Apr.) (Münster, Univ., Inst. Angew. Phys.) Es wird über Untersuchungen an isotropen $BaFe_{12}O_{19}$ bei einer Frequenz von 23,89 und 9,65 GHz berichtet. Der Winkel zwischen Mikrowellenmagnetfeld und magnetischem Gleichfeld wird verändert und die Ergebnisse mit dem in der Arbeit entwickelten theoretischen Bild verglichen. E. Biller.

1–1102 **Friedrich Voigt.** *Die Temperaturabhängigkeit des magnetischen Spektrums von NiZn-Ferrit mit CoO-Zusatz.* Z. angew. Phys. **14**, 259—261, *1962*, Nr. 4. (Apr.) (Jena, Inst. magn. Werkst.) Messungen der Temperaturabhängigkeit der ferromagnetischen

Resonanzfrequenzen an Ni–Zn-Ferrit mit Co-Zusatz ergaben eine Verringerung der Resonanzfrequenzen mit der Temperatur bis etwa $-50°$ C, wenn die Probe nach einer Temperung durch Wechselstrom entmagnetisiert wurde. Nach einer Temperung im Magnetfeld und gleichartiger Entmagnetisierung waren die Resonanzfrequenzen von vornherein niedriger als im vorhergehenden Fall. Sie stiegen jedoch mit abnehmender Temperatur langsam an, um danach, vom Zusammentreffen mit den Resonanzfrequenzen der nicht feldgetemperten Probe bei etwa $-50°$ C an, zusammen mit den letzteren bei weiter absinkenden Temperaturen steiler anzusteigen. Die Berechnung der Resonanzfrequenzen unter Berücksichtigung der unterschiedlichen Anisotropieverhältnisse weist darauf hin, daß die Resonanzen BLOCH-Wandverschiebungen zugeschrieben werden müssen und Drehprozesse nur eine untergeordnete Rolle spielen können.
G. Zentgraf.

1–1103 **M. Sparks.** *Two-magnon processes in ferromagnetic relaxation.* Phys. Rev. Letters **8**, 54–55, *1962*, Nr. 2. (15. Jan.) (Stanford, Calif., Univ., W. W. Hansen Labs. Phys., Dep. Phys.) Im Gegensatz zu bisherigen Theorien wird angenommen, daß die Zwei-Magnon-Streuung gewöhnlich so stark ist, daß alle Magnonen mit gleicher Energie so fest aneinander gekoppelt sind, daß sie immer in ihrer Gesamtheit zu betrachten sind. Die Kopplung, durch Oberflächenrauhigkeiten und Poren hervorgerufen, und damit die Relaxationsfrequenz ist am größten, wenn die Wellenvektoren der beiden Magnonen sich nicht um mehr als einen (Spitzendurchmesser)$^{-1}$ unterscheiden. E. Biller.

1–1104 **J. F. Dillon jr.** *Ferromagnetic resonance in $CrBr_3$.* J. appl. Phys. **33**, 1191–1192, *1962*, Suppl. zu Nr. 3. (März.) (Murray Hill, N. J., Bell Tel. Labs. Inc.) $CrBr_3$ ist einer der wenigen Ionenkristalle, die bei tiefen Temperaturen ferromagnetisch werden (fmg CURIE-Punkt bei 37° K). Mit Hilfe der ferromagnetischen Resonanz wurde bei 1,5° K der g-Faktor zu 2,007 und die Kristallanisotropiekonstante zu $9{,}4 \cdot 10^5$ erg/cm^3 bestimmt. Die kleinste beobachtete Linienbreite betrug bei 1,5° K etwa 3,5 Oe.
E. Biller.

1–1105 **W. Heinz** and **L. Silber.** *dc effects in ferromagnetic resonance in thin ferrite films.* J. appl. Phys. **33**, 1306–1307, *1962*, Suppl. zu Nr. 3. (März.) (Brooklyn, N. Y., Polytech. Inst.) Die an Fe_3O_4-Filmen gemessene Gleichspannungsgröße U ist in Übereinstimmung mit der Theorie. Während der Verlauf von U in Abhängigkeit vom magnetischen Gleichfeld bei allen HF-Leistungen (1...3 kW Spitze bei 9318 MHz) der gleiche ist, ist die Größe von U proportional der HF-Leistung. Bei Umpolung des Magnetfeldes kehrt auch U das Vorzeichen um. E. Biller.

1–1106 **Yosiharu Torizuka, Yuzo Kojima** and **Tosihiko Okamura.** *Ferromagnetic resonance absorption in ferrites.* Physica **26**, 175–178, *1960*, Nr. 3. (März.) (Sendai, Japan, Tohoku Univ., Res. Inst. Sci. Measurem.) Ferromagnetische Resonanzmessungen an Ni–Zn-Ferrit bei etwa 10, 20 und 30 GHz ergaben eine Frequenzabhängigkeit des g-Faktors, die durch Annahme eines zusätzlichen inneren Feldes und entsprechende Korrektur der Resonanzbeziehung nach KITTEL eliminiert werden kann. Als Ursprung dieses inneren Feldes sehen Vff. den effektiven Entmagnetisierungsfaktor des porösen Materials an. Weitere Untersuchungen erstrecken sich auf die Abhängigkeit des g-Faktors und des fiktiven inneren Feldes vom Ni/Zn-Verhältnis und der relativen Dichte des Materials. G. Zentgraf.

1–1107 **Jerzy Kociński.** *On the theory of spin waves in ferrimagnetics.* Acta. phys. polon. **19**, 565–572, *1960*, Nr. 5. (Poznań, Acad. Sci., Phys. Inst., Ferromagn. Lab.) Es wird ein einfaches kubisch raumzentriertes Gitter mit 2 Arten von Spins der beiden Untergitter mit antiparalleler Richtung vorausgesetzt, wobei die eine Gruppe der Spins die andere Gruppe zu nächsten Nachbarn hat. Die HAMILTON-Funktion des Systems wird explizit in einen Teil, der die Energie der freien Spinwellen, und in einen anderen Teil, der die dynamische Wechselwirkung der Spinwellen erfaßt, getrennt. Ein quadratisches Dispersionsgesetz mit 2 Frequenzbereichen der Spinwellenausbreitung wird dabei erhalten. R. Ochsenfeld.

1–1108 **A. G. Gurevich** and **S. S. Starobinets.** *Instability thresholds during ferromagnetic resonance in yttrium garnet monocrystals.* Soviet Phys.-Solid State **3**, 1451–1453, *1962*,

Nr. 7. (Jan.) (Engl. Übers. aus: Fiz. Tverd. Tela **3**, 1995–1998, *1961*, Nr. 7.) (Leningrad, Acad. Sci., Semicond. Inst.) Vff. erhalten durch Auftragen der von der Probe absorbierten Leistung $\chi''_{Res} \cdot h^2$ gegen h in Abhängigkeit von der Oberflächenrauhigkeit und dem Gehalt an Seltenen Erden Kurvenzüge, die durch drei lineare Abschnitte mit verschiedener Steigung charakterisiert sind (χ''_{Res} Imaginärteil der komplexen Suszeptibilität im Resonanzfall, h Amplitude des Höchstfrequenzfeldes). Die Übergänge zwischen den einzelnen Abschnitten sind scharf ausgeprägt und können als Schwellen für die Anregung einer neuen Gruppe von Spinwellen aufgefaßt werden. Neben der Abnahme von χ''_{Res} wird auch eine Änderung der Resonanzfeldstärke mit zunehmendem h beobachtet.

E. Biller.

1–1109 **W. N. Genkin** und **W. M. Fain.** *Linienbreite der antiferromagnetischne Resonanz.* Sh. exp. teor. Fis. **41**, 1522–1526, *1961*, Nr. 5. (Orig. russ.) Da noch keine befriedigende Theorie für die Linienbreite der antiferromagnetischen Resonanz vorliegt, schätzen Vff. die Relaxationszeit durch die entsprechende Linienbreite infolge der Wechselwirkung einer gleichförmigen Präzession der Magnetisierung mit den Spinwellen ab. Während die analoge Wechselwirkung für Ferromagnetika nur zu einer sehr kleinen Linienbreite führt, weil es sich hier um einen ziemlich kleinen relativistischen Effekt handelt und die Austauschwechselwirkung keinen Einfluß auf die gleichförmige Präzession hat, ist im antiferromagnetische Fall die Austauschwechselwirkung bestimmend für die Relaxation und führt zu einer erheblichen Linienbreite. Bei den Rechnungen wird das Modell der lokalisierten Spins mit Austauschwechselwirkung benutzt, wobei im HAMILTON-Operator Glieder bis zur vierten Ordnung hinsichtlich der Erzeugungs- und Vernichtungsoperatoren berücksichtigt werden. Es ergeben sich auch die Relaxationszeiten für die gleichförmige Präzession bei tiefen Temperaturen.

H. Vogel.

1–1110 **K. A. Müller** and **R. Kleiner.** *Conduction carrier spin resonance in the alkali-metal-graphites C_8Me and $C_{24}Me$.* Phys. Letters **1**, 98–100, *1962*, Nr. 3. (1. Mai.) (Geneva, Battelle Memor. Inst.) Die Vff. beobachten Ladungsträger-Spin-Resonanz in orientierten, lamellaren Alkalimetall-Graphiten C_8Me und $C_{24}Me$. Messung der Resonanzen mit UHF — Spektrometer und Spezialempfänger bei $\lambda = 32$ cm. Temperaturbereich der Messungen: 77° bis 300° K. Ergebnisse: Die g-Verschiebung und die Linienbreite ΔH sind größer mit höherem Me-Gehalt und mit Alkalimetallen, die eine größere Spin-Bahndrehimpulskopplungskonstante besitzen. Dieser Befund zeigt, daß die Me-Bahnen bei der Ladungsträgerbewegung eine Rolle spielen und stützt die These von der Existenz einer mehr oder weniger lokalisierten Bindung zwischen den Me- und C-Atomen. Die Verschiebung Δg wird angenähert ermittelt: $\Delta g = \bar{\lambda}/E$, $\bar{\lambda}$ = mittlere Spin-Bahndrehimpulskopplungskonstante; E = mittlere kinetische Energie der Ladungsträger. Wegen der Änderung der g-Werte im Temperaturbereich ist das Leitungselektronengas nicht als völlig degeneriert anzusehen.

P. Thoma.

1–1111 **W. N. Lugowoi.** *Zyklotronresonanz im variablen Magnetfeld.* Sh. exp. teor. Fis. **41**, 1562–1565, *1961*, Nr. 5. (Orig. russ.) Vf. berechnet den Tensor der elektrischen Leitfähigkeit für ein Elektronengas (Plasma oder Leitungselektronen eines Halbleiters) in einem Magnetfeld mit einer harmonisch variablen Komponente parallel zur konstanten Komponente. Wenn das elektrische Feld, das durch das variable Magnetfeld induziert wird, mit dem charakteristischen „Plasmafeld" $E_p = \sqrt{3\,k\,T\,m\,e^{-2}\,\delta\,(p^2 + \tau_0^{-2})}$ vergleichbar wird (δ mittlerer Energieanteil, der beim Stoß eines Elektrons mit einem schweren Teilchen auf dieses übertragen wird, τ_0 effektive freie Flugdauer ohne induziertes elektrisches Feld), so gilt die Behandlung nur unter der Bedingung $p\tau \gtrsim 1$ (p Kreisfrequenz der variablen Komponente des Magnetfeldes, τ effektive freie Flugdauer mit Feld). Es wird gezeigt, daß unter den betrachteten Bedingungen die Absorptionseigenschaften des Mediums wesentlich von der variablen Komponente des Magnetfeldes abhängen. Dabei ist im Gegensatz zu TAGER (Sh. exp. teor. Fis. **35**, 808, *1958*) und LAX (Quantum Electronics [Symposium], New York 1960) eine negative Absorption nicht möglich.

H. Vogel.

1–1112 **J. A. Barker.** *The tunnel theory of fluids: the 12:6 fluid.* Proc. roy. Soc. (A) **259**, 442–457, *1961*, Nr. 1299. (24. Jan.) (Melbourne, C. S. I. R. O., Div. Phys. Chem.)

Im Tunnelmodell der Flüssigkeiten wird angenommen, daß sich Moleküle quasi-eindimensional längs feiner Kapillaren bewegen können, die sich als Zwischenräume linienförmig angeordneter Moleküle ergeben. Da deren Verteilung auf jeder Kette zufällig und unabhängig von der einer anderen Kette sein soll, kommt man zu einer ungeordneten Struktur, in der auch Dichteschwankungen möglich sind. Die langen Tunnels treten an die Stelle der Zellen im Gittermodell der Flüssigkeiten. Als Subsysteme bewegen sich hier ganze Ketten von Molekülen. Für ein 12:6-Potential werden die thermodynamischen Eigenschaften dieser Modellflüssigkeit berechnet. Die theoretisch bestimmten Dichten und die Kompressibilität stimmen gut mit dem Experiment überein, schlechter der Dampfdruck, der aber noch immer besser als nach dem Gittermodell herauskommt. Bei der Berechnung der kritischen Daten gibt es infolge der stark vereinfachenden Annahmen größere Abweichungen. H. Gabriel.

1-1113 **Toshio Soda** and **Ramabadhra Vasudevan.** *Thermodynamic behaviour of liquid helium-three in its possible superfluid phase. I.* Phys. Rev. (2) **125**, 1484–1493, *1962*, Nr. 5. (1. März.) (Berkeley, Calif. Univ., Dep. Phys.; La Jolla, Calif. Univ., Dep. Phys.) Nach Brueckner, Soda, Anderson und Morel (Phys. Rev. **118**, 1442, *1960*; Ber. **40**, Nr. 11–466, *1961*; Phys. Rev. Letters **5**, 282, *1960*) zeigt flüssiges He^3 bei sehr tiefen Temperaturen eine superfluide Phase. Vff. untersuchen das thermodynamische Verhalten des Systems für Temperaturen unterhalb der Übergangstemperatur. Eine solche korrelierte Phase sollte existieren, da es anziehende D-Zustands-Wechselwirkungen nahe der Fermi-Fläche gibt. Die freie Energie und die Energielücke des Systems werden für die erwähnten Wechselwirkungen in Abhängigkeit von der Temperatur berechnet. Es zeigt sich, daß die Zustände mit $l = 2$, $m = 2$ und $l = 2$, $m = 1$ die niedrigste freie Energie nahe der Übergangstemperatur T_c haben, während $l = 2$, $m = 0$ für alle unterhalb T_c liegenden Temperaturen eine höhere freie Energie liefert. Ferner wird nahe T_c die Mischung von Zuständen untersucht. Dabei ergibt sich, daß keine Linearkombination der Zustände $l = 2$, $m = 0,1, -1,2, -2$ eine kleinere freie Energie als $l = 2$, $m = \pm 2$ und $m = \pm 1$ liefern kann. Schließlich wird die Korrelationslänge für verschiedene $T < T_c$ untersucht und Kurven für die spezifische Wärme und Entropie für $l = 2$, $m = 2$ angegeben. R. Klein.

1-1114 **Daniel Hone.** *Transport properties of liquid He³.* Phys. Rev. (2) **125**, 1494–1495, *1962*, Nr. 5. (1. März.) (Urbana, Ill., Univ., Dep. Phys.) Ergebnisse neuer Messungen an flüss. He^3 bei so tiefen Temperaturen, bei denen das Verhalten einer Fermi-Flüssigkeit vorliegt, werden verwendet, um Parameter in der Landauschen phänomenologischen Theorie zu bestimmen. Aus Messungen der spezifischen Wärme, der Schallgeschwindigkeit, der Dichte und der magnetischen Suszeptibilität in Abhängigkeit vom Druck lassen sich Aussagen über die Amplitude der Vorwärtsstreuung von Quasiteilchen machen. Dadurch lassen sich die theoretisch vorhersagbaren Transportkoeffizienten (Viskosität, Wärmeleitfähigkeit, Diffusion) verbessern. R. Klein.

1-1115 **D. F. Brewer** and **J. R. G. Keyston.** *Phase separation of dilute mixtures of He⁴ in He³.* Phys. Letters **1**, 5–6, *1962*, Nr. 1. (1. Apr.) (Oxford, Clarendon Lab.) Wenn ein in einem Neusilbergefäß befindliches He^3-Bad von 1° K an durch adiabatische Entmagnetisierung eines Cäsiummagnesiumkristalls weiter abgekühlt wird, dann erwartet man ein Absinken der Temperatur unter 0,1° K. Die Vff. finden jedoch bei Entmagnetisierung von den Anfangsbedingungen 1° K und 25 kGauß an zunächst den erwarteten Temperaturrückgang, aber bei 0,15° K einen raschen Wiederanstieg der Temperatur. Diese Beobachtung wird mit einer Phasentrennung zwischen dem als Verunreinigung vorhandenen He^4 und der He^3-Probe gedeutet. Diese He^4-Verunreinigung (Konzentration in He^3: 0,066 Atom-%) bildet eine praktisch reine superfluide Schicht an der Gefäßwand. Der thermische Kontakt zwischen dem He^3-Bad und dem äußeren Heliumbad bei 1° K wird durch den superfluiden Filmtransport über die inneren Gefäßwände hergestellt. P. Thoma.

1-1116 **G. Careri, W. D. McCormick** and **F. Scaramuzzi.** *Ions in rotating liquid helium II.* Phys. Letters **1**, 61–63, *1962*, Nr. 2. (15. Apr.) (Roma, Univ., Ist. Fis.; Frascati,

Roma, Lab. Naz. C. N. E. N.) Messung der Strom-Spannungscharakteristiken eines Strahls thermischer He-Ionen, welcher durch rotierendes He II hindurchgeht. Es zeigt sich, daß das rotierende He II nur für den Durchgang des negativen Ions stark anisotrop ist: Wenn der Strom parallel zur Rotationsachse gerichtet ist, dann ist sein Wert bei fester angelegter Spannung unabhängig davon, ob die Flüssigkeit rotiert oder nicht. Wenn dagegen der Strom senkrecht zur Rotationsachse gerichtet ist, dann tritt bei Rotation der Flüssigkeit starke Dämpfung ein, welche von der Rotationsgeschwindigkeit, der angelegten Spannung und der Temperatur abhängig ist. Diese Anisotropie besitzt zweifelsfrei dieselbe Ursache, die von VINEN und HALL für den Schall zweiter Art festgestellt wurde. Die Vff. nehmen ferner an, daß diese Resultate die Spirallinientheorie der Rotation des superfluiden Heliums stark stützen. P. Thoma.

1-1117 **D. O. Edwards, A. S. McWilliams** and **J. G. Daunt.** *Calorimetric measurement on He³ near the melting curve.* Phys. Letters **1**, 101–104, *1962*, Nr. 3. (1. Mai.) WHEATLEY et al. haben bei Temperaturen unter und bei Drucken über dem Minimum der Schmelzkurve eine Anomalie der Schallausbreitung und der spez. Wärme in He^3 gefunden. Geschwindigkeit und Dämpfung des Schalls waren hier größer als im Normalfall. FAIRBANK hat diese Eigenschaften einer Mischung aus fester und flüssiger Phase zugeordnet. Zur Nachprüfung dieser Deutung führen die Vff. Messungen der Wärmekapazität an He^3 zwischen 0,1 und 0,5° K aus. Es zeigt sich, daß kleine Mengen von He^3 durch das Füllrohr auch dann in das Probengefäß eindringen, wenn das Füllrohr durch einen Block aus festem He^3 verstopft ist. Weiterhin werden einige der thermodynamischen Funktionen der Flüssigkeit in diesem Bereich ($P > P_{min}$, $T < T_{min}$) gemessen. Dabei zeigen sich keine Diskontinuitäten, die für einen Phasenübergang charakteristisch wären. Somit ist die Deutung von FAIRBANK richtiger und es liegt offensichtlich kein Phasenübergang vor, wie es ursprünglich gefolgert worden war. P. Thoma.

1-1118 **I. M. Khalatnikov** and **V. N. Zharkov.** *Theory of diffusion and thermal conductivity for dilute solutions of He³ in helium II.* Soviet Phys.-JETP **5**, 905–919, *1957*, Nr. 5. (Dez.) (Engl. Übers. aus: J. exp. theor. Phys., Moskau **32**, 1108–1125, *1957*, Mai.) Auf der Grundlage der von LANDAU vorgeschlagenen Theorie der Superfluidität des flüssigen He II wurden die Erscheinungen der Diffusion und der Wärmeleitfähigkeit in verdünnten Lösungen von He^3 in He II untersucht. Im Zusammenhang mit der Lösung dieses Problems werden Ausdrücke für die Streuung von Verunreinigungen an Rotonen, Phononen und an Verunreinigungen abgeleitet, da diese Ausdrücke für die Berechnung des Diffusionskoeffizienten und der Wärmeleitfähigkeit benötigt werden. Die im He II gelösten He^3-Atome werden als Verunreinigungen aufgefaßt. Die abgeleiteten Ausdrücke sind für Temperaturen bis zu etwa 1,6 bis 1,8° K gültig. Die unbekannte Wechselwirkungskonstante bei der Verunreinigungs-Rotonenstreuung wurde durch Vergleich mit Messungen über die Diffusion von He^3 in He II ermittelt. W. Koeppe.

1-1119 **K. N. Zinov'eva.** *Viscosity of liquid He³ in the range 0,35—3,2° K and He⁴ above the lambda-point.* Soviet Phys.-JETP **7**, 421–425, *1958*, Nr. 3. (Sept.) (Engl. Übers. aus: J. exp. theor. Phys., Moskau **34**, 609–615, *1958*, März.) Die Viskosität von flüssigem He^3 wurde im Bereich von 0,35...3,2° K mittels zweier Kapillarviskosimeter gemessen. Eines diente zur Messung oberhalb 1° K, wobei ein Bad von abgepumptem He^4 zur Temperierung diente. Das zweite Viskosimeter für Temperaturen unterhalb 1° K arbeitete in einem abgepumpten He^3-Kryostaten. Zwischen 1,0 und 3,2° K zeigte sich ein leichter Anstieg der Viskosität mit abnehmender Temperatur, der unterhalb 1,1° K bis zu etwa 0,5° K stärker wurde und etwa $T^{-1/2}$ folgte. Unterhalb 0,5° K wurde der Anstieg noch stärker, erreichte aber nicht einen Verlauf gemäß T^{-2}. He^4 zeigte oberhalb des λ-Punktes, mit Ausnahme der unmittelbaren Umgebung desselben, bezüglich der Viskosität ein Verhalten wie normale Flüssigkeiten. W. Koeppe.

1-1120 **V. L. Ginzburg** and **L. P. Pitaevskii.** *On the theory of superfluidity.* Soviet Phys.-JETP **7**, 858–861, *1958*, Nr. 5. (Nov.) (Engl. Übers. aus: J. exp. theor. Phys., Moskau **34**, 1240–1245, *1958*, Mai.) Vff. untersuchen das Verhalten des flüssigen He II in der Nähe des λ-Punktes im stationären Zustand, insbesondere He-Filme und Wirbellinien. W. Koeppe.

1–1121 **W. P. Peschkow** und **W. K. Tkatschenko.** *Kinetik der Zerstörung der Superfluidität im Helium.* Sh. exp. teor. Fis. **41,** 1427—1432, *1961,* Nr. 5. (Orig. russ.) Die Zerstörung der Superfluidität beim Wärmeaustausch längs einer mit Helium gefüllten Kapillare von 1,4 mm Durchmesser und 8 m Länge wird untersucht. Bei T = 1,34° K und Geschwindigkeiten des superfluiden Anteils, die um den Faktor 1,04—1,6 größer sind als die kritische Geschwindigkeit, beobachtet man Turbulenzfronten, die sich mit konstanter Geschwindigkeit fortpflanzen, und zwar sich vom heißen zum kalten Ende mit Geschwindigkeiten von (1—3,7) mm/s und vom kalten zum warmen Ende mit Geschwindigkeiten von (0,1—2,5) mm/s bewegen. Diese Turbulenzfronten und ihre Ausbreitung kann man sich als Erzeugung von Wirbelringen an irgendeiner Stelle vorstellen, die bei ihrer Wechselwirkung in der Nähe der Kapillarenachse einander verdrängen und sich in Richtung des Wärmestroms bewegen. Wirbelringe vom gleichen Vorzeichen der Zirkulation in der Nähe der Kapillarenwände stehen miteinander und mit ihren Spiegelbildern an der Wand in Wechselwirkung und bewegen sich in entgegengesetzter Richtung. Wirbel von großem Radius werden bei der Annäherung an die Wand zunächst beschleunigt, dann aber verlieren sie schnell Energie, ziehen sich zusammen und verlangsamen ihre Bewegung. Das hat zur Folge, daß bei geringen unterkritischen Geschwindigkeiten die Turbulenzfront sich vom kalten zum warmen Ende viel langsamer bewegt als umgekehrt. Die thermische Bewegung verwandelt die reguläre Bewegung in eine chaotische, aber die allgemeine Tendenz bleibt erhalten. H. Vogel.

1–1122 **W. P. Peschkow** und **W. B. Strjukow.** *Ist für die Zerstörung der Superfluidität v_s oder $v_s - v_n$ maßgebend?* Sh. exp. teor Fis. **41,** 1442—1448, *1961,* Nr. 5. (Orig. russ.) Bis heute ist noch nicht geklärt, ob die Superfluidität des He II durch innere Eigenschaften, d. h. durch die Relativbewegung des superfluiden und des normalen Anteils oder durch die Bewegung des superfluiden Anteils relativ zu den Wänden zustandekommt. Vff. beobachteten, um diese Frage zu beantworten, die kritischen Geschwindigkeiten einmal bei der Bewegung des superfluiden Anteils allein, zum andern bei der gleichen Geschwindigkeit des superfluiden Anteils und mit einer größeren entgegengerichteten Geschwindigkeit des normalen Anteils. Zur Messung benutzten sie die Methode der Dämpfung des zweiten Schalls nach VINEN (Ber. **36,** 2089, *1957*). Die Meßkapillare hatte 0,385 cm Durchmesser und 10 cm Länge. Es wird gezeigt, daß der Zusammenbruch der Superfluidität auf der Bewegung des superfluiden Teils relativ zur Wand beruht. Als Ursache kommen Wirbelringe vom ONSAGER-FEYNMANschen Typ in Frage; diese Wirbel beruhen nicht auf dem Gegenstrom innerhalb des Heliums, sondern auf der Wechselwirkung mit der Wand. H. Vogel.

1–1123 **G. Careri, U. Fasoli** and **F. S. Gaeta.** *Experimental behaviour of ionic structures in liquid helium II.* Nuovo Cim. (10) **15,** 774—783, *1960,* Nr. 5. (1. März.) (Padova, Univ., Ist. Fis.)

1–1124 **A. I. Schalnikow.** *Über die Bewegung von Ladungen im flüssigen und festen Helium.* Phys. Abh. Sowjetunion N. F. **6,** 193—198, *1962,* Nr. 2. S. auch Ber. **41,** Nr. 11—892, *1962.* E. Bretnütz.

1–1125 **L. H. Bodnar** and **D. M. Himmelblau.** *Continuous measurement of diffusion coefficients of gases in liquids using glass scintillators.* Int. J. appl. Radiat. Isotopes **13,** 1—6, *1962,* Jan. (Waterloo, Ont., Univ.) Die Diffusion von in Flüssigkeiten gelösten Gasen ist mit radioaktiven Tracern gut meßbar. Hier wurde die Diffusion von mit C-14 angereichertem CO_2 in gereinigtem, entgastem Wasser gemessen in einer Versuchsanordnung aus fünf Diffusionskapillaren mit je einem Sekundärelektronenvervielfacher auf einem Glasszintillator. Diese Szintillatoren ermöglichen eine kontinuierliche Messung der Diffusion auch über mehrere Tage. Ergebnis: bei 30° C ist $D = 2{,}15 \cdot 10^{-5}$ cm²/sec in guter Übereinstimmung mit älteren Resultaten. Hj. Matzke.

1–1126 **G. Junghähnel.** *Zur Temperaturabhängigkeit der Oberflächenenergien von Flüssigkeiten.* Wiss. Z. Hochsch. MaschBau Karl-Marx-Stadt **3,** *1961,* Nr. 2, S. 41—45. Es wird die Einwirkung des gelösten Stoffes auf die Oberflächenspannung des Lösungsmittels nach einem vom Vf. entwickelten Verfahren (nachst. Ref.) bestimmt. Dabei zeigt es sich, daß geringer Wasserzusatz die Oberflächenspannung der Halogenbenzole erhöht. Auch die Temperaturabhängigkeit der Oberflächenspannung ändert sich nach Trocknung (andere Werte der Eötvösschen Konstanten). H. Ebert.

1–1127 **G. Junghähnel.** *Zur Temperaturabhängigkeit der Oberflächenspannung von Lösungen.* Wiss. Z. Hochsch. MaschBau Karl-Marx-Stadt **3**, 1961, Nr. 4, S. 9–11. Es läßt sich zeigen, daß eine Temperatur vorhanden sein muß, bei der die Oberflächenspannung von der Zusammensetzung der Mischung unabhängig ist. Mit einem vom Vf. näher beschriebenen Verfahren (modifizierte Steighöhenmethoden) werden 20 Mischungen (Benzol, Toluol, Xylol u. a. m. mit J und Br) untersucht. Das erwartete Verhalten wird bestätigt (die Temperaturabhängigkeitskurven schneiden sich bei einer gleichen Temperatur). Die molaren Konzentrationen liegen in der Größenordnung von 10^{-2}. H. Ebert.

1–1128 **Hermann Lange.** *Gespreitete monomolekulare Schichten von grenzflächenaktiven Stoffen auf Wasseroberflächen.* Kolloidzschr. **182**, 123–133, *1962*, Nr. 1/2. (Mai.) (Düsseldorf, Henkel u. Cie. GmbH., Labn.) Beggerow.

1–1129 **Albert Sanfeld, Annie Steinchen-Sanfeld** et **Raymond Defay.** *Répartition d'équilibre des ions et des dipoles dans un champ électrique. I. Formules générales. Application á l'électrostriction.* J. Chim. phys. **59**, 132–138, *1962*, Nr. 2. (Febr.) Es wird der allgemeine Fall vorausgesetzt, wo die Dielektrizitätskonstante von der Temperatur, den Konzentrationen und dem Feld abhängt, und dann zunächst die Wirkung des elektrischen Felds auf die chemischen Potentiale berechnet, ferner der Unterschied an jedem Punkt der Schicht zwischen Druck nach Helmholtz und nach Kelvin, schließlich die Verteilung der polarisierbaren und Ionen-Konstituenten im Feld im Gleichgewicht und die Elektrostriktion. Die Frage der Wahl der Aktivitätskoeffizienten wie der Definition der Standardfunktionen wird erörtert. M. Wiedemann.

1–1130 **Albert Sanfeld, Annie Steinchen-Sanfeld, Henri Hurwitz** et **Raymond Defay.** *Dasselbe. II. La couche diffuse plane.* Ebenda S. 139–147. (Bruxelles, Univ.) Die erhaltenen Formeln werden auf die diffuse ebene Schicht (Schicht nach Gouy) angewandt. Der Druck nach Kelvin ist einfach zu berechnen, der nach Helmholtz unterscheidet sich von dem Ergebnis bei Annahme einer uniformen Dielektrizitätskonstanten erheblich. Zur Ermittlung der Gleichgewichtsverteilung ist die Kenntnis der Ableitungen der Dielektrizitätskonstante nach den Konzentrationen und nach dem Feld notwendig, das Verfahren wird behandelt. Für den Fall einer oberflächenaktiven, partiell ionisierten Säure ergibt sich in der diffusen Schicht eine geringere Dissoziationskonstante als im Innern der Flüssigkeit. Die am leichtesten polarisierbaren Moleküle reichern sich in der Schicht an, ferner bewirkt die Disparität der Molvolumina einen Verteilungseffekt, der im Fall der idealen Gase verschwindet. M. Wiedemann.

1–1131 **D. W. Swan.** *A review of recent investigations into electrical conduction and breakdown of dielectric liquids.* Brit. J. appl. Phys. **13**, 208–218, *1962*, Nr. 5. (Mai.) (London, Queen Mary Coll., Mat. Lab.) E. Bretnütz.

1–1132 **I. G. Chistyakov.** *Liquid crystalline texture of potassium oleate.* Soviet Phys.-Cryst. **6**, 384–387, *1961*, Nr. 3. (Nov./Dez.) (Engl. Übers. aus: Kristallografija **6**, 479–482, *1961*, Nr. 3.) Es werden flüssige Kristalltexturen (lyotrope Mesophasen) einer gesättigten wäßrigen Kaliumoleatlösung in 40% Äthanol mit einem Polarisationsmikroskop untersucht. Wird ein Tropfen der Lösung zwischen Deckgläser gebracht, so wachsen nach 2 bis 4 Stunden von den Ecken aus flüssige Kristalle. Ihre Textur ist, solange keine Behinderung durch Nachbargebiete auftritt, rotationssymmetrisch, zuweilen mit gewindegang-ähnlichen Einschnitten auf der Oberfläche. Die mit einem Berek-Kompensator gemessene Doppelbrechung wächst linear mit dem Durchmesser des Rotationskörpers. Nach 1 bis 2 Tagen zerfallen die Texturen in Bänder, die eine 10mal größere Doppelbrechung besitzen als die Anfangstextur. E. Kuss.

1–1133 **Teruo Noguchi.** *Image seeking computor.* J. appl. Phys., Japan **30**, 934–938, *1961*, Nr. 12. (Dez.) (Osaka, Univ., Dep. Phys.) Für die Analyse von Kristallstrukturen nach der von BUERGER angegebenen Methode der Minimum-Funktion wurde ein Analogrechner gebaut. Eine intensitätsmodulierte „Karte" der PATTERSON-Funktion befindet sich auf einem Zylinder, der rotiert und axial durch Synchronmotore bewegt wird. Lichtreflexe, die von der Karte herkommen und von einem Photozellensatz aufgenommen werden, liefern elektrische Signale von dieser Funktion. So wird das ganze Bild systematisch abgetastet. Eine weitere Photozelle nimmt die gleichen Lichtreflexe, aber mit einer konstanten Phasenverschiebung, auf. Durch Aussortieren des schwächeren der beiden Signale kann die M_2-Funktion direkt auf einem Kathodenstrahl-Oszillographen geschrieben werden. Durch Simultanbetrieb von 4 Photozellen kann die M_4-Funktion direkt erhalten werden. A. Richter.

1–1134 **J. van Kranendonk** and **H. P. Gush.** *The crystal structure of solid hydrogen.* Phys. Letters **1**, 22—23, *1962*, Nr. 1. (1. Apr.) (Toronto, Univ., Dep. Phys.) Neuere Strukturmessungen an festem H_2, D_2 und T_2 mit Röntgenstrahlbeugungsverfahren ergaben, daß die körperzentrierte, tetragonale Struktur für D_2 und T_2 am wahrscheinlichsten ist. Die Vff. stellen fest, daß man hier bestimmte strukturelle Eigenschaften einfacher mittels des Infrarotabsorptionsspektrums ermitteln kann, wobei sich allerdings für H_2 einige Widersprüche mit den Ergebnissen anderer Verfahren ergeben. Es zeigt sich ferner, daß dieses Verfahren nur für festen Parawasserstoff mit weniger als 2% Orthowasserstoff geeignet ist. Der bei 13,6° K erwartete Phasensprung des festen Parawasserstoffs tritt offenbar nicht auf. P. Thoma.

1–1135 **Thomas H. Dupree.** *Electron scattering in a crystal lattice.* Ann. Phys., N. Y. **15**, 63—78, *1961*, Nr. 1. (Juli.) (Cambridge, Mass. Inst. Technol.) Es wird davon ausgegangen, daß sich die Potentialverteilung einiger Kristalltypen durch ein sehr einfaches Modell beschreiben läßt: Um jedes Ion wird eine Kugel geschlagen, innerhalb derer das Potential als kugelsymmetrisch angenommen wird, während das Potential außerhalb der kugelförmigen Bereiche konstant gesetzt wird. Die SCHRÖDINGER-Gleichung wird für ein derartiges Modell gelöst, das noch wie folgt spezialisiert ist: 1. Das aus den Kugeln gebildete Gitter sei regulär. 2. Die kugelförmigen Potentialmulden seien alle gleich mit Ausnahme einer einzigen, die sich aber nur in der Tiefe und nicht im Radius von den andern unterscheidet. Stehende und laufende Elektronenwellen werden berechnet. Die an der Verunreinigung gestreute Welle wird asymptotisch ausgewertet. Numerische Auswertung der so gewonnenen Lösung liefert den Restwiderstand in Alkalimetalllegierungen unter einigen vereinfachenden Annahmen über die FERMI-Oberfläche und die Richtungsabhängigkeit der gestreuten Welle. J. Kessler.

1–1136 **B. G. Lyashchenko.** *The "null matrix" in neutron diffraction.* Soviet Phys.-Cryst. **6**, 404—407, *1962*, Nr. 4. (Jan./Febr.) (Engl. Übers. aus: Kristallografija **6**, 503 bis 506, *1961*, Nr. 4.) Nullmatrizen sind entweder feste Lösungen von zwei verschiedenen Elementen oder einfache Stoffe aus verschiedenen Isotopen desselben Elements, deren Bestandteile entgegengesetzt gerichtete, kohärente Neutronenstreuung hervorrufen und die in einem solchen Verhältnis gemischt sind, daß die gesamte kohärente Neutronenstreuung verschwindet. Wenn in eine solche Nullmatrix andere Atome eingebettet sind, kann deren Beugungsdiagramm allein beobachtet werden. Ti–Zr- und V–Fe-Legierungen mit Nullmatrixeigenschaften sind bekannt. Nullmatrizen aus verschiedenen Isotopen sollten bei mindestens elf Elementen hergestellt werden können. Es wird vorgeschlagen, Hochdruckexperimente zur Aufklärung von Phasenumwandlungen auszuführen, wobei der Mantel der Hochdruckbombe aus Nullmatrixmaterial sein soll. In ferromagnetischem „Null"-Nickel oder antiferromagnetischem „Null"-Chrom würden die Neutronenbeugungsbilder nur magnetische Reflexionen enthalten. Schließlich sollten in Nullmatrixmaterial zusammengeballte Verunreinigungen mit Abmessungen von $^1/_{10}$ bis zu einigen 100 Å untersucht werden können. K. Schretzmann.

1–1137 **B. G. Lyashchenko, D. F. Litvin** and **Yu. B. Abov.** *Neutron diffraction study of iron-cobalt alloys. I.* Soviet Phys.-Cryst. **6**, 443—447, *1962*, Nr. 4. (Jan./Febr.) (Engl. Übers. aus: Kristallografija **6**, 553—559, *1961*, Nr. 4.) Die Vff. haben Eisen–Kobalt-Legierungen mit Co-Gehalten zwischen 25% und 75% durch Neutronenbeugung auf ihren Ordnungszustand untersucht. Sie hatten durch einwöchiges Tempern bei 800° C dafür gesorgt, daß sich in den festen Lösungen eine möglichst weitgehende Ordnung ausbilden konnte. Sie fanden im ganzen untersuchten Konzentrationsbereich Beugung am Co-Übergitter. Sie sehen das als Bestätigung theoretischer Voraussagen an, daß Kräfte mit großer Reichweite bei allen Mischungsverhältnissen mit Ausnahme von zwei schmalen Bereichen bei 0% und 100% ein Übergitter hervorrufen können.

K. Schretzmann.

1–1138 **J. Roussel.** *Mesure du paramètre d'ordre à grande distance dans le laiton β par la diffraction de neutrons.* Bull. Soc. franç. Minér. Crist. **85**, 57–67, *1962*, Nr. 1. (Jan./März.) (Saclay, C. E. N.) Beggerow.

1–1139 **O. Theimer** and **J. Canfield.** *Theoretical analysis of light scattering by irregular dislocation networks.* J. appl. Phys. **33**, 570–574, *1962*, Nr. 2. (Febr.) (University Park, N. M. State Univ., Res. Cent.; Dep. Phys.) Es wird die Lichtstreuung durch ein kubisches Netzwerk von Versetzungen, die durch identische Stäbe parallel zur x-, y- und z-Achse dargestellt werden, nach einer Methode berechnet, die der PATTERSON-Analysis der Röntgenstreuung ähnlich ist. Es wird angenommen, daß der Abstand benachbarter Versetzungen einer GAUSS-Verteilung der Breite $\delta\bar{d}$ um den Mittelwert $\bar{d}$ genügt, und es wird gezeigt, daß nahe der LAUE-Punkte des regulären Netzwerks mit Abstand $\bar{d}$ Neben-Maxima für die Streuintensität auftreten. Aus diesen Maxima kann die Versetzungsdichte $\bar{d}^{-2}$ berechnet werden. Die Breite der Maxima und das Verhältnis der Intensitäten von Maxima und Minima wird als Funktion von $\bar{d}$, $\delta\bar{d}$ und der Wellenlänge λ angegeben. Es wird geschlossen, daß die Maxima experimentell aufgelöst werden können, wenn $\lambda/\delta\bar{d} > \pi$ ist. Diese Bedingung kann bei wenig irregulärem Netzwerk, z. B. $\delta\bar{d} = 1/\pi$ durch Infrarot-Strahlung mit $\lambda \approx \bar{d}$ erfüllt werden. W. Ludwig.

1–1140 **P. Smith, S. Garcia-Blanco** and **L. Rivoir.** *A new structural type of metaborate anion.* Z. Kristallogr. **115**, 460–463, *1961*, Nr. 5/6. (Okt.) (Madrid, Secc. "Estruct. Cristal.", Inst. Fis.) Beschreibung eines neuen strukturellen Typs des Metaborat-Anions. Dieser Typ besteht aus einem dreidimensionalen Gerüst, in welchem die Boratome die Eckplätze des FEDOROVschen abgestumpften Oktaeders besetzen. Jedes Boratom ist von 4 Sauerstoffatomen tetraedrisch umgeben und jedes Sauerstoffatom gehört zwei Tetraedern an. Das ergibt ein dreidimensionales Anionengerüst im $Zn_4O(BO_2)_6$, das dem Gerüst des $(Al_3Si_3O_{12})^{3-}$-Ions des Sodaliths sehr ähnlich ist. P. Thoma.

1–1141 **F. Hulliger.** *Halbleitende Verbindungen mit Skutterudit-Struktur.* Helv. phys. acta **34**, 782–786, *1961*, Nr. 8. (Zürich, E. T. H., Lab. Festkörperphys.) Verbindungen der Form AB_3, in denen das Element A entweder Co, Ni, Rh oder Ir, das Element B entweder P, As oder Sb sein können, kristallisieren in der kubisch raumzentrierten Skutterudit-Struktur. Es wird für diesen Typ aus dem Zusammenhang zwischen relativen Atomlagen und der chemischen Bindung nach der Valenzbindungstheorie geschlossen, daß die Substanzen mit Ausnahme der Ni-Verbindungen Halbleitercharakter haben sollen. Das wird durch Widerstands-Temperatur-Kurven und Thermospannungsmessungen bestätigt. Mischkristalle der Form (Ir, Rh) Sb_3 sollten eine geringe Gitterwärmeleitung aufweisen, so daß hohe thermoelektrische Effektivitäten zu erwarten sind. G. Harbeke.

1–1142 **Waltraud Hilmer.** *Zur Kristallstruktur der Hochtemperaturform des Bariumgermanates $BaGeO_3(h)$.* Naturwissenschaften **48**, 476, *1961*, Nr. 13. (Juli.) (Berlin-Adlershof, Akad. Wiss., Inst. Anorg. Chem.)

1–1143 **G. Allegra.** *Il calcolo dell'intensità di diffrazione dei raggi X da parte di strutture denotanti disordine monodimensionale. III. Studio strutturale di due diverse modificazioni cristalline del $TiCl_3$ che presentano disordine monodimensionale.* Nuovo Cim. (10) **23**, 502–515, *1962*, Nr. 3. (1. Febr.) (Milano, Ist. Chim. Ind. Polit.)

1–1144 **A. N. Men.** *Über die Verteilung der Kationen in einem vielkomponentigen stöchiometrischen Spinell.* Phys. Abh. Sowjetunion N. F. **6**, 504–511, *1962*, Nr. 5. (Swerdlowsk, Akad. Wiss., Inst. Metall.) S. auch Ber. **41**, Nr. 10–776, *1962*. E. Bretnütz.

1–1145 **Yu. N. Venevtsev, V. S. Bondarenko, G. S. Zhdanov, V. V. Chkalova** and **N. G. Stember.** *Anomalous variations in the lattice constants and the dielectric and piezoelectric parameters of $(Ba, Pb)TiO_3$ solid solutions.* Soviet Phys.-Cryst. **6**, 298–301, *1961*, Nr. 3. (Nov./Dez.) (Engl. Übers. aus: Kristallografija **6**, 375–380, *1961*, Nr. 3.)

1–1146 **P. Smith, S. García-Blanco** y **L. Rivoir.** *Estructura del metaborato de zinc $Zn_4O(BO_2)_6$.* An. Soc. esp. Fis. Quim. (A) **57**, 263–268, *1961*, Nr. 11/12. (Nov./Dez.) (Madrid, Inst. Fis. „Alonso de Santa Cruz, Secc. Estruct. Crist.)

1–1147 **C. Guillemin, F. Permingeat** et **R. Pierrot.** *Revue bibliographique des modifications apportées à la nomenclature minéralogique.* Bull. Soc. franç. Minér. Crist. **85**, 99–102, *1962*, Nr. 1. (Jan./März.) (Paris, B. R. G. M.) Beggerow.

1–1148 **Yu. D. Kondrashev.** *Crystal and molecular structures of paradihalodiazoaminobenzenes.* Soviet Phys.-Cryst. **6**, 413–418, *1962*, Nr. 4. (Jan./Febr.) (Engl. Übers. aus: Kristallografija **6**, 515–523, *1961*, Nr. 4.) Durch Isotopen- und Isomorphiesubstitution wird mit Hilfe von WEISSENBERG-Aufnahmen die gesamte Struktur von Dibromdiazoaminobenzol (DBD) bestimmt. DBD kristallisiert monoklin und gehört der Raumgruppe C_{2h}^5 – P 2_1/n an. Die Elementarzelle enthält 4 Moleküle. Es wird a = 16,75, b = 4,79, c = 15,78 Å und β = 84° 58′ gefunden. Aus den Projektionen der Elektronendichte auf die verschiedenen Kristallebenen läßt sich ersehen, daß entlang der zweizähligen Achse unendliche Molekülspiralen liegen, die untereinander durch Wasserstoff-Stickstoff-Brücken verknüpft sind. Das Molekül ist nahezu flach gebaut, wobei jedoch die drei Stickstoffatome nicht in einer Flucht liegen. Die C–Br- und C–N-Abstände entsprechen etwa den Standardwerten (1,86 bzw. 1,45 Å). Die Abstände zwischen den Stickstoffatomen sind fast gleich lang (1,23 und 1,25 Å) und entsprechen einer N=N-Doppelbindung. Die Brom- und Kohlenstoffatome liegen exakt in der Molekülebene, der Winkel zwischen den Ebenen der beiden Molekülhälften ist etwa 6°. Die Stickstoffatome fallen in keine der beiden Ebenen. Der Winkel zwischen den Achsen der Benzolringe liegt bei 131°. — Die gleiche Struktur wird auch für Dichlordiazoaminobenzol gefunden, für das allerdings nur die x- und z-Koordinaten der Atome bestimmt wurden. H. Pförtner.

1–1149 **Joseph L. Birman.** *Configurational instability in solids: Diamond and zinc blende.* Phys. Rev. (2) **125**, 1959–1961, *1962*, Nr. 6. (15. März.) (Bayside, N. Y., Gen. Tel. Electron. Labs. Inc.) Das JAHN-TELLER-Theorem, welches durch Auszählung für die 32 Punktgruppen und die ikosaedrischen Gruppen aufgestellt wurde, wird auf 2 Raumgruppen ausgedehnt: Diamant O_h^7 und Zinkblende T_d^2. Der Vf. zeigt, daß fast alle degenerierten Elektronenzustände in diesen Strukturen die Konfigurationsinstabilität erhöhen. Dies zeigt sich durch das Bestreben der Gitterteilchen, eine Raumgruppe niedrigerer Symmetrie zu bilden, wobei gleichzeitig die Degenerierung aufgespalten wird. Es werden dabei nicht nur die Degenerierung durch die Berührung von Energieoberflächen, sondern auch die Sterndegenerationen ganz oder teilweise aufgehoben. Das Theorem kann für alle Raumgruppen verwendet werden, doch muß jede einzelne Art getrennt behandelt werden. Berechnung einiger praktischer Beispiele bei Diamant. P. Thoma.

1–1150 **I. M. Rumanova.** *Obtaining formulas of the structural factor from formulas of suspended projections of foreign density.* Soviet Phys.-Cryst. **6**, 369–370, *1961*, Nr. 3. (Nov./Dez.) (Engl. Übers. aus: Kristallografija **6**, 465–466, *1961*, Nr. 3.) Vf. gibt einen Nachtrag zu früheren Arbeiten. (Soviet. Phys. Cryst. **5**, 793, *1960*; **6**, 10, *1961*.) Es wird angegeben, wie man die Strukturfaktoren ermitteln kann, wenn die Projektionen der Elektronendichte bekannt sind. Betrachtet werden rhombische und monokline Gitter. W. Ludwig.

1–1151 **C. Andrieux.** *Étude cristallographique des édifices stalactitiques.* Bull. Soc. franç. Minér. Crist. **85**, 67–76, *1962*, Nr. 1. (Jan./März.) (Bordeaux, Fac. Sci., Lab. Minér. Ray. X.) Beggerow.

1–1152 **Laurens Jansen.** *Systematic analysis of many-body interactions in molecular solids.* Phys. Rev. (2) **125**, 1798–1804, *1962*, Nr. 6. (15. März.) (Geneva, Battelle Memor. Inst., Internat. Div.) Es werden die verschiedenen möglichen Typen gleichzeitiger Wechselwirkungen zwischen mehr als zwei Atomen oder Molekülen in sogenannten molekularen Festkörpern untersucht. Es ist möglich, diese verschiedenen Wechselwirkungen zu klassifizieren auf der Grundlage einer Doppel-Reihenentwicklung; eine nach zusammenhängenden Austauschclustern wachsender Größe und eine nach steigender Ordnung der Störungstheorie. Die Benutzung einer Multipolreihe für die elektrostatischen Wechselwirkungen wird vermieden; statt dessen wird ein Modell benutzt mit einer GAUSSschen Ladungsverteilung. Dieses Modell wird auf die Berechnung des Austausch-Quadrupolmoments zweier Argon-Atome als Funktion ihres Abstandes angewendet. Rechnungen von ROSEN (Ber. **33**, 3092, *1954*) und SHOSTAK (J. chem. Phys. **23**, 1808, *1955*) für Wechselwirkungen erster Ordnung zwischen 3 Helium-Atomen werden auf Atome der schweren Edelgase ausgedehnt (wie alle die hier angestellten Untersuchungen auf die Stabilität der Kristallstrukturen schwerer Edelgase hinzielen). Dieser Vielteilchen-Effekt kann 20% der Wechselwirkungsenergie 1. Ordnung annehmen.

R. Klein.

1–1153 **R. E. Watson** and **A. J. Freeman.** *Hyperfine fields, spin orbit coupling and nuclear magnetic moments of rare-earth ions.* J. appl. Phys. **33**, 1086–1088, *1962*, Suppl. zu Nr. 3. (März.) (Wilmington, Mass., Avco, RAD; Watertown, Mass., Ordn. Mat. Res. Office, Mat. Res. Lab.) Vff. führten eine Untersuchung über die miteinander verknüpften Probleme der Hyperfeinstruktur, der Spin-Bahn-Kopplung und der magnetischen Kernmomente von Seltenen Erden durch. Die theoretische Behandlung dieser Probleme basierte auf der Anwendung der nichtrelativistischen HARTREE-FOCK-Wellenfunktionen, die für neun Ionen der Seltenen Erden bestimmt wurden. Die erhaltenen Resultate sind mit den übrigen theoretischen Näherungsmethoden und dem vorhandenen experimentellen Material verglichen worden. Die Resultate der 4 f-Spin-Bahn-Kopplungsparameter sind vergleichsweise für einige Ionen der Seltenen Erden zusammengestellt worden (alle Zahlenwerte besitzen die Maßzahl cm^{-1}):

	Ce^{3+} ($4f^1$)	Pr^{3+} ($4f^2$)	Sm^{3+} ($4f^5$)	Dy^{3+} ($4f^9$)	Er^{3+} ($4f^{11}$)	Tm^{3+} ($4f^{12}$)
HARTREE-FOCK	830	980	1480	2315	2830	—
HARTREE		785				2740
Experiment	644	800	1200	1850	2400	2750

Eine weitere Tabelle zeigte die Abhängigkeit der $\langle r^{-3}\rangle$-Integrale für die Seltenen Erden nach den verschiedenen Näherungsverfahren, einschließlich dem auf Grund der HARTREE-FOCK-Methode erhaltenen. Die mit $\langle r^{-3}\rangle$-Integralen nach der HARTREE-FOCK-Methode erhaltenen magnetischen Kernmomente wurden mit den bisher bekannten verglichen (Maßzahl „Kernmagnetonen"):

	Pr^{141}	Nd^{143}	Sm^{147}	Ho^{165}	Yb^{173}
nach BLEANEY geschätzt	3,9	1,0	0,83	3,3	0,68
Optik	4,0	1,1	0,76	3,7	0,67
HARTREE-FOCK	3,9	1,0	0,85	3,5	0,63
nach LINDGREN geschätzt	5,0	1,2	1,03	4,1	0,72

Im Zusammenhang mit den Untersuchungen der Vff. wurde auf die Bedeutung der 4 f-Ladungsverteilung der Seltenen Erden bei Messungen mit dem MÖSSBAUER-Effekt, der kernmagnetischen Resonanz, der paramagnetischen Resonanz und der optischen Absorption hingewiesen.

H. Kleinpoppen.

1–1154 **M. E. Caspari, S. Frankel** and **G. T. Wood.** *Magnetic hyperfine interaction and electronic relaxation in Sm^{3+} in EuIG.* J. appl. Phys. **33**, 1089–1090, *1962*, Suppl. zu Nr. 3. (März.) (Philadelphia, Penn. Univ., Dep. Phys.) Vff. teilten die Ergebnisse ihrer Messungen der 1415 — 122 keV–γ–γ-Winkelkorrelation in Sm^{152}, das als Folge des K-Einfanges von Eu^{152} gebildet wurde, mit. Eu^{152} wurde zuvor durch Neutronenbestrahlung von Eu^{151} in polykristallinem EuIG erzeugt. Eine konsistente Interpretation der erhaltenen Ergebnisse war nur möglich unter der Annahme, daß die elektronische Relaxationszeit der Ionen der Seltenen Erden τ_s kleiner ist als die Lebensdauer des intermediären Kernzustandes 2+ im Sm^{152} über den gesamten beobachteten Temperaturbereich. (Von $-25°C$ bis oberhalb der NÉEL-Temperatur.) Diese Voraussetzung wurde gemacht zur Emittlung der mittleren Komponente des effektiven Hyperfeinfeldes $\langle H_{int} z \rangle$ entlang der Richtung des magnetisierenden Feldes. Diese Größe $\langle H_{int} z \rangle$ ist als Funktion der Temperatur in einer Abbildung dargestellt, ihre Größe steht in ausgezeichneter Übereinstimmung mit den Berechnungen gemäß der molekularen Feldtheorie, wobei vorausgesetzt wurde, daß die elektronische Konfiguration des Sm^{152} der des Sm^{3+}-Ions im wesentlichen entspricht. Der Anteil des magnetischen Hyperfeinfeldes, der von dem Austausch zwischen den 4 f- und den s-Rumpfelektronen herrühren soll, ergab sich als klein, verglichen mit der Wechselwirkung zwischen den Bahn- und Spinmomenten der 4 f-Schale. Die absolute Größe des magnetischen Hyperfein-Feldes ergab sich zu 4,7 · 10 Oe. Unter der Voraussetzung, daß die zeitabhängigen Wechselwirkungen hauptsächlich magnetischer Natur sind, bestimmte sich die elektronische Relaxationszeit zu $3{,}2 \cdot 10^{-12}$ sec bei einer Temperatur von 400° C; sie nahm umgekehrt mit der absoluten Temperatur ab. H. Kleinpoppen.

1–1155 **W. N. Samoilow, W. W. Skljarewski** und **W. D. Gorobtschenko.** *Das Vorzeichen des lokalen Magnetfeldes in der Umgebung in Eisen und Nickel gelöster Goldkerne.* Sh. exp. teor. Fis. **41**, 1783–1786, *1961*, Nr. 6. (Orig. russ.) Vff. maßen die Asymmetrie der β-Strahlung von ^{198}Au-Kernen, die in schwachen Goldlösungen in Eisen und Nickel polarisiert worden waren, um daraus Größe und Vorzeichen des lokalen Magnetfeldes am Ort der Goldkerne zu bestimmen. Eine frühere Messung der γ-Anisotropie für orientierte ^{198}Au-Kerne in der Legierung Fe–Au (Ber. **39**, Nr. 12–628, *1960*) hatte nur den Absolutbetrag des lokalen Feldes geliefert, weil die Winkelverteilung der γ-Strahlung orientierter Kerne nur von geraden Potenzen des Produktes $\mu_k H_k$ abhängt (μ_k magnetisches Kernmoment). Die Feldrichtung läßt sich nun aus der Asymmetrie der β-Strahlung entnehmen. Als wahrscheinlichsten Wert für das Feld erhält man $H_k = -1{,}0 \cdot 10^6$ Oe für Gold in Eisen und $-1{,}8 \cdot 10^5$ Oe für Gold in Nickel. Man kennt z. Z. nur einen Mechanismus, der ein negatives totales Magnetfeld liefert, nämlich das Kontaktfeld der Elektronen der inneren s-Schalen. Dieser Mechanismus setzt eine partielle Polarisation der inneren Schalen durch Austausch- und Dipolwechselwirkung mit den unabgeschlossenen Schalen der paramagnetischen Ionen voraus. Diese Annahme ist gleichwertig mit der Annahme einer nichtkompensierten Schale des Fremdatoms. Aber auch eine Kontaktwechselwirkung mit polarisierten Leitungselektronen der Legierung kommt zur Erklärung des negativen lokalen Feldes in Frage. H. Vogel.

1–1156 **T. P. Das** and **M. Pomerantz.** *Nuclear quadrupole interaction in pure metals.* Berichtigung. Phys. Rev. (2) **125**, 2208, *1962*, Nr. 6. (15. März.) S. Ber. **41**, Nr. 9–915, *1962*. E. Bretnütz.

1–1157 **M. P. Shaskol'skaya** and **P. P. Pashkov.** *Growth of a crystal layer on a plastically bent rock-salt single crystal.* Soviet Phys.-Cryst. **6**, 381–383, *1961*, Nr. 3. (Nov./Dez.) (Engl. Übers. aus: Kristallografija **6**, 476–479, *1961*, Nr. 3.) (Moscow, Steel Inst.) Ein plastisch gebogener NaCl-Kristall wächst in wäßriger Lösung gebogen weiter (SHASKOL'SKAYA 1938, 1944). Hier werden durch Ätzung in 2:1-Essigsäure-Methylalkohol-Mischung die Versetzungslinien sichtbar gemacht. Sie setzen sich direkt, oft geradlinig in die anwachsende Schicht fort, wodurch die Einhaltung des verspannten Zustands erklärt wird. Bemerkenswert ist eine den Literaturangaben widersprechende Beobachtung, daß die durch Versetzungen markierten Gleitflächen (110) im Bereich der neutralen Zone (010) des gebogenen Kristalls nach $(1\bar{1}0)$, also um 90°, abgelenkt werden. K.-F. Seifert.

1–1158 **R. Nitsche, H. U. Bölsterli** and **M. Lichtensteiger.** *Crystal growth by chemical transport reactions. I. Binary, ternary and mixed-crystal chalcogenides.* J. Phys. Chem. Solids **21**, 199–205, *1961*, Nr. 3/4. (Dez.) (Zurich, Labs R. C. A. Ltd.) Chemische Transportreaktionen (Begriff von H. SCHÄFER geprägt, vgl. Monographien zur Angew. Chem., Nr. 76. Verlag Chemie, Weinheim 1962) ermöglichen die Züchtung von Kristallen unterhalb der Schmelz-, Sublimations- oder Zersetzungstemperaturen. Man nutzt die Temperaturabhängigkeit des chemischen Gleichgewichts aus: Das Ausgangsmaterial wird nach chemischer Reaktion in leichter flüchtigen Komponenten verdampft und

an anderem Orte bei im allgemeinen tieferer Temperatur durch Rück-Reaktion wieder abgeschieden. Thermodynamische Gesichtspunkte werden kurz diskutiert und Versuche durchgeführt, um zu optimalen Kristallisationsbedingungen am Beispiel $ZnS + J_2 \rightleftharpoons ZnJ_2 + {}^1/_2 S_2$ zu gelangen. Für gutes Einkristall-Wachstum ist die Transportrate hinreichend klein zu halten; die Temperaturverteilung in der möglichst großen Kristallisationskammer soll gleichförmig sein; weite Transportrohre mit einem Materialtransport durch Konvektion ermöglichen kleinere Temperaturdifferenzen und ergeben die besten Kristalle. Es wurden Einkristalle erhalten von ZnS (kubisch unter 1000° C, hexagonal oberhalb 1150° C), ZnSe, CdS, CdSe, MnS, SnS, SnS_2, In_2S_3, Ga_2S_3, GaS und GaSe; erstmalig auch von ternären Chalkogeniden des Typs AB_2X_4 (A = Zn, Cd, Hg; B = Ga, In; X = S, Se). Hexagonale (!) Mischkristalle ZnS · MnS werden bei steigenden Temperaturen mit wachsendem Mn-Gehalt erhalten. Mittels radioaktivem J^{131} werden die immer gleichförmig verteilten J-Gehalte in CdS-Kristallen zu 10^{-2} Gew.-% gefunden.
K.-F. Seifert.

1–1159 **I. E. Balygin.** *Transformations of amorphous quartz to crystalline quartz during the thermal diffusion of silver.* Soviet Phys.-Cryst. **6**, 581–584, *1962*, Nr. 5. (März/Apr.) (Engl. Übers. aus: Kristallografija **6**, 727–732, *1961*, Nr. 5.) Scheiben aus amorphem Quarz, die an der Oberfläche mit Silber belegt waren, wurden einige hundert Stunden lang bei 500° C bzw. 600° C getempert, so daß das Silber in den Quarz eindiffundierte. Die anschließende mikroskopische Untersuchung der Oberfläche zeigte, daß diese Diffusion nicht gleichmäßig vor sich geht, sondern daß sich dabei im Quarz um einzelne Zentren konzentrische Bereiche mit hohem und niedrigem Silbergehalt ausbilden; außerdem kristallisiert der Quarz teilweise, und zwar bei 500° C in der Struktur des α-Cristobalits, bei 600° C in der des α-Quarzes. Zur Erklärung dieser Befunde wird angenommen, daß das Silber zunächst in die durch die Mikrostruktur des Glases bedingten atomaren Spalte eindringt und zu einer Verlagerung der inneren Spannungen führt; anschließend diffundiert es auch in bestimmte Nachbarbereiche. Das Einsetzen der Kristallisation wird auf eine Erhöhung der Beweglichkeit der SiO_4-Tetraeder durch das anwesende Silber zurückgeführt.
H. G. Zachmann.

1–1160 **G. A. Kurov.** *The mechanism of growth of a monocrystal of germanium from a molecular beam.* Soviet Phys.-Solid State **3**, 1207–1210, *1961*, Nr. 6. (Dez.) (Engl. Übers. aus: Fiz. Tverd. Tela **3**, 1662–1667, *1961*, Nr. 6.) (Moscow, Acad. Sci., Inst. Crystallogr.) Germanium-Filme, die durch Vakuumsublimation auf einkristalline Ge-Unterlage erhalten wurden, zeigen elektronenoptisch zwar perfekten Kristallbau, besitzen aber eine auf hohe Versetzungsdichte hindeutende p-Leitfähigkeit (Kurov et al., Soviet Phys.-Cryst. **2**, 59, *1957*). Hier wird die Bildung zahlreicher Versetzungen und anderer Fehlstellen verständlich gemacht: Der verwendete Molekularstrahl ($\sim 5 \cdot 10^{16}$ Atome sec^{-1} cm^{-2}) schafft Oberflächenverhältnisse, die einer 25- bis 30fachen Übersättigung entsprechen. Der kritische zweidimensionale Keim auf den {111}-Flächen besteht bei 1200° K nur aus 2 bis 3 Atomen; 10^7 Keime werden pro sec und cm^2 gebildet. Vor dem Auswachsen einer aus vielen Keimen zusammenwachsenden Schicht werden bereits neue Schichten angelegt, so daß Baufehler reichlich entstehen. (Schichten mit besserer Struktur könnten erhalten werden durch intensitätsärmeren Molekularstrahl und durch höhere Temperatur der einkristallinen Unterlage oder durch langdauerndes Tempern.) — Übrigens ist aus der guten Orientierung der abgeschiedenen dünnen Schichten zu schließen, daß die amorphe Oxydschicht des als Unterlage dienenden Ge-Kristalls bei 750–800° C und 10^{-5} mm Hg weitgehend abgebaut oder durchlöchert sein muß.
K.-F. Seifert.

1–1161 **A. I. Schalnikow.** *Einige Beobachtungen bei der Entstehung von festem Helium.* Phys. Abh. Sowjetunion N. F. **6**, 189–192, *1962*, Nr. 2. S. auch Ber. **41**, Nr. 11–925, *1962*.
E. Bretnütz.

1–1162 **L. C. F. Blackman** and **A. R. Ubbelohde.** *Stress recrystallization of graphite.* Proc. roy. Soc. (A) **266**, 20–32, *1962*, Nr. 1324. (27. Febr.) (London, Imp. Coll., Dep. Chem. Engng. & Chem. Technol.) Aus Methan pyrolytisch abgeschiedene Graphit-Filme (10 cm Hg, auf 2150 °C wechselstromgeheizte polykristalline Graphit-Unterlage, 1 mm Niederschlag in 30 min) enthalten beträchtliche mechanische Spannungen. Die

Filme biegen sich nach dem Ablösen. In dickeren Filmen nehmen von der Unterlage her nach außen Schichtenabstand und Fehlordnungsgrad der Schichtenfolge sowie der elektrische Widerstand deutlich zu. Dünne Filme unter 0,4 mm zeigen hohe Fehlordnung. Tempert man unter äußerer Vorspannung, z. B. durch Einhalten der Planarität der Filme, kann die gespeicherte Verspannungs-Energie zu einer tiefgreifenden Rekristallisation führen, wobei die am stärksten verspannten Lagen die höchste kristalline Ordnung, vergleichbar natürlichen Einkristallen, erlangen. Der Ordnungsvorgang scheint ein kooperativer Prozeß zu sein (Energieschwelle). Die Bezeichnung „stress-Rekristallisation" wird vorgeschlagen. Bei 2700°C verläuft dieser Vorgang sehr schnell ($<$ 1 sec bei dickeren Filmen mit höherer Energiedichte) und kann sogar außer Kontrolle geraten (Detonationen). K.-F. Seifert.

1-1163 **G. Möllenstedt, K. Graff** und **R. Speidel.** *Wachstum von Einkristall-Lamellen in dem engen Raum zwischen parallelen Glasflächen.* Z. Phys. **167**, 367—374, *1962*, Nr. 4. (9. Apr.) (Tübingen, Univ., Inst. Angew. Phys.) Es werden dünne Einkristall-Plättchen von Kaliumchlorat und Kaliumchlorid von etwa 0,1 μm Dicke und 500 μm × 50 μm Größe zwischen eng benachbarten Glasoberflächen aus einer Lösung durch Senken der Temperatur auskristallisiert. Ein Verfahren, die Kristalle ohne Beschädigung freizulegen, wird beschrieben. Die monokristalline Struktur und Planparallelität der Flächen wird durch Elektronenbeugung nachgewiesen. Aus den Nebenstreifen der Bragg-Reflexe im konvergenten Bündel lassen sich die Dicken bestimmen. Die bei hoher Stromdichte des Elektronenstrahls entstehenden Hohlstellen und Abbauerscheinungen werden im Elektronenmikroskop beobachtet und sind in Bildern angegeben.
K.-J. Rosenbruch.

1-1164 **C. S. Brown.** *Recent developments in the growth of synthetic quartz.* Proc. Instn elect. Engrs (B) **109**, 324—327, *1962*, Suppl. Nr. 22. (S. B.) (Wembley, Engl., Gen. Elect. Co. Ltd., Central Res. Labs., Hirst Res. Centre.) E. Bretnütz.

1-1165 **P. L. Edwards** and **R. J. Happel jr.** *Beryllium oxide whiskers and platelets.* J. appl. Phys. **33**, 943—948, *1962*, Nr. 3. (März.) (Silver Spring, Md., U. S. Nav. Res. Ordn. Lab.) BeO-Plättchen und Whisker wachsen in einer mit Be-Metall beschickten Quarzwanne, die in einer H_2-Atmosphäre 16 Stunden lang auf 1500°C geheizt wird. Man findet einen neuen Typ von Whisker mit einer Kugel am Ende, genannt „flagpole"-Whisker, der von massivem BeO heraus wächst. Die flagpoles wachsen mit ihrer Achse parallel zur kristallographischen c-Achse. Ihre Wachstumsrate beträgt mindestens 0,02 μ/sec. Es wird ein Wachstumsmechanismus für diese Whisker vorgeschlagen. — Zusätzlich zu den flagpole-Whiskern werden Plättchen und zwei Typen normaler Whisker gefunden. Die vom Typ I haben ihre Achse in $[1\bar{0}10]$-Richtung, die vom Typ II ungefähr in $[\bar{3}032]$-Richtung. Es wird nahegelegt, daß diese Whisker und Plättchen auf Grund einer Reaktion von Be und H_2O an der Wachstumsstufe der Oberfläche wachsen. F. Fischer.

1-1166 **V. G. Fomin** and **O. V. Bogorodskii.** *Study of microsegregation in the crystallization of germanium-silicon alloys.* Soviet Phys.-Cryst. **6**, 362—365, *1961*, Nr. 3. (Nov./Dez.) (Engl. Übers. aus: Kristallografija **6**, 455—459, *1961*, Nr. 3.) Die Mikrosegregation in Germanium-Siliciumlegierungen (von 0—22,9 at-% Si), die durch Zonenschmelzen hergestellt wurden, wurde in Abhängigkeit von der Vorschubgeschwindigkeit der Zone an ein- und polykristallinen Proben mittels der Linienverbreiterung in Debye-Pulveraufnahmen untersucht. — Danach nimmt die Inhomogenität mit zunehmender Vorschubgeschwindigkeit der Zone zu, und zwar für niedrige Si-Gehalte schneller als für hohe. Bei gleicher Vorschubgeschwindigkeit ist der Homogenitätsgrad von Einkristallen etwa doppelt so groß wie von Polykristallen. Unterschreitet der Homogenitätsgrad einen bestimmten Wert, so tritt Mosaikbildung und schließlich polykristallines Wachstum auf. Dieser Wert wird durch das Verhältnis von Kristallisationsgeschwindigkeit und Diffusionsgeschwindigkeit in der festen Phase bestimmt. J. Burmeister.

1-1167 **K. Nassau, L. V. Cherry** and **W. E. Wallace.** *Intermetallic compounds between lanthanon and transition metals of the first long period. I. Preparation, existence and structural studies.* J. Phys. Chem. Solids **16**, 123—130, *1960*, Nr. 1/2. (Nov.) (Pittsburgh,

Penn., Univ., Dep. Chem.) Es wurde eine Reihe von Legierungen, die den Zusammensetzungen AB_5, AB_2, AB und A_3B entsprechen, wobei A = Y, La, Ce, Sm, Gd, Dy oder Ho und B = Mn, Fe, Co oder Ni ist, mit Hilfe der Schwebeschmelze hergestellt. Zur Entscheidung, ob die verschiedenen Legierungen in Form von intermetallischen Verbindungen existieren oder nicht, wurde die Röntgen-Feinstrukturanalyse herangezogen. Eine ausgedehnte Tendenz zur Bildung solcher Verbindungen wurde bei allen Lanthaniden außer La festgestellt. Alle Verbindungen vom AB_2-Typ hatten $MgCu_2$-Struktur, die AB_5-Verbindungen zeigten entweder die $CaCu_5$-Struktur oder eine nicht identifizierte orthorhombische Struktur. Die Existenz von Verbindungen des Typs AB bzw. A_3B konnte aus den Röntgendiagrammen weder bewiesen noch widerlegt werden. Es folgt eine Diskussion der Faktoren, die die Existenz und die Struktur dieser Verbindungen beeinflussen. R. Perthel.

1–1168 **N. H. March** and **A. M. Murray.** *Self-consistent perturbation treatment of impurities and imperfections in metals.* Proc. roy. Soc. (A) **261**, 119–133, *1961*, Nr. 1304. (11. Apr.) (Sheffield, Univ., Dep. Phys.) Eine störungstheoretische Behandlung der DIRACschen Dichtematrix (MARCH und MURRAY, Phys. Rev. **120**, 830, *1960*) wird für selbstkonsistente Rechnungen für Metalle (Modell freier Elektronen) entwickelt, die lokalisierte Verunreinigungen oder Leerstellen aufweisen. Es wird gezeigt, daß im Fall langsam variierenden Potentials die störungstheoretische Reihe summiert werden kann und das bekannte Ergebnis liefert. Für Werte der Dichte, die Metallen unter normalen Bedingungen entsprechen, werden mit Hilfe der Störungstheorie erster Ordnung selbstkonsistente Ergebnisse für die Radialdichte der verschobenen Ladung und das HARTREE-Potential bei Anwesenheit von Punktsingularitäten hergeleitet. Es wird auch die Anwendung der entwickelten Methode auf BLOCH-Wellenfunktionen betrachtet. R. Klein.

1–1169 **Y. Adda, G. Brébec** et **V. Lévy.** *Etude de l'introduction et de la diffusion des gaz rares dans les métaux.* Mém. Sci. Rev. Métall. **58**, 743–756, *1961*, Nr. 10. (Okt.) (Saclay, Gif-sur-Yvette, Comm. En. Atom.) Die unerwünschte Edelgasblasenbildung in Reaktorbrennstoffen war der Anlaß für Löslichkeitsuntersuchungen von Edelgasen in Metallen. Als geeignetste Methode zur Einführung von Edelgasen in Metalle ergab sich die der elektrischen Entladung. Die aufzuladende Metallprobe lag auf der Innenseite einer als Topf ausgeformten Tantalkathode. Der Druck in der Entladungsröhre lag zwischen 0,1 und 1,0 mm Hg. Je nach Metall- und Gasart betrug die Entladungsspannung 200 bis 800 Volt und der Entladungsstrom 20 bis 80 mA. Nach der Entladung zeigten die Proben zwei zylinderförmige Ringe, wobei der eine auf dem Zylindermantel, der andere an der Grundfläche der Probe saß. Die Lokalisierung der radioaktiven Gase wurde durch Autoradiographie und β–γ-Aktivitätsmessung vorgenommen. Um die Dichteverteilung des Gases festzustellen, wurden sehr dünne Schichten von der Probe abgetragen und die verbleibende Aktivität gemessen. Die Eindringtiefe war nicht gleichmäßig, sondern hing von der Reinheit des Gases und den Entladungsbedingungen ab. Die lokale Gaskonzentration betrug z. B. für Krypton in Zirkonium bis zu 4 At-%. Die mit Gas angereicherte Zone bestand aus rekristallisiertem Material, das während der Entladung aus der Kathode herausgerissen und wieder niedergeschlagen wurde. Durch Anlassen bei 850 und 1400°C kam es zur Blasenbildung. Durch Lösung der FICKschen Differentialgleichung wurde der Diffusionskoeffizient in annehmbarer Übereinstimmung mit dem Experiment gefunden. K. Schorr.

1–1170 **R. Matejec.** *Randschichtgleichgewichte und Diffusion von Frenkelfehlstellen in Halogensilberkristallen.* Z. Elektrochem. **66**, 326–331, *1962*, Nr. 4. (30. Apr.) (Leverkusen, Agfa AG., Wissensch.-Photogr. Lab.)

1–1171 **R. Bullough** and **R. C. Newman.** *The interaction of vacancies with dislocations.* Phil. Mag. (8) **7**, 529–531, *1962*, Nr. 75. (März.) (Aldermaston, Berks., Assoc. Elect. Ind., Res. Lab.) B. Bein.

1–1172 **P. A. Wolff, P. W. Anderson, A. M. Clogston, B. T. Matthias, M. Peter** and **H. J. Williams.** *Magnetization of localized states in metals.* J. appl. Phys. **33**, 1173–1177,

1962, Suppl. zu Nr. 3. (März.) (Murray Hill, N. J., Bell Tel. Labs.) Bei der Lösung von 1 At.-% Eisen in den 4 d-Metallen treten bei ganz bestimmten Elektronen-Konzentrationen magnetische Momente auf, die den gelösten Fe-Atomen zugeschrieben werden müssen (lokalisierte Zustände). Zur Deutung werden virtuelle Energiezustände der gelösten Atome nach FRIEDEL herangezogen. Sind sie hinreichend scharf und liegen sie nahe genug an der FERMI-Kante, dann führt eine HARTREE-FOCK-Rechnung zu einer Polarisation des Fe-Atoms. Mit diesem Modell gelingt es, die experimentellen Ergebnisse und das Vorkommen von Bruchteilen eines BOHRschen Magnetons je Fe-Atom zu deuten. G. Heimke.

1–1173 **S. Geller, H. J. Williams, R. C. Sherwood** and **G. P. Espinosa.** *Substitutions of divalent transition metal ions in yttrium iron garnet.* J. appl. Phys. **33**, 1195–1196, *1962*, Suppl. zu Nr. 3. (März.) (Murray Hill, N. J., Bell Tel. Labs. Inc.) In Yttrium–Eisen–Granat wurden dreiwertige Eisen-Ionen durch verschiedene Anteile zweiwertiger Mn-, Fe-, Co- und Ni-Ionen ersetzt. Ferner wurden Fe^{2+}- und Mn^{2+} in Dodekaederstellen gebracht. Das elektrische Gleichgewicht wurde durch gleichzeitiges Einführen von vierwertigem Silicium oder Germanium aufrechterhalten. Die beobachteten und berechneten magnetischen Momente stimmen nicht befriedigend gut überein. Für die Abweichungen werden mehrere Erklärungsmöglichkeiten diskutiert. C. Heck.

1–1174 **L. J. Vieland.** *The effect of arsenic pressure on impurity diffusion in gallium arsenide.* J. Phys. Chem. Solids **21**, 318–320, *1961*, Nr. 3/4. (Dez.) (Somerville, N. J., Radio Corp. Amer., Semicond. Mat. Div.) Die Diffusion von S, Mn, Zn, Sn und Si in GaAs wurde bei einer festen hohen Temperatur untersucht als Funktion des Druckes einer umgebenden As-Atmosphäre (untersuchter Druckbereich: 0,1 bis 10 Atm). Bei Mn und Zn wurde eine Abnahme, bei S, Sn und Si eine Zunahme der Diffusionsgeschwindigkeit nach einem Potenzgesetz mit dem As-Druck festgestellt, jedoch nur in begrenzten Bereichen des untersuchten As-Druckes. Außerhalb dieser Druckbereiche wurde keine Abhängigkeit gefunden. Einfache Möglichkeiten, den Effekt zu erklären, werden diskutiert. F. Lappe.

1–1175 **B. P. Aleksandrov** and **G. A. Andreev.** *Effect of impurities on the density of LiF monocrystals.* Soviet Phys.-Solid State **3**, 1776–1779, *1962*, Nr. 8. (Febr.) (Engl. Übers. aus: Fiz. Tverd. Tela **3**, 2445–2450, *1961*, Nr. 8.) (Leningrad, Acad. Sci., Physicotech. Inst.) Kleine Zusätze von Na, K, Ca, Ba, Fe, Ni, Cu, Al, Mn verändern die Dichte von LiF-Schmelzkristallen nicht; Schwebemethode mit Temperaturgradient, relativer Fehler $\sim 5 \cdot 10^{-6}$. In den Systemen LiF–NaF, LiF–KF entspricht das einer maximalen NaF-, KF-Aufnahme von $3 \cdot 10^{-3}$ Mol-%. Na, K, Ca, Ba dürften wegen abweichender Ionenradien nicht in die Struktur eingebaut werden, während FeF_2, NiF_2, CuF_2, AlF_3 nach thermischer Zersetzung als Oxyde ausgefällt werden. Kleine Mg-Zusätze erhöhen die Dichte. Zusätze von LiOH, Li_2CO_3, $LiNO_3$, die sämtlich als Li_2O (oder LiOH) eingebaut werden, verkleinern die Dichte molar in gleichem Maße. K.-F. Seifert.

1–1176 **J. K. Gorman** and **W. R. Nardella.** *Hydrogen permeation through metals.* Vacuum, Lond. **12**, 19–24, *1962*, Nr. 1. (Jan./Febr.) (Great Neck, N. Y., Sperry Gyroscope Co., Electron. Tube Div.) Nach Vorstellung der Vff. zerfällt Diffusion von Wasserstoff durch Metalle in verschiedene Schritte. 1. Adsorption von H_2 an der Metallwand. 2. Dissoziation in atomares H. 3. Lösung im Metall. 4. Diffusion durch Metall entsprechend dem Konzentrationskoeffizienten. 5. Austritt aus Metall an Oberfläche. 6. Rekombination zu H_2. 7. Loslösung von der Metalloberfläche. Von diesen sind 3. und 4. im wesentlichen bestimmend für den zeitlichen Ablauf und damit für die durchdringende Menge, daher $Q = [(A\,D\,K \cdot p^{1/2})/x]/d$. (A = Fläche, D = Diffusionskoeffizient, K = Löslichkeit, p = Druck auf der Ausgangsseite, d = Dicke des Materials.) Das Produkt DK = U (Permeationskoeffizient) soll für eine Anordnung nur von T abhängen: $U = U_0 \exp\{-\Delta H_p/RT\}$ (H_p = Permeationsenergie). U wird aus Q berechnet und Q in folgender Anordnung bestimmt: H_2 im geschlossenen Metallzylinder, dessen Temperatur geändert werden kann. Der Druck auf der Austrittsseite wird mit einem Massenspektrometer in einer Vakuumapparatur bei laufender Pumpe gemessen. Die Partialdruckempfindlichkeit für H_2 des Spektrometers wird mit einer anderen H_2-Quelle aus bekanntem Leck und bekannter Sauggeschwindigkeit ermittelt und kontrolliert. Die Versuche ergaben für verschiedene Ausgangsdrucke im Zylinder für die Materialien Ni, Cu, Kovar rostfreier Stahl, Fe, kaltgezogener Stahl, Monel und Inconel im Bereich von 350 bis 1000°C die erwartete Temperaturabhängigkeit. Die experimentellen Ergebnisse sind in Kurven und Tabellen wiedergegeben. Meinke.

1–1177 **M. I. Kornfeld** und **W. W. Lemanow.** *Verzerrungen des NaCl-Gitters durch die Fremdionen Ag^+, Br^-, K^+.* Sh. exp. teor. Fis. **41**, 1454–1460, *1961*, Nr. 5. (Orig. russ.) In NaCl-Kristallen mit den Verunreinigungen AgCl, NaBr und KCl wurde die Abhängigkeit der Gitterkonstante und der Intensität der Absorptionslinien der kernmagnetischen Resonanz für das ^{23}Na von der Fremdkonzentration untersucht. Es besteht eine deutliche Korrelation zwischen einer Abnahme der Intensität für die Resonanzlinien und einer Abnahme der Gitterkonstante: Beide Größen sind eindeutige, nicht von der Art der Verunreinigung abhängige Funktionen von nc, wobei c die Verunreinigungs-Konzentration und n die Anzahl der ^{23}Na-Kerne innerhalb der „kritischen" Kugel ist. Die Größe der elastischen Gitterdeformation in der Umgebung des Fremdions wurde abgeschätzt. In Abständen von den drei genannten Fremdionen von 8,9, 12,4 bzw. 16,7 Å (das ist die Grenze der kritischen Kugel) beträgt diese Deformation etwa 10^{-3}. Daß bei kleinen Konzentrationen die Intensität der Satelliten eine eindeutige, nicht von der Art der Verunreinigung abhängige Funktion des Gesamtvolumens nc der kritischen Kugeln ist, folgt schon aus der Definition der kritischen Kugel; das Experiment zeigt aber, daß dies auch bei höheren Konzentrationen zutrifft, wo die kritischen Kugeln einander überschneiden; dies führt nur zu einer Abweichung von der linearen Abhängigkeit ab $nc \approx 1$. Es zeigt sich, daß man die Ionen nicht als starre Kugeln mit einem bestimmten PAULINGschen Ionenradius auffassen darf. H. Vogel.

1–1178 **E. A. Secco.** *Diffusion of Zn in ZnO.* Canad. J. Chem. **39**, 1544–1548, *1961*, Nr. 7. (Juli.) (Antigonish, Nova Scotia, St. Francis Xavier Univ., Chem. Dep.) Beggerow.

1–1179 **L. Malicskó** und **Z. Morlin.** *Durch Druck und Temperatur entstandene Farbzentren in NaCl.* Phys. Status solidi **2**, 325–335, *1962*, Nr. 3. (Budapest, Tech. Univ. Bauind., Inst. Exp. Phys.) Das Absorptionsspektrum von Pastillen, welche aus pulverisierten, röntgenbestrahlten oder additiv verfärbten NaCl-Kristallen bei Temperaturen zwischen 35 und 700°C mit Drücken zwischen 3000 und 10000 kp · cm^{-2} zwischen Metallflächen gepreßt worden waren, wurde im ultravioletten und sichtbaren Spektralbereich untersucht. Es zeigte eine große Anzahl von Banden, von denen sich einige durch Belichtung ähnlich beeinflussen ließen wie die entsprechenden Banden in NaCl-Einkristallen. Durch Wärmebehandlung konnte auch die Kolloidbande erzeugt werden. Die Verformung führte zu stark ausgebildeten Banden, die in Einkristallen nur in sehr geringem Maße auftreten. Die für die Farbzentrenbildung erforderlichen Elektronen stammen aus Verunreinigungen und den heißen Metallflächen der Presse. C. Volke.

1–1180 **Albert Gold.** *Model for the electronic structure of the K and L bands in alkali halides.* Phys. Rev. (2) **123**, 1965–1967, *1961*, Nr. 6. (15. Sept.) (Urbana, Ill., Univ., Dep. Phys.) Das vorgeschlagene Modell besteht aus einem Anionenleerstellenpaar in (110)-Anordnung mit einem Elektron (F_2^+). Die K-Bande wird einem tief liegenden Elektronenübergang (vermutlich $1\,s\sigma \rightarrow 2\,p\pi$) zugeschrieben. Die Konzentration der F_2^+-Zentren hängt nach dem Massenwirkungsgesetz linear von der F-Zentrenkonzentration ab. Die L-Banden sollten demnach höheren Übergängen am F_2^+-Zentrum entsprechen. Das Verhalten von Lage und Breite der Banden bei Temperaturänderung und die Ergebnisse von Photoleitungsversuchen lassen sich mit diesen Annahmen qualitativ deuten. C. Volke.

1–1181 **P. R. Moran, S. H. Christensen** and **R. H. Silsbee.** *Electron spin resonance and optical absorption of electron excess centers in KCl.* Phys. Rev. (2) **124**, 442–449, *1961*, Nr. 2. (15. Okt.) (Ithaca, N. Y., Univ., Lab. Atom. Solid State Phys., Dep. Phys.) In additiv verfärbten KCl-Kristallen erzeugte man reine F-Zentren durch Abschrecken oder F-Zentrenumwandlung mittels Röntgenbestrahlung. Beim optischen Ausbleichen der F-Bande nimmt die Resonanzlinienbreite ab, und die Sättigung der Elektronenspinresonanz bei zunehmender Mikrowellenleistung wird unvollständiger. Dieses Verhalten kann nicht den R-, M-, N-oder R'-Zentren zugeschrieben werden, vielmehr muß die optische Absorption der für die Änderung der Resonanzamplitude beim Ausbleichen verantwortlichen Zentren im Gebiet der F-Bande liegen und entweder von F-Zentren in veränderter Umgebung oder durch ähnliche, beim Ausbleichen der F-Zentren entstehende Defekte verursacht werden. C. Volke.

1-1182 **Charles L. Bauer** and **Robert B. Gordon.** *Structure sensitivity of F-center generation by X rays at low temperatures.* Phys. Rev. (2) **126**, 73–78, *1962*, Nr. 1. (1. Apr.) (New Haven, Connect., Univ., Hammond Metall. Lab.) Versuche zur Bestimmung der inneren Reibung und des Elastizitätsmoduls bei NaCl lassen vermuten, daß in Alkalihaliden die Bildung von F-Zentren auch bei Temperaturen des flüssigen Heliums an Versetzungen erfolgt. Dagegen wird die verstärkte Verfärbbarkeit bei tiefen Temperaturen durch das Fehlen der Diffusion der erzeugten Zentren unterdrückt. Aufnahme der Zuwachskurve der F-Zentrenkonzentration in plastisch deformierten und nicht deformierten Kristallen aus NaCl und KCl zwischen 10° und 325° K. Daraus ermitteln die Vff., daß die Einfangrate von Elektronen durch negative Ionenfehlstellen und die erzielte Sättigungskonzentration der F-Zentren stark temperaturabhängig ist. Weiterhin existiert eine Optimaltemperatur, bei der eine gewisse Farbzentrenkonzentration mit einer minimalen Bestrahlung erreicht wird. Die Verfärbbarkeit leicht deformierter Kristalle wird nur bei solchen Temperaturen gesteigert, bei denen eine Diffusion von F-Zentren möglich ist, andernfalls ergibt sich eine Verfärbungssättigung. Dagegen wächst die anfängliche F-Zentren-Zuwachsrate in einem stark deformierten Kristall in bezug auf einen leicht deformierten. Dies kann durch die Anwesenheit vieler F-Zentren in der Nähe von Versetzungen erklärt werden. P. Thoma.

1-1183 **J. D. Livingston.** *Dichte und Verteilung von Versetzungen in verformten Kupferkristallen.* Acta metallurg. **10**, 229–239, *1962*, Nr. 3. (März.) (Schenectady, N. Y., Gen. Elect. Res. Lab.) Für Einfach- oder Mehrfachgleitung orientierte, mit konstanter Dehnungsgeschwindigkeit zugverformte Einkristalle (99,999% Cu, Ausgangsversetzungsdichte 10^4–10^5 cm^{-2}) wurden mit der Ätzgrübchentechnik bis zu einer Versetzungsdichte N von $2 \cdot 10^9$ cm^{-2} untersucht. N ist primär von der Schubspannung τ (näherungsweise in der Form $\tau = GbN^{1/2}/\beta$; G = Schubmodul, b = Burgers-Vektor) und weniger eindeutig von der Dehnung abhängig. Gegenüber dem aus Messungen in allen drei Bereichen der Verfestigungskurve (und bei verschiedenen Orientierungen) erhaltenen Mittelwert $\beta = 3$ ergab sich für Einfachgleitung ein etwas größerer Wert. Die gemessenen Versetzungsdichten stehen in quantitativer Übereinstimmung mit experimentellen und theoretischen Bestimmungen des elektrischen Widerstands von Versetzungen in Cu. — Bereits im Bereich der Einfachgleitung beginnend, führt die Wechselwirkung zwischen Versetzungen des Primärgleitsystems und denen anderer Gleitsysteme zur Bildung dichter Netzwerke, die wachsen und sich zu den Grenzen einer groben, diffusen Zellstruktur zusammenschließen. In großen Gebieten mit gekrümmtem Gitter, wo sich Versetzungen eines Vorzeichens ansammeln, tritt Gleitpolygonisierung auf. Knickbänder, die Bereiche entgegengesetzter Krümmung trennen, scheinen von Subgrenzen auszugehen, die wirksame Hindernisse für die Versetzungen sind.
E. Peißker.

1-1184 **G. Remaut.** *Calculation of the charge on dislocations in NaCl.* Phys. Status solidi **2**, 576–579, *1962*, Nr. 5. (Ghent, Lab. Kristallogr. Stud. Vaste Stoffen.) Nach Eshelby u. a. (Ber. **38**, 701, *1959*) sollten Versetzungen in Ionenkristallen positiv geladen und von einer negativen Raumladung umgeben sein. Vf. gibt eine Deutung, wie die negative Ladung, die an Versetzungen in NaCl-Kristallen gemessen wird, erklärt und berechnet werden kann mit Hilfe einer Formel von Bassani und Thomson (Phys. Rev. **102**, 1264, *1956*). Es wird angenommen, daß die NaCl-Proben zweiwertige positive Fremdionen enthalten. Die Ladung pro Längeneinheit liegt je nach Konzentration der Fremdionen zwischen $-21 \cdot 10^{-5}$ und $-43 \cdot 10^{-5}$ [e. s. E/cm]. Mit Hilfe dieser Resultate wird die Spannung berechnet, die notwendig ist, um eine Versetzung von der sie umgebenden Debye-Hückel-Wolke von Leerstellen zu trennen.
R. Klein.

1–1185 **M. Renninger.** *Netzebenen „Interferometrie“.* Phys. Letters **1**, 104–106, *1962*, Nr. 3. (1. Mai.) (Marburg, Univ., Kristallogr. Inst.) Das doppeldiffraktometrische Verfahren der topographischen Aufnahme von Kristallen im Röntgenstrahlinterferenzlicht nach Bonse und Kappler ermöglicht eine exakte Lokalisierung kleinster Gitterverzerrungen, wobei auch noch Verzerrungsfelder einzelner Versetzungen nachgewiesen werden können. Das von Barth für die Abbildung größerer Kristallflächen erweiterte Verfahren wird vom Vf. zur Feststellung und Vermessung großräumiger Verzerrungsfelder innerhalb kohärenter und fast idealer Kristallbereiche verwendet. P. Thoma.

1–1186 **M. Renninger.** *„Eingefrorene“ und „reversible“ Gitterverzerrungen.* Phys. Letters **1**, 106–109, *1962*, Nr. 3. (1. Mai.) (Marburg, Univ., Kristallogr. Inst.) Mit einem röntgeninterferometrischen Verfahren wurden (111)-Flächen von Si-Kristallen untersucht (vorst. Ref.). Es zeigten sich folgende Ergebnisse: 1. Kristallscheiben zeigen stets breite Verzerrungs- und Spannungsfelder, und zwar auch dann, wenn sie weniger als 10^2 Versetzungen/cm^2 aufweisen. Der Vf. bezeichnet diese als eingefrorene Gitterverzerrungen. 2. Auch durch nur kurzzeitige Ätzung (Abtragung $< 10\ \mu$) wird der Einfluß schleifender und polierender Oberflächenbearbeitung auf die „Rocking“-Kurve und auf die topographischen Aufnahmen beseitigt. 3. Nach der Ätzung erzeugte Oberflächenverletzungen (durch Ritzen) erzeugen starke zusätzliche Verzerrungsfelder. 4. Eine Schleifbehandlung der Rückseite erzeugt sphärische Durchbiegung der Kristallscheibe. 5. Die durch Oberflächenverletzungen erzeugten Verzerrungsfelder sind elastischer Natur und reversibel. Sie können durch erneute Ätzung völlig beseitigt werden, wobei nur noch die ursprünglichen „eingefrorenen“ Störungsfelder zurückbleiben. Die Ergebnisse können vielleicht zur Deutung des noch ungeklärten Glasschneidungsprozesses mit dem Diamanten herangezogen werden. P. Thoma.

1–1187 **J. J. Benbow.** *Stable crack propagation in plastics.* Proc. phys. Soc. Lond. **78**, 970–978, *1961*, Nr. 5 (Nr. 504). (15. Nov.) (Welwyn Garden City, Imp. Chem. Ind Ltd., Plast. Div.) Weiterentwicklung der Versuchstechnik (Benbow und Roesler Ber. **36**, 1385, *1957*), die jetzt Messung der spezifischen Bruchenergie erlaubt. Versuche an Methacrylaten, Polystyrol, Polyäthylen. Vergleich der Sprödigkeit von verschiedenen Kunststoffen ohne Bezugnahme auf Energiegleichgewicht möglich, aber für ein Material charakteristische Ergebnisse nur mit Hilfe des Energiekriteriums erhältlich. Sprödigkeit von Materialien, die dem Energiegleichgewicht gehorchen, hängt noch von Probengröße ab. Versuchstechnik gutes Mittel zur Untersuchung der Oberflächen von Polymerisaten. Hinweis auf Farbeffekte in Methacrylaten. G. Schumann.

1–1188 **A. E. Jenkinson.** *Projektionstopogramme von Versetzungen.* Philips tech. Rdsch. **23**, 198–205, *1961/62*, Nr. 6. (4. Mai.) (Salfords, Engl., Mullard Res. Labs.) Zusammenfassender Bericht über das Verfahren von A. R. Lang (Ber. **40**, Nr. 6–1073, *1961*). E. Bretnütz.

1–1189 **V. Z. Bengus, S. N. Komnik** and **V. I. Startsev.** *Formation of dislocations in calcite crystals.* Soviet Phys.-Cryst. **6**, 478–482, *1962*, Nr. 4. (Jan./Febr.) (Engl. Übers. aus: Kristallografija **6**, 599–604, *1961*, Nr. 4.) Die Versetzungsanordnung und -bewegung in Zwillingslamellen wird durch mehrfach wiederholtes chemisches Ätzen an einer festen Stelle der Kristalloberfläche und Vergleich der jeweils erhaltenen Ätzgrübchenanordnungen untersucht. Es zeigt sich, daß vorwiegend Versetzungsringe vorhanden sind. Kurzzeitiges Anlassen (30 min bei 500–550°C) vermindert die Größe der Ringe und bringt kleine nahe der Oberfläche zum Verschwinden. Entlang der in bestimmte kristallographische Richtungen weisenden Verbindungslinien zweier zu einem Ring gehöriger Ätzgrübchen treten Ätzfurchen auf, die mit Stapelfehlern identifiziert werden. Hohe Spannungskonzentrationen z. B. an Zwillingsgrenzen werden beim Anlassen (s. o.) durch neu entstehende Versetzungen abgebaut. E. Peißker.

1–1190 **V. Z. Bengus, S. N. Komnik** and **V. I. Startsev.** *Some phenomena observed on the boundaries of a twin lamella in calcite.* Soviet Phys.-Cryst. **6**, 491–496, *1962*, Nr. 4. (Jan./Febr.) (Engl. Übers. aus: Kristallografija **6**, 614–620, *1961*, Nr. 4.) Die Versetzungsanordnung und -bewegung an Zwillingslamellen wird durch mehrfach wiederholtes chemisches Ätzen an einer festen Stelle der Kristalloberfläche und Vergleich der jeweils erhaltenen Ätzgrübchenanordnungen untersucht. Es treten zwei Typen von Versetzungen auf: 1. Leicht bewegliche partielle Zwillingsversetzungen, die sich beim Verzwillingen in der Fläche der Zwillingsgrenze bewegen. 2. Relativ langsame, die Zwillingsbildung hemmende, nicht in der Zwillingsgrenze liegende, aber mit ihr verbundene Versetzungsbögen. Letztere erweitern bzw. verkürzen sich beim Wachsen bzw. Rückbilden der Zwillingslamelle und verschwinden auch gemeinsam mit ihr. Kurzzeitiges Anlassen (30 min bei 550° C) verändert die Dichte und Verteilung der bei der Zwillingsbildung entstandenen Versetzungen innerhalb der Lamelle und in ihrer Grenzfläche, ohne die Versetzungen in der Matrix zu beeinflussen. E. Peißker.

1–1191 **M. P. Shaskol'skaya, Wang Yen-wen** and **Ku Shu-chao.** *Generation of dislocations in the propagation and coalescence of cracks in ionic crystals.* Soviet Phys.-Cryst. **6**, 483—490, *1962*, Nr. 4. (Jan./Febr.) (Engl. Übers. aus: Kristallografija **6**, 605—613, *1961*, Nr. 4.) (Moscow, Steel Inst.) In LiF, NaCl, KCl und NaF-Kristallen werden in den (100)-Spaltflächen liegende Risse erzeugt, und mit durchgestrahltem polarisiertem Licht bzw. chemischem Ätzen wird die Spannungs- bzw. Versetzungsverteilung am Ende der wachsenden Risse verfolgt. — Trotz kontinuierlich zunehmender Belastung der den Riß erzeugenden Schneide bewegt sich ersterer diskontinuierlich in einzelnen Sprüngen. Sowohl ein spontanes als auch ein durch äußeren Druck erzwungenes Ausheilen der Risse wird beobachtet. In den ausheilenden und sich dabei verfestigenden Gebieten des Risses wird die Entstehung gleitunfähiger, in der (100)-Ebene liegender Versetzungen nachgewiesen. E. Peißker.

1–1192 **G. K. Williamson.** *Electron microscope studies of dislocation structures in graphite.* Proc. roy. Soc. (A) **257**, 457—463, *1960*, Nr. 1291. (27. Sept.) (Berkeley, Cent. Elect. Gen. Board, Nucl. Lab.)

1–1193 **J. E. Caffyn** and **T. L. Goodfellow.** *The movement of charged dislocations in sodium chloride.* Proc. phys. Soc. Lond. **79**, 1285—1288, *1962*, Nr. 6 (Nr. 512). (1. Juni.) (London, Northampton Coll. Advanc. Technol., Dep. Appl. Phys.)

1–1194 **C. Elbaum.** *On dislocations formed by the collapse of vacancy discs.* Berichtigung. Phil. Mag. (8) **5**, 1203, *1960*, Nr. 59. (Nov.) S. Ber. **40**, Nr. 8—1010, *1961*.

1–1195 **L. M. Katschanow.** *Über die Kinetik des Rißwachstums.* Priklad. Mat. Mech. **25**, 498—502, *1961*, Nr. 3. (Mai/Juni.) (Orig. russ.) (Leningrad.) V. Siegel.

1–1196 **R. A. Hultsch** and **R. G. Barnes.** *Pressure dependence of self-diffusion in lithium and in sodium.* Phys. Rev. (2) **125**, 1832—1842, *1962*, Nr. 6. (15. März.) (Ames, Iowa State Univ., Dep. Phys.) Mit Hilfe einer Meßtechnik, die auf dem Effekt der Kernspinresonanz (NMR spin-echo technique) beruht, wurde die Druckabhängigkeit der Selbstdiffusion in Li und Na bis zu Drucken von 7000 bzw. 3500 atm untersucht, wobei sich die Autoren aus meßtechnischen Gründen auf Temperaturen zwischen 35 und 80°C bei Li und Werte um —45°C bei Na beschränkten. Das Verhältnis des Aktivierungsvolumens zum Atomvolumen ist mit 28% und 41% bei Li und Na resp. kleiner als alle bisher bekannten Werte, was als weiterer Hinweis gelten kann, daß ein Leerstellenmechanismus der Diffusion in den raumzentrierten Strukturen unwahrscheinlich ist und andererseits ein starkes Hineinschrumpfen der Nachbaratome in eine Leerstelle anzunehmen ist. Die Ergebnisse werden mit der dynamischen Diffusionstheorie verglichen; die Übereinstimmung ist befriedigend. H. Gabriel.

1–1197 **M. Balarin.** *Fokussierungsbedingung für elastische Atomstöße in Graphit.* Phys. Status solidi **2**, 60—72, *1962*, Nr. 1. (Rossendorf, Zentralinst. Kernphys., Ber. Werkst.) Es wird nachgewiesen, daß auch in Graphit bei der Einwirkung von Strahlung fokussierende Stoßketten auftreten können. Sie breiten sich innerhalb der Schichtebenen des Graphits in den dichtgepackten Atomreihen aus. Im Unterschied zu den kubischflächenzentrierten Metallen ist im Graphitschichtgitter die indirekte Fokussierung bedeutungslos. In der Harte-Kugel-Näherung werden geometrische Bedingungen für den

Fokussierungsbereich angegeben sowie solche Fragen behandelt, wie die Fokussierung bei nichtachsennahen Stößen und die Impulsfokussierung. Anhand von 3 Wechselwirkungspotentialen für Kohlenstoffatome wird gezeigt, daß heute die Beziehung zwischen Stoßradius und Teilchenenergie in dem für die Stoßvorgänge notwendigen Bereich noch sehr ungenau ist, bedingt durch prinzipielle Ursachen. Deshalb kann nur abgeschätzt werden, daß der Energieschwellenwert für die Fokussierung in der Größenordnung mehrerer 10 eV liegt. Zum Vergleich werden charakteristische Energiewerte für die Bildung und für die Stabilität von Strahleneffekten in Graphit angegeben. M. Balarin.

1–1198 **E. M. Baroody.** *Focusing collisions in a linear chain of atoms.* Phys. Rev. (2) **124**, 745–747, *1961*, Nr. 3. (1. Nov.) (Columbus, Ohio, Battelle Memor. Inst.) Es wird der Fokussierungsparameter (P) in einer Reihe gleicher Atome mit dem Abstand S untersucht. Ein exponentielles Potential V(r) beschreibt die Wechselwirkung der Atome untereinander beim Stoß. P ist eine Funktion von V(r) und c, dem nächsten Abstand bei einem Zentralstoß. Die Fokussierung wird etwas kleiner gefunden als bei anderen Näherungen. Für die (110)-Richtung in Cu wird Fokussierung bei Stoßenergien unterhalb 23 eV gefunden. F. Krings.

1–1199 **V. V. Antonov-Romanovskii.** *On the application of diffusion theory to bimolecular reactions.* Soviet Phys.-Solid State **3**, 1380–1381, *1961*, Nr. 6. (Dez.) (Engl. Übers. aus: Fiz. Tverd. Tela **3**, 1896–1897, *1961*, Nr. 6.) (Moscow, Acad. Sci., P. N. Lebedev Phys. Inst.) Im Zusammenhang mit neueren amerikanischen Arbeiten, die das Verschwinden von Strahlungsdefekten bei Temperaturerhöhung behandeln, weist der Autor auf frühere eigene (russische, zum Teil übersetzte) Publikationen hin, in denen gleichartige Rechnungen bezüglich Rekombinations-Lumineszenz von Phosphoren durchgeführt wurden, die in einigen Punkten ausführlicher seien. H. Gaus.

1–1200 **Fred E. Williams.** *Theory of defect formation in alkali halides by ionizing radiation.* Phys. Rev. (2) **126**, 70–72, *1962*, Nr. 1. (1. Apr.) (Schenectady, N. Y., Gen. Elect. Res. Lab.) Unter der Annahme, daß durch ionisierende Strahlung zwei Halogenatome auf benachbarten Plätzen von Halogenidionen gebildet werden, berechnet der Vf. näherungsweise die Zeitkonstanten für die atomischen und elektronischen Relaxationsprozesse. Es wird dabei gefolgert, daß sich ein wesentlicher Teil der Atome bereits bewegt, bevor sich die positiven Löcher weiter trennen. Die Bewegung der Teilchen vollzieht sich wahrscheinlich durch Bildung von 2 negativen Halogenmolekülionen und weniger wahrscheinlich durch die Bildung eines neutralen Halogenmoleküls. Durch die Zwischenwirkung mit dem asymmetrischen Kristallfeld ergibt sich für jedes Halogenmolekülion ein Moment in der (110)-Richtung. Durch Stöße kann eine Trennung von Halogenidleerstelle und Molekülion eintreten. Ermittlung eines entsprechenden Mechanismus für die Defektbildung, wobei nur ein einzelner Ionisierungsvorgang angenommen werden kann. P. Thoma.

1–1201 **P. B. Price** and **R. M. Walker.** *Electron microscope observation of etched tracks from spallation recoils in mica.* Phys. Rev. Letters **8**, 217–219, *1962*, Nr. 5. (1. März.) (Schenectady, N. Y., Gen. Elect. Res. Lab.) Vff. berichten über die elektronenmikroskopische Beobachtung der Spuren in angeätztem Glimmer, die von Rückstoßkernen als Folge von Spalt-Reaktionen mit 3,0 BeV-Protonen herrühren sollten. Die Resultate zeigten, daß es möglich sein sollte, Rückstoßkerne mit der hohen räumlichen Auflösung des Elektronenmikroskopes von etwa 10 Å zu analysieren. Insbesondere wurde auf die Möglichkeit hingewiesen, Zerfallsereignisse mit einer wesentlich kürzeren Zeitskala als bisher zu untersuchen. Die Resultate zeigten außerdem, daß sich „fossile" kosmische Ereignisse in den natürlichen Mineralien auffinden lassen sollten. Es zeigte sich, daß die mittels Transmission-Elektronenmikroskopie beobachteten Spuren von Rückstoßkernen in synthetischem Glimmer scharf und stabil waren, wohingegen in natürlichem Glimmer die Spuren während der Beobachtung verschwanden und schwierig zu vermessen waren. Das Verschwinden der Spuren konnte beseitigt werden durch Anätzen der Probe mit Flußsäure, was außerdem zu einer Steigerung der Nachweisempfindlichkeit der Partikel führte. Folglich bestand der Effekt des Anätzens in einem „Entwickeln" und „Fixieren".

Abschließend wurde abgeschätzt, daß sich mit der hier beschriebenen Methode der elektronenmikroskopischen Beobachtung und Ausmessung von Kernspuren, Zerfallszeiten von Elementarprozessen bis zu 10^{-15} sec vermessen lassen sollten. Jedoch sollte das Verfahren erst dann nützlicher sein, wenn die Empfindlichkeit für Partikel mit leichteren Massen gesteigert werden könnte. H. Kleinpoppen.

1–1202 **L. C. F. Blackman, G. Saunders** and **A. R. Ubbelohde.** *Radiation damage in well oriented pyrolytic graphites.* Proc. phys. Soc. Lond. **78**, 1048–1055, *1961*, Nr. 5 (Nr. 504). (15. Nov.) (London, Imp. Coll. Sci. Technol., Dep. Chem. Engng Chem. Technol.) Zersetzung von Methan bei 100 Torr unter Verwendung einer auf 1950 bis 2200° C erhitzten flachen Unterlage von polykristallinem Graphit lieferte Proben mit Kristalliten, deren a-Achse vorherrschend parallel zur vorgegebenen Fläche und deren c-Achse senkrecht dazu lag. Rekristallisation solcher Proben bei 2700° C gab noch bessere Annäherung an ideale Einkristalle. Neutronenbestrahlung in evakuiertem Quarzgefäß mit insgesamt $3 \cdot 10^{17}$ thermischen Neutronen und $2 \cdot 10^{17}$ Neutronen oberhalb 1 MeV je cm^2. Messungen des elektrischen Widerstandes, der magnetischen Widerstandsänderung, des Hall-Koeffizienten und der Thermokraft bei +20 und −196°C in Richtung der a-Achse, des Widerstandes und der Thermokraft auch in Richtung der c-Achse, vor und nach der Bestrahlung, sowie nach Tempern der bestrahlten Proben bei 470 und $\geq$ 2200° C. Bestrahlungseffekte am größten für Proben mit bester Annäherung an ideale Kristalle. Bestrahlung führte zu starker Vermehrung der positiven Ladungsträger, die aber schon durch Tempern bei 470° C größtenteils verschwanden. Dagegen wurde die Erhöhung der Streuwahrscheinlichkeit für die Ladungsträger infolge der Bestrahlung durch Behandlung bei dieser Temperatur nicht beseitigt, sondern erst bei $>$ 2000° C. G. Schumann.

1–1203 **Charles L. Bauer** and **Robert B. Gordon.** *Mechanism for dislocation pinning in the alkali halides.* J. appl. Phys. **33**, 672–682, *1962*, Nr. 2. (Febr.) (New Haven, Connect., Yale Univ., Hammond Metal. Lab.) Zur dynamischen Messung des Elastizitätsmoduls und der inneren Reibung wurden die plastisch deformierten Alkalihalogenidproben in ihrer longitudinalen Grundschwingung angeregt und Resonanzfrequenz sowie Dämpfung gemessen. Der Elastizitätsmodul ist ein empfindliches Maß für die mittlere freie Länge der Versetzungen. Seine Änderung bei Röntgenbestrahlung wurde als Funktion der Zeit bei verschiedenen Temperaturen zwischen 10° K und 298° K gemessen. Ausbleichen mit F-Licht (465 mμ) bewirkt bei NaCl ein zusätzliches Festhaken der Versetzungen sowohl bei hohen als auch bei niedrigen Temperaturen. U-Licht (630 mμ) verursacht das Gegenteil, jedoch nur bei tiefer Temperatur. Der durch Röntgenbestrahlung bei tiefer Temperatur erzeugte Defekt, welcher die Versetzung festhält, wird als Jog identifiziert, der durch ein negatives Ion gebildet wird, mit einem benachbarten F-Zentrum, dessen Absorption langwelliger als die F-Bande liegt. Wenn dieses F-Zentrum durch Einstrahlung sein Elektron verliert, kann es mit dem negativen Ion rekombinieren, wodurch die effektive Länge der Versetzung vergrößert wird. Bei höheren Temperaturen können die F-Zentren von der Versetzung wegdiffundieren, so daß aus dem reversiblen Festhaken ein permanentes wird. Die Wellenlänge des Lichtes, welches das Ablösen der Versetzungen in NaCl, KCl, KBr und KI bewirkt, wächst mit zunehmender Gitterkonstante. C. Volke.

1–1204 **R. Smoluchowski** and **D. A. Wiegand.** *The formation of interstitials and vacancies in alkali halides.* Disc. Faraday Soc. *1961*, Nr. 31, S. 151–155. An unter verschiedenen Bedingungen mit Röntgenstrahlen bestrahlten Alkalihalogenidkristallen wurde die Volumausdehnung sowie die optische Absorption untersucht. LiF und NaCl dehnen sich bei Bestrahlung bei tiefen Temperaturen (80° K und niedriger) aus. Beim Erwärmen auf Zimmertemperatur geht die Ausdehnung bei LiF in zwei wohldefinierten Stufen zurück, was bei NaCl nicht gefunden wurde. Auch hinsichtlich der F-Zentrenbildung in Abhängigkeit von der Strahlenintensität sowie deren Beeinflussung durch plastische Verformung und Wärmebehandlung weicht LiF beträchtlich von NaCl und KCl ab. Daraus wird geschlossen, daß die Bildung von Strahlenschäden nicht in allen Alkalihalogeniden gleichartig verläuft und daß insbesondere für die Entstehung gleicher Defekte verschiedene Mechanismen in Betracht gezogen werden müssen. — Ein möglicher Mechanismus der Bildung von Leerstellen-Zwischengitteratom-Paaren durch multiple Ionisation (AUGER-Prozeß) wird näher diskutiert. Durch Zusammenstoß eines Cl^+ mit einem Cl^- kann z. B. ein Cl^+Cl^--Molekül gebildet werden, das durch inneren Austausch der Anregungsenergie in den instabilen $^3\Sigma_u^+$-Zustand übergehen kann. Dabei resultiert eine Abstoßungsenergie von über 3 eV, welche — möglicherweise über fokussierte Zusammenstöße — zu einer Halogenleerstelle und einem Zwischengitterion im Abstand von genügend vielen Gitterkonstanten führt, um die beobachtete Stabilität der gebildeten F-Zentren erklären zu können. Die Wahrscheinlichkeit dieses Vorganges wird für KCl abgeschätzt und erweist sich als verträglich mit der gefundenen Bildungsrate von F-Zentren bei niedrigen Temperaturen. J. Rau.

1–1205 **A. G. Maddock** and **S. R. Mohanty.** *Annealing of radiolytic damage in some nitrates. I. Lead nitrate.* Disc. Faraday Soc. *1961*, Nr. 31, S. 193—202. (Cambridge, Univ., Chem. Lab.) Bleinitrat wurde mit schnellen Elektronen (2 MeV-VAN DE GRAAFF), γ-Strahlen (Co^{60}, verbrauchte Brennelemente) und UV (Quecksilberhochdruckbogen) bestrahlt. Die Rückbildung des Nitrats aus den radiolytischen Zersetzungsprodukten bei Erwärmung kann aus der Abnahme des Gehalts an NO_2^- (bewirkt bräunliche Verfärbung der Kristalle) entnommen werden, der spektralphotometrisch bestimmt wurde. Vergleiche mit dem Verhalten synthetisch hergestellter Lösungen von Nitrit in Bleinitrat zeigen, daß es sich dabei um keine normale thermische Zersetzung des Bleinitrits handelt. Die Versuchsergebnisse können erklärt werden, wenn man für einen Teil der Fragmente eine unimolekulare Rekombination annimmt, während der Rest einen bimolekularen Prozeß mit höherer Aktivierungsenergie durchläuft. Die prozentualen Anteile dieser beiden Prozesse und die Aktivierungsenergien scheinen bei Elektronen- und γ-Bestrahlung verschieden zu sein, was vielleicht auch mit den verschieden hohen Bestrahlungsdosen zusammenhängt. Es werden noch einige andere mögliche Rekombinationsmechanismen erörtert, aber weniger zufriedenstellend befunden. — Die Rückbildung der Photolyse nach UV-Bestrahlung folgt dagegen einer anderen Gesetzmäßigkeit, da die Zersetzung wahrscheinlich vorwiegend an der Oberfläche erfolgt und möglicherweise eine wesentliche Sauerstoffabgabe der Kristalle eintritt. J. Rau.

1–1206 **R. V. Hesketh.** *The formation of dislocation loops in copper during neutron irradiation.* Phil. Mag. (8) **7**, 519—521, *1962*, Nr. 75. (März.) (Berkeley, Glos, Nucl. Labs.) B. Bein.

1–1207 **R. E. Strakna.** *Investigation of low-temperature ultrasonic absorption in fast-neutron irradiated SiO_2 glass.* Phys. Rev. (2) **123**, 2020—2026, *1961*, Nr. 6. (15. Sept.) (Storrs, Connect. Univ.) Von gewöhnlichem und hochreinem Kieselglas wird die Ultraschallabsorption im 7 bis 50 MHz-Bereich vor und nach der Bestrahlung mit schnellen Neutronen im Temperaturbereich von 1,5 bis 200°K gemessen und das Verhalten des bei etwa 50°K auftretenden Relaxationsmaximums untersucht. Durch die Neutronenbestrahlung ändern sich Lage und Form des Dämpfungsmaximums nicht, dagegen wird die Peakhöhe stark verringert. Dem Relaxationsmechanismus wird das Modell eines verlängerten Si–O–Si-Bindungsabstandes zugrunde gelegt, in dem zwei Gleichgewichtslagen für den Sauerstoff möglich sind. Diese Annahme wird durch Vergleich mit Röntgenuntersuchungen in der Literatur bestärkt. Die Verringerung der Anzahl an verlängerten Si–O–Si-Bindungsabständen wird lokalen Temperaturspitzen zugeschrieben und geht mit einer Dichteerhöhung parallel. R. Brückner.

1–1208 **E. V. Kolontsova** and **I. V. Telegina.** *Unusual effects in the X-ray patterns of irradiated and deformed monocrystals of LiF.* Soviet Phys.-Cryst. **6**, 614—615, *1962*, Nr. 5. (März/Apr.) (Engl. Übers. aus: Kristallografija **6**, 768—769, *1961*, Nr. 5.) (Moscow, State Univ.) Im Beugungsdiagramm neutronenbestrahlter LiF-Kristalle (10^{19} Neutronen/cm^2) wurden bei MoKα-Strahlung doppelte, leicht gekrümmte Linien beobachtet, deren Symmetrie der des LAUE-Musters entsprach. Die dem Primärstrahl näheren, inneren Linien waren konvex zum Primärstrahl und stärker als der Untergrund, die äußeren konkav und schwächer. Gelegentlich war schon die eine oder die andere Linienform allein in deformierten oder bestrahlten Kristallen beobachtet worden. Bei den hier beobachteten Linien kann es sich weder um KOSSEL- noch um ZEEMAN-Linien handeln. Die Linien werden einem dynamischen Streueffekt zugeschrieben. K. Schretzmann.

1–1209 **Georg Dittmer** und **Ferdinand Stangler.** *Einfluß von α-Bestrahlung auf die magnetische Widerstandserhöhung von Kupfer.* Anz. österr. Akad. Wiss., math.-naturw. Kl. *1961*, S. 130–140, Nr. 9. Die Änderung des elektrischen Widerstands und der Widerstandserhöhung im Magnetfeld wurde an Kupferfolien in Abhängigkeit von der Dosis einer α-Strahlung von 5,4 MeV gemessen (Versuchstemperatur –192°C). Übereinstimmend mit einer aus einem Zweibandmodell getroffenen theoretischen Voraussage tritt eine erhebliche Verminderung der magnetischen Widerstandserhöhung auf (25% bei einer Zunahme des spezifischen Widerstands um 4%). Es wird gezeigt, daß das „KOHLERsche Gesetz" für durch Bestrahlung hervorgerufene Änderungen nicht gilt. Quantitative Aussagen über die durch α-Bestrahlung hervorgerufene Änderung der Elektronenstruktur können daher aus der Änderung von Widerstand und magnetischer Widerstandserhöhung allein nicht getroffen werden; dazu ist die Anwendung des vollständigen Zweibandmodells erforderlich. F. Stangler.

1–1210 **C. D. Clark, P. J. Kemmey** and **E. W. J. Mitchell.** *Optical and electrical effects of radiation damage in diamond.* Disc. Faraday Soc. *1961*, Nr. 31, S. 96–106. (Reading, Univ., J. J. Thomson Phys. Lab.) Das durch Bestrahlung von Diamant mit Elektronen von 0,3 bis 2,0 MeV (VAN DE GRAAFF) entstehende Absorptionsspektrum wurde untersucht, außerdem die Zunahme des spezifischen Widerstands. Diese rührt hauptsächlich von einer Abnahme der Trägerkonzentration her, die durch strahlungsinduzierte Donatoren erklärt werden kann (unter Berücksichtigung des Temperaturverhaltens der Leitfähigkeit und des HALL-Effekts). Die Abhängigkeit der Donatorenerzeugung von der Elektronenenergie wurde bestimmt. Da die nach Bestrahlung mit Korpuskularstrahlen beobachteten Absorptionsbanden bei Röntgenbestrahlung nicht auftreten, können sie nicht durch Ionisation vorher vorhandener Gitterfehlstellen erklärt werden. Daher werden die optischen und elektrischen Ergebnisse mit der Theorie der auf Defektstellenbildung durch Stoßprozesse beruhenden Strahlenschäden verglichen. Bis zu Elektronenenergien von 1 MeV stimmen die experimentellen Absorptionskurven befriedigend mit den unter Annahme einer Schwellenenergie von 80 eV für das Herausstoßen eines Atoms aus seinem Gitterplatz berechneten überein. Die unter der gleichen Annahme berechnete Fehlstellenkonzentration ist in vernünftiger Übereinstimmung mit der Donatorenkonzentration, die sich aus den elektrischen Messungen ergibt. Bei Energien über 1 MeV lassen sich die Resultate der optischen und elektrischen Messungen weder untereinander noch mit den theoretischen Vorstellungen in Einklang bringen; die Gründe dieser Diskrepanzen sind noch unklar. J. Rau.

1–1211 **Richard E. Honig.** *The sputtering of silicon carbide by positive ion bombardment.* Proc. fifth Internat. Conf. on Ionization Phenomena in Gases **1**, 106–117, *1961*. (Princeton, N. J., RCA Labs.) Das Versprühen von der Oberfläche von SiC aus, die mit Ionen der Edelgase He, Ne, Ar, Kr oder Xe von 50–600 eV bombardiert wurde, wurde mittels eines Massenspektrometers untersucht. Benützt wurde eine Ionenquelle hoher Intensität, $5 \cdot 10^{-5}$ Amp/cm², die auf der Grundlage eines oszillierenden Elektronenstrahls bei niederen Drucken, 10^{-5} – 10^{-4} Torr, beruhte. Die Häufigkeit der emittierten neutralen Moleküle, Gitteratome wie adsorbierte Gruppen, der positiven Ionen, die Molekülionen mit bis zu 4 Si-Atomen umfaßten, und der negativen Ionen, unter denen sich viele C-haltige befanden, wurde in Abhängigkeit von der Masse des bombardierenden Edelgases und der Energie bestimmt. Die Daten können durch die von PEASE vorgeschlagene Sprüh-Theorie gedeutet werden. Der Sprühprozeß beruht also auf dem Impulstransfer zwischen Teilchen. M. Wiedemann.

1–1212 **R. P. Stein.** *Low energy sputtering of alkali halide crystals.* Proc. fifth Internat. Conf. on Ionization Phenomena in Gases **1**, 118–123, *1961*. (Palo Alto, Calif., Lockheed Aircr. Corp., Miss. Space Div.) KCl-Oberflächen wurden mit neutralen Argon-Atomen von 200–400 eV und mit 400 eV Neon-Strahlen bombardiert und das Versprühen vor allem von K-Atomen mittels eines Oberflächenionisations-Detektors, eines von einer Kollektorelektrode umgebenen Pt-Drahts, untersucht. Von großem Einfluß ist die Reinheit der Oberfläche. Die Anordnung umfaßte eine Ionenquelle, eine Ladungsaustauschkammer und die experimentelle Kammer. Nur von ganz reinen Oberflächen wurde das Versprühen von K-Atomen unter Ar-Beschuß beobachtet, unter Ne-Beschuß dagegen überhaupt nicht. Geladene Teilchen beiderlei Vorzeichens wurden unter allen Oberflächenbedingungen bei Beschuß mit Ne wie mit Ar beobachtet.

M. Wiedemann.

1-1213 **J. M. Fluit, L. Friedman, J. van Eck, C. Snoek** and **J. Kistemaker.** *Photons and metastable atoms produced in sputtering experiments (5—20 keV).* Proc. fifth Internat. Conf. on Ionization Phenomena in Gases **1**, 131—149, *1961*. (Amsterdam, F. O. M., Lab. Massascheiding.) Mittels eines Detektors für Sekundärelektronen-Emission wurde das Versprühen angeregter Atome von poly- wie monokristallinen Cu-Oberflächen bei Beschuß mit Ne^+, Ar^+ und Cu^+-Ionen, meist mit 15 keV untersucht. Ferner wurde mittels eines Spektrometers die Wellenemission im Bereich 2000—6000 Å aufgenommen. Bei Anwendung pulsierender Ionenstrahlen wurde festgestellt, daß die Energieverteilung der metastabilen Atome ein Maximum bei rund 11 eV hat, was bei Cu einer Geschwindigkeit von 10^6 cm/sec entspricht. Die Ausbeute der Photonen betrug $7 \cdot 10^{-5}$ je versprühtes Cu-Atom, meist solche der Cu I-Resonanzlinien 3247 und 3274 Å. Der Einfallswinkel war auf das Versprühen von großem Einfluß. Vff. halten es für wahrscheinlich, daß die angeregten Atome im Kristall selbst und nicht in der Gasphase entstehen. M. Wiedemann.

1-1214 **W. J. Jurassowa** und **I. G. Sirotenko.** *Kathodenzerstäubung von Einkristallkugeln.* Sh. exp. teor. Fis. **41**, 1359—1364, *1961*, Nr. 5. (Orig. russ.) (Moskau, Univ.) Einkristall-Kugeln aus Kupfer, Wolfram, Chrom, Eisen, Kobalt, Germanium und einer Indium-Antimon-Legierung wurden mit Krypton-Ionen mit Energien von (1—10) keV beschossen. Der Niederschlag an zerstäubter Substanz wurde auf einer kugelförmigen oder zylindrischen Fläche aufgefangen und die Austrittsrichtungen der verdampften Teilchen wurden bestimmt. Die Zerstäubung erfolgt vorwiegend in den Richtungen [110] und [100] für Stoffe mit Diamant- und kubisch-flächenzentriertem Gitter; sie erfolgt in den Richtungen [111] und [100] für Metalle mit kubisch-raumzentriertem Gitter. Die Zerstäubungsflecke waren deutlicher und schärfer als bei der Zerstäubung ebener Einkristall-Targets. Wie die Photometrie zeigte, erfolgt der Abfall der Niederschlagsdichte vom Zentrum des Fleckes zu den Rändern erheblich schneller als nach dem Kosinusgesetz. Auf Grund der gefundenen Daten hängt die Abhängigkeit der Anisotropie der Kathodenzerstäubung von der Kristallstruktur der Probe, ihrer Ordnungszahl, der Temperatur und dem Zerstäubungskoeffizienten ab. Die schärfsten Bilder erhält man bei Kristallen mit flächenzentriertem Gitter, die unschärfsten bei Diamantstruktur; im zweiten Fall ist der Intensitätsabfall innerhalb der einzelnen Flächen nahezu entsprechend einem Kosinusgesetz, im ersten Fall erfolgt er sehr viel schneller. Die Schärfe des Bildes erhöht sich ceteris paribus mit Zunahme des Zerstäubungskoeffizienten und der Ordnungszahl des Targets sowie mit Abnahme der Gitterkonstante. Eine Temperaturzunahme steigert bis zu einer gewissen Grenze ebenfalls die Bildschärfe. Viele Einzelheiten der Ergebnisse kann man durch einen Fokussierungseffekt nach Silsbee (Ber. **38**, 261, *1959*) verstehen, der unter bestimmten Bedingungen eintritt, wenn die Wechselwirkung der bewegten und der ruhenden Atome als binärer Stoß elastischer starrer Kugeln betrachtet werden kann. H. Vogel.

1-1215 **J. W. Bulgakow.** *Zur Arbeit von N. W. Pleschiwzew: „Zerstäubung von Blei durch H-Ionen mit Energien bis 50 keV."* Sh. exp. teor. Fis. **41**, 2015—2016, *1961*, Nr. 6. (Orig. russ.) Die zitierte Arbeit enthält Daten über die Zerstäubung von Blei H-Ionen in einem großen Energiebereich (10 keV — 10 MeV), die sich erheblich von den Ergebnissen analoger Messungen als auch von der Theorie unterscheiden; dies gilt besonders für den Zerstäubungskoeffizienten. Vf. weist darauf hin, daß diese Diskrepanz darauf beruhen kann, daß Pleschiwzew im Gegensatz zu anderen einen aus mehreren Komponenten (Atom- und Molekülionen, sowie O_2- und N_2-Ionen) bestehenden Strahl benutzte. Er zeigt, daß der so bestimmte effektive Zerstäubungskoeffizient wesentlich von dem echten Zerstäubungskoeffizienten von Wasserstoffionen abweichen kann. Nach einer entsprechenden Korrektur der Daten von Pleschiwzew kommt Vf. auf Werte, die ungefähr mit den üblichen übereinstimmen. Auch das von Pleschiwzew beobachtete Anwachsen des Zerstäubungskoeffizienten mit der Ionenenergie für Kupfer ist also noch nicht gesichert. H. Vogel.

1–1216 **G. H. Wannier** and **D. R. Fredkin.** *Decoupling of Bloch bands in the presence of homogeneous fields.* Phys. Rev. (2) **125**, 1910—1915, *1962*, Nr. 6. (15. März.) (Eugene, Oreg. Univ.; La Jolla, Calif. Univ.) In Analogie zu der in einer früheren Arbeit gegebenen Behandlung äußerer elektrischer Felder wird im Gitter mit äußerem konstantem magnetischem Feld ein Funktionensystem $b_q(\mathbf{x}, \mathbf{k})$ definiert, das im magnetfeldfreien Fall in die bekannten BLOCH-Funktionen übergeht. Die $b_q(\mathbf{x}, \mathbf{k})$ besitzen auch in jeder endlichen Ordnung im Magnetfeld FLOQUET-Eigenschaften, in geschlossener Form läßt sich die gleiche Aussage dagegen nicht nachweisen. Die $b_q(\mathbf{x}, \mathbf{k})$ lösen zwar nicht die SCHRÖDINGER-Gleichung, sie führen aber auf den effektiven (PEIERLSchen) HAMILTON-Operator des vorliegenden Problems. Im Gegensatz zum Fall des äußeren elektrischen Feldes führen die $b_q(\mathbf{x}, \mathbf{k})$ mit laufendem Index q wegen des im Magnetfeld auftretenden PEIERLSschen Phasenfaktors nicht auf ein BLOCH-Band. Im Fall des elektrischen Feldes wird diese Aussage in der vorliegenden Arbeit sogar in geschlossener Form bestätigt. D. Langbein.

1–1217 **Ryogo Kubo.** *Electronic properties of small metallic particles.* Phys. Letters **1**, 49—50, *1962*, Nr. 2. (15. Apr.) (Tokyo, Univ., Dep. Phys.) Metallische Teilchen mit Radien zwischen 50 und 100 [Å] werden auf ihre elektronischen Eigenschaften untersucht. Da die Energiedifferenz zwischen benachbarten Quantenzuständen nicht klein ist gegenüber anderen Energien (thermische Energie, ZEEMAN-Energie), zeigen Systeme aus solchen kleinen metallischen Teilchen interessante Eigenschaften. So beträgt die Wärmekapazität sehr kleiner Teilchen nur etwa $^2/_3$ des normalen Wertes, während die Spinsuszeptibilität größer als der normale PAULI-Spinparamagnetismus ist. Die Anomalien sollten bei etwa 1 [°K] mit metallischen Teilchen von ungefähr 100 [Å] Durchmesser experimentell feststellbar sein. R. Klein.

1–1218 **N. B. Brandt** und **W. W. Schtschekotschichina.** *Einfluß von Sb-Verunreinigungen auf den de Haas-van Alphen-Effekt im Wismut.* Sh. exp. teor. Fis. **41**, 1412—1420, *1961*, Nr. 5. (Orig. russ.) (Moskau, Univ.) Vff. untersuchen den DE HAAS-VAN ALPHEN-Effekt in Wismut-Antimon-Legierungen im Konzentrationsbereich von (0—1) Gew.-% Sb bei Temperaturen zwischen 1,6 und 4,2° K und verschiedenen Orientierungen des Magnetfeldes zu den kristallographischen Achsen der Probe. Wie sich zeigte, ändern sich bei einer Steigerung der Sb-Konzentration die Form der FERMI-Fläche und der Tensor der effektiven Massen für Elektronen in erster Näherung nicht; die FERMI-Fläche schrumpft aber gegen das Zentrum zusammen, wobei sie ähnlich zu sich selbst bleibt. Bei 1 Gew.-% hat das Volumen jedes Ellipsoids der FERMI-Fläche gegenüber dem reinen Bi ungefähr um die Hälfte abgenommen. Dementsprechend verringern sich die FERMI-Grenzenergie und die Elektronenkonzentration mit wachsender Sb-Konzentration von (0—0,8) Gew.-% auf 24 bzw. 38%. Eine Sb-Beimischung ruft ein annähernd lineares Anwachsen des konstanten Anteils der Anisotropie der magnetischen Suszeptibilität im Wismut hervor, und zwar um (10—12)% auf ein Gew.-% Sb. Ein Vergleich der Ergebnisse mit denen von Untersuchungen des Einflusses elastischer Deformationen auf den DE HAAS-VAN ALPHEN-Effekt zeigt, daß man die Änderungen des Energiespektrums der Elektronen im Bi vollständig durch Änderungen der Gitterparameter unter dem Einfluß der Sb-Beimischung verstehen kann. H. Vogel.

1–1219 **G. J. Pikus.** *Eine neue Methode zur Berechnung des Energiespektrums der Ladungsträger in Halbleitern. II. Berücksichtigung der Spin-Bahn-Wechselwirkung.* Sh. exp. teor. Fis. **41**, 1507—1521, *1961*, Nr. 5. (Orig. russ.) Vf. hat eine allgemeine Methode zur Konstruktion des HAMILTON-Operators für Ladungsträger in Halbleitern in der Näherung der effektiven Masse entwickelt, wobei er unmittelbar von den Symmetrie- und Invarianzbedingungen der SCHRÖDINGER-Gleichung, besonders der Invarianz gegen Zeitumkehr ausging. Er untersucht nun, wie man innerhalb dieser Methode exakt die Spin-Bahn-Wechselwirkung berücksichtigen kann. Dabei benutzt er zwei Methoden zum Einbau des Gliedes für die Spin-Bahn-Wechselwirkung, und zwar einmal als Störung, zum andern direkt in den HAMILTON-Operator. Er berechnet mit den entwickelten Methoden die Änderung des Energiespektrums bei Deformationen in Halbleitern mit Wurtzit- und Germanium-Gitter. H. Vogel.

1–1220 **M. S. Chaikin.** *Direkte Messung des Impulses von Leitfähigkeitselektronen in einem Metall.* Sh. exp. teor. Fis. **41**, 1773–1779, *1961*, Nr. 6. (Orig. russ.) Auch Phys. Abh. Sowjetunion N. F. **6**, 647–655, *1962*, Nr. 6. Vf. zeigt, wie man die Zyklotron-Resonanz außer zur Messung der effektiven Massen der Leitungselektronen noch zur Bestimmung anderer Größen verwenden kann. Er greift einen Vorschlag von KANER und ASBEL (Sh. exp. teor. Fis. **39**, 400, *1960*) auf, die eine grundsätzliche Möglichkeit zur Messung des FERMI-Impulses der Elektronen zeigten. Es wird eine Methode zur „Abschneidung" der Zyklotron-Resonanzen beschrieben, mit der man diese Anregung verwirklichen kann. Ergebnisse erster Versuche mit Zinn-Einkristallen sind erfolgversprechend. Der Elektronenimpuls in einem Querschnitt der FERMI-Fläche konnte mit einer Genauigkeit von etwa 2,5% in einem Winkelintervall von $\pm$ 26° um die [100]-Achse in der (010)-Ebene gemessen werden. Aus der gefundenen Richtungsabhängigkeit des Elektronenimpulses läßt sich ein Teil der FERMI-Fläche konstruieren, nämlich ihr Querschnitt in der (010)-Ebene und der äquivalenten (100)-Ebene. Das einzige Hindernis für die Anwendung dieser Methode scheint zu sein, daß man Zyklotronresonanzen hoher Ordnung braucht, die sich nur an Einkristallen äußerst hoher Qualität und Reinheit beobachten lassen. Auch für sehr vollkommene Einkristalle kann man Resonanzen hoher Ordnung nicht bei allen Elektronengruppen finden. Es werden Kompromißlösungen dieser Schwierigkeit diskutiert. H. Vogel.

1–1221 **Viktor Evtuhov.** *Valence bands of germanium and silicon in an external magnetic field.* Phys. Rev. (2) **125**, 1869–1879, *1962*, Nr. 6. (15. März.) (Pasadena, Calif., Inst. Technol.) In Anlehnung an den Formalismus von LUTTINGER und KOHN werden die Strukturen der Valenzbänder in Germanium und Silicium in Gegenwart eines äußeren Magnetfeldes untersucht. Die Störungsrechnung wird bis zur zweiten Näherung getrieben. Die übliche Näherung der Entkopplung der Valenzbänder auf Grund der Spin-Bahn-Aufspaltung ist nicht notwendig. Speziell untersucht wird der Fall äußerer Magnetfelder in [001]-Richtung. Die LANDAU-Niveaus werden unter Zugrundelegung bekannter Meßdaten für die ungestörten Bänder numerisch bestimmt. Die Ergebnisse zeigen besonders in Si einen Anstieg der effektiven Masse der Löcher mit dem Magnetfeld (von 1,08 auf 1,5). Die verschiedenen Valenzbänder sind schon bei $k_H = 0$ nicht entkoppelt (wieder in Si stärker als in Ge). Die $E_{\bar{1}}$-Niveaus fallen bei $k_H = 0$ mit k_H. In Bereichen großer k_H bleibt die gegenseitige Lage der Bänder die gleiche wie im magnetfeldfreien Fall. D. Langbein.

1–1222 **J. C. Phillips.** *Band structure of silicon, germanium and related semiconductors.* Phys. Rev. (2) **125**, 1931–1936, *1962*, Nr. 6. (15. März.) (Murray Hill, N. J., Bell Tel. Labs.) Es wird ein Überblick über die Ergebnisse der optischen Untersuchungen und der Zyklotronresonanzexperimente in Si, Ge und in einigen anderen Halbleitern gegeben. Der Verlauf der acht wesentlichen Valenz- bzw. Leitungsbänder in Si und Ge kann (zum Teil wenigstens in einigen Punkten) festgelegt werden. Sechs dieser Niveaus haben in beiden Kristallen nahezu die gleiche Lage, die beiden s-Niveaus $\Gamma_{2'}$ und L_1 dagegen hängen empfindlich vom Kristallpotential ab. Die Verschiebung dieser Niveaus von Si nach Ge ist geringer als bisher angenommen wurde. Sie läßt sich sowohl im Experiment (durch Untersuchungen an Legierungen) als auch in der Theorie durch einen einzigen Parameter beschreiben. Die sechs festen Bänder werden durch die Theorie gut beschrieben. — Die Experimente an den III–V-Verbindungen zeigen die gleiche Klassifikation der Niveaus wie in Si und Ge. Es fehlen hier noch einige Meßdaten. D. Langbein.

1–1223 **J. A. Rayne** and **B. S. Chandrasekhar.** *Fermi surface of indium from magneto-acoustic measurements.* Phys. Rev. (2) **125**, 1952–1958, *1962*, Nr. 6. (15. März.) (Pittsburgh, Penn., Westinghouse Res. Labs.) An Indiumeinkristallen wurden die FERMI-flächen durch magnetoakustische Messungen bei 91 MHz bestimmt. Die Oberfläche der zweiten Zone steht in guter Übereinstimmung mit der Voraussage des quasifreien Elektron-Modells (Abweichung 10%). Bei der dritten Zone ist die Übereinstimmung schlechter. Die Feldabschwächung erreicht in jeder Beobachtungsrichtung einen Sättigungswert, was darauf hinweist, daß in diesen Richtungen keine offenen Bahnen vorhanden sind. R. Städner.

1–1224 **J. C. Phillips** and **L. Liu.** *Bonding and antibonding spin-orbit splittings.* Phys. Rev. Letters **8**, 94–96, *1962*, Nr. 3. (1. Febr.) (Chicago, Univ., Study Met., Dep. Phys.; Evanston, Ill., Univ., Dep. Phys.) Vff. berechneten die bindenden und antibindenden Spin-Bahn-Aufspaltungen (Δ_{so} und Δ'_{so}) in Halbleitern auf zwei verschiedene Weisen und konnten zeigen, daß die erhaltenen Resultate für die Wahl der Darstellungen der Kristall-Wellenfunktionen von Bedeutung sind. Die Berechnung auf Grund der Approximation der linearen Kombinationen der atomaren Bahn-Wellen-Funktionen (LCAO) ergab für die bindende Spin-Bahn-Aufspaltung im Germanium den Wert $\Delta_{so} = 0{,}13$ eV und für die antibindende Spin-Bahn-Aufspaltung den Wert $\Delta_{so}' = 0{,}11$ eV. Die entsprechenden Größen, berechnet in Termen der orthogonalen ebenen Wellen (OPW) lauteten $\Delta_{so} = 0{,}01$ eV und $\Delta_{so}' = 0{,}18$ eV. Der experimentelle Wert für $\Delta_{so'}$ lautet zum Vergleich $\Delta_{so'} = 0{,}18$ eV. (Δ_{so} konnte experimentell noch nicht aufgelöst werden.) Diesen Resultaten wurden noch die entsprechenden Größen des freien Germanium-Atoms gegenübergestellt: $\Delta_{so} = \Delta_{so'} = 0{,}12$ eV.
H. Kleinpoppen.

1–1225 **Hiroshi Sato** and **Robert S. Toth.** *Fermi surface of alloys.* Phys. Rev. Letters **8**, 239–241, *1962*, Nr. 6. (15. März.) (Dearborn, Mich., Ford Mot. Co., Sci. Lab.) In bestimmten Legierungen, wie in Cu–Pd, Cu–Pt, Au–Cd, Ag–Mg, Au–Zn und Cu–Au, sind langperiodische Überstrukturen stabil. Die Periodenlänge dieser Strukturen ist über die Größe der zugehörigen BRILLOUIN-Zonen abhängig von der Anzahl e/a der freien Elektronen pro Atom. Die Messungen der Periodenlängen ergeben in sämtlichen oben angeführten Beispielen Durchmesser der FERMI-Flächen, die um ca. 5% unter den entsprechenden Durchmessern bei Zugrundelegung freier Elektronen liegen. Da die Arme in den FERMI-Flächen der reinen Metalle auf Grund der Messungen mit dem DE HAAS-VAN ALPHEN-Effekt den Durchmesser des Restkörpers nur um etwa 2% vermindern, bestätigen die vorliegenden Ergebnisse die vermutete zusätzliche Kontraktion der FERMI-Flächen in [110]-Richtung. D. Langbein.

1–1226 **Roger H. Walmsley.** *Linear shift of the Fermi level in iron with applied magnetic field.* Phys. Rev. Letters **8**, 242–243, *1962*, Nr. 6. (15. März.) (Philadelphia, Univ. Penn.) In ferromagnetischen Metallen besitzen Elektronen verschiedener Spinrichtung verschiedene Energiebandstrukturen. In einem äußeren magnetischen Feld tritt daher eine lineare Verschiebung des FERMI-Niveaus ein, die der relativen Differenz der Zustandsdichten für die beiden Spinrichtungen proportional ist. Experimentell bestimmt Vf. die Verschiebung des FERMI-Niveaus durch Messung des Kontaktpotentials Eisen–Kupfer im Magnetfeld. Es zeigt sich innerhalb der benutzten Näherungen, daß das d-Band für Elektronen mit dem Magnetfeld entgegengerichtetem Spin an der FERMI-Grenze die Zustandsdichte Null hat. Es muß dann in zwei Unterbänder unterhalb und oberhalb der FERMI-Grenze aufgespalten sein. D. Langbein.

1–1227 **R. W. Stark, T. G. Eck, W. L. Gordon** and **F. Moazed.** *Magnetoresistance investigation of the Fermi surface of magnesium.* Phys. Rev. Letters **8**, 360–362, *1962*, Nr. 9. (1. Mai.) (Cleveland, Ohio, Case Inst. Technol., Dep. Phys.) Messungen der transversalen magnetischen Widerstandsänderung an Magnesium werden zur Bestimmung der FERMI-Fläche benutzt. Es ergibt sich gute Übereinstimmung mit der von COHEN und FALICOV (Ber. **40**, Nr. 8–999, *1961*; **41**, Nr 7–941, *1962*) vorgeschlagenen.
R. Klein.

1–1228 **I. Kudman** and **T. Seidel.** *Absorption edge in degenerate p-type GaAs.* J. appl. Phys. **33**, 771–773, *1962*, Nr. 3. (März.) (Somerville, N. J., RCA, Semicond. Mat. Div.) In entartetem p-Typ GaAs wurde die Absorption im Infrarotgebiet bei Zimmertemperatur für verschiedene Löcherkonzentrationen untersucht. Exemplare mit mehr als 10^{19} Störstellen pro cm^3 zeigen bei hohem Absorptionskoeffizienten eine BURSTEIN-Verschiebung. Diese Verschiebung kann durch eine Abnahme der Elektronenbesetzung im Valenzband beschrieben werden. In $10^{17}/cm^3$-Material ergibt eine direkte Übergangsanalyse die Breite der Bandlücke zu $(1{,}39 \pm 0{,}02)$ eV. Die Absorption durch freie Träger wurde nach kürzeren Wellenlängen extrapoliert und von den Meßdaten abgezogen. Die gefundenen Absorptionskanten liegen niedriger als beim reinen Material und weisen auf einen zusätzlichen Absorptionsmechanismus hin. Bei den Messungen wurde ein Spektrometer mit NaCl-Optik benutzt. R. Stäudner.

1–1229 **G. B. Wright, A. J. Strauss** and **T. C. Harman.** *Nonparabolic conduction band in HgSe and $HgSe_{0,5}Te_{0,5}$.* Phys. Rev. (2) **125**, 1534–1536, *1962*, Nr. 5. (1. März.) (Lexington, Mass. Inst. Technol., Lincoln Lab.) Die Abhängigkeit der effektiven Elektronenmasse m* von der Ladungsträgerkonzentration N wurde bestimmt mit Infrarot- und magnetischem Reflexionsvermögen. In beiden Fällen steigt m* mit N an. Für HgSe steht die Änderung von m* mit N in quantitativer Übereinstimmung mit dem KANEschen Leitungsbandmodell für InSb. Die Bandparameter sind $P = 8 \cdot 10^{-8}$ eV·cm und $\varepsilon_g \sim 0{,}2$ eV in guter Übereinstimmung mit den Werten für InSb und anderen III–V-Verbindungen. Die Daten für $HgSe_{0,5}Te_{0,5}$ stimmen qualitativ mit dem Modell überein, sie streuen zu stark für einen quantitativen Vergleich. R. Stäudner.

1–1230 **M. Flower** and **N. H. March.** *Transitions to metallic states in ionic crystals, with particular reference to cesium iodide.* Phys. Rev. (2) **125**, 1144–1146, *1962*, Nr. 4. (15. Febr.) (Sheffield, Univ., Dep. Phys.) Mit Hilfe der Methode von WIGNER und SEITZ und der Annahme, daß das Potential in jeder Zelle sphärisch symmetrisch in bezug auf den zentralen Kern ist, wurde das Kristallpotential berechnet. Die zu einigen Gitterpunkten hoher Symmetrie [$\pi^{-1}ak = 0$; (1,0,0); (0,1,1); und (1,1,1)] gehörenden Eigenwerte für Valenz- und Leitungsband werden ebenfalls mitgeteilt, und zwar für einen Gitterabstand a = 7,3 atomare Einheiten, der einem Druck von schätzungsweise 250000 atm entspricht, und für den normalen Gitterabstand a = 8,6. In beiden Fällen ergibt sich ein Bandabstand von 6 bis 7 eV. Die Breite des Valenzbandes wird zu 3 bis 4 eV abgeschätzt. Ein Übergang zu metallischer Leitfähigkeit könnte demnach erst bei wesentlich höheren Drücken stattfinden. C. Volke.

1–1231 **David Pines** and **J. Robert Schrieffer.** *Approach to equilibrium of electrons, plasmons and phonons in quantum and classical plasmas.* Phys. Rev. (2) **125**, 804–812, *1962*, Nr. 3. (1. Febr.) (Urbana, Ill. Univ., Dep. Phys.) Es wird ein Gas wechselwirkender Elektronen in den Grenzfällen tiefer Temperaturen und hoher Dichten (Quanten-Plasma) und hoher Temperaturen und niedriger Dichten (klassisches Plasma) innerhalb der *random phase approximation* (RPA) untersucht. Mit Hilfe expliziter Plasmonen- und Elektronen-Verteilungsfunktionen wird die Kopplung zwischen Elektronen und Plasmonen in einem Quantenplasma betrachtet. Im klassischen Grenzfall ergibt sich für die Elektronen-Verteilungsfunktion eine FOKKER-PLANCK-Gleichung, die Diffusions- und Reibungsglieder enthält, die mit Plasmawellen zusammenhängen. Das Gleichgewicht entsteht als Ergebnis der Konkurrenz zwischen der spontanen Emission von Plasmawellen durch einzelne schnelle Elektronen und der LANDAU-Dämpfung der Plasmawellen durch dieselbe Gruppe einzelner Teilchen. Die gleiche Methode kann angewendet werden auf eine beliebige Nichtgleichgewichtsverteilung und führt direkt zum Begriff einer Plasmawellen-Instabilität als einer kohärenten Anregung von Plasmawellen durch die Elektronen. Ferner findet eine Verallgemeinerung auf das Zweikomponenten-Plasma aus Elektronen und Ionen statt, in dem akustische Plasmawellen existieren. Dazu werden eine explizite Verteilungsfunktion für die Phononen (akustische Plasmonen) eingeführt. Auch hier wird der Weg des Systems auf das Gleichgewicht hin untersucht. Für das klassische Elektronen-Ionen-Plasma ergibt sich eine FOKKER-PLANCK-Gleichung mit Gliedern, die Diffusion und Reibung akustischer Phononen beschreiben. Schließlich wird eine Reihe möglicher Anwendungen der hergeleiteten Ergebnisse genannt (Leitfähigkeit eines klassischen Plasmas bei Anwesenheit eines schwachen äußeren Feldes; Widerstand usw. von Metallen innerhalb dieses Kontinuum-Modells). R. Klein.

1–1232 **J. A. Bytschkow** und **L. P. Gorkow.** *Quantenoszillationen der thermodynamischen Größen für ein Metall im Magnetfeld im Modell der Fermi-Flüssigkeit.* Sh. exp. teor. Fis. **41**, 1592–1605, *1961*, Nr. 5. (Orig. russ.) Die LANDAUsche Theorie der FERMI-Flüssigkeit zeigt im Fall des flüssigen ^{3}He eine wesentliche Rolle der Wechselwirkung der Anregungen. Die entsprechenden Korrelationen haben die Größenordnung der Atomabstände. Vff. untersuchen, wie sich diese Wechselwirkungen zwischen den Anregungen auf die sonst im Modell der idealen FERMI-Flüssigkeit behandelten Effekte der Theorie eines Metalls im Magnetfeld auswirken. Sie behandeln den DE HAAS-VAN ALPHEN-Effekt für die Elektronen im Metall im Modell einer isotropen FERMI-Flüssigkeit, wobei angenommen wird, daß der fernwirkende Anteil der COULOMB-Wechselwirkung durch Abschirmung verschwindet. Die Endformeln enthalten nur die Eigenschaften der feldfreien Elektronenspektren und können daher von dieser Annahme nicht abhängen. Ähnliche Überlegungen gelten für den Einfluß der Anisotropie. Es wird gezeigt, daß sich die Perioden der Schwankungen der thermodynamischen Größen nach dem üblichen Schema von LIFSCHIZ und KOSSEWITSCH (Ber. **37**, 1635, *1958*) berechnen lassen. Unterschiede gegen die üblichen Formeln zeigen sich in der Amplitude der Oszillationen und beruhen auf Änderungen des effektiven Magnetons der Anregung infolge der Wechselwirkung der Elektronen miteinander. Ohne Berücksichtigung der Spin-Suszeptibilität gelten wiederum die üblichen Formeln für das FERMI-Gas. H. Vogel.

1–1233 **R. G. Wheeler** and **J. O. Dimmock.** *Exciton structure and Zeeman effects in cadmium selenide.* Phys. Rev. (2) **125**, 1805–1815, *1962*, Nr. 6. (15. März.) (New Haven, Connect., Yale Univ., Sloane Phys. Lab.) Die Exzitonenspektren von CdSe wurden beobachtet und durch optische Reflektion, Absorption und ZEEMAN-Struktur bei 1,8 [°K] identifiziert. Die Reflektions- und Absorptionsspektren zeigen zwei nichtüberlappende Exzitonenserien. Aus beobachteten optischen Auswahlregeln ergibt sich für das Leitungsband Γ_7-Symmetrie. Die beiden Serien entsprechen den Γ_9- und Γ_7-Valenzbändern, die durch Kristallfeld-Effekte um etwa 200 [cm^{-1}] aufspalten. Eine 3. Serie bei höheren Energien wurde in Absorption beobachtet und entspricht einem Γ_7-Valenzband-Zustand, der durch Spin-Bahn-Effekte von den beiden anderen Zuständen um 3490 [cm^{-1}] abgespalten ist. Die $n_1 = 1, 2, 3, 4$-Zustände der ersten Serie, die $n_2 = 1, 2$-Zustände der 2. Serie und der $n_3 = 1$-Zustand der 3. Serie wurden in Absorption beobachtet und identifiziert. Die Seriengrenze der ersten Serie (entsprechend dem Bandabstand) wurde zu 14850 [cm^{-1}] gemessen. Eine halbempirische Theorie der Exzitonenstruktur bei Anwesenheit eines äußeren Magnetfeldes unter Benutzung der Näherung der effektiven Masse wurde für die Bestimmung der Bandparameter von CdSe bei $\mathbf{K} = 0$ aus den beobachteten Exzitonenspektren benutzt. Die Wirkung des endlichen Photonenimpulses wurde durch Änderungen in der ZEEMAN-Struktur der $n_1 = 2$, P-Zustände beobachtet, wenn das Magnetfeld in der zur kristallographischen C-Achse senkrechten Ebene um 180° gedreht wurde. Einige Abweichungen zwischen dem Experiment und den theoretischen Vorhersagen des Ellipsoidmodells der effektiven Masse wurden beobachtet. Der Zusammenhang zwischen diesen Abweichungen und der Möglichkeit toroidaler Energieflächen in CdSe wird diskutiert. (Nach Zfg. der Autoren.) R. Klein.

1–1234 **P. M. Platzman.** *Ground-state energy of bound polarons.* Phys. Rev. (2) **125**, 1961–1965, *1962*, Nr. 6. (15. März.) (Murray Hill, N. J., Bell Tel. Labs.) Ein Elektron im Kristall wird betrachtet, das mit seiner Umgebung wechselwirkt. Das Variationsprinzip in Form von „Wegintegralen" von FEYNMAN (Ber. **35**, 442, *1956*) wird verwendet, um die Grundzustandsenergie eines einzelnen Elektrons zu berechnen, das gleichzeitig an ein COULOMB-Potential und an longitudinale optische Schwingungen des Phononenfeldes gekoppelt ist. Dabei braucht über die Kopplungsstärke keine Annahme gemacht zu werden. Der Kristall wird als polarisierbares Kontinuum beschrieben und das periodische Potential in einer effektiven Masse berücksichtigt. Die Bindung wird explizit numerisch berechnet, indem der Variationsausdruck für die Energie für Parameter (Hoch- und Niederfrequenz-Dielektrizitätskonstante und Frequenz der optischen Phononen) des CdS zu einem Minimum gemacht wird. Das Verhältnis der effektiven Masse m zur Elektronenmasse m_e bleibt darin als Parameter. Setzt man $m = 0{,}2\, m_e$, so erhält man gute Übereinstimmung mit der experimentellen Bindungsenergie. Schließlich wird die Phonon-Wechselwirkung mit Hilfe der üblichen Methoden bei schwacher Kopplung behandelt, wobei sich zeigt, daß diese Behandlung mit dem des Variationsprinzips konsistent ist. R. Klein.

1–1235 **E. F. Gross.** *Effect of recoil of momentum and energy by the photon during exciton formation and annihilation.* Soviet Phys.-Solid State **3**, 1384–1386, *1961*, Nr. 6. (Dez.) (Engl. Übers. aus: Fiz. Tverd. Tela **3**, 1899–1902, *1961*, Nr. 6.) (Leningrad, Univ.) Die Erhaltung von Energie und Impuls bei Absorptions- und Emissionsprozessen von Lichtquanten führt zu einer Verschiebung der Absorptions- und Emissionslinien. Wird ein Lichtquant von 2 eV von einem Exciton absorbiert, so hat das Massenverhältnis der Stoßpartner eine Größenordnung, die eine Verschiebung ΔE der Absorptionslinie (z. B. in CdS) um etwa 10^{-4} eV erwarten läßt. Bei der strahlenden Rekombination eines Excitons ist eine Wechselwirkung mit dem Gitter zu erwarten, die die Rückstoßverschiebung der Emissionslinie praktisch zum Verschwinden bringt ($\Delta E \approx 10^{-8}$ eV). Eine Verschiebung zwischen Excitonen, Emissions- und Absorptionslinien in CdS und HgI_2 in der Größenordnung von 10^{-4} eV wurde tatsächlich von anderen Autoren beobachtet. F. Lappe.

1–1236 **I. G. Zaslavskaya.** *Energy calculation of the 2p excited state for an exciton with an intermediate bonding.* Soviet Phys.-Solid State **3**, 1627–1630, *1962*, Nr. 8. (Febr.) (Engl. Übers. aus: Fiz. Tverd. Tela **3**, 2240–2244, *1961*, Nr. 8.) (Kiev, Acad. Sci., Inst. Semicond.) Die Energie eines angeregten Excitonenzustandes wird berechnet, wobei mittelstarke Bindung des Excitons vorausgesetzt wird. Ferner wird angenommen, daß die Atome des Gitters bei einer Anregung des Excitons dieselben mittleren Lagen haben wie im Grundzustand des Excitons. Speziell wird der 2 p-Zustand eines Excitons im Cu_2O-Kristall diskutiert. Seine Energie ist kleiner als die Energie, die in einer älteren Arbeit angegeben wurde (I. P. Ipatova, Bull. Acad. Sci. URSS, Sér. Phys. **21**, 78, *1957*). W. Ludwig.

1–1237 **A. A. Lipnik.** *Binding and decay of the Mott exciton by phonons and impurity centers.* Soviet Phys.-Solid State **3**, 1683–1689, *1962*, Nr. 8. (Febr.) (Engl. Übers. aus: Fiz. Tverd. Tela **3**, 2322–2330, *1961*, Nr. 8.) In der Arbeit werden, in erster Bornscher Näherung, die folgenden Effekte berechnet: 1. Die Wechselwirkung eines Excitons mit Phononen und neutralen Fremdatomen im Gitter. 2. Die Wahrscheinlichkeit für den Zerfall eines Excitons. 3. Der effektive Wirkungsquerschnitt für die Bindung eines Elektron-Loch-Paares in ein Exciton. 4. Die mittlere Lebensdauer eines Excitons. 5. Die mittlere Lebensdauer eines „freien" Elektrons bezüglich der Bindung dieses Elektrons in ein Exciton. Die Wechselwirkung von Elektron mit Phononen wurde dabei durch das Bardeen-Shockleysche Deformationspotential beschrieben. Numerische Angaben werden für Excitonen in Ge- und Cu_2O-Kristalle gemacht. W. Ludwig.

1–1238 **A. W. Tulub.** *Langsame Elektronen in polaren Kristallen.* Sh. exp. teor. Fis. **41**, 1828–1838, *1961*, Nr. 6. (Orig. russ.) Vf. entwickelt zunächst eine neue Methode zur Behandlung des Polaronenproblems, wobei er die Streuung der optischen Schallquanten am Polaron als Resonanzstreuung behandelt und die Streuamplituden nach der Methode von Low berechnet, die eine Kenntnis der expliziten Eigenfunktionale des Polarons im Anfangs- und Endzustand in hinreichend einfacher Form voraussetzt. Er behandelt die Wechselwirkung eines nichtrelativistischen Teilchens mit einem Skalarfeld und unterwirft den Hamilton-Operator des Systems einer kanonischen Transformation nach Lee, Low und Pines; dadurch entsteht ein effektiver Hamilton-Operator, für den die entsprechenden Heisenbergschen Bewegungsgleichungen gelöst werden. Aus einem Variationsprinzip erhält man die Energie bei beliebigen Werten der Kopplungskonstante. Auf Grund dieser Daten läßt sich die Polaron-Phonon-Streuung als Resonanz-Streuung explizit behandeln; der Wert des Resonanzimpulses wird für das Gebiet starker Kopplung berechnet. Die für den Resonanzimpuls charakteristische starke Abhängigkeit von der Kopplungskonstante g hat zur Folge, daß die ganze Polaronentheorie nur bis zu g^2-Werten von etwa 8–9 gilt; dann werden nämlich die effektiven Abmessungen des Polarons und die Wellenlängen der entsprechenden Gitterschwingungen, die für die Streuung verantwortlich sind, zu klein (die Wellenlängen fallen in die Größenordnung der Gitterkonstante). H. Vogel.

1–1239 **E. M. Nadgornyi** and **A. V. Stepanov.** *Testing of filamentary crystals in tension and bending.* Soviet Phys.-Solid State **3**, 778–782, *1961*, Nr. 4. (Okt.) (Engl. Übers. aus: Fiz. Tverd. Tela **3**, 1068–1073, *1961*, Nr. 3.) (Leningrad, Acad. Sci., Physicotech. Inst.) Es wird ein Gerät für Zug- und Biegeversuche an kleinsten Proben mit einer Maximallast von 100 p beschrieben. Die Grenzempfindlichkeit liegt bei 0,3 mp im Zug- und bei 0,03 mp im Biegeversuch. Die Deformation kann auf 0,5 μ genau gemessen werden. Mit dem Gerät wurden Quarzfäden, dünnste Kupferdrähte und Whisker aus Si, Sn, Te, Zn, ZnS, KCl und Hydrochinon untersucht. P. Derner.

1–1240 **L. A. Shuvalov** and **K. A. Pluzhnikov.** *Feature of the elastic properties and internal friction near the Curie point in triglycine sulfate crystals.* Soviet Phys.-Cryst. **6**, 555–560, *1962*, Nr. 5. (März/Apr.) (Engl. Übers. aus: Kristallografija **6**, 692–699, *1961*, Nr. 5.) Vff. vergleichen ihre Messungen der elastischen Nachgiebigkeiten und der Dämpfung von Triglycinsulfat mit entsprechenden Messungen an Seignettesalz. Sie vermuten, daß einige charakteristische Unterschiede in der Feld- und Temperaturabhängigkeit der Meßgrößen auf die verschiedenartigen Domänenstrukturen in den beiden Stoffen zurückzuführen sind. H. E. Müser.

1–1241 **H. Bethge** und **V. Schmidt.** *Beeinflussung der Spaltstruktur von NaCl-Kristallen durch Inhomogenitäten.* Z. Naturf. **17a**, 183–185, *1962*, Nr. 2. (Febr.) (Halle/S., Arbeitsst. Elektronenmikrosk.; Univ., Inst. exp. Phys.) Nach dem Golddekorationsverfahren präparierte Spaltflächen werden elektronenmikroskopisch untersucht. Hinter vorsätzlich erzeugten, vom Spaltriß durchschnittenen Inhomogenitäten (Hohlräume und Goldkolloide mit Kantenlängen von 0,2 μm und größer) ist ein Gebiet hoher Spaltstufendichte mit symmetrischer Berandung aufzufinden. Es wird gezeigt, daß die entlang dieser Berandungskurve gebildeten dichtliegenden Spaltstufen von zumeist atomarer Höhe entlang einer „momentanen" Rißfront und in einem Gebiet besonders hoher Spannung entstehen. Die Änderung des Rißfrontverlaufs beim Durchqueren einer Inhomogenität wird qualitativ angegeben und begründet. V. Schmidt.

1–1242 **J. N. King** and **H. Wilman.** *The nature of the abrasion process in plastically deformable non-metals.* Proc. phys. Soc. Lond. **78**, 979–987, *1961*, Nr. 5 (Nr. 504). (15. Nov.) (London, Imp. Coll., Appl. Phys. Chem. Surfaces Lab., Chem. Engng Dep.) Beobachtungen an AgCl und AgBr von 99,8% Reinheit beim Abschleifen mit Schmirgelpapier verschiedener Körnung unter bestimmtem Druck. Ergebnisse ähnlich wie an Metallen vergleichbarer Härte. Für Korndurchmesser $> 20\ \mu$ lineare Beziehung zwischen Abrieb und Reibungskoeffizient, unterhalb nicht mehr. Optische und elektronenoptische Untersuchung der behandelten Flächen. Kristallographische Umorientierung bei ausgedehntem seitlichem Fließen des von den einschneidenden Körnern verdrängten Materials. Weitgehende Analogie der Abreibtextur zur Textur nach anderen Arten der Verformung. G. Schumann.

1–1243 **L. Merten.** *Über die Gitterschwingungen in Kristallen mit Wurtzitstruktur. III. Diskussion der Schwingungszweige für spezielle Richtungen bei Vernachlässigung der Coulomb-Kräfte. Vergleich mit dem Zinkblendegitter.* Z. Naturf. **17a**, 65–85, *1962*, Nr. 1. (Jan.) (Ausburg, Osram-Studienges.) In Erweiterung zu Teil I und Teil II werden im dritten Teil auch die Schwingungen mit Wellenzahlvektoren $\mathfrak{q} \neq 0$ behandelt, insbesondere werden die Dispersionsbeziehungen in Abhängigkeit von den Kopplungsparametern (Kraftkonstanten) für spezielle Richtungen berechnet. Die durch Ausnutzung der Kristallsymmetrie vereinfachten Kopplungsmatrizen werden im ersten Abschnitt zusammengestellt, wobei nur Wechselwirkungen mit nächsten und zweitnächsten Nachbaratomen berücksichtigt werden. — Die einzige Richtung, für die sich die Dispersionsbeziehungen für alle zwölf Schwingungszweige in geschlossener Form angeben lassen, ist die Richtung der hexagonalen Achse. Alle im Teil I und Teil II hergeleiteten Ergebnisse wurden ohne direkten Bezug auf das Zinkblendegitter gewonnen. Es ergeben sich jedoch erhebliche weitere Vereinfachungen, wenn man die enge Verwandtschaft der beiden Gitter berücksichtigt. Insbesondere erhält man sehr einfache Beziehungen zwischen den Kopplungsparametern nächster Nachbarn des Wurtzit- und des Zinkblendegitters, wenn man voraussetzt, daß die Kräfte für alle vier Valenzbindungen eines Atoms sowohl untereinander gleich, als auch gleich sind denen im Gitter der zugehörigen Zinkblende-Modifikation. Durch ähnliche Annahmen lassen sich ebenfalls noch Beziehungen zwischen den Kopplungsparametern zweitnächster Nachbaratome aufstellen, wodurch die noch relativ große Anzahl der voneinander unabhängigen Kopplungsparameter des Wurtzitgitters auf die gleiche Anzahl wie beim Zinkblendegitter reduziert wird. Im Rahmen dieser Näherung stimmt ein Teil der Schwingungszustände in beiden Gittern überein. Insbesondere folgt, daß die Frequenzen (Dispersionsfrequenzen) der ultrarot-aktiven optischen Grenzschwingungen keine Anisotropie

zeigen und mit der Dispersionsfrequenz in der zugehörigen Zinkblende-Modifikation zusammenfallen. Tatsächlich unterscheiden sich nach neueren Messungen des Ultrarot-Schwingungs-Spektrums einiger Kristalle mit Wurtzitstruktur die Dispersionsfrequenzen in den Kristallhauptrichtungen kaum voneinander und sind auch fast gleich der Dispersionsfrequenz in der zugehörigen Zinkblende-Modifikation. Da sich die Kopplungsparameter einiger Kristalle mit Zinkblendestruktur näherungsweise bestimmen lassen, kann man unter den angegebenen Voraussetzungen auch die Schwingungen in den zugehörigen Kristallen mit Wurtzitstruktur angenähert berechnen. Dies wird für Wurtzit (ZnS) für einige Schwingungszweige in speziellen Richtungen durchgeführt.
L. Merten.

1–1244 **T. H. K. Barron.** *Long-wave optical vibrations in simple ionic crystals.* Phys. Rev. (2) **123**, 1995—1998, *1961*, Nr. 6. (15. Sept.) (Bristol, Univ., Dep. Phys. Inorg. Chem.) Kürzlich wies Rosenstock (Ber. **41**, Nr. 7—986, *1962*) auf einige Widersprüche in der Theorie der langwelligen optischen Gitterschwingungen von Ionenkristallen hin. Einige dieser Widersprüche werden hier gelöst, da in Ionenkristallen mit NaCl- oder CsCl-Struktur die Nahkräfte gegenüber den weitreichenden Coulomb-Kräften zu vernachlässigen sind, wenn die Wellenlänge groß im Vergleich zu den Gitterabständen ist. In diesem Fall kommen rein longitudinale und rein transversale Schwingungen vor. Bei der Ableitung der Lyddane-Sachs-Teller-Gleichung $(\omega_l/\omega_t) = (\varepsilon_0/\varepsilon_\infty)^{1/2}$ (ω_l, ω_t Frequenzen der longitudinalen bzw. transversalen Schwingungen; ε_0, ε_∞ Dielektrizitätskonstanten für niedrige bzw. hohe Frequenzen) mit Hilfe der Theorie von Born und Huang spielen die zyklischen Randbedingungen keine große Rolle, sondern lediglich die Annahme, daß rein longitudinale und transversale Wellen existieren. Auf die Fälle, bei denen die zyklischen Randbedingungen in Ionenkristallen womöglich eine Rolle spielen, wird in der Diskussion näher eingegangen. C. Volke.

1–1245 **R. F. Wallis** and **A. A. Maradudin.** *Lattice anharmonicity and optical absorption in polar crystals. III. Quantum mechanical treatment in the linear approximation.* Phys. Rev. (2) **125**, 1277—1282, *1962*, Nr. 4. (15. Febr.) (Washington, D. C., U. S. Nav. Res. Lab.; Pittsburgh, Penn., Westinghouse Res. Labs.) Es wird die Wirkung von Gitteranharmonizitäten auf die optischen Konstanten eines Ionenkristalls quantenmechanisch betrachtet, wobei nur kubische Glieder im Hamilton-Operator berücksichtigt werden. Ähnlich wie bei der Behandlung des entsprechenden klassischen Problems (Maradudin und Wallis — Ber. **41**, Nr. 10—1006, *1962*) die Theorie der irreversiblen Prozesse benutzt wurde, wird hier von einer Modifikation des Kuboschen Formalismus für die Behandlung der Transportkoeffizienten ausgegangen. Während bei Born und Huang die Dämpfungskonstanten bei hohen Temperaturen nicht dieselbe Temperaturabhängigkeit zeigten wie die der klassischen Behandlung, ist hier in Übereinstimmung mit dem Korrespondenzprinzip der Übergang zum klassischen Problem möglich, wo bei hohen Temperaturen die Dämpfungskonstanten proportional der absoluten Temperatur sind. Experimentelle Daten an LiF und NaCl nahe ihrer Schmelzpunkte zeigen etwa quadratische Temperaturabhängigkeit, was Vff. so deuten, daß kubische anharmonische Glieder allein für die genannten Stoffe in der Nähe ihrer Schmelzpunkte nicht ausreichen.
R. Klein.

1–1246 **J. A. Krumhansl.** *Lattice vibrations in solids.* J. appl. Phys. **33**, 307—319, *1962*, Suppl. zu Nr. 1. (Jan.) (Ithaca, N. Y., Cornell Univ., Dep. Phys., Lab. Atom. Solid State Phys.) Der Vf. gibt eine Übersicht über die neueren Ergebnisse in der Untersuchung von Gitterschwingungen. Im ersten Teil wird das ideale Gitter behandelt, insbesondere werden die mit Neutronen-Beugung ermittelten Ergebnisse für Dispersionskurven und Schwingungsspektrum diskutiert. Ferner werden einige kritische Hinweise bezüglich der theoretischen Behandlung der Gitterschwingungen gegeben, wo häufig nur kurzreichweitige Kräfte berücksichtigt werden. Im zweiten Teil werden die an Punktdefekten lokalisierten Schwingungsformen besprochen, und in einem letzten Abschnitt auf die nicht-Gleichgewichts-Eigenschaften der Phononen (Wärmeleitung in Isolatoren) hingewiesen. Auf Einzelheiten wird jedoch nirgends eingegangen. W. Ludwig.

1–1247 **Denos C. Gazis** and **Richard F. Wallis.** *Surface vibrational modes in crystal lattices with complex interatomic interactions.* J. math. Phys. **3**, 190—199, *1962*, Nr. 1.

(Jan./Febr.) (Warren, Mich., Gen. Motors Res. Labs.; Washington, D. C., U. S. Nav. Res. Lab.) Ein Verfahren zur Berechnung der Normalschwingungen ein-, zwei- und dreidimensionaler endlicher (oder in einer Dimension halbunendlicher) Gitter wird am Beispiel der zweiatomigen linearen Kette bei Wechselwirkung zwischen nächsten und übernächsten Nachbarn erläutert. Neben der Behandlung der endlichen und halbunendlichen Kette sowie der Frequenzdispersionskurven im unendlichen zweiatomigen Gitter werden die Bedingungen für das Auftreten von Oberflächenschwingungszuständen im endlichen und halbunendlichen Gitter untersucht. Die Arbeit schließt mit einem Hinweis auf die Anwendbarkeit der Methode zur Berechnung von Wurzeln bei Determinanten hoher Ordnung. H. Gabriel.

1–1248 **Herbert B. Rosenstock** and **Richard E. McGill.** *Vibrational modes of disordered linear chains.* J. math. Phys. **3**, 200–202, *1962*, Nr. 1. (Jan./Febr.) (Washington, D. C., U. S. Nav. Res. Lab.) In einer linearen Kette sollen die N, im allgemeinen nicht äquidistanten und ungleichen Teilchen über nächste Nachbarn nach dem HOOKEschen Gesetz wechselwirken. Ordnet man die N-Eigenwerte $\lambda^{(k)}$ (k = 1, 2, ... N) der Größe nach, so besitzt die zum k-ten Eigenwert gehörige Eigenfunktion genau k – 1 Knoten. H. Gabriel.

1–1249 **Lesser Blum.** *Evolution of a crystal in an oscillating field.* J. math. Phys. **3**, 203–204, *1962*, Nr. 1. (Jan./Febr.) (Buenos Aires, Fac. Ci. Exact., Cat. Fis.-Quim.) Das Verfahren von PRIGOGINE und HENIN (J. math. Phys. **1**, 349, *1960*) wird zur asymptotischen Lösung der LIOUVILLE-Gleichung eines homogenen anharmonischen Kristalls in einem oszillierenden Felde herangezogen. H. Gabriel.

1–1250 **M. D. Bacon** and **P. Dean.** *Vibrational spectrum of a two-dimensional disordered lattice.* Nature, Lond. **194**, 541–542, *1962*, Nr. 4828. (12. Mai.) (Teddington, Middles., Nat. Phys. Lab., Math. Div.) Es wird ein mathematisches Modell, in dem die Plätze eines quadratischen Gitters zufällig, aber mit gleicher Wahrscheinlichkeit, von einem leichten oder schweren Atom besetzt sind, rechnerisch behandelt. Dabei werden kleine Gitterabschnitte (16×16) und ein Massenverhältnis 4:1 zugrunde gelegt. Das Verhältnis von zentralen zu nicht-zentralen Kräften wird gleich 1 gesetzt. Die über das Quadrat der Frequenz aufgetragene integrierte Spektralfunktion zeigt bedeutsame Unterschiede zu der von linearen Kettenmodellen. H. Süßmann.

1–1251 **E. E. Lähteenkorva.** *Dynamical characteristics of rapid phase changes.* Ann. Acad. Sci. fenn. (A), VI. (Phys.) *1961*, Nr. 87, S. 1–20. (Turku, Finl., Univ., Wihuri Phys. Lab.) Ein Volt-Signal, aus Änderungen des elektrischen Widerstandes der Probe hervorgegangen, gestattet aus seiner Verschiebung und seiner zeitlichen Länge eine Aussage über Strukturänderungen der Probe. Untersucht wurden Fe–Ni(20%)–C(0,5%)-Legierungen, Ti und Zr. H. Ebert.

1–1252 **A. B. Migdal.** *Interaction between electrons and lattice vibrations in a normal metal.* Soviet Phys.-JETP **7**, 996–1001, *1958*, Nr. 6. (Dez.) (Engl. Übers. aus: J. exp. theor. Phys., Moskau **34**, 1438–1446, *1958*, Juni.) (Moscow, Inst. Engng Phys.) Vf. entwickelt eine Methode zur Berechnung des Energiespektrums der Elektronen und der Dispersion der Gitterschwingungen in einem normalen Metall. Bei dieser Methode wird nicht (wie bisher) angenommen, daß die Wechselwirkung zwischen Elektronen und Phononen klein ist. W. Koeppe.

1–1253 **L. V. Tarasov.** *Experimental determination of the spectrum of thermal vibrations of crystals with any symmetry with the aid of one-phonon incoherent scattering of cold neutrons.* Soviet Phys.-Solid State **3**, 1039–1041, *1961*, Nr. 5. (Nov.) (Engl. Übers. aus: Fiz. Tverd. Tela **3**, 1431–1435, *1961*, Nr. 5.) Es wird die Relation zwischen dem differentiellen Wirkungsquerschnitt für inkohärente inelastische Streuung von thermischen Neutronen an Kristallen und dem Frequenzspektrum der Gitterschwingungen untersucht. Es wird gezeigt, daß in Einkristallen beliebiger Symmetrie die Frequenzverteilung durch eine Linearkombination aus drei Wirkungsquerschnitten ermittelt werden kann, wenn die drei Wirkungsquerschnitte bei drei verschiedenen Orientierungen des Kristalls ermittelt werden. In kubischen Kristallen genügt e i n Wirkungsquerschnitt (PLACZEK und HOVE, Phys. Rev. **93**, 1207, *1954*) in anderen höhersymmetrischen Kristallen (hexagonal, tetragonal) genügen zwei. W. Ludwig.

1-1254 **S. V. Vonsovskii** and **M. S. Svirskii.** *Phonon spin.* Soviet Phys.-Solid State **3**, 1568–1570, *1962*, Nr. 7. (Jan.) (Engl. Übers. aus: Fiz. Tverd. Tela **3**, 2160–2165, *1961*, Nr. 7.) (Sverdlovsk, Acad. Sci., Inst. Met. Phys.) Mit Hilfe des LAGRANGE-Formalismus für ein elastisches isotropes Medium wird der Spin von Phononen ermittelt. Zunächst werden Energie-Impuls-Tensor und Spintensor mit dem NOETHER-Theorem hergeleitet. Die Schwingungen werden in longitudinale und transversale, letztere wiederum in links- und rechts-zirkular polarisierte, separiert. Wie nicht anders zu erwarten, ist bei einem longitudinalen Phonon der Wellenzahl $\mathfrak{k}$ (Energie $\hbar\omega_l$) die Spinprojektion in Richtung $\mathfrak{k}$ Null, bei einem transversalen ($\hbar\omega_t$) ist die Spinprojektion $\pm\hbar$, wenn man die Quantisierung durchführt. Phononen haben den Spin Eins. W. Ludwig.

1-1255 **Vernon J. Easterling** and **Henry V. Bohm.** *Magnetoacoustic measurements in silver at 230 Mc/sec and 4,2° K.* Phys. Rev. (2) **125**, 812–818, *1962*, Nr. 3. (1. Febr.) (Detroit, Mich., Wayne State Univ., Dep. Phys.) Die Meßgenauigkeit konnte gegenüber den auf der International Conference on the Fermi Surfaces in Metals, Cooperstown *1960* mitgeteilten Ergebnissen erhöht, der Meßbereich konnte erweitert werden. Die Ultraschalldämpfung wird an drei Silbereinkristallen mit Reinheiten von 99,999% und bis auf 0,0001 inch ebenen und parallelen Oberflächen bei 4,2 °K, magnetischen Feldstärken bis zu 15 kOe und longitudinalen Schallwellen von 233 MHz bestimmt. Mit Schallwellen parallel [100] und $\underline{H}$ genähert parallel [110] erhält man sehr genau bestimmbare Oszillationsperioden für die dogs bone- und die belly-Bahnen, für die belly-Bahnen gilt das gleiche auch bei Schallwellen parallel [110] und $\underline{H}$ genähert parallel [100]. Aus bis zu 15 Extrema lassen sich hier die Perioden bis auf Bruchteile von Prozenten festlegen. Bei anderer Orientierung der Schallwellen oder des Magnetfeldes ist die Zahl der Extrema geringer. Abweichend vom PIPPARDschen Modell treten offene Bahnen mit Schallwellen parallel [111] und $\underline{H}$ parallel [110] auf. Die Existenz der in Cooperstown mitgeteilten Rosettenbahnen läßt sich nicht bestätigen. D. Langbein.

1-1256 **Harold N. Spector.** *Magnetoacoustic effects in nondegenerate semiconductors.* Phys. Rev. (2) **125**, 1880–1892, *1962*, Nr. 6. (15. März.) (Chicago, Univ., Inst. Study Met.) Die Methoden von COHEN, HARRISON und HARRISON (Ber. **40**, Nr. 2–523, *1961*) werden auf ein freies, nichtentartetes Elektronengas über einem teilweise ionisierten Untergrund, der eine Schallwelle tragen kann, abgeändert. Das ist ein Modell für die Berechnung der Absorption einer Schallwelle in nichtentarteten Verunreinigungs-Halbleitern mit sphärischen Energieflächen. Ausgehend von der BOLTZMANN-Gleichung wird eine Gleichung hergeleitet, die die Reaktion des Elektronengases auf das elektrische Feld, den *collision drag* und den Elektronen-Dichtegradienten beschreibt, die die Schallwelle begleiten. Mit Hilfe dieser Gleichung und den MAXWELLschen Gleichungen erhält man einen Ausdruck für die Absorption. Die implizit im Leitfähigkeitstensor enthaltene Magnetfeldabhängigkeit wird durch die Berechnung gewisser Integrale explizit. Ausgehend von diesen allgemeingültigen Formeln wird auf den Fall der Schallausbreitung parallel zum Magnetfeld spezialisiert. Die Grenzfälle langer und kurzer Wellenlängen werden ausgerechnet. Analog behandelt wird der transversale Fall, wobei besonders die Zyklotron-Resonanz untersucht wird. Die vorher allgemein ausgeführten Rechnungen enthalten noch weitere Effekte, deren Größenordnungen genauer untersucht werden, um festzustellen, welche von ihnen experimentell meßbar sein könnten. R. Klein.

1-1257 **J. A. Rayne** and **H. Sell.** *Magnetoacoustic oscillations in tungsten.* Phys. Rev. Letters **8**, 199–200, *1962*, Nr. 5. (1. März.) (Pittsburgh, Penn., Westinghouse Res. Labs; Bloomfield, N. J., Westinghouse Lamp Div.) In bezug auf die Bandstruktur der kubischen Übergangsmetalle liegen bisher nur wenige Meßergebnisse vor. In einem W-Einkristall von 1 inch Länge und 0,2 inch Durchmesser ($\rho_{300}/\rho_{4.2} \sim 9000$) wurde die Ultraschalldämpfung an longitudinalen Wellen von 274 MHz gemessen. Die auftretenden Perioden in 1/H entsprechen maximalen Durchmessern der FERMI-Fläche bei $k_1 = 4{,}7 \cdot 10^7\,cm^{-1}$ und $k_2 = 1{,}7 \cdot 10^7\,cm^{-1}$. Ausreichende theoretische Modelle der FERMI-fläche sind nicht vorhanden. In BRILLOUINscher Näherung (mit sechs freien Elektronen) erhält man in der zweiten Zone den maximalen Durchmesser $k = 5{,}5 \cdot 10^7$ cm^{-1}.

D. Langbein.

1-1258 **N. S. Fastov.** *The high-temperature branch of the background of internal friction.* Soviet Phys.-Doklady **6**, 508—511, *1961*, Nr. 6. (Dez.) (Engl. Übers. aus: Doklady Akad. Nauk SSSR **138**, 1069—1072, *1961*, Nr. 5.) Zur Untersuchung der inneren Reibung von Metallen werden Torsionsschwingungen benutzt. Aus dem logarithmischen Dekrement δ für die Dämpfung dieser Schwingungen erhält man Aufschlüsse über die innere Reibung. δ als Funktion der Frequenz ω hat im allgemeinen ein Maximum. Unter Zugrundelegung einer Gleichung des plastischen Fließens von dem Vf. (FASTOV, Probl. Metallogr., Phys. Met. (russ.) *1958*, S. 5500, Nr. 5) wird δ für folgende Anordnung berechnet. Eine homogene, isotrope Stange ist am oberen Ende fest eingespannt, am unteren Ende befindet sich ein Gewicht. Der Stab wird zu Torsionsschwingungen angeregt. Es wird gezeigt, daß $\delta(\omega)$ nur dann ein Maximum hat, wenn die innere Reibung durch mehrere Relaxationsprozesse (verschiedene Relaxationszeiten) beschrieben wird. Ein einzelner Relaxationsprozeß führt nicht zu einem Maximum in $\delta(\omega)$. W. Ludwig.

1-1259 **A. P. Koroljuk** und **T. A. Pruschtschak.** *Ein neuer Typ von Quantenoszillationen des Absorptionskoeffizienten für Ultraschall in Zink.* Sh. exp. teor. Fis. **41**, 1689—1691, *1961*, Nr. 5. (Orig. russ.) Vff. suchen nach einem von GURJEWITSCH u. a. (Sh. exp. teor. Fis. **40**, 787, *1961*) vorausgesagten neuen Quanteneffekt in der Ultraschall-Absorption, nämlich sehr großer Oszillationen des Absorptionskoeffizienten, die im nichtsenkrechten, speziell im longitudinalen Magnetfeld auftreten, wenn die Bedingungen $\zeta \gg h\Omega \gg kT$ und $\varkappa\, l \gg \sqrt{\zeta/kT}$ erfüllt sind (ζ chemisches Potential, Ω Zyklotronfrequenz der Elektronen, $\varkappa$ Ausbreitungsvektor des Schalls, l freie Weglänge der Elektronen). Beide Bedingungen gelten für Helium-Temperaturen und Ultraschall-Frequenzen von 100 bis 200 MHz und darüber für hinreichend reine Metalle mit schwach besetzten Energiebändern. Vff. benutzten longitudinale Magnetfelder (in Richtung der Schallausbreitung) mit Feldstärken bis 35 kOe in Zink-Einkristallen, die durch Zonenschmelzung auf einen Restwiderstand $R_{4,2}/R_{300} = 3 \cdot 10^{-5}$ gereinigt worden waren. Die großen Oszillationen wurden gefunden und ihre Amplitude zwischen 1,9 und 4,2°K untersucht; die Amplitude sinkt mit steigendem Feld und steigender Temperatur. H. Vogel.

1-1260 **A. Houghton.** *Specific heat and spin susceptibility of dilute alloys.* J. Phys. Chem. Solids **20**, 289—293, *1961*, Nr 3/4. (Aug.) (La Jolla, Calif., Univ.) Stört man ein Metall mit Z Valenzelektronen durch Einbau von Metallatomen mit Z + q Valenzelektronen, so ändert sich die Zustandsdichte an der FERMI-Grenze und damit die spez. Elektronenwärme und die Spinsuszeptibilität. Diese Änderungen werden in der Arbeit berechnet, indem die Elektronenkonzentration um die Störstellen nach der THOMAS-FERMI-Methode ermittelt wird, und zwar für den Grenzfall nichtüberlappender Störbereiche für q-Werte von 0 bis 4. Das Ergebnis stimmt für kleine q mit dem einer Störungsrechnung nach der Methode von BLOCH und DE DOMINICIS überein; es erklärt qualitativ, aber nicht quantitativ neuere experimentelle Ergebnisse von RAYNE. G. Eilenberger.

1-1261 **Shashanka S. Mitra.** *Debye characteristic temperature of solids.* J. sci. industr. Res. **21 A**, 76—84, *1962*, Nr. 2. (Febr.) (Toronto, Ont. Res. Found., Dep. Phys.) Zusammenfassender Bericht, 36 Literaturstellen. E. Bretnütz.

1-1262 **A. S. Borowik-Romanow** und **I. N. Kalinkina.** *Spezifische Wärme der Spin-Wellen im antiferromagnetischen $MnCO_3$.* Sh. exp. teor. Fis. **41**, 1694—1696, *1961*, Nr. 5. (Orig. russ.) In den üblichen Antiferromagnetika mit ihrer erheblichen Lücke im Energiespektrum ändert sich die magnetische spezifische Wärme exponentiell und ist bei tiefen Temperaturen klein gegen die spezifische Wärme des Gitters und daher schwer zu beobachten. Für antiferromagnetische Carbonate, in denen die Spins senkrecht zur Achse dritter Ordnung liegen, zerfällt aber das Spinwellen-Spektrum in zwei Äste, von denen einer praktisch keine Lücke hat; hier muß sich der magnetische Anteil der spezifischen Wärme von sehr tiefen Temperaturen an nach einem kubischen Gesetz ändern. Die Temperaturabhängigkeit der spezifischen Wärme des $MnCO_3$ (polykristallin) wurde zwischen 1,6 und 80° K in einem Vakuum- bzw. adiabatischen Kalorimeter gemessen. Beim Übergang in den paramagnetischen Zustand (bei 29,5° statt dem magnetisch bestimmten NÉEL-Punkt von 32,4° K) zeigt sich ein scharfes Maximum. Nach Abzug des Gitter- und des Kernanteils bleibt eine magnetische spezifische Wärme, die sich bis 3,7° K sowie oberhalb von 6° K kubisch verhält. Die Proportionalitätskonstanten verhalten sich wie 2:1, was der Spin-Wellen-Theorie entspricht. H. Vogel.

1–1263 **I. N. Kalinkina** and **P. G. Strekov.** *Specific heat of bismuth between 0,3 and 4,4° K.* Soviet Phys.-JETP **7**, 426–429, *1958*, Nr. 3. (Sept.) (Engl. Übers. aus: J. exp. theor. Phys., Moskau **34**, 616–621, *1958*, März.) Vff. berichten über die Messung der spezifischen Wärme von spektralreinem Wismut im Temperaturbereich von 0,3...4,4° K. Es wurde ein Kalorimeter benutzt, in dem die tiefsten Meßtemperaturen durch adiabatische Entmagnetisierung von Eisen-Ammonium-Alaun erzeugt wurden. Die Temperatur wurde mittels eines Phosphorbronze-Thermometers gemessen. Im Bereich von 0,3...1,8° K läßt sich die spezifische Wärme darstellen durch $C = (1,6 \pm 0,1) \cdot 10^{-5} \cdot T + (2,79 \pm 0,09) \cdot 10^{-4} \cdot T^3$ cal/° K gr · at. In diesem Bereich ist die DEBYE-Temperatur $\theta = 118,5 \pm 1$° K. Bei einer früher untersuchten, „unreinen" Probe (0,02% Pb u. a.) ergab sich $\theta = 119 \pm 1$° K. Oberhalb 1,8° K sinkt die DEBYE-Temperatur und ist bei 4,6° K etwa 100° K. (Nach älteren Messungen hat die DEBYE-Temperatur bei 9° K ein Minimum.) Der Elektronenanteil der spezifischen Wärme ist etwa 20mal so groß, wie aus Messungen des DE HAAS-VAN ALPHEN-Effektes folgt. Es wird geschlossen, daß „Löcher" mit der 2,5fachen effektiven Masse der Leitungselektronen hierfür verantwortlich sind. W. Koeppe.

1–1264 **V. Ananthanarayanan.** *Thermodynamic properties of stannic chloride, bromide and iodide.* J. sci. industr. Res. **21B**, 89–90, *1962*, Nr. 2. (Febr.) (Bangalore, Indian Inst. Sci., Dep. Phys.) E. Bretnütz.

1–1265 **H. Bross.** *Der Einfluß von Fehlstellen auf die Gitterwärmeleitfähigkeit bei tiefen Temperaturen.* Phys. Status solidi **2**, 481–516, *1962*, Nr. 5. (Stuttgart, T. H., Inst. theor. angew. Phys.) Zusammenfassender Bericht, 76 Literaturstellen. E. Bretnütz.

1–1266 **Klaus Götte.** *Gerät zur Messung von Glasausdehnungskurven.* Wiss. Z. M.-Luther-Univ. Halle **10**, 957–965, *1961*, Nr. 5. (6. März.) Die Wärmeausdehnung wird relativ gegen Quarz gemessen. Die Längenänderung wird kapazitiv bestimmt. Einige mit dem beschriebenen Apparat aufgenommene Kurven werden mitgeteilt. H. Ebert.

1–1267 **J. Laval.** *La dilatation thermique du milieu cristallin. IV. Les coefficients d'élasticité, les tensions et la dilatation thermique.* J. Phys. Radium **22**, 783–791, *1961*, Nr. 12. (Dez.) (Paris, Coll. France.) Berichtigung (Formel 29 S. 457 betreffend) ebenda S. 791. In Fortsetzung (J. Phys. Radium **20**, 449, *1959*; Ber. **41**, Nr. 10–883, *1962*) seiner Berechnungen behandelt Vf. den Einfluß thermischer Spannungen, die durch eine isotherme Volumenänderung entstehen. Dehnt sich ein Kristall, ohne daß ein weiteren Zwang auf ihn wirkt, aus, so nehmen die elastischen Koeffizienten ab. Die errechneten Beträge stimmen mit den experimentell gefundenen gut überein. Es werden weitere Formeln für die Änderung des Kompressibilitätskoeffizienten mit dem Druck angegeben. H. Ebert.

1–1268 **Godfried Robbrecht, Etienne Jacobs** et **Christine Iserentant.** *Sur le coefficient de dilatation du cuivre.* C. R. Acad. Sci., Paris **254**, 1960–1962, *1962*, Nr. 11. (12. März.) (Gand, Univ., Lab. Verschaffelt.) LAVAL hat in vier Arbeiten (J. Phys. Radium **20**, 449, *1959*; Ber. **41**, Nr. 10–883, *1962*; s. vorst. Ref.) den GRÜNEISENschen Ansatz erweitert, indem er unter Berücksichtigung der im Kristall auftretenden thermischen Spannungen die GRÜNEISENsche Konstante unter Hinzunahme elastischer Größen berechnete. Vff. nun prüfen die beiden Formeln mittels der von ihnen experimentell an Cu gewonnenen Werte und finden, daß bei mittleren Temperaturen beide Formeln die experimentellen Werte praktisch gleich gut darstellen, während bei höheren Temperaturen die LAVAL-Gleichung bessere Übereinstimmung mit dem Experiment zeigt. Bei tiefen Temperaturen sind beide Gleichungen unbefriedigend. H. Ebert.

1-1269 **William R. McDonell.** *Kinetics of structural changes during beta transformation of uranium.* Nucelar Sci. Engng **12**, 325—336, *1962*, Nr. 3. (März.) (Aiken, S. Carol., E. I. Pont Nemours Co., Savannah River Lab.) U mit Vorzugsorientierung wird bei Temperaturen im unteren Bereich der β-Phase gealtert und in Luft abgekühlt. Dabei geht das Kornwachstum schneller vor sich als die Abnahme der Vorzugs-Orientierung. Abschrecken aus der β-Phase in Wasser vergrößert die Abnahme der Vorzugs-Orientierung und verfeinert die Korngrößen. Es wird angenommen, daß der Übergang von der α- zur β-Phase bei kurzen Alterungszeiten und Temperaturen im Anfangsteil der β-Phase unvollständig ist. Beim Abkühlen dienen die noch verbliebenen α-Körner als Keime für eine orientierte, grobkörnige α-Phase. Abschrecken vergrößert die Zahl der Keime und ergibt eine feinere und mehr zufällig orientierte Struktur. F. Krings.

1-1270 **V. M. Zaitsev.** *The influence of short-range order on the specific heat close a second order phase transition point.* Soviet Phys.-JETP **7**, 898—900, *1958*, Nr. 5. (Nov.) (Engl. Übers. aus: J. exp. theor. Phys., Moskau **34**, 1302—1305, *1958*, Mai.) (Perm, State Univ.) Es wird ein Näherungsausdruck für die binäre Verteilungsfunktion in der Nähe des Punktes einer Phasenumwandlung 2. Ordnung abgeleitet. Mit Hilfe dieses Ausdrucks wird die spezifische Wärme oberhalb des CURIE-Punktes berechnet. W. Koeppe.

1-1271 **S. R. Yoganarasimhan.** *Studies on the brookite-rutile transformation.* J. sci. industr. Res. **21B**, 88—89, *1962*, Nr. 2. (Febr.) (Bangalore, Indian Inst. Sci., Dep. Inorg., Phys. Chem.) E. Bretnütz.

1-1272 **S. Hafner** und **F. Laves.** *Ordnung/Unordnung und Ultrarotabsorption. III. Die Systeme $MgAl_2O_4$–Al_2O_3 und $MgAl_2O_4$–$LiAl_5O_8$.* Z. Kristallogr. **115**, 321—330, *1961*, Nr. 5/6. (Okt.) (Zürich, E. T. H., Inst. Kristallogr. Petrogr.) Eine Untersuchung der IR-Absorption von bei verschiedenen Temperaturen erhitzten, natürlichen $MgAl_2O_4$-Spinellen im Bereich zwischen 7 und 33 μ ergibt eine zwischen 800° und 900° C liegende Strukturänderung. In diesem Temperaturbereich erfolgt auch eine Verkleinerung der Gitterkonstante um 0,004 Å. Die Vff. folgern aus einem Vergleich der Absorptionen von $LiAl_3O_8$ mit geordneter und ungeordneter Li/Al-Verteilung, daß die Mg/Al-Verteilung in $MgAl_2O_4$ ebenfalls temperaturabhängig ist. Bei natürlichen Kristallen, die nicht über 800° C erhitzt wurden, liegt eine gut geordnete Kationenverteilung über die tetraedrischen und oktaedrischen Zwischenräume vor. Auf 900° C und höher erhitzte natürliche und synthetische Kristalle besitzen eine mehr ungeordnete Verteilung. Erhitzte natürliche Spinelle können offenbar nicht in den Ausgangszustand zurückkehren. P. Thoma.

1-1273 **Stefan Hafner.** *Ordnung/Unordnung und Ultrarotabsorption. IV. Die Absorption einiger Metalloxyde mit Spinellstruktur.* Z. Kristallogr. **115**, 331—358, *1961*, Nr. 5/6. (Okt.) (Zürich, E. T. H., Inst. Kristallogr. Petrogr.) Messung der IR-Absorption einer Reihe von Metalloxyden mit Spinellstruktur im Bereich von 10 bis 30 μ. Es ergeben sich im wesentlichen zwei Hauptgruppen von Absorptionen (A und B). Durch Herstellung einer Anzahl von Mischkristallreihen und durch Messung bei gleichen Bedingungen können A und B gegenseitig zugeordnet und ihre Absorptionswellenlängen in Abhängigkeit vom Chemismus und der Gitterkonstante bestimmt werden. Näherungsberechnung der Kraftkonstanten der Normalschwingungen nach WALDRON. A entspricht angenähert einer Valenzschwingung zwischen tetraedrischem Kation und Sauerstoff, B einer Valenzschwingung zwischen oktaedrischem Kation und Sauerstoff. Zwischen der Spinellstruktur und dem Absorptionsspektrum besteht folgender Zusammenhang: 1. Die Halbwertsbreite der Absorptionen wird durch die Nahsymmetrie der einzelnen Kationenlagen bestimmt. 2. Die Kraftkonstanten der Kation-Anion-Valenzschwingungen nehmen mit wachsendem GOLDSCHMIDT-Radius des Kations ab. Es besteht deutlicher Einfluß der kovalenten Bindungsanteile (Erhöhung der Kraftkonstante bei Hybridbildung). 3. Die Kraftkonstanten hängen von der in der Struktur vorhandenen Verteilung der Kationen über die tetraedrischen und oktaedrischen Plätze ab. P. Thoma.

1-1274 **Renaud Papoular.** *Propriétés diélectriques de quelques matières plastiques en ondes millimétriques.* C. R. Acad. Sci., Paris **254**, 1763—1764, *1962*, Nr. 10. (5. März.)

In der Arbeit wird über die experimentelle Bestimmung des Brechungsindexes und des Verlustwinkels von Teflon,. Polystyrol, Plexiglas und Lucoflex bei Wellenlängen von etwa 2 und 4 mm berichtet. Das Meßverfahren erfolgt nach der Methode von HIPPEL und wird beschrieben. Die Endergebnisse werden in Tabellenform zusammengefaßt.
H. Bayer.

1-1275 **R. E. Pasynkov.** *An investigation of nonlinear properties in a $BaTiO_3$ single crystal and a polarized $BaTiO_3$ ceramic in strongly alternating fields.* Soviet Phys.-Solid State **3**, 1152–1158, *1961*, Nr. 5. (Nov.) (Engl. Übers. aus: Fiz. Tverd. Tela **3**, 1587 bis 1596, *1961*, Nr. 5.) Es wird phänomenologisch für Eindomänenkristalle die Abhängigkeit der FOURIER-Koeffizienten der Polarisation und der Deformation von der Amplitude eines Sinusfeldes berechnet. Die Einflüsse von Gleichfeldern, Temperaturänderungen und mechanischen Spannungen werden ebenfalls betrachtet. Die Ergebnisse werden mit Messungen der Grundwelle verglichen, die an keramischem Material durchgeführt wurden. H. E. Müser.

1-1276 **A. M. El'gard.** *Investigation of the dependence of the dielectric constant and the dielectric loss angle of ferroclectrics on the electric field intensity in the range 50 cps to 100 kc.* Soviet Phys.-Solid State **3**, 1077–1081, *1961*, Nr. 5. (Nov.) (Engl. Übers. aus: Fiz. Tverd. Tela **3**, 1485–1492, *1961*, Nr. 5.) Vf. untersucht das Verhältnis der 1. Harmonischen der dielektrischen Verschiebung zur sinusförmig vorgegebenen Feldstärke. Eine Erwärmung infolge der bei starken Feldern und hohen Frequenzen auftretenden großen Verlustleistung wird durch Impulsbetrieb vermieden. Die Messung erfolgt durch Substitution. H. E. Müser.

1-1277 **A. M. El'gard.** *A study of the dependence of the permittivity and the tangent of the angle of dieletric losses of polarized ferroelectrics on the electrical field intensity in the range 50 cps-100 kcps.* Soviet Phys.-Solid State **3**, 1098–1102, *1961*, Nr. 5. (Nov.) (Engl. Übers. aus: Fiz. Tverd. Tela **3**, 1515–1521, *1961*, Nr. 5.) Vergleich von vorpolarisierten und unpolarisierten Proben bei starken Wechselfeldern. H. E. Müser.

1-1278 **J. O. Isard.** *A study of the migration loss in glass and a generalized method of calculating the rise of dielectric loss with temperature.* Proc. Instn elect. Engrs (B) **109**, 440–447, *1962*, Suppl. Nr. 22. (S. B.) (Sheffield, Univ., Dep. Glass Technol.)
E. Bretnütz.

1-1279 **Hans-Günther Unruh** und **Horst E. Müser.** *Rasch ablaufende ferroelektrische Nachwirkungserscheinungen.* Z. angew. Phys. **14**, 121–125, *1962*, Nr. 3. (März.) (Münster, Univ., Inst. Angew. Phys.) Bei Seignettesalzkristallen wurden unmittelbar nach dem Anlegen eines elektrischen Wechselfeldes Einschnürungen der Hysteresekurve beobachtet, die in Bruchteilen einer Sekunde verschwinden. Nach sehr kurzen Feldunterbrechungen tritt diese Erscheinung streng reproduzierbar erneut auf. Hiermit in Zusammenhang steht eine Frequenzabhängigkeit der Koerzitivfeldstärke und der mit kleinen Amplituden gemessenen Dielektrizitätskonstante. Ähnliche Effekte wurden bei Triglycinsulfat beobachtet. Alle Erscheinungen lassen sich auf Störstellen zurückführen, die in einer energiereicheren Lage die spontane Polarisation schwächen und sie in einer energieärmeren Lage stabilisieren. Die Aktivierungsenergie für den Platzwechsel der noch unbekannten Störstellen in Seignettesalz wurde zu 0,5 eV ermittelt.
H. E. Müser.

1-1280 **I. M. Sil'vestrova.** *Dielectric parameters of deuterated triglycine sulfate.* Soviet Phys.-Cryst. **6**, 466–471, *1962*, Nr. 4. (Jan./Febr.) (Engl. Übers. aus: Kristallografija **6**, 582–590, *1961*, Nr. 4.) Messungen an normalem und deuteriertem Triglycinsulfat werden miteinander verglichen. Durch die Deuterierung steigt der CURIE-Punkt T_0 um etwa 10°; die Konstanten A und B des Potentialansatzes $F = A(T - T_0) P^2 + BP^4 + \ldots.$ (die aus der Dielektrizitätskonstante und der spontanen Polarisation ermittelt wurden) steigen leicht an, während die Feldabhängigkeit der Dielektrizitätskonstanten erheblich geringer wird. Ferner werden kalorische Effekte diskutiert. H. E. Müser.

1-1281 **I. G. Ismailzade, M. Kh. Annagiev** and **Kh. M. Abdullaeva.** *An X-ray study of the phase transition in $NaNO_2$.* Soviet Phys.-Cryst. **6**, 585–587, *1962*, Nr. 5. (März/Apr.) (Engl. Übers. aus: Kristallografija **6**, 733–736, *1961*, Nr. 5.) (Azerb, Acad. Sci., Inst.

Petrochem. Process.) Messungen in Abhängigkeit von der Temperatur deuten darauf hin, daß die bei etwa 165°C erfolgende ferroelektrische Umwandlung 1. Art ist. Die spontane Polarisation dürfte hauptsächlich auf eine Verschiebung der Sauerstoffionen zurückzuführen sein. H. E. Müser.

1–1282 **S. A. Fedulov.** *Determining the Curie point of $BiFeO_3$ ferroelectric.* Soviet Phys.-Doklady **6**, 729–730, *1962*, Nr. 8. (Febr.) (Engl. Übers. aus: Doklady Akad. Nauk SSSR **139**, 1345–1346, *1961*, Nr. 6.) Der ferroelektrische CURIE-Punkt von $BiFeO_3$ läßt sich wegen der hohen Leitfähigkeit nicht durch übliche DK-Messungen und wegen einer bei 800°C beginnenden Dissoziation auch nicht durch röntgenographische Strukturanalyse bestimmen. Aus röntgenographischen Untersuchungen am System $PbTiO_3$–$BiFeO_3$ kann jedoch auf reines $BiFeO_3$ extrapoliert werden. Vf. findet auf diese Weise einen CURIE-Punkt von etwa 850°C. H. E. Müser.

1–1283 **B. K. Vainshtein** and **V. F. Dvoryankin.** *The mechanism of the ferroelectric phase transition in thiourea at 133°K.* Soviet Phys.-Doklady **6**, 747–749, *1962*, Nr. 9. (Engl. Übers. aus: Doklady Akad. Nauk SSSR **140**, 111–114, *1961*, Nr. 1.) Beitrag zur Strukturbestimmung der verschiedenen Phasen von Thioharnstoff durch Elektronenbeugungsaufnahmen und Diskussion der vorliegenden Literatur. H. E. Müser.

1–1284 **G. M. Michailow, A. G. Lundin** und **S. P. Gabuda.** *Magnetische Kernresonanz von ^{19}F in dem Ferroelektrikum $(NH_4)_2BeF_4$.* Sh. exp. teor. Fis. **41**, 1370–1374, *1961*, Nr. 5. (Orig. russ.) In Fortführung ihrer Untersuchungen über eine Reihe von Ferroelektrika, in denen vielfach eine Korrelation zwischen ferroelektrischen Eigenschaften und Änderungen des Zustandes und der Beweglichkeit einiger Gruppen in der Struktur dieser Kristalle festgestellt wurden, untersuchten Vff. nach der Methode der magnetischen Kernresonanz das Ammonium-Fluor-Beryllat, das unterhalb von –97°C ferroelektrisch ist. Die Temperaturabhängigkeit des zweiten Momentes der Absorptionslinien der magnetischen Kernresonanz wurde für eine polykristalline Probe zwischen –183°C und der Zimmertemperatur gemessen; ein Einkristall wurde bei Zimmertemperatur untersucht. Es zeigte sich, daß oberhalb des ferroelektrischen CURIE-Punktes (–97°C) eine Reorientierung der BeF_4^{--}-Ionen stattfindet. Diese Reorientierung findet statt um eine in der Kristallstruktur festgelegte Achse, die mit der c-Achse übereinstimmt. Die Höhe der Potentialschwelle, die der Reorientierung der BeF_4-Gruppen entgegensteht, ist (9,5 ± 0,4) kcal/mol. H. Vogel.

1–1285 **Herbert Athenstaedt.** *Ferroelektrische und piezoelektrische Eigenschaften biologisch bedeutsamer Stoffe.* Naturwissenschaften **48**, 465–472, *1961*, Nr. 13. (Juli.) (Tübingen.)

1–1286 **Hans Jaffe.** *Properties of ferro-electric ceramics in the lead-titanate zirconate system.* Proc. Instn elect. Engrs (B) **109**, 351–354, *1962*, Suppl. Nr. 22. (S. B.)

1–1287 **Karoline Leibler** and **Wojciech Brański.** *Two-phase ferroelectric systems. I. Barium titanate-metal.* Acta phys. polon. **20**, 447–453, *1961*, Nr. 5/6. (Warsaw, Polytech. High School.) O. Wegner.

1–1288 **Ludwig Merten.** *Zur Gittertheorie der piezoelektrischen und elastischen Eigenschaften von Kristallen mit Zinkblendestruktur unter Berücksichtigung der elektronischen Polarisation. I. Allgemeine auf Grund der Kristallsymmetrie geltende Beziehungen.* Z. Naturf. **17a**, 174–180, *1962*, Nr. 2. (Febr.) Die Ursache der teilweise beträchtlichen Diskrepanzen zwischen den bisherigen gittertheoretischen Berechnungen der piezoelektrischen Konstante (für ZnS) und dem experimentellen Wert wird auf die Vernachlässigung der elektronischen Polarisation zurückgeführt. Im ersten Teil werden unter Einbeziehung der elektronischen Polarisation allgemeine Beziehungen der elastischen Konstanten und der piezoelektrischen Konstanten mit Koeffizienten der Schwingungsgleichungen für Kristalle mit Zinkblendestruktur hergeleitet, die sich bei Anwendung der Methode der langen Wellen schon allein durch Ausnutzung der Kristallsymmetrie ergeben. Die erhaltenen Ergebnisse gelten daher unabhängig von speziellen Modellvorstellungen. Insbesondere zeigt sich, daß nur e_{14} und c_{44}, dagegen nicht die elastischen Konstanten c_{11} und c_{12} von der elektronischen Polarisation beeinflußt werden.

L. Merten.

1-1289 **Ludwig Merten.** *Dasselbe. II. Darstellung der piezoelektrischen Konstante e_{14} durch mikroskopische Parameter für das Modell einer reinen Feldpolarisation und für das Hüllen-Modell.* Ebenda S. 216–227, *1962*, Nr. 3. (März.) (Augsburg, Osram Studienges.) Die im ersten Teil erhaltenen allgemeinen Beziehungen werden im folgenden spezialisiert für konkrete, die elektronische Polarisation beschreibende Modelle. Im einzelnen wird dabei die piezoelektrische Konstante e_{14} untersucht, die, wie gezeigt wird, besonders empfindlich von der elektronischen Polarisation abhängt. Zunächst wird das einfache Modell zugrunde gelegt, daß die Polarisation der Ionen allein durch das mit den Gitterschwingungen verknüpfte makroskopische elektrische Feld verursacht wird. Die sich für ZnS ergebende piezoelektrische Konstante e_{14} ist aber hiernach um einen Faktor 7 bzw. 8 zu groß. Nach dem Hüllen-Modell nach DICK, OVERHAUSER und COCHRAN werden die Ionen bei ihrer Auslenkung aber auch durch die nicht-COULOMBschen Kräfte vor allem der nächsten Nachbarn polarisiert. Bei der numerischen Auswertung der für dieses Modell erhaltenen Gleichung zeigt sich, daß die Werte von e_{14} für verschiedene Hüllenladungen des Anions in den meisten Fällen nur noch um ungefähr einen Faktor 2 bis 3 zu groß sind und auch der experimentelle Wert angenommen wird, und zwar für Hüllenladungen, die nach dem Vergleich mit anderen Untersuchungen als ganz vernünftig anzusehen sind. Insbesondere zeigt sich aber auch, daß e_{14} ganz empfindlich von einigen Parametern abhängt. Aus diesem Grunde und wegen der noch ungenauen Kenntnis der Eingangsdaten lassen sich allerdings über die Genauigkeit, mit der e_{14} durch die erhaltenen Formeln dargestellt wird, erst endgültige Aussagen machen, wenn die Eingangsdaten genügend genau bekannt sind. L. Merten.

1-1290 **C. S. Brown, R. C. Kell, R. Taylor** and **L. A. Thomas.** *Piezo-electric materials.* Proc. Instn elect. Engrs (B) **109**, 99–114, *1962*, Nr. 43. (Jan.) (Wembley, Gen. Elect. Co. Ltd., Central Res. Labs., Hirst Res. Centre.) Die Schilderung der historischen Entwicklung unserer Erkenntnisse über Pyro-, Piezo- und Ferroelektrizität leitet den Aufsatz ein; dann werden die elektrischen und mechanischen Größen zusammengestellt, die für die Untersuchung piezoelektrischer Eigenschaften notwendig sind. Die Morphologie der Kristalle wird herangezogen, um Aussagen darüber zu machen, wann Piezoelektrizität zu erwarten ist. Dazu werden in graphischer Darstellung für die 32 Kristallklassen die elastischen, piezoelektrischen und dielektrischen Konstanten in Matrizenform angegeben. Eine numerische Berechnung der Koeffizienten ist daraus allgemein nicht herleitbar. An ihre Stelle muß die Messung treten. Die bekannten Verfahren dafür werden kurz referiert. Die bekannten Eigenschaften p.-e. Kristalle werden beschrieben, so von Mineralien und wasserlöslichen Kristallen. Angaben über p.-e Keramiken einschließlich ferroelektrischer Keramiken werden gemacht. 85 Literaturnachweise.

K. Potthoff.

1-1291 **R. C. Kell.** *Properties of niobate high-temperature piezoelectric ceramics.* Proc. Instn elect. Engrs. (B) **109**, 369–373, *1962*, Suppl. Nr. 22. (S. B.) (Wembley, Engl., Gen. Elect. Co. Ltd., Central Res. Labs., Hirst Res. Centre.) E. Bretnütz.

1-1292 **Eckhart Vogt.** *Metamagnetismus.* Z. angew. Phys. **14**, 177–182, *1962*, Nr. 4. (Apr.) (Marburg, Univ., Phys. Inst., Abt. Metallphys.) Vf. berichtet über die Grundidee NÉELs (Nuovo Cim. Suppl. **6**, 942, *1957*) zur Deutung des Metamagnetismus — also des von Temperatur und Magnetfeld abhängigen Übergangs von ferromagnetischem zu antiferromagnetischem Verhalten — und über die Erweiterungen, die zur Erklärung des Metamagnetismus an komplizierteren Systemen führen. Am Beispiel des $MnAu_2$ und des Dysprosiums wird die Bedeutung der schraubenförmigen Anordnung der Magnetisierung in der zur Hauptachse senkrecht gelegenen Ebene herausgestellt.

R. Abbel.

1-1293 **Roman Golebiowski** and **Roland Wiśniewski.** *Initial magnetization of nickel under tension and high hydrostatic pressure.* Acta phys. polon. **20**, 391–402, *1961*, Nr. 5/6. (Warsaw, Politech. High. School, Dep. Gen. Phys.) O. Wegner.

1–1294 **G. Vogler.** *Berechnung und Messung des inneren Entmagnetisierungsfaktors.* Ann. Phys., Lpz. (7) **7**, 268–279, *1961*, Nr. 5/6. (Jena, Akad. Wiss., Inst-magnet. Werkst.) Für die Verteilung kleiner, ferromagnetischer Teilchen in einem nicht magnetischen Material werden magnetische Energie und innerer Entmagnetisierungsfaktor berechnet. Die Ergebnisse werden auf kubische, tetragonale und statistische Anordnung der Mikroteilchen spezialisiert. Dabei zeigt der innere Entmagnetisierungsfaktor eine lineare Abhängigkeit vom relativen Ferromagnetikum-Gehalt und ist unabhängig von der Magnetisierung. Da die Theorie nur bis zu einem relativen Gehalt von etwa v = 0,35 gilt, können die bei v = 0,7 und 0,89 erhaltenen Übereinstimmungen eines Experimentes mit Carbonyleisen in Gummi mit den theoretischen Werten der statistischen Verteilung noch nicht als exakte Bestätigung der Theorie angesehen werden. R. Abbel.

1–1295 **G. T. Rado** and **V. J. Folen.** *Magnetoelectric effects in antiferromagnetics.* J. appl. Phys. **33**, 1126–1132, *1962*, Suppl. zu Nr. 3. (März.) (Washington, D. C., U. S. Nav. Res. Lab.) Vff. geben einen Überblick über die von LANDAU und LIFSCHITZ vorhergesagten und von ASTROV und den Vff. experimentell bestätigten magnetoelektrischen Effekte. Danach führt in geordneten Spinsystemen ein elektrisches Feld zu einer feldproportionalen magnetischen Polarisation und ein magnetisches Feld zu einer feldproportionalen elektrischen Polarisation. Nach einer Skizze der thermodynamischen Behandlung unter Einschluß der magnetischen Symmetrie des Materials diskutieren die Vff. die Ergebnisse des von ihnen untersuchten Cr_2O_3, vor allem die Anisotropie der magnetoelektrischen Effekte, ihre Temperaturabhängigkeit und den zugrundeliegenden atomaren Mechanismus. Gute Übereinstimmung der theoretischen und experimentellen Werte. E. Bretnütz.

1–1296 **W. H. Meiklejohn.** *Exchange anisotropy. A review.* J. appl. Phys. **33**, 1328–1335, *1962*, Suppl. zu Nr. 3. (März.) (Schenectady, N. Y., Gen. Elect. Res. Lab.) Es werden die Effekte beschrieben, die eine Austauschkopplung zwischen einem ferro- oder ferrimagnetischen Materialvolumen einerseits und einem antiferro- oder ferrimagnetischen Materialvolumen andererseits zur Folge haben kann: unsymmetrische Hysteresekurven, unidirektionale Drehmomentenkurven und Rotationsverluste in hohen Feldern. Eine Übersicht über die bisher hierüber veröffentlichten Arbeiten wird gegeben, und einige prägnante Beispiele werden angeführt. Für zwei Fälle wird der Gang zur Berechnung der Rotationsverluste dargestellt. W. Andrä.

1–1297 **Siegfried Methfessel, Simon Middelhoek** und **Harry Thomas.** *Eine neue Methode zur Bestimmung der ferromagnetischen Austauschkonstanten.* Z. angew. Phys. **14**, 185–187, *1962*, Nr. 4. (Apr.) (Adliswil, IBM-Forschungslab. Zürich.) Das vorgeschlagene Verfahren beruht auf der inhomogenen Magnetisierungsänderung, die ein Strom in einer ferromagnetischen Probe erzeugt. Für den Fall einer ebenen Schicht und eines langen Kreiszylinders wird die Theorie durchgeführt und als Beispiel das Ergebnis der Messung der Austauschkonstanten A an einer 6000 Å. E. dicken Permalloy-Schicht angegeben. Vff. erhalten $A = 0{,}55 \cdot 10^{-6}$ erg/cm $\pm$ 10%. R. Abbel.

1–1298 **Wolfgang Hellenthal.** *Über die spontane Magnetisierung kleiner Teilchen, berechnet mittels einer erweiterten Molekularfeldtheorie.* Z. angew. Phys. **14**, 194, *1962*, Nr. 4. (Apr.) (Münster, Univ., Phys. Inst.) Bericht des Vf. über Ansatz und Ergebnisse seiner Untersuchungen des Ferromagnetismus kleiner Teilchen. Für Teilchen von kubisch-raumzentriertem, kubisch-flächenzentriertem und hexagonalem Gittertyp erhält er erst bei Abmessungen von 17–25 Å. E. ein merkliches Abweichen von CURIE-Temperatur und Sättigungsmagnetisierung von dem Wert des kompakten Materials. Diese Ergebnisse stimmen in der Größenordnung mit den vorliegenden experimentellen Daten überein. R. Abbel.

1–1299 **P. Pincus.** *Propagation effects on ferromagnetic resonance in dielectric slabs.* J. appl. Phys. **33**, 553–556, *1962*, Nr. 2. (Febr.) (Berkeley, Calif. Univ., Dep. Phys.) Die Hf-Impedanz einer unendlich ausgedehnten, isolierenden ferromagnetischen Platte wird klassisch exakt berechnet. Die Wechselwirkung der Photonen mit der Magnetisierung ändert deren Dispersionsgesetz; so erhält man gegenüber der elementaren

Theorie eine verschobene Hauptresonanz und Nebenresonanzen abnehmender Stärke und zunehmender Frequenz, deren Aufspaltung bei geeigneten Proben beobachtbar sein, zumindest aber zur inneren Linienbreite beitragen müßte. G. Obermair.

1-1300 **D. S. Rodbell** and **C. P. Bean.** *Some magnetic first-order transitions.* J. appl. Phys. **33**, 1037–1041, *1962*, Suppl. zu Nr. 3. (März.) (Schenectady, N. Y., Gen. Elect. Res. Lab.) Es wird auf die Möglichkeit hingewiesen, daß Umordnungsvorgänge des magnetischen Spinsystems Umwandlungen erster Ordnung im thermodynamischen Sinne sein können. Es kann sich dabei sowohl um Ordnungs-Ordnungs- als auch um Ordnungs-Unordnungs-Übergänge handeln. Unter der Voraussetzung einer spannungsabhängigen Austauschwechselwirkung und eines kompressiblen Gitters werden die Bedingungen für Umwandlungen 1. Ordnung abgeleitet, die an MnAs experimentell realisiert werden. Es werden die Gleichgewichtsgrenzen zwischen dem ferro-, antiferro- und paramagnetischen Zustand (Phase) im Druck-Temperatur-Diagramm angegeben. G. Heimke.

1-1301 **Peter J. Wojtowicz.** *The nature of one-ion models of the ferrimagnetic anisotropy.* J. appl. Phys. **33**, 1121–1122, *1962*, Suppl. zu Nr. 3. (März.) (Princeton, N. J., RCA Labs.) Zum Verständnis der Anisotropieeigenschaften ferrimagnetischer Stoffe wird vielfach von der Anisotropie der einzelnen Ionen ausgegangen, wobei die Austauschwechselwirkung mit den nächsten Nachbarn durch das Weisssche Feld am Ort des Ions ersetzt wird. Diese für das einzelne Ion gewonnenen Anisotropien werden über den gesamten Kristall summiert. Dieses Vorgehen wird kritisch vom Standpunkt der formalen statistischen Mechanik überprüft. Es wird gezeigt, daß die freie Anisotropieenergie im allgemeinen Fall nicht als Summe der Beiträge der einzelnen Ionen dargestellt werden kann. Die Bedingungen für die näherungsweise Anwendbarkeit des Summationsverfahrens werden in der Größenordnung der Anisotropieenergie und der Curie-Temperatur ausgedrückt. G. Heimke.

1-1302 **Eric D. Daniel** and **R. Noble.** *The effect of angular variations in field on fine-particle remanence.* J. appl. Phys. **33**, 1322–1323, *1962*, Suppl. zu Nr. 3. (März.) (Santa Clara, Calif., Memorex Corp.; Buckinghams., M. S. S. Record. Co.) Es wird der Wert der Remanenz und des Winkels zwischen der Magnetisierung und der Richtung des zuletzt angelegten Feldes auf der Basis des Stoner-Wohlfarth-Modelles berechnet nach dem a) nacheinander senkrecht aufeinanderstehende Felder gleicher Amplitude, b) nacheinander antiparallele Felder angelegt wurden, c) ein konstantes Feld um $\pi/2$ rotiert wurde und d) ein konstantes Feld um π gedreht wurde. Die theoretischen Ergebnisse wurden in qualitativer Übereinstimmung mit Messungen an γFe_2O_3-Pulvern gefunden. G. Heimke.

1-1303 **J. Chevalier** et **W. Baltensperger.** *Sur le ferro- et l'antiferromagnétisme des terres rares.* Helv. phys. acta **34**, 859–864, *1961*, Nr. 8. (Zurich, E. P. F., Lab. phys.) Das Modell der s–f-Austauschwechselwirkung mit nur lokaler Polarisierung der s-Elektronen wird zur Berechnung des Grundzustands der kubischen Seltenen Erden β–Ce, α–Pr, Nd benützt. Es ergibt sich Antiferromagnetismus; die Néel-Temperaturen und Austauschintegrale werden in brauchbarer Übereinstimmung mit dem Experiment berechnet. G. Obermair.

1-1304 **H. Boersch, H. Hamisch, K. Grohmann** und **D. Wohlleben.** *Antiparallele Weißsche Bereiche als Biprisma für Elektroneninterferenzen. II.* Z. Phys. **167**, 72–82, *1962*, Nr. 1. (28. Febr.) (Berlin, Tech. Univ., I. Phys. Inst.) Dünne Permalloy-Schichten werden mit schnellen Elektronen durchstrahlt. Infolge der magnetischen Ablenkung stellen entgegengesetzt magnetisierte Bereiche dieser Schichten für die Elektronen ein Biprisma dar. Im ersten Teil der Arbeit werden die hinter den Bereichsgrenzen beobachtbaren Interferenzen als Zweistrahlinterferenzen diskutiert, was bei großen Streifenzahlen im Überlagerungsbereich mit guter Näherung möglich ist. Danach ist eine vollständige Beschreibung des Interferenzbildes nur mit Hilfe der phasenschiebenden Wirkung des magnetischen Vektorpotentials möglich. Eine Berechnung mit virtuellen Quellen läßt nämlich die Lage der Interferenzstreifen unbestimmt, da die Phasenbeziehungen zwischen den virtuellen Quellen nicht angegeben werden können. Im zweiten Teil werden die Beugung und die Ausdehnung der Bereichsgrenzen berücksichtigt, indem das FRESNELsche Beugungsbild des magnetischen Biprismas berechnet wird. Der Vergleich mit den Beobachtungen läßt auf eine Bereichswanddicke von etwa 2500 Å schließen. H. Hamisch.

1-1305 **Amikam Aharoni.** *Possibility of domain wall nucleation by thermal agitation.* J. appl. Phys. **33**, 1324–1325, *1962*, Suppl. zu Nr. 3. (März.) (Rehovoth, Weizmann Inst. Sci., Dep. Electron.) Vf. schätzt durch Berechnung eines speziellen Modells (kugelförmiges Gebiet mit nach dem Zentrum hin zunehmender Herausdrehung der Spins aus der Vorzugsachse) ab, ob bei Zimmertemperatur Keimbildung durch Wirkung der thermischen Energie zu erwarten ist. Es zeigt sich, daß thermische Keimbildung ohne äußeres Feld zu vernachlässigen ist. W. Andrä.

1-1306 **Günter Dietz** und **Johannes Jaumann.** *Ultraschallausbreitung in ferromagnetischen Stoffen.* Z. angew. Phys. **14**, 222–230, *1962*, Nr. 4. (Apr.) (Köln, Univ., II. Phys. Inst.) Vff. führten nach dem Impuls-Echoverfahren bei 1 und 5 MHz Messungen der Schallgeschwindigkeit und der Schalldämpfung in polykristallinen Proben von Eisen, Nickel, deren Legierungen und Ferrit aus. Dabei wurde die Abhängigkeit dieser Größen von der Magnetisierung und der Temperatur bestimmt. Die Änderungen der Schallgeschwindigkeit und der Absorption in Abhängigkeit von dem Magnetisierungszustand werden auf Wandverschiebungs- und Drehprozesse infolge von Mikrowirbelströmen und Spinrelaxationen zurückgeführt. Bei Nickel sind die Spinrelaxationen zu vernachlässigen. Hingegen kann angenommen werden, daß bei hochpermeablen Eisen-Nickel-Legierungen eine bedeutende Spinrelaxationsdämpfung vorhanden ist. W. Kallenbach.

1-1307 **Günther Rassmann** und **Otto Henkel.** *Zur Mikromagnetik kaltverformter Fe–Ni–Cr-Legierungen.* Z. angew. Phys. **14**, 245–248, *1962*, Nr. 4. (Apr.) (Dresden, Akad. Wiss., Forschungsinst. metall. Spezialwerkst.) Durch Messung der Koerzitivfeldstärken, der Drehmomentkurven, der Rotationshystereseintegrale und der Remanenzkurven gelang es, formanisotrope Einbereichsausscheidungen mit curling-Magnetisierungsumkehr als Ursache der Dauermagneteigenschaften kaltverformter Fe–Ni–Cr-Legierungen nachzuweisen. Für jeden einzelnen Schritt in der mehrstufigen Technologie von Kaltverformung und anschließender Anlaßbehandlung ließ sich die Wirkung auf die Elongation und den reduzierten Teilchenradius in einem ortskurvenähnlichen Diagramm verfolgen. G. Heimke.

1-1308 **Roland Wittig.** *Isotherme Magnetfeldbehandlungen von titanfreien Alnico-Legierungen.* Z. angew. Phys. **14**, 248–250, *1962*, Nr. 4. (Apr.) (Dresden, Forschungsinst. metall. Spezialwerkst.) Bei den titanhaltigen Alnico-Legierungen führt eine isotherme Magnetfeldbehandlung anstelle der sonst üblichen Abkühlung im Magnetfeld zu verbesserten Dauermagneteigenschaften, während sich bei den titanfreien Typen dieser Legierungsgruppe eine ungünstige Wirkung dieser speziellen Behandlung ergab. Es wurde gezeigt, daß bei isothermer Behandlung in zwei Stufen (4 min bei 860 °C und 2 min bei 830 °C) die magnetischen Gütewerte der titanfreien Legierung gegenüber der einstufigen isothermen Behandlung bis zu den Werten der normal im Magnetfeld abgekühlten Proben verbessert werden konnten. Elektronenmikroskopische Untersuchungen zeigten keine grundsätzlichen Unterschiede im Ausscheidungsgefüge. Es wird darauf hingewiesen, daß sich beim Übergang in den optimalen Dauermagnetzustand die Breite der Ausscheidungen nicht ändere. G. Heimke.

1-1309 **Hinne Zijlstra.** *Die Wirkung des Magnetfeldes während der isothermen Wärmebehandlung von Ausscheidungslegierungen.* Z. angew. Phys. **14**, 251–254, *1962*, Nr. 4. (Apr.) (Eindhoven, N. V. Philips, Gloeilampenfabr., Metall. Lab.) Das Wachstum und die Form der Ausscheidungen während der Wärmebehandlung im Magnetfeld bei den Alnico-Legierungen wird auf einen Diffusionsprozeß zurückgeführt, bei dem sich ein Gleichgewicht zwischen der mit wachsender Teilchenlänge kleiner werdenden Dipolenergie und der dabei steigenden Grenzflächenenergie einstellt. Messungen über die Abhängigkeit der Anisotropie und des Abstandes der Teilchen von der Dauer der Magnetfeldbehandlung bestätigen die Annahme der Theorie. Die günstigen Dauermagneteigenschaften dieser Legierungen hängen damit von dem niedrigen Wert der Grenzflächenenergie ab. G. Heimke.

1–1310 **Dieter Ganz.** *Über die Richtungsabhängigkeit magnetischer Eigenschaften von 3%-Silizium–Eisen-Blechen mit Goss- und mit Würfeltextur.* Z. angew. Phys. **14**, 313 bis 322, *1962*, Nr. 5. (Mai.) (Hanau, Vacuumschmelze.) An 3% SiFe-Blech mit Goss-Textur (0,3 mm stark) und Würfeltextur (0,2 mm stark) mit durchschnittlichen Eigenschaften und untersuchter Texturstreuung wurde die Richtungsabhängigkeit der Magnetisierungskurve, statisch und bei 50 Hz, der Gleichfeldpermeabilität, der Koerzitivfeldstärke und der Verluste bei Gleichfeldmagnetisierung und bei 50 Hz bestimmt. Messung an Paketen aus unter verschiedenen Winkeln zur Walzrichtung geschnittenen Streifen in kleinem Epstein-Rahmen. Die Würfeltextur ist in allen gemessenen Eigenschaften und Richtungen der Goss-Textur überlegen mit Ausnahme der in Walzrichtung gemessenen Verluste bei 50 Hz, und zwar wegen ihres größeren Wirbelstromanteils. Die Richtungsabhängigkeit der magnetischen Eigenschaften ist auf die Kristallanisotropie zurückzuführen. Bei großer Aussteuerung besteht ein direkter Zusammenhang. Bei kleinerer Aussteuerung muß man die auch untersuchte Struktur der Weissschen Bereiche heranziehen. W. Baran.

1–1311 **Toshimoto Kushida, A. H. Silver, Yoshitaka Koi** and **Akira Tsujimura.** *Nuclear resonance in ferromagnetic alloys.* J. appl. Phys. **33**, 1079–1083, *1962*, Suppl. zu Nr. 3. (März.) (Dearborn, Mich., Ford Motor Co., Sci. Lab.; Tokushima, Univ., Fac. Engng.) Mit Hilfe einer magnetischen Kernresonanztechnik ohne äußeres Feld wurden die inneren Magnetfelder H_i in ferromagnetischen Legierungen gemessen. Die Feinstrukturen der ^{59}Co-Resonanzen in kobaltreichen Legierungen mit Fe, Ni, Cu, Cr, Mn und Al werden mit einer Anisotropie von H_i am Orte der nächsten Nachbarn interpretiert. In eisenreichen Co–Fe-Legierungen ist H_i am ^{59}Co-Kern wesentlich kleiner als am ^{57}Fe-Kernort, aber größer als in Kobaltmetall. Die Methode erlaubte genaue Messungen der Temperatur- und Druckabhängigkeit (1–8000 kg/cm^2) von H_i. Neben den ferromagnetischen Kernresonanzen wurden die ^{63}Cu- und ^{65}Cu-Resonanzen in Kobalt- und Eisenlegierungen untersucht. Die Größe des Feldes am Orte dieser Kerne ist mit der Annahme verträglich, daß H_i hauptsächlich durch die 4 s Leitungselektronenpolarisation erzeugt wird, obwohl H_i mit 157,5 bzw. 217,7 kOe beträchtlich höher als die theoretischen Voraussagen ist. W. Müller-Warmuth.

1–1312 **D. Treves** and **S. Alexander.** *Observation of antisymmetric exchange interaction in yttrium orthoferrite.* J. appl. Phys. **33**, 1133–1134, *1962*, Suppl. zu Nr. 3. (März.) (Murray Hill, N. J., Bell Tel. Labs. Inc.) Zur Entscheidung der Frage der Herkunft des schwachen Ferromagnetismus im $YFeO_3$ werden verschiedene Koeffizienten des Suszeptibilitätstensors auf der Basis zweier Grundvorstellungen über die Ursachen der Verkantung der Untergitter gegeneinander berechnet: 1. Unter der Voraussetzung unterschiedlicher leichter Magnetisierungsrichtungen für die beiden Untergitter, auf die man sich der Einfachheit halber beschränkt, und 2. antisymmetrischer Austauschwechselwirkungen. Der Vergleich der Ergebnisse mit den experimentellen Befunden ergibt Übereinstimmung nur mit den Berechnungen unter der zweiten Voraussetzung. G. Heimke.

1–1313 **Wilfrid Andrä** et **Henri Danan.** *Modification apportée à la loi d'approche à la saturation d'un ferromagnétique polycristallin par la présence d'une anisotropie uniaxe superposée.* C. R. Acad. Sci., Paris **254**, 1225–1227, *1962*, Nr. 7. (12. Febr.) (Iéna, Inst. Magn. Werkst.; Strasbourg, Fac. Sci., Lab. Pierre Weiss.) Vernachlässigt man die Wechselwirkungen zwischen benachbarten Kristalliten, was für dünne Schichten berechtigt sein kann, so erhält man für das Einmündungsgesetz einen Ausdruck, der besonders einfach wird für folgende Fälle: 1. Vorzugsachse parallel zur Feldrichtung ergibt das gewöhnliche Einmündungsgesetz; 2. Vorzugsachse senkrecht zur Feldrichtung führt zu der Formel $I = I_s \cdot [1 - (B^2/4\,I_s^2) \cdot (1/H^2 - 1/(H-h)^2)]$, wobei die Konstante h mit der Konstanten der einachsigen Anisotropie K^* durch die Beziehung $h = 2\,K^*/I_s$ verknüpft ist. K.-H. v. Klitzing.

1–1314 **E. I. Kondorskii, V. E. Rode** and **U. Gofman.** *The saturation magnetization of nickel-copper alloys at low temperatures.* Soviet Phys.-JETP **8**, 380–381, *1959*, Nr. 2. (Febr.) (Engl. Übers. aus: J. exp. theor. Phys., Moscow **35**, 549–550, *1958*, Aug.) (Moscow, State Univ.) Vff. untersuchten das Verhalten der Sättigungsmagnetisierung von Ni–Cu-Legierungen mit Cu-Gehalten bis zu 50% bei 4,2° K, 20° K, 77° K und 286° K. Innerhalb der Meßgenauigkeit konnte die Gesetzmäßigkeit $I = I_0 \cdot (1 - C \cdot T^{3/2})$ bestätigt werden, wobei I_0 die Magnetisierung der Proben bei 3,5 kOe ist.
W. Koeppe.

1–1315 **Mikio Yamamoto** and **Ryofu Miyasawa.** *Ferromagnetic behavior and its dependence on the crystal orientation and on the method of demagnetization in single crystals and a polycrystal of 0,5 percent aluminium iron.* Sci. Rep. Res. Insts Tohoku Univ. (A) **13**, 374–401, *1961*, Nr. 6. (Dez.) E. Bretnütz.

1–1316 **Mikio Yamamoto** and **Satoshi Taniguchi.** *Weak field behaviour of the ΔE effect in ferromagnetic cubic solid solution alloys.* Sci. Rep. Res. Insts Tohoku Univ. (A) **13**, 402–418, *1961*, Nr. 6. (Dez.) Die Feldstärkeabhängigkeit von ΔE wird nach drei Typen gegliedert: 1. Monotone Zu- oder Abnahme, 2. ein Maximum oder Minimum, 3. nacheinander ein Maximum und ein Minimum. Der dritte Typ tritt bei Co und Co–Ni in hexagonaler Kugelpackung auf, der erste und zweite Typ in kubischen Metallen, wobei der zweite Typ besonders ausgeprägt bei flächenzentriert-kubischem Co–Ni erscheint. Vff. untersuchen speziell den zweiten Typ theoretisch und durch Vergleich mit Meßergebnissen. Sie finden, daß zufällig verteilte Hindernisse der Bloch-Wandbewegung zwar eine gewisse Rolle spielen können, daß aber nur die spannungsinduzierte einachsige Anisotropie und die damit verbundene Stabilisierung der Nicht-180°-Wände die extreme Ausprägung des zweiten Typs in gewissen Legierungen zu erklären vermögen. Der erste Typ erscheint als Grenzfall des zweiten Typs, wenn die Verschiebungen der Nicht-180°-Wände schon bei sehr schwachen Feldern ablaufen. G. Rieder.

1–1317 **German Elbinger.** *Zur magnetischen Kristallanisotropie in den Systemen Nickelferrit-Magnetit und Magnesiumferrit-Magnetit.* Z. angew. Phys. **14**, 273–275, *1962*, Nr. 4. (Apr.) (Jena, Inst. Magnet. Werkst.) Die magnetische Kristallanisotropiekonstante K_1 wurde an Ni–Fe- und Mg–Fe-Ferrit-Einkristallen in Kugelform in Abhängigkeit von der Zusammensetzung und der Temperatur im Bereich −185 bis +400° C nach der Drehmomentenmethode bestimmt. Nach Abzug eines bei tiefen Temperaturen ausgeprägten Ordnungseffektes der Fe^{3+} und Fe^{2+}-Ionen auf Oktaederplätzen, ergibt sich bei den Ni-Ferriten ein Minimum von $|K_1|$, wenn das Verhältnis der Fe^{2+}-Ionen zu den Ni-Ionen 1 : 1 beträgt. Der im Gegensatz zur theoretischen Forderung nichtlineare Verlauf von K_1 mit dem Anteilverhältnis weist auf eine Wechselwirkung zwischen den Ni- und Fe^{2+}-Ionen hin, die selbst eine lineare Funktion der Ionenverteilung auf den Oktaederplätzen darstellt. G. Zentgraf.

1–1318 **Kam Li.** *Flux reversal in ferrite cores under the effect of a transverse field.* J. appl. Phys. **33**, 1069–1070, *1962*, Suppl. zu Nr. 3. (März.) (Princeton, N. J., RCA Labs.) Durch Anwendung eines transversalen Magnetfeldes läßt sich die gesamte Flußänderung bei der Ummagnetisierung eines Rechteckferrites in drei Flußanteile zerlegen, die jeweils einem der drei Mechanismen entsprechen, die bei der Flußumkehr wirksam sind. Diese Aufteilung ermöglichte Untersuchungen über den jeweiligen Beitrag von Wandverschiebungen, ungleichmäßigen und gleichmäßigen Drehungen zur Flußumkehr in Abhängigkeit von der eingeprägten Schaltfeldstärke. Daraus ergab sich eine Verringerung des Anteils der Wandverschiebungen zugunsten der Drehungen bei höheren Impulsfeldstärken, was einer Beschleunigung der Ummagnetisierung gleichkommt.
G. Zentgraf.

1–1319 **E. L. Boyd** and **J. C. Slonczewski.** *Anisotropy of the hyperfine interaction in magnetite.* J. appl. Phys. **33**, 1077–1078, *1962*, Suppl. zu Nr. 3. (März.) (Yorktown Heights, N. Y., IBM Res. Cent.) Magnetische Kernresonanzexperimente in ferromagnetischen Proben erlauben Aussagen über die lokale Feldverteilung am ^{57}Fe-Kernort. Die beobachteten Strukturen entsprechen einer Anisotropie. Wie im einzelnen gezeigt wird, hängt die Linienform in polykristallinen Proben von der Art der Kernanregung ab.

Durch Vergleich der theoretisch zu erwartenden möglichen Kurvenformen mit den an pulverisiertem ferrimagnetischem Magnetit, Fe_3O_4, gemessenen (61—64 MHz) wird auf den Anregungsmechanismus (Bereichsrotation) geschlossen. Das Experiment lieferte auch numerische Angaben über die innere Feldanisotropie. W. Müller-Warmuth.

1–1320 **Irvin H. Solt jr.** *Temperature dependence of YIG magnetization.* J. appl. Phys. **33**, 1189—1191, *1962*, Suppl. zu Nr. 3. (März.) (Palo Alto, Calif., Fairchild Semicond., Res. Develop. Lab.) An polierten Kugeln aus reinem Yttrium–Eisen-Granat wurde im Temperaturbereich von 4 bis 50° K die Temperaturabhängigkeit der Sättigungsmagnetisierung in der [100]- und [111]-Richtung sehr genau gemessen. Die Meßfrequenz betrug 9092 MHz bei 4,2° K und fiel etwas mit zunehmender Temperatur T. Das Meßergebnis läßt erkennen, daß das $T^{3/2}$-Gesetz nicht erfüllt ist. Die Abweichung kann mit Meßfehlern nicht erklärt werden. Auf die CURIE-Temperatur ($T_c = 545°$ K) bezogen, ergibt sich mit $\Theta = T/T_c$ die Gleichung $M = M_0 (1 - 0{,}105\, \theta^{3/2} - 0{,}722\, \theta^{5/2})$. C. Heck.

1–1321 **H. Lessoff** and **A. P. Greifer.** *Perminvar characteristics of nickel-cadmium ferrites with small additions of cobalt and molybdenum.* J. appl. Phys. **33**, 1199—1200, *1962*, Suppl. zu Nr. 3. (März.) (Needham Heights, Mass., RCA, Memor. Prod. Operat.) Durch geringe Zusätze von Kobalt- und Molybdänoxyd zu Nickel–Cadmium-Ferriten ergeben sich nach einer Temperung ein Magnetfeld besonders ausgeprägte Rechteckschleifen, deren Rechteckigkeitskoeffizient nahe 1 liegt und bis 400° C praktisch konstant ist. Dieses Verhalten wird von den Vff. als Auswirkung der gegenüber Zink größeren Ionenradien von Cadmium und Molybdän gedeutet, die zu einer Aufweitung des Kristallgitters führt und damit die Diffusionsmöglichkeiten des Kobalts verbessert. G. Zentgraf.

1–1322 **Wilfred Palmer.** *Low temperature anisotropy of manganese-iron ferrites.* J. appl. Phys. **33**, 1201—1202, *1962*, Suppl. zu Nr. 3. (März.) (Yorktown Heights, N. Y., IBM Res. Cent.) In Abhängigkeit von Temperatur und Zusammensetzung wurden die Anisotropiekonstanten K_1 von Mangan-Ferriten bestimmt. Die Messungen erstreckten sich bis herab zu 4,2° K und ergaben durchweg negative Werte für K_1. Die Temperaturverläufe können als eine Überlagerung positiver und negativer Anisotropieanteile entsprechend der Mn-Ionenverteilung im Kristall aufgefaßt werden. G. Zentgraf.

1–1323 **W. W. Malinofsky, R. W. Babbitt** and **G. C. Sands.** *Fine-grained ferrites. II. $Ni_{1-x}Zn_xFe_2O_4$.* J. appl. Phys. **33**, 1206—1207, *1962*, Suppl. zu Nr. 3. (März.) (Fort Monmouth, N. J., U. S. Army Signal Res. Develop. Lab.) An Ni–Zn-Ferriten wurden die komplexe Permeabilität sowie deren Temperaturkoeffizient als Funktion der Korngröße und der Frequenz gemessen. Die Korngrößen konnten im Bereich des kritischen Durchmessers für Eindomänen ($\approx 0{,}2\,\mu$m) durch Herstellungsweise und Temperung variiert werden. Dabei wurden gleichzeitig die Auswirkungen der BLOCH-Wandbildung auf das Resonanzverhalten dieser Ferrite im Mikrowellengebiet untersucht. G. Zentgraf.

1–1324 **Peter J. Wojtowicz.** *High temperature susceptibility of garnets: Exchange interactions in YIG and LuIG.* J. appl. Phys. **33**, 1257—1258, *1962*, Suppl. zu Nr. 3. (März.) (Princeton, N. J., RCA Labs.) Die Suszeptibilitäten von YFe- und LuFe-Granaten wurden in Potenzreihenform aus der Lösung der HAMILTON-Funktion, in der nur die A–B-Wechselwirkungen Berücksichtigung fanden, dargestellt. Aus der Übereinstimmung zwischen diesen theoretischen Ergebnissen und verschiedenen experimentellen Befunden wird geschlossen, daß die Wechselwirkungen innerhalb der einzelnen Untergitter verhältnismäßig schwach sein müssen. G. Heimke.

1–1325 **B. A. Calhoun, M. J. Freiser** and **R. F. Penoyer.** *The contribution of rare-earth ions to the anisotropy of iron garnets.* J. appl. Phys. **33**, 1259—1260, *1962*, Suppl. zu Nr. 3. (März.) (Yorktown Heights, N. Y., IBM Res. Cent.) An Eisengranaten, die mit verschiedenen Ionen der Seltenen Erden dotiert wurden, werden bei Mikrowellenresonanz-Experimenten Anomalien der magnetischen Anisotropie beobachtet. Diese bestehen bei Ionen mit einer ungeraden Elektronenzahl aus breiten Spitzen. Hierfür wird unter der Voraussetzung, daß die Aufspaltung des Grundzustandes des Seltene-Erden-Ions durch das Kristallfeld viel größer ist als durch die Austauschwechselwirkung, daß nur die Wechselwirkung zwischen dem Eisen und dem Seltene-Erden-Ion berücksichtigt wird, und daß nur das tiefste Dublett des einzelnen Seltene-Erden-Ions berücksichtigt wird, die HAMILTON-Funktion aufgestellt. Aus ihrer Lösung werden die FOURIER-Koeffizienten der Drehmomentkurven abgeleitet und mit experimentell bei tiefen Temperaturen an Dy und Yb dotierten YFe- und GdFe-Granaten gefundenen verglichen. Die auftretenden Diskrepanzen werden diskutiert. G. Heimke.

1-1326 **K. Nassau, L. V. Cherry** and **W. E. Wallace.** *Intermetallic compounds between lanthanons and transition metals of the first long period. II. Ferrimagnetism of AB_5 cobalt compounds.* J. Phys. Chem. Solids **16**, 131—137, *1960*, Nr. 1/2. (Nov.) (Pittsburgh, Penn., Univ., Dep. Chem.) Von einigen Verbindungen der Zusammensetzung ACo_5 (A = Ce, Sm, Gd, Dy, Ho, Y oder eine Mischung von Gd und Y) wurde die Temperaturabhängigkeit der Magnetisierung bei H = 1910 Oe im Bereich von Zimmertemperatur bis 1400° K untersucht. Die Temperaturkurven der Magnetisierung von YCo_5 und $SmCo_5$ zeigen, daß diese Verbindungen normale Ferromagnetika sind; ihre CURIE-Punkte betragen 975° K bzw. 1015° K. Aus den magnetischen Momenten folgt, daß die Momente der einzelnen Co-Atome parallel ausgerichtet sind. Dagegen findet man bei den anderen Verbindungen zwar ebenfalls gut ausgeprägte CURIE-Punkte im Bereich zwischen 675° K und 1125° K, doch zeigt die Magnetisierung bei niedrigen Temperaturen einen ungewöhnlichen Abfall mit abnehmender Temperatur. Eine Analyse dieser Ergebnisse und der beobachteten Sättigungsmagnetisierung zeigt, daß die einzelnen Momente nicht ferromagnetisch ausgerichtet sind. Es scheint sich um Ferrimagnetika zu handeln. Es wird eine Anzahl möglicher Anordnungen der Momente diskutiert. R. Perthel.

1-1327 **Avénir Vassiliev, Jean Nicolas** et **Mieczislaw Hildebrandt.** *Sur un cas particulier de ferrimagnétisme.* C. R. Acad. Sci., Paris **254**, 653—655, *1962*, Nr. 4. (22. Jan.) (Puteaux, Seine, C. S. D., Dep. Rech. physicochim.) Die Sättigungsmomente des Systems $3 \cdot [(1-x)\,Y_2O_3,\ x\,Gd_2O_3]\ 5 \cdot [(1-y)\,Fe_2O_3,\ y\,Al_2O_3]$ wurden als Funktion der Temperatur gemessen. Die CURIE-Punkte θ_f und die Kompensationspunkte θ_c wurden bestimmt. Anscheinend ist es möglich, Zusammensetzungen herzustellen, die der Bedingung $\theta_c = \theta_f$ genügen. Die Ergebnisse werden diskutiert. (Zfg.) K.-H. v. Klitzing.

1-1328 **H. Szydłowski.** *Magnetic annealing effect on the anisotropy of cobalt ferrite single crystals.* Acta phys. polon. **21**, 185—188, *1962*, Nr. 2. (Febr.) (Poznań, Univ., Inst. Exp. Phys.) Es wird ein Verfahren beschrieben, bei dem die Anisotropie einer in Rotation versetzten einkristallinen Kobalt-Ferritprobe zu Feldstärkeschwankungen eines magnetischen Gleichfeldes führt, die oszillographisch sichtbar gemacht werden. Umgekehrt lassen sich damit auch die Auswirkungen einer zusätzlichen, durch Temperung im Magnetfeld eingeprägten Anisotropie und deren Orientierung im Kristall feststellen. G. Zentgraf.

1-1329 **C. E. Olsen, N. G. Nereson** and **G. P. Arnold.** *Neutron diffraction studies on europium metal.* J. appl. Phys. **33**, 1135—1136, *1962*, Suppl. zu Nr. 3. (März.) (Los Alamos, N. M., Univ. Calif., Sci. Lab.) Das durch sein anomales physikalisches und chemisches Verhalten bekannte Europium-Metall zeigt zwischen 87 und 295° K Kernreflexionen an den (110), (200)-, (220)- und (310)-Ebenen. Unterhalb 87° K treten weitere temperaturabhängige magnetische Reflexionen auf. Die Untersuchung einer Folie zeigte, daß Europium antiferromagnetisch ist, und daß die NÉEL-Temperatur bei 87 ± 1° K liegt. Die beobachteten Reflexionen lassen zwei Deutungen zu: entweder haben die Spins eine schraubenförmige Struktur mit einer Steigung von 3,60 a_0 und der Schraubenachse in [100], oder eine sinusförmige modulierte Struktur in der [100]-Richtung mit einer Periode von 3,60 a_0. Die Schraubensteigung zeigte keine Temperaturabhängigkeit. C. Heck.

1-1330 **W. J. Schuele** and **V. D. Deetscreek.** *Appearence of a weak ferromagnetism in fine particles of antiferromagnetic materials.* J. appl. Phys. **33**, 1136—1137, *1962*, Suppl. zu Nr. 3. (März.) (Philadelphia, Penn., Franklin Inst. Labs.) Von Nickeloxyd-Teilchen mit 22 bis 1000 Å Durchmesser wurde die Anfangssuszeptibilität bei 77 und 295° K gemessen. Sie wächst mit abnehmender Teilchengröße und wird kleiner mit fallender Temperatur. Eine Ausnahme bildete die 22 Å-Probe, die eine wesentlich höhere, mit wachsender Temperatur abnehmende Suszeptibilität aufwies und eine S-förmige Magnetisierungskurve hatte, was auf Superparamagnetismus hindeutet. Die Ergebnisse bestätigen eine neuere Theorie von NÉEL über kleinste Teilchen von antiferromagnetischen Substanzen. C. Heck.

1–1331 **V. Frank.** *Ny magneto-elektrisk effekt i antiferromagnetiske stoffer.* Fys. Tidsskr. **58**, 181–183, *1960*, Nr. 6. Referat über an anderer Stelle veröffentlichte Versuche (FOLEN, RADO und STALDER, Ber. **41**, Nr. 6–1112, *1962*), wonach in Cr_2O_3-Kristallen durch ein starkes elektrisches Feld eine magnetische Polarisation hervorgerufen werden kann. K.-H. v. Klitzing.

1–1332 **J. Kacer** und **N. M. Kreines.** *Hexagonale Anisotropie in $MnCO_3$ und $CoCO_3$.* Sh. exp. teor. Fis. **41**, 1691–1692, *1961*, Nr. 5. (Orig. russ.) Nach DSJALOSCHINSKI (Ber. **38**, 284, *1959*) enthält das thermodynamische Potential rhomboedrischer antiferromagnetischer Kristalle mit schwachem Ferromagnetismus ein Glied $K_3 \sin^2 3\,\varphi$, wobei φ der Winkel in der (111)-Ebene ist. Dieses Glied ist verantwortlich für die hexagonale Anisotropie in der Basisebene. In Kristallen mit schwachem Ferromagnetismus kann das spontane Moment entweder in Richtung der Achse zweiter Ordnung oder in der Symmetrieebene liegen. Vff. maßen die hexagonale Anisotropie in Einkristallen von $MnCO_3$ und $CoCO_3$ bei Helium-,Wasserstoff-, Stickstoff- und Zimmertemperatur in einem Feld von 5600 Oe, also weit oberhalb des Sättigungsfeldes. Beim $MnCO_3$ war die gemessenene Anisotropie der Form bei allen Temperaturen sehr schwach, unterhalb des NÉEL-Punktes (32,5° K) war praktisch keine kristallographische Anisotropie vorhanden. Das $CoCO_3$ zeigte dagegen eine sehr starke Anisotropie bei Heliumtemperatur ($K_3 = 634$ erg/cm³, dagegen $K_3 = 0$ oberhalb des NÉEL-Punktes, der bei 18,1° K liegt). H. Vogel.

1–1333 **J. C. Suits** and **E. W. Pugh.** *Magneto-optically measured high-speed switching of sandwich thin film elements.* J. appl. Phys. **33**, 1057–1058, *1962*, Suppl. zu Nr. 3. (März.) (Yorktown Heights, N. Y., IBM Res. Cent.) Auf ein System anisotroper Permalloyschichten von je 1 mm Durchmesser wurden nacheinander aufgedampft eine 1000 Å dicke SiO-Schicht, ein 6000 Å dicker Aluminiumleiter, wieder eine 1000 Å dicke SiO-Schicht und schließlich wieder ein gleiches System von Permalloyschichten. Mit einem Quarzschwinger wurden die Schichtdicken während der Aufdampfung gemessen, so daß die Schichtdicke der zweiten Permalloyschicht der der ersten gleichgemacht werden konnte. Durch einen Impuls im Aluminiumleiter von variabler Länge (10 nsec bis 1 μsec) und Höhe wurden die Schichten ummagnetisiert. Der Grad der Ummagnetisierung wurde gemessen mit Hilfe des magnetooptischen KERR-Effektes. Gegenüber Einzelschichten wurde durch die zweiten Schichten und den damit erreichten magnetischen Ringfluß die Impulsdauer, nach der eine Schicht zu 90% ummagnetisiert ist, vor allem für große Schichtdicken (1350 Å) wesentlich verkürzt. In dicken Einzelschichten wird die Kohärenz der Magnetisierungsdrehung durch die inhomogenen Streufelder des Schichtrandes zerstört. E. Feldtkeller.

1–1334 **A. Kolk, L. Douglas** and **G. Schrader.** *Switching properties of multilayer thin film structures.* J. appl. Phys. **33**, 1061–1062, *1962*, Suppl. zu Nr. 3. (März.) (Hawthorne, Calif., Nat. Cash Reg. Co., Electron. Div.) Das Verhalten einer magnetischen Schicht, die aus zwei übereinanderliegenden Lagen verschiedener Zusammensetzung besteht, wurde untersucht. Als Beispiel werden Schaltkurven wiedergegeben für eine auf einem Be–Cu-Draht abgeschiedene Schicht, die in direktem Kontakt eine uniaxiale Permalloyschicht und eine isotrope Eisenschicht mit 3% Nickelzusatz enthält, neben den Schaltkurven für die beiden isolierten Teilschichten. Der Schaltverlauf der zusammengesetzten Schicht ähnelt je nach der Größe der Ansteuerfelder mehr der Schaltkurve der einen oder der anderen Komponente. Die zusammengesetzte Schicht hat eine rechteckige Hysterese mit einer einheitlichen Koerzitivfeldstärke. Es ist also möglich, gewünschte magnetische Werte durch die Kombination verschiedener Lagen einzustellen, ohne Verzicht auf die Rechteckigkeit der Hysterese. E. Feldtkeller.

1-1335 **Harrison W. Fuller** and **Donald L. Sullivan.** *Magnetostatic interactions between thin magnetic films.* J. appl. Phys. **33**, 1063—1064, *1962*, Suppl. zu Nr. 3. (März.) (Boston, Mass., Comput. Prod. Div., Lab. Electron.) In zwei übereinanderliegenden magnetischen Schichten beeinflußt das Streufeld einer NÉEL-Wand in der einen Schicht die Wandbewegungen in der anderen Schicht. Das Streufeld einer solchen Wand wird unter Zugrundelegung eines einfachen Wandmodelles berechnet. Die Wechselwirkung zwischen je einer Wand in zwei übereinanderliegenden Schichten mit verschiedenen Koerzitivfeldstärken oder zwischen einer Wand und einer linearen Inhomogenität in der anderen Schicht wurde theoretisch und experimentell untersucht, ebenso die Bildung eines Domänenkeimes durch eine Wand in der Nachbarschicht. E. Feldtkeller.

1-1336 **K. D. Leaver** and **M. Prutton.** *Inhomogeneous coherent magnetization rotation in thin magnetic films.* J. appl. Phys. **33**, 1095—1096, *1962*, Suppl. zu Nr. 3. (März.) (Stevenage, Hertfords., Internat. Comput. Tabulat. Ltd.) In einer magnetischen Schicht mit homogener uniaxialer Anisotropie wurde ein inhomogenes Magnetfeld in der schweren Richtung erzeugt, indem über die Schicht ein 0,5 cm breiter Stromleiter gelegt wurde. Die Stärke des angelegten Feldes in Abhängigkeit vom Ort in der Schicht wurde berechnet, sie reichte unter der Leitermitte gerade aus, um die Magnetisierung in die schwere Richtung zu drehen. Es wird gezeigt, wie stark auch bei dieser Leiterbreite noch die Ortsabhängigkeit der Magnetisierungsrichtung durch die auftretenden entmagnetisierenden Felder mitbestimmt ist. E. Feldtkeller.

1-1337 **Robert W. Olmen** and **Sidney M. Rubens.** *Angular dispersion and its relationship with other magnetic parameters in permalloy films.* J. appl. Phys. **33**, 1107—1109, *1962*, Suppl. zu Nr. 3. (März.) (Saint Paul, Minn., Remington Rand Univac, Div. Sperry Rand Corp.) Mit Hilfe des magnetooptischen KERR-Effektes wurden an anisotropen Permalloy-Schichten die Koerzitivfeldstärken in der leichten und der schweren Richtung, die Anisotropiefeldstärke, die Remanenz in der schweren Richtung und verschiedene Maße für die Richtungsstreuung der Anisotropie bestimmt. Zwischen einigen dieser Größen wurden Zusammenhänge festgestellt. E. Feldtkeller.

1-1338 **M. Lauriente** and **J. Bagrowski.** *Anisotropy sources for electrodeposited permalloy films.* J. appl. Phys. **33**, 1109—1110, *1962*, Suppl. zu Nr. 3. (März.) (Baltimore, Md., Westinghouse Elect. Corp., Air Arm Div.) Permalloyschichten wurden mit oder ohne Magnetfeld elektrolytisch auf verschiedenen Unterlagen abgeschieden und ihre magnetischen Eigenschaften verglichen. Als Unterlagen dienten aufgebrannte Goldschichten, unter verschiedenen Winkeln aufgedampfte Chrom-Gold-Schichten und Unterlagen mit einer richtungspolierten Oberfläche. Der Vergleich zeigt, daß sich die magnetische Anisotropie der Permalloyschichten zusammensetzen läßt aus den trennbaren Beiträgen der M-induzierten Anisotropie und der Formanisotropie der Unterlage. E. Feldtkeller.

1-1339 **S. Middelhoek.** *Constriction of hard direction hysteresis loops in thin permalloy films.* J. appl. Phys. **33**, 1111—1112, *1962*, Suppl. zu Nr. 3. (März.) (Zurich, IBM Corp. Res. Lab.) Bei der Ummagnetisierung anisotroper Permalloyschichten in der schweren Richtung entsteht vorübergehend eine große Zahl paralleler NÉEL-Wände. Wenn die Schichten dicker sind als 800 Å, wandeln sich die NÉEL-Wände während der Ummagnetisierung in BLOCH-Wände und bei weiterer Feldänderung wieder in NÉEL-Wände um. Diese Umwandlung ist in BITTER-Streifenaufnahmen zu sehen. Für die Abhängigkeit der Wandenergie von den Magnetisierungsrichtungen beiderseits der Wand werden für BLOCH- und NÉEL-Wände einfache Näherungsformeln aufgestellt. Damit werden theoretische Hystereseschleifen für die Ummagnetisierung in der schweren Richtung berechnet und mit experimentellen Hystereseschleifen verglichen. Die bei dickeren Schichten beobachtete Einschnürung der Hystereseschleifen in der Nähe des Ursprungs wird auf diese Weise erklärt. E. Feldtkeller.

1-1340 **H. Thomas.** *A theoretical model for partial rotation.* J. appl. Phys. **33**, 1117 bis 1118, *1962*, Suppl. zu Nr. 3. (März.) (Zurich, IBM Corp., Res. Lab.) METHFESSEL, MIDDELHOEK und THOMAS berichteten über einen Ummagnetisierungsprozeß in anisotropen Schichten, bei dem bei der Vergrößerung eines Feldes, das schräg zur leichten

Achse liegt, die vorher einheitlich magnetisierte Schicht in schmale verschieden magnetisierte Domänen zerfällt. Für diesen Prozeß wird ein vereinfachtes Modell entworfen, für das die Gleichgewichtszustände berechnet werden können. Die Schicht wird in parallele Streifen zerlegt, die abwechselnd die Anisotropiekonstanten K_1 und K_2 besitzen und untereinander nur durch die magnetischen Streufelder gekoppelt sind. Es wird nachgewiesen, daß die Unterteilung der Schicht in verschieden magnetisierte schmale Domänen in einem endlichen Feldstärkeintervall stabil ist, selbst wenn der Unterschied zwischen den Anisotropie-Konstanten unendlich klein ist. Mit Hilfe des gleichen Modelles wird die von DOYLE, RUDISILL und SHTRIKMAN (J. appl. Phys. **33**, 1162, *1962*) beobachtete unidirektionale Rotationshysteresis erklärt unter der Annahme, die Anisotropiefeldstärke H_K sei stellenweise kleiner als die halbe mittlere Anisotropiefeldstärke $\langle H_k \rangle/2$. E. Feldtkeller.

1–1341 **D. Chen** and **A. H. Morrish.** *Ferromagnetic resonances in thin films.* J. appl. Phys. **33**, 1146–1147, *1962*, Suppl. zu Nr. 3. (März.) (Minneapolis, Minn. Univ.) Es wurde das Resonanzverhalten von Proben, die aus zwei verschiedenen Schichten mit einer Zwischenschicht aus SiO bestehen, in Abhängigkeit von der Dicke der SiO-Schicht studiert. Die Ergebnisse sind in Übereinstimmung mit einem einfachen Modell, das nur die Dipol-Dipol-Wechselwirkung der beiden Metallfilme berücksichtigt. Das legt den Schluß nahe, daß die manchmal an dünnen Schichten beobachteten Vielfachresonanzen, die nicht durch das Spinwellenbild erklärt werden können, durch Schichtungen in den Filmen hervorgerufen werden können. E. Biller.

1–1342 **M. Pomerantz, J. F. Freedman** and **J. C. Suits.** *Ferromagnetic resonance in single-crystal nickel films.* J. appl. Phys. **33**, 1164–1165, *1962*, Suppl. zu Nr. 3. (März.) (Yorktown Heights, N. Y., IBM Corp., Thomas J. Watson Res. Cent.) Auf (100)-Flächen von NaCl ($T = 300°$ bis $500°$C) im Vakuum ($p = 10^{-5}$ bis 10^{-10} Torr) epitaxial aufgedampfte Schichten ($d = 250$ bis 1000 Å) zeigen sehr unterschiedliche Resonanzfeldstärken H_R. Die Verschiebung von H_R zu kleineren Feldstärken kann durch eine Abnahme des Entmagnetisierungsfeldes erklärt werden. Das wird aus elektronenmikroskopischen Aufnahmen gefolgert, die bei Filmen mit $T > 400°$C und $p < 10^{-9}$ Torr eine Ausbildung von diskreten Ni-Inselchen zeigen. Im Gegensatz dazu wird die Zunahme von H_R bei Filmen mit $T < 400°$C und $p = 10^{-5}$ Torr durch die in der Probe vorhandene Druckspannung verursacht. E. Biller.

1–1343 **J. S. Sallo** and **J. M. Carr.** *Studies of high coercivity cobalt-phosphorous electrodeposits.* J. appl. Phys. **33**, 1316–1317, *1962*, Suppl. zu Nr. 3. (März.) (Hopkins, Minn., Minneapolis-Honeywell Res. Cent.) Elektrolytisch abgeschiedene Schichten aus Co–P wurden auf Koerzitivfeldstärke H_c, relative Remanenz M_r/M_s und Struktur untersucht. H_c-Werte bis zu 1300 Oe (parallel zur Schichtebene) bei $M_r/M_s \leq 0{,}4$ wurden gefunden. Die Schichten scheinen aus nadelförmigen Co-Kristallen zu bestehen, die mit den Achsen nahezu senkrecht zur Schichtebene liegen. W. Andrä.

1–1344 **J. C. Lloyd** and **R. S. Smith.** *Relation of coercive force to structural properties of electroplated films.* Canad. J. Phys. **40**, 454–462, *1962*, Nr. 4. (Apr.) (San Jose, Calif., IBM Corp.) An 1000 Å bis 10000 Å dicken elektrolytisch abgeschiedenen Nickeleisenschichten mit einem Nickelgehalt von 50 bis 100% wurde die Koerzitivfeldstärke H_c vor und nach einer Temperung bei 300° C gemessen. H_c ist in den nickelreichen Schichten besonders groß und wächst hier bei der Temperung. Es hat bezüglich der Zusammensetzung ein Minimum bei 80% Ni. In nickelärmeren Schichten nimmt H_c bei der Temperung ab. Die Schichtdickenabhängigkeit bei festgehaltener Zusammensetzung läßt sich darstellen durch $H_c = RD^n$. Die Parameter R und n hängen von der Zusammensetzung ab, n beträgt z. B. +0,4 bei 95% Ni und −1 bei 76% Ni. — Die Beobachtungen lassen sich erklären auf Grund des NÉELschen Modells, bei dem Dickenschwankungen für die Koerzitivfeldstärke verantwortlich gemacht werden. Die Größe von H_c bei gegebener Rauhigkeit, in Abhängigkeit von der Magnetisierung M und der Anisotropiekonstanten K_{eff} einer Anisotropie, deren Achse senkrecht zur Schichtebene liegt, wurde berechnet. Die zur Erklärung nötige Anisotropie kann z. T. auf eine Kristallorientierung zurückgeführt werden, wie sie in den getemperten nickelreichen Schichten beobachtet wurde, z. T. auf ebenfalls röntgenographisch festgestellte ebene Spannungen und die zusammensetzungsabhängige Magnetostriktion. E. Feldtkeller.

1-1345 **A. M. Roditschew.** *Zur Theorie der Ummagnetisierung dünner Schichten in starken Feldern.* Phys. Abh. Sowjetunion N. F. **6**, 139–145, *1962*, Nr. 2. (Übers. aus: Iswest. Akad. Nauk **25**, 614–618, *1961.*)

1-1346 **W. W. Kobeljew** und **A. A. Korsunski.** *Die Bereichsstruktur einachsiger ferromagnetischer Schichten.* Phys. Abh. Sowjetunion N. F. **6**, 146–156, *1962*, Nr. 2. (Übers. aus Iswest. Akad. Nauk **25**, 628–633, *1961.*)

1-1347 **L. W. Kirenski, S. W. Kan** und **I. F. Degtjarew.** *Untersuchung der magnetischen Struktur dünner ferromagnetischer Schichten mittels des magnetooptischen Kerr-Effektes.* Phys. Abh. Sowjetunion N. F. **6**, 157–167, *1962*, Nr. 2. (Übers. aus: Iswest. Akad. Nauk **25**, 584–591, *1961.*)

1-1348 **N. M. Salanski, A. M. Roditschew** und **M. K. Sawtschenko.** *Der Barkhausen-Effekt in dünnen Molybdän-Permalloy-Schichten.* Phys. Abh. Sowjetunion N. F. **6**, 392–396, *1962*, Nr. 4. (Übers. aus: Iswest. Akad. Nauk **25**, 602–605, *1961.*) E. Bretnütz.

1-1349 **N. Menyuk, A. Wold, D. Rogers** and **K. Dwight.** *Magnetic transitions in cubic spinels.* J. appl. Phys. **33**, 1144–1145, *1962*, Suppl. zu Nr. 3. (März.) (Lexington, Mass. Inst. Technol., Lincoln Lab.) Von den kubischen Spinellen $MnCr_2O_4$, $CoCr_2O_4$, MnV_2O_4 und CoV_2O_4 wurden die Magnetisierungskurven zwischen 4,2° K und den CURIE-Punkten gemessen. Jede der Proben (vielleicht mit Ausnahme von MnV_2O_4) zeigte in diesem Temperaturbereich einen magnetischen Übergang. Zwei Arten von Übergängen werden bei den Chromiten vermutet, bei keinem der untersuchten Stoffe konnte aber mehr als ein Übergang beobachtet werden. Versuchsergebnisse sprechen dafür, daß CoV_2O_4 im allgemeinen nicht normal ist. C. Heck.

1-1350 **R. Aléonard, E. F. Bertaut, M. C. Montmory** and **R. Pauthenet.** *Rare-earth ruthenates.* J. appl. Phys. **33**, 1205, *1962*, Suppl. zu Nr. 3. (März.) (Grenoble, Inst. Fourier, Lab. Electrostat. Phys. Met.) Von den Rutheniumverbindungen $Ru_2M_2O_7$ mit $M = Pr$, Nd, Gd, Tb, Dy, Ho und Y wurden die Suszeptibilitäten zwischen 2 und 1300° K gemessen. Das allgemeine Verhalten ist paramagnetisch mit einem Sättigungseffekt bei tiefen Temperaturen. Bei den Gd- und Tb-Verbindungen ist die $1/\varkappa$-Kurve über T bei tiefen Temperaturen gekrümmt, was als Anzeichen für eine antiferromagnetische Ordnung gedeutet wird. Der Beitrag von Ru^{IV} zur CURIE-Konstante ist 1 statt wie erwartet 3. C. Heck.

1-1351 **J. S. Kouvel.** *Exchange anisotropy in alloys of composition $(Ni, Fe)_3Mn$.* J. Phys. Chem. Solids **16**, 152–157, *1960*, Nr. 1/2. (Nov.) (Schenectady, N. Y., Gen. Elect. Res. Lab.) Das magnetische Verhalten von ungeordneten $(Ni_{1-x}Fe_x)_3Mn$-Legierungen wurde im Temperaturbereich von 4,2° bis 750° K untersucht. Kühlt man diese Legierungen im Magnetfeld auf 4,2° K ab, so zeigen die mit weniger als 50 At-% Fe Hystereseschleifen, die, wie bereits früher bei Ni_3Mn beobachtet wurde, unsymmetrisch zum Koordinatenursprung liegen. Bei höheren Fe-Konzentrationen verschwindet dieses durch die Austausch-Anisotropie bedingte Verhalten. Die Temperatur- und Feldabhängigkeit der Magnetisierung ist die gleiche wie die eines einfachen Antiferromagnetikums. Dieser Befund sowie die Daten aus dem paramagnetischen Gebiet führen zu der Vermutung, daß die Fe–Mn- und Fe–Fe-Wechselwirkungen in diesem System antiferromagnetisch sind, während die Fe–Ni-Austauschkopplung stark ferromagnetisch ist. R. Perthel.

1-1352 **Ichiro Tsuboya** and **Makoto Sugihara.** *The magnetic properties of the $\varkappa$ phase in Mn–Al–Co system.* J. phys. Soc. Japan **17**, 410, *1962*, Nr. 2. (Febr.) (Musashinoshi, Tokyo, Elect. Commun. Lab.) Im ternären System Mn–Al–Co besteht ähnlich wie bei Mn–Al–Fe, Mn–Al–Cu und Mn–Al–Ni die von den Vff. gefundene $\varkappa$-Phase, diese zeigt magnetische Eigenschaften. CURIE-Temperaturen für verschiedene Punkte der Phase im ternären Diagramm gehen von 466° K — 370° K. A. Pietzcker.

1-1353 **N. V. Brandt** and **V. A. Venttsel'.** *Effect of uniform compression on the oscillation of the magnetic susceptibility of bismuth at low temperatures.* Soviet Phys.-JETP **8**, 757 bis 760, *1959*, Nr. 5. (Mai.) (Engl. Übers. aus: J. exp. theor. Phys., Moscow **35**, 1083—1087, *1958*, Nov.) (Moscow, State Univ.) Vff. maßen den Einfluß eines allseitigen hydrostatischen Druckes auf den DE HAAS-VAN ALPHEN-Effekt von Wismut bei 4,2 und 1,6° K. Der experimentell angewandte Druck von 1000 Atm verkleinerte die Amplitude der Oszillationen der magnetischen Suszeptibilität bei allen Temperaturen. W. Koeppe.

1-1354 **K. H. Hellwege, W. Schembs** und **B. Schneider.** *Magnetische Eigenschaften des Praseodym-Äthylsulfates.* Z. Phys. **167**, 477—486, *1962*, Nr. 5. (25. Apr.) (Darmstadt, T. H., Inst. Tech. Phys.) E. Bretnütz.

1-1355 **D. M. S. Bagguley, D. W. Flaxen** and **R. A. Stradling.** *Anisotropic phonon scattering of electrons in germanium.* Phys. Letters **1**, 111—112, *1962*, Nr. 3. (1. Mai.) (Oxford, Clarendon Lab.) Eine Untersuchung der Zyklotronresonanzabsorption von Elektronen in sehr reinem n-Typ Ge bei einer Wellenlänge von 4,3 mm im Temperaturbereich von 20° bis 100° K ergibt eine anisotrope Phononenstreuung von Elektronen, die von den Scherungszuständen der Gitterschwingungen herrühren. Die Vff. bestimmten die Deformationspotentialkonstanten, welche für die Dilatation und die Scherungswellen wesentlich sind. Ermittlung der reziproken Kollisionszeiten für die Elektronen aus den gemessenen Linienbreiten. Dazu wird ein allgemeiner Ausdruck für die Energieabsorption verwendet, wobei sich die Streuung der Phononen aus den mit der Temperatur variablen Werten der Kollisionszeiten ergibt. P. Thoma.

1-1356 **Leo Esaki.** *A proposed new bismuth device utilizing the electron-phonon interaction.* Proc. Inst. Radio Engrs, N. Y. **50**, 322—323, *1962*, Nr. 3. (März.) Teil I. (Yorktown Heights, N. Y., IBM Corp.) Vf. hatte anhand von Strom-Spannungs-Charakteristiken an reinen Wismuteinkristallen bei 2—4° K gefunden, daß ein starker Abfall der transversalen Magnet-Widerstandsänderung für solche elektrischen Feldstärken eintritt, für die $\mathfrak{E}_0 = \mathfrak{B} \cdot s$ ist ($s \sim$ Schallgeschwindigkeit). Es wird angenommen, daß die Elektronen Energie unterhalb $\mathfrak{E}_0$ von den Phononen im Bereich des elektrischen Feldes aufnehmen und oberhalb $\mathfrak{E}_0$ an die Phononen abgeben. Die dabei zu erwartenden elektrischen Schwingungen wurden tatsächlich festgestellt, welche bei einer bestimmten Neigung des Magnetfeldes zur Kristallachse eintreten. Die Oszillationsfrequenz hängt hauptsächlich von der Breite des Wismutkristalles ab und liegt in einem untersuchten Fall bei 1 MHz. Wenn die Breite einer Wellenlänge entspricht, folgt die für den transversalen Zweig der Phononen vorliegende Schallgeschwindigkeit von 10^5 cm/sec. Eine Begrenzung der Frequenz der Anordnung als Zweipol-Festkörper-Oszillator bzw. -Detektor wird durch den Streumechanismus mit den Phononen bedingt. Die betreffende Streuzeit liegt jedoch bei 10^{-10} Sekunden. H. Hora.

1-1357 **Joachim Appel.** *Interband electron-electron scattering and transport phenomena in semiconductors.* Phys. Rev. (2) **125**, 1815—1823, *1962*, Nr. 6. (15. März.) (San Diego, Calif., Gen. Dynam. Corp., Gen. Atom. Div., John Jay Hopkins Lab. Pure Appl. Sci.) Der Einfluß von Zwischenbandübergängen auf die Transporteigenschaften in Halbleitern wird untersucht. Es wird ein Dreibändermodell zugrunde gelegt, ein Leitungsband und zwei Valenzbänder für schwere bzw. leichte Löcher. Alle Bänder sind parabolisch und haben ihre Extrema im Mittelpunkt der BRILLOUIN-Zone. Die Energielücke wird als so groß gegenüber k_BT angenommen, daß Übergänge zwischen dem Leitungsband und den Valenzbändern als Folge einfacher Phonon-Streuprozesse nicht vorkommen. Die Zwischenbandübergänge von Löchern zwischen den beiden Loch-Bändern können jedoch wichtig sein. Die dynamische Wechselwirkung zwischen den Ladungsträgern ist ein abgeschirmtes COULOMB-Potential. Das mathematische Problem ist die Lösung von drei gekoppelten BOLTZMANN-Gleichungen. Dazu wird das KOHLERsche Variationsprinzip auf einen Leiter mit mehreren Bändern verallgemeinert. Die allgemeinen Formeln für die Transportkoeffizienten werden für nichtentartete Halbleiter weiter behandelt, und zwar für Streuung durch akustische und optische Phononen, an ionisierten Verunreinigungen sowie Elektron-Elektron-Streuung. Quantitative Ergebnisse werden für Loch-Loch-Streuung und Beweglichkeit in p–Ge und andere interessante Halbleiter errechnet. R. Klein.

1–1358 **I. I. Lomonosov** and **Yu. A. Nemilov.** *Effect of an electric field on the scintillation process in CsI(Tl).* Soviet Phys.-Solid State **2**, 1476—1478, *1961*, Nr. 7. (Jan.) (Engl. Übers. aus: Fiz. Tverd. Tela **2**, 1629—1631, *1960*, Nr. 7.) Für Alkalihalogenide werden zwei Energietransport-Mechanismen für möglich gehalten: Exziton- und Elektron-Loch-Wanderung. Im zweiten Fall kann ein angelegtes Feld die Lumineszenzintensität verändern. Ein CsI(Tl)-Kristall (∅ 20 mm, Dicke 150 μm) wird zwischen halbleitende Platten bzw. dünne Metallfolien gelegt und mit α-, β-Teilchen und UV angeregt. Es wird sowohl die gesamte Lumineszenz als auch die Amplitudenhöhe der einzelnen Impulse gemessen. Ergebnis: 1. Die Lumineszenz (Fluoreszenz und Phosphoreszenz) nimmt bei Anregung mit schnellen Elektronen mit zunehmender Feldstärke ab. Die Amplitudenhöhe bleibt unverändert. 2. Bei UV- und α-Teilchen-Anregung sind die Lumineszenz und Amplitude unabhängig vom angelegten Feld. Damit wird die Hypothese vom Exziton-Mechanismus bestätigt. Es wird versucht, für die Änderung der Phosphoreszenz bei Anregung mit schnellen Elektronen eine Erklärung zu finden. G. V. Schultz.

1–1359 **P. Cotti, P. Wyder** und **A. Quattropani.** *Helikonoszillationen in Indium.* Phys. Letters **1**, 50—53, *1962*, Nr. 2. (15. Apr.) (Zürich, T. H., Lab. kalor. App. Kältetech.; Lab. Festkörperphys.) Bowers, Legendy und Rose haben bei 4° K an Na einen neuen galvanomagnetischen Effekt nachgewiesen. Bei einem starken, angelegten Magnetfeld fallen induzierte Wirbelströme nicht exponentiell ab, sondern oszillatorisch. Diese Schwingungen können mittels der Maxwellschen Gleichungen und der Lorentz-Kraft klassisch gedeutet werden und wurden von Aigrain als Helikonschwingungen bezeichnet. Sie stehen mit den hydromagnetischen Wellen von Alfven in Zusammenhang. Die Vff. weisen nun diese Schwingungen auch in reinem Indium mit Frequenzen von 10 bis 1000 Hz sowie andeutungsweise auch in Al und Cu im Temperaturbereich des flüssigen He nach und leiten ein Kriterium für das Auftreten dieser Oszillationen und deren Abhängigkeit von dem äußeren Magnetfeld und von der Probengeometrie ab. Es ergibt sich, daß die Oszillationsfrequenz von der Leitfähigkeit unabhängig ist. Aus der gemessenen Helikonfrequenz und den Probendimensionen läßt sich die Hall-Konstante bestimmen. P. Thoma.

1–1360 **P. Cotti.** *Über die Messung der magnetischen Widerstandsänderung an rechteckförmigen Platten.* Helv. phys. acta **34**, 777—780, *1961*, Nr. 8. (Zürich, E. T. H., Inst. kalor. App. Kältetech.) Die Widerstandsänderung im transversalen Magnetfeld kann stark von den Probendimensionen abhängen, da z. B. in rechteckigen Proben gegenüber der Corbino-Anordnung ein zusätzliches Hall-Feld auftritt. In Messungen an dünnen Indium-Filmen wurde die für Proben mit rechteckigem Querschnitt von Lippmann und Kuhrt (Ber. **37**, 2243, *1958*) berechnete Formel bestätigt und eine Hall-Konstante von 1,47 · 10^{-12} Vcm/Gauß A bei 15 kGauß bestimmt. G. Harbeke.

1–1361 **Ya. Agaev** and **D. N. Nasledov.** *Some electrical properties of the AlSb–InSb system.* Soviet Phys.-Solid State **2**, 758—760, *1960*, Nr. 5. (Nov.) (Engl. Übers. aus: Fiz. Tverd Tela **2**, 826—829, *1960*, Nr. 5.) (Leningrad, Acad. Sci., Physicotech. Inst.) In einem breiten Temperaturbereich werden der Hall-Effekt, die elektrische Leitfähigkeit und die Änderungen des elektrischen Widerstandes in einem transversalen Magnetfeld für 3 Zusammensetzungen des AlSb–InSb-Systems (9 InSb · 1 AlSb; 7,5 InSb · 2,5 AlSb und InSb · AlSb) untersucht. Die elektrische Leitfähigkeit ist bei kleinen Temperaturen praktisch unabhängig von der Temperatur. Der Übergang zum Eigenleitungsbereich verschiebt sich mit zunehmendem AlSb-Gehalt zu höheren Temperaturen. Der Hall-Effekt hat bei kleinen Temperaturen positives Vorzeichen, bei höheren Temperaturen, im Übergangsbereich zur Eigenleitung, wechselt er sein Vorzeichen. Die Hall-Konstante R wird nur im Übergangsbereich von einem Magnetfeld beeinflußt. Es werden ferner die Breiten der verbotenen Zone für die verschiedenen Zusammensetzungen von AlSb–InSb angegeben. L. Gutjahr.

1–1362 **Ch. I. Amirchanow, R. I. Baschirow** und **J. E. Sakijew.** *Galvanomagnetische Quanteneffekte in n–InAs.* Sh. exp. teor. Fis. **41**, 1699—1703, *1961*, Nr. 6. (Orig. russ.) Auch Phys. Abh. Sowjetunion N. F. **6**, 656—661, *1962*, Nr. 6. Die existierenden Theorien der galvanomagnetischen Erscheinungen in Halbleitern für starke Magnetfelder widersprechen einander zum Teil (z. B. die von ARGYRES und von ADAMS und HOLSTEIN, J. Phys. Chem. Solids **8**, 124, *1958*; Ber. **39**, Nr. 7—532, *1960*). Auch zwischen Theorie und Experiment bestehen noch Diskrepanzen. Vff. beschreiben eigene Untersuchungen über den HALL-Effekt und den Widerstand in starken impulsförmigen Magnetfeldern an n-leitendem InAs bei Temperaturen zwischen 20 und 360° K. Solche Untersuchungen wurden am n-InAs bisher noch nicht durchgeführt. Der Widerstand scheint mit wachsendem Magnetfeld unbegrenzt anzusteigen, und zwar infolge der Quantelung der Ladungsträger-Bewegung im Magnetfeld Bei Wasserstoff-Temperaturen wurde ein Konzentrationseffekt beobachtet. H. Vogel.

1–1363 **L. E. Gurjewitsch** und **A. L. Efros.** *Einfluß des gegenseitigen „Abschleppens" von Elektronen und Phononen auf die transversale elektrische Leitfähigkeit in einem starken Magnetfeld.* Sh. exp. teor. Fis. **41**, 1978—1985, *1961*, Nr. 6. (Orig. russ.) Bei der Verschiebung eines Elektrons in Richtung des elektrischen Feldes, das senkrecht zum starken Magnetfeld aufgebaut wird, ändert sich die Lage des Zentrums eines LANDAUschen Oszillators und damit auch die mit ihm verknüpfte Impulskomponente des Elektrons längs der dazu und zum Magnetfeld senkrechten Richtung. Das bedeutet eine entsprechende Impulsübertragung an die Phononen bei der Streuung und führt zu einem Phononenstrom. Dieser Effekt kann die transversale Leitfähigkeit wesentlich herabsetzen und ihre Abhängigkeit von der Temperatur und vom Magnetfeld beeinflussen. Speziell kann in Halbleitern und Halbmetallen bei hinreichend tiefen Temperaturen eine Abhängigkeit der Leitfähigkeit von der Größe der Probe und der Richtung des HALL-Stroms auftreten. In Halbleitern ist in diesem Temperaturgebiet die Leitfähigkeit umgekehrt proportional dem Magnetfeld. Bei etwas höheren Temperaturen kann sie exponentiell von der Temperatur abhängen. Der Einfluß des Abschleppens wird für Halbmetalle (und für Metalle mit geschlossener FERMI-Fläche) und für Halbleiter bei verschiedenen Relaxationsmechanismen der Phononen untersucht, wobei immer die Relaxationszeit der Phononen an den Elektronen kleiner sein soll als die Zeit für andere Relaxationsmechanismen der Phononen. H. Vogel.

1–1364 **J. J. Hopfield.** *Classical explanation of the anomalous magnetoresistance of bismuth.* Phys. Rev. Letters **8**, 311—312, *1962*, Nr. 8. (15. Apr.) (Berkeley, Calif. Univ., Dep. Phys.) Nach ESAKI tritt bei Bi ein anomaler Knick bei angelegten starken elektrischen Feldern auf, wenn ein Magnetfeld senkrecht zur Stromrichtung angelegt wird (Kink-Effekt). Diese Knicke treten auf, wenn das elektrische Feld den Wert $F_{Kink} = Hu/c$ erreicht, wobei u die Geschwindigkeit transversaler Gitterschwingungsquanten ist. Nach ESAKI liegt diese Kink-Feldstärke dann vor, wenn die Geschwindigkeit der zykloidischen transversalen Driftbewegung der Elektronen und Löcher gleich der Schallgeschwindigkeit wird. Dagegen nimmt der Vf. an, daß eine zusätzliche Kraft durch die Möglichkeit einer Wanderwellenverstärkung auftreten kann, wobei sie kollektiv wirkt. Das beobachtete Auftreten von hochfrequenten Schwingungen kann durch einen solchen kollektiven Prozeß erklärt werden. P. Thoma.

1–1365 **George H. Heilmeier, George Warfield** and **Sol E. Harrison.** *Measurement of the Hall effect in metal-free phthalocyanine crystals.* Phys. Rev. Letters **8**, 309—311, *1962*, Nr. 8. (15. Apr.) (Princeton, N. J., Univ.; RCA Labs.) Die Vff. entwickeln eine Apparatur zur Messung der HALL-Konstanten an metallfreien Phthalocyaninkristallen. Die Kontakte werden mit Silberpaste hergestellt, was Feldstärken zwischen 15 und 1000 V/cm ermöglicht. Zur Messung werden zwei empfindliche Elektrometer verwendet, wobei der Strom in Zeitabhängigkeit mit und ohne Magnetfeld gemessen wird. Wegen der Wirkung des Rauschens müssen die Meßkurven ausplanimetriert werden.
P. Thoma.

1–1366 **S. H. Koenig.** *The Hall effect in a "many valley" semiconductor.* Helv. phys. acta **34**, 765—770, *1961*, Nr. 8. (Zurich, Internat. Bus. Mach. Corp. Res. Lab.) Das im

Experiment gemessene HALL-Feld ist das transverse Feld, das einen „HALL-Strom" erzeugt, der dem durch die Wechselwirkung des Magnetfeldes mit dem longitudinalen Strom erzeugten LORENTZ-Strom entgegengesetzt gleich ist. Es wird diskutiert, daß in einem multi-valley-Halbleiter, in dem die einzelnen valleys unterschiedlich zum HALL-Strom beitragen können, das HALL-Feld von der Geometrie der Probe und der intervalley-Streuungsrate abhängen kann. Eine unterschiedliche Besetzung der valleys tritt in starkem Maße bei einseitigem Zug in bestimmten kristallographischen Richtungen auf, für einen solchen Fall wird der Effekt am Germanium abgeschätzt.

G. Harbeke.

1-1367 **Jean Salardenne.** *Coefficient de Hall dans le cas de lames minces de bismuth.* J. Phys. Radium **23**, 133—134, *1962*, Nr. 2. (Febr.) (Bordeaux, Fac. Sci., Lab. Electrotech.) In früheren Untersuchungen war festgestellt worden, daß der HALL-Effektkoeffizient dünner Wismutschichten keinen definierten Wert besitzt. Der Vf. bestimmte den HALL-Effektkoeffizienten R_H und den Eingangswiderstand R_E einer großen Zahl von Schichten, deren Dicke zwischen 50 und 10000 Å lag. Nur unterhalb einer Schichtdicke von 2000 Å ergaben sich für R_H positive Werte, bei größeren Schichtdicken wurde R_H negativ. Im Anschluß an diese Messungen wurden die Schichten über 50 Tage beobachtet. Für alle Schichten stieg R_H mit der Zeit an, und zwar um so stärker, je dicker die beobachtete Schicht war. Als Ursache dieses Effektes wird eine Oxydation der Schicht vermutet. Weitere Untersuchungen zur Klärung dieser Frage sind im Gang.

W. Rausch.

1-1368 **Iu. P. Gaidukov.** *Temperature anomaly in the resistance and the Hall effect in gold.* Soviet Phys.-JETP **7**, 577—582, *1958*, Nr. 4. (Okt.) (Engl. Übers. aus: J. exp. theor. Phys., Moskau **34**, 836—842, *1958*, Apr.) Vf. untersuchte den elektrischen Widerstand und die HALL-Konstante zweier Goldproben mit einer Reinheit von 99,99% (Au-1 und Au-4) bei Temperaturen von 0,05 bis 295°K und Magnetfeldern bis zu 18 kOe. Au-1 wurde aus 0,05 mm dicker Goldfolie hergestellt, Au-4 aus einer 1 mm dicken Goldplatte, die auf 0,05 mm heruntergewalzt wurde. Beide Proben hatten gleiche Abmessungen. Bis auf einen unwesentlich höheren Silbergehalt zeigte Au-1 eine etwas höhere Reinheit als Au-4. Der Widerstand von Au-1 hatte bei etwa 5 bis 6°K ein Minimum ($r_{min}/r_{295} = 0{,}00971$), der von Au-4 innerhalb der Meßfehler (0,2%) dagegen nicht ($r_{4,2}/r_{295} = 0{,}00893$). Bei der Probe Au-1 stieg der Widerstand bei einer Temperaturerniedrigung von 5 auf 0,05°K um 15% an. Bei der Probe Au-4 wurde im Bereich von 295 bis 77°K ein konstanter Wert der HALL-Konstanten gefunden (bis 18 kOe). Dieser Wert stieg zwischen 77 und 20°K um etwa 25% an, um für $T \leq 20$°K wieder konstant zu bleiben. Die Probe Au-1 zeigte bei Feldern unterhalb 8 kOe das gleiche Verhalten und den gleichen Wert der HALL-Konstanten wie Au-4. Bei Feldern oberhalb 8 kOe und $T \leq 29$°K zeigte die HALL-Konstante von Au-1 einen Sprung, der mit abnehmender Temperatur größer wurde.

W. Koeppe.

1-1369 **Yu. N. Obraztsov, I. V. Mochan** and **T. V. Smirnova.** *Phonon part of the transverse thermomagnetic Nernst effect in p-type germanium.* Soviet Phys.-Solid State **2**, 761—765, *1960*, Nr. 5. (Nov.) (Engl. Übers. aus: Fiz. Tverd. Tela **2**, 830—835, *1960*, Nr. 5.) (Leningrad, Acad. Sci., Semicond. Inst.) Für p-leitendes Germanium wurde die Abhängigkeit des Phononenanteils der NERNST-Konstante von der Magnetfeldstärke berechnet. Für ihre Berechnungen machen die Autoren folgende Annahmen: 1. Die Löcherdichte ist so klein, daß Abweichungen der Phononenverteilungsfunktion vom Gleichgewicht nur durch den Temperaturgradienten bewirkt werden. 2. Für Phononen des longitudinalen akustischen Zweiges gilt $\tau_{ph} \sim 1/q^2$. 3. Entartung des Valenzbandes, Übergänge zwischen Bändern leichter und schwerer Löcher während der Streuung sind erlaubt. Die Resultate werden verglichen mit den experimentellen Ergebnissen für p-Germanium bei 96—143° K in Magnetfeldern bis 5500 Gauß. Die Übereinstimmung ist befriedigend.

L. Gutjahr.

1-1370 **C. J. Gorter.** *Note on the superconductivity of alloys.* Phys. Letters **1**, 69—70, *1962*, Nr. 3. (1. Mai.) (Leiden, Kamerlingh Onnes Lab.) Der Vf. untersucht die Eignung verschiedener Modellvorstellungen einiger Autoren für die Supraleitung von Legierungen. Das „Schwamm-Modell" von MENDELSON, bei dem die supraleitenden Zellen ein schwammartiges Gerüst bilden sollen, eignet sich für harte und kaltbearbeitete Legierungen, während das Modell von ABRIKOSOV-GOODMAN sich mehr für homogene und weichere Legierungen eignet. Die Gültigkeit des Schwamm-Modells wird jedoch durch das Auftreten von Flußrelaxationen und von Flußhysterese abgeschwächt. P. Thoma.

1–1371 **A. H. Dayem** and **R. J. Martin.** *Quantum interaction of microwave radiation with tunneling between superconductors.* Phys. Rev. Letters **8**, 246–248, *1962*, Nr. 6. (15. März.) (Murray Hill, N. J., Bell Tel. Labs.) Vff. untersuchten die Quanten-Wechselwirkung von Mikrowellenstrahlung mit tunnelnden Elektronen zwischen den Grenzschichten zweier Supraleiter. Es konnte experimentell gezeigt werden, daß Elektronen des einen Supraleiters gleichzeitig mit der Photoabsorption von Quanten der Energie $h\nu < 2\,\varepsilon_1$($2\,\varepsilon_1$ Breite der verbotenen Zone des ersten Supraleiters) durch die Grenzschichten in den anderen Supraleiter hindurchtunneln. Das Experiment wurde bei verschiedenen Mikrowellen-Frequenzen an den Proben Al–Al_2O_3–Pb, In oder Sn durchgeführt. Die Proben befanden sich in einem auf Resonanz abgestimmten Mikrowellen-Hohlraum. Es konnte außerdem die Absorption mehrerer Photonen gleichzeitig durch ein tunnelndes Elektron beobachtet werden. H. Kleinpoppen.

1–1372 **G. Dresselhaus** and **M. S. Dresselhaus.** *Interband transitions in superconductors.* Phys. Rev. (2) **125**, 1212–1214, *1962*, Nr. 4. (15. Febr.) (Lexington, Mass. Inst. Technol., Lincoln Lab.) Es können kleine Unterschiede in den optischen Konstanten normaler und supraleitender Metalle entstehen, wenn die Photonenenergie einen Interbandübergang zwischen dem Valenz- und Leitungsband möglich macht. Mit Hilfe eines einfachen parabolischen Zweibändermodells mit Energieextrema bei $\mathbf{k} = 0$ wird die Änderung des Reflexions- und Durchlässigkeitsvermögens berechnet. Es ergibt sich, daß diese Änderungen meßbar sein sollten. Es wird die Möglichkeit diskutiert, mit Hilfe solcher Experimente Interbandübergänge in normalen Metallen und die Anisotropie der Energielücke in Supraleitern zu untersuchen. R. Klein.

1–1373 **S. H. Liu.** *Theory of superconductivity.* Phys. Rev. (2) **125**, 1244–1248, *1962*, Nr. 4. (15. Febr.) (Yorktown Heiths, N. Y., IBM Res. Cent.) Es werden die verschiedenen Formen der Theorien der Supraleitung miteinander verglichen. Bei BOGOLIUBOV (Ber. **41**, Nr. 4–1068, *1962*) ergibt sich die Energielücke aus der Forderung nach Kompensation der sog. „gefährlichen Diagramme". Vf. zeigt, daß diese gefährlichen Glieder nach einer Energie-Renormierung keineswegs mehr „gefährlich" sind und damit die Begründung der Kompensationsmethode zumindest zweifelhaft ist. Außerdem enthält die Methode gewisse beliebige Interpretationsmöglichkeiten. — ELIASHBERG (Soviet Phys. JETP **11**, 696, *1960* und Ber. **40**, Nr. 3–578, *1961*) hat eine Theorie der Supraleitung auf der Grundlage der GREENschen Funktionen entwickelt, in der die Gleichung für die Energielücke selbstkonsistent hergeleitet wird. Das Ergebnis ist ähnlich der Integralgleichung von BARDEEN, COOPER und SCHRIEFFER (Ber. **37**, 1054, *1958*; **38**, 114, *1959*) mit dem Unterschied, daß das effektive Elektron-Wechselwirkungspotential verschieden ist von dem BARDEEN-PINES-Potential (Ber. **35**, 1849, *1956*) und von dem von BOGOLIUBOV. Vf. benutzt nun die oben erwähnte andere Art, die gefährlichen Glieder zu berechnen und erhält das Ergebnis von ELIASHBERG. Auf diese Weise wird gezeigt, daß die Gleichung für die Energielücke, die ELIASHBERG ausgehend vom FRÖHLICHschen HAMILTON-Operator erhielt, äquivalent ist derjenigen, die man bei dieser modifizierten „Kompensationsmethode" erhält. Vorzüge und Nachteile der verschiedenen Theorien werden diskutiert. R. Klein.

1–1374 **P. Morel** and **P. W. Anderson.** *Calculation of the superconducting state parameters with retarded electron-phonon interaction.* Phys. Rev. (2) **125**, 1263–1271, *1962*, Nr. 4. (15. Febr.) (New York, French Embassy; Murray Hill, N. J., Bell Tel. Labs.) Die BCS-Theorie der Supraleitung benutzt ein „effektives Potential", um die komplizierten Wechselwirkungen zwischen den Elektronen zu beschreiben; die Stärke V dieses Potentials bleibt ein Parameter, das Potential zeigt keine Retardierung. Vff. berechnen die Energielücke und andere Parameter aus der BCS-Theorie in der Form von GORKOV (Soviet Phys. JETP **7**, 505, *1958*) und ELIASHBERG (Soviet Phys. JETP **11**, 696, *1960* und Ber. **40**, Nr. 3–578, *1961*), wobei sie eine realistische retardierte Elektron-

Elektron-Wechselwirkung über Phononen benutzen unter Einschluß der COULOMB-Abstoßung. Die DYSON-Gleichung wird auf eine einzige Integralgleichung reduziert, die näherungsweise durch einen Iterationsprozeß (nur für den Fall von Elektron-Phonon-Wechselwirkung im Rahmen des EINSTEIN-Modells) gelöst wird. Die Gleichung für die Energielücke ist identisch der von BCS. Wird ein gleichzeitig wirkendes abstoßendes Potential zum retardierten, von Phononen induzierten Potential addiert, so findet man die Lösung von BOGOLIUBOV. Da diese Ergebnisse für den Fall eines Phononenspektrums aus nur einer Frequenz hergeleitet sind, wird noch der Einfluß der Streuung eines solchen Spektrums um eine zentrale Frequenz untersucht, wobei ähnliche Ergebnisse entstehen. Schließlich werden der Isotopie-Effekt und die Übergangstemperaturen berechnet. Der Exponent im Isotopie-Effekt ist um 10 bis 20% vom idealen Wert $^1/_2$ verschieden. Die Übergangstemperaturen T_c liegen in den richtigen Größenordnungen. Nach der Theorie sollten alle Metalle supraleitend werden, obwohl das berechnete T_c von Metallen, die experimentell als normalleitend bekannt sind, sehr klein ist. R. Klein.

1–1375 **H. J. Lipkin, M. Peshkin** and **L. J. Tassie.** *Flux quantization and the current-carrying state in a superconducting cylinder.* Phys. Rev. (2) **126**, 116–117, *1962*, Nr. 1. (1. Apr.) (Argonne, Ill., Nat. Lab.) Basierend auf der phänomenologischen Theorie von LONDON und dem Modell des freien Bosonengases von SCHAFROTH, BUTLER und BLATT (Helv. phys. acta **30**, 93, *1957*) wird eine einfache Beschreibung des stromführenden Zustands in einem ringförmigen Supraleiter vorgenommen. Die Elektronen werden durch ein kondensiertes Gas von Bosonen der Ladung 2 e und der Masse 2 m ersetzt, und es wird angenommen, daß die anwesenden Felder die Struktur der Bosonen ungeändert lassen. Die Einführung des Bosonengasmodells und die Quantisierung des kanonischen Drehimpulses der Bosonen hat ein zusätzliches inhomogenes Glied in der LONDON-Gleichung zur Folge. Für Ringgeometrie wird diese Gleichung gelöst, wodurch Feld- und Stromverteilung im Supraleiter sowie der Wert des Flußquantums für jede Dicke des Rings erhalten werden. R. Klein.

1–1376 **D. J. Kenworthy, M. J. Zuckermann, D. M. Brink** and **D. ter Haar.** *On the thermodynamics of dirty superconductors.* Phys. Letters **1**, 35–36, *1962*, Nr. 2. (15. Apr.) (Oxford, Clarendon Lab.) Nach KENWORTHY und TER HAAR (Ber. **41**, Nr. 7–1105, *1962*) sollten Verunreinigungen die Übergangstemperaturen von Supraleitern herabsetzen. Vff. weisen einen Fehler nach, der die genannte Schlußfolgerung als nicht berechtigt erweist. R. Klein.

1–1377 **D. M. Ginsberg.** *Upper limit for quasi-particle recombination time in a superconductor.* Phys. Rev. Letters **8**, 204–207, *1962*, Nr. 5. (1. März.) (Urbana, Ill., Univ., Dep. Phys.) Es wird experimentell die mittlere Zeit τ für die Rekombination zweier angeregter Quasiteilchen (*clothed electrons*) in einem Supraleiter bestimmt. Die oberhalb der Energielücke verteilten Quasiteilchen werden in Paaren rekombinieren und in das Gebiet unterhalb der Lücke zurückfallen. Nach Rechnungen von BURSTEIN, LANGENBERG und TAYLOR (Ber. **40**, Nr. 10–419, *1961*) ist die mittlere Zeit τ_{opt} für die mit der Emission eines Photons verbundene Rekombination 0,4 [sec]. Es gibt jedoch andere Prozesse, bei denen Impuls und Energie von einem Phonon übernommen werden, so daß τ sehr viel kleiner als τ_{opt} ist; die ausgeführten Experimente zeigen $\tau = 2{,}2 \cdot 10^{-7}$ [sec]. Es werden Elektronen aus einem normalen Metall durch eine isolierende Schicht in einen Supraleiter injiziert. Nun kann ein Elektron 1. durch diesen Kontakt zurücktunneln, 2. rekombinieren und unterhalb der Lücke fallen oder 3. diffundieren und durch einen anderen Kontakt in ein zweites Stück normalen Metalls tunneln. Durch geeignete Anordnungen wird gemessen, wieviele Elektronen unter die Lücke gefallen sind vor Erreichen des zweiten Kontakts. Unter einer Reihe von Annahmen läßt sich daraus die angegebene obere Grenze für τ bestimmen. R. Klein.

1–1378 **J. R. Schrieffer** and **D. M. Ginsberg.** *Calculation of the quasiparticle recombination time in a superconductor.* Phys. Rev. Letters **8**, 207–208, *1962*, Nr. 5. (1. März.) (Urbana, Ill., Univ., Dep. Phys.) Die Rekombinationszeit für Quasiteilchen in Supraleitern auf Grund von Phononen-Emission wird berechnet. Es wird ausgegangen von einem Ausdruck für die Rekombinationsrate Γ_p für ein Quasiteilchen im Zustand p aus der BARDEEN-COOPER-SCHRIEFFER-Theorie in dem Grenzfall, wo $k_B T \ll \Delta$ (k_B BOLTZMANN-Konstante, Δ Energielücke). Vff. wählen ein kugelförmiges Bandmodell und zum Elektron-Phonon-Matrixelement das Deformationspotential. Setzt man die Werte für Pb ein, so erhält man als Rekombinationszeit $1/\Gamma = 0{,}43 \cdot 10^{-7}$ [sec]. Dieses Ergebnis liegt um eine Größenordnung unter der experimentell ermittelten oberen Grenze (vorst. Ref.) R. Klein.

1–1379 **M. H. Cohen, L. M. Falicov** and **J. C. Phillips.** *Superconductive tunneling.* Phys. Rev. Letters **8**, 316–318, *1962*, Nr. 8. (15. Apr.) (Chicago, Univ., Dep. Phys.) Experimente über das Tunneln von Elektronen zwischen supraleitenden Schichten, die mit dünnen Oxydschichten überzogen sind, und normalen Metallen zeigen, daß der Tunnelstrom direkt proportional der supraleitenden Zustandsdichte der BCS-Theorie ist. Vff. behandeln diesen Tunnelprozeß zwischen normalen und supraleitenden Metallen und erhalten auch die gefundene Proportionalität. Sie diskutieren die Gründe, weshalb frühere Untersuchungen nicht zum gewünschten Ergebnis führten. R. Klein.

1–1380 **Leon N. Cooper.** *Theory of the Knight shift in superconductors.* Phys. Rev. Letters **8**, 367–370, *1962*, Nr. 9. (1. Mai.) (Providence, R. I., Brown Univ., Dep. Phys.) Die Theorie der Supraleitung von BARDEEN, COOPER und SCHRIEFFER wird so verallgemeinert, daß sie eine endliche KNIGHT-Verschiebung liefert. Die Herleitung beschränkt sich auf schwache Magnetfelder und auf Proben, in denen die Felddurchdringung vollständig ist. Es bilden Elektronen miteinander Paare, deren Gesamtimpuls voneinander verschieden ist. Da die Materialien meist Fehler und Verunreinigungen enthalten, braucht nicht angenommen zu werden, daß die Elektron-Elektron-Wechselwirkung unabhängig vom Ort ist. Da die magnetischen Energien bei 10^{-17} [erg] liegen, benötigt man zur Erklärung der beobachteten KNIGHT-Verschiebung Änderungen des Gesamtimpulses bei Elektronenstreuungen von $\delta k \approx 10^2$ [cm^{-1}]. Die Paarzustände sind jetzt $[(\bar{k} + {}^1/_2\,\delta\bar{k})\uparrow;\; -(\bar{k} - {}^1/_2\,\delta\bar{k})\downarrow]$. Der Vektor $\delta\bar{k}$ hat jeweils die Richtung von k und die Größe δk, die nur vom Magnetfeld (das die Richtung der „nach oben zeigenden" Spins ↑ haben soll) und der räumlichen Variation der Elektron-Elektron-Wechselwirkung abhängt. Wenn diese Wechselwirkung räumlich variiert, kann der Verlust an Korrelationsenergie auf Grund der neuen Paarung durch einen Gewinn an μH-Energie kompensiert werden, so daß die vorgeschlagene Paarung eine niedrigere Gesamtenergie liefert. Vf. berechnet die Spinsuszeptibilität im supraleitenden Zustand, sie ist im Supraleiter kleiner geworden, aber nicht notwendig Null. Rechnungen über Abhängigkeit von Probengröße und Magnetfeldabhängigkeit stimmen mit Messungen von ANDROES und KNIGHT (Phys. Rev. **121**, 779, *1961*) überein. Vf. diskutiert schließlich die Bedeutung der Paarbedingung für die Supraleitung, die im Hinblick auf die neu eingeführte Art, Paare zu bilden, einen neuen Akzent erhält. Die Wahl identischen Gesamtimpulses für jedes Paar scheint nicht wesentlich für die Supraleitung zu sein. R. Klein.

1–1381 **Daniel Hone.** *$l \neq 0$ pairing in superconductors.* Phys. Rev. Letters **8**, 370–372, *1962*, Nr. 9. (1. Mai.) (Urbana, Ill. Univ., Dep. Phys.) ANDERSON und MOREL (Phys. Rev. **123**, 1911, *1961*) haben unter Benutzung von BCS-artigen Zuständen mit Parametern, die von Richtung und Größe des Impulses abhängen, ausgehend von einem isotropen HAMILTON-Operator, einen anisotropen Zustand gefunden mit einer Energielücke, die in gewissen Richtungen des Impulsraums verschwindet. GORKOV und GALITSKII (Soviet Phys.-JETP **13**, 792, *1961*) behandelten einen Supraleiter, dessen COOPER-Paare in Zuständen nichtverschwindenden relativen Drehimpulses sind, mit Ein- und Zweiteilchen-GREENschen Funktionen und erhielten eine isotrope Energielücke. Vf. zeigt, daß es unmöglich ist, eine vollständige Hierarchie GREENscher Funktionen zu konstruieren, deren erste beide die von GORKOV und GALITSKII sind, während im BCS-Fall eine solche Hierarchie konstruiert werden kann. Vf. zeigt noch weitere Inkonsequenzen der GORKOV-GALITSKII-Theorie. R. Klein.

1–1382 **J. Bardeen.** *Review of the present status of the theory of superconductivity.* IBM-J. Res. Dev. **6**, 3–11, *1962*, Nr. 1. (Jan.) Die von dem Vf., L. COOPER und J. R. SCHRIEFFER vor vier Jahren aufgestellte Theorie wird mit einer Reihe experimenteller Ergebnisse an Supraleitern verglichen. Während die Übereinstimmung im allgemeinen gut ist, gibt es einige Diskrepanzen, für die es noch keine geeignete Erklärung gibt. H. Eicke.

1-1383 **L. P. Gor'kov.** *On the energy spectrum of superconductors.* Soviet Phys.-JETP **7**, 505—508, *1958*, Nr. 3. (Sept.) (Engl. Übers. aus: J. exp. theor. Phys., Moskau **34**, 735—739, *1958*, März.) Vf. leitet mittels der Methoden der Quantenfeldtheorie die Grundformeln für das Energiespektrum und die spezifische Wärme von Supraleitern auf einfachere und kürzere Weise ab, als es in den Arbeiten von BARDEEN, COOPER und SCHRIEFFER und von BOGOLIUBOV geschah. Die Ergebnisse stimmen überein. W. Koeppe.

1-1384 **W. G. Wax, W. M. Galizki** und **A. I. Larkin.** *Kollektive Anregungen in einem Supraleiter.* Sh. exp. teor. Fis. **41**, 1655—1668, *1961*, Nr. 5. (Orig. russ.) Die Methoden der Quantenfeldtheorie werden zur Bestimmung des Spektrums kollektiver Anregungen in einem Supraleiter herangezogen. Es wird die Möglichkeit untersucht, eine Theorie der Supraleitfähigkeit als eindimensionales relativistisches Problem zu formulieren. In der Näherung der schwachen Kopplung wird die Gleichung von BETHE-SALPETER für Zweiteilchen-GREEN-Funktionen angeschrieben, deren Pole das Anregungsspektrum bestimmen. In einem System neutraler Teilchen erhält man einen akustischen Zweig, der nicht bei Impulsen $k \approx \Delta$ aufhört, sondern sich weiter ins Gebiet größerer k fortsetzt, wobei die Energie der Anregung exponentiell gegen $2\,\Delta$ strebt. Im Fall geladener Teilchen ändert sich die Dispersion der Plasmaschwingungen unter dem Einfluß der Supraleitfähigkeit nur wenig. Es wird eine Gruppe von Anregungen mit von Null verschiedenen Drehimpulsen gefunden; bei kleinen Werten k ist ihre Energie annähernd 2Δ und quadratisch hinsichtlich der Kopplungskonstante. Bei jedem von Null verschiedenen Wert der Projektion des Drehimpulses auf die k-Richtung gibt es einen Anregungszweig, der sich nicht auf kleine Werte k beschränkt. Für große k ist die Energie dieser Anregungen nur exponentiell wenig von $2\,\Delta$ verschieden. H. Vogel.

1-1385 **T. H. Geballe, B. T. Matthias, E. Corenzwit** and **G. W. Hull jr.** *Superconductivity in molybdenum.* Phys. Rev. Letters **8**, 313, *1962*, Nr. 8. (15. Apr.) (Murray Hill, N. J., Bell Tel. Labs.) Die Vff. weisen nach, daß reines Mo bei etwa 1° K supraleitend wird. Bereits eine Beimengung von nur 0,02% Fe läßt die Supraleitung verschwinden. Offenbar existiert im Periodischen System eine kontinuierliche Reihe von supraleitenden Elementen. P. Thoma.

1-1386 **W. H. Wiedemann, P. Kienle** und **F. Pobell.** *Mößbauer-Effekt im normalleitenden und supraleitenden Zustand von* Sn^{119}. Z. Phys. **166**, 109—114, *1962*, Nr. 1. (18. Dez.) (München, Akad. Wiss., Kommiss. Tieftemperaturforsch.; T. H., Lab. Tech. Phys.) Die rückstoßfreie Kernresonanzabsorption („MÖSSBAUER-Effekt") der 23,8 keV-γ-Strahlung von ^{119}Sn in metallischem Zinn wurde in einem Transmissionsexperiment gemessen. Aus dem Verlauf der Transmission durch den relativ zur Quelle bewegten Absorber in Abhängigkeit von der Geschwindigkeit wurde für die drei Meßtemperaturen der DEBYE-WALLER-Faktor bestimmt: f (77° K) = 0,40; f (20° K) = 0,59; f (4,2° K) = 0,60. — Zur Bestimmung der Temperaturabhängigkeit des MÖSSBAUER-Effektes in ^{119}Sn in der Umgebung des Übergangs zur Supraleitfähigkeit wurde die Transmission durch den ruhenden Absorber in Abhängigkeit von der Temperatur gemessen. Quelle und Absorber waren jeweils auf gleicher Temperatur. Die Meßpunkte oberhalb des Sprungpunktes entsprechen dem theoretisch zu erwartenden Temperaturverlauf der Transmission. Der Übergang zu den Messungen unterhalb des Sprungpunktes kann durch keine der berechneten Temperaturkurven erklärt werden. Diese Meßpunkte zeigen eine sprunghafte Zunahme des MÖSSBAUER-Effektes um $1{,}3 \cdot 10^{-3}$, entsprechend einer relativen Zunahme um 0,44%. Der Zunahme des MÖSSBAUER-Effektes entspricht eine Zunahme des DEBYE-WALLER-Faktors beim Übergang zum supraleitenden Zustand von Zinn um $\Delta f/f = 0{,}4\%$. F. Pobell.

1-1387 **B. T. Geilikman.** *Thermal conduction of superconductors.* Soviet Phys.-JETP **7**, 721—722, *1958*, Nr. 4. (Okt.) (Engl. Übers. aus: J. exp. theor. Phys., Moskau **34**, 1042—1044, *1958*, Apr.) (Moscow State Pedag. Inst.) Vf. betrachtet den Fall der Streuung von Elektronen an Verunreinigungen in Supraleitern bei solchen Temperaturen unterhalb der Sprungtemperatur, wo die Anteile von Elektronen- und Gitterwärmeleitung miteinander vergleichbar sind. Die experimentellen Ergebnisse von ZAVARITSKII in diesem Temperaturbereich können befriedigend gedeutet werden. W. Koeppe.

1–1388 **P. J. A. Fuller** and **J. H. Price.** *Electrical conductivity of manganin and iron at high pressures.* Nature, Lond. **193**, 262–263, *1962*, Nr. 4812. (20. Jan.) (Foulness, Ess., Atom. Weapons Res. Est.) Die Druckabhängigkeit des elektrischen Widerstandes von Manganin (86% Cu, 12% Mn und 2% Ni) und Eisen wurde von den Vff. mit Hilfe der dynamischen Methode bis zu 300 kb bestimmt. — Manganin besitzt einen positiven Druckkoeffizienten für den elektrischen Widerstand. Die Versuchsergebnisse zeigen, daß die relative Widerstandsänderung linear mit dem Druck geht, so daß sich Manganin als sekundäres Druckmaß (secondary pressure gauge) eignet, welches sich auf bekannte Umwandlungen wie die von Wismut (27 kb bei 42° C) und Eisen (131 kb bei 37° C) beziehen läßt. — Die Vff. beobachteten bei Eisen eine sprunghafte Widerstandsänderung in der Nachbarschaft von 150 kb bei 100° C. — BALCHAN und DRICKAMER (Rev. sci. Instrum. **32**, 308, *1961*) fanden für die α–γ-Umwandlung des Eisens mit der statischen Methode 133 kb bei 20° C, BANCROFT, PETERSON und MINSHALL (Ber. **36**, 631, *1957*) bei Anwendung der dynamischen Methode eine Volumenänderung bei 131 kb und 37° C. — Es zeigt sich, daß die α–γ-Umwandlung des Eisens bei den hier vorliegenden Versuchsbedingungen innerhalb weniger als 0,1 µsec vollständig abläuft.
R. Kohlhaas.

1–1389 **B. R. Coles** and **J. C. Taylor.** *The electrical resistivities of the palladium-silver alloys.* Proc. roy. Soc. (A) **267**, 139–145, *1962*, Nr. 1328. (24. Apr.) (London, Imp. Coll., Dep. Phys.) Palladium–Silber-Legierungen eignen sich besonders gut für experimentelle und theoretische Untersuchungen über die Transporteigenschaften von Legierungen, da sie vollständige Mischbarkeit besitzen und nicht ferromagnetisch sind. — Vff. bestimmten den elektrischen Widerstand an im Vakuum geglühten Drähten als Funktion der Zusammensetzung und der Temperatur (4,2 bis 400° K). Unter der Verwendung des von MOTT für die s–d-Streuung vorgeschlagenen Modells und der experimentellen Werte für die Zustandsdichte an der FERMI-Oberfläche wurden der Restwiderstand ρ_R und der temperaturabhängige Teil des Widerstandes $\rho - \rho_R$ mit sehr wenigen willkürlichen Parametern berechnet. Es zeigte sich eine gute Übereinstimmung zwischen Theorie und Experiment. Eine Ausnahme bildet der temperaturabhängige Teil des Widerstandes in der Nähe des reinen Palladiums. Die gefundene Abweichung läßt sich einem Beitrag der d-Bandlöcher (d-band holes) an der Leitfähigkeit zuschreiben.
R. Kohlhaas.

1–1390 **E. Igras.** *Mapping of the electric structure of semiconductor surfaces by the method of the electron mirror* Bull. Acad. polon. Sci. (math. astr. phys.) **9**, 403–407, *1961*, Nr. 5.
O. Wegner.

1–1391 **J. K. Hargreaves** and **D. Millard.** *The accuracy of four-probe resistivity measurements on silicon.* Brit. J. appl. Phys. **13**, 231–234, *1962*, Nr. 5. (Mai.) (Widnes, Lancs., Imp. Chem. Ltd., Gen. Chem. Div., Res. Dep.) Bei der Messung des spezifischen Widerstandes von Halbleiterproben nach dem 4-Spitzenverfahren treten bei höheren Widerstandswerten (z. B. bei hochgereinigtem Si) leicht größere Fehler (infolge Aufheizung des Materials und Trägerinjektion an der in Flußrichtung gepolten Spitze) auf. Die möglichen Fehler und die Maßnahmen, diese klein zu halten, werden diskutiert.
K. Zückler.

1–1392 **G. Cheroff, J. Heer** and **S. Triebwasser.** *Trapping and recombination measurement by a light modulation technique.* J. Phys. Chem. Solids **22**, *1961*, (Dez.) S. 51–55. (Yorktown Heights, N. Y., Internat. Bus. Mach. Corp., Thomas J. Watson Res. Cent.) Es wird eine Methode angegeben, bei der die Rekombinationslebensdauer von den Trappeffekten getrennt werden kann und beschrieben, wie sowohl Haftstelleneinfang und Verweilzeit als auch Dichte und energetische Lage der Trappniveaus gemessen werden können. Damit kann gezeigt werden, daß die Superlinearität gesinterter CdSe-Schichten nicht von der Aktivierung herrührt, wie in den allgemein bekannten Modellen der Änderung der Rekombinationszeit mit der Lichtintensität beschrieben wird, sondern vielmehr mit einem Anstieg der Beweglichkeit mit der Lichtintensität verbunden ist.
G. Mönch.

1–1393 **J. C. Woolley** and **P. N. Keating.** *Some electrical and optical properties of $InAs$–In_2Se_3 and $InSb$–In_2Se_3 alloys.* Proc. phys. Soc. Lond. **78**, 1009–1016, *1961*, Nr. 5 (Nr. 504). (15. Nov.) (Nottingham, Univ., Dep. Phys.) Ausgangsmaterialien In_2Se_3 aus 99,999% reinem In und mehrfach destilliertem handelsüblichem Se hoher Reinheit, InAs mit 10^{16} bis 10^{17} Ladungsträgern/cm³, InSb durch Zonenschmelzverfahren gereinigt mit $3 \cdot 10^{16}$ Ladungsträgern/cm³. Herstellung der Legierungen im einzelnen vgl. J. LESS (Common Metals **3**, 194, *1961*). Messung von HALL-Effekt, Leitfähigkeit, Thermokraft und Infrarotabsorption bei Zimmertemperatur für In_2Se_3-Konzentrationen bis 75 Mol-% in InAs und bis 1,7 Mol-% in InSb. Bestimmung der Ladungsträgerdichte, der Beweglichkeit und der optischen Energielücke. Diskussion mit Bezug auf Löslichkeit von Te und Se in $A^{III}B^{V}$-Verbindungen, Bänderstruktur der $A^{III}B^{V}$-Verbindungen, FERMI-Niveaus und Streuung durch ionisierte Verunreinigungszentren.
G. Schumann.

1–1394 **Thomas Maguire.** *New techniques for producing ultrapure semiconductors.* Electronics **34**, *1961*, Nr. 27, (7. Juli.) S. 41–45. O. Wegner.

1–1395 **J. D. Kingsley** and **J. S. Prener.** *Free charge carrier effects in cadmium fluoride.* Phys. Rev. Letters **8**, 315–316, *1962*, Nr. 8. (15. Apr.) (Schenectady, N. Y., Gen. Elect. Res. Lab.) Die Vff. weisen in CdF_2-Einkristallen, die mit verschiedenen dreiwertigen Ionen Seltener Erden aktiviert wurden, optische Absorption sowie Elektronenleitung nach. Obwohl CdF_2 einen Band-Bandabstand von 6 eV besitzt, wird eine große Leitungselektronenkonzentration beobachtet. Frühere Messungen ergaben, daß die notwendige Ladungskompensation bei Aktivierung von CdF_2 mit Eu (Aktivatorkonzentration 10^{-3} bis 10^{-4} Mol-%) durch Fluor-Zwischengitterionen bewirkt ist. Die Vff. finden jedoch, daß die Ladungskompensation auch durch Leitungselektronen sowie durch solche Elektronen, die sich in sehr flachen Hafttermen (0,06 eV unter dem Leitungsband) befinden, gegeben sein kann. Analoge Resultate ergeben sich für $CdF_2{:}Sm^{3+}$. Diese, ca. 0,1 cm³ großen Kristalle werden bei 500° C 15 min in gesättigtem Cd-Dampf erhitzt, wobei sie sich verfärben. Sie besitzen dann zwischen 0,4 und 6,0 μ einen bestimmten Absorptionsverlauf. P. Thoma.

1–1396 **B. K. Ridley** and **T. B. Watkins.** *Negative resistance and high electric field capture rates in semiconductors.* J. Phys. Chem. Solids **22**, *1961*, (Dez.) S. 155–158. (Salfords, Engl., Mullard Res. Labs.) Es wird dargelegt, daß die Einfanggeschwindigkeit für Elektronen und Löcher durch geladene Zentren dann merklich von der Feldstärke abhängt, wenn diese groß genug ist, heiße Elektronen zu erzeugen. So sinkt mit steigender Feldstärke die Zahl der anziehenden Zentren, während die Zahl der abstoßenden steigt. In beiden Fällen ändert sich die stationäre Trägerdichte. Für den Fall einer Zunahme der abstoßenden Zentren wird die Möglichkeit diskutiert, daß sich im Halbleiter ein negativer Widerstandsverlauf ergibt. Als besonders geeignetes Material wird n–Ge mit einem bestimmten Gehalt an Cu, Ni oder Au angegeben. E. Hartmann.

1–1397 **W. Czaja.** *Zur Theorie der Arbeit pro Elektron-Loch-Paar in Halbleitern der IV. Gruppe.* Helv. phys. acta **34**, 760–764, *1961*, Nr. 8. (Basel, Univ.) Beim Beschuß mit energiereichen Teilchen ist die mittlere zur Erzeugung eines Elektron-Loch-Paares notwendige Energie in Halbleitern für viele Substanzen etwa das Dreifache des Bandabstandes. Vf. schätzt die neben der reinen Aktivierungsenergie bei der Stoßionisation auftretenden zwei Anteile ab. Das sind die kinetische Restenergie, die sowohl Elektron oder Loch besitzen können, ohne zur Ionisation in der Lage zu sein, und die pro Stoßionisation direkt zur Erzeugung von Phononen, hauptsächlich sehr kurzwelliger Phononen, verwendete Energie. Es wird nachgewiesen, daß beide Anteile proportional zum Bandabstand sind, womit die experimentelle Regel qualitativ erfüllt ist.
G. Harbeke.

1–1398 **Tsuneo Akashi.** *Effect of impurities on electrical and dielectric properties of manganese zinc ferrites.* J. appl. Phys., Japan **30**, 928–933, *1961*, Nr. 12. (Dez.) (Kawasaki, Nippon Elect. Co., Fundam. Res. Labs.) Verunreinigungen von SiO_2 und CaO in den Größenordnungen (0–0,07) bzw. (0–0,7) Mol-% bewirken bei Mangan–Zink-Ferriten einen beträchtlichen Anstieg des spezifischen Widerstandes und der Dielektrizitätskonstanten. Daneben macht sich auch eine starke Frequenzabhängigkeit beider

Größen bemerkbar. Zur Erklärung dieses Tatbestandes wird die Bildung von Widerstandsschichten zwischen Bereichen gegensätzlichen dielektrischen Verhaltens betrachtet, wobei die Schichtdicke in der Größenordnung von $(10^{-7} - 10^{-6})$ cm und ihr spezifischer Widerstand auf $(10^5 - 10^6)\ \Omega$ cm abgeschätzt werden. G. Zentgraf.

1–1399 **N. E. Alexejewski** und **T. I. Kostina.** *Konzentrationsänderung der Ladungsträger in Wismut durch Verunreinigung mit Selen.* Sh. exp. teor. Fis. **41**, 1722–1724, *1961*, Nr. 6. (Orig. russ.) Da das Wismut nur etwa 10^{-5} Elektronen pro Atom enthält, haben geringe Beimischungen anderer Elemente großen Einfluß auf seine magnetischen und elektrischen Eigenschaften; speziell läßt sich dadurch der Charakter des asymptotischen Verhaltens des Widerstandstensors im Magnetfeld qualitativ ändern (Übergang vom Fall gleicher zum Fall verschiedener Elektronen- und Löcherdichten). Die Ausgangssubstanz von 99,998 Reinheit mit $R(300°\,K)/R(4,2°\,K) = 30$ wurde durch 20- bis 30malige Umkristallisation in einer Zonenschmelzapparatur auf ein Widerstandsverhältnis von 260 gereinigt. Die zugefügte Menge radioaktiven Selens wurde an Hand der γ-Strahlung kontrolliert. Es wurden Einkristall-Proben mit Selengehalten zwischen $0,5 \cdot 10^{-4}$ und $3,05 \cdot 10^{-4}$ untersucht. Aus der HALL-Konstante in starken Feldern ergibt sich, daß ein Atom Selen die Elektronenkonzentration in Wismut um $(3 \pm 0,3) \cdot 10^{-2}$ Elektronen pro Atom ändert; dabei ist vorausgesetzt, daß sich die FERMI-Fläche für Löcher hierbei nicht wesentlich ändert. H. Vogel.

1–1400 **H. Fritzsche.** *Effect of uniaxial compression on impurity conduction in n-type germanium.* Phys. Rev. (2) **125**, 1552–1560, *1962*, Nr. 5. (1. März.) (Chicago, Univ., Dep. Phys.) Scherbeanspruchung ändert die Donatorwellenfunktion und beeinflußt stark die Verunreinigungsleitung, die empfindlich vom Überlappen der Wellenfunktionen benachbarter Verunreinigungen abhängt. Bei Kompression in der 1–1–1-Ebene wurde als Funktion des Druckes der kritische Verunreinigungsabstand d_c untersucht: für den Übergang von nichtmetallischer zu metallischer Leitung und Fremdleitung im Konzentrationsgebiet $7 \cdot 10^{16} < N < 3 \cdot 10^{17}/\mathrm{cm}^3$. Der größte Druck betrug $2 \cdot 10^{19}\,\mathrm{dyn/cm}^2$. Der Haupteffekt ist eine Änderung der Aktivierungsenergie der Fremdleitung (ε_2). In As- und P-dotiertem Germanium wird ε_2 größer, d_c kleiner. Das Umgekehrte wird bei Sb-Dotierung beobachtet. Diese Beobachtungen deuten an, daß die Aktivierungsenergie ε_2 stark vom Überlappen der Wellenfunktionen abhängt. R. Stäudner.

1–1401 **H. Fritzsche.** *Effect of stress on the donor wave functions in germanium.* Phys. Rev. (2) **125**, 1560–1567, *1962*, Nr. 5. (1. März.) (Chicago, Univ., Dep. Phys.) Der Einfluß einer an einen Halbleiter angelegten äußeren Spannung besteht nicht nur darin, daß die Kopplungskoeffizienten zwischen den verschiedenen Leitungsbändern geändert werden, auch die „effektiven Massen“-Näherungen in den Umgebungen der einzelnen Bänderminima sind zu korrigieren. Die Spannungsabhängigkeit dieser Korrektur hängt empfindlich von der Größe der Donatorpotential-Bahn-Aufspaltung ab. (In Germanium: $4\,\Delta = 0,57 \cdot 10^{-3}$ eV bei Sb-Dotierung, $4\,\Delta = 2,9 \cdot 10^{-3}$ eV bei P-Dotierung, $4\,\Delta = 4,15 \cdot 10^{-3}$ eV bei As-Dotierung.) Das qualitative Verhalten des Piezowiderstandes im Bereich der Störstellenleitfähigkeit kann auf diesem Wege erklärt werden. Auch die Spannungsabhängigkeit der Überfeinaufspaltung durch die Spinresonanz wird außer im Fall extrem hoher Drucke durch die Korrekturen zur „effektiven Massen“-Näherung empfindlich beeinflußt. D. Langbein.

1–1402 **Jerzy Mycielski.** *One-phonon transition rate in impurity conduction.* Phys. Rev. (2) **125**, 1975–1977, *1962*, Nr. 6. (15. März.) (Warsaw, Acad. Sci., Inst. Phys.) Die Einphonon-Übergangsrate für Ladungsträgerübergang von einem besetzten Verunreinigungszentrum zu einem leeren wird mit Hilfe des Formalismus von GUMMEL und LAX (Ber. **38**, 511, *1959*) berechnet. In diesem Formalismus wird das Deformationspotential als Störung benutzt und die Abhängigkeit der Gleichgewichtslage der Gitteratome vom Zustand des Ladungsträgers berücksichtigt. Der Einfluß dieser Abhängigkeit auf die Einphonon-Übergangsrate für Ladungsträgerübergang wird besonders untersucht. Die allgemeine Formel wird auf n- und p-Si und -Ge in der Näherung des parabolischen Bandes angewendet. R. Klein.

1-1403 **J. Franks** and **P. N. Keating.** *The measurements of defect states in CdS.* J. Phys. Chem. Solids **22,** *1961,* (Dez.) S. 25–29. (Harlow, Ess., A. E. I. Res. Lab.) Bei der Analyse der Thermolumineszenz- und der Wärmeleitfähigkeitskurven wird im allgemeinen angenommen, daß die Einfangsquerschnitte S der Haftstellen temperaturunabhängig sind oder daß sie sich nach einem inversen quadratischen Gesetz ändern. Die Betrachtung wird auf den Fall erweitert, daß durch „retrapping" keine Temperaturabhängigkeit des Einfangsquerschnittes gemäß einem einfachen Kraftgesetz T^{-a} auftritt. Ein einzelner Thermolumineszenz-Erwärmungsvorgang (heating run) reicht aus, um S, a und die Trapptiefe E zu erhalten. Ähnliche Betrachtungen lassen sich auf die Wärmeleitfähigkeit anwenden, vorausgesetzt, daß die Rekombinationslebensdauer nicht stark temperaturabhängig ist. Wenn Trappzustände bei niedrigen Temperaturen im Dunkeln besetzt werden, indem man eine Spannung anlegt, die oberhalb einer entsprechenden Grenze der besetzten Haftstellen liegt, so zeigt sich, daß unter gewissen Bedingungen die Analyse unabhängig von „retrapping" oder Rekombinationslebensdauer angewendet werden kann. Wärmeleitfähigkeitsmessungen an einem Cu-dotierten CdS-Kristall mit Trappzentren, für die $a \approx -5/2$ ist, werden diskutiert. H. Süßmann.

1-1404 **Tadaoki Yamashita** and **Ayako Ohnuki.** *Trapping center in germanium.* J. appl. Phys., Japan **30,** 885–892, *1961,* Nr. 12. (Dez.) (Orig. jap. m. engl. Zfg.) (Kawasaki, Fuji Commun. App. Manufact. Co.) Die Einwirkung von Haftstellen auf Ladungsträger in Ge bei tiefen Temperaturen wird untersucht durch Messung des Abklingens der Photoleitung in Kristallen mit sauberem Gitter oder mit bekannten Konzentrationen an Cu oder bekannten Versetzungsdichten (ca. 10^{13} Cu/cm^3 oder ca. 10^5 Versetzungen/cm^3). Es wird ein Einfang auf Termen betrachtet, die mehrfachen Ladungszuständen entsprechen. Cu ist in Ge bei Zimmertemperatur ein Rekombinationszentrum und wird unterhalb 200° K eine besetzte Löcherhaftstelle, Abklingzeit und Photoleitfähigkeit steigen dabei stark an. Proben mit höherer Cu-Konzentration zeigen längere Abklingzeiten bei tiefer Temperatur, solche mit höherer Donatorenkonzentration zeigen kürzere Abklingzeiten. Daraus geht hervor, daß die Verschiebung des FERMI-Niveaus nicht der einzige Grund für das Auftreten von Haftstellen bei tiefen Temperaturen ist. Der Einfangquerschnitt des dritten Cu-Niveaus für Elektronen in Ge zeigt eine Temperaturabhängigkeit $\sigma_{n3} \sim \exp(-\varepsilon/kT)$ mit $\varepsilon = 0{,}25$ eV. Versetzungen rufen einen Abfall der Zeitkonstante und der Photoempfindlichkeit mit sinkender Temperatur hervor, der das 1-Niveau-Modell der Rekombination unterstützt. A. Richter.

1-1405 **H. Bilger.** *Untersuchungen von Rekombinationsvorgängen in neutronenbestrahlten Ge-pnp-Transistoren.* Helv. phys. acta **34,** 909–928, *1961,* Nr. 8. (Basel, Univ., Inst. angew. Phys.) Legierte Ge-Flächentransistoren wurden mit einer festen, bekannten Verteilung schneller Neutronen bestrahlt, wodurch die Rekombinationsrate erhöht wird. Die Veränderungen einiger Transistorparameter lassen sich mit dem HALL-SHOCKLEY-READ-Modell erklären. Ein herausstechendes Ergebnis ist eine 3 Zehnerpotenzen breite Verteilung der Lebensdauern, die durch einen stark feldabhängigen Einfangquerschnitt erklärt werden kann. G. Harbeke.

1-1406 **J. Mort** and **W. E. Spear.** *Hole drift mobility and lifetime in CdS crystals.* Phys. Rev. Letters **8,** 314–315, *1962,* Nr. 8. (15. Apr.) (Leicester, Univ., Phys. Dep.) Messung der Beweglichkeit und Lebensdauer von Löchern in CdS mittels eines Elektronenstrahlverfahrens: Über eine für Elektronen durchlässige dünne Deckelektrode werden Elektronenstrahlimpulse mit einer Impulsdauer von einigen nsec auf den Probekristall gelenkt. Etwa 5 μ unter dieser Deckelektrode werden freie Ladungsträger gebildet, wobei die entstandenen Löcher durch ein angelegtes gepulstes Feld abgezogen werden. Die resultierende Ladungsverschiebung wird oszillographisch gemessen. Weil die Deckelektrode keine injizierende Wirkung besitzen darf, wird dafür eine 0,5 μ starke Pyrexschicht verwendet. Die Löcherbeweglichkeit von 7 Präparaten bei Zimmertemperatur liegt zwischen 10 · und 18 · 10^3 cm^2 V^{-1} sec^{-1}. Bei 210° K liegt ein schwaches Beweglichkeitsmaximum. Die mittlere Lebensdauer beträgt etwa 2 · 10^{-7} sec.
P. Thoma.

1-1407 **Y. E. Pokrovsky** and **K. J. Svistunova.** *Recombination processes in silicon doped with Ga, In and Sb.* J. Phys. Chem. Solids **22,** *1961,* (Dez.) S. 39–43. (Moscow, Acad.

Sci., Inst. Radio Electron.) Die Temperatur- und Konzentrationsabhängigkeit der Lebensdauer der Überschußladungsträger in Ga-, In- und Sb-dotiertem Silicium wurden untersucht. Die aufgeführten Elemente zeigen keinen bedeutenden Einfluß auf die Rekombinationswerte der Minoritätsträger. Trappvorgänge werden beobachtet an In-dotiertem n-Silicium infolge Locheinfang an negativ geladenen Indiumzentren. Der Locheinfangsquerschnitt beträgt annähernd $2 \cdot 10^{-16}$ cm² bei 80° K und ist nur schwach temperaturabhängig. Der Elektroneneinfangsquerschnitt neutraler In-Atome ist etwa $4 \cdot 10^{-22}$ cm² bei 80° K und steigt mit abfallender Temperatur. Rekombinationsstrahlung, die den Elektroneneinfang durch In-Atome begleitet, wird quantitativ untersucht. Es wird gezeigt, daß der Einfangsquerschnitt durch Strahlungsübergänge bestimmt wird. G. Mönch.

1–1408 **V. G. Alexeeva, S. G. Kalashnikov, I. V. Karpova** and **E. G. Landsberg.** *Recombination properties of manganese and gold in germanium.* J. Phys. Chem. Solids **22**, *1961*, (Dez.) S. 45–50. (Moscow, Acad. Sci., Inst. Radio Electron.) Es wurden Messungen über den PME-Effekt und die Photoleitung an n- und p-Germanium, das mit Au und Mn dotiert war, im Temperaturbereich von 330 — 90° K durchgeführt. Die Einfangskoeffizienten für Gold bei 300° K ergaben sich zu $\alpha_n^0 = 5 \cdot 10^{-10}$, $\alpha_n^- = 2 \cdot 10^{-9}$, $\alpha_p^= = 1 \cdot 10^{-7}$ (cm³/sec); für Mn ergab sich $\alpha_n^0 = 2 \cdot 10^{-9}$, $\alpha_n^- = 4 \cdot 10^{-10}$, $\alpha^= = 6 \cdot 10^{-10}$ (cm³/sec). Die $\alpha^=$-Temperaturabhängigkeit ist von der Form T^{-n}, wobei $n = 3{,}5$ für Gold und $n = 4{,}5$ für Mn ist. α_n^0 und α_n für Mn, wie auch α_n^0 für Au sind nur schwach temperaturabhängig. Die α-Werte sind in Übereinstimmung mit den Analysen der Trapperscheinungen in n-Leitern. Die experimentellen Resultate werden diskutiert und mit den Angaben anderer Autoren verglichen. G. Mönch.

1–1409 **G. Ascarelli** and **S. Rodriguez.** *Recombination of electrons and donors in semiconductors.* J. Phys. Chem. Solids **22**, *1961*, (Dez.) S. 57–62. (Urbana, Ill., Univ., Dep. Phys.; Lafayette, Indiana, Univ., Dep. Phys.) Eine Berechnung der Rekombination von Elektronen im Leitungsband eines Halbleiters mit ionisierten Donatorverunreinigungen wird beschrieben. Der angenommene Prozeß besteht zunächst in dem Einfang des Elektrons in einen angeregten Zustand des Donatorenzentrums, dem ein Übergang zum Grundzustand folgt. Dieser Vorgang ist am wirksamsten in dem Fall, bei dem alle Übergänge begleitet werden durch Emission oder Absorption von Phononen. Die erhaltenen Resultate werden mit früheren theoretischen Berechnungen und mit Experimenten verglichen. Die Übereinstimmung zwischen der vorliegenden Theorie und dem Experiment ist ziemlich gut und wird in einem Bild verdeutlicht. G. Mönch.

1–1410 **J. Zucker** and **E. M. Conwell.** *The recombination of hot carriers in germanium. Experimental.* J. Phys. Chem. Solids **22**, *1961*, (Dez.) S. 141–147. (Bayside, N. Y., Gen. Tel. Electron. Labs, Inc.) Durch ein Mikrowellenfeld von 2,85 kMc mit Feldstärken bis zu 10^4 V/cm werden in Germanium heiße Ladungsträger erzeugt. Diese heißen Ladungsträger erniedrigen einen zunächst konstanten Photostrom; auf diese Weise kann ihre Rekombination berechnet werden. Bei den untersuchten Proben wurden die durch Oberflächenrekombination und durch die Rekombination an Kupferverunreinigungen bedingten Lebensdauern gemessen. In Übereinstimmung mit der Theorie zeigen die experimentellen Ergebnisse, daß die Elektronen-Einfangquerschnitte von einfach geladenen Kupferzentren mit steigender Geschwindigkeit der Ladungsträger abnehmen. A. Tausend.

1–1411 **E. M. Conwell** and **J. Zucker.** *The recombination of hot carriers. Theoretical.* J. Phys. Chem. Solids **22**, *1961*, (Dez.) S. 149–153. (Bayside, N. Y., Gen. Tel. Electron. Labs, Inc.) Bei der Bestimmung des Zusammenhanges zwischen dem Einfangquerschnitt der Rekombinationszentren und der Ladungsträgergeschwindigkeit muß die Gittertemperatur konstant gehalten werden; ferner ist darauf zu achten, daß die heißen Ladungsträger nicht über die Elektroden abgeführt werden. Diese beiden Bedingungen können durch ein kurzzeitiges Anlegen eines Mikrowellenfeldes erfüllt werden. Auf von Shockley und Red für kleine Felder abgeleitete Formeln aufbauend, berechnten die Vff. die Kinetik der Rekombination in hohen Feldern. Dabei wird der Zusammenhang zwischen der durch das Mikrowellenfeld verursachten Änderung der Ladungsträgerkonzentration und der Geschwindigkeitsabhängigkeit der Einfang-Querschnitte angegeben. Mit Hilfe dieser Beziehung wird der Einfang-Querschnitt von negativ geladenen Kupferzentren für Elektronen mit verschiedener Geschwindigkeit in Germanium bestimmt; die Ergebnisse werden diskutiert. A. Tausend.

1-1412 **Gerald S. Picus.** *Recombination processes in far infrared photoconductors.* J. Phys. Chem. Solids **22**, *1961*, (Dez.) S. 159—166. (Malibu, Calif., Hughes Res. Labs.) Das Ziel der Arbeit war das Studium der Rekombinationsprozesse in Verunreinigungs-Photoleitern. In mit Zn und Cu dotiertem Germanium wurden bei 4,2° K die Leitfähigkeit, die Photoempfindlichkeit und das Rauschen als Funktion des elektrischen Feldes und der eingestrahlten Lichtintensität gemessen. Bei hohen Feldstärken erfolgt der elektrische Durchbruch ähnlich wie bei Dunkelheit. Das wichtigste Ergebnis ist die Strom-Spannungs(I–V)-Charakteristik bei mittleren Feldstärken, für die ein Gesetz der Form $I = I_0 \exp(V_0/V)$ gefunden wurde; I_0 ist proportional der Beleuchtungsstärke und V_0 beträgt etwa 0,25 bis 0,4 der Durchbruchspannung. Bei kleinen Feldstärken zeigen die Proben ein OHMsches Verhalten, wobei die Leitfähigkeit der Beleuchtungsstärke proportional ist. Die starke Stromzunahme, besonders im mittleren Feldstärkebereich wird einer Änderung der Rekombinationsgeschwindigkeit der freien Ladungsträger an ionisierten Verunreinigungszentren zugeschrieben. Hier dürfte ein ähnlicher Mechanismus vorliegen, wie er bei der Aufheizung von freien Ladungsträgern unter dem Einfluß eines hohen elektrischen Feldes gefunden wurde. Einige Beobachtungen deuten darauf hin, daß die Geschwindigkeitsverteilung der freien Ladungsträger von der spektralen Verteilung der einfallenden Photonen abhängig ist. A. Tausend.

1-1413 **A. A. Grinberg.** *The photomagnetic effect in isotropic semiconductors and its use in measuring the lifetime of minority current carriers.* Soviet Phys.-Solid State **2**, 766—776, *1960*, Nr. 5. (Nov.) (Engl. Übers. aus: Fiz. Tverd. Tela **2**, 836—847, *1960*, Nr. 5.) (Leningrad, Acad. Sci., Physicotech. Inst.) In dieser Arbeit wird eine einfache Gleichung für den Strom im Fall zweier Typen von Ladungsträgern gleichen Vorzeichens abgeleitet. Die Gleichung wird benutzt, um innerhalb der Gültigkeit der klassischen kinetischen Gleichung den Photostrom und die photomagnetische EMK in beliebigen magnetischen Feldern zu berechnen. Es wird die photomagnetische Methode zur Messung der Lebensdauer von Ladungsträgern diskutiert und Formeln abgeleitet zur Bestimmung der Lebensdauer in starken Feldern. L. Gutjahr.

1-1414 **A. G. Chynoweth, R. A. Logan** and **D. E. Thomas.** *Phonon-assisted tunneling in silicon and germanium Esaki junctions.* Phys. Rev. (2) **125**, 877—881, *1962*, Nr. 3. (1. Febr.) (Murray Hill., N. J., Bell Tel. Labs.) Bei der Untersuchung der Strom-Spannungs(I–V)-Charakteristik von Tunneldioden bei 4,2° K zeigt sich ein Einfluß der Phononen. Die Effekte wurden an Germanium- und Silicium-Dioden untersucht; sie treten stärker hervor, wenn anstelle der Stromstärke I die erste oder noch besser die zweite Ableitung ($G = dI/dV$ bzw. $(d^2I/dV^2)G^{-2}$) über der Durchlaßspannung V aufgetragen wird. Bei Si wurden 12 Phononen- bzw. Phononenkombinationsenergien, bei Ge dagegen nur 7 gefunden. Diese Energien lassen sich sehr gut den Phononenenergien zuordnen, wie sie aus der Neutronenbeugung gefunden wurden. In Silicium-Übergängen wurden darüber hinaus in den Diagrammen der 2. Ableitung Oszillationen gefunden. Die Ursache dieser Oszillationen ist noch nicht aufgeklärt; möglicherweise können sie auf eine Aufspaltung der Energiebänder im hohen elektrischen Feld (STARK-Effekt) des p–n-Überganges zurückgeführt werden. A. Tausend.

1-1415 **W. Shockley.** *Diffusion and drift of minority carriers in semiconductors for comparable capture and scattering mean free paths.* Phys. Rev. (2) **125**, 1570—1576, *1962*, Nr. 5. (1. März.) (Palo Alto, Calif., Unit Clevite Transist., Shockley Transist.) Eine Methode zur Behandlung des Transports von injizierten Minoritätsträgern wird entwickelt, die auf solche Fälle anwendbar ist, in denen die mittlere freie Weglänge für den Einfang kleiner wird als die m. f. W. für Streuung. Die Differentialgleichungen sind dieselben wie bei der Methode der Flußerhaltung. Es wird gezeigt, daß diese D.-Glen. einer Kontinuitätsgleichung entsprechen, aber mit einer Diffusionskonstante, die die Verminderung der m. f. W. durch Einfangprozesse enthält. Durch geeignete Wahl der Randbedingungen kann das Problem in eine einfache Form gebracht werden. Die

D.-Glen. entsprechen gewissen vereinfachenden und einschränkenden Annahmen über die Geschwindigkeitsverteilung der Ladungsträger. Die Methode wird auf den eindimensionalen feldfreien Fall angewandt und auf drei Dimensionen mit elektrischen Feldern erweitert. R. Stäudner.

1–1416 **J. P. McKelvey.** *Analysis of semiconductor p–n junctions and junction devices by a flux method.* J. appl. Phys. **33**, 985–991, *1962*, Nr. 3. (März.) (Pittsburgh, Penn., Westinghouse Res. Labs.) Eine neue Methode zur Untersuchung des Verhaltens von Überschußladungsträgern in Halbleitern auf der Grundlage der Erhaltung des Ladungsträgerflusses, nachdem Erzeugung und Rekombination stattgefunden haben, wird auf p–n-Übergänge angewandt. Es wird angenommen, daß der p–n-Übergang in bezug auf das Material auf beiden Seiten als Quelle von überschüssigen Minoritätsträgern wirkt, ferner, daß der Fluß proportional zu exp (eV/kT) ist, wobei V die Vorspannung am p–n-Übergang ist. Im Fall des ebenen p–n-Übergangs im unendlichen Kristall erhält man die gleiche exponentielle Strom-Spannungsabhängigkeit wie mit der herkömmlichen Diffusionsrechnung, aber einen allgemeineren Ausdruck für den Sättigungsstrom. Insbesondere für Material mit kleiner Ladungsträgerlebensdauer wird der Sättigungsstrom kleiner und unabhängig von der Lebensdauer. Die Methode wird auf eine einfache p–n-Photozelle angewandt. Hier bleibt die Strom-Spannungsabhängigkeit ungeändert, aber man erhält modifizierte Ausdrücke für Sättigungs- und Generationsstrom. Die Methode ist beschränkt auf eindimensionale, feldfreie und statische Fälle. R. Stäudner.

1–1417 **Hiroo Yonemitsu.** *Low temperature electrical breakdown of germanium. II.* J. appl. Phys., Japan **30**, 672–679, *1961*, Nr. 9. (Sept.) (Orig. jap. m. engl. Zfg.) Das mit dem elektrischen Durschschlag von Germanium in der Nähe von 4° K verbundene Auftreten eines negativen Widerstandes wird untersucht mit Gleichstrom aus einem Konstant-Strom-System und mit Wisch-Impulsen. Man beobachtet zwei Arten des negativen Widerstandes. Die eine ist „langsam“ und wird mit der Gleichstrom-Methode in unkompensiertem Ge gefunden. Sie verschwindet bei Anwendung der Wisch-Impuls-Technik und scheint demnach verursacht zu sein durch thermische Leitfähigkeitsänderung wie bei Thermistoren. Die andere Art wird folgendermaßen beschrieben: in Ge, das mit Ga oder In dotiert und mit Sb kompensiert ist, erscheint ein vorübergehender negativer Widerstand oberhalb der kritischen Feldstärke E_c, die vom Kompensationsgrad und von der Störstellenkonzentration abhängt. In Ge mit $2{,}5 \cdot 10^{15}$ In pro cm^3 als Überschußverunreinigung wird die kritische Feldstärke E_c höher mit ansteigendem Kompensationsgrad und zeigt eine charakteristische Temperaturabhängigkeit. A. Richter.

1–1418 **Gaston Fischer.** *The electrical resistivity of solid and liquid tri-iodides of antimony and bismuth.* Helv. phys. acta **34**, 827–833, *1961*, Nr. 8. (Ottawa, Nat. Res. Counc., Div. pure phys.) Der elektrische Widerstand von SbI_3 und BiI_3 wurde in den festen und flüssigen Phasen gemessen. Beide sind Halbleiter von hohem Widerstand mit Bandabständen von etwa 1,05 eV bzw. 2,5 eV. Das Halbleiterverhalten scheint auch in der flüssigen Phase beibehalten zu werden. Weiter wird die optische Absorption in der Nähe der Absorptionskanten gemessen, die bei BiI_3 auf einen anomal hohen Temperaturkoeffizienten des Bandabstands schließen läßt. C. Harbeke.

1–1419 **Nicole Sexer.** *Sur quelques propriétés de Cd_3As_2.* J. Phys. Radium **22**, 807–810, *1961*, Nr. 12. (Dez.) (Fontenay aux Roses, Fac. Sci., Électrotech. Gén.) An Einkristallen aus Cd_3As_2 wird die Temperaturabhängigkeit des spez. Widerstandes und des Hall-Effektes sowie die Thermokraft gemessen. Die Proben waren teilweise mit Ge dotiert. Von der Abhängigkeit der Meßwerte von der Trägerkonzentration, kann man auf völlige Entartung des Elektronengases schließen. Bei Zimmertemperatur haben Stöße mit Schnellquanten den größten Einfluß auf die Beweglichkeit. Die effektive Masse beträgt $m^* = (0{,}05 \pm 0{,}015)$ m. C. Kunze.

1–1420 **T. Kohane** and **B. D. Silverman.** *Electrical conduction in nickel ferrous ferrites.* Berichtigung. J. phys. Soc. Japan **17**, 886, *1962*, Nr. 5. (Mai.) S. Ber. **41**, Nr. 11–1075, *1962*. B. Bein.

1-1421 **G. Ciobanu.** *Über die Randbedingungen in der Theorie der Oberflächenleitung von Halbleitern.* Z. Phys. **165**, 184–201, *1961*, Nr. 2. (6. Nov.) (Bucuresti, Akad., Phys. Inst.) Das Verständnis der Transporterscheinungen in der Raumladungsschicht an der Oberfläche von Halbleitern oder in dünnen Schichten und in Halbleiterdrähten setzt die Kenntnis der Randbedingungen für die Verteilungsfunktion der Ladungsträger an der Halbleiteroberfläche und an den inneren Potentialwänden voraus. Diese Randbedingungen der Verteilungsfunktion werden in der vorliegenden theoretischen Arbeit untersucht; die Verteilungsfunktion wird für den Fall von Halbleiterschichten, Halbleitern mit ebener Oberfläche und Halbleiterdrähten mit kreisförmigem Querschnitt berechnet. W. Schroen.

1-1422 **D. R. Turner.** *On the mechanism of chemically etching germanium and silicon.* J. electrochem. Soc. **107**, 810–816, *1960*, Nr. 10. (Okt.) (Murray Hill, N. J., Bell Tel. Labs, Inc.) Das Elektrodenpotential von Germanium und Silicium in einer chemischen Ätzlösung ist abhängig von deren pH-Wert, der Ätzgeschwindigkeit, der physikalischen Beschaffenheit der Oberfläche, dem Leitfähigkeitstyp und dem elektrischen Widerstand. Aus den Versuchsresultaten ergibt sich, daß auf der Oberfläche des Halbleiters während des Ätzvorganges ein Überschuß an Löchern (Defektelektronen), an anderen Stellen von Elektronen gebildet wird. Die Löcher werden dabei von den als Kathode fungierenden Oberflächenstellen her eingeschleußt, doch wird nur ein Teil dieser Löcher an den Anodenstellen verbraucht, da die chemische Reaktion an diesen letzteren Stellen eine Stromvervielfachung bewirkt. E. Wiegel.

1-1423 **S. K. Ghosh.** *Influence of oxygen on the electrical conductivity of clean tellurium surfaces.* Proc. nat. Inst. Sci. India (A) **27**, 476–481, *1961*, Nr. 5. (26. Sept.) (Kharagpur, Indian Inst. Technol., Dep. Phys.) Die Sauerstoffaufnahme an Tellur-Aufdampfschichten wurde durch die Messung der zeitlichen Änderung der elektrischen Leitfähigkeit der Schicht während des Adsorptionsprozesses untersucht. Die Ergebnisse können unter Annahme der Reaktionen $O^{--} \rightarrow O^- + e$ und $O_2 + 2\,e \rightarrow 2\,O^-$ (Chemisorption von Sauerstoff) gedeutet werden. K. Zückler.

1-1424 **A. Frova** e **A. Stella.** *Proprietà di superficie nei semiconduttori.* Suppl. Nuovo Cim. (10) **22**, 517–544, *1962*, Nr. 2. (Pavia, Univ., Ist. Fis.)

1-1425 **A. D. McLachlan.** *Electrons and holes in alternant hydrocarbons.* Mol. Phys. **4**, 49–56, *1961*, Nr. 1. (Jan.) (Cambridge, Univ., Conant Chem. Lab.) Beggerow.

1-1426 **E. Erlbach** and **J. B. Gunn.** *Noise temperature of hot electrons in germanium.* Phys. Rev. Letters **8**, 280–282, *1962*, Nr. 7. (1. Apr.) (Yorktown Heights, N. Y., IBM Corp., Thomas J. Watson Res. Cent.) Die die Elektronenbewegung beschreibende Rauschtemperatur T_n wurde an 8 Ohm · cm n-Germanium durch das Rauschen bei 420 MHz gemessen (Zimmertemperatur, 7 μsec-Impulse). Es zeigt sich, daß sich die Verteilungsfunktion $f(\varepsilon)$ der Elektronen in Abhängigkeit von dem elektrischen Feld ändert und für heiße Elektronen keine BOLTZMANN-, sondern eine PISARENKO-Verteilung ist. R. Stäudner.

1-1427 **D. J. McNeill.** *Measurement of the thermal diffusivity of thermoelectric materials.* J. appl. Phys. **33**, 597–600, *1962*, Nr. 2. (Febr.) (Towcester, Northants, Plessey Co. Ltd., Caswell Res. Labs.) Die klassische ANGSTRÖM-Methode wird dahingehend modifiziert, daß durch eine Probe mit genügender thermoelektrischer Effektivität ein periodisch umgepolter Gleichstrom fließt, der infolge des PELTIER-Effektes bei geeigneter Schalthäufigkeit sinusförmige Temperaturwellen hervorruft. Wegen der Rechteckimpulse ist die JOULEsche Erwärmung zeitlich konstant und beeinflußt nicht die periodischen Temperaturschwankungen. Die THOMSON-Wärme kann vernachlässigt werden. Die zwei registrierenden Thermoelemente müssen auf nur einer Seite von der Probenmitte angebracht werden, da diese bei einer derartigen Anordnung keiner Temperaturschwankung unterworfen ist. Aus dem Abstand Δx der Thermoelemente, dem durch sie gemessenen Amplitudenverhältnis T_1/T_2 und der Phasendifferenz β sowie der Periodendauer τ kann in bekannter Weise die Temperaturleitfähigkeit $K = \pi \Delta x^2/\tau\beta \ln (T_1/T_2)$ berechnet werden. Wenn die Wärmeverluste (durch Strahlung und Zuleitungen) klein sind gegen die Frequenz ω, kann K auch in einfacher Weise graphisch bestimmt werden, da die Neigung der Kurven $\ln T\omega^{1/2}$ gegen $\omega^{1/2}$ gleich $\varkappa(2K)^{-1/2}$ ist. Zur Prüfung der Methode wurde K an einer jod-dotierten PbTe-Probe (4 cm lang; 2×2 mm² Querschnitt) bei Zimmertemperatur gemessen: in graphischer Bestimmungsweise $(0{,}0114 \pm 0{,}0003)$ und $(0{,}0113 \pm 0{,}0003)$ cm² s^{-1}; in rechnerischer $(0{,}012 \pm 0{,}001)$ cm² s^{-1}. H. Süßmann.

1–1428 **A. R. Allnatt** and **P. W. M. Jacobs.** *The thermoelectric power of ionic crystals. II. Results for potassium chloride.* Proc. roy. Soc. (A) **267**, 31–44, *1962*, Nr. 1328. (24. Apr.) (London, Imp. Coll., Dep. Chem.) Die differentielle Thermospannung von Einkristallen aus reinem KCl und KCl mit 0,107 Mol-% $SrCl_2$ wird im Temperaturbereich von 561 bis 693° C zwischen Platinelektroden gemessen. Es wird eine große Spannung beobachtet, die in Abwesenheit eines Temperaturgradienten zwischen 470 und 570° C durch die Kristalle erzeugt wird. Die Transportwärme zwischen 560 und 690° C wird für Kationen zu 0,99 eV und für Anionen zu 2,1 eV errechnet. Es werden Gründe für das Versagen der von Holtan Mazur und de Groot vorgeschlagenen Beziehung diskutiert, wonach die Summe der Transportwärmen für reines KCl verschwinden sollte. F. Fischer.

1–1429 **G. E. Smith** and **R. Wolfe.** *Thermoelectric properties of bismuth-antimony alloys.* J. appl. Phys. **33**, 841–846, *1962*, Nr. 3. (März.) (Murray Hill, N. J., Bell Tel. Labs. Inc.) Der spez. Widerstand ρ, die Thermokraft α und die thermoelektrische Effektivität $Z = \alpha^2/\rho\varkappa$ ($\varkappa$ — Wärmeleitfähigkeit) wurden zwischen 20° K und 300° K an Einkristallen bis zu 40% Sb-Gehalt gemessen, die nach einer Zonenschmelztechnik aus 6-Neuner-Materialien hergestellt worden waren. Alle Proben waren n-leitend und entweder Halbmetalle (0–5% Sb) oder Eigenhalbleiter (5–40% Sb) mit einem Bandabstand $\leq 0{,}014$ eV. α und Z sind anisotrop und haben die größten Werte in Richtung der dreifachen Symmetrieachse. Alle Legierungen zwischen 3 bis 16% Sb-Gehalt erreichen ein maximales Z von ca. $5 \cdot 10^{-3}$ grd^{-1} zwischen $70°K \leq T \leq 100°K$. Den höchsten Z-Wert bei Zimmertemperatur hat die Legierung mit 5% Sb: $z = 1{,}8 \cdot 10^{-3}$ grd^{-1}. Hier ist $\alpha = (-110 \pm 10)$ µV/grd $\simeq$ const im Bereich $77°K \leq T \leq 300°K$ und $\rho \cdot \varkappa$ entspricht bis hinab zu 100° K dem Wiedemann-Franz-Gesetz. Daher ist für $100°K \leq T \leq 300°K$ $Z \sim 1/T$ ($ZT = 0{,}52 \pm 0{,}05$). Bei 300° K beträgt ρ ca. $1{,}5 \cdot 10^{-4}$ Ohm · cm. Die Kombination mit einem p-Leiter einer üblichen Bi_2Te_3-Legierung ergab ein Peltier-Element mit $Z = 2{,}4 \cdot 10^{-3}$ grd^{-1} für $100°K \leq T \leq 300°K$, das unterhalb 240° K den zur Zeit gebräuchlichen überlegen ist. Unterhalb 100° K wurde experimentell eine maximale Temperaturdifferenz von 7 grd statt der berechneten 10 grd erreicht. H. Süßmann.

1–1430 **F. M. Ryan, I. N. Greenberg, F. L. Carter** and **R. C. Miller.** *Thermoelectric properties of some cerium sulfide semiconductors from 4° to 1300° K.* J. appl. Phys. **33**, 864–868, *1962*, Nr. 3. (März.) (Fort Monmouth, N. J., U. S. Army Signal Res. Develop. Lab.; Pittsburgh, Penn., Westhinghouse Res. Labs.) Die Wärmeleitfähigkeit $\varkappa$, der spez. Widerstand und die Thermokraft α wurden an gesinterten Proben CeS_x mit $1{,}33 \leq x \leq 1{,}5$ mit und ohne SrS-Dotierung gemessen. ρ und α steigen — ähnlich einem Metall — mit wachsender Temperatur und haben je nach Dotierung und Temperatur Werte zwischen (10^1 bis 10^{-3}) Ohm · cm und (— 900 bis — 50) µV/grd. Bei $x = 1{,}33$ wurden für die Gitterwärmeleitfähigkeit $15 \cdot 10^{-3}$ W/cm grd bei Zimmertemperatur und $8 \cdot 10^{-3}$ W/cm grd bei 1300° K gefunden. Die beste thermoelektrische Effektivität $Z = \alpha^2/\rho \cdot \varkappa$ zeigte die Probe $CeS_{1.37}(SrS)_{0.038}$ mit ca. $0{,}08 \cdot 10^{-3}$ grd^{-1} bei 300° K und ca. $0{,}45 \cdot 10^{-3}$ grd^{-1} bei 1300° K. Gegen den früher vorgeschlagenen Leitungsmechanismus durch „small polarons" (z. B. Ber. **40**, Nr. 10–434, *1961*) werden einige Einwände vorgebracht. H. Süßmann.

1–1431 **J. Ginter** and **W. Szymańska.** *Measurements of thermoelectric power in InSb.* Bull. Acad. polon. Sci. (math. astr. phys.) **9**, 419–421, *1961*, Nr. 5. O. Wegner.

1–1432 **M. I. Korsunskii, N. S. Pastushuk** and **G. D. Mokhov.** *Excluding the effect of nonphotoconducting layers when investigating the photoconductivity of layers of amorphous selenium with mercury impurity.* Soviet Phys.-Solid State **3**, 991–994, *1961*, Nr. 5. (Nov.) (Engl. Übers. aus: Fiz. Tverd. Tela **3**, 1366–1370, *1961*, Nr. 5.) Das Verhalten von Schichten aus amorphem Selen, die Hg-Dämpfen ausgesetzt waren, wird durch einen nicht photoleitenden Serienwiderstand erklärt. Es wird eine Methode vorgeschlagen, wie dieser Serienwiderstand bestimmt werden kann. Dabei wird die Abhängigkeit des Photostromes von der Bestrahlungsstärke benutzt. F. Lappe.

1–1433 **E. A. Konorova** and **L. A. Sorokina.** *The photo-conductivity of uncolored alkali halide crystals stimulated by a strong electric field.* Soviet Phys.-Solid State **3**, 2255 bis 2258, *1962*, Nr. 10. (Apr.) (Engl. Übers. aus: Fiz. Tverd. Tela **3**, 3100–3104, *1961*, Nr. 10.) (Moscow, Acad. Sci., P. N. Lebedev Phys. Inst.) Vff. maßen die Abhängigkeit des Photostromes in farblosen KBr- und KCl-Einkristallen von der Treibspannung, Zeit, Temperatur, Wellenlänge und Intensität des anregenden Lichtes. Über die aufgedampften Goldelektroden wurde für genügend lange Zeit eine hohe elektrische Feldstärke (ca. $5 \cdot 10^5$ V/cm) angelegt, dann wurde der Kristall rasch in den Meßkreis geschaltet, wo Dunkel- und Photostrom bestimmt wurden. Es zeigt sich, daß der Photostrom erklärt werden kann durch Befreiung von Elektronen aus F-Zentren, die sich bei der hohen Anregungsfeldstärke durch Feldemission aus der Kathode bilden. Die Möglichkeit, daß von den die Raumladung bildenden Elektronen ein Teil nicht in F-Zentren, sondern in einem anderen Band von Störtermen eingefangen wird, kann nicht ausgeschlossen werden. Aus der starken Abhängigkeit des Photostromes von der Treibspannung bei konstantem Erregerfeld wird geschlossen, daß der Photostrom stark von der Verteilung der Raumladung im Kristall abhängt. A. Richter.

1–1434 **K. W. Böer** und **H. Gutjahr.** *Über den Beitrag der Ionen zum Strom durch CdS bei hohen Temperaturen.* Monatsber. dtsch. Akad. Wiss., Berlin **2**, 324–327, *1960*, Nr. 6. (Berlin, Humboldt-Univ., IV. Phys. Inst.) CdS-Einkristalle wurden einer mehrstündigen Gleichstrombelastung (Stromdichte $\sim$ 0,1 A/cm^2) ausgesetzt. Es konnten optisch keine Veränderungen an den Kristallen festgestellt werden. Auch Messungen der spektralen Verteilung der Photoleitung in verschiedenen Kristallbereichen vor und nach der Strombelastung gaben keinen Hinweis auf einen Ionentransport. Aus den Untersuchungen wurde geschlossen, daß bis zu einer Temperatur von 430° C der Anteil der Ionen am Strom sicher kleiner als 1‰ ist. L. Gutjahr.

1–1435 **H. Gutjahr.** *Bemerkung zur Photoleitung bei Anregung an der Grundgitterabsorptionskante von CdS-Einkristallen.* Monatsber. dtsch. Akad. Wiss., Berlin **2**, 269–271, *1960*, Nr. 5. Die unterschiedliche Abhängigkeit der Photoleitung und Absorption von der Wellenlänge der einfallenden Strahlung im Bereich der Grundgitterabsorptionskante wird diskutiert. Hierfür werden Störterme mit großem Einfangquerschnitt für Defektelektronen und kleinem Einfangquerschnitt für Elektronen sowie Änderungen des Band-Band-Abstandes in der Umgebung dieser Störterme angenommen. L. Gutjahr.

1–1436 **Y. Nakai** and **K. Teegarden.** *Photoconductivity in RbI and KI.* J. Phys. Chem. Solids **22**, *1961*, (Dez.) S. 327–331. (Rochester, Univ., Inst. Opt.) Bei 6 eV wurde ein starker Anstieg des Photostromes mit der Photonenenergie in KI und RbI gefunden und mit Band-Band-Übergängen erklärt. An der Stelle von Excitonen-Absorptionsbanden erscheinen Minima (oder Wendepunkte) in der Kurve Photostrom über Photonenenergie. Die gefundene Temperaturabhängigkeit des Photostromes (Temperaturbereich + 20° C bis − 130° C) wurde nicht gedeutet. Auf der Seite kleinerer Photonenergie der ersten Excitonen-Bande wurde ein etwa quadratischer Anstieg des Photostromes mit der Lichtintensität gefunden, während sonst ein linearer Anstieg gemessen wurde. Daraus wurde geschlossen, daß hier eine Anregung von Elektronen aus F-Zentren, die bei der Bestrahlung gebildet werden, stattfindet. F. Lappe.

1–1437 **Karl Hauffe** und **Jürgen Kaufhold.** *Über den Mechanismus der Dunkel- und Photoleitfähigkeit von Rhodamin B.* Z. Elektrochem. **66**, 316–325, *1962*, Nr. 4. (30. Apr.) (Frankfurt/M., Univ., Inst. Phys. Chem.) Beggerow.

1–1438 **Earle K. Plyler** and **L. R. Blaine.** *Transmittance of materials in the far infrared.* J. Res. nat. Bur. Stand. **64C**, 55–56, *1960*, Nr. 1. (Jan./März.) (Washington, D. C.) Die Durchlässigkeit von 5 mm dicken Einkristallplatten aus NaCl, KCl, KBr, TlBr–TlJ,

CsBr und CsJ wurde im Bereich 17 bis 55 μ gemessen, außerdem die Durchlässigkeit einer mit Ruß eingefärbten Polyäthylenfolie bis zu 100 μ. In einem Beispiel wird die vorteilhafte Anwendung der letzteren Substanz als Filter für Messungen im ferner Ultrarot beschrieben. M. Klier.

1–1439 **J. van Kranendonk.** *Theory of the infrared and Raman spectra of solid parahydrogen.* Canad. J. Phys. **38**, 240–261, *1960*, Nr. 2. (Febr.) (Toronto, Ont., Univ., Dep. Phys.) Die vom Vf. bereits früher veröffentlichte allgemeine Theorie der Ultrarotspektren homonuklearer zweiatomiger Moleküle wird zur Interpretation von Ultrarot- und RAMAN-Spektren von festem Parawasserstoff herangezogen. Unter anderen werden Erkenntnisse über die anisotropen zwischenmolekularen Kräfte und die Natur der Rotations- und Schwingungsbewegungen der Moleküle im festen Wasserstoff gewonnen. M. Klier.

1–1440 **J. D. Poll** and **J. van Kranendonk.** *Theory of the phonon branches in the infrared spectrum of solid hydrogen.* Canad. J. Phys. **40**, 163–178, *1962*, Nr. 2. (Febr.) (Toronto, Ont., Univ., Dep. Phys.) In einem Molekül-Kristall (z. B. fester Wasserstoff) geben die durch zwischenmolekulare Kräfte induzierten Dipolmomente zur Absorption Anlaß. Diese Absorptionsbänder (Vff. nennen sie „Phononzweige" des Spektrums) rühren von Elektronen-Übergängen her, bei denen die Änderung des Molekülzustandes bei Absorption eines Photons mit einer Änderung des Gitterschwingungszustandes verbunden ist. Dieser Effekt wird theoretisch untersucht. Allgemeine Ausdrücke werden für die integrierten Intensitäten der „Phononzweige" im Rotations- und Schwingungsspektrum von festem Parawasserstoff hergeleitet. Es wird gezeigt, daß die Intensitäten der reinen Rotations- und Schwingungs-Absorptionserscheinungen durch die Gitterschwingungen nicht wesentlich beeinflußt werden. Die integrierten Intensitäten werden durch das mittlere Verschiebungsquadrat der Moleküle aus ihren Gleichgewichtslagen ausgedrückt, wobei ein EINSTEIN- bzw. DEBYE-Modell für die Gitterschwingungen zugrunde gelegt wird. W. Ludwig.

1–1441 **Yukio Kondo.** *Spectrophotometric studies on inorganic crystals. I. Absorption spectra of crystalline hexamminecobalt (III) salts. II. Measurement of thickness of thin crystals by interferometry.* Sci. of Light (jap.) **10**, 156–166, 167–175, *1961*, Nr. 3. (Dez.) (Tokyo, Rikkyo Univ., Dep. Chem.) H. Ebert.

1–1442 **J. B. Grun, M. Sieskind** et **S. Nikitine.** *Détermination de l'intensité d'oscillateur des raies de la série verte de Cu_2O aux basses températures.* J. Phys. Radium **22**, 176–178, *1961*, Nr. 3. (März.) (Strasbourg, Univ., Inst. Phys., Lab. Spectroscop. Opt. Corps Solide.) Es ist die grüne Serie der Absorptionslinien in Cu_2O bei He-Temperatur untersucht worden. Es werden die Oszillatorstärken für die langwelligste Linie ($\nu \approx 18280\,cm^{-1}$; $f_{v,2} = 3{,}2 \cdot 10^{-5}$) und näherungsweise auch für die folgende Linie ($\nu \approx 18450\,cm^{-1}$, $f_{v,3} \approx 0{,}6 \cdot 10^{-5}$) ermittelt und mit den Oszillatorstärken der gelben Serie ($f_{j,2}$) verglichen. Es ist $f_{v,2}/f_{j,2} \approx 11$, was durch die Unterschiede in den entsprechenden RYDBERG-Konstanten erklärt werden kann. Ferner ist die Form der Absorptionslinie untersucht und als äußerst unsymmetrisch festgestellt worden. W. Ludwig.

1–1443 **M. Sieskind, J. B. Grun** et **S. Nikitine.** *Étude quantitative des spectres d'absorption et de réflexion de cristaux de HgI_2 rouge.* J. Phys. Radium **22**, 777–782, *1961*, Nr. 12. (Dez.) (Strasbourg, Univ., Inst. Phys., Lab. Spectrosc., Opt. Corps Solide.) Das Absorptionsspektrum von rotem Quecksilberjodid (HgJ_2) ist dichroitisch. Bei sehr tiefen Temperaturen besteht das Spektrum aus einer Reihe polarisierter Linien, die über ein kürzerwelliges Kontinuum herausragen. Nahe den Absorptionsstellen werden ein Maximum und ein Minimum an reflektierter Strahlung beobachtet. — Es wird eine Apparatur beschrieben, die es erlaubt, die Absorptions- und Reflexionskoeffizienten senkrecht und parallel zur kristallographischen Achse für den ordentlichen und den außerordentlichen Strahl zu messen. Die experimentellen Ergebnisse der Absorptions- und Reflexionsspektren für 290°, 77° und 4° K werden angegeben und quantitativ gedeutet. Die Oszillatorstärke der Linien wird bestimmt und die erhaltenen Werte mit

denen der ELLIOTTschen Theorie über Excitonenspektren erster Klasse verglichen. Die Hauptabsorptionslinie im ordentlichen Strahl zeigt dabei abweichendes Verhalten.
H. Pförtner.

1–1444 **Masao Tomura.** *Interpretation of exciton induced luminescence in KI/Tl.* J. phys. Soc. Japan **15**, 1508—1516, *1960*, Nr. 8. (Aug.) (Osaka, Univ., Dep. Appl. Phys.) Für den Absorptionskoeffizienten wird am langwelligen Ausläufer der ersten charakteristischen Absorptionsbande bei einem Einkristall von KJ ein um den Faktor 10^3 kleinerer Wert erhalten als bei einem aufgedampften polykristallinen Film von KJ. Die komplizierte Form der Absorptionsspektren der durch Exzitonen angeregten Lumineszenz der Tl^+-Zentren und verschiedener Verunreinigungen wird erklärt. Eine neue schwache Absorptionsbande am langwelligen Ausläufer der ersten Exzitonen-Absorptionsbande wird einem triplettähnlichen Zustand des Exzitons zugeschrieben. Es wird die Art der Exzitonen-Wanderung diskutiert. Eine Abschätzung der Lebensdauer der Exzitonen ergibt einen wesentlich größeren Wert als 10^{-8} s.
G. V. Schultz.

1–1445 **G. Agnetta, T. Garofano, M. B. Palma-Vittorelli** and **M. U. Palma.** *Low-temperature optical absorption of ferrous fluosilicate crystals.* Phil. Mag. (8) **7**, 495—498, *1962*, Nr. 75. (März.) (Palermo, Univ., Ist. Fis.; Ist. Naz. Fis. Nucl.) B. Bein.

1–1446 **A. A. Maradudin** and **G. H. Weiss.** *Limiting optical frequencies in alkali halide crystals.* Phys. Rev. (2) **123**, 1968—1976, *1961*, Nr. 6. (15. Sept.) (Pittsburgh, Penn., Westinghouse Res. Labs.; College Park, Md. Univ., Inst. Fluid Dynam. Appl. Math.) Um die Widersprüche zwischen den Resultaten einer kürzlich von ROSENSTOCK durchgeführten Untersuchung und der LYDDANE-SACHS-TELLER-Gleichung (s. Ref. Nr. 1—1244) zu erklären, wurden die Frequenzen der Normalschwingungen eines sphärisch begrenzten Ionenkristalles mit dem Radius R für den Grenzfall langer Wellen ($k \to 0$) berechnet. Das Ergebnis hängt davon ab, ob man zuerst den Grenzübergang $k \to 0$ bei festem R durchführt und dann $R \to \infty$ oder umgekehrt. Im ersten Fall werden alle drei optischen Grenzfrequenzen gleich und man erhält einen expliziten Ausdruck für die Infrarotfrequenz endlicher Kristalle. Im anderen Fall erhält man die L. S. T.-Gleichung.
C. Volke.

1–1447 **H. P. Gush.** *Etude à haute résolution d'une raie de vibration rotation dans l'hydrogène solide.* J. Phys. Radium **22**, 149—153, *1961*, Nr. 3. (März.) (Bellevue, C. N. R. S., Lab. Aimé-Cotton.) Es wird der Rotations-Schwingungs-Übergang $v = 0 \to 1, J = 0 \to 2$ eines Moleküls im festen Wasserstoff untersucht (v: Schwingungs-, J: Drehimpulsquantenzahl), und zwar in einem Para-Wasserstoff-Kristall mit kleiner Konzentration an Ortho-Wasserstoff. Die Breite der Linie nimmt proportional zur Konzentration an Ortho-Wasserstoff zu. Bei genauerer Untersuchung zeigt sich, daß zusätzlich zur Linie des reinen Parawasserstoffs Satelliten-Linien auftreten, deren Intensität mit der Konzentration an Ortho-Wasserstoff wächst. Das wird auf die Wechselwirkung zwischen benachbarten Ortho- und Paramolekülen zurückgeführt, die eine Aufspaltung in eine Vielzahl von Linien zur Folge hat. Für eine genauere theoretische Begründung wird auf eine noch zu erscheinende Arbeit verwiesen. W. Ludwig.

1–1448 **Pierre Poinsot, Xavier Gerbaux, Pierre Strimer** et **Armand Hadni.** *Spectromètre à réseau pour l'infrarouge lointain; étude du titanate de baryum, du quartz et le l'eau liquide.* C. R. Acad. Sci., Paris **253**, 2049—2051, *1961*, Nr. 19. (6. Nov.) (Nancy, Fac. Sci., Lab. Phys.) Die Grundschwingungen von Bariumtitanat werden registriert und die Zuordnung der bei 196 cm^{-1} liegenden intensiven Bande wird diskutiert. — Der Absorptionskoeffizient von Silicium ist bei 65 μm ungefähr zehnmal größer als von Quarz. Aus den Interferenzen wird errechnet, daß die Brechungsindices von Quarz und Silicium zwischen 70 und 300 μm konstant sind ($n = 2{,}2 \pm 0{,}2$ für Quarz). Die maximale Absorption von Wasser liegt bei 60 μm. — Das zu den Messungen benutzte Spektrometer ist besonders durch seine kleinen Dimensionen gekennzeichnet; zur Trennung der Ordnungen und Beseitigung des Streulichtes dienen geeignete Filter; als Empfänger wird eine GOLAY-Zelle verwendet. S. Spott.

1–1449 **L. N. Ovander.** *Raman scattering in crystals.* Soviet Phys.-Solid State **3**, 1737 bis 1742, *1962*, Nr. 8. (Febr.) (Engl. Übers. aus: Fiz. Tverd. Tela **3**, 2394—2400, *1961*,

Nr. 8.) (Kiev, Univ.) In Kristallen wird die STOKES-Komponente der RAMAN-Streuung meist durch den Zerfall eines Excitons in zwei Excitonen beschrieben. Es wird gezeigt, daß sich die Streuamplituden aus drei Anteilen zusammensetzen, herrührend von dem oben erwähnten Zerfall eines Excitons, der Wechselwirkung der verschiedenen Moleküle untereinander (wichtig für Moleküle mit großem Dipolmoment, Piezoelektrika) sowie einem Anteil, der nur im RÖNTGEN-Wellengebiet wesentlich ist und von V. M. AGRANOVICH (Ber. **39**, Nr. 5—259, *1960*; auch Soviet Phys. JETP **10**, 307, *1960*) angegeben worden ist. W. Ludwig.

1–1450 **Arthur G. Maki, Ralph Stair** and **Russell G. Johnston.** *Apparatus for the measurement of the normal spectral emissivity in the infrared.* J. Res. nat. Bur. Stand **64C**, 99—102, *1960*, Nr. 2. (Apr./Juni.) (Washington, D. C.) Es wird ein Apparat zur Messung des spektralen Emissionsvermögens erhitzter Metalle und Metalloxyde im Ultraroten beschrieben. An zwei Substanzen wurden gut reproduzierbare Messungen im Spektralbereich 1,5—15 μ durchgeführt. M. Klier.

1–1451 **W. Ruppel.** *Ohmic contact photovoltage in CdS.* Helv. phys. acta **34**, 790—791, *1961*, Nr. 8. (Zürich, Labs. RCA Ltd.) Bei der Bestrahlung eines OHMschen Kontaktes an einem Photoleiter (Anreicherungs-Randschicht, realisiert durch In-Kontakte auf CdS) wurde eine Photospannung gefunden, die bei schwacher Bestrahlungsstärke mit der Bestrahlungsstärke zunahm, bei höherer Bestrahlungsstärke nach Durchlaufen eines Maximums jedoch wieder abnahm und schließlich das Vorzeichen änderte. Dieses Ergebnis wurde mit einer Änderung des Verlaufes des Leitungsbandes in Kontaktnähe infolge der Bestrahlung erklärt: Wenn die Konzentration der im Innern des Photoleiters angeregten Leitungselektronen gleich der schon in unbestrahltem Zustand vorhandenen Kontaktkonzentration wird, verschwindet die Randschicht und bei noch stärkerer Anregung entsteht dann eine Verarmungsrandschicht. F. Lappe.

1–1452 **Manuel Cardona.** *Voigt effect in semiconductors.* Helv. phys. acta **34**, 796—801, *1961*, Nr. 8. (Zurich, Labs. RCA Ltd.) Für den durch freie Träger verursachten VOIGT-Effekt (Doppelbrechung, hervorgerufen durch ein äußeres magnetisches Feld) wird ein Ausdruck hergeleitet, der unter bestimmten Voraussetzungen die Messung der transversalen und longitudinalen effektiven Masse gestattet. Die Theorie des Interband-VOIGT-Effektes und die Zusammenhänge mit dem FARADAY-Effekt werden ebenfalls behandelt. F. Lappe.

1–1453 **Manuel Cardona** and **D. L. Greenaway.** *Reflectivity of gray tin single crystals in the fundamental absorption region.* Phys. Rev. (2) **125**, 1291—1296, *1962*, Nr. 4. (15. Febr.) (Zurich, Labs. RCA Ltd.) Nach der Methode von EWALD (J. appl. Phys. **29**, 1007, *1958*) wurden Einkristalle von grauem Zinn bei —30°C aus einer gesättigten Lösung in Quecksilber gezüchtet. An natürlichen Oberflächen dieser Kristalle wurde die Reflexion im Spektralgebiet oberhalb der Absorptionskante gemessen. Das Reflexionsspektrum ist den Spektren anderer Halbleiter der Diamant- oder Zinkblendestruktur qualitativ gleich mit einem Maximum von Dublett-Struktur bei 1,29 bzw. 1,73 eV und einem Maximum bei 3,65 eV (T = 200° K). Das erste Maximum wird Übergängen am L-Punkt der BRILLOUIN-Zone zugeschrieben, woraus sich ein Wert von 0,47 eV für die Spin-Bahn-Aufspaltung des Valenzbandes ergibt. Die transversale effektive Elektronenmasse am L-Punkt wird zu 0,06 m_e abgeschätzt. Abschließend wird die allgemeine Systematik der Bandstruktur von Halbleitern der Diamant- oder Zinkblendestruktur diskutiert. G. Harbeke.

1–1454 **I. K. Kikoin** und **I. N. Nikolajew.** *Der photomagnetische Effekt in p–n-Übergängen.* Sh. exp. teor. Fis. **41**, 1692—1694, *1961*, Nr. 5. (Orig. russ.) Der photomagnetische Effekt in Halbleitern zeigt einen Einfluß von der Beleuchtung der Kontakte, besonders bei tiefen Temperaturen. Hierfür wurde ein photomagnetischer Effekt in der Sperrschicht am Metallkontakt verantwortlich gemacht. Vff. stellten Versuche zur Prüfung dieser Annahme an einem p–n-Übergang in Germanium an. Obwohl die gefundenen Effekte äußerlich wie eine Änderung der Photo-EMK im Magnetfeld aussehen, läßt sich zeigen, daß die beobachtete photomagnetische Potentialdifferenz nicht unmittelbar mit dem Wert der Photo-EMK zusammenhängt, die am feldfreien p–n-Übergang auftritt. Durch Abdeckung wird gezeigt, daß die photomagnetische EMK am p–n-Übergang selbst entsteht. Beim Stromdurchgang in Sperrichtung steigt die photomagnetische EMK stark an, ein Strom in Durchlaßrichtung ändert sie nicht. Neben einer ungeraden photomagnetischen EMK wird auch eine gerade beobachtet, deren Natur noch nicht klar ist. H. Vogel.

1–1455 **N. J. Harrick.** *Optical spectrum of the semiconductor surface states from frustrated total internal reflections.* Phys. Rev. (2) **125**, 1165–1170, *1962*, Nr. 4. (15. Febr.) (Irvington-on-Hudson, N. Y., Philips Labs.) Durch mehrfache Totalreflexion eines Lichtstrahls im Innern einer Halbleiterprobe und eine Modulation der Oberflächenladung über den Feld-Effekt kann man eine ausreichende Empfindlichkeit zur Beobachtung des Einflusses von Oberflächenzuständen auf das Ultrarotspektrum erzielen. Auf der anderen Seite trägt bei diesem Verfahren auch die durch den Feld-Effekt modulierte Absorption durch freie Träger zum Signal bei, da durch die äußere Spannung die Trägerdichte in der Raumladungsschicht moduliert wird. Vf. diskutiert an Hand vorläufiger Messungen an Silicium die Möglichkeit, beide Effekte voneinander zu trennen. G. Harbeke.

1–1456 **C. Haas.** *Infrared absorption in heavily doped n-type germanium.* Phys. Rev. (2) **125**, 1965–1971, *1962*, Nr. 6. (15. März.) (Eindhoven, Philips Res. Labs.) An stark dotiertem n-Germanium (kompensiert und unkompensiert) wurde die Infrarotabsorption bei 80, 200, 245° K gemessen. Die Unterschiede zu reinem Germanium sind beträchtlich. Der direkte und indirekte Bandabstand ändern sich mit der Dotierung in Abhängigkeit von der totalen Verunreinigungskonzentration annähernd wie $(N_A + N_D)^{1/3}$. — In n–Ge steigt die Absorption infolge indirekter Übergänge stärker mit der Photonenenergie an als in reinem Ge. Diese Absorption ist proportional der Konzentration freier Elektronen und muß eine Folge virtueller Elektron-Elektron-Streuung zwischen (000) und (111)-Tälern sein. — Die Elektronendichte in stark dotiertem Ge ist größer als in den meisten Metallen. Die Eigenschaften der Leitungselektronen in Ge mit $n > 10^{19}/cm^3$ entsprechen einem dichten Elektronengas ($r_s < 1$). R. Stäudner.

1–1457 **K. Nishikawa.** *On the optical absorption by impurities in semiconductors.* Phys. Letters **1**, 140–142, *1962*, Nr. 4. (15. Mai.) (Vancouver, B. C. Univ., Dep. Phys.) Es werden frühere Theorien (LAX, BURSTEIN, Ber. **35**, 1651, *1956*; KUBO, TOYOZAWA, Ber. **35**, 1892, *1956*) über die optische Absorption durch Verunreinigungen in Halbleitern kritisch untersucht und verbessert. R. Klein.

1–1458 **T. I. Kakushadze.** *Group transitions in solid luminophores.* Ann. Phys., Lpz. (7) **8**, 111–115, *1961*, Nr. 1/2. (Tbilisi, USSR., State Pedag. Pushkin Inst.) An Übergängen, z. B. vom Valenzband zum Leitungsband, sind wegen der starken Wechselwirkung mit dem Gitter viele Elektronen beteiligt. Die nötige Energie für Übergänge innerhalb der Bänder wird durch Umordnung der anderen Elektronen der Gruppe kompensiert. Die Elektronengruppenübergänge sind daher immer isoenergetisch und folglich strahlungslos. Fast alle komplexen Prozesse in festen Luminophoren können mit Gruppenübergängen erklärt werden. D. Hahn.

1–1459 **A. Kawski.** *Zwischenmolekulare Energiewanderung und Konzentrationsdepolarisation der Fluoreszenz.* Ann. Phys., Lpz. (7) **8**, 116–119, *1961*, Nr. 1/2. (Gdańsk, T. H., I. Phys. Inst., Pedag. Hochsch.) Frühere Ergebnisse der Konzentrationsdepolarisation für Anthracen in Plexiglas und Fluorescein in Glycerin werden mit der kritischen Konzentration aus der FÖRSTERschen Theorie, die durch ORE ergänzt worden ist, verglichen und gute Übereinstimmung gefunden. Damit sind Konzentrationsabhängigkeit der Depolarisation und auch das Verfahren zur Bestimmung der kritischen Konzentration bestätigt. D. Hahn.

1–1460 **A. V. Aristov** and **B. Ya. Sveshnikov.** *Determining the frequencies of transitions between various states of the activator molecule in organic luminophosphors.* Soviet Phys.-Doklady **6**, 998–1000, *1962*, Nr. 11. (Mai.) (Engl. Übers. aus: Doklady Akad. Nauk SSSR **141**, 586–589, *1961*, Nr. 3.) Differentialgleichungen und Rechnungen zur Bestimmung der Frequenzen der strahlungslosen und unter Strahlung verlaufenden Rekombination in organischen Luminophoren werden angegeben. D. Hahn.

1–1461 **S. Terol y M. J. Otero.** *Luminiscencia de boratos de cinc anhidros. III. Activación del borato cúbico con As, Sb y Bi.* An. Soc. esp. Fis. Quim. (A) **57**, 239—248, *1961*, Nr. 9/10. (Sept./Okt.) (Madrid, Inst. Opt. „Daza Valdés".) B. Bein.

1–1462 **G. P. Peka** and **Yu. I. Karkhanin.** *Effect of an external electric field on luminescence of cuprous oxide.* Soviet Phys.-Doklady **6**, 983—984, *1962*, Nr. 11. (Mai.) (Engl. Übers. aus: Doklady Akad. Nauk SSSR **141**, 63—65, *1961*, Nr. 1.) (Kiev, State Univ.) Der Einfluß eines auf der Halbleiteroberfläche senkrecht stehenden elektrischen Feldes (Spannungen von (500—3500) V zwischen der Deckelektrode und dem Cu_2O) auf die ultrarote Lumineszenz bei Anregung mit UV-Licht wird untersucht. Je nach dem Vorzeichen der am Cu_2O angelegten Spannung wurde die Lumineszenz ausgelöscht oder verstärkt, auch hing der Einfluß des Feldes von der Anregungswellenlänge ab. Der zeitliche Verlauf der Lumineszenzbeeinflussung wurde gleichfalls untersucht. Zur Theorie der Erscheinung wird auf frühere Arbeiten der Autoren verwiesen (Verbiegung der Bänder durch Spannungsanlegung führt zur Reduktion der Zahl der ungeladenen Akzeptoren an der Oberfläche). D. Hahn.

1–1463 **M. Sayer.** *Growth and decay of luminescence intensity under cathode ray excitation.* Proc. phys. Soc. Lond. **78**, 1017—1023, *1961*, Nr 5 (Nr. 504). (15. Nov.) (Vancouver, Canada, Univ., Dep. Phys.) Einfaches Modell unter der Annahme, daß alle Parameter über den Anregungsbereich ohne wesentliche Änderung. Das ist befriedigend für die Zahl N der Lumineszenzzentren je cm^3, die Wahrscheinlichkeit β für den Verlust der Energie eines angeregten Gitterelektrons durch Phononenerzeugung, die Wahrscheinlichkeit γ für Energieübertragung von einem Gitterelektron auf ein Lumineszenzzentrum und die Wahrscheinlichkeit δ für einen Strahlungsübergang innerhalb eines Zentrums, weniger dagegen für die Elektronendichte I je cm^3, die Zahl α der angeregten Gitteratome je einfallendes Primärelektron und die Zahl λ der direkt durch Primärelektronen angeregten Lumineszenzzentren, da diese Größen komplexe Funktionen der Elektronenenergie sind. Theorie für monomolekulare Zentrenrekombination und entweder monomolekulare oder bimolekulare Gitterrekombination. Bei $b/\delta = \sqrt{\alpha I(\beta + \gamma N)}/\delta \gg 1$ Anstieg und Abfall exponentiell mit einer Zeitkonstante mit der oberen Grenze δ für $b/\delta \to \infty$. Bei $b/\delta \leq 1$ Abweichung vom exponentiellen Verlauf, am stärksten im Anfang und zunehmend mit abnehmendem b, besonders deutlich beim Anstieg. Beziehung zwischen Zeitkonstante und Elektronenstromdichte kompliziert. Für gleiches Material sollte die Zeitkonstante bei Elektronenanregung kleiner als die bei optischer Anregung sein. Hinweis auf experimentelle Ergebnisse (Enlarged Abstracts, Indianapolis Meeting Electrochem. Soc., New York 1961). G. Schumann.

1–1464 **R. Fieschi** and **G. Spinolo.** *Luminescence of KI under X-ray irradiation.* Nuovo Cim. (10) **23**, 738—750, *1962*, Nr. 4. (16. Febr.) (Milano, Univ., Ist. Fis.; Ist. Naz. Fis. Nucl.) An reinen KJ-Einkristallen verschiedener Herkunft, an KJ dotiert mit Tl und an KJ-Pulvern, gefällt aus H_2O oder Methanol werden die Emissionsbanden (im Gebiet (200—600) nm) bei Röntgenanregung untersucht und ihr Verhalten bei verschiedener Behandlung (additive Verfärbung, plastische Deformation, Abschrecken) studiert. Neben der bekannten Emissionsbande des reinen KJ bei 376 nm und von Tl dotiertem KJ bei 427 nm wird eine neue Emission bei 515 nm gefunden. Sie wird einem Farbzentrum zugeschrieben, das bei der Röntgeneinstrahlung durch Einfang eines Elektrons oder Lochs an einer Gitterfehlstelle gebildet wird und nach Einfang eines weiteren Ladungsträgers entgegengesetzten Vorzeichens zur Rekombination unter Ausstrahlung der 515 nm Bande führt. Die bisherigen Resultate und die qualitative Diskussion ermöglichen keine definitive Identifizierung des Emissionszentrums.
A. Schmillen.

1–1465 **Hirosuke Yamashita, Sumiaki Ibuki, Michio Yoshizawa** and **Hiroyoshi Komiya.** *Electroluminescence of CdS single crystal.* J. phys. Soc. Japan **15**, 2366, *1960*, Nr. 12. (Dez.) (Amagasaki, Jap., Mitsubishi Elect. Mfg. Co. Ltd., Res. Lab.) Kristalle haben Plättchenform $7 \times 2 \times 0{,}4$ mm^3, sind von hoher Reinheit und haben einen Widerstand

$> 10^{10}$ Ohm bei Bestrahlung mit 10^3 Lx einer Wolframlampe. An Kristallenden sind In-Elektroden angebracht. Bei Zimmertemperatur wird Gleichspannung angelegt. Bei Spannungssteigerung nimmt Kristallstrom zu und an Anode erscheinen gelbe, grüne und orangefarbige Punkte. Bei Strömen von einigen 100 μA dehnen sich, von solchen Punkten ausgehend, grüne Bereiche von 1 mm Länge zur Kathode hin aus. Diese Bereiche sind Schwankungen in Form von wandernden Streifen unterworfen. Überschreitet Strom 1 mA, erscheint rotes Leuchten, und es erfolgt Kristalldurchschlag. Spektrum des emittierten Lichtes besteht aus schmaler grüner Bande bei 5300 Å und breiter orangefarbiger bei 6000 Å. Gelbes Leuchten erscheint als Summe beider Banden. Vom Strom hängt Lumineszenzintensität sublinear ab. Daraus wird auf bimolekularen Mechanismus geschlossen. G. V. Schultz.

1–1466 **H. Röppischer.** *Zur Einwirkung von Infrarotstrahlung auf die Elektrophotolumineszenz von ZnCdS–Mn-Phosphoren.* Wiss. Z. Hochsch. Elektrotech. Ilmenau **7**, 125–128, *1961*, Nr. 2. (Ilmenau, Hf E, Inst. Phys.) Werden Mn-aktivierte ZnCdS-Phosphore durch Röntgen-Bestrahlung angeregt, so bewirkt eine Zusatzbeleuchtung mit Infrarotstrahlung (700–1200 nm), ähnlich wie elektrische Wechselfelder, eine Verstärkung der Lumineszenz. Durch gleichzeitige Einwirkung von IR-Licht und einer elektrischen Wechselspannung erhält man, besonders bei tiefen Frequenzen, eine größere Gesamtverstärkung als der additiven Überlagerung entsprechen würde. Der Leuchtstoff läßt sich sowohl durch ein elektrisches Wechselfeld wie auch durch IR-Bestrahlung vorsensibilisieren. Es wird versucht, die Beobachtungen mittels des Bändermodells zu deuten. H.-J. Hübner.

1–1467 **E. F. Apple** and **J. S. Prener.** *On the infrared emission in ZnS:Cu-effect of sulfur pressure and aluminum.* J. Phys. Chem. Solids **13**, 81–87, *1960*, Nr. 1/2. (Mai.) (Schenectady, N. Y., Gen. Elect. Res. Lab.) Die Intensität der ultraroten Emission von ZnS:Cu-Phosphoren wurde untersucht in Abhängigkeit vom Schwefeldruck, bei dem die Phosphore auf hohe Temperaturen aufgeheizt wurden und bei verschiedenen Aluminiumkonzentrationen als Verunreinigung. Die Ergebnisse werden theoretisch gedeutet. M. Klier.

1–1468 **B. Nachmansohn** et **Cl. Soulé.** *L'analyse spectrale de la fluorescence et de la phosphorescence.* Mes. Contrôle industr. **26**, 877–883, *1961*, Nr. 290. (Juli.) O. Wegner.

1–1469 **W. L. Medlin.** *Decay of phosphorescence from a distribution of trapping levels.* Phys. Rev. (2) **123**, 502–509, *1961*, Nr. 2. (15. Juli.) (Dallas, Tex., Socony Mobil Oil Co. Inc., Field Res. Lab.) In Ergänzung früherer Untersuchungen wird die Phosphoreszenzabklingung mit einer Reaktion erster Ordnung bei Annahme einer Verteilung der Haftstellen beschrieben. Mit dieser Deutung läßt sich das Verhalten des Leuchtstoffes bei Temperaturen unterhalb des Glow-Maximums gut erklären, während bei höheren Temperaturen die notwendigen Annahmen für die Konstanten der Haftstellenentleerung, des Wiedereinfangs und der Rekombination nicht mehr aufrechterhalten werden können. Dann liefert aber auch der früher angenommene Prozeß zweiter Ordnung richtige Ergebnisse. Die Form der Glow-Kurven in Abhängigkeit der Haftstellenverteilung (Gauss-Form, aber auch andere, sogar enge Verteilungen) wird diskutiert. D. Hahn.

1–1470 **A. Vasicek.** *Summation formulae in the theory of thin films.* Czech. J. Phys. **12**, 26–34, *1962*, Nr. 1. (Brno, Univ., Dep. Solid State Phys.) Aus den allgemeinen Airyschen Summenformeln für die Amplitude der durch eine dünne Schicht hindurchgegangenen und der von ihr reflektierten Welle werden unter Anwendung des Reversibilitätsprinzips von Stokes die wohlbekannten Beziehungen für folgende Sonderfälle abgeleitet: 1. eine dünne nichtabsorbierende Schicht auf einem nichtabsorbierenden Träger; 2. eine dünne absorbierende Schicht auf einem absorbierenden oder nichtabsorbierenden Träger; 3. ein System nichtabsorbierender Schichten; 4. ein gemischtes System von absorbierenden und nichtabsorbierenden Schichten. R. Nossek.

1–1471 **R. W. Franklin.** *The properties of insulating anodic oxide films.* Proc. Instn elect. Engrs (B) **109**, 412–415, *1962*, Suppl. Nr. 22. (S. B.) E. Bretnütz.

1–1472 **B. Hietel** und **K. Meyerhoff.** *Die Herstellung dünner Silizium-Einkristallschichten durch Kathodenzerstäubung.* Z. Phys. **165**, 47–52, *1961*, Nr. 1. (18. Okt.) (Hamburg, Univ., Inst. Angew. Phys.) In einer kontrollierten PENNING-Entladung werden dünne Si-Einkristallplättchen, die auf einige 10 μm abgeschliffen und sorgfältig poliert wurden, durch beidseitiges kathodisches Abstäuben mit Ar-Ionen auf eine Dicke von einigen 100 Å reduziert. Die erhaltenen dünnen Filme sind eben und einkristallin. Elektronen-Interferenzaufnahmen zeigen in Durchstrahlung scharfe KIKUCHI-Linien mit einer Breite von 1 bis 2 Winkelminuten. H. Göhre.

1–1473 **Herbert Gawehn.** *Die Berechnung der höchstmöglichen Verunreinigung von Metallaufdampfschichten durch die Vakuum-Restgase.* Z. angew. Phys. **14**, 126–129, *1962*, Nr. 3. (März.) (München, Siemens u. Halske AG., Wernerw. Bauelemente.) Die Berechnung der Schichtverunreinigung aus Weglängeneffekt und Stoßzahleffekt liefert Werte, die um mehrere Zehnerpotenzen höher liegen als die praktisch erreichten. Zur Beseitigung dieser Diskrepanz wird der Gettereffekt der Aufdampfschicht herangezogen. Aus Gasabgaberate der Apparatur und Verdampfungsrate wird ein Höchstwert der Schichtverunreinigung abgeschätzt, der von plausibler Größenordnung ist. Es wird gefolgert, daß die Güte einer Aufdampfapparatur weniger durch die Sauggeschwindigkeit ihres Pumpsystems als durch ihre Gasabgaberate bestimmt ist. H. J. Bültemann.

1–1474 **Hollis L. Caswell.** *Effect of residual gases on the properties of indium films.* J. appl. Phys. **32**, 2641–2645, *1961*, Nr. 12. (Dez.) (Yorktown Heights, N. Y., IBM Res. Lab.) In- und Sn-Schichten wurden bei einem Restgasdruck von $\sim 10^{-9}$ Torr aufgedampft. Um den Einfluß von N_2, H_2, CH_4, A, CO und CO_2 auf die Eigenschaften der Schichten zu untersuchen, wurden die Schichten auch in einem Vakuum aufgedampft, in welchem der Partialdruck eines dieser Gase auf 10^{-5} Torr aufrechterhalten wurde, während der Totaldruck der übrigen Gase unterhalb von 10^{-9} Torr blieb. Von den Schichten wurden einerseits elektronenmikroskopische Aufnahmen gemacht, andererseits wurden ihr elektrischer Widerstand und die für die Supraleitung charakteristischen Größen gemessen. Die Ergebnisse zeigen, daß die aufgeführten Gase keinen Einfluß auf die Schichten haben. Lediglich die Anwesenheit von Sauerstoff verändert sowohl das Aussehen der Schichten als auch ihre elektrischen Eigenschaften. R. Nossek.

1–1475 **Gordon D. Barnett** and **Arnold Miller.** *Oriented tungsten deposition.* J. appl. Phys. **33**, 1505–1508, *1962*, Nr. 4. (Apr.) (Downey Calif., North Amer. Aviat. Inc., Div. Autonetics, Mat. Res. Sect.) In einem Vakuumreaktionsgefäß wurden Wolframeinkristalle, die bei einem Druck von $5 \cdot 10^{-7}$ Torr auf 1200 °C erhitzt worden waren, durch Einlaß von Wolframhexafluorid bis zu einem Druck von 10^{-1} Torr und bei einer Temperatur von 1000 °C geätzt. Die Oberflächenstruktur von so behandelten Einkristallen wurde im Elektronenmikroskop und durch Aufnahme von LAUE-Diagrammen untersucht. Auf derart angeätzten Oberflächen wurden im gleichen Reaktionsgefäß bei einem Druck von etwa 10^{-2} Torr durch H_2-Reduktion von WF_6 Wolfram-Schichten niedergeschlagen. Auf diese Weise ist es gelungen, orientierte Wolfram-Schichten durch Einstellen eines geeigneten H_2–WF_6-Druckes und damit einer geeigneten Niederschlagsgeschwindigkeit zu erzeugen. W. Rausch.

1–1476 **Barlane R. Eichbaum** and **John Walker.** *Controlled deposition of thin films.* Instrum. Control Syst. **35**, 145–146, *1962*, Nr. 4. (Apr.) Bei der Reproduzierbarkeit gleichdicker dünner Schichten sind bei konstantem Vakuumdruck vor allem Temperatur und Zeit zu kontrollieren. Tantaldrähte zur Erhitzung der Verdampfungsquelle aus Graphit und Thermoelementdrähte, von MgO umschlossen, werden dabei benutzt. Eine Reproduzierbarkeit von $\pm$ 10 Å bei 400 Å dicken Wismut-Schichten ist bei der beschriebenen Apparatur erreichbar. M. Dühmke.

1–1477 **T. P. Flanagan** and **J. A. Bennett.** *A radioactive technique for the continuous measurement of film thickness in vacuum deposited gold films.* Int. J. appl. Radiat. Isotopes **13**, 19–26, *1962*, Jan. (Chislehurst, Kent, Brit. Sci. Instrum. Res. Assoc.) Die kontinuierliche Messung von Filmdicken während der Herstellung ist möglich bei Verwendung radioaktiver Isotope, während Wägung oder chemische Analyse eine Unterbrechung verlangen. Hier wurde mittels Zusatz von Au–198 das Wachsen der Filmdicke durch Messung der γ-Strahlung mittels eines außerhalb der Vakuumkammer angebrachten Szintillationszählers verfolgt. 10 µg Au erzeugten in der verwendeten Anordnung 57 Ips. Es wurden vier verschiedene Verdampfungsanlagen ausprobiert. Am besten bewährte sich eine Vorrichtung mit einem in einer Schleife eines Tantalbandes erhitzten Aluminiumoxydtiegel. Hj. Matzke.

1–1478 **L. Holland.** *Histoire et progrès des procédés de dépôt sous vide.* Vide, Paris **17**, 83–106, *1962*, Nr. 97. (Jan./Febr.) Im 1. Teil seines zusammenfassenden Artikels gibt der Vf. einen Überblick über die historische Entwicklung des Aufdampfens. Angefangen bei FARADAYS Arbeiten, der Metallschichten durch Funkenentladungen zwischen Metalldrähten erzeugte, über die Entdeckung der Kathodenzerstäubung durch GROVE und PLÜCKER und ihre Weiterentwicklung durch WRIGHT geht er auf die Arbeiten von EDISON ein, der bereits die Wachsmatrizen für seinen Phonograph mit Hilfe der Kathodenzerstäubung metallisierte und auch bereits die Möglichkeit der Verdampfung im Vakuum erkannte. Zur Theorie der Verdampfung werden besonders die Arbeiten von LANGMUIR behandelt. — Der 2. Teil ist dem Einfluß der Aufdampfbedingungen auf Struktur und Reinheit der Schichten gewidmet. Insbesondere werden der Einfluß der Aufdampfgeschwindigkeit, des Trägermaterials und der Trägertemperatur, der Gasadsorption, des Aufdampfwinkels und aus dem Verdampfungsschiffchen mitverdampfender Verunreinigungen diskutiert. Teil 3 schließlich behandelt in letzter Zeit gemachte Fortschritte in der Aufdampftechnik. Hier geht der Vf. näher auf die Verdampfung durch Elektronenbeschuß, auf neuere Methoden der Trägerreinigung und auf die Fortschritte bei der Kathodenzerstäubung, speziell der „reaktiven" Zerstäubung ein. Schließlich beschreibt er Verbesserungen an konventionellen Aufdampfapparaturen, welche den Druckbereich zwischen 10^{-6} und 10^{-8} Torr zugänglich machen, und geht dann kurz auf UHV-Apparaturen ein. W. Rausch.

1–1479 **R. Leonhardt, H. Richter** und **W. Rossteutscher.** *Elektronenbeugungsuntersuchungen zur Struktur dünner nichtkristalliner Schichten.* Z. Phys. **165**, 121–150, *1961*, Nr. 1. (18. Okt.) (Stuttgart, T. H., Röntgeninst.; Max-Planck-Inst. Metallforsch., Inst. Metallphys.) Es wird die Ausdehnung der Methode der FOURIER-Analyse der Intensitätskurve auf Elektronenbeugungsaufnahmen (in Durchstrahlung) beschrieben. Am Beispiel der aus Röntgenuntersuchungen bekannten Struktur des festen amorphen Ge wird gezeigt, daß diese Erweiterung eine wesentliche Ergänzung der Methoden zur Strukturbestimmung nichtkristalliner Stoffe darstellt. Die Untersuchung etwa 100 Å dicker Schichten amorphen und flüssigen Bi und Ga sowie geschmolzenen Sn, In und Ag zeigt in allen Fällen das Nebeneinander zweier Strukturen, einer aufgelockerten dichtesten Kugelpackung und einer Flächengitter-Struktur, das bis weit über den Schmelzpunkt hinaus beobachtet werden kann. Festes, amorphes Bi und Ga besitzen flüssigkeitsähnliche Struktur. Abschließend wird gezeigt, daß man den festen amorphen Zustand als einen Zustand „verhinderter Kristallisation" betrachten kann, wobei im Falle gitterähnlicher Struktur der Einbau von Fremdatomen, im Falle flüssigkeitsähnlicher Struktur eine neue, gitterfremde Struktur die amorphe Phase stabilisiert. H. Göhre.

1–1480 **Marcel Gourceaux.** *Sur l'emploi de l'extensométrie pour l'étude de la structure des lames métalliques minces.* C. R. Acad. Sci., Paris **254**, 1789–1790, *1962*, Nr. 10. (5. März.) (Rouen, Mont-Saint-Aignan, Lab. Couches Minces.) Aus Messungen des Elastizitätsmoduls von dünnen Schichten wird geschlossen, daß sich die Struktur der Schichten nur bei geringen Schichtdicken aus ihren elektromagnetischen Eigenschaften ableiten läßt. Bei großen Schichtdicken können die elektromagnetischen Eigenschaften im Widerspruch zu der Kohäsion der Schichten stehen. H. Böhme.

1–1481 **Guy Goureaux, Bernard Laniepce** et **Robert Cadoret.** *Influence de la texture des couches minces de nickel sur leurs propriétés extensométriques.* C. R. Acad. Sci., Paris **254**, 3195–3197, *1962*, Nr. 18. (30. Apr.) (Caen, Fac. Sci., Lab. Phys. Couches Minces.) An langsam bzw. schnell auf Glimmer- und Glasunterlagen aufgedampften Nickelschichten wird die Struktur durch RÖNTGEN-Beugungsaufnahmen und die Änderung des elektrischen Widerstandes in Längs- und Querrichtung bei Dehnung der Schichten vor und nach dem Tempern der Schichten untersucht. H. Böhme.

1–1482 **Kanwar Bahadur** and **P. V. Sastry.** *Electron diffraction study of thin films of silver-cadmium alloy.* J. sci. industr. Res. **21 B**, 53–56, *1962*, Nr. 2. (Febr.) (New Delhi, Nat. Phys. Lab.) E. Bretnütz.

1–1483 **Georges Rasigni.** *Evolution sous l'influence de l'air, d'un phénomène de résonance se produisant dans les couches minces d'argent.* C. R. Acad. Sci., Paris **254**, 1049–1051, *1962*, Nr. 6. (5. Febr.) In ihrem zusammenfassenden Artikel über die Struktur und die optischen Konstanten dünner Schichten (Ber. **41**, Nr. 11–1139, *1962*) hatten Bousquet und Rouard darauf hingewiesen, daß die Änderung der optischen Konstanten dünner metallischer Schichten als Resonanzphänomen erklärt werden könnte. In einer früheren Arbeit hatte Vf. über die Messung der optischen Konstanten von Ag-Schichten einer Dicke von 4 bis 78 Å für λ von 4000 bis 7000 Å berichtet. Da in diesem Dickenbereich die Relation von Wolter gültig ist, können ν und $\varkappa$ nicht direkt aus den gemessenen Größen R, R' und T bestimmt werden. Dagegen ist die Berechnung von $2\nu\varkappa d$ und $(\nu^2 - \varkappa^2 - \varepsilon_a)d$ direkt möglich. In Abhängigkeit von λ zeigen diese Größen eine deutliche Analogie zu den Charakteristika eines Resonators bestimmter Eigenfrequenz. Für ein bestimmtes λ durchläuft $2\nu\varkappa d$ ein Maximum, $(\nu^2 - \varkappa^2 - \varepsilon_a)d$ zwischen zwei Extrema einen Wendepunkt. Mit wachsender Schichtdicke verschieben sich die Extrema zu größeren Wellenlängen. Diese Messungen waren unter dem gleichen Druck durchgeführt worden, bei dem die Schichten aufgedampft worden waren. In der vorliegenden Mitteilung wird dagegen über Messungen an Luft berichtet. Bei Lufteinlaß verschiebt sich die Resonanzwellenlänge bis zu 500 Å, und zwar für Schichtdicken unterhalb 50 Å zu kleinerem λ, für Schichten mit größerer Dicke dagegen zu größerem λ. Die an Luft gemessenen Werte stimmen mit den von Grard gefundenen überein, der ebenfalls an Luft gemessen hatte. Eine theoretische Deutung wird angekündigt. W. Rausch.

1–1484 **C. A. Neugebauer.** *Structural aspects of the magnetization in ultrathin ferromagnetic films.* Z. angew. Phys. **14**, 182–185, *1962*, Nr. 4. (Apr.) (Schenectady, N. Y., Centr. Elect. Res. Lab.) In einer früheren Arbeit (Ber. **40**, Nr. 7–478, *1961*) hat Neugebauer gezeigt, daß dünne Nickelschichten bis zu einer Dicke von 20 Å die Sättigungsmagnetisierung und Curie-Temperatur des massiven Materials haben. Die Schichten wurden bei 10^{-9} Torr aufgedampft. Ohne Unterbrechung des Vakuums wurden mit einem Torsions-Magnetometer die Sättigungsmagnetisierung M_s und die Anisotropiekonstante K für Magnetisierung senkrecht zur Schichtoberfläche gemessen. — In der vorliegenden Arbeit wurde in der gleichen Anordnung die Änderung von M_s und K beim Einlassen von Sauerstoff und Wasserstoff untersucht. In Sauerstoff nahm die Sättigungsmagnetisierung ab, während Wasserstoff keinen Einfluß auf M_s hatte. — Unmittelbar nach dem Aufdampfen war K negativ. Dieser Befund wird mit einer Abnahme der Formanisotropie-Energiedichte gedeutet: eine rauhe Oberfläche begünstigte die zur Oberfläche senkrechte Einstellung des Magnetisierungsvektors. Außerdem können innere Spannungen zu einem negativen K führen (Magnetostriktion). Unter dem Einfluß von Sauerstoff nahm K größere negative Werte an: bei einer 33 Å dicken Nickel-Schicht änderte sich K von $-6{,}6 \cdot 10^5$ erg/cm³ auf $-9{,}5 \cdot 10^5$ erg/cm³, wenn die Schicht einige Minuten Sauerstoff von 10^{-3} Torr ausgesetzt wurde. Es werden verschiedene Deutungsmöglichkeiten diskutiert. — In Wasserstoff durchlief $-$K ein Maximum bei 10^{-3} Torr. — Das Aufdampfen von Kupfer auf die Nickel-Schichten verursachte ebenfalls eine Zunahme von $-$K, während M_s unverändert blieb. Diese Zunahme wird einer Veränderung der Oberflächenanisotropie zugeschrieben. H. Gärtner.

1–1485 **Joachim Eckardt.** *Untersuchungen an dünnen Nickel–Eisen–Molybdän-Schichten.* Z. angew. Phys. **14**, 189–191, *1962*, Nr. 4. (Apr.) (Frankfurt-Niederrad, AEG-Forschungsinst.) Es wurde eine Nickel–Eisen-Legierung der Zusammensetzung 82% Nickel, 18% Eisen senkrecht und gleichzeitig Molybdän schräg aufgedampft. Während des Aufdampfens war ein Magnetfeld von 120 Oe parallel zur Schichtebene eingeschaltet. Die Schichten wurden im Vakuum — beim Aufdampfen 10^{-4} Torr — auf geheizte Glasträger (200°C) kondensiert. Nach dem Aufdampfen wurden an Luft in zwei zueinander senkrechten Richtungen die Magnetisierungskurven aufgenommen. Es zeigte sich, daß die unmagnetische Komponente — Molybdän — eine Anisotropie verursachte, deren leichte Achse senkrecht zur Achse der feldinduzierten Anisotropie lag. Bei einem Molybdän-Gehalt der Schichten von 17% war die vom Molybdän verursachte Einfallswinkel-Anisotropie vorherrschend: die leichte Achse lag senkrecht zur Projektion der Dampfstrahlrichtung auf die Schicht. Dieser Befund wird gedeutet mit der Annahme, daß das Molybdän eine Formanisotropie erzeugt, wie sie auch in schräg aufgedampften Nickel–Eisen-Schichten gefunden wurde. Es wird vermutet, daß das Molybdän nicht gleichmäßig in die Schichten eingebaut wird. Neben molybdänhaltigen Kristalliten sollen molybdänreiche Inseln entstehen, die Formanisotropie verursachen. Eine Stütze findet diese Annahme in der Abhängigkeit der Sättigungsmagnetisierung vom Molybdän-Gehalt. Die Sättigungsmagnetisierung wurde in einem Pendel-Magnetometer gemessen. Sie beträgt bei einem Molybdän-Gehalt von 17% noch 6400 Gauß. Bei diesem Molybdän-Gehalt liegt beim massiven Material der CURIE-Punkt bereits unterhalb der Zimmertemperatur. Daß die Nickel–Eisen–Molybdän-Schichten (17% Mo) noch ferromagnetisch sind, läßt den Schluß zu, daß das Molybdän sich in unmagnetischen Einschlüssen ausscheidet, die Anlaß zur Formanisotropie geben können. — Kupfer hatte auf das anisotrope Verhalten der Schichten den gleichen Einfluß wie Molybdän.

H. Gärtner.

1–1486 **Simon Middelhoek.** *Domänenwandkriechen in dünnen Ni–Fe-Schichten.* Z. angew. Phys. **14**, 191–193, *1962*, Nr. 4. (Apr.) (Zürich, IBM-Forschungslab.) Die Ummagnetisierung dünner Ni–Fe-Schichten mit einachsiger Anisotropie erfolgt in leichter Richtung durch Wandverschiebung. Beim Anlegen eines Gleichfeldes in harter Richtung findet immer noch Wandverschiebung statt, allerdings bei einer anderen kritischen Feldstärke. Für Felder unterhalb der kritischen Feldstärke wird keine Wandbewegung beobachtet. — Es wurde das Gleichfeld in harter Richtung ersetzt durch ein Wechselfeld, dessen Amplitude gleich dem Betrag des Gleichfeldes war. Dabei wurde mit Hilfe des magnetooptischen KERR-Effektes ein Kriechen der Wände beobachtet in dem Sinn, daß Domänen mit einer Magnetisierung parallel zum Gleichfeld in leichter Richtung größer werden, bis die ganze Schicht ummagnetisiert ist. Die Kriechgeschwindigkeit hängt vom Betrag des Gleichfeldes in leichter Richtung und der Amplitude des Wechselfeldes in harter Richtung ab. Das Wand-Kriechen tritt in Feldern auf, die viel kleiner als die kritische Feldstärke sind. Bei Wechselfeldamplituden in harter Richtung größer als 3 Oe kriechen die Wände bereits in Feldern von 0,3 Oe. — Aus BITTER-Beobachtungen wird geschlossen, daß in Schichten dicker als 900 Å BLOCH-NÉEL-BLOCH-Wandübergänge und in Schichten dünner als 900 Å BLOCH-Linienverschiebungen mit dem Kriechen der Wände in Zusammenhang stehen. H. Gärtner.

1–1487 **Ludwig Reimer.** *Untersuchung der Ummagnetisierung dünner Schichten (Film).* Z. angew. Phys. **14**, 193–194, *1962*, Nr. 4. (Apr.) (Münster, Univ., Phys. Inst.) In dieser Kurzmitteilung wird ein Film beschrieben, den der Autor auf der Tagung der Arbeitsgemeinschaft Ferromagnetismus in Marburg (September 1961) gezeigt hat. — Im ersten Teil des Filmes werden die elektronenoptische Schattenmethode und die oszillographische Registrierung der Magnetisierungskurve mit Hilfe des FARADAY-Effektes schematisch erläutert. Die mittels FARADAY-Effekt gemessenen Koerzitivkräfte bei Ummagnetisierung mit 50 Hz stimmen mit den statischen Werten aus der Schattenmethode überein. — Im zweiten Teil werden die Keimbildung und Wanderung der Domänengrenzen in Nickel-, Eisen- und Kobaltschichten beim Durchlaufen der vollen Magnetisierungsschleife gezeigt. H. Gärtner.

1–1488 **Helmut Gärtner.** *Die einachsige magnetische Anisotropie dünner Nickel- und Eisenschichten aus der Kathodenzerstäubung.* Z. angew. Phys. **14**, 194–195, *1962*, Nr. 4. (Apr.) (Darmstadt, T. H., Phys. Inst.) Die Schichten wurden in einer Anordnung nach PENNING bei 10^{-3} Torr hergestellt. Beim Stäuben in Stickstoff entstand ein Nitrid des Nickels, das in älteren Arbeiten als hexagonales Nickel gedeutet worden war. Beim Stäuben in Argon wurde stets das normale kubisch flächenzentrierte Nickel gefunden. — Die Nickel- und Eisenschichten waren unmittelbar nach der Herstellung ferromagnetisch. In einer FARADAY-Anordnung nach REIMER wurden die Magnetisierungskurven in zwei zueinander senkrechten Richtungen aufgenommen. Die Schichten zeigten eine ausgeprägte einachsige Anisotropie. H. Gärtner.

1–1489 **Ernst Feldtkeller** und **Wolfgang Liesk.** *360°-Wände in magnetischen Schichten.* Z. angew. Phys. **14**, 195—199, *1962*, Nr. 4. (Apr.) (München, Siemens u. Halske AG., Forschungslab.) In „defokussierter Abbildung" wurden im Elektronenmikroskop in dünnen Ni–Fe-Schichten (81% Ni, 19% Fe) Wände sichtbar gemacht, die Bereiche gleicher Magnetisierungsrichtung trennen: 360°-Wände. Das Auftreten dieser Wände ist durch die Vorgeschichte der Probe bedingt. Es wurden Ni–Fe-Schichten mit ausgeprägter einachsiger Anisotropie untersucht. Die Schichtdicke lag bei 80 Å. — In Schichten unterhalb 800 Å treten NÉEL-Wände auf, in denen Abschnitte entgegengesetzter Magnetisierung durch BLOCH-Linien getrennt sind. Die Ummagnetisierung von NÉEL-Wänden erfolgt durch BLOCH-Linienwanderung. Wände, in denen sich die Magnetisierung um mehr als 180° dreht, werden normalerweise durch BLOCH-Linienwanderung in Wände mit einer Magnetisierungs-Drehung unter 180° umgewandelt. Unterhalb 300 Å Schichtdicke können die BLOCH-Linien nicht mehr wandern. In diesem Schichtdickenbereich sind 360°-Wände stabil; sie können nicht durch BLOCH-Linienwanderung beseitigt werden. — Es werden zwei Möglichkeiten zur Entstehung von 360°-Wänden beschrieben: 1. Ummagnetisierung einer Schicht in schwerer Richtung; die Schicht spaltet in viele Domänen auf. Beim Anlegen eines Feldes in der entgegengesetzten schweren Richtung können die NÉEL-Wände nicht ummagnetisiert werden, wegen der Behinderung der BLOCH-Linienwanderung (Schichtdicke unter 300 Å): die Magnetisierungsvektoren zeigen auf beiden Seiten der Wand in die gleiche Richtung. — 2. Ummagnetisierung in leichter Richtung. Auch hier enthalten die Wände, die die Ummagnetisierung besorgen, BLOCH-Linien. Bei geringer Schichtdicke behält eine BLOCH-Linie ihre Lage bei, wenn bei Vergrößerung des äußeren Feldes die Wand bewegt wird. Zwischen der festgehaltenen BLOCH-Linie und der laufenden Wand spannt sich eine 360°-Wand auf. — Aus den Aufnahmen wurde der Verlauf der Magnetisierungsrichtung in einer 360°-Wand ermittelt: die Richtungsänderung erfolgt auf sehr engem Raum. — Weitere Unterschiede im Verhalten von 360°- und anderen Wänden werden diskutiert. H. Gärtner.

1–1490 **Wolfgang Liesk.** *Magnetische Strukturen in dünnen Schichten, beobachtet im Elektronenmikroskop.* Z. angew. Phys. **14**, 200—203, *1962*, Nr. 4. (Apr.) (München, Siemens u. Halske AG., Forschungslab.) Die Ummagnetisierungsvorgänge in dünnen Ni–Fe-Schichten wurden im Elektronenmikroskop (Elmiskop I) mit einer 35 mm-Filmkamera verfolgt. Die Kamera war an Stelle der Plattenkassette in das Mikroskop eingebaut. Die defokussierte Abbildung der magnetischen Strukturen erfolgte mit einem besonderen Objektivpolschuh, dessen Streufeld in der Objektebene vernachlässigbar klein war. Mit diesem Polschuh und der Projektivlinse konnte eine 20000fache Gesamtvergrößerung erreicht werden. Es wurde bei Bestrahlungsaperturen von 10^{-5} bis 10^{-6} rad gearbeitet. Mit einer Magnetisierungseinrichtung in der Objektstufe konnte ein Magnetfeld in der Objektebene nach Größe und Richtung verändert werden. Die durch das Magnetfeld bewirkte Bildauslenkung wurde mit einer zusätzlichen Spule kompensiert. — Es wurden Ummagnetisierungsvorgänge in harter und leichter Richtung gefilmt: die Entstehung von Stachelwänden und die Ummagnetisierung von NÉEL-Wänden durch BLOCH-Linienwanderung wird gezeigt. Das Wandern von BLOCH-Linien in BARKHAUSEN-Sprüngen wird sichtbar gemacht. Beim Ummagnetisieren in leichter Richtung sind die Keimbildung und die Wandbewegung in BARKHAUSEN-Sprüngen zu sehen. — Das Entstehen von 360°-Wänden in sehr dünnen Schichten durch Behinderung der BLOCH-Linienwanderung beim Ummagnetisieren in leichter Richtung wurde ebenfalls gefilmt. — Durch intensive Elektronenbestrahlung entstanden Schichten mit radialer Anisotropie. H. Gärtner.

1–1491 **Ekkehard Fuchs.** *Magnetische Strukturen in dünnen ferromagnetischen Schichten, untersucht mit dem Elektronenmikroskop.* Z. angew. Phys. **14**, 203—209, *1962*, Nr. 4. (Apr.) (München, Siemens u. Halske AG., Forschungslab.) Es wurden mit der Methode der defokussierten Abbildung im Elektronenmikroskop die magnetischen Strukturen in dünnen Ni-, Fe und Ni–Fe-Schichten untersucht. Die Schichten wurden teils elektrolytisch (Kupfer-Unterlage), teils durch Aufdampfen im Hochvakuum hergestellt. Bei der Elektrolyse wachsen die Schichten epitaxial auf der Unterlage auf. Es entstehen große einkristalline Bereiche. Beim Aufdampfen auf amorphe Unterlage werden die Schichten feinkristallin ohne Orientierung der Kristallite. — Innerhalb der Domänen wurde bei geringer Bestrahlungsapertur eine Feinstruktur beobachtet, die auf Schwankungen der Magnetisierung um eine mittlere Richtung zurückgeführt wird. Ein feines Streifenmuster lief stets senkrecht zur Magnetisierungsrichtung. An Hand der Streifenstruktur ließ sich für jede Stelle der Schicht die Richtung des Magnetisierungsvektors angeben. Die Ausbildung der Feinstruktur hängt mit der „Sauberkeit" der Schichten zusammen: eine Nickelschicht, die bei 10^{-4} Torr aufgedampft worden war, ließ viele Streifen erkennen, während eine bei 10^{-6} Torr aufgedampfte Nickelschicht keine Feinstruktur in den Domänen zeigte. — Unter Berücksichtigung der Abbildungsbedingungen konnte der Magnetisierungsverlauf in NÉEL-Wänden ermittelt werden. Mit wachsender Schichtdicke nimmt die Breite der NÉEL-Wände ab. In reinen Eisenschichten sind die NÉEL-Wände dünner als in Ni–Fe-Schichten (81% Ni). — Weiterhin wurden Wandkonfigurationen in Abhängigkeit von der Anisotropiefeldstärke in Ni–Fe-Schichten beobachtet und gedeutet. H. Gärtner.

1–1492 **Wolfgang Dietrich.** *Unvollständige Schaltvorgänge in dünnen magnetischen Schichten.* Z. angew. Phys. **14**, 210—212, *1962*, Nr. 4. (Apr.) (Zürich, IBM-Forschungslab.) Es wurden Ni–Fe-Schichten (80% Ni, 20% Fe) untersucht, die auf geheizte Glasplatten aufgedampft worden waren. Ein magnetisches Gleichfeld induzierte während des Aufdampfens eine einachsige magnetische Anisotropie in den Schichten. — Unter verschiedenen Winkeln zur leichten Richtung wurden Impulsfelder mit einer Anstiegszeit von 0,3 nsec angelegt. In Richtung des angelegten Impulsfeldes wurde der durch Rotation geschaltete Fluß gemessen: er besteht aus einem reversiblen und einem irreversiblen Anteil. Die Steuerimpulsdauer wurde auf 20 nsec beschränkt, so daß nur schnelle Rotationsvorgänge erfaßt wurden. — Für verschiedene Richtungen des Steuerfeldes zur leichten Achse wurden Kurven konstanter Flußänderung aufgenommen. Der Beginn des irreversiblen Rotationsschaltens fiel nahezu mit der theoretischen Grenzkurve zusammen. — Beim Anlegen impulsförmiger Magnetfelder unter 45° zur leichten Achse waren zum vollständigen Umschalten viel höhere Felder nötig, als wenn man vom Eindomänenbereich aus umschaltete. — Ein weiterer unvollständiger Schaltvorgang, das „Kriechen", wurde beim Anlegen vieler Feldimpulse mit Amplituden unterhalb der Wandkoerzitivkraft beobachtet. Der Kriechprozeß war abhängig von der Impulsform, der Impulsamplitude und der Anzahl der angelegten Impulse. H. Gärtner.

1–1493 **Peter Wolf.** *Zur Anregung von stehenden Spinwellen in dünnen Permalloyschichten durch inhomogene Wechselfelder.* Z. angew. Phys. **14**, 212—214, *1962*, Nr. 4. (Apr.) (Zürich, IBM-Forschungslab.) In Ni–Fe-Schichten (81% Ni, 19% Fe), die auf geheizte Glasträger (200° C) aufgedampft worden waren, wurden stehende Spinwellen angeregt. Die Dicke der untersuchten Schichten lag zwischen 1300 und 1700 Å. Zur Erzeugung der Wechselfelder und zur Messung der Absorption wurde ein auf 3970 MHz abgestimmter Leitungsresonator benutzt. Der Innenleiter bestand aus einem Kupferblech, dessen Länge etwas kürzer als $\lambda/2$ war. Der Resonator wurde durch ein Klystron gespeist. — Durch starke inhomogene Wechselfelder konnten auch in parallel zur Schichtebene magnetisierten Schichten stehende Spinwellen angeregt werden. Aus dem Spinwellenspektrum ließ sich die Austauschkonstante A ermitteln. — Es wird eine neue Methode zur Bestimmung der Oberflächenanisotropiekonstanten angegeben: die Linienabstände der Spinwellenresonanzen in parallel und senkrecht zur Schichtebene magnetisierten Schichten werden verglichen. Allerdings ließ sich bisher die Oberflächenanisotropiekonstante nicht widerspruchsfrei aus den Messungen angeben. Mögliche Fehlerquellen sind: Fehler bei der Feldmessung, ungenügende Sättigung der Schichten, ungleiche Oberflächenanisotropie auf beiden Seiten der Schichten. — Die Austauschkonstante einer 81/19 NiFe-Schicht ergab sich zu $A = 0{,}80 \cdot 10^{-6}$ erg/cm. H. Gärtner.

1–1494 **Stanley M. Bryla** and **Charles Feldman.** *Contact potential in thin metal films.* J. appl. Phys. **33**, 774—776, *1962*, Nr. 3. (März.) (Falls Church, Virg., Melpar Inc.)

Ag-, Au- und Pt-Schichten wurden bei einem Restgasdruck von 10^{-10} — 10^{-8} Torr bei Zimmertemperatur aufgedampft. Die Austrittsarbeit dieser Schichten, mit der Kontaktpotential-Methode gegen eine entgaste Pt-Oberfläche als Bezugsnormal gemessen, war unabhängig von der Schichtdicke und dem elektrischen Widerstand der Schichten. Nur bei sehr dünnen Schichten ($d < 250$ Å) wurde ein Anstieg der Austrittsarbeit mit abnehmender Schichtdicke beobachtet, der auf die Wirkung des Schichtträgers zurückgeführt wird. R. Nossek.

1-1495 **A. Yelon, J. R. Asik** and **R. W. Hoffman.** *Fiber texture and magnetic anisotropy in evaporated iron films.* J. appl. Phys. **33**, 949–954, *1962*, Nr. 3. (März.) (Cleveland, Ohio, Case Inst. Technol.) Dünne Eisenschichten (350–2000 Å) werden durch Aufdampfen (20–60 Å/s, Trägertemperatur 75–200° C) unter verschiedenen Einfallswinkeln (senkrecht, 6–12°, größer 12°) im Hochvakuum ($2 \cdot 10^{-7}$ — $1{,}5 \cdot 10^{-6}$ Torr) hergestellt. Aussagen über die Fasertextur (beobachtet wird [110], [111], [221], wobei die [111]-Textur in den dünnsten Schichten überwiegt) werden aus Elektronen- und Röntgenbeugung gewonnen. Aus der Abhängigkeit der Form der Hysteresiskurven (M–H-Schleifen-Schreiber) in leichter und schwerer Richtung von Schichtdicke und Einfallswinkel erhält man die Änderung der magnetischen Anisotropie (-Energiedichte), die bei 350 Å-Schichten etwa $2 \cdot 10^4$ erg/cm^3 beträgt und mit wachsender Schichtdicke abnimmt. Mit wachsender Trägertemperatur (bis 200–250° C) nehmen der Texturanteil und die magnetische Anisotropie zu, bei höheren Temperaturen und bei nachträglicher Temperung wieder ab. — Es wird angenommen, daß sich bei diesem Aufdampfverfahren Leerstellen-Nadeln (parallel zur Oberfläche und senkrecht zur Einfallsebene) ausbilden. Die magnetische Anisotropie läßt sich dann im wesentlichen durch einen Volumeneffekt (Entmagnetisierung) und eine starke Oberflächenanisotropie deuten. Die Konzentration dieser Leerstellen-Nadeln wird zu 0,2 Vol.-% abgeschätzt. H. Pagnia.

1-1496 **G. Siddall** and **B. A. Probyn.** *Vacuum-deposited metal film resistors.* Brit. J. appl. Phys. **12**, 668–674, *1961*, Nr. 12. (Dez.) (Crawley, Sussex, Edwards High Vacuum Ltd., Res. Labs.) Um Widerstände aus dünnen Metallschichten zu erhalten, deren Widerstandswert möglichst unabhängig von der Belastung ist und deren Temperaturkoeffizient einen niedrigen Wert besitzt, wurden Nickel–Chrom-Schichten auf Pyrex-Glas in einem Vakuum von 10^{-4} bis 10^{-3} Torr aufgedampft; die Glasunterlage befand sich dabei auf Temperaturen um 300° C. Die erstrebte Stabilität des Widerstandes wurde durch eine Oxydation der Schicht während des Aufdampfens und eine anschließende Temperung an der freien Atmosphäre im Temperaturbereich von 250–350° C erreicht. Nachdem der Widerstand gegen weitere Einflüsse der Umgebung geschützt worden war, mußten mit besonderer Sorgfalt die elektrischen Kontakte angebracht werden. Für eine Legierung aus 80% Ni und 20% Cr wurden die niedrigsten Werte des Temperaturkoeffizienten des Widerstandes (0,002% pro °C) bei einer Aufdampfrate von weniger als 5 Å/s erreicht; in einem Dauerversuch über 8000 Std. im unbelasteten Betrieb änderte sich der Widerstand selbst nur um 1%, bei einem Betrieb mit Belastung um noch weniger. W. Schroen.

1-1497 **Bui Dinh-Vuong.** *Influence de la vitesse d'évaporation sur la conductibilité électrique des lames métalliques minces.* J. Phys. Radium **23**, 134, *1962*, Nr. 2. (Febr.) (Bordeaux, Fac. Sci., Lab. Électrotech.) An Gold-, Silber- und Indiumschichten wurde der spez. Widerstand in Abhängigkeit von der Schichtdicke bei Aufdampfgeschwindigkeiten zwischen 1,4 bis 38 Å/s gemessen. Mit wachsender Aufdampfgeschwindigkeit nähern sich die Ergebnisse mehr und mehr den Voraussagen nach Dingle. W. Rausch.

1-1498 **U. S. Galkina, L. A. Tschernikowa, Chian Kai-da** und **J. I. Kondorski.** *Elektrische Eigenschaften dünner Nickelschichten bei tiefen Temperaturen.* Sh. exp. teor. Fis. **41**, 1763–1766, *1961*, Nr. 6. (Orig. russ.) S. auch Phys. Abh. Sowjetunion N. F. **6**, 534, *1962*, Nr. 5. Die magnetischen Eigenschaften von Schichten, die im Vakuum von 10^{-5}–10^{-6} Torr aufgedampft worden sind, zeigen Eigentümlichkeiten, die auf Verunreinigung durch Restgase bei der Aufdampfung und auf Oxydation der Schicht beruhen. Dagegen fand Neugebauer bei Vakua von 10^{-9} Torr für Schichtdicken oberhalb 30 Å keine Dickenabhängigkeit der Sättigungsmagnetisierung. Vff. untersuchen, ob die elektrischen und galvanomagnetischen Eigenschaften von Schichten mit Dicken bis 30 Å aufgedampft bei Heliumtemperaturen, sich von den entsprechenden Eigenschaften massiver Proben unterscheiden. Die Aufdampfungsmethode garantierte eine sehr hohe Reinheit. Die Schichten hatten einen Restwiderstand und eine HALL-Spannung, die sich nicht wesentlich von denen massiver Proben unterscheiden. H. Vogel.

1-1499 **H. F. Church.** *The dielectric properties of anodic aluminium oxide films.* Proc. Instn elect. Engrs (B) **109**, 399–406, *1962*, Suppl. Nr. 22. (S. B.) (Leatherhead, Elect. Res. Assoc. Lab.)

1-1500 **L. Kozlowski** and **S. Kubiak.** *Effect of cathodic hydrogen on the magnetic properties of thin electrolytic nickel films.* Bull. Acad. polon. Sci. (math. astr. phys.) **9**, 409 bis 417, *1961*, Nr. 5. (Katowice, Normal School, Dep. Phys.) O. Wegner.

1-1501 **Florin Abelès.** *Sur les propriétés optiques de certaines lames minces métalliques dans le proche infrarouge.* C. R. Acad. Sci., Paris **253**, 2213–2214, *1961*, Nr. 20. (13. Nov.) (Paris, Inst. Opt. théor. appl.) Durchlässigkeit, Reflexion und Absorption dünner Metallschichten werden in Abhängigkeit von der Schichtdicke und den charakteristischen Größen quasifreier Elektronen für den Wellenlängenbereich von $\sim 1-10\ \mu m$ näherungsweise berechnet. Wenn nur das Reflexionsvermögen als Funktion der Wellenlänge gemessen wird, so können bei bekannter Schichtdicke die effektive Masse m^* und die Relaxationszeit der Leitungselektronen gleichzeitig bestimmt werden. Hingegen erlaubt die alleinige Messung der Durchlässigkeit als Funktion der Wellenlänge nur die Ermittelung der effektiven Masse m^*, weil die Durchlässigkeit in erster Näherung unabhängig vom elektrischen Widerstand der Schicht und nur abhängig von der Eindringtiefe der Lichtwelle ist. R. Nossek.

1-1502 **Robert Burtin.** *Propriétés optiques de l'étain en couches minces entre 0,9 et 11 μ. Analyse des résultats.* C. R. Acad. Sci., Paris **254**, 1760–1762, *1962*, Nr. 10. (5. März.) (Paris, Inst. Opt. Theor.) Auswertung von Messungen der optischen Konstanten dünner Zinnschichten unter Berücksichtigung der Anisotropie, des anomalen Skineffektes für senkrechten und schrägen Lichteinfall, der Nähe von Absorptionsbanden und der Elektronenzusammenstöße. H. Böhme.

1-1503 **Roger Garron.** *Diffusion optique des lames minces métalliques.* C. R. Acad. Sci., Paris **254**, 2952–2954, *1962*, Nr. 16. (16. Apr.) (Marseille, M. P. C., Lab. Phys.) Es wird die Lichtstreuung aufgedampfter Aluminium- und Silberschichten im Schichtdickenbereich 20–100 nm bzw. 2–80 nm bei Lichteinfall unter dem Einfallswinkel 45° für einige Wellenlängen im UV gemessen und für Schichtdicken zwischen 20 und 50 nm werden abhängig von der Wellenlänge ausgeprägte Maxima der Lichtstreuung festgestellt, die bei Aluminium bis zu 5% und bei Silber bis zu 1% der einfallenden Strahlung betragen können. H. Böhme.

1-1504 **Edward A. Stern.** *Transition radiation from metal films.* Phys. Rev. Letters **8**, 7–10, *1962*, Nr. 1. (1. Jan.) (College Park, Md., Univ.) Beim Durchgang eines geladenen Teilchens durch eine Grenzfläche, die zwei verschiedene Medien trennt, wird eine elektromagnetische Strahlung ausgesandt, selbst wenn sich das geladene Teilchen mit konstanter Geschwindigkeit bewegt. Es wird gezeigt, daß der Ausdruck für die Intensität dieser von FRANK und GINSBURG [J. Phys. (USSR) **9**, 353, *1945*] vorausgesagten Übergangsstrahlung identisch ist mit dem, den FERRELL (Ber. **38**, 1711, *1959*) für die Plasmastrahlung dünner Metallschichten abgeleitet hat, wenn man bei der Übergangsstrahlung die Annahmen macht, die von dünnen Metallschichten erfüllt werden. Das gleiche Phänomen kann auf zweierlei Weise beschrieben werden, wobei die Auffassung der Übergangsstrahlung umfassender ist als die der Plasmastrahlung. R. Nossek.

1-1505 **J. J. Kelsch, O. F. Kammerer, A. N. Goland** and **P. A. Buhl.** *Observation of fission fragment damage in thin films of metals.* J. appl. Phys. **33**, 1475–1482, *1962*, Nr. 4. (Apr.) (Upton, N. Y., Brookhaven Nat. Lab.) Auf die Spaltfläche eines NaCl-Kristalls wurden bei einem Druck von $5 \cdot 10^{-6}$ Torr eine Metallschicht (Pt oder Al) von 25 bis 225 Å Dicke, darauf eine Schicht von etwa 10 Å Uran (93% U^{235}) und darauf wieder eine Schicht des gleichen Metalls und in der gleichen Dicke wie anfangs aufgedampft. Die Gesamtschicht wurde einem totalen Fluß thermischer Neutronen von $2{,}8 \cdot 10^{15}$ n/cm² ausgesetzt. Anschließend wurden die von dem NaCl-Kristall abgeschwemmten Schichten unter dem Elektronenmikroskop bei Gesamtvergrößerungen zwischen 20000 bis 700000 beobachtet. Es zeigen sich durch Spaltprodukte verursachte Spuren einer Länge von 100 Å bis 70000 Å. Die Spuren in Pt sind um einen Faktor 2 bis 3 breiter als in Al. Außerdem hängt die Spurbreite von der Gesamtschichtdicke ab. Bei einer 100 Å dicken Schicht beträgt sie 100 Å für Al und 200 Å für Pt. Die Spuren zeigen einen sehr hohen Kontrast zu der restlichen Schicht, der stellenweise eine völlige Abwesenheit von Schichtmaterial vermuten läßt, wie es sonst bei Rissen in der Schicht zu beobachten ist. Bei sehr hoher Vergrößerung ist eine perlschnurartige Struktur der Spuren zu erkennen. Eine Diskussion der Energieübertragung entlang der Spuren führt zu dem Ergebnis, daß es sich in erster Linie um einen thermischen Effekt handelt, d. h. die sichtbaren Spuren entstehen dadurch, daß entlang dem Weg der Spaltprodukte Schichtmaterial verdampft oder daß das Schichtmaterial lediglich schmilzt, und daß die Spuren durch anschließende Kontraktion der Schicht infolge Oberflächenspannung sichtbar werden. W. Rausch.

1–1506 **J. P. Gleeson.** *Improved sorption balance.* J. sci. Instrum. **39**, 170, *1962*, Nr. 4. (Apr.) (Maribyrnong, Austral. Def. Sci. Serv., Def. Stand. Labs., Dep. Supply.) Beschreibung einer Vakuum-Mikrowaage für Sorptionsmessungen, die einen einfach aufgebauten Probenwechselmechanismus besitzt, der die Durchführung von Reihenmessungen mit geringem Zeitaufwand ermöglicht. H. J. Bültemann.

1–1507 **M. E. Bayer.** *Schattenmikroskopie unter Verwendung einer spiegelnden Kugeloberfläche.* Naturwissenschaften **49**, 177—178, *1962*, Nr. 8. (Apr.) (Hamburg, Tropeninst., Abt. Virusforsch.) Abweichend von den üblichen Schattenwurf-Anordnungen zur Vergrößerung bestimmter Objekte wird hier mit einer konvexen Spiegelfläche gearbeitet. Hierdurch werden stärkere Verkürzungen der Strahlengänge bei ähnlichen Vergrößerungen erreicht. — Die von einer Lichtquelle über eine Blende und einen Umlenkspiegel kommenden Lichtstrahlen durchdringen zunächst das auf der Kugelfläche befindliche Objekt; an der Kugelfläche reflektiert, durchdringen sie dann abermals das Objekt, um schließlich auf einer Photoplatte aufgefangen zu werden. Die Vergrößerung des Gerätes ist umgekehrt proportional dem Kugelhalbmesser und direkt proportional dem Abstand der Photoplatte. Durch besondere Maßnahmen können auftretende Beugungssäume vermindert werden. Die Bildfehler sind der Präparatdicke und der Entfernung des abbildenden Strahls von der optischen Achse verhältnisgleich, so daß eine genaue Zentrierung erforderlich ist. Die Anwendbarkeit des Mikroskops reicht vom extremen Ultraviolett bis zum Ultrarot. H. v. Weingraber.

1–1508 **G. Sandstede.** *Zur Thermodynamik der Grenzflächen.* Z. phys. Chem. N. F. **25**, 360—374, *1960*, Nr. 5/6. (Sept.) (Frankfurt/M., Univ., Inst. Phys. Chem.) Die Grenzfläche wird als Phase mit Substanzinhalt betrachtet und die thermodynamischen Funktionen in Abhängigkeit von der Grenzfläche oder Grenzflächenspannung ermittelt. Spezifische Überschußgrößen, die den Volumenphasenanteil nicht enthalten, werden definiert unter Beachtung der besonderen Bedingungen für die Einführung dieser Größen. Die Änderungen der thermodynamischen Größen bei physikalischen Grenzflächenreaktionen werden festgestellt. J. Pilot.

1–1509 **A. Selwood.** *The topography of rough surfaces.* Wear **5**, 148—157, *1962*, Nr. 2. (März/Apr.) (Pontypool, Monmouths., Brit. Nylon Spinners Ltd., Res. Dep.) Beschrieben werden drei Verfahren zur Untersuchung der Textur gröberer Oberflächen: 1. Das Fokussierungsverfahren. Der Vertikalilluminator eines stark vergrößernden Mikroskops projiziert ein Linienraster auf die zu untersuchende Oberfläche. Wird der Tubus axial um definierte Beträge verschoben, erscheinen die Rasterlinien an jenen Stellen scharf, die in der jeweiligen Schärfeebene liegen. Durch Vergleich der Lichtbilder, die in den verschiedenen Tubusstellungen gemacht worden sind, lassen sich Schlüsse auf die Tiefe und den Verlauf der Oberflächenrauheit innerhalb des betrachteten Gesichtsfeldes ziehen. — 2. Das Absorptionsverfahren. Zwischen den durchsichtigen Abdruck der Oberfläche und ein Deckglas wird eine lichtabsorbierende Flüssigkeit (Karamellösung) gebracht. Die in der Originalfläche mit Werkstoff ausgefüllten Rauheitserhebungen erscheinen bei Betrachtung im durchfallenden Licht als dunkle Zonen. — 3. Das Parallelschnittverfahren. Die mit Araldit abgedeckte Oberfläche wird in parallelen Schichten um definierte Beträge durch Schleifen und Polieren schrittweise abgetragen. Die den verschiedenen Schnittebenen zugeordneten Tragbilder vermitteln eine Vorstellung vom räumlichen Verlauf der Oberfläche. H. v. Weingraber.

1–1510 **E. D. Dukova.** *Problem of spiral-layer evaporation in crystals.* Soviet Phys.-Cryst. **6**, 357–361, *1961*, Nr. 3. (Nov./Dez.) (Engl. Übers. aus: Kristallografija **6**, 451–454, *1961*, Nr. 3.) An Paratoluidin und β-Methylnaphthalin wurde die Abhängigkeit der Verdampfungsgeschwindigkeit an Oberflächen-Spiralen von Schraubenversetzungen von der Untersättigung gemessen: nach langsamem Anstieg plötzliche starke Zunahme bei kritischer Untersättigung, früher an Versetzungen mit größerem BURGERS-Vektor. Die Meßwerte liegen 1 bis $1^1/_2$ Größenordnungen niedriger als die nach CABRERA berechnete Verdampfungsgeschwindigkeit an Schraubenversetzungen. Immerhin schließt Vf. auf Grund der mikroskopischen Beobachtungen trotzdem, daß der bestimmende Schritt in der Bildung sichtbarer Abdampfgruben die Aufgliederung der Spiralstufen in dünnere Lagen und die damit verbundene Vergrößerung der tangentiellen Wanderungsgeschwindigkeit der Stufe ist. K.-F. Seifert.

1–1511 **A. R. Patel** and **K. N. Goswami.** *Some micro-disk patterns on topaz.* Proc. phys. Soc. Lond. **79**, 848–854, *1962*, Nr. 4 (Nr. 510). (1. Apr.) (Vallabh Vidyanagar, India, Sardar Vallabhbhai Vidyapeeth.) G. Schumann.

1–1512 **H. Bethge, K. W. Keller** und **H. Stenzel.** *Zur elektronenmikroskopischen Sichtbarmachung unterschiedlicher Bindungsenergien und Adsorptionseigenschaften an Lamellenstufen auf NaCl-Kristallen.* Naturwissenschaften **49**, 152–153, *1962*, Nr. 7. (Apr.) (Halle/S., Akad. Wiss. Bln., Arbeitsst. Elektronenmikrosk.; Univ., Inst. exp. Phys.) Vff. zeigen mit Hilfe des Golddekorationsverfahrens, daß bei der Abdampfung von NaCl-Kristallen im Hochvakuum die Abdampfgeschwindigkeit der [110]-Stufen, wenn sich viereckige Lamellenspiralen ausbilden, größer sein muß, um die Ausbildung der wesentlich ausgedehnteren [100]-Stufen zu ermöglichen; d. h. aber auch, daß die Bindungsenergie der Bausteine in einer [110]-Stufe kleiner sein muß. G. Vieth.

1–1513 **M. Knorn.** *Adsorptionsisothermen bei 78° K.* Monatsber. dtsch. Akad. Wiss., Berlin **3**, 15–18, *1961*, Nr. 1. (Dresden, Akad. Wiss., Arbeitsst. Tieftemperaturphys., Forschungsgemeinsch.) An verschiedenen Adsorptionsmaterialien (verschiedene Molekularsiebe und Kieselgele und Aktivkohle) wurden die 78° K-Adsorptionsisothermen für hochgereinigten Stickstoff im Druckbereich von 10^{-5} bis 10^3 Torr und für Ne und He im Druckbereich von 10^{-1} bis 20 at untersucht. Anhand der Meßkurven wird die Eignung der untersuchten Materialien zur Gasreinigung und Gastrennung diskutiert. F. Lappe.

1–1514 **G. Sandstede.** *Zur Thermodynamik der Gasadsorption.* Z. phys. Chem. N. F. **25**, 375–392, *1960*, Nr. 5/6. (Sept.) (Frankfurt/M., Univ., Inst. Phys. Chem.) Nach der modellmäßigen Beschreibung der Adsorption werden für die Gas-Adsorption und Netto-Adsorption (Adsorbendum ist zunächst flüssig) die differentiellen und integralen molaren Reaktionsgrößen ermittelt. Die Beziehungen der Reaktionsgrößen untereinander und ihre Bestimmungsmöglichkeiten werden abgeleitet. Spezifische Reaktionsgrößen und der Vorgang der Sättigungsadsorption werden definiert. J. Pilot.

1–1515 **W. Merl.** *Influence of alloy structure on the transfer of matter.* Brit. J. appl. Phys. **12**, 447–449, *1961*, Nr. 9. (Sept.) (Pforzheim, Dr. E. Dürrwächter-DODUCO-KG., Res. Lab.) Es wird der Einfluß der thermischen Vorbehandlung auf die Stoffwanderung von Kontakten an Edelmetall-Legierungen untersucht, deren Wärmeleitfähigkeit durch Gitterumwandlung (PdCu) oder Ausscheidungsvorgänge (AuCo, AuNi) erhöht werden kann. Unter den gewählten Schaltbedingungen (Gleichstrom 6 V; 4,3 A; 0,06–20 μH) lassen sich die verschiedenen Mechanismen der Stoffwanderung beim Öffnen von Stromkreisen gegeneinander abgrenzen und der Einfluß der Leitfähigkeit bestimmen. Im Bereich der sog. Brückenwanderung nimmt das übergeführte Metallvolumen mit dem Quadrat, im Lichtbogen-Bereich mit der 4. Potenz der Leitfähigkeitsdifferenz ab. Die Stoffwanderung durch den kurzen, plasmalosen Bogen kann durch eine Leitfähigkeitserhöhung nur unwesentlich vermindert werden. W. Merl.

1–1516 **K. W. Böer** und **K. Lubitz.** *Zum Kontaktproblem an CdS-Einkristallen.* Z. Naturf. **17a**, 397–405, *1962*, Nr. 5. (Mai.) (Berlin, Humboldt-Univ., IV. Phys. Inst.; Akad. Wiss., Phys.-Tech. Inst.) Es werden Gold-, Indium-, Gallium- und Kadmiumkontakte, die im Hochvakuum auf CdS-Einkristalle bei verschiedenen Temperaturen aufgedampft wurden, mit Hilfe von Potentialsondenabtastungen, Strom-Spannungscharakteristiken, elektro-optischen Effekten und Rauschmessungen untersucht. Die Herstellung von sperrschichtfreien, temperaturbeständigen Al-Kontakten wird beschrieben. Der Einfluß von Kristallinhomogenitäten wird diskutiert. (Zfg.) K. Zückler.

1–1517 **D. F. Klemperer.** *Activation of thermionic and photoelectric cathodes.* J. appl. Phys. **33**, 1532–1536, *1962*, Nr. 4. (Apr.) (Melbourne, Univ., C. S. I. R. O., Div. Tribophys.) Es wird gezeigt, daß die thermische Regeneration des Adsorptionsvermögens bei oxydierten Metallen und Halbleitern durch eine nichtspezifische Tendenz der Sauerstoffatome ins Innere zu diffundieren, verursacht wird. Dies führt zu einem positiven Oberflächenpotential. Die thermische und Photoemission von Elektronen werden dadurch begünstigt. J. Ruf.

1–1518 **R. F. Hill** and **S. R. Rouze.** *Emission characteristics of a Philips impregnated cathode.* J. appl. Phys. **33**, 1607–1608, *1962*, Nr. 4. (Apr.) (Warren, Mich., Gen. Motors Res. Labs.) Emissionsvorgänge bei einer imprägnierten Philips-Kathode Type B wurden mit einem Emissionselektronenmikroskop untersucht. Die bei verschiedenen Temperaturen sich ergebenden Bilder werden mit dem Aufbau der Kathode, der Bariumdiffusion und der Bariumverdampfung in Zusammenhang gebracht. J. Ruf.

1–1519 **C. H. B. Mee.** *Spectral analysis of light emitted from an oxide-coated cathode during thermionic emission.* Nature, Lond. **193**, 1066, *1962*, Nr. 4820. (17. März.) (Southampton, Univ., Phys. Lab.) Analog zu den Untersuchungen von DEBIESSE und CHAMPEIX wurde mit einem HILGER-Spektrographen die spektrale Verteilung des blaugrünen Lichtes gemessen, das von einer Oxydkathode während der thermischen Elektronenemission ausgesandt wird. Verwendet wurde eine kommerzielle Oxydkathode, die bei 6,3 V und 1100° K eine Stromdichte von 0,5 A/cm^2 lieferte. Unter anderem wurden folgende Linien gefunden: 5536 Å (Ba I), 4607 Å (Sr I), 4554 Å (Ba II), 4216 Å (Sr II) und 4078 Å (Sr. II). M. Drechsler.

1–1520 **P. G. Borzyak, G. A. Katrich** and **O. G. Sarbei.** *Electron emission from CdS during the passage of a current.* Soviet Phys.-Solid State **3**, 1586–1587, *1962*, Nr. 7. (Jan.) (Engl. Übers. aus: Fiz. Tverd. Tela **3**, 2186–2188, *1961*, Nr. 7.) (Kiev, Acad. Sci., Inst. Phys.) An Kristallen aus CdS wird bei einem Restgasdruck von 10^{-8} Torr die Elektronenemission untersucht, die beim Stromdurchgang durch den Kristall auftritt. Die Elektronenemission wird bei einer Anodenspannung von einigen 100 V beobachtet, wobei die mittlere Feldstärke im Kristall etwa 10^2–10^3 V/cm beträgt. Dieselben Untersuchungen werden auch an dünnen CdS-Schichten durchgeführt. Es wird angenommen, daß die Emission durch gestreute Elektronen bewirkt wird, die im elektrischen Feld genügend Energie aufnehmen. W. Bloss.

1–1521 **Herbert Mayer** und **Walter Schroen.** *Absolutmessung der Ionisierungsausbeute von Kaliumatomen an Metalloberflächen.* Naturwissenschaften **49**, 202–203, *1962*, Nr. 9. (Mai.) (Clausthal, T. H. Bergbau u. Hüttenw., Phys. Inst.) Im Höchstvakuum von 10^{-10} – 10^{-9} Torr haben die Vff. Untersuchungen der Ionisierungsausbeute an polykristallinen Wolfram- und Platin-Oberflächen durchgeführt. Um die Ausbeute an positiven Ionen angeben zu können, wurden im gleichen Atomstrahl (Kalium) 1. die Zahl der ankommenden neutralen Atome und 2. die an der glühenden Metalloberfläche gebildeten Ionen gemessen. Ersteres geschah mit einer hochempfindlichen Mikrowaage, die an anderer Stelle näher beschrieben ist (NIEDERMAYER und SCHROEN, Vakuum Tech. **11**, 36, *1962*), letzteres durch eine Absaugelektrode für die entstandenen Ionen.

Als Ergebnis wurde eine praktisch 100%ige Ionisierung gefunden. Mit steigender Temperatur nimmt der Ionenstrom in guter Übereinstimmung mit der SAHA-LANGMUIR-Gleichung ab. J. Hölzl.

1–1522 **Richard K. Fry** and **A. B. Cardwell.** *Photoelectric properties of natural uranium and changes occurring at cristallographic transformations.* Phys. Rev. (2) **125**, 471–474, *1962*, Nr. 2. (15. Jan.) (Manhattan, Kansas, State Univ.) Die photoelektrischen Eigenschaften von entgastem, sehr reinem Uran wurden im Gebiet der Gitterumwandlung von 938° bis 1043 °K untersucht. Die von der Temperatur abhängigen Photostrom-Änderungen wurden für Wellenlängen von z. B. 2537 Å oder 3132 Å gemessen. Eine Deutung der gemessenen Daten zeigt, daß die allotropen Umwandlungen zu Änderungen 1. der Elektronenaustrittsarbeit, 2. der Dichte der freien Elektronen im Metall und 3. der Durchtrittswahrscheinlichkeit der Elektronen führen. Die Austrittsarbeit von reinem Uran ist 3,47 eV für orthorhomb. Uran von 300° bis 938° K, 3,52 eV für tetragonales Uran von 938° bis 1043°; und 3,39 eV für kubisch raumzentriertes Uran von 1043° bis 1065° K. M. Drechsler.

1–1523 **W. E. Spicer.** *Photoemission and band structure of the semiconducting compound CsAu.* Phys. Rev. (2) **125**, 1297–1299, *1962*, Nr. 4. (15. Febr.) (Princeton, N. J., RCA Labs.) Die Energieverteilung austretender Photoelektronen und die spektrale Quantenausbeute der Photoemission von CsAu wurden zwischen 1,6 und 6,2 eV gemessen. Die Analyse der Messungen läßt schließen, daß für Photonenenergien oberhalb 4 eV die Photoelektronen vom Valenzband aus angeregt werden, während bei Energien unterhalb 4 eV die Photoelektronen aus Zuständen in der Nähe des Bodens des Leitungsbandes stammen. Es werden ein Bandabstand von (2,6 ± 0,2) eV, der in guter Übereinstimmung mit dem von WOOD und REITZ (Bull. amer. phys. Soc. **6**, 108, *1961*) berechneten Wert von 2,3 eV ist, und eine Elektronenaffinität von (1,5 ± 0,2) eV abgeleitet. G. Harbeke.

1–1524 **G. A. Katrich** and **O. G. Sarbei.** *Photoelectron emission from gold and chromium.* Soviet Phys.-Solid State **3**, 1181–1187, *1961*, Nr. 6. (Dez.) (Engl. Übers. aus: Fiz. Tverd. Tela **3**, 1629–1637, *1961*, Nr. 6.) (Kiev, Acad. Sci., Phys. Inst.) Eingangs wird die Deutung der an Kaliumschichten ausgeführten Messungen des äußeren lichtelektrischen Effektes von MAYER und Mitarb. (Ber. **36**, 1609, 1610, 1237, 1090, *1957*) diskutiert. Um die dabei eine Rolle spielende Anregung von Plasmaschwingungen der Elektronen im Metall zu unterbinden, messen die Autoren den äußeren lichtelektrischen Effekt an Au- und Cr-Schichten. Bei beiden Metallen liegt die Anregungsenergie von Plasmaschwingungen oberhalb 20 eV und damit weit über der eingestrahlten hν-Energie. Aus den Messungen wird die Austrittsarbeit der Elektronen aus reinen Au- und Cr-Oberflächen mit 5,1 bzw. 4,4 eV bestimmt. Der Verlauf des äußeren lichtelektrischen Effektes in Abhängigkeit von Schichtdicke und Wellenlänge wird mit den optischen Eigenschaften der Schichten, wie sie sich aus den Messungen der optischen Konstanten von GOOS ergeben, gedeutet. Die Austrittstiefe der Elektronen zeigt keine Frequenzabhängigkeit und ist kleiner als 70 Å für Au bzw. 35 Å für Cr. R. Nossek.

1–1525 **Walter Noddack, Hans Meier** und **Arthur Haus.** *Photoelektrische Untersuchungen organischer Farbstoffe.* Z. wiss. Photogr. **55**, 7–25, *1961*, Nr. 1/4. (Juni.) (Bamberg, Staatl. Forsch.-Inst. Geochem.) H. Ebert.

1–1526 **Zdenek Hájek** und **Ludmila Eckertová.** *Die Konstruktion einer stabilen Feldkathode.* Naturwissenschaften **49**, 201, *1962*, Nr. 9. (Mai.) (Prag, Univ., Lehrst. Elektron. Vakuumphys.) Es werden Untersuchungsergebnisse an einer Art von Feldkathode, die reproduzierbare Ergebnisse ergibt und eine stabile Emission bei kleiner zugeführter Leistung liefert, mitgeteilt. Kurzzeitige Stromdichten der Größenordnung 100 A/cm² sind ermittelt worden. Diese Kathoden [Type Al–Al_2O_3-Metall (Ag, Au, Pt usw.)] haben den Vorteil, daß sie eine Flächenquelle darstellen, in beliebiger Form ausgebildet werden können und mechanisch nicht empfindlich sind. Bei der Benutzung ist weder Hochvakuum noch hohe Spannung erforderlich. Um die genannten Eigenschaften zu erreichen, müssen bei der sorgfältigen Herstellung Werkstoffe genügenden Reinheitsgrades benutzt werden. F. Dlouhy.

1–1527 **S. N. Ghosh** and **S. P. Khare.** *Secondary electron emissions from metal surface by high-energy ion and neutral atom bombardments.* Phys. Rev. (2) **125**, 1254–1258, *1962*, Nr. 4. (15. Febr.) (Allahabad, Univ., J. K. Inst. Appl. Phys.) Vff. berechnen die Ausbeute an Sekundärelektronen beim Beschuß von Metallen mit schnellen H^+-, D^+- und H_2^+-Ionen und neutralen H-Atomen. Als Grundlage für die Berechnungen bezüglich der Atomionen dient ein Verfahren von Sternglass (Ber. **37**, 2061, *1958*), wobei in der vorliegenden Arbeit von den Ionisierungsquerschnitten ausgegangen wird. Die Ausbeute durch H_2^+-Ionen berechnen Vff. unter der Annahme, daß innerhalb des Metalls das Molekülion in ein Proton und ein neutrales H-Atom aufspaltet, wobei beide die halbe Energie des H_2^+-Ions erhalten. Für die Berechnung der Ausbeute durch H-Atome wird angenommen, daß die Atome innerhalb des Targets teilweise ionisiert werden. Die Übereinstimmung der berechneten und von anderen Autoren gemessenen Werte ist leidlich gut.
E. Brinkmann.

1–1528 **I. M. Bronshtein** and **R. B. Segal'.** *Secondary electron emission from tellurium.* Soviet Phys.-Solid State **1**, 1036, *1960*, Nr. 7. (Jan.) (Engl. Übers. aus: Fiz. Tverd. Tela **1**, 1133, *1959*, Nr. 7.) Es wird eine einzige Kurve $\delta = \delta(Ep)$ für Tellur gezeigt im Bereich 0–2400 eV. Bei 400 eV = Ep zeigt sich ein deutliches Maximum. Eine Diskussion wird nicht gegeben. J. Hölzl.

1–1529 **B. Sujak** und **A. Szaynok.** *Zur Frage der Exoelektronenemission von gepulverten KCl-Einkristallen, die vorerst unterschiedlich verfärbt wurden.* Acta phys. polon. **20**, 425–432, *1961*, Nr. 5/6. (Wroclaw, Univ., Inst. Exp. Phys.; T. H., Phys. Inst.)

1–1530 **B. Sujak** and **J. Wawrzyniak.** *Photo-stimulated emission of exo-electrons from the surface layer of amphoteric metals reacting with sodium hydroxide or potassium hydroxide.* Acta phys. polon. **20**, 463–469, *1961*, Nr. 5/6. (Wroclaw, Acad. Sci., Inst. Phys.; Univ., Chair Exp. Phys.) O. Wegner.

1–1531 **B. Sujak.** *Zur Möglichkeit der Elektronenhaftstellenanalyse mit Hilfe der Exoelektronenemission.* Acta phys. polon. **20**, 969–982, *1961*, Nr. 12. (Wroclaw, Univ., Inst. Experimentalphys.) Es werden theoretisch errechnete Abklingkurven (Postelektronenemission), die durch Übertragung der Theorie der Phosphoreszenz auf die Exoelektronen-Emission gewonnen wurden, diskutiert. Die Angaben werden unter der Voraussetzung monomolekularer Prozesse für unterschiedliche Haftstellenverteilungen gemacht. — Die Messung der Intensität der Exoelektronen in Abhängigkeit von der konstanten Temperaturerhöhung (thermostimulierte Coelektronen-Emission) führt zur Betrachtung einer gewissen Oberflächenemission und eines inneren Mechanismus, bei dem ein Elektron aus der Haftstelle in das Leitungsband überführt wird. — Abklingkurven der Postelektronenemission und der photostimulierten Coelektronen-Emission für eine KCl-Schicht unter Bestrahlung mit Lichtwellen von $\lambda = 5700$ Å werden verglichen und diskutiert. Die Impulsgeschwindigkeit wurde in Abhängigkeit von der Zeit (bis etwa 10^3 Sekunden) gemessen. Hinweise auf Möglichkeiten zur Untersuchung der energetischen Struktur von Elektronenhaftstellen werden gegeben. Es erfolgt eine eingehende Betrachtung der optischen und thermischen Austrittsarbeit unter Berücksichtigung der Oberflächenbeschaffenheit sowie der Raumladung und der Oberflächenaufladung. Als optimale Schichtdicke der die Exoelektronen emittierenden Oxydschicht wird $d \approx 10^{-4}$ cm angegeben. W. Delle.

1–1532 **D. A. Fraser.** *The resistance of a plasma for a thermionic converter.* Proc. fifth Internat. Conf. on Ionization Phenomena in Gases **1**, 819–824, *1961*. (Wembley, Gen. Elect. Co. Ltd., Centr. Res. Labs., Hirst Res. Centre.) Zwischen 2 elektronenemittierende Elektroden in einer Thermionenkonverteranordnung, in der sich Quecksilberdampf bei einem Druck von 0,008 Torr befand, wurde ein ionisierender Elektronenstrahl eingeschossen, dessen Stromstärke (3 bis 10 mA) die Plasmadichte und damit die durch die thermische Elektronenbewegung bedingte ungeordnete Stromstärke an den Elektroden (30 bis 130 mA) bestimmte. Die aufgenommenen Strom-Spannungscharakteristiken ergaben mit zunehmender Spannung eine Stromsättigung bei einer Stromstärke, die der ungeordneten Stromstärke an den Elektroden glich. Die Stromspannungscharakteristiken lassen sich unter der Annahme theoretisch wiedergeben, daß die Spannungsdifferenz zwischen den Elektroden nur durch den Spannungsabfall an den Raumladungsschichten vor den Elektroden bedingt ist, während der OHMsche Spannungsabfall am Plasma unterhalb von 0,05 V liegen muß. W. Neumann.

1-1533 **E. C. Snelling.** *The properties and applications of ferrites.* Research, Lond. **15**, 3—10, *1962*, Nr. 1. (Jan.) (Mullard Res. Lab.) Kurzgefaßter Überblick über das Gesamtgebiet der Ferrite im Hinblick auf ihre Anwendungen. K.-H. v. Klitzing.

1-1534 **S. V. Subrahmanyam.** *Ultrasonic behaviour of cadmium iodide in non-aqueous media.* Phys. Letters **1**, 90—91, *1962*, Nr. 3. (1. Mai.) (Tirupati, Sri Venkateswara Univ., Dep. Phys.) Nach der Feststellung eines anomalen Ultraschallverhaltens von Cadmiumiodid in wäßriger Lösung untersucht der Vf. die Ultraschallgeschwindigkeit dieser Verbindung in nichtwäßrigen Lösungen (Glycol, Äthanol und Aceton). Zunächst werden die Dichten sowie die adiabatischen und molaren Kompressibilitäten der Lösungen gemessen. Anschließend werden die Ultraschallgeschwindigkeiten interferometrisch bei einer Grundfrequenz von 780 kHz bestimmt. In allen Lösungen nimmt die Geschwindigkeit mit der Konzentration ab. Eine Messung der Abhängigkeit der adiabatischen Kompressibilität von der molaren Konzentration ermöglicht folgende Deutung dieser Anomalie: Die Dichten ändern sich schneller als die Kompressibilitäten; damit sinkt die Schallgeschwindigkeit mit steigender Konzentration. P. Thoma.

1-1535 **Kurt Billig.** *Assoziationsmoleküle.* Wiss. Z. Hochsch. MaschBau Karl-Marx-Stadt **2**, 139—146, *1960*, Nr. 2. O. Wegner.

1-1536 **D. J. H. Sandiford** and **D. A. Thomas.** *A method of preparing specimens from intractable powders for measurement of dynamic mechanical properties.* Kolloidzschr. **181**, 4—6, *1962*, Nr. 1. (März.) (Welwyn Garden City (Engl., Imp. Chem. Ind. Ltd. Plastics Div., Res. Dep.) Das Pulver oder eine Mischung des Pulvers und eines inerten Füllstoffes werden bei Zimmertemperatur in eine Form gepreßt und, wenn nötig, bei erhöhter Temperatur gesintert. An Polyhexen–1 und Poly–3-methylbuten–1 wird gezeigt, daß eine befriedigende Übereinstimmung der mechanisch-dynamischen Dämpfungs- und Modulwerte von Proben besteht, die aus Pulver gepreßt und aus der Schmelze gewonnen wurden. H. Thurn.

1-1537 **S. Eins** und **D. Unangst.** *Über die Neukonstruktion einer Röntgen-Kleinstwinkel-Kamera vom Kratky-Typ mit großem Auflösungsvermögen.* Z. Naturf. **17a**, 198—202, *1962*, Nr. 3. (März.) (Jena, Univ., Phys. Inst.) Es wird eine modifizierte Kamera nach KRATKY und SKALA beschrieben, bei der das Blendensystem aus einem polierten Glasblock mit eingefräster Rinne besteht, auf den als Blendenkörper Stahlendmaße aufgesetzt sind. Die Justierung erfolgt durch wenige Leeraufnahmen mit und ohne Primärstrahlfänger. Der kleinste vermeßbare Streuwinkel beträgt je nach Primärstrahlintensität $2—4 \cdot 10^{-4}$ Rad. Die Leistungsfähigkeit der Konstruktion wird bei der Untersuchung von Kollagen-Präparaten verschiedenen Alters unter Beweis gestellt. R. Schall.

1-1538 **Z. Zlámal** and **A. Kazda.** *Donor-acceptor interactions in cationic polymerization. IV. Role of nonpolar compounds in the cationic polymerization of isobutylene.* J. Polym. Sci. **53**, 203—208, *1961*, Nr. 158. (Aug.) (Brno, Res. Inst. Macromol. Chem.) G. Beggerow.

1-1539 **E. A. Scheuermann.** *Arbeitshinweise für die Bestimmung des Molekulargewichtes Hochpolymerer nach der osmotischen Methode.* Kunststoffe **52**, 199—207, *1962*, Nr. 4. (Apr.) (Stetten a. d. Fildern.) Der Vf. legt in einer ausführlichen Darstellung die Bedeutung der osmotischen Methode zur Charakterisierung makromolekularer Systeme dar. Neben theoretischen Hinweisen werden vor allem praktische Hinweise für die Auswahl und Prüfung von Membranen und Lösungsmitteln gegeben. Eine ausführliche Tabelle der wichtigsten bisher bekannten Arbeiten über diese Methode erleichtert die Information. R. Kosfeld.

1-1540 **P. J. Kangle** and **Eugene Pacsu.** *Determination of molecular weight distribution in polyvinyl acetate by selective adsorption technique.* J. Polym. Sci. **54**, 301—320, *1961*, Nr. 160. (Okt.) (Princeton, N. J., Text. Res. Inst.) Beggerow.

1-1541 **V. V. Varadaiah** and **V. S. R. Rao.** *Effect of heterogeneity on the second virial coefficient.* J. Polym. Sci. **50**, 31—34, *1961*, Nr. 153. (März.) (Hyderabad, Univ., Coll. Sci., Phys. Dep.)

1-1542 **G. A. Johnson** and **S. M. Neale.** *High frequency effects in polyelectrolyte solutions.* J. Polym. Sci. **54**, 229—240, *1961*, Nr. 159. (Sept.) (Manchester, Coll. Sci. Technol.)

1-1543 **G. A. Johnson** and **S. M. Neale.** *The dielectric properties of polyelectrolyte solutions.* J. Polym. Sci. **54**, 241—252, *1961*, Nr. 159. (Sept.) (Manchester, Coll., Sci. Technol.)

1-1544 **Samuel H. Maron** and **Nobuyuki Nakajima.** *A theory of the thermodynamic behavior of nonelectrolyte solutions. VII. Partial miscibility in the system polystyrene-cyclohexane.* J. Polym. Sci. **54**, 587—596, *1961*, Nr. 160. (Okt.) (Cleveland, Ohio, Case Inst. Technol., Dep. Chem. a. Chem. Engng.)

1-1545 **Klaus Kühn.** *Die Quellung der Kollagenfibrille und ihre Rückbildung aus kolloiden Lösungen.* Kolloidzschr. **182**, 93—98, *1962*, Nr. 1/2. (Mai.) (Heidelberg, Univ., Anorg.-Chem. Inst.) Beggerow.

1-1546 **N. S. Andreeva.** *Peculiarities of the diffraction of X rays by oriented high-molecular substances.* Soviet Phys.-Cryst. **6**, 419—422, *1962*, Nr. 4. (Jan./Febr.) (Engl. Übers. aus: Kristallografija **6**, 524—529, *1961*, Nr. 4.) (Moscow, Univ.) Bei orientierten Hochpolymeren treten häufig charakteristische Störungen der Gitterstruktur auf, die als eine Folge der durchlaufenden Hauptvalenzketten aufzufassen sind. Für eine Reihe von typischen gegenseitigen Anordnungen parallel liegender Kettenmoleküle werden Formeln zur Berechnung der Intensitätsverteilung im reziproken Raum angegeben. G. F. Schmidt.

1-1547 **Maurice L. Huggins.** *Effect of intrachain and interchain interactions on the structures of crystalline regions in linear polymers.* J. Polym. Sci. **50**, 65—69, *1961*, Nr. 153. (März.) (Menlo Park, Calif., Stanford Res. Inst.)

1-1548 **E. Wolfram.** *Adhäsion von Flüssigkeiten an Kunststoffoberflächen.* Kolloidzschr. **182**, 75—85, *1962*, Nr. 1/2. (Mai.) (Dresden, Univ., Inst. Kolloidchem.)

1-1549 **J. A. Barrie** and **B. Platt.** *Sorption and diffusion in crystalline elastomers. II. Permeation of isomeric hydrocarbons in stretched rubber.* J. Polym. Sci. **54**, 261—275, *1961*, Nr. 160. (Okt.) (London, Imp. Coll., Chem. Dep., Phys. Chem. Labs.)

1-1550 **R. E. Wilfong.** *Linear polyesters.* J. Polym. Sci. **54**, 385—410, *1961*, Nr. 160. (Okt.) (Kinston, N. C., E. I. du Pont de Nemours & Co. Inc., Dacron Res. Lab.) Beggerow.

1-1551 **L. V. Ivanova, V. F. Chuvaev** and **P. A. Rebinder.** *Kinetics of the relatively instantaneous deformation of polymers in the elastic state.* Soviet Phys.-Doklady **6**, 616—618, *1962*, Nr. 7. (Jan.) (Engl. Übers. aus: Doklady Akad. Nauk SSSR **139**, 83—86, *1961*, Nr. 1.) Anstatt elastische Deformationen durch eine Reihe von KELVIN-Elementen mit einem Relaxationsspektrum zu beschreiben, haben die Vff. in einer früheren Arbeit die Gültigkeit der Formel $d\varepsilon/d\tau = a \cdot P \cdot [(\varepsilon_m - \varepsilon)/\varepsilon]$ mit nur einer einzigen Konstanten a für langsame Deformationen nachgewiesen. Sie zeigen jetzt, daß diese Formel auch für sehr schnell verlaufende Deformationen angewandt werden kann. Allerdings ist hier für die Konstante a ein anderer Wert als bei langsamen Deformationen einzusetzen. Für Polyisobutylen wird die Konstante a im Temperaturbereich von 10—80° C angegeben. K. Voelz.

1-1552 **Anton Peterlin.** *Gradientenabhängigkeit der Viskositätszahl in nichtidealen Lösungsmitteln.* Kolloidzschr. **182**, 110—115, *1962*, Nr. 1/2. (Mai.) (München, T. H., Phys. Inst.)

1-1553 **R. J. Ceresa.** *The mechanicochemical modification of high polymers.* J. Polym. Sci. **53**, 9—15, *1961*, Nr. 158. (Aug.) (London, Nat. Coll. Rubber Technol.) Beggerow.

1-1554 **C. Mussa, V. Tablino** and **A. Nasini.** *Elasticity of molten polymers from stress relaxation data.* J. appl. Polym. Sci. **5**, 574–579, *1961*, Nr. 17. (Sept./Okt.) (Torino, Univ., Ist. Chim.)

1-1555 **M. A. Geïderikh, B. E. Davydov, B. A. Krentsel', I. M. Kustanovich, L. S. Polak, A. V. Topchiev** and **R. M. Voïtenko.** *Preparation of polymeric materials with semiconductor properties.* J. Polym. Sci. **54**, 621–626, *1961*, Nr. 160. (Okt.) (Moscu, Acad. Sci., Inst. Petrochem. Synthesis.)

1-1556 **C. Y. Liang, M. R. Lytton** and **C. J. Boone.** *Infrared spectra of crystalline and stereoregular polymers. III. Spectra of polypropylene and some deuterated polypropylenes in the region 650 to 1550 cm^{-1}.* J. Polym. Sci. **54**, 523–531, *1961*, Nr. 160. (Okt.) (Marcus Hook, Penn., Amer. Visc. Corp., Res. Devel. Div.)

1-1557 **T. N. Tsvetkov, S. Ya. Magarik, N. N. Boïtsova** and **M. G. Okuneva.** *Stereospecificity and optical properties of polymers.* J. Polym. Sci. **54**, 635–643, *1961*, Nr. 160. (Okt.) (Leningrad, Univ., Phys. Inst.)

1-1558 **Karl F. Plitt** and **Samuel D. Toner.** *A study of the fluorescence of cellulosic polymers.* J. appl. Polym. Sci. **5**, 534–538, *1961*, Nr. 17. (Sept./Okt.) (Washington, D. C., Nat. Bur. Stand., Plastics Sect.)

1-1559 **Yoshinori Tsunekawa, Moriya Oyane** and **Kohei Kojima.** *Effects of irradiation and rolling on the tensile behavior of polyethylene.* J. Polym. Sci. **50**, 35–44, *1961*, Nr. 153. (März.) (Osaka, Univ., Inst. Sci., Indust. Res.)

1-1560 **A. D. Abkin, A. P. Sheïnker, M. K. Yakovleva** and **L. P. Mezhirova.** *Carbonium and carbanionic mechanisms of polymerization induced by gamma-radiation.* J. Polym. Sci. **53**, 39–47, *1961*, Nr. 158. (Aug.) (Moscow, Fiz.-Khim. Inst.)

1-1561 **C. Rossi** and **U. Bianchi.** *Reactions of polymerization and degradation by gamma-rays.* J. Polym. Sci. **53**, 187–194, *1961*, Nr. 158. (Aug.) (Genoa, Univ., Inst. Industr. Chem.)

1-1562 **Yoneho Tabata, Ryosuke Shimozawa** and **Hiroshi Sobue.** *Radiation-induced ionic polymerization of isoprene.* J. Polym. Sci. **54**, 201–208, *1961*, Nr. 159. (Sept.) (Bunkyo-ku, Tokyo, Assoc. Radiat. Res. Polym., Labs.)

1-1563 **H. Hopff.** *Neuere Kunststoffe und ihre Zukunft.* J. Polym. Sci. **53**, 263–280, *1961*, Nr. 158. (Aug.) (Zürich, T. H.) Beggerow.

1-1564 **K. Schmidt, W. Budnik** und **W. Ullmann.** *Aerosolkammern für Forschungs- und Prüfzwecke.* Kernenergie **5**, 120, *1962*, Nr. 2. (Febr.) (Berlin-Friedrichshagen, Inst. Staubforsch. radioakt. Schwebst.) Es wird die Grundausrüstung zweier Aerosolkammern beschrieben: Volumen: 10 m^3. Material: Korrosionsbeständiger Stahl. Maximaler Unterdruck: 300 mm WS. Eigene, hochgereinigte Zuluftleitung für jede Kammer; Umwälzventilator im Kammerinnern; automatische Registrierung von Durchflußmenge, Druck, Temperatur und relativer Feuchte; Standort in vollklimatisierten Räumen. Eine Kammer ist für Arbeiten mit radioaktiven Aerosolen vorgesehen.
K. H. Oertel.

1-1565 **Hansjürgen Schönert.** *Lichtstreuung, osmotischer Druck und Sedimentationsgleichgewicht polydisperser Polyelektrolyte in Pufferlösungen.* Kolloidzschr. **181**, 13–18, *1962*, Nr. 1. (März.) (Aachen, T. H., Inst. phys. Chem.) Für die Lösung eines polydispersen Polyelektrolyten in einer Pufferlösung, die ein Ion mit den Gegenionen des Polyelektrolyten gemeinsam hat, werden die Gleichungen für die Lichtstreuung, den osmotischen Druck und das Sedimentationsgleichgewicht abgeleitet. Die Gleichungen gelten sowohl für unendliche Verdünnung als auch für mäßig konzentrierte Lösungen. Es wird gezeigt, wie in den effektiven Virialkoeffizienten die Wechselwirkung aller Komponenten miteinander zum Ausdruck kommt. H. Thurn.

1–1566 **W. Stöber, H.-J. Witt** und **M. Arnold.** *Teilchengrößenmessungen an anorganischen und biologischen Partikeln.* Zeiss-Mitt. **2**, 281–308, *1962*, Nr. 8. (Mai.) (Göttingen, Max-Planck-Ges., Med. Forsch.-Anst.) Es wird über die empirische Ermittlung von Partikelgrößenverteilungen und ihre Darstellung mit Hilfe mathematischer Verteilungsfunktionen berichtet. Bei gleichartig aufgebauten Dispersionsphasen ist es häufig möglich, die Verteilungskurve durch eine mathematische Funktion anzunähern und mit Hilfe der darin enthaltenen Konstanten zu charakterisieren. Dies gelingt mit großer Wahrscheinlichkeit dann, wenn die Partikel bei ihrer Entstehung gleichen Gesetzmäßigkeiten unterlagen, z. B. bei bestimmten Zerkleinerungsprozessen oder bei chemischen und biologischen Wachstumsvorgängen. In vielen Fällen bieten sich die Gaussche Verteilung und die logarithmische Normalverteilung als brauchbar an.
J. Flügge.

1–1567 **Heinrich Thiele, Kurt Plohnke, Erik Brandt** und **Georg Moll.** *Ordnen von Polyelektrolyten durch Ionendiffusion.* Kolloidzschr. **182**, 24–35, *1962*, Nr. 1/2. (Mai.) (Kiel, Univ., Lehrf. Kolloidchem.) G. Beggerow.

1–1568 **Ya. B. Zel'dovich, G. I. Barenblatt** and **R. L. Salganik.** *The quasi-periodical formation of precipitates occurring when two substances diffuse into each other (Liesegang's rings).* Soviet Phys.-Doklady **6**, 869–871, *1962*, Nr. 10. (Apr.) (Engl. Übers. aus: Doklady Akad, Nauk SSSR **140**, 1281–1284, *1961*, Nr. 6.) (Moscow, State Univ.) Eine genäherte Theorie für die Erscheinung der sogenannten „Liesegang-Ringe" bei der Ausfällung eines unlöslichen Niederschlags wird gegeben, wobei folgendes Modell zugrundegelegt wird: Die Reaktionspartner diffundieren ineinander, es bilden sich übersättigte Bereiche in der Lösung aus; die Ausfällung des unlöslichen Reaktionsproduktes erfolgt nach Überschreiten eines kritischen Wertes für das Produkt der Konzentrationen beider Reaktionspartner. Ist die Geschwindigkeit klein, mit der sich die Niederschlagszonen ausbreiten, so entsteht eine räumlich diskrete Struktur, weil die für die Ausfällung verantwortliche metastabile Grenze erst in einem gewissen Abstand vom davorliegenden Ausscheidungsbereich überschritten wird. H. Gabriel.

1–1569 **K. Kuriyama.** *Temperature dependence of micellar weight of non-ionic surfactant in the presence of various additives.* Kolloidzschr. **181**, 144–149, *1962*, Nr. 2. (Apr.) (Osaka, Jap., Shinogi à Co. Ltd., Res. Lab.)

1–1570 **H. Wenning.** *Teilchengröße dreiphasig hergestellter Emulgate und Polymerisate.* Kolloidzschr. **182**, 60–75, *1962*, Nr. 1/2. (Mai.) (Essen, Fried. Krupp Chemieanlagenbau.) G. Beggerow.

1–1571 **N. A. Fuchs, I. B. Stechkina** and **V. I. Staroselskii.** *On the determination of particle size distribution in polydisperse aerosols by the diffusion method.* Brit. J. appl. Phys. **13**, 280–281, *1962*, Nr. 6. (Juni.) (Moscow, Karpov-Inst. Phys. Chem.) Die Vff. haben den Durchgang von polydispersen Aerosolen mit logarithmisch-normaler (lognormal) Größenverteilung durch Kanäle mit parallelen Wänden (Diffusionsbox) in Abhängigkeit vom Durchsatz und den Kanaldimensionen berechnet. Die Rechnungen wurden für Teilchenradien $r = 10^{-7} - 10^{-5}$ cm mit mittleren Abweichungen von $\beta = 1{,}0 - 2{,}5$ durchgeführt. Unter Verwendung der angegebenen Kurven kann die Größenverteilung von Aerosolen mit obigen Eigenschaften durch Messung der Aerosolkonzentration vor und hinter den Diffusionskanälen (Townsend-Methode) bestimmt werden. G. W. Israël.

1–1572 **Albert L. Thomas jr., Alvin N. Bird jr., Robert H. Collins III** and **Preston C. Rice.** *A portable photometer and particle size analyzer.* I. S. A.-J. **8**, *1961*, Nr. 7, (Juli.) S. 52–56. (Birmingham, Alabama, South. Res. Inst.)

1–1573 **G. Rehm.** *Rechtliche und organisatorische Aspekte eines europäischen Raumforschungs- und Raumfahrtprogramms.* Weltraumfahrt **12**, 69–73, *1961*, Nr. 3.
F. Staab.

XI. Geophysik

1-1574 **H. Takeuchi, M. Saito** and **N. Kobayashi.** *Statical deformations and free oscillations of a model earth.* J. geophys. Res. **67**, 1141–1154, *1962*, Nr. 3. (März.) (Tokyo, Univ., Geophys. Inst.) Für ein Erdmodell, das aus Kruste, Mantel und einem homogenen Kern besteht, werden die statischen Deformationen berechnet, die den Beanspruchungen durch Gezeitenkräfte oder Belastungen der Erdoberfläche entsprechen, wenn sich die Beanspruchungen mit Kugelfunktionen verschiedener Ordnung darstellen lassen. Die Berechnungen werden für elf verschiedene Ordnungen n ($\leqq$ 16) durchgeführt. Übersichtliche Kurven zeigen die Verteilung der Deformationen und des Potentials im Mantel bis hinab zur Kerngrenze. Die LOVEschen Koeffizienten h, k und l werden für alle betrachteten Ordnungen angegeben; für n = 2 haben sie die bekannten Werte. Die Eigenschwingungen des Erdmodells werden in ähnlicher Weise untersucht. Ihre Perioden stimmen mit den Beobachtungen überein, wenn man die Righeit des Kerns nicht höher als 10^{10} dyn/cm^2 ansetzt. Der Einfluß des Schwerefeldes auf die Periode beträgt bis n = 6 ungefähr 1% und ist bei höheren Ordnungen kleiner. K. Jung.

1-1575 **M. L. Ghosh.** *On passage of Love waves in low period range across the Ocean.* Beitr. Geophys. **70**, 319–342, *1961*, Nr. 6. (Howrah, W. Bengal, Engng Coll.) In theoretischen Rechnungen wird der Einfluß des Ozeans auf die Ausbreitung von LOVE-Wellen untersucht. Zur Vereinfachung wird angenommen, daß sich das Ozeanbecken als „zweidimensionale" grabenförmige Einsenkung in einer gleichförmigen ebenen Platte darstellen läßt. Da es sich um transversale Wellen handelt, kann das Wasser des Ozeans als einflußfrei angesehen werden. Es wird vorausgesetzt, daß der Graben im Verhältnis zu seiner Tiefe so breit ist, daß man schon die zweite Potenz des Quotienten Tiefe: Breite vernachlässigen kann. Mit FOURIER-Integralen wird die Ausbreitung einer von einem subkrustalen Herd ausgehenden Störung untersucht. Für die Bewegungen der Oberfläche in größerer Herdentfernung werden asymptotische Integraldarstellungen gegeben. Mit ihnen erkennt man, daß der Ozean die Ausbreitung der LOVE-Wellen nicht merklich beeinflußt, solange seine Breite nicht größer als die Wellenlänge ist. Ein breiterer Ozean kann die Amplitude der LOVE-Wellen bis auf etwa $^1/_{10}$ herabdrücken. K. Jung.

1-1576 **H. J. Schäffner.** *Interpretation von Herdmechanismen durch asymmetrische Dislokationen.* Z. Geophys. **27**, 164–174, *1961*, Nr. 4/5. (Berlin-Kaulsdorf.) Bei Bestimmung des Herdmechanismus tektonischer Beben aus der Verteilung des Vorzeichens der longitudinalen Einsätze setzt man im allgemeinen voraus, daß der Herdvorgang symmetrisch ist. Dann treten als Knotenlinien zwei zueinander orthogonale Großkreise auf. Ist der Herdvorgang aber unsymmetrisch, so gibt es zwei orthogonale Knotenkreise; aber nur einer von ihnen ist ein Großkreis. Zur Auswertung solcher Fälle werden einfache Hilfsmittel angegeben. Ihre Anwendung wird an einem Beispiel erläutert. K. Jung.

1-1577 **H. Dürschner.** *Über den Reflexionscharakter und die Laufzeitkurven nach Geschwindigkeitslogs.* Z. Geophys. **27**, 188–206, *1961*, Nr. 4/5. (Hannover.) Mit Betonung der Variationsmöglichkeiten wird das Prinzip der Herstellung synthetischer Seismogramme aus den Ergebnissen der Bohrloch-Geschwindigkeitsmessungen (Geschwindigkeitslogs) erläutert. Synthetische Seismogramme ermöglichen eine bessere Deutung des Charakters der Reflexionen auf normalen Feldseismogrammen. Durch Vergleich synthetischer Seismogramme mit Feldseismogrammen können die Geschwindigkeitslogs geeicht werden. K. Jung.

1-1578 **J. K. Wright, E. W. Carpenter** and **R. A. Savill.** *Some studies of the P waves from underground nuclear explosions.* J. geophys. Res. **67**, 1155–1160, *1962*, Nr. 3. (März.) (Southend on Sea, Essex, U. K. Atom. En. Author., Atom. Weapons Res. Establish.) Die P_n-Wellen einer Serie von unterirdischen Kernexplosionen werden bis zu Entfernungen von 1000 Kilometern eingehend untersucht. Bis hierhin tritt keine nachweisbare Änderung der Perioden mit der Herdentfernung auf, doch gehen von den stärkeren Explosionen Wellen mit längerer Periode aus als von den schwächeren Explosionen. Eine Verlängerung der Perioden deutet sich erst in größeren Herdentfernungen an. Bei 1000 Kilometern tritt eine Art Schattenzone auf. Vielleicht deutet sich hierbei der Einfluß einer im Erdmantel liegenden Schicht geringerer Geschwindigkeit an. K. Jung.

1-1579 **A. G. Galanopoulos.** *On magnitude determination by using macroseismic data.* Ann. Geofis. **14**, 225—253, *1961*, Nr. 3. (Juli/Sept.) Bezeichnet I_0 (in MERCALLI-Graden) die Erdbebenstärke im Epizentrum und A (in km²) die Fläche, auf der das Beben gefühlt wird, so läßt sich die Magnitude M mit den Beziehungen $\Theta = \log_{10} A + \log_{10} I_0$, $M = \Theta - 0{,}2 \cdot (\Theta - 6)$ abschätzen. Da diese Formeln die Herdtiefe nicht enthalten, sind sie allgemein anwendbar. An umfangreichem Material wird gezeigt, daß diese makroseismischen Magnituden mit den aus Registrierungen abgeleiteten Magnituden gut übereinstimmen. K. Jung.

1-1580 **Eysteinn Tryggvason.** *Crustal thickness in Fennoscandia from phase velocities of Rayleigh waves.* Ann. Geofis. **14**, 267—293, *1961*, Nr. 3. (Juli/Sept.) Die Krustendicke von Fennoscandien wird unter Benutzung des schwedischen Erdbebennetzes mit Hilfe der Dispersionskurven für RAYLEIGH-Wellen zu etwa 35 km bestimmt. H. Menzel.

1-1581 **P. Bernard.** *Contribution à la détermination de l'origne des microséismes en Algérie.* Ann. Géophys. **18**, 126—127, *1962*, Nr. 1. (Jan./März.) (Paris, Inst. Phys. Globe.)

1-1582 **R. Teisseyre.** *A dislocation theory of the earthquake processes.* Bull. Acad. polon. Sci. (math. astr. phys.) **9**, 423—428, *1961*, Nr. 5. O. Wegner.

1-1583 **G. Kremser.** *Ergebnisse erdmagnetischer Tiefensondierung in der Umgebung von Göttingen.* Z. Geophys. **28**, 1—10, *1962*, Nr. 1. (Göttingen, Univ., Geophys. Inst.) Mit Hilfe der erdmagnetischen Tiefensondierung ist eine erdmagnetische Anomalie in der Umgebung von Göttingen entdeckt worden. Zur genaueren Bestimmung dieser Anomalie reicht allerdings das Material noch nicht aus. H. Menzel.

1-1584 **K. Vozoff, R. M. Ellis** and **G. D. Garland.** *Composition of "pearls".* Nature, Lond. **194**, 539—541, *1962*, Nr. 4828. (12. Mai.) Im Rahmen magnetotellurischer Untersuchungen (magnetische Tiefensondierung) werden schwebungsartige Mikropulsationen, sogenannte „Perlen" des erdmagnetischen Feldes im Frequenzbereich zwischen 0,01 und 0,8 Hz analysiert. Die berechneten Spektren für die Horizontalkomponente lassen eine Energieverteilung in drei verschiedenen Frequenzbändern erkennen: zwei relativ eng benachbarte Bänder bei 0,53 Hz und 0,67 Hz und ein breiteres Frequenzband im niedrigen Frequenzbereich. Die Vertikalkomponente des Magnetfeldes muß gesondert behandelt werden. Besonders starke Amplituden- und Richtungsänderungen in den drei Komponenten zeigen sich bei 0,53 Hz, so daß die Quellen für die beiden ausgezeichneten Bänder bei 0,53 Hz und 0,67 Hz als unabhängig voneinander angesehen werden müssen. Es wird vermutet, daß diese charakteristischen Frequenzen durch Oszillationen vom V-Typ (vgl. MACDONALD, J. geophys. Res. **66**, 3639, *1961*) angeregt werden, möglicherweise durch freie Schwingungen desselben Types. O. Wegner.

1-1585 **R. R. Brown** and **W. H. Campbell.** *An auroral-zone electron precipitation event and its relationship to a magnetic bay.* J. geophys. Res. **67**, 1357—1366, *1962*, Nr. 4. (Apr.) (Berkeley, Calif. Univ., Dep. Phys.; Boulder, Col., Nat. Bur. Stand., Centr. Radio Propag. Lab.) Die Elektronenniederschläge in der Polarlichtzone und ihrer Umgebung sind eng mit Fragen der Morphologie der Polarlichterscheinungen, magnetischer Störungen und Röntgenstrahlung in der Polarlichtzone verknüpft. Um die Beziehungen zwischen diesen Phänomenen zu erforschen, müssen Meßergebnisse möglichst vieler gleichzeitiger Ereignisse untersucht werden. Diese Arbeit benutzt magnetische Baistörungen und gleichzeitige Registrierungen der Röntgenstrahlung in Ballonhöhen, Messungen der ionosphärischen Absorption kosmischen Radiorauschens, Beobachtungen geomagnetischer Mikropulsationen im Periodenbereich von 5 bis 30 sec sowie geomagnetische Variationen in den drei Komponenten H, D und Z. Die Meßergebnisse lassen ver-

muten, daß einer Bai eine intensive Elektronenbombardierung der oberen Atmosphäre vorausgeht, welche das Stromsystem der Bai beeinflußt und eine Verlagerung nach Norden hin bewirkt, welche nicht durch lokale Feldbedingungen erklärt werden kann.
O. Wegner.

1–1586 **A. G. Kalashnikov.** *On some types of pulsations of the geomagnetic field and earth's currents occurring simultaneously on the U. S. S. R. territory.* Ann. internat. geophys. Year **11**, 96–98, *1957/58*. (S. B.) O. Wegner.

1–1587 **E. Refai.** *Magnetic anomalies and magnetization of basalts in the area around Kemnath (Oberpfalz).* Z. Geophys. **27**, 175–187, *1961*, Nr. 4/5. (Cairo, Univ., Fac. Sci., Dep. Geol.) Die Ergebnisse magnetischer Messungen bei einigen Basaltvorkommen in der Oberpfalz werden vorgelegt. Es handelt sich nicht allein um Geländemessungen, sondern die Magnetisierungsrichtungen sind auch im Labor bestimmt worden. Es treten sowohl positiv wie auch negativ magnetisierte Vorkommen auf, welche auch petrologisch unterscheidbar sind. H. Menzel.

1–1588 **Eugene Wescott.** *Magnetic activity during periods of auroras at geomagnetically conjugate points.* J. geophys. Res. **67**, 1353–1355, *1962*, Nr. 4. (Apr.) (College, Alaska, Geophys. Inst.) An den geomagnetisch konjugierten Stationen Kotzebue, Alaska und Macquarie Island wurde während Nordlichterscheinungen gleichzeitig eine enge Korrelation zu den registrierten magnetischen Variationen in der H- und D-Komponente festgestellt. Es kann daher angenommen werden, daß während gewisser Perioden ionosphärische Phänomene auf der Nordhalbkugel mit denen auf der Südhalbkugel durch den Verlauf der magnetischen Feldlinien miteinander verknüpft sind. O. Wegner.

1–1589 **A. P. Nikolsky.** *On the distribution of periods of activity of magnetic disturbances over the 24 hours of the day.* Ann. internat. geophys. Year **11**, 46–47, *1957/58*. (S. B.)
O. Wegner.

1–1590 **C. C. Chang.** *Outer van Allen belts and neutral points on interface between solar wind and geomagnetic field.* Nature, Lond. **194**, 424–426, *1962*, Nr. 4827. (5. Mai.) (El Segundo, Calif., Aerospace. Corp.) Es werden kurz die wesentlichen Gedankengänge eines physikalischen Modells mitgeteilt, welches den Einfangmechanismus hochenergetischer Teilchen des „solaren Windes" in den äußeren Strahlungsgürteln beschreibt. Von großer Bedeutung sind dabei jene beiden N–1 neutralen Punkte auf der Grenzschicht zwischen dem „solaren Wind" und dem geomagnetischen Feld, an welchen das solare Plasma ohne Reflexionen in das Magnetfeld der Erde einzudringen vermag. An diesen Stellen werden die Quellen für die Anregung magnetohydrodynamischer Wellen vermutet. O. Wegner.

1–1591 *Indices of geomagnetic activity of the Observatories Hartland (Ha), Eskdalemuir (Es) and Lerwick (Le) October–November 1961.* J. atmos. terr. Phys. **24**, 222–223, *1962*, März.

1–1592 **S. Kume.** *Sur des changements d'aimantation rémanente de coprs ferrimagnétiques soumis à des pressions hydrostatiques.* Ann. Géophys. **18**, 18–22, *1962*, Nr. 1. (Jan./März.) (Paris, Inst. Phys. Globe.) D. Kinne.

1–1593 **J. F. Noxon** and **A. Vallance Jones.** *A balloon-borne spectrometer for study of the airglow beyond 2,0 μ.* Canad. J. Phys. **39**, 1120–1129, *1961*, Nr. 8. (Aug.) (Saskatoon, Saskatchewan Univ., Phys. Dep.) Konstruktion und Ausführung eines Infrarot-Spektrometers für den Bereich von 2,2 μ bis 3,5 μ werden im einzelnen beschrieben. Spektren, die während eines Ballonaufstieges herabgefunkt wurden, werden angegeben und diskutiert. H. H. Brömer.

1–1594 **J. E. Ainsworth, D. F. Fox** and **H. E. La Gow.** *Upper-atmosphere structure measurement made with the Pitot-static tube.* J. geophys. Res. **66**, 3191–3212, *1961*, Nr. 10. (Okt.) (Greenbelt, Md., Goddard Space Flight Cent.) O. Wegner.

1–1595 **G. E. Mueller, W. B. Hebenstreit** und **E. R. Spangler.** *Möglichkeiten und Probleme von Fernmeldesatelliten.* Raketentech. Raumfahrtforsch. **6**, 9–23, *1962*, Nr. 1.

(Los Angeles, Space Technol. Labs, Inc.) Das Interesse und die Arbeit an Fernmeldesatelliten haben in den letzten zwei Jahren zugenommen, weil die technischen und wirtschaftlichen Möglichkeiten zum Aufbau eines Netzes derartiger Satelliten vorhanden sind und weil ihr Einsatz notwendig geworden ist, um den steigenden Bedarf an Nachrichtenverbindungen auf der Erde zu befriedigen. Die Vff. untersuchen daher folgende Fragen: Vergleich bei Verwendung von aktiven und passiven Relais-Satelliten, Ermittelung von optimalen Umlaufbahnen derartiger Satelliten, günstigste Frequenzwahl und Energieversorgung, Temperatur-Regelung im Innern der Satelliten, Auswahl eines optimalen Übertragungssystems für Fernmeldezwecke, Aufbau eines gesonderten Übertragungssystems für Telemetrie, Ortung und Steuerung, sowie Fragen der Zuverlässigkeit und Kosten der Satelliten. Die Vff. kommen zu folgenden Ergebnissen: Aktive Satelliten sind vorteilhafter, Kreisbahnen mit 12 oder 24 Stunden Umlaufzeit sind am günstigten, die Sendefrequenzen sollten zwischen 10^9 und 10^{10} Hz liegen, die beste Energieversorgung besteht aus Photoelementen mit Akkumulatoren, eine automatische Temperaturregelung, eine Lageregelung und eine Steuerungsmöglichkeit der Satellitenbahn ist erforderlich, die Betriebssicherheit kann heute für mindestens $1^1/_2$ Jahre garantiert werden, und die Gesamtkosten für die Errichtung eines Nachrichten-Satelliten-Systems und dessen Unterhalt für 10 Jahre betragen etwa 250 Mio. Dollar.

R. Stenzel.

1–1596 **T. A. Croft** and **O. G. Villard jr.** *An HF radar search for possible effects of earth satellites upon the upper atmosphere.* J. geophys. Res. **66**, 3109—3118, *1961*, Nr. 10. (Okt.) (Stanford, Calif., Univ., Radiosci. Lab.)

1–1597 **Samuel Horowitz** and **Leonard Humphrey.** *Satellite sounder and telemeter chart ionosphere electron density.* Electronics **34**, *1961*, Nr. 25, (23. Juni.) S. 50—54. (Ithaca, N. Y., Gen. Elect. Co., Light Military Electron. Dep.) O. Wegner.

1–1598 **V. A. Bailey.** *Power density requirements for airglow excitation by gyrowaves.* J. Res. nat. Bur. Stand. **65 D**, 321—322, *1961*, Nr. 4. (Juli/Aug.) (Sydney, Univ., Dep. Phys.) Bailey zeigte 1938, daß es möglich sein sollte, in der unteren E-Schicht mit Hilfe starker Sender ein künstliches Nachthimmelleuchten zu erzeugen. Die Senderfrequenz muß dazu gleich der Gyrationsfrequenz freier Elektronen der E-Schicht im erdmagnetischen Feld sein. Über London beträgt die Frequenz etwa 1,3 MHz. Mit Hilfe von 800 horizontalen Dipolen und einer Leistung von 500 kW soll es möglich sein, ein Nachthimmelleuchten zu erzeugen, das 50mal heller als das natürliche ist. Grundlage für die Abschätzung bilden die Daten von Glimmentladungen in Stickstoff.

H. H. Brömer.

1–1599 **R. S. Iyengar** and **G. G. Shepherd.** *Observations of auroral luminosity fluctuations.* Canad. J. Phys. **39**, 1911—1918, *1961*, Nr. 12. (Dez.) (Saskatoon, Saskatchewan Univ., Inst. Upper Atmosph. Phys.) Die bisher vorliegenden Untersuchungen von Fluktuationen des Nordlichtes wurden entweder mit Photometern mit kleinem oder großem Gesichtsfeldwinkel gemacht. Da ein Vergleich der gewonnenen Beobachtungen schwierig ist, wurden die Fluktuationen gleichzeitig mit zwei Photometern verschiedenen Gesichtsfeldwinkels vorgenommen. Das Beobachtungsmaterial, das in 110 Nächten während 20 Monaten gesammelt wurde, wird bekanntgegeben und diskutiert.

H. H. Brömer.

1–1600 **F. K. Shuiskaya.** *On auroral spectra.* Bull. Acad. Sci. USSR, Geophys. Ser. *1960*, S. 337—339, Nr. 3. (März.) (Engl. Übers. aus: Iswest.Akad. Nauk SSSR, Ser. geofis. *1960*, S. 510—512.) Es wird der Versuch unternommen, dieBreitenabhängigkeit der Schwingungstemperatur in Nordlichtern an Hand der Schwingungsstruktur von Banden der 2. pos. Gr. des N_2 zu ermitteln. Die Methode der Temperaturbestimmung wird im einzelnen beschrieben. Erste Ergebnisse deuten darauf hin, daß die Schwingungstemperatur von Nordlichtern höherer Breiten größer ist, als die von solchen niederer Breiten.

H. H. Brömer.

1–1601 **F. E. Roach, D. Barbier** et **G. Weill.** *Observations de l'aurore effectuées en avion.* Ann. Géophys. **18**, 118—120, *1962*, Nr. 1. (Jan./März.) D. Kinne.

1–1602 **C. M. Purdy, L. R. Megill** and **F. E. Roach.** *A new airglow photometer.* J. Res. nat. Bur. Stand. **65C**, 213—216, *1961*, Nr. 4. (Okt./Dez.) (Boulder, Col., Nat. Bur. Stand.,

Centr. Radio Propagat. Lab.) Konstruktive Details eines Photometers, das zur Beobachtung des Nachthimmelleuchtens geeignet ist, werden mitgeteilt. Beim Entwurf des Photometers wurde besonderer Wert auf Einfachheit und Robustheit gelegt.
H. H. Brömer.

1–1603 **G. Weill.** *Observations photométriques des radiations violettes du ciel nocturne, en été, à l'Observatoire de Haute-Provence.* Ann. Géophys. **17**, 360—369, *1961*, Nr. 4. (13. Febr.) (Paris, Inst. Astrophys.) Es werden Beobachtungen des Nachthimmel- und Dämmerungsleuchtens im violetten Spektralbereich mitgeteilt, die in Haute-Provence mit einem rotierenden Photometer gemacht wurden. H. H. Brömer.

1–1604 **H. M. Sullivan** and **D. M. Hunten.** *Lithium twilight at Saskatoon, 1960—61.* Nature, Lond. **193**, 1064—1065, *1962*, Nr. 4820. (17. März.) (Saskatchewan, Saskatoon, Univ., Inst. Upper Atmosph. Phys.)

1–1605 **Y. S. N. Murty** and **S. R. Khastgir.** *A note on the group refractive index of the ionosphere for zero collisional frequency.* J. atmos. terr. Phys. **24**, 141—143, *1962*, Febr. (Delhi, Def. Sci. Organ.; Calcutta, Univ. Coll. Sci.)

1–1606 **Norman J. Macdonald** and **Robert W. Knecht.** *A statistical study of lower atmospheric-ionospheric coupling.* J. geophys. Res. **66**, 3187—3190, *1961*, Nr. 10. (Okt.) (Bedford, Mass. Air Force Cambridge Res. Labs., Geophys. Res. Director.; Boulder, Col., Nat. Bur. Stand.) O. Wegner.

1–1607 **L. Klinker.** *Kräftiger Anstieg der Gesamtelektronenzahl oberhalb des F-Schicht-Maximums nach Ende des erdmagnetischen Sturms vom 26.—29. März 1959.* Beitr. Geophys. **70**, 343—349, *1961*, Nr. 6. (Schwerin, Amt Meteorol. Hydrol.) Der Verlauf der Gesamtelektronenzahl während und nach einem magnetischen Sturm (26.—29. 3. 59) wird beschrieben. Im Gegensatz zu früheren Beobachtungen stellte sich während des Sturmes eine Abnahme, danach eine kräftige Zunahme der Gesamtelektronenzahl ein, welche ausschließlich durch eine Zunahme oberhalb des F-Schichten-Maximums bewirkt wird. Zeitlich parallel damit geht eine übernormale nächtliche Langwellendämpfung im D-Niveau. E. de Bary.

1–1608 **C. P. Sonett, A. R. Sims** and **I. J. Abrams.** *The distant geomagnetic field. I. Infinitesimal hydromagnetic waves.* J. geophys. Res. **67**, 1191—1207, *1962*, Nr. 4. (Apr.) (Washington, D. C., Nat. Aeronaut. Space Admin.; Los Angeles, Space Technol. Labs. Inc.) Infinitesimale hydromagnetische Wellen werden auf Grund von Magnetfeldmessungen des amerikanischen Satelliten Pioneer I für geozentrische Entfernungen von 3,7 bis 7 Erdradien analysiert. Die für die Magnetfeldmessungen entscheidenden meßtechnischen Parameter, die durch die Bahn und Orientierung der Meßsonde im Weltraum mitbestimmt werden, werden im einzelnen beschrieben. Die gemischte Schwingungsart der Plasmawellen wird als gewöhnliche transversale ALFVÉN-Welle gedeutet, während die reine transversale Schwingungsform mit der außerordentlichen Welle identifiziert wird. Die verallgemeinerte Harmonische Analyse der Magnetogramme (Leistungsspektrum), welche neben diskreten Linien, deren Energiedichten für Schwingungen über 1 Hz zwischen 10^{-13} bis 10^{-12} erg/cm^3 schwanken, auch ein Kontinuum aufzeigt, läßt vermuten, daß die magnetohydrodynamischen Wellen in der Magnetosphäre angeregt werden. O. Wegner.

1–1609 **B. J. O'Brien, C. D. Laughlin, J. A. van Allen** and **L. A. Frank.** *Measurements of the intensity and spectrum of electrons at 1000-kilometer altitude and high latitudes.* J. geophys. Res. **67**, 1209—1225, *1962*, Nr. 4. (Apr.) (Iowa City, Iowa State Univ., Dep. Phys. Astron.) Es wird ein vorläufiger Bericht über Messungen der Intensität und des Spektrums der Elektronen mit Detektoren des SUI-Satelliten Injun I in 1000 km Höhe zwischen ca. 45° und 80° magnetischer Breite für die Meßperiode von Juli bis August 1961 gegeben. Diese Arbeit stellt einen Teil des Schwerpunktprogrammes der State University Iowa zur Erforschung der Natur und der Ursachen des Elektronenflusses in der Exosphäre und der Korrelation dieses Flusses mit anderen geophysikalischen Phänomenen dar. Das Spektrum der Elektronen zeigt im allgemeinen eine Abnahme der Energie nach höheren Breiten hin. Diese Messungen werden mit vorangegangenen Satelliten-, Raketen- und Ballonmessungen verglichen. Weitere Satelliten werden vorbereitet, um die Untersuchungen zu intensivieren. O. Wegner.

1–1610 **Guido Pizzella, C. E. McIlwain** and **J. A. van Allen.** *Time variations of intensity in the earth's inner radiation zone, October 1959 through December 1960.* J. geophys. Res. **67**, 1235–1253, *1962*, Nr. 4. (Apr.) (Iowa City, Iowa State Univ., Dep. Phys. Astron.) Als eine vielversprechende Untersuchungsmethode bei der Aufklärung des Ursprunges der eingefangenen Teilchen erweist sich das systematische Studium der Intensitätsverteilung, der Energiespektren und geometrischen Verteilung der Intensität. Die Analyse und Interpretation der Zeitvariationen, die mit einem 302-Geiger-Zählrohr im Explorer VII gemessen wurden, erfordert die Existenz einer starken impulsiven Quelle für die eingefangenen Teilchen im inneren Strahlungsgürtel der Erde. Dieser Quelle kommt ein größerer Einfluß als den Albedo-Neutron Zerfallsprodukten zu, da diese Variationen (um den Faktor 3 während der Meßperiode vom 13. Oktober 1959 bis 31. Dezember 1960) schon in Zeiten von ca. 2 Wochen in diskreten Stufen auftreten, welche zeitweise mit größeren solaren Protoneneruptionen oder größeren magnetischen Stürmen verknüpft sind. O. Wegner.

1–1611 **Harry H. Heckman** and **Alice H. Armstrong.** *Energy spectrum of geomagnetically trapped protons.* J. geophys. Res. **67**, 1255–1262, *1962*, Nr. 4. (Apr.) (Berkeley, Calif., Univ., Lawrence Radiat. Lab.; Los Alamos, N. M., Univ. Calif., Sci. Lab.) Kernemulsionsdetektoren wurden mit einer Atlasrakete am 13. Oktober 1960 in den inneren van Allen-Strahlungsgürtel bis zu einer maximalen Höhe von 1185 km gebracht und das Energiespektrum der Protonen für Energien größer als 12 MeV gemessen. Während oberhalb von 100 MeV die Meßergebnisse gut mit der Albedo-Neutron-Hypothese übereinstimmen, zeigt das Spektrum unter 80 MeV ein anomales Verhalten. Oberhalb von 35 MeV findet man ein ausgeprägtes Maximum, während bei 20 MeV ein Minimum gemessen wurde. Massenbestimmung von Teilchen, die schwerer als Protonen sind, wurden ebenfalls durchgeführt. O. Wegner.

1–1612 **A. M. Lenchek** and **S. F. Singer.** *Geomagnetically trapped protons from cosmic-ray albedo neutrons.* J. geophys. Res. **67**, 1263–1287, *1962*, Nr. 4. (Apr.) (College Park, Md. Univ., Phys. Dep.) Albedo-Neutronen galaktischer kosmischer Strahlen haben großen Einfluß auf die beobachteten Merkmale der im Magnetfeld der Erde eingefangenen Protonen. Die Aussagen der Neutron-Albedo-Theorie über die Form des Energiespektrums sowie über die räumliche Verteilung und absolute Intensität der Protonen in Höhen bis zu mehreren tausend Kilometern und in niedrigen Breiten stimmen gut mit den Beobachtungen überein. Insbesondere werden das anisotrope Auftreten von Neutronen oberhalb 50 MeV und Kernwechselwirkungen in der Sauerstoffexosphäre oberhalb 300 MeV sowie die Winkelverteilung behandelt. Das Fehlen eingefangener Protonen in ca. 2 Erdradien bleibt unerklärt, dagegen werden die Injektion solarer hochenergetischer Teilchen und der nachfolgende Transportmechanismus geladener Albedo-Teilchen aus den polaren Gebieten in mittlere Breiten untersucht. O. Wegner.

1–1613 **S. N. Vernov, I. A. Savenko, P. I. Shavrin, V. E. Nesterov** and **N. F. Pisarenko.** *The outer radiation belt of the earth at a height of 320 km.* Soviet Phys.-Doklady **6**, 874 bis 877, *1962*, Nr. 10. (Apr.) (Engl. Übers. aus: Doklady Akad. Nauk SSSR **140**, 787–790, *1961*, Nr. 4.) (Moscow, State Univ.) Der zweite russische Erdsatellit, der die Erde in einer Höhe zwischen 307 und 339 km umkreiste, ermöglichte mit seinen Szintillations- und Gasentladungszählern ein intensiveres Studium des äußeren Strahlungsgürtels. insbesondere die Abhängigkeit der Strahlungsverteilung von der geographischen Breite. Die geographischen Gebiete besonders hoher Strahlungsintensität (Sibirien, Nordamerika, Süd-Pazifischer Ozean, Süd-Indischer Ozean und Süd-Atlantischer Ozean) lassen eine enge Verknüpfung mit den Zonen der nördlichen und südlichen Halbkugel erkennen. Die Untersuchungen zeigen, daß die Hypothese der lokalen Elektronenbeschleunigung im geomagnetischen Feld den Ursprung der Elektronen im äußeren Strahlungsgürtel besser zu erklären vermag als die Neutronhypothese. O. Wegner.

1–1614 **Francis E. Holly** and **Richard G. Johnson.** *Composition of radiation trapped in the geomagnetic field at altitudes up to 1000 kilometers.* Planet. Space Sci. **7**, 411–416, *1961*, Juli. O. Wegner.

1–1615 **G. Wibberenz.** *Identifizierung von Protonen, Müonen und Elektronen in der weichen Komponente der Ultrastrahlung und Messung ihrer Energiespektren.* Z. Phys. **167**, 284–301, *1962*, Nr. 3. (26. März.) (Kiel, Inst. Reine Angew. Kernphys.) Mit einer Teleskopanordnung konnten die Protonen-, Müonen- und Elektronenhäufigkeiten für Reichweiten von weniger als 10 cm Pb getrennt bestimmt werden. Dabei wurden die Ionisationsverluste in zwei Szintillationszählern unter 2 cm Pb gemessen und die Reichweiten durch von Bleischichten getrennte GEIGER-Zählerlagen angezeigt. Bei einem Teil der Messungen befand sich oberhalb der Anordnung ein ČERENKOV-Zähler zur besseren Identifizierung der Komponenten. Für das Reichweitenintervall von 4 bis 10 cm Bleiäquivalent für Teilchen ohne Strahlungsverluste und von 2,5 bis 8,5 cm Bleiäquivalent für Elektronen entfielen von 844 Ereignissen 51% auf Müonen, 7% auf Protonen, 40% auf Elektronen, 2% wurden nicht eindeutig identifiziert. Die gemessenen Energiespektren stimmen innerhalb der Fehlergrenzen mit den Werten anderer Autoren überein. E. Waibel.

1–1616 **Hermann Erbe.** *Ein Ballongerät zur Messung der kosmischen Strahlung in großen Höhen.* Elektronik **11**, 69–72, *1962*, Nr. 3. (März.) (Lindau/Harz, Max-Planck-Inst. Aeronom.) Es wird eine Radiosonde beschrieben, die zur Messung der kosmischen Strahlung mit einem GEIGER-MÜLLER-Zählrohr von 30 mg/cm^2 Wandstärke ausgerüstet ist. Außerdem wird der Luftdruck mit einer Aneroiddose gemessen und es besteht eine Anschlußmöglichkeit für eine Ionisationskammer. Die Zählrohrimpulse werden verstärkt und elektronisch untersetzt. Die Meßgrößen bewirken schließlich Ein- und Ausschaltungen von tonfrequenten Unterträgern, die über einen frequenzmodulierten VHF-Sender zur Bodenstation übertragen werden. Am Boden wird das Gemisch der Unterträger hinter dem Empfänger auf einen Satz von Bandfiltern gegeben; die getrennten NF-Spannungen werden von einem Mehrkanalschreiber registriert. Zusätzlich werden die NF-Signale auf Tonband aufgenommen. E. Waibel.

1–1617 **J. Linsley, L. Scarsi, P. J. Eccles** and **B. B. Rossi.** *Isotropy of cosmic radiation.* Phys. Rev. Letters **8**, 286–287, *1962*, Nr. 7. (1. Apr.) (Cambridge, Mass. Inst. Technol., Lab. Nucl. Sci.) Die Änderungen der Zählrate von großen Luftschauern mit der Sternzeit wurden in der Zeit von 1960–61 untersucht. Eine früher gefundene Anisotropie konnte nicht bestätigt werden. Aus den in Tab. 1 aufgeführten Häufigkeiten für die zwei Energiebereiche um $5 \cdot 10^{17}$ eV und $3 \cdot 10^{18}$ eV wird auf eine isotrope Richtungsverteilung der primären Strahlung um 10^{18} eV geschlossen.

Tab. 1:

Sternzeit-intervall	Mittlere Energie $5 \cdot 10^{17}$ eV	$3 \cdot 10^{18}$ eV
0– 6	317	15
6–12	316	15
12–18	369	20
18–24	330	13
Mittel	333	16

E. Waibel.

1–1618 **H. Hasegawa, T. Matano, I. Miura, M. Oda, G. Tanahashi, Y. Tanaka, S. Higashi, T. Kitamura, Y. Mishima, S. Miyamoto, K. Shibata** and **Y. Watase.** *Anisotropy of extensive air showers.* Phys. Rev. Letters **8**, 284–286, *1962*, Nr. 7. (1. Apr.) (Tokyo, Gakushuin Univ.; Tokyo Univ., Inst. Nucl. Study; Osaka, City Univ.) Die von zwei japanischen Stationen gemessenen Schauerhäufigkeiten wurden in bezug auf den μ-Mesonenanteil der Schauerteilchen untersucht, was experimentell möglich war durch eine Anordnung von Detektoren über und unter der Erdoberfläche. Die derart registrierten Mesonen mußten Energien über 5 GeV an der Erdoberfläche haben. Unter der Annahme, daß die von schweren primären Kernen ausgelösten Schauer einen relativ hohen μ-Mesonenanteil haben, wurde die Richtungsverteilung mesonenreicher Schauer ermittelt und eine Anisotropie gefunden mit einem Maximum zwischen 3 und 15 Uhr und einem Minimum zwischen 15 und 18 Uhr Rektaszension bei 35° N Deklination. Andererseits konnte keine Anisotropie festgestellt werden, wenn die Diskriminierung entsprechend dem Mesonenanteil unterblieb. E. Waibel.

1–1619 **A. Bhaskara Rao** and **P. S. Gill.** *Directional properties of extensive air shower arrays.* Indian J. Phys. **35**, 568–572, *1961*, Nr. 11. (Nov.) (Aligarh, Muslim Univ., Dep. Phys.) Die Brauchbarkeit einer einfachen Anordnung von GEIGER-MÜLLER-Zählrohrteleskopen zur Messung der Richtungsabhängigkeit großer Luftschauer der kosmischen Strahlung wurde untersucht. Bei einem Abstand von 40 m zwischen zwei Teleskopen würde $(V - H)/V \cdot 100\% = 54\%$ gefunden, wobei V die Koinzidenzrate bei vertikaler Stellung der Teleskope bedeutet und H dieselbe für die horizontale Stellung. Die Meßergebnisse verschiedener Autoren an gleichartigen Anordnungen differieren stark. E. Waibel.

1–1620 **B. A. Chenow.** *Ströme energiereicher Mesonen in weiten atmosphärischen Schauern.* Sh. exp. teor. Fis. **41**, 1403–1411, *1961*, Nr. 5. (Orig. russ.) (Moskau, Univ., Inst. Kernphys.) Mit der Moskauer Apparatur zur komplexen Untersuchung weiter atmosphärischer Schauer wurden die Irregularitäten in der räumlichen Verteilung energiereicher Myonen und Fluktuationen der Myonenströme in individuellen Schauern untersucht, ferner erhielt man eingehende qualitative Auskünfte über die mittleren charakteristischen Größen der Myonenströme: Die räumliche Verteilung, die Abhängigkeit der Anzahl von Myonen von der gesamten Teilchenzahl im Schauer, das Energiespektrum der Myonen (zwischen 5 und 10 GeV), das Spektrum der Stromdichten für die Myonen. Die Untersuchungen bezogen sich auf Meereshöhe. Die große Apparatur ermöglichte eine Präzisierung früherer Ergebnisse über den Myonenstrom von GEORGE u. a. (Ber. **33**, 90, *1954*) und von ANDRONIKASCHWILI (Sh. exp. teor. Fis. **32**, 403, *1957*). H. Vogel.

1–1621 **A. A. Pomanzki.** *Charakteristische Größen ausgedehnter Luftschauer.* Sh. exp. teor. Fis. **41**, 1556–1561, *1961*, Nr. 5. (Orig. russ.) Die Arbeit führt frühere Untersuchungen von NIKOLSKI u. a. (Ber. **40**, Nr. 10–923, *1961*) über die Entwicklung ausgedehnter Luftschauer fort. Es konnte Übereinstimmung mit der Erfahrung hinsichtlich der Höhenentwicklung und des Energiestromes der Elektron-Photon-Komponente erzielt werden; das Verhältnis der mittleren Energien der Primärteilchen, die Schauer mit gegebener Teilchenzahl in der Beobachtungshöhe erzeugen, zur Teilchenzahl im Schauer unterschied sich wenig von den gewöhnlich angenommenen Werten. Anzahl und Energiestrom der kernaktiven Teilchen in großen Schauern stimmten dagegen nicht; Schuld daran sind die Annahmen über die Abnahme des Inelastizitäts-Koeffizienten der Nukleonenwechselwirkung bei Senkung ihrer Energie auf $10^{11} - 10^{9}$ eV, außerdem die große Anzahl von Sekundärteilchen, die keine Pionen sind und mit Nukleonen identifiziert wurden. Die Rechnungen zeigen, daß eine Abnahme des auf Pionen übertragenen Energieanteils mit wachsender Primärenergie für den Widerspruch mit dem Experiment verantwortlich ist. Ferner zeigt sich eine starke Abhängigkeit der Anzahl kernaktiver Teilchen vom Anteil der Baryonen unter den Sekundärteilchen, die im Elementarakt der Kernwechselwirkung erzeugt werden. Neuere Meßergebnisse über elementare Wechselwirkungen bei hohen Energien und Emulsionsmessungen werden berücksichtigt. H. Vogel.

1–1622 **N. L. Grigorov, C. A. Tretyakova, V. J. Sheštopierov, C. P. Babayan, N. G. Bayadsyan, Z. Buja, J. Loskiewicz, J. Massalski** and **A. Oleś.** *Integral spectrum of ionization pulses caused by nuclear active particles of cosmic radiation at mountain altitudes.* Nukleonika **7**, 61–73, *1962*, Nr. 2. (Moscow, Univ., Inst. Nucl. Phys.; Erevan, Acad. Sci., Inst. Nucl. Phys.; Cracow, Acad. Sci., Inst. Nucl. Res.) Die hochenergetischen Teilchen lösten in den Absorbern der Apparatur Schauer aus, deren integrale Ionisationsspektren in Meereshöhe und in 3200 m Höhe untersucht wurden. Die Anlage hatte eine Fläche von 10 m² und bestand aus 6 Lagen von je 33 zylindrischen Ionisationskammern, die durch Blei- und Graphitabsorber getrennt waren. Die registrierten Impulse konnten durch μ-Mesonen und kernaktive Teilchen verursacht werden. Die gemessenen integralen Spektren der Ionisationsimpulshöhen J lassen sich in der Form $N(\geq J) = A \cdot J^{-\gamma}$ darstellen. J wird in Einheiten von Ionisationsverlusten relativistischer einfach geladener Teilchen angegeben. — In Bergeshöhe ergab sich für einzelne kernaktive Teilchen mit $3 \cdot 10^3 \leq J \leq 3 \cdot 10^4$ (Teilchen) $\gamma = 2{,}01 \pm 0{,}08$, für alle kernaktiven Teilchen im gleichen Impulshöheninterball $\gamma = 1{,}62 \pm 0{,}04$ und für die Auslösung durch μ-Mesonen $\gamma = 2{,}22 \pm 0{,}14$. Der Exponent γ hängt von den Dimensionen der Apparatur ab. — In Meereshöhe verursachen μ-Mesonen 70% der Einzelimpulse mit Amplituden $\geq 2 \cdot 10^3$ (Teilchen) und ca. 50% bei Impulshöhen $\geq 2 \cdot 10^4$ (Teilchen). E. Waibel.

1–1623 **S. P. Duggal** and **M. A. Pomerantz.** *The cosmic ray storm of July, 1961.* J. Franklin Inst. **273**, 322—329, *1962*, Nr. 4. (Apr.)

1–1624 **J. A. Lockwood** and **M. A. Shea.** *Variations of the cosmic radiation in November 1960.* J. geophys. Res. **66**, 3083—3093, *1961*, Nr. 10. (Okt.) (Durham, New Hamps. Univ.)

1–1625 **S. P. Zimmermann.** *Upper atmospheric turbulence near the 100 km level.* Ann. Géophys. **18**, 116—117, *1962*, Nr. 1. (Jan./März.) (Bedford, Mass., Laurence G. Hanscom Field, Air Force Cambridge Res. Labs., Geophys. Res. Direct.) D. Kinne.

1–1626 **Marguerite Constans.** *Causes d'erreurs en métrologie interférentielle.* Rev. Opt. (théor. instrum.) **40**, 601—648, *1961*, Nr. 12. (Dez.) Die verallgemeinerte Anwendung interferentieller Methoden bei aerodynamischen Studien verlangt eine systematische Untersuchung der Fehlerquellen. In Betracht gezogen werden solche, die auf Brechungsunterschiede der untersuchten Schicht zurückzuführen sind, dann die durch äußere Ursachen (Luftströmungen, Schwingungen, Temperaturschwankungen) verursachten Justierfehler und Auswertungsfragen. Die einzelnen Gruppen — vor allem die den Einfluß des örtlich veränderlichen Brechungsindex betreffenden, also die Krümmung des Strahlenweges im untersuchten Medium wiedergebenden Beziehungen — werden eingehend behandelt, wobei die Ableitung der Formeln in extenso gebracht wird. Die zunächst eingeführten einer direkten Messung nicht zugänglichen Größen werden in geschickter Weise eliminiert, so daß sich für die zu ermittelnden Fehlerwerte $\Delta\bar{n}$ und $\Delta\bar{y}$, die für die Gleichung der Trajektorie $n = f(y)$ erforderlich sind, verhältnismäßig einfache, nur meßbare Größen enthaltende Formeln ergeben. Die an den Interferogrammen und Striogrammen anzubringenden Korrektionen sind auf Abweichungen höherer Ordnung beschränkt, wenn die Einstellung auf die durch $r = 2\,a/3$ gegebene Ebene (a Dicke der Schicht) erfolgt, was mit den Ergebnissen von Svensson in Übereinstimmung ist. Der für die experimentelle Verifizierung benutzte Apparat, ein Interferometer nach Mach-Zehnder, wird eingehend beschrieben, sowohl hinsichtlich der Maßnahmen zur Vermeidung äußerer Störungen, als auch der Justierungsvorrichtungen. Die Küvetten, die auf einem drehbaren Tisch angeordnet sind und wechselweise eingeschwenkt werden können, ermöglichen gleichzeitig die Aufnahme des Interferogrammes für Schichtdicken von 10 bzw. 100 mm. Die Auswertungsergebnisse werden in graphischen Darstellungen wiedergegeben. Für Einfallswinkel, die kleiner als 2° bleiben, können unter den gegebenen Bedingungen die theoretisch ermittelten Fehler vernachlässigt werden, weil sie unterhalb der Meßgenauigkeit — Auswertung der Photogramme — bleiben, bei größeren Einfallswinkeln ist die Berechnung nach den gegebenen Formeln notwendig. Die experimentellen Ergebnisse bestätigen die theoretischen Ableitungen. H. Schulz.

1–1627 **M. A. Kaganov** and **Yu. L. Rosenstock.** *The measurement of heat flow with a heat flowmeter.* Bull. Acad. Sci. USSR, Geophys. Ser. *1961*, S. 771—774, Nr. 8. (Aug.) (Engl. Übers. aus: Iswest. Akad. Nauk SSSR, Ser. geofis. *1961*, S. 1174—1178.) Die Vff. weisen auf die Fehlerquellen bei der Messung des Wärmestrahlungsflusses hin, die durch die Ausmaße der Meßplatte und deren Leitfähigkeit entstehen. E. de Bary.

1–1628 **C. B. Moore, B. Vonnegut** and **F. J. Mallahan.** *Airborne filters for the measurement of atmospheric space charge.* J. geophys. Res. **66**, 3219—3226, *1961*, Nr. 10. (Okt.) (Cambridge, Mass., Arthur D. Littel Inc.) O. Wegner.

1–1629 **K. Bernhardt.** *Zur Klassifikation der tiefen Wolken.* Z. Met. **15**, 78—86, *1961*, Nr. 1/6. (Jan./Juni.) (Leipzig, Univ., Geophys. Inst.) Vf. schlägt eine Verfeinerung der

Wolkenklassifikation für tiefe Wolken vor, denn, wie er zeigt, ist die bisherige Klassifikation zu grob. Verschiedene Wolkenformen, die sich nur im Aussehen stark ähneln, aber ganz verschiedene Entstehungsursachen haben, führten bisher die gleiche Benennung. Seiner Meinung nach sollten sich aus der Einordnung der beobachteten Wolken aber bereits Schlüsse auf die vertikale Verteilung von Temperatur und Böigkeit im Grundschichtbereich ziehen lassen. E. de Bary.

1–1630 **Hurd C. Willett.** *The relationship of total atmospheric ozone to the sunspot cycle.* J. geophys. Res. **67**, 661–670, *1962*, Nr. 2. (Febr.) (Cambridge, Mass. Inst. Technol., Dep. Meteorolog.) Der weltweite Ozongehalt, errechnet aus den Monatsmitteln aller vorhandener Meßstationen der Jahre 1933–59, wird mit den Sonnenfleckenrelativzahlen in Verbindung gebracht: Ein enger Zusammenhang zwischen den Extremen des Ozongehaltes und denen der Sonnenfleckenrelativzahlen wird gefunden. Das Ozonminium liegt ca. 2 Jahre vor dem Fleckenmaximum und das Ozonmaximum liegt 3 Jahre vor dem Sonnenfleckenminimum. Ferner zeigen ergänzende Betrachtungen, daß ein Vergleich des Ozongehaltes mit der mittleren Breitenlage der Sonnenflecken eine höhere Korrelation ergibt und die Phasendifferenzen der Extreme kleiner werden als beim Vergleich mit der Sonnenfleckenrelativzahl. E. de Bary.

1–1631 **H. K. Paetzold** und **F. Piscalar.** *Meridionale Ozonverteilung und stratosphärische Zirkulation.* Naturwissenschaften **48**, 474, *1961*, Nr. 13. (Juli.) (München, T. H.)

1–1632 **Jean I. F. King.** *Deduction of vertical thermal structure of a planetary atmosphere from a satellite.* Planet. Space Sci. **7**, 423–426, *1961*, Juli.

1–1633 **C. Hoffmeister.** *Nature and origin of noctilucent clouds.* Ann. internat. geophys. Year **11**, 13–15, *1957/58*. (S. B.)

1–1634 **I. A. Khvostikov.** *On the nature of luminous night clouds.* Ann. internat. geophys. Year **11**, 15–18, *1957/58*. (S. B.)

1–1635 **V. V. Sharonov.** *The frequency of appearance of luminous night clouds as observed at the IGY stations in the U.S.S.R.* Ann. internat. geophys. Year **11**, 18–20, *1957/58*. (S. B.)

1–1636 **N. I. Grishin.** *Wave motion and meteorological conditions for the appearance of noctilucent clouds.* Ann. internat. geophys. Year **11**, 20–22, *1957/58*. (S. B.)
O. Wegner.

1–1637 **G. I. Morskoi.** *Eine Analyse der Wirbeladvektion.* Z. Met. **15**, 127–131, *1961*, Nr. 1/6. (Jan./Juni.) (Moskau.) Vf. diskutiert, ob man berechtigt ist, die horizontale Wirbeladvektion A_2 bei Betrachtungen der individuellen Änderung der absoluten Vorticity zu vernachlässigen, wie es verschiedene Autoren tun. Auch er kommt zum Schluß, daß die Advektion der relativen Vorticity A_2 als kleine Größe vernachlässigt werden kann. E. de Bary.

1–1638 **V. I. Belyaev.** *Equations of system of water drops suspended in air.* Bull. Acad. Sci. USSR, Geophys. Ser. *1961*, S. 918–923, Nr. 9. (Sept.) (Engl. Übers. aus: Iswest. Akad. Nauk SSSR, Ser. geofis. *1961*, S. 1408–1417.) Theoretische Betrachtung über Koagulation und Ausfall von Tropfen unter der Annahme verschiedener Ausgangsbedingungen. Der Fall von Eiskristallen und Tropfen wird unterschieden.
E. de Bary.

1–1639 **L. G. Kachurin, L. E. Alant'eva** and **Hsia-Yü-Jen.** *Vapor concentration and rate of growth of condensate drops in water aerosols.* Bull. Acad. Sci. USSR, Geophys. Ser. *1961*, S. 924–928, Nr. 9. (Sept.) (Engl. Übers. aus: Iswest. Akad. Nauk SSSR, Ser. geofis. *1961*, S. 1418–1425.) (Leningrad, Hydrometeorol. Inst.) Die Vff. errechnen die Übersättigung und das Anwachsen von Lösungströpfchen bei vorgegebener Temperaturabnahme. Es werden die Fälle monodisperser und polydisperser Aerosole betrachtet.
E. de Bary.

1–1640 **H.-Chr. Krumm.** *Der weltzeitliche Tagesgang der Gewitterhäufigkeit.* Z. Geophys. **28**, 33–52, *1962*, Nr. 2. (Oelde/Westf.) Auf Grund aller verfügbaren Unterlagen von

Nord- und Südhalbkugel wurde der Tagesgang der Weltgewittertätigkeit berechnet und mit den Werten von WHIPPLE aus dem Jahre 1929 verglichen. Ferner wurde der weltweite Tagesgang der Gewittertätigkeit auch in den 4 Quandranten untersucht, die so liegen, daß sie vollständige Kontinente einschließen. Er wird darüber hinaus auch für einzelne Jahreszeiten angegeben und diskutiert. E. de Bary.

1-1641 **Gordon A. Newkirk** and **John A. Eddy.** *Daytime sky radiance from forty to eighty thousand feet.* Nature, Lond. **194**, 638—641, *1962*, Nr. 4829. (19. Mai.) (Boulder, Col., High Altitude Obs., Dep. Astro-Geophys.) Es wird mit Ballonen ein Koronagraph bis in Höhen von 82000 Fuß geflogen, um die Winkel- und Wellenlängenverteilung des Tageslicht-Himmels zu messen. Dabei wurde die Strahlung des Himmels auf drei verschiedene Methoden registriert: a) photographisch bei den Streuwinkeln $\varphi = 9{,}6°$, 20,7°, 31,4°, 40,6° und 57,8° bei einem $\lambda = 0{,}44\ \mu$; der elektrische Vektor schwingt senkrecht zur Streuebene; b) ebenfalls photographisch bei den Streuwinkeln 1,67° und 2,8° mit einem Spektrographen geringer Dispersion mit einem Bereich für λ von 0,37 bis 0,79 μ; c) photoelektrisch bei einem Streuwinkel von 10,3° und einem $\lambda = 0{,}52\ \mu$. Der Spektrograph und das photoelektrische Photometer registrieren die gesamte Strahlung. Die Streuung der photographischen Registrierung reicht aus, um den Unterschied der Beobachtungen während des Aufstiegs und des Abstiegs zu bekommen. Die photoelektrischen Werte sind noch genauer. Die Meßwerte des Aufstieges, beginnend bei 66000 Fuß, liegen etwas unter den Werten, die beim Abstieg gemessen wurden. O. C. Allkofer.

1-1642 **Merril Eisenbud, Yoshio Mochizuki, Abraham S. Goldin** and **Gerard R. Laurer.** *Iodine–131 dose from Soviet nuclear tests.* Science **136**, 370—374, *1962*, Nr. 3514. (4. Mai.) In vivo-Untersuchungen über die Jod–131-Konzentration in menschlichen Schilddrüsen wurden in der Zeit vom 9. Oktober bis 31. Dezember 1961 an Personen verschiedenen Alters in New York vorgenommen. Es wird versucht, die erhöhte Konzentration an Jod–131 in der Schilddrüse mit der erhöhten Konzentration in der Milch in Zusammenhang zu bringen. W. Hübner.

1-1643 **Mira K. Jurić.** *Determination of α-radioactivity in the atmosphere by means of photonuclear plates.* Bull. Inst. Nuclear Sci. „Boris Kidrich", Belgrad **12**, 43—62, *1961*, Okt. Es wurde eine Methode entwickelt, die elektrostatische Filter zur Sammlung der Aerosole aus der Atmosphäre benutzt und die α-Aktivität mittels Kernspurplatten auf ± 25% zu messen gestattet. Radon verbleibt nur zu 1% im Filter. W. Hübner.

1-1644 **L. B. Lockhart jr.** *Recent measurements of nuclear fission debris in the Washington, D. C. area.* Rep. NRL Progr. *1962*, (Febr.) S. 1—3. Es werden die auf Spaltprodukte in der bodennahen Luft zurückzuführenden β-Aktivitäten mitgeteilt, die nach der Testserie der Sowjetunion im Jahre 1961 beobachtet wurden. Das Auftreten zweier Perioden hoher Aktivität (48 und 41 pc/m^3 maximal) im September 1961 hatte zur Folge, daß dieser Monat die höchste bisher in dieser Gegend registrierte mittlere Spaltproduktaktivität aufwies. (Höhere Aktivitäten von 55 und 51 pc/m^3 waren seit 1949 nur im Mai 1953 und im Mai 1955 als Folge von Tests in Nevada beobachtet worden.) Ein Vergleich dieser Aktivität mit der β-Aktivität der natürlichen radioaktiven Stoffe, die sich normalerweise in der Atmosphäre befinden, läßt erkennen, daß diese künstliche Aktivität den Menschen wohl nicht durch Bestrahlung von außen gefährdet. Lediglich die Akkumulation durch Inkorporation über die Nahrungsmittel stellt ein Problem dar. S. Wagner.

1-1645 **J. F. Bleichrodt.** *Increased concentration of beryllium–7 in the stratosphere after the nuclear test explosions during September—October 1961.* Nature, Lond. **193**, 1065 bis 1066, *1962*, Nr. 4820. (17. März.) (Rijswijk, Netherl., Nat. Def. Res. Org. TNO., Med. Biol. Lab.) D. Kinne.

1-1646 **F. F. Yudalevich.** *On calculating the distribution of intensity and degree of polarization in the twilight sky, allowing for the earth's sphericity.* Bull. Acad. Sci. USSR. Geophys. Ser. *1961*, S. 790—795, Nr. 8. (Aug.) (Engl. Übers. aus: Iswest. Akad. Nauk SSSR, Ser. geofis. *1961*, S. 1199—1208.) Helligkeitsverteilung und Polarisationsgrad des Nachthimmellichtes während derDämmerung werden errechnet. Dabei wird angenommen, daß Streuung nur an Molekülen, nicht aber an Aerosolen erfolgt. Brechung und Reflektion an der Erdoberfläche werden vernachlässigt. H. H. Brömer.

1–1647 **E. L. Hendricks.** *Hydrology.* Science **135**, 699—705, *1962*, Nr. 3505. (2. März.) (Washington, D. C., U.S. Geol. Surv., Water Resources Div., Water Branch.)

1–1648 **P. Caloi, M. Migani, G. Pannocchia.** *Ancora sulle onde interne nel lago di Bracciano e sui fenomeni ad esse collegati.* Ann. Geofis. **14**, 347—356, *1961*, Nr. 3. (Juli/Sept.)

1–1649 **Pietro Caloi.** *Validità delle teorie idrodinamiche sulle sesse: conferme dei laghi di Levico e Caldonazzo.* Ann. Geofis. **14**, 295—318, *1961*, Nr. 3. (Juli/Sept.)

1–1650 **G. Petrucci** e **S. Coppolino.** *Alcune esperienze su formazioni acquifere con i metodi della polarizzazione indotta e della resistenza adoperando un dispositivo di misura bipolare.* Ann. Geofis. **14**, 255—266, *1961*, Nr. 3. (Juli/Sept.) (Palermo, Univ., Ist. Geodes.) D. Kinne.

XII. Biophysik

1–1651 **B. D. Goodman.** *Psychological and social problems of man in space — a literature survey.* A. R. S.-J. **31**, 863—865, *1961*, Nr. 7. (Juli.) (Santa Monica, Calif., System Develop. Corp.) O. Wegner.

1–1652 **Elmar Zeitler** and **Gunter F. Bahr.** *A photometric procedure for weight determination of submicroscopic particles quantitative electron microscopy.* J. appl. Phys. **33**, 847—853, *1962*, Nr. 3. (März.) (Washington, D. C., Armed Forces Inst. Pathol.) Es wird ein praktisches Verfahren zur schnellen Massenbestimmung isolierender submikroskopischer Partikel beschrieben. Zu diesem Zweck werden elektronenmikroskopische Aufnahmen in besonderer Weise photometriert, so daß nach Vorschlag der Vff. in diesem Falle von einer Art „quantitativen Elektronenmikroskopie" gesprochen werden kann. Das Verfahren basiert auf der (zumindest annähernd) linearen Abhängigkeit der Durchlässigkeit von der Masse pro Flächeneinheit. Eine Diskussion der Grenzen des Verfahrens ergibt, daß unter normalen elektronenmikroskopischen Bedingungen Massen bis herunter zu 10^{-18} g mit einer Fehlergrenze von $\pm$ 10% individuell nachgewiesen werden können. Bei besonders sorgfältiger Ausführung der Messungen sind unter Inkaufnahme entsprechend niedrigerer Genauigkeiten noch 1 bis 2 Zehnerpotenzen zu gewinnen. Auf Anwendungsmöglichkeiten dieses Verfahrens, besonders in der Biologie, wird hingewiesen. J. Heydenreich.

1–1653 **Bertram Scharf.** *Loudness summation and spectrum shape.* J. acoust. Soc. Amer. **34**, 228—233, *1962*, Nr. 2. (Febr.) (Boston, Mass., Northeastern Univ.) Die Lautheit von 3-Ton-Klängen, zentriert bei 2000 Hz, wird studiert als eine Funktion der Intensitätsbeziehungen zwischen den drei Komponenten. Die Resultate sind in Einklang mit der Annahme, daß die Lautheit eines komplexen Schalles durch Summation der Lautheiten in den kritischen Bandbreiten gebildet wird. H. G. Diestel.

1–1654 **G. S. Bennett.** *Remarks on the paper by Montague and Strickland.* J. acoust. Soc. Amer. **34**, 347, *1962*, Nr. 3. (März.) (Detroit, Mich., Chyser Corp., Missile Div.) Auf Grund der Meßergebnisse, die kürzlich von anderen Autoren (Ber. **41**, Nr. 7—1393, *1962*) für die menschliche Hörschwelle beim Hören unter Wasser erhalten wurden, nimmt der Vf. an, daß das Ohr im Grunde ein Schallschnelle-Empfänger ist. H. G. Diestel.

1–1655 **Edward C. Carterette** and **Michael Cole.** *Comparison of the receiver-operating characteristics for messages received by ear and by eye.* J. acoust. Soc. Amer. **34**, 172—178, *1962*, Nr. 2. (Febr.) (Los Angeles, Calif., Univ.) Es wird geprüft, ob die Charakteristik des Ohres und des Auges beim Empfang von Informationen übereinstimmen. Es zeigt sich, daß das weitgehend der Fall ist. Die Ergebnisse bestätigen u. a. den statistischen Charakter der Entscheidungsbildung beim Empfangsprozeß. H. G. Diestel.

1-1656 **J. S. Lukaszewski** and **D. N. Elliott.** *Auditory threshold as a function of forced-choice technique, feedback and motivation.* J. acoust. Soc. Amer. **34**, 223—228, *1962*, Nr. 2. (Febr.) (Detroit, Mich., Wayne State Univ.) Die Änderungen der Hörschwelle bei Verwendung von unterschiedlichen elektroakustischen Techniken werden bestimmt und kritisch betrachtet. H. G. Diestel.

1-1657 **Arnold M. Small jr., John F. Brandt** and **Phillip G. Cox.** *Loudness as a function of signal duration.* J. acoust. Soc. Amer. **34**, 513—514, *1962*, Nr. 4. (Apr.) (Iowa City, Iowa Univ.) Die Versuchspersonen werden angehalten, den Pegel eines kurzen geräuschartigen Knalles von einstellbarer Dauer so zu ändern, daß der Knall gleich laut wie ein Standardknall von 500 ms Dauer empfunden wird. Oberhalb einer kritischen Dauer ist die Lautstärke des Knalles unabhängig von der Dauer, aber unterhalb der kritischen Dauer muß der Pegel jeweils um 12,5 dB erhöht werden, wenn die Dauer um eine Dekade abnimmt. Der Effekt ist unabhängig davon, wie groß der Pegel des Standardknalles ist. H. G. Diestel.

1-1658 **P. Riedel.** *Über den Einfluß des Rückhörpegels auf Tonhöhe und Lautstärke beim Sprechen.* Frequenz **16**, 44—49, *1962*, Nr. 2. (Febr.) (Aachen.) Die unbewußt eingestellte mittlere Tonhöhe beim Sprechen steht im Zusammenhang mit der mittleren Lautstärke. Die Abhängigkeit der Tonhöhe vom Stimmaufwand, gemessen durch den Schallpegel in geringem Abstand vor dem Sprecher, wurde quantitativ untersucht und dabei als Maß für die Tonhöhe die Sprachgrundschwingung durch Abtasten der Kehlkopfschwingung und Filterung ermittelt. Die Tonhöhe steigt für wachsenden Schallpegel charakteristisch an. Zur Messung des Rückhöreinflusses auf das Phonationsergebnis wurde der natürliche Rückhörweg durch eine Verstärkeranordnung mit Mikrophon über dem Kopf des Sprechers und Kopfhörer ersetzt. Bei Erhöhung des Rückhörpegels wurden eine Lautstärkeabnahme und ein Tonhöhenanstieg gefunden, bei Verminderung des Rückhöreinflusses durch Verdeckung mit gefiltertem Rauschen eine Zunahme der Lautstärke und ein Absinken der mittleren Tonhöhe. — Die gefundenen Ergebnisse lassen darauf schließen, daß beim Fernsprechen durch den künstlichen Rückhörweg keine wesentliche physiologische Beeinflussung der Stimmgebung zu erwarten ist. P. Dämmig.

1-1659 **P. Scott.** *Microflash and pulse stimulator tests human optical response.* Electronics **34**, *1961*, Nr. 27, (7. Juli.) S. 48—51. (Sunninghill, Berks., Vickers Res. Ltd.)

~~*1-1660*~~ ~~**Yukihiko Harai.**~~ *Study of the Fechner color with a cathode-ray tube.* Sci. of Light (jap.) **10**, 176—193, *1961*, Nr. 3. (Dez.) (Osaka, Kansai Telecast. Co., Tech. Bureau.) H. Ebert.

1-1661 **A. Wensel** und **G. Hasl.** *Zur Messung der Umgebungsstrahlung mit plastischen Szintillatoren.* Kerntechnik **4**, 118—119, *1962*, Nr. 3. (März.) (Frankfurt/M., Univ., Inst. Kernphys.) Die Verwendbarkeit von Szintillationszählern mit plastischen Szintillatoren zur Dosismessung wurde untersucht. Die Energieabhängigkeit des Verhältnisses von Impulsrate zu Dosisleistung wurde für verschiedene Schichtdicken berechnet. Es ergibt sich eine ausgeprägte Energieabhängigkeit, die für große Schichtdicken des Szintillators größer ist als für kleine. An einem Zähler mit einem plastischen Szintillator mit einer Schichtdicke von 15,5 cm wurden Messungen der Energieabhängigkeit durchgeführt. Zur Messung dienten 4 Präparate mit verschiedenen Energien (0,4—2,7 MeV). Die Dosisleistung dieser Präparate wurde berechnet. Die Meßergebnisse stimmen mit der berechneten Abhängigkeit überein. P. Seyfried.

1-1662 **Karl Scharf** and **Richard M. Lee.** *Investigation of the spectrophotometric method of measuring the ferric ion yield in the ferrous sulfate dosimeter.* Radiat. Res. **16**, 115—124, *1962*, Nr. 2. (Febr.) (Washington, D. C., Nat. Bur. Stand., Radiat. Phys. Div., Radiolog. Equipm. Sect.) Die Empfindlichkeit der spektralphotometrischen Methode bei der Bestimmung der Ferri-Ionen-Ausbeute eines Eisensulfatdosimeters läßt sich dadurch erhöhen, daß die Messungen anstatt bei einer Wellenlänge von 304 mμm bei 224 mμm vorgenommen werden. Das hängt mit dem höheren molaren Extinktionskoeffizienten zusammen, der bei der kleineren Wellenlänge größer und weniger temperatur- und säureabhängig ist. W. Hübner.

1-1663 **Hans Dresel.** *Die Filmdosimetrie und ihre Grenzen.* Strahlentherapie **116**, 484–488, *1961*, Nr. 3. (Nov.) (Freiburg/Br., Univ., Radiolog. Inst.) E. Bretnütz.

1-1664 **Kurt Flemming.** *Vergleich von Strahlenschutzstoffen bei Anwendung von ultraviolettem Licht und Röntgenstrahlen.* Strahlentherapie **117**, 616–623, *1962*, Nr. 4. (Apr.) (Greifswald, Univ., Pharmakol. Inst.) Durch Messung der auftretenden Hämolyse roter Blutzellen, die in isotonischer, gepufferter Salzlösung (pH 7,4) suspendiert waren, wurden Strahlenschutzstoffe sowohl im „Kontaktversuch" (Schutzstofflösung mit Erythrozytensuspension gemischt) als auch im „Filterversuch" (Schutzstofflösung zwischen Strahlungsquelle und Erythrozytensuspension, aber von dieser getrennt) hinsichtlich ihrer Schutzwirkung gegen UV- und Röntgenbestrahlung verglichen. Unter anderem ergab sich, daß bei einer Anzahl nichtreduzierender Verbindungen die Reihenfolge der nach ihrer Wirksamkeit geordneten Stoffe für UV- und Röntgenbestrahlung die gleiche ist. H.-J. Hübner.

XIII. Werkstoffe

1-1665 **F. P. Bowden** and **J. H. Brunton.** *The deformation of solids by liquid impact at supersonic speeds.* Proc. roy. Soc. (A) **263**, 433–450, *1961*, Nr. 1315. (10. Okt.) (Cambridge, Cavendish Lab., Phys. Chem. Solids Lab.) Für die Praxis sehr wichtig ist die Kenntnis der Erosionsschäden, die Wassertropfen beim Aufprall auf Festkörper hervorrufen, z. B. Turbinenschaufeln, Flugzeuge mit hoher Geschwindigkeit bei Regen. In der Arbeit wird das Prinzip einer Apparatur beschrieben, die es gestattet, einen dünnen Wasserstrahl (1 bis 2 mm Durchmesser) mit Strahlgeschwindigkeiten bis zu 1200 m/s zu erzeugen. Die Beobachtung erfolgt photographisch durch eine Beckmann- und Whitley-Kamera mit rotierendem Spiegel oder mit einer Sechs-Funken-Anordnung nach Cranz-Schardin. Die Dauer und Stärke des Wasseraufpralls auf den Festkörper werden mit einem Piezokristall gemessen. Für eine Geschwindigkeit von 720 m/s und eine Strahldauer von 20 μs ergibt sich eine einzige steile Belastungsspitze von 2–3 μs mit einem durchschnittlichen Druck von 95 kp/mm². Untersucht wurden eine Reihe von plastischen, elastischen und spröden Materialien, z. B. Gummi, PVC, Plexiglas, Stahl und Glas. Die entstehenden Deformationen rühren teils vom Aufprall des Wassers auf den Festkörper her, teils von Scherkräften der mit großer Geschwindigkeit über die Oberfläche fließenden Flüssigkeit. Bei keilförmiger Gestalt des Strahlkopfes ist z. B. die Fließgeschwindigkeit über die Oberfläche viel größer als die Auftreffgeschwindigkeit. Je nach den mechanischen Eigenschaften der Probe und der Geschwindigkeit des Wasserstrahls werden fünf verschiedene Arten der Zerstörung registriert: 1. Brüche der Oberfläche an der Strahlperipherie, 2. Fließen und Brüche unter der Oberfläche, 3. großflächige plastische Verformung, 4. Scherdeformation um die Aufprallzone, 5. Brüche, die von der Reflexion und Interferenz von Druckwellen herrühren.
R. Frielinghaus.

1-1666 **H. L. Schenk** and **F. J. Young.** *Waveform of the time rate of change of total flux for minimum core loss.* J. appl. Phys. **33**, 1281–1282, *1962*, Suppl. zu Nr. 3. (März.) (Pittsburgh, Penn., Westhinghouse Res. Labs.) Beim Prüfen magnetischer Materialien werden Ummagnetisierungsverluste gemessen, wenn die Flußänderung $d\varphi/dt$ im Kern sinusförmig ist. Obgleich man vermuten kann, daß der Ummagnetisierungsverlust für eine gegebene Induktion ein Minimum ist, wenn $d\varphi/dt$ sinusförmig verläuft, weisen Messungen und eine einfache Analyse in eine andere Richtung. Es wird gezeigt, daß der Ummagnetisierungsverlust geringer ist, wenn die Flußänderung einer Rechteckfunktion folgt. Durch eine Variationsmethode wurde das Verhältnis der Wirbelstromverluste bei Rechteck- und Sinusform für einen gegebenen Wert der maximalen Induktion zu $8/\pi^2$ ermittelt. Das Verhältnis der Verluste bei Rechteck- und Sinusform wurde als

Funktion der Induktion für eine feste Frequenz und als Funktion der Frequenz für eine feste Induktion unter Anwendung an einer Hipersil-Probe (Würfel-Kanten-Orientierung) gemessen. Dazu wird eine Gegenkopplungsschaltung verwendet, um die Verzerrung der Kurvenform zu verhindern. Wenn die Messung mit der Frequenz 60 Hz durchgeführt wird, liegt das Verhältnis bei 0,90 für Induktionen unter 12,5 kG und wächst mit ansteigender Induktion auf 0,96 bei 17,5 kG. Für eine Induktion von 5 kG fällt das Verhältnis von 0,92 bei 30 Hz auf 0,87 bei 120 Hz. H. Helke.

1–1667 **V. I. Iveronova** and **A. A. Katsnel'son.** *Method of measuring the diffuse-scattering intensities of polycrystals.* Soviet Phys.-Cryst. **5**, 756–758, *1961*, Nr. 5. (März/Apr.) (Engl. Übers. aus: Kristallografija **5**, 795–797, *1960*, Nr. 5.) (Moscow, Univ.)

1–1668 **G. Nagorsen** and **B. L. Averbach.** *Small-angle scattering in gold–nickel alloys.* J. appl. Phys. **32**, 688–689, *1961*, Nr. 4. (Apr.) (Cambridge, Mass., Inst. Technol., Dep. Metall.)

1–1669 **Tomokuni Mitsuishi.** *An electron diffraction study on Cu–Sn alloys.* J. phys. Soc. Japan **16**, 453–455, *1961*, Nr. 3. (März.) (Tokyo, Hitachi Centr. Res. Lab.)
Bretnütz.

1–1670 **J. Holden.** *The formation of sub-grain structure by alternating plastic strain.* Phil. Mag. (8) **6**, 547–558, *1961*, Nr. 64. (Apr.) (Glasgow, Nat. Engng. Lab.) Bruchflächen von Proben verschiedener Metalle, die im Zugschwellbereich beansprucht worden waren, wurden röntgenographisch untersucht. Die Untersuchungen wurden mit Hilfe des sogenannten „micro-beam"-Verfahrens (Hirsch, Ber. **33**, 997, *1954*; Internal Stresses and Fatigue in Metals, London: Elsevier), das vor allem zur Untersuchung der Zellbildung bzw. Subkornbildung geeignet ist, durchgeführt. Die Bruchflächen zeigten eine ausgeprägte Subkornstruktur, die Winkelunterschiede waren zum Teil $> 13°$. Die Größe des Subkornes war charakteristisch für das untersuchte Metall. Abgerundet wurden die Ergebnisse durch die Untersuchungen von tordierten Proben. Einige theoretische Folgerungen unter Berücksichtigung der Versetzungstheorie werden gezogen. H. Scholl.

1–1671 **Robert E. Michaelis, Robert Alvarez** and **Betty Ann Kilday.** *Determination of minor constituents in low-alloy steels by X-ray spectroscopy.* J. Res. nat. Bur. Stand. **65 C**, 71–76, *1961*, Nr. 1. (Jan./März.)

1–1672 **L. E. Dean** and **W. R. Thompson.** *Ignition characteristics of metals and alloys.* A. R. S.-J. **31**, 917–923, *1961*, Nr. 7. (Juli.) (Sacramento, Calif., Aerojet Gen. Corp.)

1–1673 **N. G. Boriskina** and **I. I. Kornilov.** *Investigation of the iron-chromium-titanium phase diagram in a region of iron- and chromium-rich alloys.* A. R. S.-J. **31**, 961–966, *1961*, Nr. 7. (Juli.)

1–1674 **Jun Kuroyanagi.** *On the relation between the change in modulus of rigidity of brass wires by cold-rolling and rolling textures.* J. phys. Soc. Japan **16**, 1019–1023, *1961*, Nr. 5. (Mai.) E. Bretnütz.

1–1675 **Siegfried Müller** und **Rudolf Kohlhaas.** *Die Bestimmung des Restaustenitgehaltes als magnetische Präzisionsmethode.* Z. angew. Phys. **14**, 254, *1962*, Nr. 4. (Apr.) (Köln, Univ., Inst. theor. Phys., Abt. Metallphys.) Zusammenfassung einer später zu veröffentlichenden Arbeit über die Bestimmung des Restaustenits an abgeschreckten Eisen-Kohlenstoff-Legierungen. G. Heimke.

1–1676 **Sigfrid Schweizerhof.** *Entwicklungsrichtungen bei den Ferriten für die Nachrichtentechnik.* Z. angew. Phys. **14**, 254–259, *1962*, Nr. 4. (Apr.) (Backnang, Telefunken GmbH., Geschäftsber. Anl. Weitverk.) Als Ergebnis fruchtbarer Zusammenarbeit zwischen Werkstoff-Entwicklern und Anwendern konnten die Eigenschaften der auf den verschiedensten Gebieten eingesetzten Ferrite nennenswert verbessert und den speziellen Anforderungen angepaßt werden. Als Beispiele dieser noch nicht abgeschlossenen Entwicklung werden angeführt: verlustarme, hochpermeable Mangan-Zink-Ferrite für Filter und Übertrager bis 150 kHz, Nickel–Zink-Ferrite mit Kobaltzusätzen, die auf Grund ihrer Perminvarschleife auch bei höheren Frequenzen (200 MHz) noch genügend verlustarm sind, magnetostriktive Schwinger mit extrem kleinem Temperaturgang des E-Moduls, Ferrite für Mikrowellen, bei denen die Frequenzgrenzen sowohl nach unten (1 GHz) als auch nach oben (> 10 GHz) erweitert wurden, schließlich Speicherferrite, deren Schaltkoeffizient dem theoretischen Grenzwert von 0,2 Oe µsec weitgehend angenähert wurde, ohne daß die notwendige Rechteckform der Magnetisierungsschleife dabei verlorenging. G. Zentgraf.

1–1677 **Friedrich Voigt.** *Dispersion der komplexen Permeabilität an Lithiumferrit.* Ann. Phys., Lpz. (7) **8**, 278–279, *1961*, Nr. 5/6. (Jena, Akad. Wiss., Inst. Magn. Werkst.) Mit Hilfe der von anderer Seite bestimmten Anisotropiekonstante für Lithiumferrit kann Vf. durch Vergleich von Rechnung und Experiment nachweisen, daß im unteren der beiden bekannten Dispersionsgebiete der komplexen Permeabilität bei 60 MHz die Anfangspermeabilität im wesentlichen noch von Bloch-Wandverschiebungen und nicht von Drehprozessen herrührt. Diese letzteren beherrschen dagegen das Dispersionsgebiet bei 2000 MHz, das in etwa der theoretischen ferromagnetischen Resonanzfrequenz von 1300 MHz entspricht. G. Zentgraf.

1–1678 **R. Jähn.** *Übersicht über den Entwicklungsstand nichtreziproker Mikrowellenferritbauelemente. I.* Nachrichtentechnik **11**, 352–358, *1961*, Nr. 8. (Aug.) (Berlin.) Die wichtigsten Mikrowellenferritbauelemente (Einwegleitung, Faraday-Rotator, nichtreziproke Phasenschieber) werden beschrieben und ihre elektrischen und konstruktiven Parameter und Eigenschaften behandelt. Weiterhin wird der Versuch einer Systematisierung der nichtreziproken Mikrowellenferritbauelemente unternommen. — 107 Literaturangaben. O. Huber.

1–1679 **Daniel A. Wycklendt.** *Low-frequency losses and domain boundary movements in silicon iron.* J. appl. Phys. **33**, 1283–1284, *1962*, Suppl. zu Nr. 3. (März.) (Milwaukee, Wisc., Allis-Chalmers Manufact. Co., Res. Div.) Frühere Beobachtungen der Verluste bei sehr niedrigen Frequenzen in Siliciumeisen-Texturblechen wurden auf Verlustmessungen durch Anregung mit einem sinusförmigen Feld erweitert. Bei diesen Messungen wurden Erregungsfrequenzen von 0,005 bis 10 Hz und Maximalinduktionen von 10, 15 und 17 kG verwendet. Zur Untersuchung der Verlustanomalie wurde ein Feld mit höherer Frequenz überlagert. Das überlagerte Feld (320 oder 1000 Hz) hatte eine beträchtlich kleinere Amplitude als die Koerzitivkraft des Materials. Die Kurvenform der gesamten Magnetisierung und der zusätzlichen Magnetisierung wurde durch einen direkt gekoppelten Verstärker mit Gegenkopplung kontrolliert. Das Verhältnis der B-Amplitude zur H-Amplitude für die hohen Frequenzkomponenten variiert erheblich in dem Zyklus der Magnetisierung. $|B_h|/|H_h|$ ändert sich mit dem Scheitelwert und der Kurvenform der Gesamt-Induktion. Dabei wächst das Verhältnis erheblich mit der Frequenz der Gesamt-Magnetisierung bei sehr niedrigen Frequenzen. Diese Änderungen werden durch das Anwachsen der Zahl der sich ähnlich bewegenden Bezirkswände verursacht, wenn die Geschwindigkeit der Gesamtmagnetisierung anwächst. H. Helke.

1–1680 **R. D. Strattan** and **F. J. Young.** *Iron losses in elliptically rotating fields.* J. appl. Phys. **33**, 1285–1286, *1962*, Suppl. zu Nr. 3. (März.) (Pittsburgh, Penn., Carnegie Inst. Technol.) Vff. berichten über kalorimetrische Eisenverlustmessungen in elliptisch rotierenden Magnetfeldern. Eine dünne plattenförmige Probe aus Siliciumeisen befindet sich im elliptisch rotierenden Feld einer Anordnung mit Helmholtz-Spulen. Der 60 Hz-Rotationsverlust wird aus dem Temperaturanstieg der Probe berechnet. Die Genauigkeit der Thermospannung eines an der Scheibe befestigten Kupfer-Konstantan-Thermopaares beträgt 10^{-3} °C. Das Feldspulensystem erzeugt ein im Bereich von 1,0 Zoll ⌀ auf 2% konstantes homogenes Feld. Die erzeugte Feldstärke (250 Oe) ist ausreichend, bei Scheiben von 0,005 Zoll Dicke und 0,875 Zoll ⌀ Sättigung hervorzurufen. Die Verluste wurden für kornorientierte und Einkristall-Materialien gemessen. Bei zunehmender Induktion ergaben sich für große nahezu zirkulare Felder geringere Verluste. Die Verluste für elliptische Magnetisierung können mit einem einfachen Modell aus einer

Mischung von verlustloser Bezirksrotation, Wirbelstromverlust und Hystereseverlust proportional einem Wechselfluß angenähert dargestellt werden. Die berechneten und experimentell gewonnenen Verluste stimmen für alle Amplituden und Exzentrizitäten der Magnetisierung innerhalb von 40% für die Rotation in der (100)-Ebene überein. Die größte Ungenauigkeit ergibt sich für zirkular rotierende Magnetisierung.
H. Helke.

1–1681 **G. P. Rodrigue, J. E. Pippin** and **M. E. Wallace.** *Hexagonal ferrites for use at X- to V-band frequencies.* J. appl. Phys. **33**, 1366–1368, *1962*, Suppl. zu Nr. 3. (März.) (Clearwater, Flor., Sperry Microwave Electron. Co.) Durch die Kombination nickel- und kobalthaltiger Bariumferrite der hexagonalen W-Struktur ließ sich die diesen Stoffen eigentümliche uniaxiale Anisotropiefeldstärke von 12700 Oe bis nahezu null variieren. An einigen Beispielen wird erläutert, daß derartige Materialien zur Konstruktion von Richtungsleitern mit Dämpfungsverhältnissen $>$ 30:1 für die verschiedenen Mikrowellenbereiche geeignet sind, wobei die Anisotropiefelder zur Unterstützung der für Resonanzanfachung notwendigen äußeren Magnetfelder ausgenutzt werden können.
G. Zentgraf.

1–1682 **Samuel Dixon jr.** *High-power characteristics of single-crystal ferrites with planar anisotropy.* J. appl. Phys. **33**, 1368–1369, *1962*, Suppl. zu Nr. 3. (März.) Fort Monmouth, N. J., U.S. Army Signal Res. Develop. Lab.) An Ferriteinkristallen mit Ebenen leichter Magnetisierung (Ferroxplana) konnten die für kubische Kristalle als Folge der Kristallanisotropie vorhergesagten Verschiebungen der Resonanzfelder bei genügend großen HF-Erregungen ebenfalls nachgewiesen werden. Die Messungen, die im Frequenzbereich 8,6 bis 37,7 GHz durchgeführt wurden, ergaben mit wachsender Frequenz eine Verringerung des Verlagerungseffektes bei gleichzeitigem Anstieg der magnetischen Resonanzgüte. G. Zentgraf.

1–1683 **J. W. Nielsen** and **J. E. Zneimer.** *Nickel aluminum gallium ferrites for use at high signal levels.* J. appl. Phys. **33**, 1370–1371, *1962*, Suppl. zu Nr. 3. (März.) (Morris Plains, N. J., Airtron Inc.) Eine Reihe von Ferriten des Spinelltyps, die aus Nickel-Ferrit durch Zusätze von Aluminium und Gallium gewonnen wurden, gestatten durch Variation des gesamten Substitutionsgrades bzw. des Anteilverhältnisses der nichtmagnetischen Ionen eine weitgehende Änderung der Magnetisierung und eine Verschiebung der bei Ni–Al-Ferriten üblichen Kompensationspunkte zu höheren Konzentrationen der Substitutionszusätze. Wie entsprechende Messungen ergaben, eignen sich derartige Materialien insbesondere für Anwendungen bei starken HF-Signalen und hohen Frequenzen. G. Zentgraf.

1–1684 **E. A. Maguire** and **J. J. Green.** *Magnetic properties of yttrium-gadolinium-aluminum-iron garnets.* J. appl. Phys. **33**, 1373–1374, *1962*, Suppl. zu Nr. 3. (März.) (Waltham, Mass., Raytheon Co., Res. Div.) Durch schrittweisen Einbau von Yttrium und Aluminium in Gadolinium-Granat konnten die Magnetisierung und der g-Faktor über einen weiten Temperaturbereich stabilisiert werden unter gleichzeitiger Einhaltung einer geringen Bandbreite der ferromagnetischen Resonanz ($<$ 125 Oe).
G. Zentgraf.

1–1685 **Gordon R. Harrison** and **L. R. Hodges jr.** *Temperature stable microwave hybrid garnets.* J. appl. Phys. **33**, 1375–1376, *1962*, Suppl. zu Nr. 3. (März.) (Clearwater, Flor., Sperry Microwave Electron. Co., Appl. Phys. Sect.) In dem System Yttrium-Gadolinium-Dysprosium-Eisen-Granat wurden durch Variation des Substitutionsgrades Zusammensetzungen gefunden, deren Magnetisierung weitgehend temperaturunabhängig ist. So konnten z. B. Magnetisierungen von 300–1200 G auf $\pm$ 10% über einen Temperaturbereich von $-25°$ bis $+125°$C stabilisiert werden. G. Zentgraf.

1–1686 **M. C. Vigneron.** *Étude de la rotation Faraday dans les ferrites au voisinage de la résonance ferrimagnétique.* J. Phys. Radium **23**, 129–130, *1962*, Nr. 2. (Febr.) (Bordeaux, Fac. Sci., Lab. Opt. Ultrahertzienne.) Der Drehwinkel, den eine polarisierte Mikrowelle beim Durchgang durch ferrimagnetisches Material erfährt, wird an Ferritproben verschiedener Zusammensetzung und Form in Abhängigkeit von der äußeren Feldstärke H bestimmt. Die Messungen wurden bei 9,8 GHz ausgeführt und ergaben für alle verwendeten Ferrite ein deutliches Maximum des Drehwinkels, sobald H den Wert der jeweiligen Resonanzfeldstärke erreichte. G. Zentgraf.

1–1687 **J. T. Verschoor.** *A new measure for disaccomodation effects in ferrites.* Philips Matronics *1961*, S. 365–371, Nr. 19. (Juli.) An einer Reihe von Mn–Zn-Ferriten wurde die Desakkommodation, d. h. der Abfall der Anfangspermeabilität nach Abmagnetisierung bei verschiedenen Temperaturen über einen Zeitraum von zwei Monaten gemessen. In den aufgenommenen Meßkurven prägen sich drei Mechanismen des Permeabilitätsabfalls aus, von denen der zweite wegen seiner mittleren Zeitkonstanten von einigen Minuten bis zu einigen Stunden der praktisch wichtigste ist. Zur Kennzeichnung der Desakkommodation ist der Ausdruck $D = \Delta\mu_i/\mu_i \cdot 100\%$ gebräuchlich, wobei μ_i die Anfangspermeabilität eine Minute nach Abmagnetisierung und $\Delta\mu_i$ die Differenz zwischen diesem Wert und dem, der 24 Stunden nach Abmagnetisierung gemessen wird, darstellt. Beide Meßwerte liegen damit außerhalb des entscheidenden Bereichs II und sind darüber hinaus meßtechnisch schwer zu erfassen. Vf. schlägt daher als kennzeichnende Größe den Desakkommodationsfaktor $DF = (\mu_{t1} - \mu_{t2})/(\mu_{t1}^2 \log t_2/t_1)$ vor. Für $t_1 = 10$ min und $t_2 = 100$ min vereinfacht sich der Ausdruck zu $DF = (\mu_{10} - \mu_{100})/\mu^2_{10}$, dessen praktischer Wert durch die gute Übereinstimmung zwischen dem Meßwert nach 60 Tagen und dem entsprechenden errechneten Wert nachgewiesen wird. G. Zentgraf.

1–1688 **A. I. Drokin, V. D. Dylgerov** and **Yu. M. Zolotareva.** *Dynamics of powdered figures on single crystals of magnesium-manganous ferrites.* Soviet Phys.-Solid State **3**, 405–408, *1961*, Nr. 2. (Aug.) (Engl. Übers. aus: Fiz. Tverd. Tela **3**, 553–557, *1961*, Nr. 2.) (Krasnoyarsk, Acad. Sci., Inst. Phys., Siberian Sect.) An Mn–Mg-Ferrit-Einkristallen mit spontaner Rechteckschleife wurde das Verhalten der Bereichsstrukturen bei Aufmagnetisierung und Magnetisierungsumkehr nach der Methode der Bitter-Streifen untersucht und photographisch festgehalten. Die Abbildungen lassen erkennen, daß die Rechteckschleife bei Magnetisierung in [011]-Richtung durch plötzliches Umklappen der Magnetisierungsvektoren hervorgerufen wird. Es finden dabei keine Bloch-Wandverschiebungen statt, so daß die Bereichsstrukturen durch Ummagnetisierung nicht geändert werden. G. Zentgraf.

1–1689 **A. Fairweather, A. L. Hands, F. Lazenby** and **D. Marr.** *Specification, treatment and properties of soft irons for electromagnetic relays.* Proc. Instn elect. Engrs (B) **109**, 219–228, *1962*, Suppl. Nr. 21. (S. B.)

1–1690 **Tetuo Ohoyama, Kō Yasukōchi** and **Kazuo Kanematsu.** *A new phase of an intermetallic compound $Mn_{3,4}Ge$ and its magnetism.* J. phys. Soc. Japan **16**, 352–353, *1961*, Nr. 2. (Febr.) (Tokyo, Metropol. Univ., Fac. Sci., Dep. Phys.; Nihon Univ., Coll Sci. Engng.)

1–1691 **Sadami Tomita.** *Effects of the special heat-treatment on permalloys.* J. phys. Soc. Japan **16**, 393–396, *1961*, Nr. 3. (März.) Bretnütz.

1–1692 **M. v. Ardenne.** *Elektronen- oder Ionenstrahlung als Mikrowerkzeug.* Nachrichtentechnik **11**, 338–343, *1961*, Nr. 8. (Aug.) (Dresden.) Zusammenfassender Bericht, Ausblick und historische Gliederung der Korpuskularstrahlmethoden zur Materialbearbeitung, die vom Vf. 1938 eingeleitet wurden. Der betrachtete Bereich der Energiedichte reicht von 10^{-2} W/cm² (Elektronen schwärzen Photoplatte; Herstellung von Präzisions-Mikroskalen mit elektronen-optisch geführter Sonde) bis 10^9 W/cm², wobei Strahlenbündel von 10 μ Durchmesser mit einer Standardelektronenkanone mit Dreielektrodensystem herstellbar sind. In letzterem Fall sind in extremen Materialien Feinstbohrungen (Vf. *1947*; Smethurst; Steigerwald) und Schweißungen mit besonders dünner Schweißnaht erreichbar. Auf den besonderen Effekt des Tiefschweißens wird hingewiesen. Es werden die freitragenden Mikrogitter mit 3 μ Gitterkonstante (Boersch e. a.) und Fresnel-Linsen mit freitragenden Ringen für kurzwelliges UV- und langwellige Röntgenstrahlen erwähnt. Hinweis auf Halbleitertechnik, Mikrominiaturisierung und Miniaturmatrizen für Informationsspeicherung bzw. Rechenmaschinen. H. Hora.

Namenregister von Heft 1, 1963 der Physikalischen Berichte

Redaktion und verantwortlich für den Inhalt: Professor Dr. Hermann Ebert und Dr. V. Weidemann. Anschrift der Redaktion: Braunschweig, Bundesallee 100, Fernsprecher: Braunschweig 20521 unter Mitarbeit von Dr. G. Beggerow. Verlag: Akademie-Verlag GmbH, Berlin W 8, Leipziger Straße 3–4 / Fernruf: 200441, Telex-Nr. 011773, Postscheckkonto: 35021. Bestellnummer dieses Heftes 1008/42/1. Bezugspreis: Jahresabonnement einschließlich Register 135.– DM, die einseitige Ausgabe einschließlich Register 160,– DM. Die Physikalischen Berichte erscheinen monatlich. Abbestellungen können nur bis vier Wochen vor Quartalsende anerkannt werden, andernfalls wird das folgende Quartal noch geliefert. Nachdruck, fotografische Vervielfältigung, Mikrofilme, Mikrofoto von ganzen Heften, einzelnen Referaten oder Teilen daraus sind ohne ausdrückliche Genehmigung des Verlages nicht gestattet.

Satz und Druck: Druckhaus „Maxim Gorki", Altenburg

Veröffentlicht unter der Lizenznummer 1315 des Presseamtes beim Vorsitzenden des Ministerrates

FSC
www.fsc.org
MIX
Papier | Fördert
gute Waldnutzung
FSC® C083411

Zeitfracht Medien GmbH
Ferdinand-Jühlke-Straße 7
99095 Erfurt, Deutschland
produktsicherheit@kolibri360.de